"十四五"时期水利类专业重点建设教材

水环境治理与修复原理

主　编　李乃稳
副主编　鲁　恒　孙海龙

·北京·

内 容 提 要

本教材站在生态文明社会建设与乡村振兴国家战略高度，从我国河流与湖库生态环境现状、治理和生态修复需求出发，系统介绍了河湖环境治理与生态修复的原理、技术与方法和生态健康评价，主要内容包括：天然水、土壤性质及其污染，河湖污染调查与评价，环境生物与生物群落，污染物的物理与化学净化，污染物的生物转化，典型污染物环境迁移转化与环境效应，水体污染净化与修复原理和技术，河湖环境治理与生态修复及河湖健康评价等。

本教材重视现状问题调查与分析、原理讲解与综合应用，内容安排上以现状调查与问题分析为出发点，先讲解水体污染性质和危害，进行河湖环境污染调查与评价，探明主要污染源和主要污染物，以识别河湖环境治理与修复的主要污染源和污染因子，后系统介绍河湖污染治理与生态修复原理与技术方法，以及上述原理和技术方法在河湖（库）水环境治理与生态修复中的技术应用，最后介绍河湖健康评价指标与方法，具有较强的问题针对性、原理与技术适用性、内容与逻辑结构的系统性、应用的实践性等特征。教材中还列有大量与原理和应用密切相关的思考题和习题，以帮助学生深入理解和掌握本书内容。

本教材主要作为高等院校水利类专业本科生和研究生的教学与培养教材，还可为水利工程、江河流域治理工程、城市环境水利工程和污染水体水环境治理与修复工程的研究、规划、设计、施工、运行维护与管理等单位的工程技术和运行管理人员参考。

图书在版编目（CIP）数据

水环境治理与修复原理 / 李乃稳主编. -- 北京：中国水利水电出版社, 2024.8. --（"十四五"时期水利类专业重点建设教材）. -- ISBN 978-7-5226-2715-1

Ⅰ. X143；X171.4

中国国家版本馆CIP数据核字第2024SN3843号

书 名	"十四五"时期水利类专业重点建设教材 **水环境治理与修复原理** SHUIHUANJING ZHILI YU XIUFU YUANLI
作 者	主 编 李乃稳 副主编 鲁 恒 孙海龙
出版发行	中国水利水电出版社 （北京市海淀区玉渊潭南路1号D座 100038） 网址：www.waterpub.com.cn E-mail：sales@mwr.gov.cn 电话：（010）68545888（营销中心）
经 售	北京科水图书销售有限公司 电话：（010）68545874、63202643 全国各地新华书店和相关出版物销售网点
排 版	中国水利水电出版社微机排版中心
印 刷	清淞永业（天津）印刷有限公司
规 格	184mm×260mm 16开本 28.5印张 694千字
版 次	2024年8月第1版 2024年8月第1次印刷
印 数	0001—2000册
定 价	**80.00元**

凡购买我社图书，如有缺页、倒页、脱页的，本社营销中心负责调换

版权所有·侵权必究

前 言

河湖（库）水体污染引起的环境恶化与生态失衡是我国主要环境问题。习近平总书记提出"绿水青山就是金山银山"，党的十九大更是将生态文明建设写进了党章和我国经济社会发展的目标。河流、湖泊与水库等流域环境治理与生态修复和生态健康持续是国家生态环保重大战略，是践行党和国家生态发展观的重要举措。因应国家发展战略和新工科建设需求，水利工程作为研究水资源高效利用与保护和可持续发展的工程学科，现已由工程水利向环境水利、资源水利与生态水利转变。

传统水利工程专业重在讲授水文过程和水利工程，重点在于水资源的时空演变和水资源高效配置与利用，很少涉及水体污染机理、环境治理与生态修复原理和技术等环境水利方面的知识，这与我国建设生态文明社会，保护水体生态环境的国家战略需求不相匹配。亟须因应我国水体环境面临的迫切问题和需求，加强环境污染治理与修复方面原理和技术的知识传授，使学生掌握资源水利与环境水利的基本理论与技术方法，这既是水利工程专业学生培养的需要，更是我国建设环境水利工程，实现环境与生态协调发展，进而达成生态文明社会建设目标的需要。因此根据水利学科发展和建设需求，培养掌握扎实生态环境知识的水利工程技术与管理人才，编写本教材是非常必要，也是非常迫切的。

本教材主要讲授河湖水环境污染及其危害，天然水体性质和主要环境污染物及其危害，水体环境功能和环境质量标准，河湖环境现状调查与评价，环境生物与生物群落，环境污染物在水体中的赋存形态、迁移转化和降解机制，水体污染净化原理与技术、河湖环境治理与修复与河湖健康评价等内容。教材以水中污染物迁移转化过程与机制、水环境治理与修复原理为核心和基础，以原理的技术应用为目标和手段，重点在于培养学生在掌握环境治理与修复原理的基础上，增加对原理的理解并应用基本理论解决实际问题的能力。鉴于水环境治理与修复工程的复杂性，课程内容涉及水利、环境、化学与生物及生态工程等各方面专业知识，具有典型的多学科交叉特点。

本教材的主要特点为：①具有针对性，主要针对我国河流、湖泊、水库及城市景观水体在环境治理与生态修复中存在的问题和技术需求，同时应水利新发展-环境水利、生态水利发展需求，系统介绍河湖治理与生态修复的基本原理、技术和方法；②具有系统性，从河湖现状调查与问题分析着手，按照现状问题调查与分析-基本原理-技术和方法-应用与评价设置课程内容，系统介绍相关原理、技术方法与工程措施，以及河湖治理后的生态健康评价指标体系与方法；③具有新颖性，教材在内容上吸收了近年水环境治理与污染水体修复研究中的新技术、新方法以及相关工程建设和管理经验，同时考虑到城市河湖在城市中的环境功能与社会功能；④具有实践性，教材结合工程实践介绍基本原理和技术方法，便于理解和灵活运用。

本教材由长期讲授河湖治理与保护相关课程以及从事相关设计、科研、咨询工作的教师合作编写。全书由四川大学李乃稳副教授任主编，四川大学鲁恒副教授和孙海龙副研究员任副主编，刘超教授、杨庆副研究员和贺宇欣副教授参与编写，主要承担工作如下：本书第1章，第5章，第6章，第8章8.1～8.4节由李乃稳执笔；第2章，第8章8.5节、8.6节，第9章9.1节、9.2节由鲁恒执笔；第3章，第9章9.3节、9.4节由刘超执笔；第4章4.1节、4.2节，第7章由贺宇欣执笔；第9章9.5～9.7节，第10章10.1节、10.2节由杨庆执笔；第4章4.3～4.5节，第10章10.3～10.5节由孙海龙执笔。

在此，对中国水利教育协会高等教育学会和中国水利水电出版社的专家深表感谢，是他们给出诸多建议，使得本教材得以顺利完成。本教材在编写过程中参考引用了众多相关资料，对参考文献的作者表示诚挚的谢意，但因疏漏可能未在参考文献中全部列出，对此表示深深的歉意。感谢博士生黄渭芳、黄滟淳和硕士生陈猛、尘乂、窦璐明等同学，他们日常辛苦的研究丰富了本教材的内容，也是他们辛苦的文字、图表校对，使得本教材能够顺利出版。感谢四川大学水利水电学院2019级、2020级、2021级水利类专业学生，他们在使用讲义过程中的宝贵建议，从学生使用的角度完善了本教材。

由于本教材涉及众多学科，且编者水平和时间有限，难免存在疏漏或不当之处，恳请读者批评指正。

编者

2024年6月

目 录

前言

第1章 概述 ... 1
1.1 我国水体污染现状与成因 ... 1
1.1.1 我国水体污染现状 ... 1
1.1.2 水污染成因与主要污染源 ... 2
1.2 水污染造成的危害与典型案例 ... 4
1.2.1 水污染造成的危害 ... 4
1.2.2 水污染典型案例 ... 5
1.3 水体环境治理与修复策略与途径 ... 6
1.3.1 污染源治理策略 ... 6
1.3.2 河湖水体环境治理与修复总体策略 ... 9
1.4 国家相关政策法规与发展规划 ... 9
1.4.1 《中华人民共和国环境保护法》 ... 9
1.4.2 2011年中央1号文件——《中共中央、国务院关于加快水利改革发展的决定》 ... 10
1.4.3 2015年"水十条"——《水污染防治行动计划》 ... 10
1.4.4 2017年、2018年河长制和湖长制 ... 10
1.4.5 党的十九大与二十大报告 ... 11
1.4.6 国家"十四五"规划有关水环境治理与保护 ... 12
1.5 教材章节安排与结构体系 ... 13
1.5.1 教材章节安排与主要内容 ... 13
1.5.2 教材各章节间的关联与结构体系 ... 14
思考题 ... 14

第2章 天然水、土壤性质及其污染 ... 15
2.1 天然水及其性质 ... 15
2.1.1 水的异常特性与分子结构 ... 15
2.1.2 天然水分类 ... 16
2.1.3 天然水的组成 ... 16
2.1.4 天然水的性质 ... 20

  2.1.5 天然水体特征 ·· 22
  2.1.6 水循环 ·· 24
 2.2 水体污染及其危害 ··· 24
  2.2.1 水体污染及其机理 ··· 24
  2.2.2 天然水体污染的特点 ·· 26
  2.2.3 水体污染的分类及主要污染源 ·· 26
  2.2.4 水体主要污染物 ·· 27
  2.2.5 水体自净与水环境容量 ·· 36
  2.2.6 水质标准与水质指标 ·· 40
 2.3 土壤的组成、结构与性质 ··· 44
  2.3.1 土壤的形成及其环境机能 ··· 44
  2.3.2 土壤的组成 ·· 45
  2.3.3 土壤中的生物 ··· 49
  2.3.4 土壤的结构 ·· 49
  2.3.5 土壤的性质 ·· 50
  2.3.6 土壤的配位与螯合作用 ·· 58
 2.4 土壤污染及其危害 ··· 58
  2.4.1 土壤污染 ·· 58
  2.4.2 土壤污染的特点 ·· 59
  2.4.3 土壤污染的危害 ·· 60
 思考题 ··· 61

第3章 河湖污染调查与评价 ·· 63
 3.1 河湖污染调查与评价的主要内容与目标 ·· 63
 3.2 河湖水体污染源的调查、评价与预测 ··· 63
  3.2.1 污染源及其调查 ·· 63
  3.2.2 污染源评价 ·· 64
  3.2.3 污染源预测 ·· 67
 3.3 河湖水体污染的调查、监测、评价与预测 ·· 69
  3.3.1 河湖水体污染的调查与监测 ··· 69
  3.3.2 河湖水体水质评价 ··· 76
  3.3.3 河湖水体污染预测 ··· 85
 思考题 ··· 90

第4章 环境生物与生物群落 ·· 91
 4.1 概述 ··· 91
  4.1.1 环境生物的定义 ·· 91
  4.1.2 环境微生物的分类、特点与作用 ·· 91
  4.1.3 环境生物中的植物和动物 ··· 93

4.1.4 生物学在环境治理与修复中的作用 ··· 94
 4.2 生物的分类和命名 ·· 94
 4.3 常见的微生物 ·· 95
   4.3.1 原核生物与真核生物 ··· 95
   4.3.2 细菌——原核微生物 ··· 97
   4.3.3 其他原核微生物——丝状菌 ··· 103
   4.3.4 真核微生物 ·· 110
   4.3.5 非细胞微生物——病毒 ··· 120
 4.4 常见的植物和动物 ·· 122
   4.4.1 常见的大型水生植物 ··· 122
   4.4.2 常见的水体动物 ··· 129
   4.4.3 常见的土壤小型动物 ··· 132
 4.5 生物群落与生态系统 ·· 134
   4.5.1 生态学原理 ·· 134
   4.5.2 环境微生物生态 ··· 141
   4.5.3 微生物、植物之间的相互关系 ··· 144
   4.5.4 水体生态系统 ··· 147
 思考题 ·· 150

第 5 章 污染物的物理与化学净化 ··· 152
 5.1 物理和物理化学净化 ·· 152
   5.1.1 污染物在水体中的混合过程 ··· 152
   5.1.2 污染物向大气中挥发 ··· 156
   5.1.3 吸附与解析 ·· 158
   5.1.4 絮凝与重力沉淀 ··· 169
 5.2 化学净化 ·· 181
   5.2.1 溶解与沉淀 ·· 181
   5.2.2 水解作用 ·· 189
   5.2.3 氧化与还原 ·· 190
   5.2.4 配合作用 ·· 198
   5.2.5 光化学分解 ·· 211
 思考题 ·· 230

第 6 章 污染物的生物转化 ··· 231
 6.1 生物化学基础 ·· 231
   6.1.1 生命组成物质 ··· 231
   6.1.2 糖及其代谢 ·· 232
   6.1.3 蛋白质及其代谢 ··· 237
   6.1.4 脂类和核酸的代谢 ··· 240

	6.1.5 糖、蛋白质和脂肪代谢之间的关系	242
6.2	酶及酶促反应	242
	6.2.1 微生物的酶	242
	6.2.2 几种重要的酶	243
	6.2.3 酶蛋白的结构与分类	243
	6.2.4 酶的催化特性	244
	6.2.5 酶促反应动力学	244
	6.2.6 酶促反应的影响因素	245
6.3	物质的生物转化与净化	246
	6.3.1 碳的生物转化	246
	6.3.2 氮素生物转化	251
	6.3.3 硫素生物转化	254
	6.3.4 磷素生物转化	256
	6.3.5 铁元素的循环与转化	257
思考题		258

第7章 典型污染物环境迁移转化与环境效应 … 259

7.1	典型重金属在水环境中的迁移转化	259
	7.1.1 天然水中金属存在形态及其生物有效性	259
	7.1.2 典型重金属的生物转化	261
7.2	持久性有机物在水体中的迁移转化	272
	7.2.1 水环境中几种转化持久有机污染物的典型作用/过程	273
	7.2.2 典型持久性有机污染物的环境转化过程	274
7.3	氮磷营养物在水中的迁移转化及环境效应	277
	7.3.1 藻类对营养盐的吸收	277
	7.3.2 天然水体中的氮	277
	7.3.3 天然水体中的磷	278
7.4	土壤中氮磷的环境行为及其对环境的影响	282
	7.4.1 土壤中氮、磷的来源与含量	282
	7.4.2 土壤中氮、磷的形态	283
	7.4.3 土壤中氮、磷的迁移转化	286
7.5	土壤重金属的累积与迁移转化	290
	7.5.1 重金属在土壤中的赋存形态	290
	7.5.2 土壤重金属污染的特征	291
	7.5.3 重金属在土壤-植物系统中的累积与迁移	292
7.6	土壤农药及其迁移转化	301
	7.6.1 农药在土壤环境中的扩散与吸附	301
	7.6.2 典型农药在土壤中的迁移转化	303
思考题		308

第8章 水体污染净化与修复原理和技术 ········· 309

8.1 反应器原理与形式 ········· 309
8.1.1 完全混合反应器（completely mixed batch reactor, CMBR） ········· 309
8.1.2 连续搅拌式混合反应器（continuous stirred tank reactor, CSTR） ········· 309
8.1.3 推流式反应器（plug flow reactor, PFR） ········· 311

8.2 生物处理原理 ········· 311
8.2.1 有机物生物降解与转化 ········· 312
8.2.2 氮的生物降解与转化 ········· 314
8.2.3 磷的生物降解与转化 ········· 314

8.3 活性污泥法 ········· 315
8.3.1 活性污泥组成与特性 ········· 315
8.3.2 活性污泥去除有机物的过程 ········· 316
8.3.3 环境因素对活性污泥微生物的影响 ········· 317
8.3.4 活性污泥性能指标 ········· 318
8.3.5 在工程上具有重要实际意义的SVI-污泥负荷F_w关系 ········· 319
8.3.6 污泥生物处理池的设计计算 ········· 319

8.4 生物脱氮除磷 ········· 321
8.4.1 生物脱氮原理 ········· 321
8.4.2 生物强化除磷原理 ········· 324
8.4.3 生物除磷及生物脱氮除磷工艺技术 ········· 326
8.4.4 化学除磷与污水生物处理的深度除磷 ········· 327

8.5 生物膜法 ········· 327
8.5.1 生物膜法的基本原理 ········· 328
8.5.2 生物膜的载体 ········· 329
8.5.3 生物膜法的特征 ········· 330
8.5.4 生物膜法工艺流程和主要形式 ········· 330

8.6 稳定塘与土地处理 ········· 335
8.6.1 稳定塘 ········· 335
8.6.2 土地处理 ········· 340
8.6.3 人工湿地 ········· 343

思考题 ········· 351

第9章 河湖环境治理与生态修复 ········· 352

9.1 河湖外源污染-点源污染控制与治理 ········· 352
9.1.1 城镇生活污水 ········· 352
9.1.2 农村生活污水 ········· 353
9.1.3 畜禽养殖污废水 ········· 355
9.1.4 城镇工业企业废水 ········· 355

9.2 河湖外源污染-面源污染过程阻控与消减 ········· 356

  9.2.1 面源污染及其控制策略 ·· 356
  9.2.2 农田面源的源头控制 ·· 356
  9.2.3 面源污染的过程截控与消减 ·· 357
 9.3 河湖内源污染-底泥污染治理 ··· 363
  9.3.1 底泥与水体间的污染物输移及环境效应 ························ 363
  9.3.2 底泥污染的疏浚治理 ·· 366
  9.3.3 底泥污染的原位治理 ·· 370
 9.4 河湖污染水体的水质净化 ··· 374
  9.4.1 污水水体原位水质净化 ··· 374
  9.4.2 重污染水体的旁路净化 ··· 379
 9.5 河湖微地貌与多样化生境构建 ··· 380
  9.5.1 河床地貌 ··· 380
  9.5.2 河流地貌形态演变的规律 ··· 381
  9.5.3 河床微地貌的生态环境效应 ······································· 382
  9.5.4 河湖生境构建与修复 ·· 386
 9.6 河湖生态修复 ··· 390
  9.6.1 河湖生态修复基础理论 ··· 390
  9.6.2 河湖生态修复的理念 ·· 393
  9.6.3 河湖生态修复的内容 ·· 394
  9.6.4 河湖生态修复技术方法 ··· 395
  9.6.5 生态修复中的材料选择 ··· 400
 9.7 河流生态需水与活水调水 ··· 401
  9.7.1 生态需水与河流生态系统功能 ···································· 401
  9.7.2 流量变化对河流生态系统的影响 ································· 402
  9.7.3 河流健康对流量的需求 ··· 403
  9.7.4 河流生态需水的特征 ·· 403
  9.7.5 河流生态需水的组成 ·· 404
  9.7.6 生态需水量的估算方法 ··· 405
  9.7.7 湖泊/水库的生态需水 ·· 411
  9.7.8 河湖治理工程中的活水调水 ······································· 414
思考题 ··· 415

第10章 河湖健康评价 ·· 417
 10.1 河湖健康评价的背景与内涵 ··· 417
  10.1.1 河湖健康评价的背景 ·· 417
  10.1.2 河湖健康的概念与内涵 ·· 417
 10.2 河湖健康评价方法 ·· 418
  10.2.1 单因素指标评价法 ·· 418
  10.2.2 预测模型法 ··· 419

10.2.3 综合指标法 …………………………………………………… 420
10.3 河湖健康评价指标 ………………………………………………………… 420
　　10.3.1 河湖结构相关指标 ……………………………………………… 420
　　10.3.2 河湖功能相关指标 ……………………………………………… 423
10.4 河湖健康评价流程与方法 ………………………………………………… 424
　　10.4.1 河湖健康评价的主要技术流程 ………………………………… 424
　　10.4.2 河湖健康评价的技术准备 ……………………………………… 425
　　10.4.3 河湖健康评价的数据获取 ……………………………………… 429
　　10.4.4 河湖健康评价结果与管理 ……………………………………… 430
10.5 河湖健康评价案例 ………………………………………………………… 431
　　10.5.1 评价河流特征 …………………………………………………… 431
　　10.5.2 评价指标与方法 ………………………………………………… 432
　　10.5.3 评价数据获取 …………………………………………………… 435
　　10.5.4 评价结果 ………………………………………………………… 435
　　10.5.5 评价结论 ………………………………………………………… 437
思考题 ………………………………………………………………………………… 437

参考文献 ………………………………………………………………………… 439

第 1 章 概 述

1.1 我国水体污染现状与成因

1.1.1 我国水体污染现状

1.1.1.1 环境与水体污染含义

环境指人类生存的空间及其中可以直接或间接影响人类生活和发展的各种自然因素，包括自然环境和社会环境，其中自然环境按环境要素可分为大气环境、水环境、土壤环境、地质环境和生物环境等，是人类赖以生存和发展的基础。

水污染指当进入水体的污染物质超过了水体的环境容量或水体的自净能力，使水质向恶性转化，从而破坏了水体的原有价值和作用的现象，又称为水体污染。

1.1.1.2 我国水体污染现状与存在问题

我国是一个水资源短缺、水灾害频发的国家。"水多""水少""水脏""水浑"这四大水问题制约了我国社会、经济和环境可持续健康发展，是中华民族伟大复兴与发展的心腹大患，其中"水脏"——水环境污染更是关键问题。

根据环境保护部 2014 年《中国环境状况公报》，我国水环境的污染异常严重，主要体现在三个方面：第一，地表水受到严重污染的劣Ⅴ类水体所占比例较高，全国约 10%，有些流域甚至大大超过这个数，如海河流域劣Ⅴ类的比例高达 39.1%；第二，流经城镇的一些河段，城乡接合部的一些沟渠塘坝污染普遍比较重，甚至出现黑臭，受影响群众多，公众关注度高，不满意度高；第三，涉及饮水安全的水环境突发事件频发。

面对水污染引起的严重水环境危机和生态破坏，党和各级政府高度重视。习近平总书记提出了"绿水青山就是金山银山"理论。国务院于 2015 年 4 月颁布实施《水污染防治行动计划》，简称"水十条"，2016 年起执行河湖长制，2017 年更是把生态文明社会建设写入党章和十九大报告。之后，长江大保护、黄河流域高质量发展、美丽乡村建设等相继成为国家战略。至此，我国开始进入了集中力量，重点解决水环境污染问题的时代。

在党和各级政府的高度重视、集中攻关，国家战略有力推进实施下，我国水环境污染恶化得到遏制，水环境、水生态状况持续好转。根据生态环境部 2021 年《生态环境状况公报》（图 1.1），全

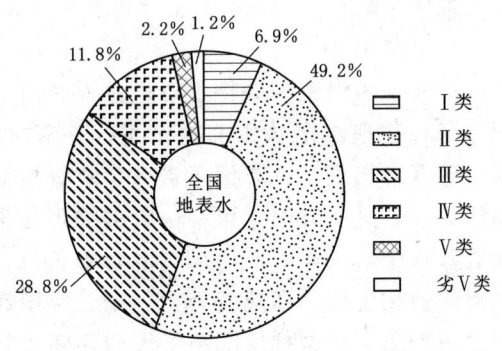

图 1.1 2021 年全国地表水总体水质状况

国地表水监测的 3632 个国控断面，Ⅰ～Ⅲ类水质断面占 84.9%，Ⅳ类水 11.8%，Ⅴ～劣Ⅴ类仅占比 3.3%。其中相对于 2014 年，Ⅰ～Ⅲ类水质断面占比提高了 21.7%，Ⅴ～劣Ⅴ类水质断面减少了 10.4%。2021 年，长江、黄河、珠江、松花江、淮河、海河、辽河等七大流域和浙闽片河流、西北诸河、西南诸河的 700 个国控断面中，Ⅰ～Ⅲ类占 87.0%，劣Ⅴ类占 0.9%。

2021 年调查的 201 个重要湖泊（水库）中，Ⅰ～Ⅲ类水质占 72.9%，劣Ⅴ类水质占 5.2%。开展营养状态监测的 209 个重要湖泊（水库）中，贫营养状态占 10.5%，中营养状态占 62.2%，轻度富营养状态占 23.0%，中度富营养状态占 4.3%。

虽然主要的大江大河干流环境状况得到了极大的改善，但仍然存在一些问题尚须解决：

(1) 干流水质改善显著，但支流及次级支流水质状况仍然不容乐观。如海河流域，主要支流Ⅳ类、Ⅴ类断面仍然占比 31.4%。

(2) 湖泊（水库）水质状况改善不显著，湖泊（水库）营养状况呈逐年加剧的趋势。

(3) 水库淤积严重，不但影响湖库环境与生态改善，而且严重影响水库效益发挥。

(4) 河流治理与生态修复措施未从流域、岸上岸下、干支流统筹系统治理，对河流的生态环境健康持续发展不利，甚至一段时间后出现不同程度的污染反弹现象。

1.1.2 水污染成因与主要污染源

1.1.2.1 水污染成因

水体污染的成因有两类：一是自然的，二是人为的。特殊的地质条件使某种化学元素大量富集、天然植物在腐烂时产生某些有害物质、雨水降到地面后挟带各种物质流入水体等造成的水体污染，都属于自然污染。工业排放的废水、城镇乡村生活污水、农田排水及堆积的垃圾经降雨而随径流进入水体等造成的水体污染，则属于人为污染。由于人类因素造成的水体污染占大多数，因此通常所说的水体污染主要是人为因素造成的污染情况。

1.1.2.2 主要污染源

根据污染源从是否来自水体自身，可分为河湖水体内源污染和外源污染。

1. 内源污染

河湖水体内源污染物主要指进入湖泊中的营养物质或各种重金属及其他污染物通过各种物理、化学和生物作用，逐渐沉降至湖泊底质表层。积累在底泥表层的氮、磷营养物质，一方面可被微生物直接摄入，进入食物链，参与水生生态系统的物质循环；另一方面，可在一定的物理化学及环境条件下，从底泥中释放出来而重新进入水中，从而形成河湖内源污染负荷。沉积物对外源氮、磷的接纳有一个从汇到源的转化过程，即随着外源污染在河湖底泥的不断累积，沉积物中的氮、磷开始向水中释放。在这种情况下，即使切断了外源污染，内源污染也会在相当长的时间阻止水质的改善，这是在湖泊治理中需要考虑的。在浅水湖泊中，内源污染是蓝藻水华形成的重要因素之一，蓝藻水华反过来又会促进内源磷（而非氮）的大量释放，导致氮磷比的下降。内源污染还会阻止湖泊从浊水到清水的稳态转化，给湖泊的生态修复带来困难。

内源污染物主要有三大类：营养盐、重金属和难降解有机物。难降解有机物指难以为微生物利用的那部分有机物，包括现在研究较多的持久性污染物和新兴有机污染物，或者称为新污染物。重金属很容易被水体悬浮物或沉积物所吸附、络合或共沉淀，从而在沉积物中富集。大量人类排放或自然排放的有机有毒物也会有相当一部分沉积并富集在沉积物中，多能够沿着食物链传递并富集，从而对生态系统构成长期威胁，产生"三致效应"（致癌、致畸形、致突变），最终危害人体健康。沉积物中氮、磷和有机物释放可造成水体富营养化，多项研究表明，磷是水体富营养化的限制性因子。

2. 外源污染

外源污染从集中排放和分散排放的角度可分为点源污染和面源污染。点源污染包括工业企业废水、城镇生活污水及规模化的畜禽养殖污废水等；面源污染则包括城市非点源污染和农业面源污染，城市非点源污染如城市降雨形成径流对地面冲刷产生的污染排放，农业面源污染包括农田化肥、农药施用后因径流产生的径流污染，分散的农户畜禽养殖粪便污染等。

工业企业废水是水域的重要污染源，具有量大、面积广、成分复杂、毒性大、不易净化、难处理等特点。

城镇生活污水主要是城市生活中使用的各种洗涤剂和污水、垃圾、粪便等，多为无毒的无机盐类，生活污水中含氮、磷、硫多，致病细菌多。

规模化畜禽养殖污废水同样也是点源中的重要污染源，指在规模化畜禽养殖过程中产生的液体粪污和废水，其主要来源包括畜禽排泄物，如尿液和粪便，冲洗水以及养殖场工人生物污水、冷却水等。畜禽养殖的规模化通常指生猪年出栏量大于500头，奶牛存栏量大于100头，肉牛年出栏量大于50头，蛋鸡存栏量大于2000只，具体请参见《畜禽养殖场规模标准和备案管理办法（试行）》（征求意见稿，农业农村部，2023年8月30日）。

农业面源污染包括牲畜粪便、农药、化肥等。农药污水中，一是有机质、植物营养物及病原微生物含量高，二是农药、化肥含量高。我国农作物亩均化肥用量21.9kg，远高于世界的平均水平（每亩8kg），是美国的2.6倍，欧盟的2.5倍。三大粮食作物氮肥、磷肥、钾肥的利用率仅为33%、24%和42%。这样就造成大量的化肥经施肥后并没有为作物利用，而是经农田径流排放入水体，成为农业面源污染源的主要部分。另外，对于农村地区分散的农户畜禽养殖粪便，难以集中收集处理，同样也主要受降雨径流冲刷而呈现分散排放，同样也是面源的主要部分。

对于点源中的城镇生活污水和工业企业污废水，国家执行严格的集中收集、集中治理后达标排放的策略，点源污染得到了有效的控制。而非点源中的农村生活源和农业面源则成为河湖水体的重要污染物来源。

根据生态环境部、国家统计局和农业农村部于2022年6月颁布的《第二次全国污染源普查公报》：

(1) 工业源污染物排放量。2017年，化学需氧量90.96万t，氨氮4.45万t，总氮15.57万t，总磷0.79万t，石油类0.77万t，挥发酚244.10t，氰化物54.73t，重金属176.40t。

(2) 生活源污染物排放量。2017年，化学需氧量983.44万t，氨氮69.91万t，总氮146.52万t，总磷9.54万t，动植物油30.97万t。

其中，城镇生活源：化学需氧量483.82万t，氨氮45.41万t，总氮101.87万t，总磷5.85万t，动植物油11.17万t。

农村生活源：化学需氧量499.62万t，氨氮24.50万t，总氮44.65万t，总磷3.69万t，动植物油19.80万t。

(3) 农业面源污染物排放量。2017年，化学需氧量1067.13万t，氨氮21.62万t，总氮141.49万t，总磷21.20万t。

其中，种植业：氨氮8.30万t，总氮71.95万t，总磷7.62万t。

畜牧养殖业：化学需氧量1000.53万t，氨氮11.09万t，总氮59.63万t，总磷11.97万t。

水产养殖业：化学需氧量66.60万t，氨氮2.23万t，总氮9.91万t，总磷1.61万t。

从上可以看出，在对工业企业废水污染物排放进行严格限值的情况下，生活源和农业源成为水体污染物的主要来源。其中，农村生活源中化学需氧量、氨氮和总磷中生活源的百分比分别为50.80%、53.95%和38.68%，是水污染防治的主要控制对象。畜牧养殖业的化学需氧量、氨氮、总磷排放占农业面源的百分比分别为93.76%、51.30%、56.46%，是农业面源污染控制的主要目标。种植业中氨氮和总磷的排放量占农业面源的百分比分别为38.39%和35.94%，是农业面源污染控制的次要目标。

1.1.2.3 其他主要污染因素分析

除了人类生产与生活活动造成的污染物未经处理排放外，尚存在其他因素：

(1) 森林砍伐、不合理的农业、林业措施，造成水土流失。如高坡陡地农业种植、农田排水沟渠的三面光渠化等，一方面加剧了面源污染物的产生，另一方面也减弱了降雨径流路径对面源污染物的截留和净化作用。

(2) 围湖造田、城市发展和植被减小，城市下垫面的硬化，造成面源污染物的径流过程截留和净化能力降低。

(3) 河道整治过程中的裁弯取直和河道硬化，造成河道生境破坏，物种消失，生态系统破坏，河流自净能力急剧下降。

(4) 为了提高流域防洪和供水能力，建设调蓄水库和控制大坝。如果缺乏科学调度将造成下游河道断面"萎缩化"和生境"破碎化"，污染物消解能力基本消失。

1.2 水污染造成的危害与典型案例

1.2.1 水污染造成的危害

水的污染，造成原有河流失去健康的生态，水生生物死亡，鱼虾灭绝，同时影响居民饮水安全，直接危害人的健康，对当地社会、经济和环境的健康持续发展造成很大的损害。

水污染造成的环境恶化与污染物种类和性质密切相关。污染物种类不同，其引起的污染问题和危害程度也有所不同。

1.2.1.1 危害人体健康

水污染后，通过饮水或食物链，污染物进入人体，使人急性或慢性中毒，危害人体健康。重金属主要指铅、铬、镉、铜、汞和砷等六种金属或非金属的化合物，有机毒物主要指苯、苯酚、苯并芘、乙二醇等有机物，还包括有机磷和有机氯农药。重金属污染的水，对人的健康均有危害。人在食用被镉污染的水、食物后，会造成肾、骨骼病变，如摄入硫酸镉20mg，就会死亡。铅会造成中毒，引起贫血，神经错乱。六价铬有很大毒性，能引起皮肤溃疡，还有致癌作用。饮用含砷的水，会发生急性或慢性中毒，甚至引发皮肤癌。苯并芘可诱发癌症，有机磷农药会造成神经中毒，有机氯农药会在脂肪中蓄积，对人和动物的内分泌、免疫功能、生殖机能均造成危害。多环芳烃多数具有强致癌作用。氰化物也是剧毒物质，进入血液后，与细胞的色素氧化酶结合，使人呼吸中断，呼吸衰竭窒息死亡。被寄生虫、病毒或其他致病菌污染的水，会引起多种传染病和寄生虫病。伤寒、霍乱、胃肠炎、痢疾、传染性肝类是人类五大疾病，均由水的不洁引起。

1.2.1.2 造成水体富营养化

在正常情况下，氧在水中有一定溶解度。溶解氧不仅是水生生物得以生存的条件，而且氧参加水中的各种氧化-还原反应，促进污染物转化降解，是天然水体具有自净能力的重要原因，是河湖水体是否生态健康的关键指标。含有大量氮、磷、钾的生活污水的排放，大量有机物在水中降解放出营养元素，促进水中藻类滋生，植物疯长，使水体通气不良，溶解氧下降，甚至出现无氧层。最终致使水生植物大量死亡，水面发黑、发臭形成"死湖""死河""死海"，这种现象称为水的富营养化。富营养化的水臭味大、颜色深、细菌多、鱼虾灭绝，水体失去生态功能。

1.2.1.3 危害工农业生产

水污染后，工业用水必须投入更多的处理费用，造成资源、能源的浪费。食品工业用水要求更为严格，水质不合格，会使生产停顿。这也是工业企业效益不高，质量不好的因素。农业使用污水，使作物减产，品质降低，甚至使人畜受害，大片农田遭受污染，降低土壤质量。海洋污染的后果也十分严重，如石油污染，造成海鸟和海洋生物死亡。

1.2.2 水污染典型案例

1.2.2.1 水俣病事件

日本水俣病事件是1956年日本水俣湾出现的怪病事件。日本熊本县水俣镇一家氮肥公司排放的废水中含有汞，这些废水排入海湾后经过某些生物的转化，形成甲基汞。这些汞在海水、底泥和鱼类中富集，又经过食物链使人中毒。当时，最先发病的是爱吃鱼的猫。中毒后的猫发疯痉挛，纷纷跳海自杀。没有几年，水俣地区连猫的踪影都不见了。1956年，出现了与猫的症状相似的病人。症状表现为轻者口齿不清、步履蹒跚、面部痴呆、手足麻痹、感觉障碍、视觉丧失、震颤、手足变形，重者神经失常，或酣睡，或兴奋，身体弯弓高叫，直至死亡。因为开始病因不清，所以用当地地名命名。1991年，日本环境厅公布的中毒病人仍有2248人，其中1004人死亡。

1.2.2.2 骨痛病事件

镉是人体不需要的元素。1955—1972年骨痛病事件是于日本富士县神通川流域发现的一种土壤污染公害事件。主要污染源是重金属尤其是镉中毒引起的水和食物污染。日本富山县的一些铅锌矿在采矿和冶炼中排放废水，废水在河流中积累了重金属"镉"。人长期饮用这样的河水，食用浇灌含镉河水生产的稻谷，就会得"骨痛病"。病症持续几年后，患者全身各部位会发生神经痛、骨痛现象，行动困难，甚至呼吸都会带来难以忍受的痛苦。患病后期，患者骨骼软化、萎缩，四肢弯曲，脊柱变形，骨质松脆，就连咳嗽都能引起骨折。不能进食，疼痛无比。

1.2.2.3 剧毒物污染莱茵河事件

1986年11月1日，瑞士巴塞尔市桑多兹化工厂仓库失火，近30t剧毒的硫化物、磷化物与含有水银的化工产品随灭火剂和水流入莱茵河。顺流而下150km内，60多万条鱼被毒死，500km以内河岸两侧的井水不能饮用，靠近河边的自来水厂关闭，啤酒厂停产。有毒物沉积在河底，将使莱茵河因此而"死亡"20年。

1.2.2.4 太湖蓝藻暴发事件

太湖蓝藻暴发事件发生于2007年5月、6月间，中国江苏的太湖暴发的严重蓝藻污染，造成无锡全城自来水污染。生活用水和饮用水严重短缺，超市、商店里的桶装水被抢购一空。该事件主要是由于水源地附近蓝藻大量堆积，厌氧分解过程中产生了大量的NH_3、硫醇、硫醚以及H_2S等异味物质。

在显微镜下，无锡水污染事件的始作俑者——微囊藻（*Microcystis*）十分艳丽，它有一个特点是伪空泡，可以漂浮在水面上，可以大量堆积；另一个特点是富含蛋白质，特别是含硫蛋白，导致厌氧分解时，产生各种异味强烈的硫化物。它还有一个特点是产生大量生物毒素——藻毒素，这种毒素进入人体后会干扰肝脏的脂肪代谢，导致非酒精性脂肪肝炎，甚至肝癌。

1.3 水体环境治理与修复策略与途径

根据2017年《全国第二次污染物普查报告》数据，农业面源的有机物排放超过了生活污染源，而总磷排放则更是占比达到了67.24%。点源属于污染物的集中排放，有利于收集并集中治理；而面源因为其面广、排放途径复杂、隐蔽性强，且存在随机性和不确定性，因而污染控制的难度更大。面源虽难治理，但如不完成，则无法达到水环境治理和维持长效生态健康的目标，是我国水环境污染治理与生态修复，建设生态文明社会的关键矛盾所在。

1.3.1 污染源治理策略

针对点源污染和面源污染，其性质和途径不同，因而应采用与之相对应的治理策略。本节主要以点源污染中的城镇生活污水和面源污染中的城市面源和农业面源为例，介绍其污染源治理策略。

1. 城镇生活污水

城镇生活污水是生活污染的主要形式，主要来自居民生活中的排放，主要包含厨房洗刷、餐厨废水，卫生间冲马桶、洗手废水，浴室洗澡水，洗衣废水和冲洗地面废水等生活设施中排放的水。来源于居住建筑和公共建筑，如住宅、机关、学校、医院、商店、公共场所及工业企业卫生间等。生活污水中含有大量有机物，也常含有病原菌、病毒和寄生虫卵。生活污水总的特点是含氮、含磷高，污水中的有机物极不稳定，容易腐化而产生恶臭。细菌和病原体以生活污水中有机物为营养而大量繁殖，可导致传染病蔓延流行。

城镇生活污水治理策略是，经居民下水道汇集至小区污水管道，然后经城镇污水管道排放系统收集后输送至城镇生活污水处理厂，经处理后达标排放或经再生水处理后回用。主要的回用方式为城市景观绿地浇灌用水，或者作为城市景观湖泊或河道生态补水。

2. 城市面源污染

城市面源污染通常指城市地表径流污染，是城市降雨在对城市大气和下垫面（如居民区、商业区、停车场和道路等）进行淋洗和冲刷作用下，重金属、有机物、颗粒物和氮磷以及有毒物质等污染物进入到降雨产生的径流中，并伴随雨水径流一起进入城市河流、湖泊等受纳水体。特别是在我国的广大城市，降雨存在明显的时空和季节变化特征，非汛期形成的径流将污染物冲刷到城市雨水排放管道，但不足以以径流的形式排入水体而在雨水排放管道积累，进而产生城市面源污染的"零存整取"现象。因而城市初期雨水排放的污染物浓度往往较高，如有机物甚至能够达到 300mg/L 以上，对城市水体造成较为严重的污染，应当特别重视。

城市面源污染具有污染形成的随机性、污染物来源的广泛性、机理的模糊性、排放途径的多样性和危害的滞后性等典型特征。

城市面源防治策略如下。城市面源污染作为非点源污染中的一种，其同农业面源污染一样，存在共同的特征，即污染无固定点排放，污染物的排放与降雨径流一致。因此，在降雨径流过程中进行截留与消减，采用低影响度开发（low impact development，LID）或者称海绵城市的策略，是城市面源污染控制最为有效的防治策略。

低影响度开发是目前国际上比较先进的雨水径流管理方法，主要内容是在城市开发建设过程中，以尽可能小的方式减小对下垫面的影响，通过采用一些分散的小规模的源头控制技术或设施来保持开发前后的水文径流状态不变，进而起到控制城市面源污染的作用。低影响度开发更加注重维持场地开发前后雨水径流总量和峰值流量的基本不变，强调雨水的自然循环过程，旨在保护和修复水生态系统的基础上有效缓解城市水资源、水环境问题。根据我国降雨的时空变化特征，雨水作为资源可收集利用，成为非汛期水资源的主要来源，对雨水径流采用"蓄、滞、利、用、净、排"的径流控制策略，又称为"海绵城市"策略。

低影响度开发或者"海绵城市"策略，通过径流过程截控与消减城市雨水径流污染，对保护城市河湖水体环境、维持水体生态健康长效具有重要作用。

3. 农业面源污染

农业面源污染是指农村生活和农业生产活动中产生的溶解性或不溶性的污染物，如农田中的土粒、氮素、磷素、农药、农村禽畜粪便与生活垃圾等有机或无机物质，从非特定的地域，在降水和径流冲刷作用下，通过农田地表径流、农田排水和地下渗漏，使大量污染物进入受纳水体（河流、湖泊、水库、海湾）所引起的污染。具有分散性和隐蔽性、随机性和不确定性、广泛性和不易监测性、滞后性和模糊性，研究和控制难度大。

（1）农田面源污染防治策略。农业面源污染和城市面源污染一样，显然不能采用点源污染应对的防治策略，必须依据其污染的产生、排放与迁移特征，予以对应的防治策略。对于污染防治，其总体策略为源头控制，中间过程截控与消减或者末端治理。

（2）源头控制。就是指通过加强田间管理、科学施肥、增强农田肥料利用率和减少田间水土流失，进而减小面源污染的产生，如目前农业农村部门推行的测土配方施肥，或者根据不同作物生育期的生理发育需求进行合适施肥，或者水肥耦合施肥，或者坡耕地改梯田等，是最有效的减少面源污染物的措施。

（3）中间过程截控与消减。指针对农业生产中无法避免的农业生产污染排放，在面源污染物通过沟渠、溪流或水塘排放入河湖水体而迁移的过程中加以截留与净化，如生态植草沟渠、功能湿地、稳定塘库等，达到截留与消减进入下游受纳水体污染物总量的目的。通过中间过程截控与消减防治面源污染，显然也是可行的途径。

（4）末端治理。指污染物汇入河流、湖泊等水体后再进行治理去除的方法。显然，一旦污染物汇入河湖水体，其必然造成水污染和生态破坏。而且，农业面源污染物从非固定点、沿径流途径进入水体，如末端治理，则必然涉及受纳水体不同区域，面广而不确定。因此，末端治理是最不可行的防治策略。

针对农村生活污染、生活与生产垃圾和规模化畜禽养殖污染等具有一定点源性质的污染源，则可采用点源对应的收集、集中处理、达标排放的控制策略。

对村镇地表径流污染，其类似于城市面源污染排放特征，但污染物以有机物、氮磷和颗粒物为主，应当采取与城市面源污染径流控制相似的控制策略。

4. 河湖水体内源污染

河湖底泥中有机物、氮和磷等营养物质或重金属污染物，在适当的条件下会释放进入水体，成为河湖水体内源污染。如太湖，在2007年蓝藻暴发事件后，为控治太湖氮磷污染造成的富营养化问题，对周边入湖河流执行河长制，采用强力措施控治太湖外源氮磷的输入，但近年来太湖部分区域时有藻类暴发事件。另外，滇池的富营养化问题，自20世纪80年代就启动污染治理，但仍然成效不显著，其主要原因就是滇池周边土壤和底泥中磷本底值较高，其释放可维持滇池水体目前水平60多年之久。1997—1998年，武汉东湖有高达78.5%的磷滞留在湖内，当水体外源污染得到有效控制后，沉积物中污染物的季节性释放仍能使水体富营养化持续数十年。因此，研究河湖水-沉积物界面水动力特征、微生物行为和物质迁移机制并对应提出内源污染治理措施，是目前水环境治理与修复的热点。

在河湖水体外源污染得到有效截控与消减的情况下,沉积物内源污染也会在较长时间内不断释放,如氮和磷等营养污染物,尤其磷作为水体富营养化的限制性因子,使得河湖水体长时间处于富营养化的状态,因而成为治理水体污染和生态环境健康长效维持的关键。

针对河湖水体内源污染的防治策略:内源污染主要由外源输入并累积造成,因而有效控制外源污染物的输入则成为其防治的主要策略之一。另外,沉积物有机物、氮磷等污染物释放的有效控制也是内源污染防治的主要策略,通常采用疏浚清理、物理覆盖与隔绝、生态治理与修复等的生态综合治理措施,其核心和关键是要么减少沉积物中的污染物量,要么使得污染物在沉积物中固定而不释放出来,如磷,可采用生态治理并及时收割植物,将磷移除至水体体系之外,或者将释放态磷转化为不释放态磷,从而达到控治内源磷释放的目的。

1.3.2 河湖水体环境治理与修复总体策略

河流与湖泊水体是地表水资源的最主要、最具生产力并与人类社会发展和生态环境健康最为密切的水体。对河湖水体进行环境治理与生态修复的主要目的就是通过技术与管理措施,有效地减少河湖水体污染物排放,消除水体污染,恢复生机勃勃的河湖水体生物群落乃至生态系统,进而长效维持良好的河湖水体生态健康功能和持续发展,用较通俗的话就是"有河有水,有鱼有草,人水和谐",护好生态水。

河湖水体污染问题,表象在水里,根源在岸上,在于流域。因此,河流、湖泊水体环境治理与修复要从流域角度出发,以生态学原理和生态系统工程理念为指导,采取生态综合治理的策略,即从污染源、污染物、污染迁移和转化路径和水体本身特征,综合采用源头控制、过程截控与消减、底泥疏浚或原位治理、水质净化、生态修复和调水活水的措施,重视河湖的水量修复与生态修复,确保河流与湖泊的自然属性和自然修复,协调"水资源、水环境、水生态"三水统筹,重点在于控污与减污、增强水体自净和维持生态功能。

1.4 国家相关政策法规与发展规划

水环境污染涉及我国经济社会与自然环境的和谐发展,是事关美丽中国建设,实现中华民族永续发展的重大问题。习近平总书记的"绿水青山就是金山银山"的论断,深刻诠释了生态环境治理与保护对我国实现社会主义现代化建设的重要意义。党和国家各级政府向来高度重视水环境污染治理的问题。

1.4.1 《中华人民共和国环境保护法》

早在1989年,第七届全国人民代表大会常务委员会第十一次会议通过并颁布《中华人民共和国环境保护法》,在2014年的第十二届全国人民代表大会常务委员会第八次会议进行了修订。从国家法律的地位上确保了环境治理与保护工作。在新修订的环保法中,明确了生态文明建设和可持续发展理念,明确了保护环境的基本国策和基本原则,完善了环境管理基本制度,强化了政府的环境保护责任。

1.4.2　2011年中央1号文件——《中共中央、国务院关于加快水利改革发展的决定》

文件指出要加强水土保持与水生态保护，继续推进生态脆弱河流和地区水生态修复，加快污染严重江河湖泊水环境治理。加强重要生态保护区、水源涵养区、江河源头区、湿地的保护。执行最严格的水资源管理制度，确立"水资源开发利用控制红线、用水效率控制红线和水功能区限制纳污红线"等水资源管理三条红线。

（1）水资源开发利用控制红线。到2030年，全国用水总量控制在7000亿 t 以内；

（2）用水效率控制红线。到2030年，用水效率达到或接近世界先进水平，万元工业增加值用水量降低至40m³以下，农田灌溉水有效利用系数提高到0.6以上；

（3）水功能区限制纳污红线。到2030年，主要污染物入河湖总量控制在水功能区纳污能力范围之内，水功能区水质达标率提高到95%以上。

1.4.3　2015年"水十条"——《水污染防治行动计划》

全国水环境的形势非常严峻，受到严重污染的劣Ⅴ类水体占比较高，城乡接合部沟渠塘坝污染普遍比较重，黑臭水体较多，涉及饮水安全的水环境突发事件的数量依然不少。为切实加大水污染防治力度，保障国家水安全，国家颁布本行动计划。

"水十条"从控制污染物排放、推动经济结构转型升级、节约水资源、强化科技支撑、发挥市场机制、环境执法、水环境管理、明确和落实各方责任、强化公共参与和社会监督等十个方面，制订了水污染防治的实施计划。其核心在于要运用系统思维，从流域角度解决污染问题，并通过市场、创新模式、跨界水环境补偿机制和重拳打击环境违法等角度保障行动计划的实施。

水十条的颁布，是我国重力治理水污染、解决水环境问题的开端，为后续各项水污染治理措施的出台提供了依据和保障。

1.4.4　2017年、2018年河长制和湖长制

河长制即由地方各级党政主要负责人担任"河长"，负责组织领导相应河流的管理和保护工作。河长制是各地依据现行法律法规，坚持问题导向，落实地方党政领导河湖管理保护主体责任的一项制度创新。河长制以保护水资源、防治水污染、改善水环境、修复水生态为主要任务，通过构建责任明确、协调有序、监管严格、保护有力的河湖管理保护机制，为维护河湖健康生命、实现河湖功能永续利用提供制度保障。

湖长制是"河长制"基础上及时和必要的补充，是对各地湖泊和水库进行有效管理的重要举措。

1.4.4.1　河湖长制的出台背景

（1）水环境污染治理与生态保护的需求。近年来，虽然执行了许多水污染治理工作，水体环境质量总体趋好，但污染水体占比仍然很高，Ⅳ类以下水体仍然占32.2%，甚至部分河流出现反弹，各地水污染事件时有发生，水体环境污染任务依然艰巨。过去的治污方式成效不大，如三河三湖治理问题；2030年控制纳污红线，保证95%的水功能区达标的目标存在较大压力。面对水体环境污染问题怎么办？如何破局水环境问题成为摆在面前的巨大难题。

(2) 现阶段国家发展的需求。我国社会发展现阶段主要矛盾是人民日益增长的美好生活需要和不平衡不充分的发展之间的矛盾，因此加强水环境治理与生态保护，持续改善我国河湖水体环境质量，促进河湖水体生态健康、三水保护与协调发展，是践行习近平生态发展观，落实国家长江大保护、乡村振兴，建设社会主义生态文明社会的需求，更是最终解决人民生活幸福、国家富强与民族复兴的需求。

1.4.4.2 河湖长制的主要任务

(1) 加强水资源保护，全面落实最严格水资源管理制度，严守"三条红线"。

(2) 加强执法监管，严厉打击涉河湖违法行为。

(3) 加强水环境治理，保障饮用水水源安全，加大黑臭水体治理力度，实现河湖环境整洁优美、水清岸绿。

(4) 加强河湖水域岸线管理保护，严格水域、岸线等水生态空间管控，严禁侵占河道、围垦湖泊。

(5) 加强水污染防治，统筹水上、岸上污染治理，排查入河湖污染源，优化入河排污口布局。

(6) 加强水生态修复，依法划定河湖管理范围，强化山水林田湖系统治理。

1.4.4.3 河湖长制的监督考核

县级及以上河长、湖长负责组织对相应河湖下一级河长、湖长进行考核，考核结果作为地方党政领导干部综合考核评价的重要依据。

实行生态环境损害责任终身追究制，对造成生态环境损害的，严格按照有关规定追究责任。

1.4.4.4 河湖长制的执行意义

河湖长制是落实绿色发展理念、推进生态文明建设的必然要求。"绿水青山就是金山银山"，落实绿色发展理念，必须把河湖管理保护纳入生态文明建设的重要内容。

河湖长制是解决我国复杂水问题、维护河湖健康生态的有效举措。河湖水系是水资源的重要载体，也是水问题体现最为集中的区域。推进河湖系统保护和水生态环境整体改善，维护河湖健康生命，解决水资源、水生态和水环境问题，亟须大力推进河湖长制。

河湖长制是完善水治理体系、保障国家水安全的制度创新。维护河湖生命健康、保障国家水安全，需要大力推行河湖长制，积极发挥各级地方政府的主体作用，明确责任分工、强化统筹协调，形成人与自然和谐发展的河湖生态新格局。

因此，从河湖长制的意义和内涵可以看出，实施水十条，进行河湖环境治理与生态保护，关键是抓住行动计划实施过程中人的因素，是思想转变、行动和制度的创新。

1.4.5 党的十九大与二十大报告

1.4.5.1 十九大报告

2017年10月18日，中国共产党第十九次全国代表大会开幕会在人民大会堂大礼堂举行。习近平总书记代表十八届中央委员会向大会作报告。

习近平总书记在十九大所作的报告全面阐述了加快生态文明体制改革、推进绿色发展、建设美丽中国的战略部署，为未来中国推进生态文明建设和绿色发展指明了路线图。报告明确指出，"必须树立和践行绿水青山就是金山银山的理念，坚持节约资源和保护环境的基本国策"。建设美丽中国被写入强国目标，生态文明社会建设被写入中国共产党党章，生态文明建设迈入新时代。报告提出"要加快生态文明体制改革，建设美丽中国"，强调"我们要建设的现代化是人与自然和谐共生的现代化，既要创造更多的物质财富和精神财富，以满足人民日益增长的美好生活需要，也要提供更多更优质生态产品，以满足人民日益增长的优美生态环境需要"。因此着重推进绿色发展，着力解决突出环境问题，加大生态系统保护力度，改革生态环境监管体制。至此，水资源开发利用与保护并举，以水土资源保育与生态环境保护为重，水利获得新发展。

1.4.5.2 二十大报告

2022年10月16日，中国共产党第二十次全国代表大会在北京召开，习近平总书记代表第十九届中央委员会向大会作报告。二十大报告将"人与自然和谐共生的现代化"上升到"中国式现代化"的内涵之一，再次明确了新时代中国生态文明建设的战略任务，总基调是推动绿色发展，促进人与自然和谐共生。

二十大报告指出，"要推进美丽中国建设，坚持山水林田湖草沙一体化保护和系统治理，统筹产业结构调整、污染治理、生态保护、应对气候变化，协同推进降碳、减污、扩绿、增长，推进生态优先、节约集约、绿色低碳发展。"

在阐述"推动绿色发展，促进人与自然和谐共生"时，报告针对污染防治方面具体提到，"深入推进环境污染防治，持续深入打好蓝天、碧水、净土保卫战，基本消除重污染天气，基本消除城市黑臭水体，加强土壤污染源头防控，提升环境基础设施建设水平，推进城乡人居环境整治。"

针对生态系统保护和修复，二十大报告中具体指出，"提升生态系统多样性、稳定性、持续性，加快实施重要生态系统保护和修复重大工程，实施生物多样性保护重大工程，推行草原森林河流湖泊湿地休养生息，实施好长江十年禁渔，健全耕地休耕轮作制度，防治外来物种侵害。"

1.4.6 国家"十四五"规划有关水环境治理与保护

2021年3月11日，十三届全国人大四次会议表决通过了关于国民经济和社会发展第十四个五年规划和2035年远景目标纲要的决议，简称"十四五"规划。

"十四五"规划中有关水环境治理与保护的内容如下：

（1）持续打好污染防治攻坚战。继续加大生态环境治理力度。强化大气污染综合治理和联防联控，加强细颗粒物和臭氧协同控制，北方地区清洁取暖率达到70%。整治入河入海排污口和城市黑臭水体，提高城镇生活污水收集和园区工业废水处置能力，严格土壤污染源头防控，加强农业面源污染治理。落实长江十年禁渔，实施生物多样性保护重大工程，持续开展大规模国土绿化行动，推进生态系统保护和修复。

（2）农村环境治理走向集中化，城乡环境一体化趋势增强。坚持农业农村优先发展，严守18亿亩耕地红线，实施高标准农田建设工程、黑土地保护工程，确保种源安全，实施乡村建设行动，健全城乡融合发展体制机制。2021年，全面实施乡村振兴战略,促进农业稳定发展和农民增收。接续推进脱贫地区发展,抓好农业生产,改善农村生产生活条件。

(3) 区域环境治理市场空间将进一步释放。开展京津冀区域生态协同治理、长江大保护、黄河流域高质量发展、粤港澳大湾区环境保护等区域协同的生态环境保护工作。

1.5 教材章节安排与结构体系

1.5.1 教材章节安排与主要内容

传统水利工程专业主要解决水利工程中的技术需求问题,很少涉及水体污染机理、环境治理与生态修复原理及方法等方面的知识,这与我国建设生态文明社会,执行长江大保护与黄河高质量发展及乡村振兴等国家战略不符,与保护水体环境的人才战略需求不相匹配。因此,亟须在水利工程类专业人才培养过程中加强环境污染原理和治理方面的知识的传授,使学生掌握资源水利与环境水利的基本理论与技术方法。

为满足新时代背景下水利工程各专业本科、研究生等高级人才培养需求,水环境治理与生态修复课程团队特编写本教材,各章节安排和主要内容如下。

第1章:概述。包括我国水体污染现状与成因、水环境恶化与危害、水体环境治理策略与途径、国家相关政策与发展规划、教材章节安排与结构体系。

第2章:天然水、土壤性质及其污染。了解天然水、土壤的基本性质,掌握水土环境中的主要污染物及其危害;

第3章:河湖污染调查与评价。河湖水体污染源与污染物调查与评价,判断河湖水体主要污染源、主要污染物及评价其水环境状态。

第4章:环境生物与生物群落。掌握环境中的主要微生物种类及特征,掌握水体环境中的动物、植物及其生物群落。

第5章:污染物的物理与化学净化。掌握污染物在水土环境中的物理与化学迁移转化原理与途径。

第6章:污染物的生物转化。了解生物的主要物质及其代谢途径和产物,掌握生物酶促反应原理,掌握污染物的微生物循环,了解典型污染物在环境中的转化及其环境效应。

第7章:典型污染物环境迁移转化与环境效应。掌握主要污染物,如重金属、有机物、氮磷营养物及农药、化肥在水体和土壤中的迁移转化及其相应环境效应。

第8章:水体污染净化与修复原理和技术。掌握适用于河湖水体污染物净化的生物处理原理,如有机物的好氧降解、厌氧降解与转化、生物脱氮除磷,掌握生物碎石床、生物接触氧化、人工湿地、氧化塘等原理、技术和方法。

第9章:河湖环境治理与生态修复。掌握水体环境中各种污染源治理的方法与技术,掌握水体环境治理的技术与方法,如河湖生态拦截带与生态驳岸、河湖水体污染净化与修复、河湖底泥污染治理与修复、河湖微地形与生境改造等。

第10章：河湖健康评价。了解河湖水体环境生态健康的内涵与意义，掌握水环境生态健康指标体系及其评估技术与方法。

1.5.2 教材各章节间的关联与结构体系

从以上章节内容安排可看出，第2章主要讲述课程研究对象的基本性质，第3章则通过调查与评价，确定水体污染治理的主要污染源和污染物，并判断水体环境状态。第4章～第8章讲述水体污染及其防治与生态修复的原理和技术方法，第9章讲前述原理和技术应用于河湖环境治理与生态修复的技术与方法，第10章讲述对河湖水体进行生态健康评价的指标体系与技术方法，以对河湖水体的生态健康状况或治理后的效果进行评估。

这样，教材各章节在内容上形成现状问题分析、基本原理、治理与修复技术与方法、应用评估的课程逻辑体系。

思 考 题

1. 河湖水体污染的主要成因有哪些？
2. 针对河湖水环境治理与修复，如何依据污染源特征采用适宜的治理策略？
3. 结合我国生态环境保护政策近年变化，思考未来如何因应国家政策和地方发展需求加强对河湖水生态环境保护？

第 2 章 天然水、土壤性质及其污染

水作为一切生命机体的组成物质，不仅是生命代谢活动所必需的物质，还是人类进行生产活动的重要资源，是良好生态环境必不可少、最重要的组成部分。河流、湖泊与水库等水体不仅包括大量的水，还包括水中的溶解质、悬浮物、水生生物（细菌、病毒等微生物、原生动物、浮游植物、底栖动物、鱼类等）和底泥。水和沉积物（底泥）是河湖水体的主要和关键组成部分。因此非常有必要先了解天然水、土壤的基本性质，在此基础上再学习其主要污染物及相应危害。

2.1 天然水及其性质

2.1.1 水的异常特性与分子结构

水有许多异常特性，见表 2.1。正是由于这些特性，才使水在自然界和人类生活中发挥巨大作用，成为支配自然和人类环境中各种现象的主要和关键因素。

表 2.1　　　　　　　　　　水的异常特性及其作用

性质	特点	作　用
状态	一般为液态	提供生命介质，流动性
热容	非常大	良好的传热介质，调节环境和有机体温度
熔解热	非常大	使水处于稳定的液态，调节水温
蒸发热	非常大	对水蒸气的大气物理性质有意义，调节水温
密度	3.98℃时最大	水体冰冻始于表面，控制水体中温度分布，保护水生生物
表面张力	非常大	生理学控制因素，控制液滴等表面现象
介电常数	非常大	高度溶解离子性物质并使其电离
水合	非常广泛	对污染物是良好的溶剂和载体，改变溶质生物化学性质
离解	非常少	提供中性介质
透明度	大	透过可见光和长波段紫外线，在水体深处可发生光合作用

在地球表面环境条件下，水呈三种主要物理状态存在，即气态、液态和固态。由于冰点和沸点间温度范围相当大（0～100℃），且相变热（熔解热和蒸发热）很大，所以地球表面大部分的水还是以液态形式存在，并构成了各种类型的天然水体。通常条件下呈液态，正是水的最重要特点之一。

水的特性与水分子结构相关，水的分子结构如图 2.1 所示。水分子由 1 个氧原子

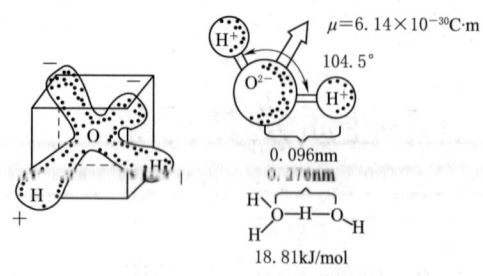

图 2.1 水的分子结构
(a) 水分子的电子云　(b) 水分子的结构参数

和 2 个氢原子构成，其中氧原子由 4 个电子对包围，2 个电子对与氢原子共用，形成 2 个共价键。另外 2 个电子对为氧原子本身持有，为孤对电子。4 个电子对相互排斥，使得水分子呈四面体结构。由于 2 个孤对电子占据空间小但斥力大，使得 H—O—H 键角由 109.5°（几何正四面体角度）缩减到 104.5°，形成如图 2.1（a）所示的水分子电子云结构。

在水分子中，氧原子具有比氢原子大得多的电负性，所以水分子中两共享电子对趋向于氧而偏离氢，使得水分子成为具有很大偶极矩的极性分子。这样的一个水分子就有可能通过正、负电间静电引力与近旁的四个水分子以氢键相联系。分子间氢键力大小为 18.81kJ/mol，约为 O—H 共价键的 1/20。冰融化成水或水挥发成水汽，都首先需要外界供能破坏这些氢键。水分子的一些结构参数如图 2.1（b）所示。

当冰融化成水时，约 15% 的氢键断裂，晶体结构崩塌，体积缩小而密度增大。如有更多热能供应，则引起更多氢键破裂，结构进一步分崩离析，密度则进一步增大。随着体系温度逐步升高，分子热运动增加，因而分子趋向占据更大的空间，这使得密度趋于减小。这两种过程随温度升高而相互消长，因而使得淡水在 3.98℃ 时密度最大，对水生生物越冬生存具有特别重要的意义。

从水的分子结构和氢键特征出发，可以解释表 2.1 中水的各种异常特性。而正是水具有这些异常特性，才使得水在较大温度范围内保持形态稳定，成为众多物质的良好溶剂，冰冻时固体在上而液体在下，从而为水生生物生存和物质迁移、转化和被生物利用提供了条件和基础。

2.1.2　天然水分类

水体，即水的集合体，江、河、湖、海、地下水、冰川等的总称，是被水覆盖地段的自然综合体。它不仅包括水，还包括水中溶解物质、悬浮物、底泥、水生生物等。

与地球生命活动最相关的天然水体包括地表水、地下水和大气水。地表水包括海洋、河流、湖泊、水库、塘堰、冰川、泉水和沼泽等。地表水、地下水和大气水通过太阳和风的作用，不断以液固气三态进行着循环。

天然水在自然循环和人为利用的过程中受到污染，混入各种杂质，使各种水系具有不同水质。对某一天然水系，可以从地理、地质、物理、化学和生物等方面来描述它的性质状态，但从环境污染角度看问题，则应突出这些方面与污染物性质之间的关系。

2.1.3　天然水的组成

水体的组成不仅包括水，还包括其中的悬浮物、胶体和溶解物、底泥和水生生物，因而水体是一个完整的生态系统，或者说被水覆盖地段的自然综合体，水中杂质分类和特点见表 2.2。

表 2.2　　　　　　　　　　　水中杂质分类和特点

分类	溶解物	颗粒物		
		胶体		悬浮物
粒径	0.1~1nm	1~100nm	1~10μm	10μm~1mm
分辨工具	电子显微镜可见	超显微镜可见	显微镜可见	肉眼可见
水的外观	透明	光照下浑浊	浑浊	
形态	以分子或离子状态均匀分散于水中	1. 在水中相对稳定，即使静置较长时间也不会自然沉淀； 2. 无机矿物质胶体主要是铁、铝和硅的化合物； 3. 有机胶体主要是腐殖质	1. 一般在动水中悬浮，静水中可分离出来； 2. 大部分构成水的浊度、少部分形成水的色度和臭味； 3. 导致人体疾病的病原菌等	

2.1.3.1 天然水中的颗粒物

天然水中的颗粒物包括悬浮物和胶体。

悬浮物尺寸较大，易于在水中下沉或上浮。如果密度小于水，则可上浮到水面。易于下沉的一般是大颗粒泥砂及矿物质废渣等，能够上浮的一般是体积较大而密度较小的某些有机物，如藻类。

胶体尺寸很小，在水中经长期静置也不会下沉。水中的胶体通常有黏土、某些细菌及病毒、腐殖质及蛋白质等。有机高分子物质通常也属于胶体一类。工业废水排入水体，会引入各种各样的胶质或有机高分子物质，例如人工合成的高聚物通常来自生产这类产品的工厂所排放的废水中。天然水中的胶体一般带负电荷，有时也含有少量带正电荷的金属氢氧化物胶体。

悬浮物和胶体是使水产生浑浊现象的根源。其中有机物，如腐殖质及藻类等，往往会造成水的色、臭、味。随生活污水排入水体的病菌、病毒及原生动物等病原体会通过水传播疾病。

悬浮物和胶体通常吸附或者与水中的污染物，如有机物、重金属等结合在一起，还是水中原生动物、细菌等微生物的附着载体。因此，悬浮物和胶体对污染物的迁移、转化和归趋都具有重要影响。

2.1.3.2 水中的溶解性物质

水中的溶解性物质是指水中的低分子有机物和离子，主要有八大离子：K^+、Na^+、Ca^{2+}、Mg^{2+}、NO_3^-、CO_3^{2-}、Cl^-、SO_4^{2-}，占天然水离子总量的95%~99%。水中的主要离子及其分类见表2.3。

表 2.3　　　　　　　　　　　水中的主要离子及其分类

	硬度	酸	碱金属
阳离子	Ca^{2+}、Mg^{2+}	H^+	K^+、Na^+
阴离子	HCO_3^-、CO_3^{2-}、OH^-		NO_3^-、Cl^-、SO_4^{2-}
	碱度		酸根

水中的金属离子常以 M^{n+}，与水结合形成 $[M(H_2O)_x]^{n+}$ 的多种形态存在。金属离子可以通过化学反应达到最稳定的状态，如酸碱、沉淀、配位和氧化还原等化学反应。例如，Fe 可以 $[Fe(OH)]^{2+}$、$[Fe(OH)_2]^+$、$[Fe_2(OH)_2]^{4+}$ 和 Fe^{3+} 等形态存在。在中性（pH=7）的水中，这些形态的 Fe 浓度可以通过平衡常数加以计算：

$$[Fe(OH)^{2+}][H^+]/[Fe^{3+}] = 8.9 \times 10^{-4}$$

$$[Fe(OH)_2^+][H^+]^2/[Fe^{3+}] = 4.9 \times 10^{-7}$$

$$[Fe_2(OH)_2^{4+}][H^+]^2/[Fe^{3+}]^2 = 1.23 \times 10^{-3}$$

如存在固体 $Fe(OH)_3$，则：

$$Fe(OH)_3 + 3H^+ \longleftrightarrow Fe^{3+} + 3H_2O$$

$$[Fe^{3+}]/[H^+]^3 = 9.1 \times 10^3$$

当 pH=7 时，$[Fe^{3+}] = 9.1 \times 10^3 \times (1 \times 10^{-7})^3 \text{mol/L} = 9.1 \times 10^{-18} \text{mol/L}$，将这个数值带入以上反应式中，即可得出其他各形态的浓度：

$$[Fe(OH)_2^+] = 8.1 \times 10^{-14} \text{mol/L}$$

$$[Fe(OH)_2^+] = 4.5 \times 10^{-10} \text{mol/L}$$

$$[Fe_2(OH)_2^{4+}] = 1.02 \times 10^{-23} \text{mol/L}$$

虽然这种处理简单化，但很明显，在近中性的天然水溶液中，水合铁离子的浓度可以忽略不计。而在地下水中，可溶性铁多以还原性的 Fe^{2+} 存在，当它们暴露于大气时，Fe^{2+} 缓慢氧化而生成 Fe^{3+}，最后形成棕红色固体 $Fe(OH)_3$ 沉淀，因而使水体呈现棕红色。

2.1.3.3 水中的溶解性气体

天然水体中的溶解性气体主要是 O_2、N_2、CO_2 和 SO_2，有时也含有少量 H_2S。气体在水中的溶解情况对水体的酸碱性、氧化还原情况等有很重要的影响。

当水中气体不与水发生化学反应，则气体与溶液中同种气体分子间存在溶解平衡，服从亨利定律，即在一定温度下，一种气体在液体中的溶解度正比于该液体所接触的该种气体的分压力。气体在水中溶解度的大小，通常用亨利常数表示，常见气体在水中的亨利常数见表 2.4。

表 2.4   25℃ 时部分气体在水中的亨利常数

气体	K_H/[mol/(L·Pa)]	气体	K_H/[mol/(L·Pa)]
O_2	1.26×10^{-8}	N_2	6.40×10^{-9}
O_3	9.16×10^{-8}	NO	1.97×10^{-8}
CO_2	3.34×10^{-7}	NO_2	9.74×10^{-8}
CH_4	1.32×10^{-8}	HNO_2	4.84×10^{-4}
C_2H_4	4.84×10^{-8}	HNO_3	2.07
H_2	7.80×10^{-9}	NH_3	6.12×10^{-4}
H_2O_2	7.01×10^{-1}	SO_2	1.22×10^{-5}

对于和水能发生反应的气体，其溶解度相对较大，如 CO_2 和 SO_2 等，其最终进入水的量包含了该气体分子及对应与水反应消耗的量。

(1) 水中的 O_2。主要有两个来源：①大气复氧，与水体紊动有关，紊动越强，复氧速率越快；②水生植物和藻类光合作用复氧，只在白天进行。

地表水中溶解氧的浓度与水温、气压及水中有机物含量等有关。氧在水中的溶解服从亨利定律，在25℃，一个标准大气压时，为8.32mg/L，其他温度由式（2.1）计算，随温度升高而下降：

$$\lg \frac{c_2}{c_1} = \frac{\Delta H}{2.303R}\left(\frac{1}{T_1} - \frac{1}{T_2}\right) \tag{2.1}$$

式中：c_1 和 c_2 分别为热力学温度 T_1 和 T_2 时气体在水中的浓度，mg/L；ΔH 为溶解热，J/mol；R 为摩尔气体常数，8.314J/(mol·K)。

当温度从0℃上升到35℃，溶解氧的浓度将从14.74mg/L降低到7.03mg/L。因此，在高温时，一方面水中微生物耗氧加剧，另一方面溶解氧的浓度降低，二者综合加剧了水中溶解氧浓度的降低，污染加重。不受污染的天然水体，溶解氧浓度一般为5～10mg/L，最高浓度不超过14mg/L。当水体受到废水污染时，如有机物和氮磷营养污染，水体生物耗氧增加，造成溶解氧浓度降低。严重污染的水体，溶解氧甚至为零。

(2) 水中的 CO_2。主要来自有机物的分解和大气中二氧化碳的溶解。按亨利定律，水中 CO_2 含量已超过来自空气中 CO_2 的饱和溶解度，这是因为 CO_2 可与水发生反应生成碳酸，碳酸进一步离解成碳酸氢根和碳酸根，并与水中其他物质发生反应。地表水中（除海水以外）CO_2 含量一般小于20～30mg/L，地下水中 CO_2 含量约每升几十毫克至一百毫克，少数竟高达数百毫克。海水中 CO_2 含量极少。水中 CO_2 约99%呈分子状态，仅1%左右与水作用生成碳酸。

(3) 水中的 N_2。主要来自空气中氮的溶解，部分来自有机物的分解及含氮化合物的细菌还原等生化过程。

(4) 水中的 H_2S。硫化氢的存在与某些含硫矿物（如硫铁矿）的还原及水中有机物降解有关。由于 H_2S 极易被氧化，故地表水中含量极少。如果地表水中 H_2S 含量较高，往往与含有大量含硫物质的生活污水或工业废水污染有关。水体在遭受严重污染时，呈现黑臭现象，主要是与 H_2S 和金属硫化物有关，如硫化铁、硫化锰或硫化铜等。

2.1.3.4 水生生物

水生生物可直接影响许多物质的浓度，其作用有代谢、摄取、转化、存储和释放等。在水生生态系统中生存的生物体，可以分为自养生物和异养生物。藻类是典型的自养水生生物，通常 CO_2、NO_3^-、和 PO_4^{3-} 多为自养生物的 C、N、P 源。而异养微生物利用自养生物产生的有机物作为能源及合成其自身生命的原始物质。藻类的生成和分解就是在水体中进行光合作用（P）和呼吸作用（R）的典型过程，可用简单的化学计量关系来表征：

$$106CO_2 + 16NO_3^- + HPO_4^{2-} + 120H_2O + 18H^+ + (痕量元素和能量)$$

$$P \updownarrow R$$

$$C_{106}H_{263}O_{110}N_{16}P + 138O_2$$

由上可见，在光合作用强烈的水体中，H^+被大量消耗，使得水体呈碱性，同时大量氧气的产生会使水体溶解氧浓度增大，甚至出现过饱和的状态。

水体产生生物体的能力称为生产率。生产率是由化学及物理因素相结合而决定的。在高生产率的水中藻类生产旺盛，死亡藻类的分解引起水中溶解氧水平降低，这种情况常被称为富营养化。水中营养物通常决定水的生产率，水生植物需要供给适量C（二氧化碳），N（硝酸盐），P（磷酸盐）及痕量元素（如Fe），在许多情况下，P是限制的营养物。

决定水体中生物的范围及种类的关键物质是氧，氧的缺乏可使许多水生生物死亡。氧的存在能够杀死许多厌氧细菌。因此，在测定河流及湖泊的生物特征时，首先要测定水中溶解氧的浓度。

生物（或生化）需氧量（BOD）是水质的另一个重要参数，它是指在一定体积的水中有机物降解所需耗用的氧的量。BOD较高的水体，不可能很快地补充氧气，显然对水生生物的生存不利。

CO_2是由水及沉积物中微生物的呼吸过程产生的，也能从大气进入水体。藻类光合作用需要CO_2，由水中有机物降解产生的高水平的CO_2，可能引起过量藻类的生长以及水体的超生长率。因此，在有些情况下CO_2是一个限制因素。

2.1.4 天然水的性质

在天然水中，由于CO_2溶解，存在的一定的碳酸平衡，并且具有一定的酸碱度，因而天然水具有相当的缓冲能力。

2.1.4.1 碳酸平衡

CO_2在水中形成酸，可同岩石中的碱性物质发生反应，并可通过沉淀反应变为沉积物而从水中除去。在水和生物体之间的生物化学交换中，CO_2占有独特地位，溶解的碳酸盐化合态与岩石、大气进行均相、多相的酸碱反应和交换反应，对于调节天然水的pH和组成起着重要的作用。

如果不考虑CO_2在大气和水体之间平衡，这时水体的碳酸平衡体系称为封闭体系。在封闭体系水体中存在着CO_2、H_2CO_3、HCO_3^-和CO_3^{2-}等四种化合态，常把CO_2和H_2CO_3合并为$H_2CO_3^*$，实际上H_2CO_3含量极低，主要是溶解性气体CO_2。因此，水中$H_2CO_3^* - HCO_3^- - CO_3^{2-}$体系可用下面的反应和平衡常数表示：

$$CO_2 + H_2O \longleftrightarrow H_2CO_3^* \quad pK_0 = 1.46$$

$$H_2CO_3^* \longleftrightarrow HCO_3^- + H^+ \quad pK_1 = 6.35$$

$$HCO_3^- \longleftrightarrow CO_3^{2-} + H^+ \quad pK_2 = 10.33$$

根据K_1和K_2值，就可以制作封闭体系中以pH为主要变量的$H_2CO_3^* - HCO_3^- - CO_3^{2-}$体系形态分布图，封闭体系中碳酸化合物形态分布如图2.2所示。

用α_0，α_1，α_2分别表示$H_2CO_3^* - HCO_3^- - CO_3^{2-}$体系中三种化合态所占比例，可以给出下面的三个表示式：

$$\alpha_0 = [H_2CO_3^*]/\{[H_2CO_3^*]+[HCO_3^-]+[CO_3^{2-}]\} \tag{2.2}$$

$$\alpha_1 = [HCO_3^-]/\{[H_2CO_3^*]+[HCO_3^-]+[CO_3^{2-}]\} \tag{2.3}$$

$$\alpha_2=[CO_3^{2-}]/\{[H_2CO_3^*]+[HCO_3^-]+[CO_3^{2-}]\} \tag{2.4}$$

对于开放体系，考虑到 CO_2 在大气和水体之间的平衡时，即水中溶解的 CO_2 与大气中的 CO_2 存在气体交换，则各种碳酸盐化合态的平衡浓度可表示为大气中 CO_2 分压 P_{CO_2} 和 pH 的函数，应用亨利定律得

$$[CO_2(aq)]=K_H P_{CO_2} \tag{2.5}$$

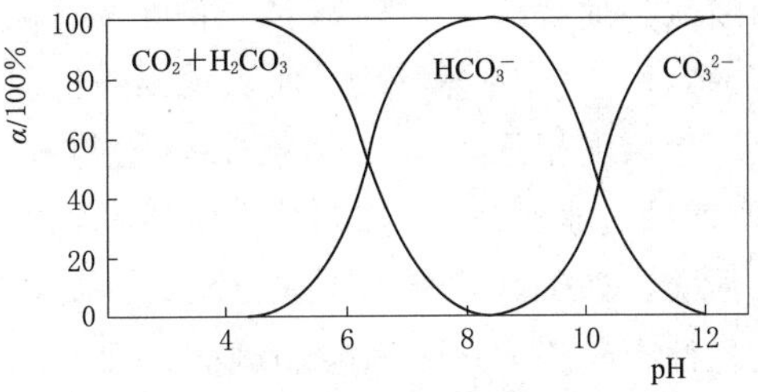

图 2.2 封闭体系中碳酸化合物形态分布

溶液中，碳酸化合态相应为

$$C_T=\frac{[CO_2]}{\alpha_0}=\frac{1}{\alpha_0}K_H P_{CO_2} \tag{2.6}$$

$$[HCO_3^-]=\frac{\alpha_1}{\alpha_0}K_H P_{CO_2}=\frac{K_1}{[H^+]}K_H P_{CO_2} \tag{2.7}$$

$$[CO_3^{2-}]=\frac{\alpha_2}{\alpha_1}K_H P_{CO_2}=\frac{K_1 K_2}{[H^+]^2}K_H P_{CO_2} \tag{2.8}$$

对上述方程进行浓度取对数，并做 $\lg c$-pH 图（图 2.3），$H_2CO_3^*$，HCO_3^-，CO_3^{2-} 三条线的斜率分别为 0，+1 和 +2，此时 C_T 为三者之和，它是以三根直线为渐近线的一个曲线。

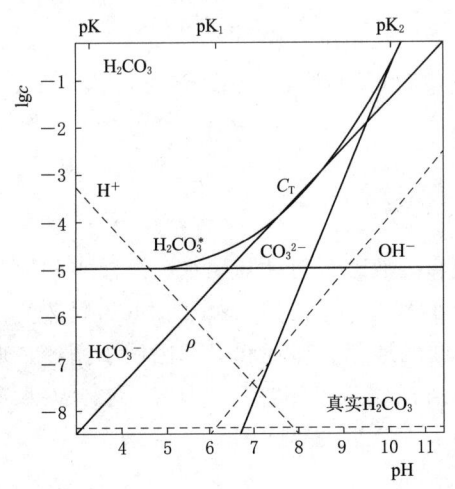

图 2.3 开放体系中的碳酸平衡

由图 2.3 可知，C_T 随着 pH 的改变而变化。当 pH<6 时，溶液中主要是 $H_2CO_3^*$ 组分；当 6≤pH<10 时，溶液中主要是 HCO_3^- 组分；当 pH≥10 时，溶液中则主要是 CO_3^{2-} 组分。天然水体的 pH 值一般在 6~9 之间，因此天然水中体中二氧化碳主要以 HCO_3^- 的形式存在。

由上可知，封闭体系中 $H_2CO_3^*$，HCO_3^-，CO_3^{2-} 的浓度随着 pH 值变化而变化，但总的碳酸量 C_T 不变；但对于开放体系，HCO_3^-，CO_3^{2-} 和 C_T 均随着 pH 的变化而改变，但 $H_2CO_3^*$ 的量总保持与大气中 CO_2 组分保持平衡的固定值。

因此，在天然条件下，开放体系是实际存在的，而封闭体系是计算短时间溶液组成的一种方法，即看作开放体系趋向平衡过程中的一个微小阶段，在实用上认为是相对稳定而加以计算。也就是说，针对天然水体，采用封闭体系（图 2.2）计算碳酸各化合态是可以的。

2.1.4.2 天然水中的酸碱度

碱度是指水中能与强酸发生中和作用的全部物质，亦即能接受质子 H^+ 的物质总和。组成水中碱度的物质可归纳为以下三类：①强碱，如 NaOH，$Ca(OH)_2$；②弱

碱，如 NH_3，$C_6H_5NH_2$，这些物质在水中与水反应生成 OH^- 而表现出碱性；③强碱弱酸盐，如碳酸盐，硅酸盐，磷酸盐和腐殖酸等，这些物质因水解产生 OH^- 或与 H^+ 结合，水中剩余 OH^- 而表现出碱性。

与碱度相反，酸度是指水中能与强碱发生中和作用的全部物质，亦即能放出 H^+ 或经过水解能产生 H^+ 的物质的总量。组成水中酸度的物质也可归纳为三类：①强酸，如 HCl，H_2SO_4，HNO_3 等；②弱酸，如 CO_2 及 H_2CO_3，H_2S，蛋白质以及各种有机酸类；③强酸弱碱盐，如 $FeCl_3$，$Al_2(SO_4)_3$ 等。

在环境水化学及水处理工艺过程中，常常会遇到向碳酸体系加入酸或碱而调整原有的 pH 的问题，例如水的酸化和碱化问题。

2.1.4.3　天然水体的缓冲能力

天然水的 pH 值一般为 6～9，而且对于某一水体，其 pH 值几乎保持不变，这表明天然水体具有一定的缓冲能力，是一个缓冲体系。一般认为，各种碳酸化合物是控制水体 pH 的主要因素，并使水体具有缓冲作用。尽管最近的研究表明，水体与周围环境之间的多种物理、化学和生物反应，对水体的 pH 也有着重要作用。但无论如何，碳酸化合物仍是水体缓冲作用的最主要因素。因而，人们时常根据它的存在情况来估算水体的缓冲能力。

对碳酸体系，当 pH<8.3 时，只考虑一级碳酸平衡，投加 ΔB 量的碱性废水，则水体 pH 值变化 ΔpH 可由下式计算：

$$\Delta B = 碱度 \times [10^{\Delta pH} - 1]/(1 + K_1 \times 10^{pH + \Delta pH}) \tag{2.9}$$

ΔpH 即为相应改变的 pH。在投入酸量 ΔA 时，则把 ΔpH 作为负值，$\Delta A = -\Delta B$，也可以进行类似计算。

2.1.5　天然水体特征

2.1.5.1　赋存形态

天然水的赋存形态主要有固态、液态和气态。液态水包括陆地水、海洋水和地下水等。固态水包括冰川、冰雪。气态水主要指在大气中存在的水蒸气。水的固液气三态相互变化，在地球上形成大气—陆地—海洋间的地球大循环和局部区域小循环，形成冰雪、急流、小溪、瀑布、冰川等多样化的自然美景。当然，"水多，水少，水浑和水脏"也相应产生洪涝、干旱、水土流失和水环境污染等问题。

2.1.5.2　分类与性质

矿化度指水中含有钙、镁、铝和锰等金属的碳酸盐、重碳酸盐、氯化物、硫酸盐、硝酸盐以及各种钠盐等的总和。一般用 1L 水中含有各种盐分的总量来表示，单位为 mg/L 或 g/L。按矿化度的大小可把天然水分为五类：①淡水，矿化度小于 1g/L；②微咸水（弱矿化水），矿化度为 1～3g/L；③咸水（中等矿化水），矿化度为 3～10g/L；④盐水（强矿化水），矿化度为 10～50g/L；⑤卤水，矿化度大于 50g/L。

从天然水的空间分布、形态和环境角度，将天然水分为大气降水、河流水、湖泊与水库水、海洋水和地下水，各类水的性质如下。

(1) 大气降水。降水中的盐类溶解物相对于其他类型的水而言，一般较少。

大气降水中溶解气体较多,能够达到饱和的程度,种类有 CO_2、NO_2、SO_2、HCl、O_2 等。大气降水通常呈酸性,甚至会形成酸雨,这是因为溶解了大量酸性气体的缘故。

(2) 河流水。一般江河洪枯期流量及水位变化较大,水中含泥沙等杂质较多,并且发生河床冲刷、淤积和河床演变。河水水质随流量变化而变化,在平、枯水期,河水较清,浊度一般很小,洪水期则水质浑浊且挟有大量的推移质和漂浮物。由于长时间与河床沉积物相互作用,其含盐量高,矿化度高于大气降水。易受周围环境和径流或生产和生活排水影响,水质复杂多变。溶解氧丰富、水质和水温垂直分层不明显。初级生产率低,有机物主要来自陆地或其他水体。

(3) 湖泊与水库水。由于湖泊与水库相对封闭,而且水流流速较为缓慢,因而水体交换与更新较为缓慢,蒸发相对于河流更为剧烈,因而含盐量高,矿化度高。对于湖泊而言,通常其深度不是太大,溶解氧、水质和水温垂直分层不明显。但对于大型水库,由于水深较大,因而溶解氧、水质和水温都存在明显分层现象,甚至出现逆温层。湖泊、水库的氮磷营养物如较多,易产生富营养化问题。湖泊和水库的初级生产力远高于河流,尤其是在临近岸边浅水区域。从岸边到水体随着水深的不断增加,存在显著的水体生物群落演替,从陆生植物、挺水植物、沉水和漂浮植物以及藻类等,因而在此区域生活着大量的底栖动物、鱼类和鸟类,是水体生态系统最为活跃的区域。

对于湖泊而言,随着泥沙不断淤积,水生动植物的死亡,沉积物不断增加,必然存在面积萎缩的过程,因而从自然演化的途径,必然经历贫营养湖泊、中营养湖泊、富营养湖泊,再至沼泽和湿地,而最终消亡的自然更替过程。只不过在受到人类生产、生活影响而造成氮磷营养物急剧增加,使得这个生态演替过程大大加剧。

(4) 海洋水。是海洋中水体的总称。地球上的海洋水约占地球上水体总量的 96.5%。海水不仅有咸味,而且还有点苦。这是因为海水中含有大量的盐类,咸味来自氯化钠,苦味来自氯化镁和氯化钾,这两者构成海水盐类的主要部分。其次有硫酸钙、氯化钙等。由于海洋水的高盐,使得海水利用非常困难,因而对于水资源而言,通常指江河水、湖泊、水库和地下水。

(5) 地下水。是指埋藏在地表以下各种形式的重力水。地下水是水资源的重要组成部分,由于水量稳定,水质好,是农业灌溉、工矿和城市的重要水源之一。地下水一般流动缓慢,通常因非透水层而成为独立水体,因而地下水交换异常缓慢。同时,因与周围地质矿物充分接触,其水质较易受所处位置矿物影响,常出现与地质相关的水质问题,如苦咸水、含铁锰过高的水或者含砷、含氟水等。地下水一般悬浮物少,较清洁,微生物、细菌也较少,但含盐量高,矿化度高,硬度高,尤其是暂时硬度高。

地下水的来源主要是大气降水和地面水的入渗,渗入水量的多少与降雨量、降雨强度、持续时间、地表径流和地层构造及其透水性有关,一般年降雨量的 30%~80% 渗入地下补给地下水。因而地下水一经污染很难处理,因此如想保证地下水不受污染,保护地表水源则是必然的选择,也是地下水保护的重点。

2.1.6 水循环

水循环是指地球上各种形态的水，在太阳辐射、重力等的作用下，通过水的蒸发、水汽输送、凝结降落、下渗和径流等各环节，在大气层、地面、地底、湖泊、河流及海洋间不断发生的周而复始的运动过程。降水、蒸发和径流是水循环过程的三个最重要环节，这三个环节构成的水循环决定着全球的水量平衡，也决定着一个地区的水资源总量。

拓展 2.1

水循环分为海陆间循环、陆上内循环和海上内循环三种形式。环境中水的循环交织在一起的，并在全球范围内和在地球上各个地区内不停地进行着。

水循环对于地球生态环境至关重要，其主要作用如下：①水是所有营养物质的介质，营养物质的循环和水循环不可分割地联系在一起。②水对物质是很好的溶剂，在生态系统中起着能量传递和物质利用的作用。陆地径流向海洋不断地输送泥沙、有机物和盐类；对地表太阳辐射吸收、转化、传输，缓解不同纬度间热量收支不平衡的矛盾，调节气候。③水是地质变化的动因之一，一个地方矿质元素的流失，而另一个地方矿质元素的沉积往往要通过水循环来完成。④造成侵蚀、搬运、堆积等外力作用，不断塑造地表形态，是产生优质土壤的主要力量。

2.2 水体污染及其危害

2.2.1 水体污染及其机理

2.2.1.1 水体污染

水体污染指水体受到人类或自然因素的影响，即受到外来污染物的影响，使水的感观性状（色、臭、味、浊）、物理化学性能（温度、酸碱度、电导性、氧化还原电位、放射性等）、化学成分（无机物、有机物）、生物组成（种类、数量、形态、品质）及底质情况等产生了不利于水体生物生存和保持良好生态功能，进而影响人类生产、生活的水质恶化现象。

2.2.1.2 水体污染机理

污染物进入水体并引发水污染的机理相当复杂，既有物理作用，又有化学和物理化学作用，还有生物与生物化学作用在内。

1. 物理作用

污染物进入水体后，首先在水流和浓度差的作用下，通过扩散不断充满整个水体，使得整个水体受到污染，并且随着水流流动或者受浓度梯度影响而不断向下游迁移。或者因沉淀而沉积在河流或湖泊、水库沉积物中，使得水体沉积物成为污染物的"汇"。而积累在沉积物中的污染物，在一定的温度、水动力或者生物活动下，会伴随着底泥颗粒的再悬浮而重新释放进入水体，成为水体污染的"源"。

如磷是藻类和水生植物必需营养元素，是水体富营养化乃至黑臭污染的限制因子，无论湖泊规模大小、地质条件和所处纬度，控制水体磷浓度对解决湖泊富营养化问题都非常有成效。水中磷来源包括外源性磷和内源性磷。外源磷得到有效控制后，湖泊富营养化并没有得到有效遏制，如太湖、滇池、鄱阳湖。滇池90%磷赋存在底泥中，巢湖内源磷负荷达到总磷的21%，而2017年太湖再次蓝藻暴发，则是由于其内源磷释放。大型湖泊野外观测实验发现，太湖在风浪作用下，表层底泥中可溶性磷快速释放，总磷、活性磷含量分别是静风时的3倍和2倍，甚至可使水体磷浓度增加20~30倍，而这是底泥静态释放所无法达到的。

2. 化学与物理化学作用

化学作用包括酸碱中和、氧化还原及分解与化合作用，化学变化能够改变物质在水中的存在形态，因而其污染性质可能发生较大的变化。金属离子污染与其化合价有关，如铬通常在废水中以重铬酸根离子形态存在，其在酸性条件下，则具有较强的氧化性。高价态的重铬酸根离子形态毒性远大于+3价的铬离子，而+3价砷则毒性远大于+5价的砷。因此，化学作用可以使得污染物的毒性增强或者减弱，是污染物迁移转化的重要途径。另外，水体中含有大量的有机物，如腐殖质，包含各种有机基团，如羧基、羟基、醛基等，这些有机物可以和水中污染物进行络合、螯合等作用，从而改变其迁移转化及污染特性。如腐殖酸中的羧基可以与Cu^{2+}形成螯合物，从而影响Cu^{2+}的形态和生物毒性。

物理化学作用主要指吸附与解吸、胶溶与凝聚。水体中含有大量的悬浮物，如黏土，其表面能够吸附污染物，如磷主要吸附在悬浮物表面，以弱吸附态、铁铝结合态存在，会伴随着悬浮物的迁移而迁移。悬浮物在河流、湖库中沉积下来，并在一定条件下解吸出来，成为内源磷释放的主要来源。悬浮颗粒可以在各种离子或者有机物作用下进行凝聚和絮凝，进而形成大颗粒而沉积，也可以经水流或者离子作用而胶溶，再进入水体而继续迁移。

3. 生物与生物化学作用

水体中含有大量的水生生物，包括水生动植物和微生物，其通过自身的生命活动和食物链关系，影响着水体污染物的迁移和转化，是水体污染不可忽视的因素，或者说是水体污染的主要现象。大量的有机物排入水体，会造成好氧异养菌迅速增殖，水体中溶解氧迅速下降甚至消耗殆尽，此时，异养厌氧菌大量增殖，分解有机物，产生甲烷、氨氮、硫化氢等气体，沉积物中金属如铁则被还原，形成硫化亚铁，因而水体表现为严重的黑臭污染。氮磷污染物进入水体，作为浮游藻类和植物的营养元素，必然会造成藻类的大量滋生，而后以藻类为食的水生动物大量滋生，水体溶解氧急剧消耗，如补充不及时，则产生富营养化，进而水体发生黑臭污染，其污染与有机物污染表现一致。

水体的生物与生物化学作用，一方面因有机物或氮磷的输入而使得水体发生黑臭污染，同时因水体氧化还原状态改变，进而改变沉积物中污染物的迁移转化，如因水体黑臭厌氧造成的沉积物磷释放、重金属铅、镉的释放等。

水体的污染机理相当复杂，是水体环境，如pH值、温度和溶解氧值，物理作用、化学和物理化学作用及生物和生化作用等综合作用的结果，污染产生和消除甚至水体环境健康维持也是上述综合作用的结果。

2.2.2 天然水体污染的特点

天然水体类型不同，其水动力条件、水生动植物不同，造成水体的自净能力和环境容量差异，因而对污染物排入后引起的环境污染特征也不同。

2.2.2.1 河流

污染程度随径污比变化，因而污染程度存在季节的变化，如夏季，河流流量大，同样的排污量引起的污染程度低，而冬季，河流流量小，则污染程度大。河流流速大，污染物排入河流后受水流动力条件影响而扩散快，短时间内污染范围影响大，存在污染断面随径流而迅速向下游转移，所以，河水污染后容易消除与恢复。

2.2.2.2 湖泊

湖泊水体相对封闭，水流缓慢，生物多样性高，生产力强。湖泊污染物来源广、途径多、种类复杂，包括湖周边生产、生活污水排放和农业面源污染排放，以面源污染为主。由于湖泊相对封闭和水流缓慢，污染物易在湖泊沉积物沉积，因水流引起的污染物扩散和稀释及迁移能力弱。然而因生物群落丰富、多样，因而对污染物的生物降解、累积和转化能力较强。另外，湖泊由于相对封闭，水流缓慢和沉积物量大，因此其一旦受到污染而产生环境问题，则一般较难恢复。

湖泊在外源污染阻控得以控制的情况下，沉积在湖泊底泥中的污染物的释放将成为水体污染的主要污染源，而且是一个长期不断释放的过程。如滇池，虽然自20世纪80代末就启动治理，但到目前富营养化问题尚未解决，其根本原因就在于滇池底泥中内源磷的持续释放。

2.2.2.3 水库

水库的污染特征与湖泊存在相似之处，同样因水流缓慢，水体相对封闭等原因，污染物的稀释与迁移能力弱。水库通常水深较大，存在温度和溶解氧的分层分布现象，有时会出现逆温层，如在一些水库，在冬季水体颜色有时呈暗灰色，则是由于冬季水库表层水温低（4℃），而深层库底水温高（一般15℃左右），表层水因密度和重力作用而产生密度对流，水库底部含灰黑色颗粒水体上升到水库表层的结果。水库中的污染物与湖泊中一样，容易随悬浮物的沉积而累积，同时再加上水库浅水区域丰富的水生生物，因而水库水体同样对污染物的转化与富集作用较强。

2.2.2.4 地下水

地下水赋存于地质层中，与地表水交换较慢，地下水基本不流动或者流动异常缓慢，径流方向不明，而且相对隔离。但地下水的主要补给仍然依靠地表水。因此，地下水受到污染物的过程相对而言比较缓慢，污染物扩散方向也不易监测，难于治理。

2.2.3 水体污染的分类及主要污染源

2.2.3.1 污染源分类

按自然形成和人为活动产生可以分为自然污染源，如湖泊中水生植物死亡、植被枯死或者树木落叶等。人为活动产生可以分为生活污染源、农业污染源和工业污染源。

按照污染源存在和排放形式，可以分为点源和面源，前者如城镇生活污水集中排放、工业企业废水排放、规模畜禽养殖污水排放等。后者则包括农业面源和城市面源，如农田化肥流失、径流污染、分散农户生活污水等，城市面源如城市降雨径流形成的径流污染。

2.2.3.2 主要水体污染源

主要水体污染源包括工业废水、农村生活污水、城镇生活污水、大气污染物和工业及生活垃圾。

（1）工业废水。通常污染物为有机物、无机物、化学毒物、悬浮物、热污染、有色、臭、味的废水。工业企业类型不同，其上述主要污染物的类型也不同，如食品加工企业，以悬浮固体、有机物和氮磷为主。而电子机械加工，则以产品金属离子为主，也可能以酸碱污染为主。工业废水为最重要的点污染源，尤其应该关注特殊企业的有毒有害物质排放。

（2）农村生活污水。生活污水、人畜粪便、植物废料、动物尸体、农药、化肥等。特点是有机物、植物营养素如氨氮、磷较多，同时病原菌较多。

（3）城镇生活污水。有机物、植物营养物（氮和磷）、病原微生物、洗涤剂和有机化学毒物，并含有大量悬浮物质。

（4）大气污染物。工业废气和大量固体微尘，在城市或者农村区域形成沉降，进而形成水体的主要面污染源之一。

（5）工业及生活垃圾。机械、轻工及其他工业在生产过程中所排出的固体废弃物。如机械工业切削碎屑、研磨碎屑、废型砂等，食品工业的活性炭渣，硅酸盐工业和建筑业的砖、混凝土等。因其成分复杂，因而可能产生的污染物也较复杂，需要重点处理。其在降雨淋洗或者渗漏作用下，各种污染物从垃圾中随水流进入水体，有时存在各种有害有毒污染物，对水体危害巨大。

2.2.4 水体主要污染物

2.2.4.1 水体主要污染物

按照性质分类，水体污染物通常分为三类：化学性污染物、物理性污染物和生物性污染物，见表2.5。

表2.5　　　　　　　　　　水中主要污染物

类　型		主要污染物
化学性污染物	无机无毒物	
	微量金属	Fe、Cu、Zn、Ni、V、Co等
	非金属	Se、N、B、C、Br、I、Si、CN^-等
	酸、碱、盐污染物	HCl、H_2SO_4、HCO_3^-、HS^-、SO_4^{2-}、CO_3^{2-}、Cl^-、酸雨等
	硬度	Ca^{2+}、Mg^{2+}等
	需氧有机物（有机无毒物）	碳水化合物、蛋白质、油脂、氨基酸、木质素等
	有毒物质	
	重金属	Hg、Cd、Pb等
	非金属	F^-、CN^-、As
	有机物	酚、苯、醛、有机磷农药、多氯联苯、多环芳烃、芳香烃
	油类污染物	石油等

续表

类型		主要污染物
生物性污染物	营养性污染物	有机氮、有机磷化合物、砷、NO_3^-、NO_2^-、NH_4^+等
	病原微生物	细菌、病毒、病虫卵、寄生虫、原生动物、藻类等
物理性污染物	固体污染物	溶解性固体、胶体、悬浮物、尘土、漂浮物等
	感官性污染物	H_2S、NH_3、胺、硫、醇、燃料、色素、恶臭、肉眼可见物、泡沫等
	热污染	工业热水等
	放射性污染物	铀、镭、锶、铯等

由于环境中的有毒物质品种繁多，不可能对每一种污染物都制定控制标准，因而在众多污染物中筛选出若干种对人体健康和生态平衡危害大的或潜在危险性大的有毒污染物作为优先控制对象，称优先控制污染物。

优先控制污染物的筛选原则是：①具有较大的排放量，在环境中检出频率较高；②毒性大或具有致癌、致畸、致突变作用；③难降解，在环境中有一定残留量，在生物体内有积累性；④具备实施监测与控制的必要技术条件。

依据上述原则，我国制定了水体污染优先控制污染物黑名单，见表2.6。

表2.6　　　　　我国水中优先控制的污染物黑名单

序号	化学类别	污染物名称
1	挥发性卤代烃类	二氯甲烷、三氯甲烷、四氯化碳、1,2-二氯乙烷、1,1,1-三氯乙烷、1,1,2-三氯乙烷、1,1,2,2-四氯乙烷、三氯乙烯、四氯乙烯、三溴甲烷（10个）
2	苯系物	苯、甲苯、乙苯、邻二甲苯、间二甲苯、对二甲苯（6个）
3	氯代苯类	氯苯、邻二氯苯、对二氯苯、六氯苯（4个）
4	多氯联苯类	多氯联苯（1个）
5	酚类	苯酚、间甲酚、2,4-二氯酚、2,4,6-三氯酚、五氯酚、对硝基酚（6个）
6	硝基苯类	硝基苯、对硝基甲苯、2,4-二硝基甲苯、三硝基甲苯、对硝基氯苯、2,4-二硝基氯苯（6个）
7	苯胺类	苯胺、二硝基苯胺、对硝基苯胺、2,6-二氯硝基苯胺（4个）
8	多环芳烃类	萘、荧蒽、苯并（b）荧蒽、苯并（k）荧蒽、苯并（a）芘、茚并（1,2,3-c,d）芘、苯并（ghi）芘（7个）
9	酞酸酯类	酞酸二甲酯、酞酸二丁酯、酞酸二辛酯（3个）
10	农药	六六六、滴滴涕、敌敌畏、乐果、对硫磷、甲基地硫磷、除划醚、敌百虫（8个）
11	丙烯腈	丙烯腈（1个）
12	亚硝胺类	N-亚硝二甲胺、N-亚硝二正丙胺（2个）
13	氰化物	氰化物（1个）
14	重金属及其化合物	砷及其化合物、铍及其化合物、镉及其化合物、汞及其化合物、镍及其化合物、铜及其化合物、铅及其化合物、铊及其化合物（8类）

2.2.4.2　水中典型污染物及其危害

按照污染物化学性质、环境和生物效应及危害程度分为无机污染物、营养污染物和有机污染物，其主要来源性质和危害如下。

1. 无机污染物

水体中的无机污染物包括无机阴离子、金属及其化合物。当无机元素以不同价态或以不同化合物的形式存在时，其环境化学行为和生物效应大不相同。

(1) 无机阴离子。

1) 硫化物。在厌氧细菌的作用下，硫酸盐还原或含硫有机物的分解产生的硫化物进入水体，某些工矿企业，如焦化、造纸、选矿、印染和制革等工业废水亦含有硫化物。

水中硫化物包括溶解的 H_2S、HS^-、S^{2-}，硫化物是水体污染的一项重要指标（清洁水中，H_2S 的臭味阈值为 $0.035\mu g/L$）。

2) 氰化物。氰化物主要来源于电镀废水、焦炉和高炉的煤气洗涤水，合成氨、有色金属选矿、冶炼和化学纤维生产、制药等各种工业废水。水中氰化物以 CN^-、HCN 和配合氰化物形式存在。

氰化物是剧毒物质，对水体和生物都具有急毒性的危害。国家《生活饮用水卫生标准》(GB 5749—2022) 中对氰化物的浓度标准为 $0.05mg/L$。水体中氰化物可以与多种金属形成配合物，从而影响了金属离子的存在形态和生态环境效应，如铁可以与氰化物配合形成 $[Fe(CN)_6]^{3-}$、$[Fe(CN)_2]^+$，铜与氰化物配合形成 $[Cu(CN)_2]^-$、$[Cu(CN)_3]^{2-}$ 和 $[Cu(CN)_4]^{3-}$ 等形式而存在水中，进而对重金属的迁移、转化和生态效应产生关键的影响。

3) 氟化物。氟是人体必需元素之一，缺氟时易患龋齿病。饮水中氟的适宜浓度为 $0.5\sim1.0mg/L$。当长期饮用含氟量高达 $1.0\sim1.5mg/L$ 的水时，则易患斑齿病。如水中含氟量高于 $4.0mg/L$，则使人骨骼变形，可导致氟骨症和损害肾脏等。氟化物对许多生物都具有明显毒性。

4) 碘化物。天然水中碘化物含量极低，一般每升含微克级的碘化物。成人每日生理需碘量在 $100\sim300\mu g$ 之间，来源于饮水和食物。当水中含碘量小于 $10\mu g/L$ 或平均每人每日碘摄入量小于 $40\mu g$ 时，则会不同程度地患上地方性甲状腺肿。

(2) 重金属。各种金属都以离子状态进入水体中，超过水体环境容量都会引起对应金属离子的污染问题。但镉、汞、铅、砷、铬和镍及其化合物危害最大，通常称为重金属污染，是最受关注的金属污染物。

1) 镉。工业含镉废水的排放、大气镉成分的沉降和雨水对地面的冲刷，都可使镉进入水体。镉是水迁移性元素，除了硫化镉外，其他镉的化合物均能溶于水。水体中镉主要以 Cd^{2+} 状态存在。进入水体的镉还可与无机和有机配体生成多种可溶性配合物如 $[Cd(OH)]^+$、$Cd(OH)_2$、$HCdO_2^-$、CdO_2^{2-}、$CdCl_2$、$[CdCl_3]^-$、$[CdCl_4]^{2-}$、$[Cd(NH_3)_2]^{2+}$、$[Cd(NH_3)_3]^{2+}$、$[Cd(NH_3)_4]^{2+}$、$[Cd(NH_3)_5]^{2+}$、$Cd(HCO_3)_2$、$[Cd(HCO_3)_3]^-$、$CdCO_3$、$[Cd(HSO_4)]^+$、$CdSO_4$ 等。实际上天然水中镉的溶解度受碳酸根或氢氧根浓度所制约。

水体中悬浮物和沉积物对镉有较强的吸附能力。已有研究表明，悬浮物和沉积物中镉的含量占水体总镉量的 90% 以上。

水生生物对镉有很强的富集能力。研究表明，淡水植物所含镉的平均浓度甚至高出水体浓度的 1000 多倍。因此，水生生物吸附、富集是水体中重金属迁移转化的一种形式，通过食物链的作用可对人类造成严重威胁。众所周知，日本的"痛痛病"就是由于长期食用含镉量高的稻米所引起的中毒。

2）汞。天然水中汞的含量很低，一般不超过 $1.0\mu g/L$。水体汞的污染主要来自生产汞的厂矿、有色金属冶炼以及使用汞的生产部门排出的工业废水。尤其以化工生产中汞的排放为主要污染来源。

水体中汞以 Hg^{2+}、$Hg(OH)_2$、CH_3Hg^+、$CH_3Hg(OH)$、CH_3HgCl、$C_6H_5Hg^+$ 为主要形态。在悬浮物和沉积物中以 Hg^{2+}、HgO、HgS、$CH_3Hg(SR)$、$(CH_3Hg)_2S$ 为主要形态。在生物相中，汞以 Hg^{2+}、CH_3Hg^+、CH_3HgCH_3 为主要形态。汞与其他元素形成配合物是汞能随水流迁移的主要因素之一。当天然水体中含氧量减小时，水体氧化还原电位可降低至 $50\sim200mV$，从而使 Hg^{2+} 易被水中有机物、微生物或其他还原剂还原为 Hg，即形成气态汞，并由水体逸散到大气中。

水体中的悬浮物和底泥对汞有强烈的吸附作用。水中悬浮物能吸附溶解性汞，使其最终沉降在沉积物中。水体中汞的生物迁移在数量上是有限的，但由于微生物的作用，沉积物中的无机汞能转变成剧毒的甲基汞而不断释放至水体中。甲基汞有很强的亲脂性，极易被水生生物吸收，通过食物链逐级富集，最终对人类造成严重威胁。甲基汞与无机汞的迁移不同，是一种危害人体健康和威胁人类安全的生物地球化学迁移。日本的"水俣病"就是食用含有甲基汞的鱼类造成的。

3）铅。由于人类活动及工业的发展，几乎在地球上每个角落都能检测出铅。矿山开采、金属冶炼、汽车废气、燃煤、油漆和涂料等都是环境中铅的主要来源。岩石风化及人类的生产活动，使铅不断由岩石向大气、水、土壤和生物转移，从而对生态环境和人体健康造成潜在威胁。

淡水中铅的含量为 $0.06\sim120\mu g/L$，中值为 $3\mu g/L$。天然水中的铅主要以 Pb^{2+} 状态存在，其含量和形态明显受 CO_3^{2-}、SO_4^{2-}、OH^- 和 Cl^- 等含量的影响，铅可以 $[Pb(OH)]^+$、$Pb(OH)_2$、$[Pb(Cl)]^+$、$PbCl_2$ 等多种形态存在。在中性和弱碱性的水中，铅的含量受 $Pb(OH)_2$ 限制。水中铅的含量取决于 $Pb(OH)_2$ 的溶度积。在偏酸性天然水中，Pb^{2+} 含量被 PbS 限制。

水体中悬浮物和沉积物对铅有强烈的吸附作用，因此铅化合物的溶解度和水中固体物质对铅的吸附作用是导致天然水中铅含量低、迁移能力小的重要因素。

4）砷。岩石风化、土壤侵蚀、火山活动以及人类活动都能使砷（As）进入天然水体中。淡水中砷含量为 $0.2\sim230\mu g/L$，平均值为 $1\mu g/L$。饮用水中砷含量必须小于 $10\mu g/L$。天然水中砷可以 H_3AsO_3、$H_2AsO_3^-$、H_3AsO_4、$H_2AsO_4^-$、$HAsO_4^{2-}$、AsO_4^{3-} 等形态存在。在适当的氧化还原电位值和呈中性的水中，砷主要以 H_3AsO_3 形式存在。但在中性或弱酸性富氧水体环境中则以 $H_2AsO_4^-$、$HAsO_4^{2-}$ 为主。

砷可被颗粒物吸附、共沉淀而沉积在河湖底部沉积物中。水生生物能很好富集水体中无机和有机砷化合物。水体无机砷化合物还可被环境中厌氧细菌还原而产生甲基化，形成有机砷化合物。但一般认为甲基砷及二甲基砷的毒性仅为砷酸盐的 1/200，因此，砷的生物有机化过程亦可以认为是自然界的解毒过程。

5）铬。铬是广泛存在于环境中的元素。冶炼、电镀、制革和印染等工业将含铬废水排入水体，均会使水体受到污染。天然水中铬的含量为 $1\sim40\mu g/L$，主要以 Cr^{3+}、CrO_2^{2-}、CrO_4^{2-}、$Cr_2O_7^{2-}$ 四种离子形态存在。因此水中铬以三价和六价铬的化合物为主。铬存在形态决定着其在水体的迁移能力，三价铬大多数被底泥吸附而转入固相，少量溶于水，迁移能力弱。六价铬在碱性水体中较为稳定并以溶解态存在，迁移能力强。因此，水体中若三价铬占优势，可在中性或弱碱性水体中水解，生成不溶于水的氢氧化铬和水解产物，或被悬浮物强烈吸附，主要存在于沉积物中。若六价铬占优势，则多溶于水中。

六价铬毒性比三价铬大。它可被还原为三价铬，还原作用的强弱主要取决于 DO、五日生物需氧量（BOD_5）、化学需氧量（COD）值。DO 值越小，BOD_5 和 COD 值越高，则还原作用越强。因此，水中六价铬可先被有机物还原成三价铬（生物作用），然后被悬浮物强烈吸附而沉降至底部颗粒物中。这也是水中六价铬的主要净化机制之一。因为三价铬和六价铬能相互转化，所以近年有倾向考虑以总铬作为水质标准。

6）铜。铜是人体必需的微量元素，成人每日的需要量估计为 2～3mg。天然水中的铜主要来源于岩石和土壤的风化过程，水生动植物的残体也是水环境中铜的一个重要来源。近年来，水环境铜的含量迅速增加，主要来源包括硫酸铜杀虫剂和杀菌除藻剂的使用、冶炼、金属加工、有机合成及其他工业排放含铜废水。水生生物对铜特别敏感，故渔业用水铜的容许含量为 0.01mg/L，是饮用水容许含量的 1%。水体中铜的含量与形态都明显与 OH^-、CO_3^{2-}、Cl^- 等含量有关，同时受 pH 值的影响。如 pH 值为 5～7 时，以碱式碳酸铜 $[Cu(OH)_2CO_3]$ 的溶解度最大，二价铜离子存在较多；pH 大于 8 时，则 $Cu(OH)_2$、$[Cu(OH)_3]^-$、$CuCO_3$ 和 $[Cu(CO_3)_2]^{2-}$ 等形态逐渐增多。

水体中大量无机和有机物颗粒物，都能强烈地吸附或螯合铜离子，使铜最终进入底部沉积物中，因此，河流对铜有明显的自净能力。

其他对环境具有重要危害的重金属污染物还有镍、锌、铊等，尤其是铊，其对人体和动物都是有毒元素。镍离子与水可结合成水合离子 $[Ni(H_2O)_6]^{2+}$，与水中氨基酸、胱氨酸、富里酸（腐殖质中可溶性部分）等形成可溶性有机配合离子而大幅度增强其迁移性。水中镍也可以被悬浮颗粒吸附、沉淀和共沉淀，最终沉积在底泥中，从而致使底泥镍含量是水中含量的 3.8 万～9.2 万倍。水体中的水生生物也能富集镍，并沿食物链不断累积，产生生物富集和生物累积，进而可能对人体造成更严重的危害。

2. 氮、磷营养污染

氮营养物主要指尿素、氨氮和硝酸盐氮及总氮，磷营养物主要是有机磷、溶解性磷和颗粒态磷，其中颗粒态磷则是因为正磷酸盐的溶解性低而吸附在水体悬浮颗粒以上，其中能够为植物直接吸收利用的溶解性磷和颗粒态磷中易解吸的部分，称为活性磷。

由于排入水体中的氮磷营养物超过正常水体需要而造成的污染称为氮磷营养污染，过量的氮磷排放会引起水体的富营养化。

水体富营养化指氮、磷等植物营养物质含量过多，水生生物特别是藻类将大量繁殖，使生物量的种群种类数量发生急剧改变。藻类和水生植物白天依靠光合作用而释放氧气，而同时经呼吸作用消耗氧气。当水体水生生物达到一定数量，且藻类和植物及大气复氧造成的水体溶解氧恢复不足以满足水生生物消耗时，则水体会出现缺氧甚至厌氧，进而造成水生生物大量死亡。大量死亡的水生生物沉积到湖底，被微生物分解，又消耗大量的溶解氧，使水体溶解氧含量进一步急剧降低，最终水体呈现厌氧状态，水质恶化，以致影响到鱼类的生存，并释放出大量的甲烷、氨气和硫化氢等臭味气体，水体发黑，表现为水体黑臭现象。

水华或赤潮：水体出现富营养化现象时，由于浮游生物大量繁殖，往往使水体呈现蓝色、红色、棕色、乳白色等，这种现象在江河湖泊中叫水华（水花），在海水中叫赤潮。

水体氮磷污染来源包括点源和非点源（面源污染）。点源主要包括化肥类工矿企业，城镇生活污水，规模化、集约化养殖场等类型。非点源则主要包括化肥施用、畜禽养殖、水土流失和农村生活污水等类型。

衡量水体富营养化的一般指标为总磷（TP）和总氮（TN）。TP 浓度超过 0.1mg/L，TN 浓度超过 0.3mg/L，即判断水体处于富营养化状态。世界经济合作与发展组织（OECD）提出的标准为：平均总磷浓度大于 0.035mg/L，平均叶绿素浓度大于 0.008mg/L，水体平均透明度小于 3m。

水体富营养化的危害主要有几个方面：①水体富营养化会对水质造成影响，使水的透明度降低，阳光难以穿透水层，从而影响水中植物的光合作用，还可能造成溶解氧的过饱和状态，对水生动物构成危害，造成鱼类大量死亡等。②富营养化的水体表面会生长着以蓝藻、绿藻为优势种的大量水藻，形成一层"绿色浮渣"，大量生物和有机物残体沉积于水的底层。在缺氧情况下，致使底层堆积的有机物质在厌氧条件分解产生甲烷、氨气和硫化氢等有害气体和灰黑色金属硫化物，一些浮游生物产生的生物毒素也会伤害鱼类。③因为富营养化的水中含有硝酸盐和亚硝酸盐，产生的藻毒素会对饮水安全造成威胁，大大增加供水成本，甚至不可作为饮用水水源。人畜长期饮用这些物质含量超过一定标准的水，也会中毒致病。如 2007 年太湖蓝藻暴发事件，就造成无锡市供水呈现"绿水"，居民供水影响达一个月之久。④藻类种类逐渐减少，并由以硅藻和绿藻为主转为以蓝藻为主。蓝藻有不少种有胶质膜，不适于作鱼饵料，其中一些种属是有毒的。因此，水体富营养化将进而影响水体生物群落结构，破坏生态平衡。⑤水体富营养化会加速湖泊的衰退，使之向沼泽化发展。

3. 有机污染物

（1）衡量水体有机物含量的指标。关于水体有机物含量的衡量指标，即化学需氧量（COD_{Cr}）、高锰酸盐指数（COD_{Mn}）和生化需氧量（BOD）。

化学需氧量是在一定的条件下，采用一定的强氧化剂处理水样时，所消耗的氧化剂量，最终换算成消耗氧的含量，它是表示水中还原性物质多少的一个指标。水中的还原性物质有各种有机物、亚硝酸盐、硫化物、亚铁盐等,但主要的是有机物。因此,化学需氧量又往往作为衡量水中有机物质含量多少的指标。化学需氧量越大,说明水体受有机物的污染越严重。目前应用最普遍的是酸性高锰酸钾(K_2MnO_4)氧化法与重铬酸钾($K_2Cr_2O_7$)氧化法,前者称为高锰酸盐指数(COD_{Mn}),后者是传统上说的化学需氧量,或者称重铬酸钾指数(COD_{Cr})。COD_{Mn}氧化率较低,但比较简便,在测定水样中有机物含量的相对比较值时,可以采用。COD_{Cr}氧化率高,再现性好,适用于测定水样中有机物的总量。

生化需氧量,又称生化耗氧量,以 mg/L 为单位,是水体中的好氧微生物在一定温度下将水中有机物分解成无机质,这一特定时间内的氧化过程中所需要的溶解氧量,是表示水中有机物等需氧污染物质含量的一个综合指标。如果进行生物氧化的时间为五天就称为五日生化需氧量(BOD_5),相应地还有 BOD_{10}、BOD_{20}。

生化需氧量与化学需氧量区别如下:化学需氧量是以化学方法测量水样中需要被氧化的还原性物质的量,水样在一定条件下,以氧化 1L 水样中还原性物质所消耗的氧化剂的量为指标,折算成每升水样全部被氧化后,需要的氧的毫克数,以 mg/L 表示。它反映了水中受还原性物质污染的程度。该指标也作为有机物相对含量的综合指标之一。而生化需氧量指水体在确定条件下经微生物降解而消耗的溶解氧的量,仅指水体中能够一定时间内生物降解的有机物的量,而不包含不能够生物降解或者难生物降解的有机物的量。因此,生化需氧量和化学需氧量的比值能说明水中的有机污染物有多少是微生物所难以分解的,称为生化比。微生物难以分解的有机污染物对环境造成的危害更大。

(2) 耗氧有机污染物。耗氧有机物主要指动、植物残体和生活工业产生的碳水化合物、脂肪、蛋白质等易分解的有机物,它们在分解过程中要消耗水中的溶解氧,故称为耗氧有机物。

有氧条件下,耗氧有机物在微生物作用下氧化分解为二氧化碳、水、二氧化氮等;无氧条件下,则由厌氧细菌分解转化为醇类、有机酸、甲烷、氨气、硫化氢等。

耗氧有机物排入水体,主要是会造成大量耗氧异养菌滋生,水体溶解氧急剧下降,进而造成水体厌氧,发生黑臭。

(3) 其他特殊有机污染物。主要指对环境存在较大危害或者能够在水体中持久存在,或者能够在生物体通过食物链传递而富集的一类有机污染物,如农药、多氯联苯、卤代脂肪烃、芳香族化合物和酚类等。

1) 农药。水中常见的农药主要为有机氯农药和有机磷农药及氨基甲酸酯类农药。因农田施用、地表径流和农药企业废水排入水体中。

有机氯农药因难以化学降解和生物降解,并且由于较低的水溶性和高辛醇-水分配系数,因而很大一部分存在于沉积物有机质和生物脂肪中,在环境中的滞留时间通常很长,如滴滴涕(DDT)的半衰期达 100 年左右。与沉积物和生物体中的含量相比,水中农药的含量相对较低。我国几个水体,如西湖、钱塘江、太湖梅梁湾、长江、官厅水库及珠江和辽河,有机氯农药的质量浓度通常在几纳克到几十纳克之间,但不同的污染物,在不同水体中含量有所不同,如 DDT 在长江中只有 0.90ng/L,而在辽河中则达到 17.50~54.10ng/L。

有机磷农药和氨基甲酸酯农药与有机氯农药相比，较易被生物降解，它们在环境中的滞留时间较短，在土壤和地表水中降解速率较快。有机磷农药和氨基甲酸酯农药杀虫力较高，常用于那些不能被有机氯杀虫剂有效控制的害虫。由于它们溶解度较大，沉积物吸附和生物累积过程是次要的，然后当它们在水中含量较高时，有机质含量高的沉积物和脂质含量高的水生生物也会吸收相当量的该类污染物，目前地表水中能检出的不多，污染范围较小。

除草剂主要分为有机氯除草剂、氨取代物、脲基取代物和二硝基苯胺除草剂等四个类型。它们具有较高的水溶性和低的蒸气压，通常不易发生生物富集、沉积物吸附。因而这些除草剂化合物残留通常存在于地表水中，除草剂及其中间产物是污染土壤、地下水以及周围环境的主要污染物。

2）多氯联苯。多氯联苯是联苯经氯化而成的，因氯原子取代联苯上氢原子位置不同，可以合成约 210 种化合物，因而通常为混合物，统称为多氯联苯（PCBs）。多氯联苯具有高化学稳定性和热稳定性，被广泛用于变压器和电容器的冷却剂、绝缘材料和耐腐蚀涂料等。PCBs 极难溶解于水，不易分解，但易溶于有机溶剂和脂肪，具有高的辛醇-水分配系数，能强烈地分配到沉积物有机质和生物脂肪中，因此，即使它在水中含量很低，在水生生物体内和沉积物中的含量仍然可以很高。由于 PCBs 在环境中的持久性和对生物、人体健康的危害，1973 年以后，各国陆续减少或停止生产。

3）卤代脂肪烃。指脂肪烃有机物中氢原子被氯原子取代后形成的有机化合物，大多数为挥发性化合物，可以挥发至大气而光解。因此，在地表水中虽能进行生物或化学降解，但相对于挥发而言，其降解速率是很慢的。该类化合物在水中的溶解度高，因而其辛醇-水分配系数低，在沉积物有机质和生物脂肪层中的分配趋势较弱。

此外，六氯环戊二烯和六氯丁二烯等卤代脂肪烃污染物在底泥中能长期存在，能被生物累积。而二氯溴甲烷、氯二溴甲烷和三溴甲烷等化合物在水环境中的最终归宿，目前还不清楚。

4）芳香族化合物。通常包括单环芳香族化合物和多环芳香族化合物。

多数单环芳香族化合物挥发性强，在地表水中主要是挥发，然后光解。它们在沉积物、有机质或生物脂肪层中的分配趋势较弱。在现有污染物中已发现六种化合物，即氯苯、1,2-二氯苯、1,3-二氯苯、1,4-二氯苯、1,2,4-三氯苯和六氯苯可被生物累积。但总的来说，单环芳香族化合物在地表水中不是持久污染物，其生物降解和化学降解速率均比挥发速率低（个别除外），因此，对这类化合物，吸附和生物富集不是重要的迁移转化过程。

多环芳烃（PAH）在水中溶解度很小，辛醇-水分配系数高，是地表水中的滞留性污染物，主要累积在沉积物、生物体内和溶解的有机质中。已有证据表明，多环芳烃化合物可以发生光解反应，其最终归趋可能是吸附到沉积物中，然后进行缓慢的生物降解。多环芳烃的挥发过程与水解过程均不是重要的迁移转化途径。显然，沉积物是多环芳烃的蓄积库，在地表水中其浓度通常较低。

5）酚类。酚类化合物具有水溶性高、辛醇-水分配系数低等性质，因此，大多数酚并不能在沉积物和生物脂肪中发生富集，主要残留在水中。然而，苯酚分子氯代程度增高时，其化合物溶解度下降，辛醇-水分配系数增加，如五氯苯酚等就易被生物累积。酚类化合物的主要迁移、转化过程是生物降解和光解，它们在自然沉积物中的吸附及生物富集作用通常很小，但高氯代酚除外，挥发、水解和非光解氯化作用通常也不重要。

4. 热污染

(1) 企业排放高温水产生的热污染问题。人类的生产和生活活动导致环境温度变化，使水生生态系统发生重大变化，对环境和人类产生影响的现象成为热污染。水体热污染来源很多，一些火力发电厂、核电站、钢铁企业和其他工业过程中的冷却水，若不采取措施，直接排入水体，可引起水温度升高至 35～40℃。热污染对水体的危害不仅仅是由于温度的提高直接杀死水中生物（例如，鳟鱼在水温超过 20℃ 时可致死亡），而且温度升高后，水中溶解氧减少，厌氧菌大量繁殖。与此同时，水温升高会加快水中某些藻类增殖和水中有机质的腐烂过程，使溶解氧进一步降低。这种不适宜的温度及缺氧条件对水中生态系统的破坏是极其严重的。

(2) 因水库修建而存在的下泄低温水排放问题。对于热污染问题，环保上常关注的是企业热水排放的热污染问题，而由于水电站的拦蓄水库引起的水体沿深度水温分层及在水库运行中存在的深层水体下泄低温水排放问题则较少关注，这些问题是热污染的另一个方面。

随着水电能源的开发，我国在大量江河上修建了众多的梯级电站，从而形成了许多库容大、水深的梯级水库。对于较深的水库，其水体水温存在明显温度分层，即温变层（表层）、斜温层（温跃层）和最下层的滞温层。在较深水库的底部滞温层，水体温度在一年四季基本保持不变，表面温水层和底部滞温层的温度差可超过 15～20℃。在夏季，分层型水库形成稳定的上部高而下部低的温度分层，在水库中布设的电站取水设施为了满足发电量要求通常将取水口设置在水库较深处的冷水层（滞温层），因此通过水电站下泄到下游的水流温度均低于原河道当月平均水温，形成低温水排放问题。低温水的下泄对下游农业和渔业将产生较大的影响，如水温也是影响鱼类洄游的基本外因之一，鱼类洄游到岸边和河口段的时期，多种鱼类都要求一定的水温。世界上许多大型水库在鱼类洄游产卵期泄放的水温明显低于同期天然河道水流的水温，致使这些河流的鱼种数量锐减或濒于绝迹的例子不少。

5. 放射性污染

伴随着放射性物质在近代科学技术和能源方面的应用，如核电站，放射性污染亦成为水质新的重要威胁。放射性污染是指人类活动排出的放射性物质，使环境的放射性水平高于天然本地或超过国家规定的标准。水体放射性污染主要来自地球水域或矿床（如铀矿、镭矿或磷矿）的开采、核电站排放的废水、核试验放射性沉降物等。这些放射性核素自然沉降、雨水淋溶和径流冲刷等造成了局部地区或江河水系的放射性污染，影响饮水水质，并且污染水生生物和土壤，通过食物链对人体产生危害。

2.2.5 水体自净与水环境容量

2.2.5.1 水体自净

水体自净指污染物进入水体后，由于物理、化学、生物等作用，经过一段时间（距离）后，能够使污染物的总量减少或浓度降低，水质部分或完全得到恢复，水体的这种水质恢复功能，称为自净能力。水体的自净能力是有限的，当水体污染超过其自净能力时，水质则无法恢复，造成水污染。

1. 水体自净过程

污染物进入水体后，水体通常经过以下过程逐步达到自净：①进入水体中的污染物在连续的自净过程中，总的趋势是浓度逐渐下降；②大多数有毒污染物经各种物理、化学和生物作用，转变为低毒或无毒化合物，或者在水中，或者沉积在底泥中；③重金属类污染物从溶解状态被吸附或转变为不溶性化合物，沉淀后进入底泥；④复杂的有机物，如碳水化合物，脂肪和蛋白质等，不论在溶解氧富裕或缺氧条件下，都能被微生物利用和分解。先降解为较简单的有机物，再进一步分解为二氧化碳和水；⑤不稳定的污染物在自净过程中转变为稳定的化合物。如氨氮转变为亚硝酸盐，再氧化为硝酸盐。而硝酸盐在底泥或者水体厌氧的状态下，经反硝化细菌作用而转化为氮气、一氧化氮或者二氧化氮，进而脱离水体；⑥在自净过程的初期，水中溶解氧数量急剧下降，到达最低点后又缓慢上升，逐渐恢复到正常水平；⑦随着污染物排入、自净过程的进行和污染物浓度逐渐变化，水体存在清水带、重污染带、轻污染带和清水带的不断变化，而其中的细菌、微生物和水生动植物也随着污染程度的变化而不断连续变化，最终随着水体污染物的消除而恢复正常的生物分布特征。

2. 水体自净的机制

同水体受污染物作用而产生污染机制一样，水体自净的机制同样存在物理自净、化学与物理化学自净及生化自净三种主要的自净机制。

（1）物理自净。污染物进入水体后，通过稀释、扩散、挥发、沉降、迁移等物理作用，使水体中污染物浓度降低，从而使水体得到净化，称为物理净化。其中稀释是物理自净的最主要作用，用径污比表示，即河流径流量与污染排放量的比值。当径污比小于8:1时，河流水质受到严重污染并出现黑臭；径污比大于60:1时水质较好；径污比在两者之间，水质一般。

另外两种主要作用就是挥发和沉降。挥发指油类物质进入水体后，其较轻的组分挥发进入大气并转化为非烃类物质，使水体得到净化。沉降指某些污染进入水体后，可在水体底质中沉降和累积，从而降低水体中污染物的浓度。沉降的主要途径有固体物的重力沉降，胶体吸附沉降，通过结晶、吸附和凝聚等产生沉降，被动植物吸收利用后通过排泄、动植物残体及食物链的转移，随水生生物的生命活动产生的沉降。

（2）化学与物理化学自净。化学与物理化学自净是指水体中的污染物质通过氧化、还原、中和、吸附、凝聚等反应，使其浓度降低的过程。影响这种自净能力的因素有污染物质的形态和化学性质、水体的温度、氧化还原电位、酸碱度等。温度升高可加快化学反应。所以温热环境的自净能力比寒冷环境强。酸性水环境中有害的金属离子活性强,利于迁移,对人体和生物危害大。碱性水环境中金属离子易于形成氢氧化物沉淀而利于净化。另外污染物自身的形态和化学性质对化学自净也有很大影响。

(3) 生化自净。污染物进入河流后,除得到稀释外,其中的有机污染物还会在水中微生物的作用下进行氧化分解,逐渐变成无机物质。这一过程称为水体的生化自净。执行生化自净的主体是各种细菌、真菌、藻类、水草、原生动物、贝类、昆虫幼虫及鱼类等水生生物。途径是经过微生物及水生生物的生命活动进行生化代谢而净化污染物,或者通过食物链的作用不断迁移、转化和净化污染物。其最终产物是有机物转化为简单的稳定无机物,如二氧化碳、水、硝酸盐和磷酸盐等。

3. 水体自净过程中的溶解氧变化

污染物进入水体后,经历水体中的各种物理、化学与物理化学及生物自净作用而达到浓度降低,表现为水体得以自净,在这个过程中水体溶解氧发生急剧变化。衡量水体自净能力和水体生态健康状况的最主要和关键指标就是水体溶解氧浓度。

有机物质被微生物氧化分解的过程中需要消耗一定数量的氧。这部分氧用于碳化作用和硝化作用之中。除此以外,废水中的还原性物质(如 S^{2-} 等)和水底沉积的淤泥中有机物在分解时,以及一些水生生物(动物和植物)在夜间呼吸时,都要从水中吸收氧气,从而消耗和降低水中的溶解(DO)含量。

水体溶解氧的主要来源有两个,即水体大气复氧和浮游藻类及水生植物光合作用复氧。而水中有机物分解、水生动植物呼吸作用都消耗溶解氧。当水体复氧速率与水体耗氧速率不相平衡时,水体则表现为缺氧或厌氧,水质恶化,生物多样性减小,甚至出现黑臭问题。

自污染物排入水体后,水体溶解氧变化情况如下:生物降解消耗 DO,大气复氧和藻类复氧,有机物浓度降低,DO 降低。如水体复氧不能满足水生生物需要,则水体出现缺氧或厌氧,造成水体污染。随着污染物进一步厌氧降解,耗氧小于复氧,河流 DO 逐渐恢复,水体自净。

水体溶解氧的变化用氧垂曲线来表征,即以各点距离排污口的距离为横坐标,水体溶解氧 DO 为纵坐标,可以得到氧垂曲线,其表征了河流 DO 的变化情况。水体溶解氧 DO 与该温度和气压条件下水体的饱和溶解氧差值,称为氧亏值。

在河流污染降解和溶解氧消耗的过程中,当大气复氧速率与好氧速率相同时,这时水体 DO 最低,氧亏值最大,此点称为最缺氧点,又称为氧垂点。以后,随着污染物浓度的逐渐降低,水体 DO 逐渐恢复。

水体溶解氧值变化过程如图 2.4 所示,其中 D_t 为 t 时刻的氧亏值,而 D_c 指在污染最严重时,水体复氧与耗氧速率一致,此时产生的最大氧亏值。

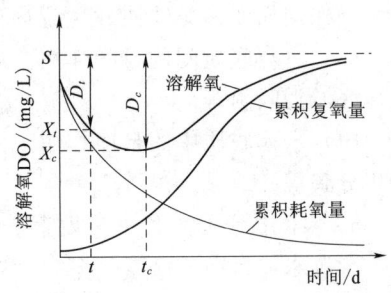

图 2.4 水体溶解氧变化和氧垂曲线

水体溶解氧减小实际是水体耗氧和水体复氧二者综合作用的结果,有:

$$\frac{dD}{dt} = k_1 L - k_2 D \tag{2.10}$$

积分得

$$D_t = \frac{k_1 L_a}{k_2 - k_1}(e^{-k_1 t} - e^{-k_2 t}) + D_0 \times e^{-k_2 t} \tag{2.11}$$

$$D_t = \frac{k_1 L_a}{k_2 - k_1}(10^{-k_1 t} - e^{-k_2 t}) + D_0 \times 10^{-k_2 t} \tag{2.12}$$

式中：D_t 为 t 时的亏氧量；k_1、k_2 分别为耗氧速率和水体复氧速率常数；L_a 为初始断面的 BOD 值；D_0 为初始断面氧亏值。

由上式可以得到河流水体的临界氧亏值和达到临界氧亏值所需时间的计算公式。

临界氧亏值：

$$D_c = \frac{k_1}{k_2} L_0 \times 10^{-k_1 t_c} \tag{2.13}$$

达到临界氧亏值所需时间：

$$t_c = \frac{1}{k_2 - k_1} \lg \frac{k_2}{k_1} \left[1 - \frac{D_0(k_2 - k_1)}{k_1 L_0} \right] \tag{2.14}$$

水体复氧速率常数 k_2 与河湖水体的流速、河床特征、水深、河水表面积及水温有关，几种常见情况下 k_2 值范围见表 2.7。

表 2.7　　　　　　　　水体复氧常数 k_2 值（20℃）

水　体	k_2/d^{-1}	水　体	k_2/d^{-1}
小池塘和滞水区	0.05～0.10	中等流速的大河	0.20～0.30
缓慢流动的河流和湖泊	0.10～0.15	高流速的大河	0.30～0.50
低流速的大河	0.15～0.20	急流和瀑布	>0.50

4. 水体自净作用分类

从水体形成自净作用的场所上看，水体的自净作用又可分成以下几类。

（1）水与大气间的自净作用。这种作用的表现，如河水中的二氧化碳、硫化氢等气体的挥发释放和氧气溶入等。

（2）水的自净作用。污染物质在河水中的稀释、扩散、氧化、还原，或由于水中微生物作用而使污染物质发生生物化学分解，以及放射性污染物质的蜕变等。

（3）水与底质间的自净作用。这种作用表现为河水中悬浮物质的沉淀，污染物质被河底淤泥吸附等。

（4）水体底质中的自净作用。由于底质中微生物的作用使底质中的有机污染物质发生分解等。

5. 水体自净能力的影响因素

影响水体自净的因素很多，其中主要因素有受纳水体的地理、水文条件、微生物的种类与数量、水温、复氧能力以及水体和污染物的组成、污染物浓度等。

（1）水文要素。

1）流速、流量直接影响到流动强度和紊动扩散强度，进而影响水体自净功能。

流速和流量大,不仅水体中污染物浓度稀释扩散能力随之加强,而且水汽界面上的气体交换速度也随之增大。河流中流速和流量有明显的季节变化,洪水季节,流速和流量大,有利于自净;枯水季节,流速和流量小,给自净带来不利。

2) 河流中含沙量的多少与水中某些污染物质浓度有一定关系。例如,研究发现中国黄河含沙量与含砷量呈正相关关系。这是因为泥沙颗粒对砷有强烈的吸附作用。一旦河水澄清,含砷量就大为减少。

3) 水温不仅直接影响到水体中污染物质的化学转化的速度,而且能通过影响水体中微生物的活动对生物化学降解速度产生影响。随着水温的增加,BOD 的降低速度明显加快。但水温高却不利于水体复氧。深潭-急流-浅滩是天然河道的一种基本结构单元,分析认为,深潭-急流-浅滩系统由于结构单元不同的环境异质性,水体的自净作用会增强。

(2) 太阳辐射。太阳辐射对水体自净作用有直接影响和间接影响两个方面。直接影响指太阳辐射能使水中污染物质产生光转化。间接影响指可以引起水温变化和促进浮游植物及水生植物进行光合作用。太阳辐射对水深小的河流的自净作用的影响比对水深大的河流大。

(3) 底质。底质能富集某些污染物质。河水与河床基岩和沉积物也有一定物质交换过程。这两方面都可能对河流的自净作用产生影响。例如河底若有铬铁矿露头,则河水中含铬可能较高;又如汞易被吸附在泥沙上,随之沉淀而在底泥中累积,虽较稳定,但在水与底泥界面上存在十分缓慢的释放过程,使汞重新回到河水中,所以形成二次污染。此外,底质不同,底栖生物的种类和数量不同,对水体自净作用的影响也不同。

(4) 水生生物和水中微生物。水中微生物对污染物有生物降解作用,某些水生生物对污染物有富集作用,这两方面都能减低水中污染物的浓度。因此,若水体中能分解污染物质的微生物和能富集污染物质的水生生物品种多、数量大,对水体自净过程较为有利。

(5) 污染物的性质和浓度。易于化学降解、光转化和生物降解的污染物显然最容易得以自净。例如酚和氰,由于它们易挥发和氧化分解,而又能为泥沙和底泥吸附,因此在水体中较易净化。难于化学降解、光转化和生物降解的污染物也难在水体中得以自净。例如合成洗涤剂、有机农药等化学稳定性极高的合成有机化合物,在自然状态下需十年以上的时间才能完全分解,它们以水流作为载体,逐渐蔓延,不断积累,成为全球性污染的代表性物质。水体中某些重金属类污染物可能对微生物有害,从而降低了生物降解能力。

6. 水体自净过程中的微生物和生物变化

在水体自净过程中,河流沿程微生物物种和数量变化如图 2.5 所示,随污染流入沿流程可以分成五个区域:

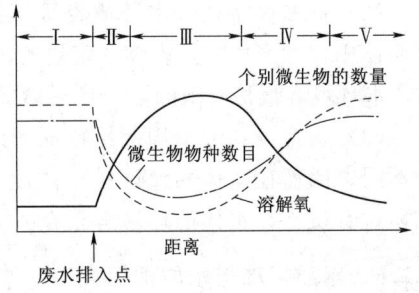

图 2.5 水体自净过程中微生物物种及数量变化

(1) Ⅰ区，Ⅴ区（清洁区）。水体恢复，DO饱和，物种增加，自净作用结束。

(2) Ⅱ区（降解区）。水质浑浊，DO下降，鱼类少，蓝绿藻滋生，底泥出现颤蚓等蠕虫。

(3) Ⅲ区（强分解区）。水体发黑变臭，DO大幅下降甚至为0，有甲烷和硫化氢逸出，细菌大量滋生，厌氧，物种减少，藻类极少，无鱼，到处可见污水和蚊虫。

(4) Ⅳ区（恢复区）。水质变清，DO在40%以上，出现细菌、真菌和浮游动物，藻类增加，底栖动物有颤蚓、贻贝等，有一般鱼类。

2.2.5.2 水环境容量

1. 内涵与作用

水环境容量是某一水环境单元在给定的环境目标下所能容纳的污染物的量，也就是指环境单元依靠自身特性使本身功能不至于破坏的前提下能够允许容纳的污染物的量。水体具有环境容量是因为水体的自净作用，在实际应用中，水环境容量就是指最大允许纳污量。

水环境容量是制定地方性、专业性水域排放标准的依据之一，环境管理部门还利用它确定在固定水域到底允许排入多少污染物，是区域环境规划和水资源综合开发利用规划的基础。

2. 影响因素

(1) 自然环境（内在因素）。如水体几何参数（面积、水深、体积等）、水文参数（流量、流速）、地球化学背景、水体的物理自净、化学自净和生物降解等。这些参数决定了污染物在其中的迁移转化能力，进而决定了水体的环境容量。其中最主要的因素是水量。

(2) 水质目标（外在因素）。水体对污染物的纳污能力是相对于水体满足一定的功能和用途而言的，因而不同的水质目标决定了水环境容量的大小。

(3) 污染物的特性（内在因素）。不同的污染物性质不同，迁移转化途径和难易程度也不一样，对环境的影响不同，因而水环境容量也不同。

3. 水环境容量的特征

(1) 地域性特征。即由于不同的地区，其地理、水文、气象等条件不同，因而河湖水域对污染物的化学、物理及生物净化能力存在很大不同，进而致使水环境容量具有鲜明的地域性特征。

(2) 资源性特征。水环境容量作为一种资源，其主要价值体现在对排入污染物的缓冲作用，即水体既能容纳一定量的污染物又能满足人类生产、生活及环境的需要。但是，水环境容量是有限的，一旦污染负荷超过水环境容量，其恢复将十分缓慢、困难。

(3) 对污染物的不均衡性特征。即不同的污染物，引起水体污染的性质和能力大小不同，因而在水体的允许排放浓度不同，表现出对不同污染物的水环境容量不同。如，对有机物，水体的环境容量在几十毫克，而对苯酚，则只有微克级别。

2.2.6 水质标准与水质指标

2.2.6.1 水质标准

水质标准是国家、部门或地区规定的各种用水水质目标和排放水在物理、化学、生物学性质方面所应达到的要求，是根据排放水体的水环境容量制定的。

水质标准有如下作用：①在水质基准基础上产生的具有法律效力的强制性法令，是判断水质是否适用的尺度；②是水质规划的目标和水质管理的技术基础；③对于不同用途的水质，有不同的要求，从而根据自然环境、技术条件、经济水平、损益分析，制定出不同的水质标准。

中国已制定并颁布了一系列水质标准，如《地表水环境质量标准》（GB 3838—2002）、《生活饮用水卫生标准》（GB 5749—2022）、《农田灌溉水质标准》（GB 5084—2021）、《渔业水质标准》（GB 11607—89）等，使水质管理有了标准依据。

2.2.6.2 水质指标

水质指标表示水中杂质的种类和数量，它是判断水污染程度的具体衡量尺度。同时针对水中存在的具体杂质或污染物，提出了相应的最低数量或最低浓度的限制和要求。

水质指标根据杂质种类和性质，分为感官性状与一般化学指标，毒理性指标，生物学指标和放射性指标。

（1）感官性状与一般化学指标。包括温度、色度、浑浊度、透明度、pH 值、铁、氯化物、总硬度等常规指标。

（2）毒理性指标。指水中有毒有害化学物质的浓度。主要包括氟化物、氰化物、挥发酚、硫化物、氯仿、苯并（a）芘、砷、硒、汞、镉、铅、铬等化学物质。它们通常不能被一般的水处理方法（如过滤、沉淀和混凝）完全去除，因此在水源选择时必须考虑这些毒理学指标。

（3）生物学指标。水质的生物指标，也叫生物学水质指标，一般包括细菌总数、总大肠菌数、各种病原细菌、病毒等。

（4）放射性指标。横向水体含有放射性元素多少的指标，包括 α 射线和总 β 射线强度。

2.2.6.3 常用的水质标准

常用的水质标准有《地表水环境质量标准》（GB 3838—2002）、《生活饮用水卫生标准》（GB 5749—2022）、《城镇污水处理厂污染物排放标准》（GB 18918—2002），地方根据其区域环境容量而在上述水质标准的基础上，制定相关的地方标准。

标准制定目标不同，适用情况也不同，通常对比不同的标准，在使用时采用更加严格的标准，或者结合标准中水质指标而选择更加严格的指标执行。

下面介绍几个常用标准，具体水质指标值，可参阅相关标准版本。

1. 《地表水环境质量标准》（GB 3838—2002）

为贯彻《环境保护法》和《水污染防治法》，加强地表水环境管理，防治水环境污染，保障人体健康，制定了《地表水环境质量标准》（GB 3838—2002），该标准为强制性标准，自 2002 年 6 月 1 日开始实施。

《地表水环境质量标准》（GB 3838—2002）按照地表水环境功能分类和保护目标，规定了水环境质量应控制的项目及限值。水质指标总共 24 项，作为饮用水水源地，根据《生活饮用水水源水质标准》（CJ 3023—93）还要增加 85 项。

根据《地表水环境质量标准》(GB 3838—2002)，将我国的水域功能划分为 5 类功能区：

(1) Ⅰ类。主要适用于源头水、国家自然保护区。

(2) Ⅱ类。主要适用于集中式生活饮用水地表水源地一级保护区、珍稀水生生物栖息地、鱼虾类产卵场、仔稚幼鱼的索饵场等。

(3) Ⅲ类。主要适用于集中式生活饮用水地表水源地二级保护区、鱼虾类越冬场、洄游通道、水产养殖区等渔业水域及游泳区。

(4) Ⅳ类。主要应用于一般工业用水区及人体非直接接触的娱乐用水区。

(5) Ⅴ类。主要适用于农业用水区及一般景观要求水域。

2.《生活饮用水卫生标准》(GB 5749—2022)

生活饮用水卫生标准是从保护人群身体健康和保证人类生活质量出发，对饮用水中与人体卫生健康的各种因素（物理、化学和生物），以法律形式作的量值规定，以及为实现量值所作的有关行为规范的规定，经国家有关部门批准，以一定形式发布的法定卫生标准。

标准中对生活饮用水的感官性状和一般化学指标、微生物指标、毒理学指标以及放射性指标进行了限制，总共有 97 项，其中常规指标 43 项，非常规检测指标有 54 项。

详细水质指标及其限值见《生活饮用水卫生标准》(GB 5749—2022)。

3.《城镇污水处理厂污染物排放标准》(GB 18918—2002)

为贯彻国家环境保护相关法律法规的实施，促进城镇污水处理厂的建设和管理，加强城镇污水处理厂污染物的排放控制和污水资源化利用，保障人体健康，维护良好的生态环境，制定了城镇污水处理厂出水、废气和污泥中污染物的控制项目和标准值。

目前执行的版本是《城镇污水处理厂污染物排放标准》(GB 18918—2002)，基本控制项目和限值见表 2.8。

表 2.8　城镇污水处理厂污染物排放基本项目排放限值　　单位：mg/L

序号	基本控制项目	一级标准		二级标准	三级标准
		A 标准	B 标准		
1	化学需氧量（COD）	50	60	100	120[①]
2	生化需氧量（BOD_5）	10	20	30	60[②]
3	悬浮物（SS）	10	20	30	50
4	动植物油	1	3	5	20
5	石油类	1	3	5	15
6	阴离子表面活性剂	0.5	1	2	5
7	总氮（以 N 计）	15	20	—	—
8	氨氮（以 N 计）	5（8）	8（15）	25（30）	—

续表

序号	基本控制项目		一级标准		二级标准	三级标准
			A 标准	B 标准		
9	总磷（以 P 计）	2005 年 12 月 31 日前建设的	1	1.5	3	5
		2006 年 1 月 1 日起建设的	0.5	1	3	5
10	色度（稀释倍数）		30	30	40	50
11	pH 值		6～9			
12	粪大肠菌群数（个/L）		10^3	10^4	10^4	—

注 ①下列情况下按去除率指标执行：当进水 COD 大于 350mg/L 时，去除率应大于 60%；BOD 大于 160mg/L 时，去除率应大于 50%。②括号外数值为水温>12℃时的控制指标，括号内数值为水温<12℃时的控制指标。

4.《四川省岷江、沱江流域水污染物排放标准》（DB 51/2311—2016）

为加强对四川省岷江、沱江流域水污染物排放的监督管理，减少污染物排放，进一步改善岷江、沱江流域水环境质量，在国家标准《城镇污水处理厂污染物排放标准》（GB 18918—2002）基础上，制定了更加严格和符合岷江、沱江流域水环境保护需求的地方标准，主要涉及城镇污水处理厂、工业园区集中式污水处理厂、规模化畜禽养殖场及有关工业企业的污废水排放。该标准的实施，对于岷江、沱江流域水环境质量改善和提升，进而促进长江大保护具有重要意义，主要水污染物浓度限值见表 2.9。

从表可以看出，本地方标准主要对有机物、氨氮、总氮和总磷进行了限值，相对于 GB 18918—2002，各项指标值都有了较严格的限值。

表 2.9　　　　四川岷江、沱江流域主要水污染物排放浓度限值　　　　单位：mg/L

序号	排污单位	化学需氧量（COD_{Cr}）	五日生化需氧量（BOD_5）	氨氮（以 N 计）	总氮（以 N 计）	总磷（以 P 计）
1	城镇污水处理厂	30	6	1.5（3）	10	0.3
2	工业园区集中式污水处理厂	40	10	3（5）	15	0.5
3	规模化畜禽养殖场	100	30	25	40	3
4	制革及毛皮加工工业	50	20	15	20	0.5
5	纺织染整工业	60	15	15	15	0.5
6	合成氨工业	50	15	15	25	0.5
7	无机磷化学工业	40	20	15	15	10
8	有机磷类农药工业	50	20	10	15	10

注 ①污染物排放监控位置为排污单位污水总排口；②氨氮指标括号外数值为水温>12℃时的控制指标，括号内数值为水温≤12℃时的控制指标；③无机磷化学工业指生产磷肥以外的无机磷化学产品的工业。

5.《城市污水再生利用　景观环境用水水质》（GB/T 18921—2019）

我国众多城市存在严重的季节性缺水问题，因此城市污水处理厂再生水是这些城市河湖水体生态补水的重要水资源。为避免不良水质对河湖生态补水的负面影响，国家制定了城市污水再利用的景观环境用水水质标准，主要污染物浓度限值见表 2.10。

表 2.10　　城市污水厂再生水景观用水水质

序号	项目	观赏性景观环境用水			娱乐性景观环境用水			景观湿地环境用水
		河道类	湖泊类	水景类	河道类	湖泊类	水景类	
1	基本要求	无漂浮物，无令人不愉快的嗅和味						
2	pH 值	6.0～9.0						
3	生化需氧量（BOD_5）/(mg/L)	≤10	≤6	≤10	≤6			≤10
4	浊度/NTU	≤10	≤5	≤10	≤5			≤10
5	总磷（以 P 计）/(mg/L)	≤0.5	≤0.3	≤0.5	≤0.3			≤0.3
6	总氮（以 N 计）/(mg/L)	≤15	≤10	≤15	≤10			≤15
7	氨氮（以 N 计）/(mg/L)	≤5	≤3	≤5	≤3			≤5
8	粪大肠菌群/(个/L)	≤1000			≤1000		≤3	≤1000
9	余氯/(mg/L)	—					0.05～0.1	—
10	色度/度	≤20						

注　1. 未采用加氯消毒方式的再生水，其补水点无余氯要求。
　　2. "—"表示对此项无要求。

2.3　土壤的组成、结构与性质

河流、湖泊水体的底质——沉积物或称为底泥，是水体生态系统的关键组成部分，由土壤或砂粒及沙粒等经水土流失汇聚至河流、湖泊等水体沉积而成。河流、湖泊等水体底泥与土壤组成和性质基本一致。因此，研究河湖水体底泥中污染物的存在形态、迁移转化与治理和修复，学习土壤组成与性质及其污染是非常有必要的。

2.3.1　土壤的形成及其环境机能

土壤是指地球表面的一层疏松的物质，由各种颗粒状矿物质、有机物质、水分、空气、微生物等组成，能生长植物。土壤由岩石风化而成的矿物质、动植物、微生物残体腐解产生的有机质、土壤生物（固相物质）以及水分（液相物质）、空气（气相物质）、氧化的腐殖质等组成。

土壤的环境机能表现在以下几个方面。

（1）培育植物。土壤是植物生长的基体，为植物的生长提供水、空气和养分，也是动物、人类以及大多数微生物赖以栖息、生活和繁衍的场所。

（2）推动物质循环。土壤是地球表层元素循环的重要圈层。碳氮元素在大气、海洋和土壤间以相当快的速度循环，硫的循环稍慢些。一般而言，各种元素在土壤中的滞留时间相对较长，因为它们在土壤中受到诸如吸附、沉降、酸碱缓冲和植物摄取等多种作用。

（3）保存水资源。土壤是大气和地下水之间的缓冲区。土壤颗粒间隙中储存的大量降水不会过快蒸发,他们或通过径流徐徐流向河流、湖泊,或渗入地下水体保存。水流中的杂质经土壤过滤、吸附和微生物降解等作用,可得到较纯净的水。

(4) 防止灾害。由于土壤蓄水量大,可防止洪水发生。土壤植物又可防止风雨侵蚀、水土流失或土壤荒漠化趋向,并兼有防风、消音等作用。

(5) 自净能力。土壤对外来污染物有一定的自净能力,因为土壤具有极大的比表面和催化活性,兼以土壤中所含水、空气和微生物等都能使污染物降解净化,从而将这些污染物的降解产物纳入自然循环轨道。

2.3.2 土壤的组成

土壤是由固体、液体和气体三相组成的多相体系。土壤溶质的种类和含量导致土壤溶液组成成分和浓度的变化,并影响土壤溶液和土壤的性质。

土壤固相包括土壤矿物质和土壤有机质。其中土壤矿物质占土壤的绝大部分,约90%以上。土壤有机质约占固体总质量的1%~10%,在可耕作的土壤中约占5%,且绝大部分在土壤表层。土壤液相指土壤中的水分及其水溶物。土壤空隙中充满空气,即土壤气相,典型土壤约有35%的体积是充满空气的孔隙,所以土壤具有疏松的结构。

而在河流、湖泊或水库等水体的底泥中,底泥固相基本与土壤一致,只不过底泥颗粒孔隙为间隙水所充满,而且底泥内部氧含量自水-沉积物界面而下迅速减小,在大部分底泥深度处于厌氧状态。这是河流、湖泊等水体底泥与土壤结构显著不同的特点。

2.3.2.1 土壤矿物质

土壤矿物质一般分为两类:一类是原生矿物,是各种岩石(主要是岩浆岩)受到程度不同的物理风化而未化学风化的碎屑物,其原来的化学组成和结晶结构都没有改变;另一类是次生矿物,大多是由原生矿物经化学风化后形成的新矿物,其化学组成和晶体结构都有所改变。在土壤形成过程中,原生矿物以不同的数量与次生矿物混合成为土壤矿物质。

1. 原生矿物

原生矿物主要石英、长石类、云母类、辉石、角闪石、黑云母、橄榄石、磁铁矿、赤铁矿、磷灰石和黄铁矿等,其中前五种最常见。土壤中原生矿物的种类和含量随母质的类型、风化强度和成土过程的不同而异。土壤中0.001~1mm的砂和粉砂几乎全部是原生矿物。在原生矿物中,石英最难风化,长石次之,辉石、角闪石和黑云母最易风化。因而,石英常成为较粗的颗粒,遗留在土壤中,构成土壤的砂粒部分,而辉石、角闪石和黑云母则残留较少,一般被风化为次生矿物。

原生矿物主要经氧化、水解和酸性水解三个历程而化学风化为次生矿物,如橄榄石,其中的Fe^{2+}成分先经大气中的氧气氧化为Fe^{3+},而后经水解、酸水解释放出镁、铁离子,或被植物吸收,或随径流进入河湖及海洋。水解同时产生的水合三氧化二铁和硅酸根进一步形成新的矿物。

土壤中最主要的原生矿物有四类:硅酸盐类矿物、氧化物类矿物、硫化物类矿物和磷酸盐类矿物,其中硅酸盐类矿物占岩浆岩质量的80%以上。

(1) 硅酸盐类矿物。层状硅酸盐黏土矿物从外部形态上看，是一些极微细的结晶颗粒，从内部构造上看，是由两种基本结构单位所构成，且都含有结晶水，只是化学成分和水化程度不同而已。如长石（$KAlSi_3O_8$）、云母$[(KSiAl)Al_2O_{10}(OH)]$、辉石（$MgSiO_3$）等，它们易风化而释放出钾、镁、铝和铁等植物所需的无机营养元素供植物和微生物吸收利用，同时形成新的次生矿物。

(2) 氧化物类矿物。既可以结晶质状态存在，也可以非晶质状态存在，一般较为稳定、不易风化，对植物养分意义不大。如土壤中广泛分布的石英（SiO_2）、热带、亚热带土壤中常见矿物，如赤铁矿（Fe_2O_3）、金红石（TiO_2）等。

(3) 硫化物类矿物。主要为含铁的硫化物，即黄铁矿和白铁矿，两者为同质异构体，化学式均为FeS_2，极易风化，是土壤中硫元素的主要来源。

(4) 磷酸盐类矿物。土壤中分布广泛的有氟磷灰石$[Ca_5(PO_4)_3F]$、氯磷灰石$[Ca_5(PO_4)_3Cl]$、磷酸铁（$FePO_3$）、磷酸铝（$AlPO_4$）等，是土壤无机磷的主要来源。

原生矿物构成了土壤的骨架，并提供无机营养物质。

2. 次生矿物

次生矿物颗粒很小，粒径一般小于$0.25\mu m$，具有胶体性质，它是土壤中黏粒和无机胶体的组成部分，也是土壤固体物质中最有影响的部分，影响土壤许多重要的物理化学性质，如吸附性、保蓄性、膨胀收缩性和黏着性等。土壤中次生矿物种类很多，按照其结构和名字可以分为三类：简单盐类、三氧化物类和次生铝硅酸盐类。

(1) 简单盐类。包括碳酸盐，如方解石（$CaCO_3$）、白云石$[CaMg(CO_3)_2]$、石膏（$CaSO_4 \cdot 2H_2O$）、泄盐（$MgSO_4 \cdot 7H_2O$）、芒硝（$NaSO_4 \cdot 10H_2O$）、水氯镁石（$MgCl_2 \cdot 6H_2O$）等。它们都是原生矿物经化学风化后的最终产物，晶体结构也较简单，属于水溶性盐，易淋失，一般土壤中较少，常见于干旱和半干旱地区的土壤和盐渍地中。

(2) 三氧化物类。主要是铁和氧的三价氧化物，如针铁矿（$Fe_2O_3 \cdot H_2O$）、褐铁矿（$2Fe_2O_3 \cdot 3H_2O$）和三水铝石（$Al_2O_3 \cdot 3H_2O$）等，它们是硅酸盐矿物彻底风化后的产物，结晶构造较简单，常见于湿热的热带和亚热带地区土壤中，特别是基性岩（玄武岩、石灰岩、安山岩）上发育的土壤中含量最多。

(3) 次生铝硅酸盐类。这类矿物在土壤中普遍存在，种类很多，由长石等原生铝硅酸盐矿物风化形成，它们是土壤的主要成分，故又称黏土矿物或黏粒矿物。土壤中次生铁铝酸盐可分为伊利石、蒙脱石和高岭石等三大类。

1) 伊利石$[K_y(Al_4 \cdot Fe_4 \cdot Mg_4 \cdot Mg_6)(OH)_4(Si_{8-y} \cdot Al_y)O_{20}]$是一种风化程度较低的矿物，一般土壤中均有分布，但以温带干旱地区的土壤中含量最高，其颗粒直径小于$2\mu m$，膨胀性较小，具有较高的阳离子交换量，并富含钾（K_2O，$4\% \sim 7\%$）。

2) 蒙脱石$[Al_4Si_4O_{10}(OH)_8]$为伊利石进一步风化的产物，是基性岩在碱性环境下形成的，在温带干旱地区的土壤中含量较高。其颗粒直径小于$1\mu m$，阳离子代换量极高。它所吸收的水分植物难以利用，因此富含蒙脱石的土壤，植物易感水分缺乏，同时干裂现象严重，不利于植物的生长。

3) 高岭石 $[Al_4Si_4O_{10}(OH)_8]$ 为风化程度较高的矿物，主要见于湿热的热带地区土壤中，在花岗岩残积母质上发育的土壤含量也较高。其颗粒直径较大，为 $0.1\sim5.0\mu m$，膨胀性小，阳离子代换量也较小，植物易感养分不足。

伊利石、蒙脱石和高岭石所表现的土壤性质差异与它们的晶体结构有密切的关系。虽然它们均属于片层状结构，即由硅氧原子层（又称硅氧片，由硅氧四面体连接而成）和铝氢氧原子层（又称水铝片，由铝氢氧八面体连接而成）所构成的晶层相重叠而成，但是由于重叠的情况各不相同，所以性质不同。

2.3.2.2 土壤有机质

土壤有机质指土壤中动植物残体、微生物体及其分解和生成的物质，是土壤固相重要组成部分，一般占土壤固相总质量的5%左右，含量虽不高，但对土壤形成过程及物理化学性质影响大，能促进土壤结构形成，调控土壤水、热、气、肥，缓冲土壤中污染物质的毒害，是植物和微生物生命活动所需养分和能量的源泉。

土壤有机质的化学组成有碳水化合物，含氮化合物，木质素，含磷、含硫化合物和脂肪、蜡质、单宁、树脂等。

土壤有机质可分为两大类：第一类为非特殊性的土壤有机质，包括动植物残体的组成部分及有机质分解的中间产物，如蛋白质、树脂、糖类和有机酸等，占土壤有机质总量的10%~15%；第二类为土壤腐殖质，这是土壤特有的有机物质，不属于有机化学中现有的任何一类，占土壤有机质总量的85%~90%，包括腐殖酸、富里酸和腐黑物等，主要是动植物残体通过微生物作用转化而成的。

土壤有机质主要来源于动植物残体，但各类土壤有机质含量差异大，一般为森林土壤＞草原土壤＞荒漠土壤；森林植被的土壤中，有机质含量由大到小顺序为：热带森林＞亚热带森林＞温带森林＞寒温带针叶林；草原植被的土壤中，有机质含量由大到小顺序为：热带稀树草原＞温带草原＞荒漠化草原＞荒漠植被。

2.3.2.3 土壤溶液

土壤溶液是土壤水及其所含溶质（包括气体）的总称，是土壤三相间物质和能量交换的结果。在土壤剖面内各土层间物质主要以溶液形式进行运移，因而它在土壤形成过程中起着非常重要的作用。土壤水在很大程度上参与了土壤内许多物质的转化过程，如矿物质风化、有机化合物的合成和分解等，同时，土壤水是作物吸收水的主要来源，也是自然界水循环的一个重要环节，处于不断地运动和变化中，因而影响作物生长和土壤中许多物理、化学和生物学过程。

1. 土壤水

土壤水主要来自大气降水和灌溉。在地下水位较浅而接近地面时，地下水也是土壤水分的重要来源。此外，空气中的水蒸气遇冷凝结也成为土壤水的来源。

土壤空隙中的水在重力、土粒表面分子引力、毛细管力等共同作用下，表现出不同的物理状态，这决定了土壤水分的保持、运动及对植物的有效性。据此，可将土壤水大致划分为几种类型，如图2.6所示。

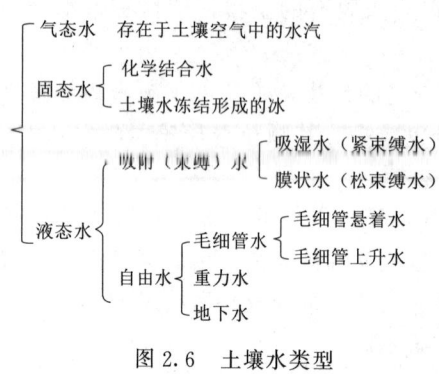

图 2.6 土壤水类型

2. 土壤溶质

土壤溶质组分非常复杂，常见的主要溶质有五类：

(1) 可溶性气体，CO_2、O_2、N_2 等，它们的溶解度大小顺序为：$CO_2 > O_2 > N_2$。

(2) 无机盐类离子，包括无机阳离子和无机阴离子，阳离子主要有 Ca^{2+}、Mg^{2+}、K^+、NH_4^+，少量的 Fe^{3+}、Fe^{2+}、Cu^{2+}、Al^{3+} 和微量元素离子；阴离子主要有 HCO_3^-、CO_3^{2-}、NO_3^-、NO_2^-、$H_2PO_4^-$、HPO_4^{2-}、Cl^-、SO_4^{2-} 等。

(3) 无机胶体，如铁、铝、硅等的水合氧化物。

(4) 可溶性有机物，如富里酸、氨基酸和各种小分子有机酸、糖类、蛋白质及其衍生物和醇类。

(5) 配合物，主要有铁、铝和锰等的有机配合物。

土壤溶液浓度和成分因土壤种类不同而有很大差异，除盐碱土和刚施肥过的土壤外，土壤溶液的浓度一般为 0.1%～0.4%。

2.3.2.4 土壤气体

土壤气体是指土壤孔隙中存在的各种气体混合物，也称土壤空气。它影响土壤微生物的活动、植物的生长发育，参与土壤营养物质和污染物的转化，是土壤的重要组分之一。土壤空气的数量，通常以单位土体容积中所占溶解百分数来表示，称为土壤含气量。

空气和水分共存于土壤的孔隙系统中，在水分不饱和的情况下，孔隙中总有空气存在。这些气体主要源于大气，其次是土壤中进行的生物化学过程中所产生的气体。因而，土壤空气成分和大气有一定的差别。土壤空气与大气成分的差异见表 2.11。

表 2.11　　　　　　　　土壤空气与大气成分差异　　　　　　　　%

气体	O_2	CO_2	N_2	其他气体
近地表的大气	20.94	0.03	78.05	0.98
土壤空气	18.0～20.03	0.15～0.65	78.8～80.24	0.98

因土壤微生物的呼吸作用和有机物分解等，土壤空气中二氧化碳含量一般高于大气，相对湿度高于大气，并且由于微生物消耗而土壤空气中氧气含量明显低于大气。当土壤通气不良时，或者土壤中新鲜有机质状况以及温度和水分状况有利于微生物活动时，都会进一步提高土壤空气中二氧化碳含量而降低氧气含量。在土壤中，微生物对有机质进行厌氧分解，产生大量的还原性气体，如 CH_4、CO、H_2、H_2S、NH_3、NO_2 等，而大气中这类气体极少。土壤中 N_2 含量与大气中含量相差很小，主要是由于 N_2 是一种不活泼气体，很少参与土壤中的各种过程。此外，土壤空气组成中经常

含有与大气污染相同的污染物质。

土壤空气的数量和组成不是固定不变的，土壤孔隙状况和含水量变化是土壤空气数量变化的主要原因。土壤空气组成的变化受各种化学和生物化学及土壤空气与大气相互交换的影响。土壤空气和大气交换保证了土壤空气成分的相对稳定，否则，土壤空气中氧气会很快消耗殆尽。

2.3.3 土壤中的生物

土壤中生活着生物群体，它们不但积极参与岩石的风化作用，还是成土作用的主要因素。此外，土壤生物还能促进土壤中物质和能量转化，具有净化土壤有机污染物和保持土壤肥力的作用。生物群体与其生活的土壤环境间构成了生态系统，在系统中各种生物间有着复杂的食物链和食物网关系，但生物群体的组成都处在相对平衡的状态。

按营养关系可将土壤中生物分为生产者、消费者和分解者，其中微生物和动物分类见表 2.12。

表 2.12 土壤生物的种类和数量

生 物 种 类		表土层（15cm）中数量 /(个/m^2)	生 物 种 类		表土层（15cm）中数量 /(个/m^2)
微生物	细菌	$10^{11} \sim 10^{13}$	动物	原生动物	$10^9 \sim 10^{10}$
	放线菌	$10^{12} \sim 10^{13}$		线虫类	$10^6 \sim 10^7$
	真菌	$10^{10} \sim 10^{11}$		蚯蚓	$30 \sim 300$
	藻类	$10^9 \sim 10^{10}$		其他动物	$10^3 \sim 10^5$

土壤中细菌可分为好氧菌、厌氧菌、自养菌、异养菌和光合菌等大类，最常见的有糖类分解菌、氨化细菌、硝化和反硝化细菌、硫细菌、硫酸盐还原菌、铁细菌、固氮细菌、动植物病原菌等。细菌个体大小一般为 $1 \sim 5\mu m$，且有多种形状。有的细菌还长有浮游鞭毛或纤毛。很多细菌能分泌多糖类胶质，可将小的黏土或氧化铁粒子黏结在一起，对土粒的聚集有很大意义。还有许多细菌对氮、硫等元素的循环起着很大作用，如氨化细菌、硝化和反硝化细菌则是推动无机氮氧化、还原的循环主力军。

表 2.12 中的蚯蚓是腐生性动物，以植物残体和动物粪便为主食，积极参与土壤中有机质的转化过程。蚯蚓的活动不仅能改变土壤的化学组成，而且还改良了土壤的物理性质——结构性、孔隙率和透气性等。

此外，土壤中还生活着各类节肢动物（小虱、蜈蚣、蚁类和螨类等）、腹足动物（蜗牛等）、脊椎动物（两栖类、爬行类和哺乳类动物）和掘土动物（老鼠、兔子等）。

2.3.4 土壤的结构

土壤整体是由许多颗粒黏合而成的松散结构物。这些由矿物质为主体而形成的颗粒，其形状和大小多种多样，且可以呈单粒，也可能结合成复粒存在。根据单个土粒当量直径（假定土粒为圆球形时的直径）的大小，可将土粒分为若干组，称为粒级。粒级划分的标准见表 2.13。

表 2.13　　我国土粒分级标准

颗 粒 名 称		粒径/mm	颗 粒 名 称		粒径/mm
石块		>10	粉粒	粗粉粒	0.01~0.05
石砾	粗砾	3~10		细粉粒	0.005~0.01
	细砾	1~3	黏粒	粗黏粒	0.001~0.005
砂粒	粗砂粒	0.25~1		细黏粒	<0.001
	细砂粒	0.05~0.25			

土壤胶粒一般指粒径在 1~100nm 范围的固体颗粒。这些胶体颗粒分散在土壤溶液中，成为胶体系统。组成土壤胶体颗粒的主要成分有层状铝硅酸盐、组分不定的凝胶类硅酸盐和氧化物以及与铁、铝结合或不结合的腐殖物质。层状铝硅酸盐是土壤黏粒的主要物质，而凝胶硅酸盐、氧化物和腐殖质通过物理或化学方式与层状铝硅酸盐相连接，并将它团聚起来。这就是土壤胶体的"有机无机复合体"的概念。同时，土壤中很多生物体也参与了土壤胶体的团聚作用，如真菌类微生物的菌丝、轮虫类所分泌的黏液都有维系无机矿物粒子的作用。只有将无机胶体、有机胶体和生物体三者联系起来，才能透彻理解土壤胶体的本质。

2.3.5　土壤的性质

土壤因其矿物组成和化学组成不同、颗粒大小和结构不同而表现出不同的物理化学性质和生物学特性。

2.3.5.1　吸附性

土壤的吸附性能与土壤中存在的胶体物质密切相关。土壤胶体是土壤颗粒中最细小的、具有胶体性质的微粒，一般指直径小于 $2\mu m$ 的土壤微粒。土壤胶体以其巨大的比表面积和带电性，使土壤具有吸附性能，对污染物在土壤中的迁移、转化起着重要作用。

1. 土壤胶体的性质

（1）大的比表面积和表面能。土壤颗粒的比表面积包括外表面和内表面，外表面主要指黏土矿物、氧化物（如铁、铝和硅等的氧化物）和腐殖质分子等暴露在外的表面，内表面主要指的是层状硅酸盐矿物晶层之间的表面以及腐殖质分子聚集体内部的表面。比表面积是衡量物质特性的重要参数，其大小与颗粒粒径、形状、表面缺陷和孔隙结构等密切相关。物体表面分子受到内部和外部不同的吸引力而引起其接触介质面上的引力不平衡而具有的剩余能量称为表面能。

物质的比表面积越大，表面能越大，因而表现出吸附性。

土壤无机胶体中，常见黏土矿物的比表面积见表 2.14。

表 2.14　　常见黏土矿物的比表面积

胶体成分	内表面积/(m²/g)	外表面积/(m²/g)	总表面积/(m²/g)
蒙脱石	700~750	15~150	700~850
蛭石	400~750	1~50	400~800

续表

胶体成分	内表面积/(m²/g)	外表面积/(m²/g)	总表面积/(m²/g)
水云母	0~5	90~150	90~150
高岭石	0	5~40	5~40
埃洛石	0	10~45	10~45
水化埃洛石	400	25~30	430
水铝英石	130~400	130~140	260~800

（2）表面带有电荷。土壤胶体微粒多数情况下带有负电荷。其带电结构可用胶体双电层结构表示，即负电荷在内，相反电荷在外。

土壤胶体微粒带电的主要原因是微粒表面分子本身的解离、胶体表面对水中离子的选择性吸附、晶格缺陷或者某些化学基团的电离。

土壤晶格中的中心离子被低价阳离子取代，如 Si^{4+} 被 Al^{3+}/Fe^{3+} 等，因而土壤胶体以带负电为主，这种晶格离子置换形成的电荷一般不受外界环境（如 pH 值、电解质浓度等）影响，称为永久电荷。另一类为可变电荷，其是因为土壤胶体向土壤中释放离子或吸附离子而产生，如 pH 值变化引起的土壤胶体电荷特征变化。如某一胶体表面上不带正电也不带负电时，即其表面净电荷为零的时候，此时的介质 pH 值称为零点电荷（ZPC）。如 $Al(OH)_3$ 的 ZPC 为 4.8~5.2，Fe_2O_3 的 ZPC 为 3.2。当介质 pH 值大于 ZPC 时，从胶体中电离出 H^+，胶粒带负电，胶粒会吸附土壤中带正电的离子；当介质 pH 值小于 ZPC 时，电离出 OH^-，使胶粒带正电荷，胶粒会吸附土壤中带负电的离子。

一般土壤中游离的 Fe、Al 氧化物是产生正电荷的主要物质（酸性条件下解离可带正电荷），高岭石裸露在外的铝氧八面体在酸性条件下的质子化可带正电荷，有机质中-NH_2 基团在酸性条件下的质子化也能带正电荷。同晶置换，含水氧化硅的解离，腐殖质功能团中 R—COOH、R—CH_2—OH、—OH 等的解离产生负电荷。土壤中正、负电荷的代数和为净电荷，由于一般情况下土壤带负电荷的数量远大于正电荷的数量，所以大多数土壤带有净负电荷，只有少数含 Fe、Al 氧化物在含量较高的强酸性土壤中才有可能带净正电荷。

（3）凝聚性和分散性。由于胶体的比表面积和表面能都很大，为了减小表面能，土壤胶体具有相互吸引、凝聚的趋势，这就是胶体的凝聚性。但在土壤溶液中，由于胶体常带负电荷，胶体微粒因静电斥力而相互排斥。负电荷越多，相互排斥力就越强，胶体微粒呈现出的分散性也越强。

胶体因荷电而与极性的水分子相互结合，在其表面形成水化层，称为胶体的水化膜，进而妨碍了胶粒的相互凝聚。由于荷电和水化膜都是因胶粒带电引起的，因而引入阳离子，消除胶粒表面的双电层荷电，就能够破除水化膜，进而促使胶粒凝聚。

土壤中的常见阳离子凝聚作用能力顺序如下：Fe^{3+}＞Al^{3+}＞Ca^{2+}＞Mg^{2+}＞H^+＞NH_4^+＞K^+＞Na^+。

通常离子的荷电价态决定其凝聚作用的强弱，研究表明，2价阳离子的凝聚能力比1价阳离子的大25倍，而3价阳离子的凝聚力比2价阳离子的大10倍。

2. 土壤胶体的离子交换吸附

在土壤胶体双电层的扩散层中，补偿离子可以和溶液中相同电荷的离子以离子价为依据作等价交换，称为离子交换吸附。离子交换作用包括阳离子交换吸附作用和阴离子交换吸附作用。

(1) 阳离子交换吸附。土壤胶体吸附的阳离子，可与土壤溶液中的阳离子进行交换，其交换反应如下：

$$\text{土壤胶体}{=}^{Na^+}_{Na^+} + Ca^{2+} \rightleftharpoons \text{土壤胶体}{=}Ca^{2+} + 2Na^+$$

除了等价交换和质量作用定律外，各种阳离子交换能力的强弱，还依赖以下因素。

1) 电荷数。离子的电荷数越高，阳离子交换能力就越强。

2) 离子半径及水化程度。同价离子中，离子半径越大，水化离子半径就越小，因而具有较强的交换能力。土壤中常见阳离子的交换能力顺序如下：

$Fe^{3+}>Al^{3+}>H^+>Ba^{2+}>Sr^{2+}>Ca^{2+}>Mg^{2+}>Cs^+>Rb^+>NH_4^+>K^+>Na^+>Li^+$

不同土壤的阳离子交换量不同，有机胶体＞蒙脱石＞水化云母＞高岭土＞含水氧化铁、铝。土壤质地越细，也就是说土壤颗粒越小，离子交换量越高。土壤中 SiO_2/R_2O_3 值（R_2O_3 为 $Al_2O_3+Fe_2O_3$ 之和）越大，其阳离子交换量越大。当 SiO_2/R_2O_3 小于2时，阳离子交换量显著降低。因而胶体表面—OH基团的解离受pH值影响，所以pH下降，土壤负电荷减小，阳离子交换量降低，反之交换量增大。

土壤的可交换性阳离子有两类：一类是致酸离子，包括 H^+ 和 Al^{3+}；另一类是盐基离子，包括 Ca^{2+}、Mg^{2+}、NH_4^+、K^+、Na^+ 等。当土壤胶体上吸附的阳离子均为盐基离子，且已达吸附饱和时的土壤，称为盐基饱和土壤。在土壤交换性阳离子中盐基离子所占的百分数称为土壤盐基饱和度。

(2) 阴离子交换吸附。土壤中阴离子交换吸附是指带正电荷的胶体所吸附的阴离子与溶液中阴离子的交换作用。阴离子的交换吸附比较复杂，它可与胶体微粒（如酸性条件下带正电荷的含水氧化铁、铝）或溶液中阳离子（Ca^{2+}、Fe^{3+}、Al^{3+}）形成难溶性的沉淀而强烈地吸附，如 PO_4^{3-}、HPO_4^{2-} 与 Ca^{2+}、Fe^{3+}、Al^{3+} 形成 $CaHPO_4 \cdot 2H_2O$、$Ca_3(PO_4)_2$、$AlPO_4$ 难溶性沉淀。由于 Cl^-、NO_3^-、NO_2^- 等离子不能形成难溶性盐，故它们不被或很少被土壤吸附。

各种阴离子被土壤胶体吸附的顺序如下：F^-＞草酸根＞柠檬酸根＞PO_4^{3-} ⩾ AsO_4^{3-} ⩾硅酸根＞HCO_3^-＞$H_2BO_3^-$＞CH_3COO^-＞SCN^-＞SO_4^{2-}＞Cl^-＞NO_3^-。

2.3.5.2 酸碱性

由于土壤是一个复杂的体系，其中存在着各种化学和生物化学反应，因而使土壤表现出不同的酸性或碱性。根据土壤pH值，通常将土壤酸碱性分为9个等级，见表2.15。

2.3 土壤的组成、结构与性质

表 2.15　　　　　　　　　　土壤酸碱性分级

酸碱性分级	pH 值	酸碱性分级	pH 值
极强酸性	<4.5	弱碱性	7.0~7.5
强酸性	4.5~5.5	碱性	7.5~8.5
酸性	5.5~6.0	强碱性	8.5~9.5
弱酸性	6.0~6.5	极强碱性	>9.5
中性	6.5~7.0		

我国土壤的 pH 值大多在 4.5~8.5 范围内，并有由南向北 pH 值递增的规律性，长江以南的土壤多为酸性和强酸性，如华南、西南地区广泛分布的红壤、黄壤，pH 值多在 4.5~5.5 之间，有少数低至 3.6~3.8；华中、华东地区的红壤，pH 值在 5.5~6.5 之间。长江以北的土壤多为中性或碱性，如华北、西北的土壤大多含 $CaCO_3$，pH 值一般在 7.5~8.5 之间，少数强碱性土壤的 pH 值达 10.5。

1. 土壤酸度

根据土壤中 H^+ 的存在方式，土壤酸度可以分为两大类。

（1）活性酸度。土壤的活性酸度是土壤中 H^+ 的直接反映，又称为有效酸度，通常 pH 表示。

土壤溶液中 H^+ 的来源，主要是土壤中 CO_2 溶于水形成的碳酸和有机物的分解所产生的有机酸，如苹果酸、柠檬酸和草酸等，以及土壤中矿物质氧化产生的无机酸，如硝酸、硫酸和磷酸等。此外，由于大气污染形成的大气酸沉降，也会使土壤酸化，所以它也是土壤活性酸度的一个重要来源。

（2）潜性酸度。土壤潜性酸度的来源是土壤胶体吸附的可代换性 H^+ 和 Al^{3+}。当这些离子处于吸附状态时，是不显酸性的。但当它们通过离子交换作用进入土壤溶液后，即可增加土壤溶液的 H^+ 浓度，使土壤 pH 值降低。只有盐基不饱和土壤才有潜性酸度，其大小与土壤代换量和盐基饱和度有关。

根据测定土壤潜性酸度所用的提取液，可以将潜性酸度分为代换性酸度和水解酸度。

1）代换性酸度。用过量中性盐（如氯化钠或氯化钾）溶液淋洗土壤，溶液中金属离子与土壤中 H^+ 和 Al^{3+} 发生离子交换作用，而表现出的酸度，称为代换酸度，即

$$\boxed{土壤胶体} - H^+ + KCl \rightleftharpoons \boxed{土壤胶体} - K^+ + HCl$$

由于土壤矿物质胶体释放出的 H^+ 是很少的，只有土壤腐殖质中的腐殖酸才可能产生较多的 H^+。

$$R-COOH + KCl \rightleftharpoons RCOOK + H^+ + Cl^+$$

近代研究已经确认，代换性 Al^{3+} 是矿物质中潜性酸度的主要来源，例如，红壤的潜性酸度有 95% 以上是代换性 Al^{3+} 产生的。由于土壤酸度过高，造成铝硅酸盐晶格内铝氢氧八面体的破裂，使晶格中 Al^{3+} 释放出来，变成代换性 Al^{3+}。

$$\boxed{土壤胶体}\!-\!Al^{3+}+3KCl \rightleftharpoons \boxed{土壤胶体}\!-\!\begin{matrix}K^+\\K^+\\K^+\end{matrix}+AlCl_3$$

$$AlCl_3+3H_2O \rightleftharpoons Al(OH)_3+3HCl$$

2) 水解性酸度。用弱酸强碱盐（如醋酸钠）淋洗土壤，溶液中金属离子可以将土壤胶体吸附的 H^+、Al^{3+} 代换出来，同时生成某弱酸（醋酸）。此时，所测定出的该弱酸的酸度称为水解性酸度。其化学反应分几步进行，首先，醋酸钠水解：

$$CH_3COONa+H_2O \longrightarrow CH_3COOH+Na^++OH^-$$

由于生成的醋酸分子解离度很小，而醋酸钠可以完全解离。醋酸钠解离后，所生成的钠离子浓度很高，可以代换出绝大部分吸附的 H^+、Al^{3+}，其反应如下：

$$H^+\!-\!\boxed{土壤胶体}\!-\!Al^{3+}+4CH_3COONa \rightleftharpoons Na^+\!-\!\boxed{土壤胶体}\!-\!\begin{matrix}Na^+\\Na^+\\Na^+\end{matrix}+Al(OH)_3+4CH_3COOH$$

水解性酸度一般比代换性酸度高。由于中性盐所测出的代换性酸度只是水解性酸度的一部分，当土壤溶液碱性增大时，土壤胶体上吸附的 H^+ 较多地被代换出来，所以水解酸度较大。但在红壤和灰化土中，由于胶体中 OH^- 中和醋酸，且对醋酸分子有吸附作用，因此，水解性酸度接近于或低于代换性酸度。

3) 活性酸度与潜性酸度的关系。土壤的活性酸度与潜性酸度是同一个平衡体系的两种酸度。两者可以相互转化，在一定条件下处于暂时平衡状态。土壤活性酸度是土壤酸度的根本起点和现实表现。土壤胶体是 H^+、Al^{3+} 的贮存库，潜性酸度是活性酸度的储备。

土壤的潜性酸度往往比活性酸度大得多，两者的比例，在砂土中约为 1000，在有机质丰富的黏土中则可高达 $5\times10^4 \sim 1\times10^5$。

2. 土壤碱度

土壤溶液中 OH^- 离子的主要来源，是 CO_3^{2-} 和 HCO_3^- 的碱金属（钠和钾）及碱土金属（钙和镁）的盐类。碳酸盐碱度和重碳酸盐碱度的总和称为总碱度。总碱度可用中和滴定法测定。土壤碱性与碳酸盐和重碳酸盐的溶解度有关，如碳酸钙（$CaCO_3$）和碳酸镁（$MgCO_3$）溶解度很小，在正常的 CO_2 分压下，它们在土壤溶液中的浓度很低，故富含碳酸钙和碳酸镁的石灰性土壤呈弱碱性（pH 为 7.5～8.5）；而碳酸钠（Na_2CO_3）和碳酸氢钠（$NaHCO_3$）及碳酸氢钙 [$Ca(HCO_3)_2$] 等都是水溶性盐类，可以大量出现在土壤溶液中，使得土壤溶液中的碱度很高，从土壤 pH 值来看，含 Na_2CO_3 的土壤，其 pH 值可达 10 以上，而含 $NaHCO_3$ 和 $Ca(HCO_3)_2$ 的土壤，pH 一般在 7.5～8.5，碱性较弱。

当土壤胶体上吸附的 Na^+、K^+ 和 Mg^{2+}（主要是 Na^+）等离子的饱和度增加到一定程度时，会引起交换性阳离子的水解作用。

$$\boxed{土壤胶体}\!-\!xNa^++yH_2O \rightleftharpoons \boxed{土壤胶体}\!-\!\begin{matrix}(x-y)Na^+\\yH^+\end{matrix}+yNaOH$$

结果在土壤溶液中产生 NaOH，使土壤呈碱性。此时 Na$^+$ 饱和度亦称为土壤碱化度。

胶体上吸附的盐基离子不同，对土壤 pH 值或土壤碱度的影响也不同，见表 2.16。

表 2.16　　不同盐基离子完全饱和吸附于黑钙土时的 pH 值

吸附性盐基离子	黑钙土的 pH 值	吸附性盐基离子	黑钙土的 pH 值
Li$^+$	9.00	Ca^{2+}	7.84
Na$^+$	8.04	Mg^{2+}	7.59
K$^+$	8.00	Ba^{2+}	7.35

3. 土壤的缓冲性能

土壤的缓冲性能指土壤具有缓和其酸碱发生剧烈变化的能力，它可以保持土壤反应过程中 pH 值的相对稳定，进而保证土壤环境条件的相对稳定，影响土壤物质的形态、迁移和转化，对植物生长和土壤生物的活动创造比较稳定的生活环境，所以土壤的缓冲性能是土壤的重要性质之一。土壤缓冲性能由土壤溶液和土壤胶体的作用组成。

(1) 土壤溶液的缓冲作用。土壤溶液中含有碳酸、硅酸、磷酸、腐殖酸和其他有机酸等弱酸及其盐类，构成了一个良好的缓冲体系，对酸碱具有缓冲作用。以碳酸及其钠盐为例，当加入盐酸时，碳酸钠与它反应，生成中性盐和碳酸，大大抑制了土壤酸度的提高。

$$Na_2CO_3 + 2HCl \longleftrightarrow 2NaCl + H_2CO_3$$

当加入石灰 [Ca(OH)$_2$] 时，碳酸与它作用，生成溶解度较小的碳酸钙，也限制了土壤碱度的变化范围。

$$H_2CO_3 + Ca(OH)_2 \longleftrightarrow CaCO_3 + 2H_2O$$

土壤中某些有机酸（氨基酸、胡敏酸等）具有两性性质，具有缓冲作用，如氨基酸中含氨基和羧基可分别中和酸和碱，从而对酸和碱都具有缓冲能力。

$$R-CH\begin{smallmatrix}NH_2\\COOH\end{smallmatrix} + HCl \longrightarrow R-CH\begin{smallmatrix}NH_3Cl\\COOH\end{smallmatrix}$$

$$R-CH\begin{smallmatrix}NH_2\\COOH\end{smallmatrix} + NaOH \longrightarrow R-CH\begin{smallmatrix}NH_2\\COONa\end{smallmatrix} + H_2O$$

(2) 土壤胶体的缓冲作用。土壤胶体吸附各种阳离子，其中盐基离子和氢离子分别对酸和碱起到缓冲作用。

1) 对酸的缓冲作用（以 M 代表盐基离子）。

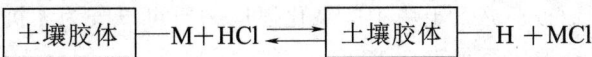

2) 对碱的缓冲作用。

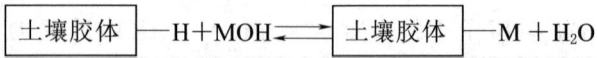

土壤胶体的数量和盐基代换量越大，土壤缓冲性能越强。因此，砂土掺黏土及施用各种有机肥料，都是提高土壤缓冲性能的有效措施。在代换量相等的条件下，盐基饱和度越高，土壤对酸的缓冲能力就越大；反之，盐基饱和度越低，土壤对碱的缓冲能力就越大。

3) Al^{3+} 对碱的缓冲作用。

pH 值小于 5 的酸性土壤里，土壤溶液中 Al^{3+} 以六水合铝离子的形态存在。当加入碱类使土壤溶液中的 OH^- 增多时，水合铝离子周围的 6 个水分子中有一两个水分子解离出 H^+，与加入的 OH^- 中和，并发生如下反应：

$$2Al(H_2O)_6^{3+} + 2OH^- \longleftrightarrow [Al_2(OH)_2(H_2O)_8]^{4+} + 4H_2O$$

水分子解离出来的 OH^- 则留在铝离子周围，这种带有 OH^- 的水合铝离子又相互聚合成更大的离子团，形成无机高分子物质，聚合无机铝盐，如图 2.7 所示，可多达数十个铝离子相互聚合成离子团。聚合的铝离子团越大，解离出的 H^+ 越多，对碱的缓冲能力就越强。

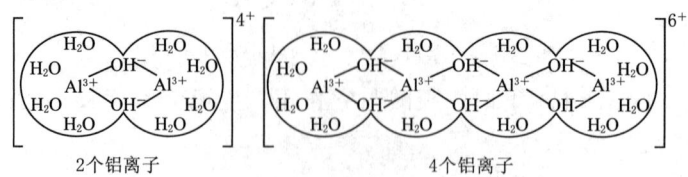

图 2.7 铝离子缓冲作用示意图

在 pH 值大于 5.5 时，铝离子开始形成 $Al(OH)_3$ 沉淀，而失去缓冲能力。一般土壤缓冲能力的大小顺序是：腐殖质土＞黏土＞砂土。

2.3.5.3 土壤的氧化还原性与影响因素

1. 土壤的氧化还原性

氧化还原反应是土壤中无机物和有机物发生迁移转化，并对土壤生态系统产生重要影响的化学过程。

土壤中的主要氧化剂有土壤中氧气、NO_3^-、SO_4^{2-} 和高价金属离子，如 $Fe(Ⅲ)$、$Mn(Ⅳ)$、$V(Ⅴ)$ 和 $Ti(Ⅳ)$ 等。土壤中的主要还原剂有有机质、低价金属离子和非金属离子，如 $Fe(Ⅱ)$、$Mn(Ⅱ)$、NH_4^+、S^{2-} 等。此外，土壤中的根系和土壤生物也是土壤发生氧化还原反应的重要参与者，即生物氧化作用。

土壤中多种氧化还原物质共存，某一种物质释放出电子而被氧化，必然伴随着另一种物质得到电子而被还原。土壤中的氧化还原物质可以分为无机体系和有机体系，土壤中的主要氧化还原体系见表 2.17。

表 2.17　　　　　　　　　　土壤中主要的氧化还原体系

体系	氧化还原反应	E/V (pH=0)	E/V (pH=7)	pE=lgK
氧体系	$\frac{1}{4}O_2+H^++e^-\rightleftharpoons\frac{1}{2}H_2O$	1.23	0.84	20.8
锰体系	$\frac{1}{2}MnO_2+2H^++e^-\rightleftharpoons\frac{1}{2}Mn^{2+}+H_2O$	1.23	0.40	20.8
铁体系	$Fe(OH)_3+3H^++e^-\rightleftharpoons Fe^{2+}+3H_2O$	1.06	−0.16	17.9
氮体系	$\frac{1}{2}NO_3^-+H^++e^-\rightleftharpoons\frac{1}{2}NO_2^-+\frac{1}{2}H_2O$	0.85	0.54	14.1
	$NO_3^-+10H^++8e^-\rightleftharpoons NH_4^++3H_2O$	0.88	0.36	14.9
硫体系	$\frac{1}{8}SO_4^{2-}+\frac{5}{4}H^++e^-\rightleftharpoons\frac{1}{8}H_2S+\frac{1}{2}H_2O$	0.30	−0.21	5.1
有机碳体系	$\frac{1}{8}CO_2+H^++e^-\rightleftharpoons\frac{1}{8}CH_4+\frac{1}{4}H_2O$	0.17	−0.24	2.9
氢体系	$H^++e^-\rightleftharpoons\frac{1}{2}H_2$	0	−0.41	0

　　土壤氧化还原能力的大小可以用土壤的氧化还原电位（E_h）来衡量，类同于水体的氧化还原电位，其值是以氧化态物质与还原态物质的相对浓度比为依据，具体氧化还原电位概念等相关内容见后续第 5 章。

　　由于土壤中氧化态物质与还原态物质的组成十分复杂，因此计算土壤的实际 E_h 值很困难。主要以实际测量的土壤 E_h 衡量土壤的氧化还原性。一般旱地土壤的 E_h 值为 $+400\sim+700$ mV；水田的 E_h 值在 $-200\sim+300$ mV。根据土壤的 E_h 值可以确定土壤中有机物和无机物可能发生的氧化还原反应和环境行为。

　　当土壤的 $E_h>700$ mV 时，土壤完全处于氧化条件下，有机物质会迅速分解；当 E_h 值在 $400\sim700$ mV 时，土壤中氮素主要以 NO_3^- 形式存在；当 $E_h<400$ mV 时，反硝化开始发生；当 $E_h<200$ mV 时，NO_3^- 开始消失，出现大量的 NH_4^+。当土壤渍水时，E_h 值降至 -100 mV，Fe^{2+} 浓度已经超过了 Fe^{3+}；E_h 值再降低，小于 -200 mV 时，H_2S 大量产生，Fe^{2+} 就会变成 FeS 沉淀，其迁移能力降低。其他变价金属离子在土壤中不同氧化还原条件下的迁移转化行为与水环境相似。

2. 影响土壤氧化还原性的因素

主要影响因素有如下几类。

（1）土壤通气性。土壤通气状况决定了土壤空气中的氧浓度。通气良好的土壤与大气间气体交换迅速，土壤氧浓度较高，E_h 值较高。排水不良的土壤通气孔隙少，与大气交换缓慢，再加上微生物活动耗氧，氧浓度降低，E_h 值下降。E_h 值可作为土壤通气性的指标。

（2）土壤无机物含量。一般还原性无机物多，还原作用强；氧化性无机物多，氧化作用强。如土壤中氧化锰矿物浓度增加，则 E_h 值增高，氧化能力强。

（3）易分解有机质含量。有机质的分解主要是耗氧过程，在一定的通气条件下，土壤易分解的有机物越多，耗氧越多，氧化还原电位就越低。易分解的有机质主要指植物组成中的糖类、淀粉、纤维素、蛋白质等以及微生物本身的某些中间分解产物和代谢产物，如有机酸、醛类等。新鲜有机物质（如绿肥）含易分解的有机质较多。

(4) 土壤pH值。由表2.17可知，H^+一般参与了土壤中物质的氧化还原反应，土壤pH值和E_h值的关系很复杂，在理论上土壤的pH值与E_h值的关系为$\Delta E_h/\Delta pH = -59mV$，即在通气不变条件下，pH值每上升一个单位，$E_h$值要下降59mV，但实际情况并不完全如此。根据测定，我国8个红壤性水稻土样本的$\Delta E_h/\Delta pH$比值平均约为85mV，变化范围在60～150mV之间；13个红壤$\Delta E_h/\Delta pH$比值平均为60mV，接近59mV。一般土壤E_h值随pH值的升高而下降。

(5) 植物根系的代谢作用。植物根系分泌物可直接或间接影响根际土壤E_h。植物根系分泌多种有机酸，如苹果酸、柠檬酸和草酸等，形成特殊的根际微生物的微环境条件。有一部分分泌物直接参与根际土壤的氧化还原反应。水稻根系分泌氧，使根际土壤的E_h值比根外土壤高。

(6) 微生物活动。微生物活动对土壤E_h值的影响是复杂的过程。一方面，微生物活动需要氧，这些氧可能是游离态的气体氧，也可能是化合物中的化合态氧，如硝酸盐、硫酸盐或者铁铝氧化物中的氧。如果微生物活动强烈，耗氧多，就使土壤溶液中的氧减少，或使还原态物质的浓度相对增加；另一方面，在微生物作用下，低价金属离子可被氧化为高价态的氧化物，如Mn^{2+}被氧化生成MnO_2，Fe^{2+}被氧化生成Fe_2O_3，使得土壤E_h值增加，氧化能力增强。相反，上述物质在较低E_h值，也可被还原。

2.3.6 土壤的配位与螯合作用

土壤中的有机、无机配体能与金属离子发生配位或螯合作用，从而影响金属离子在环境中的迁移、转化等物理化学行为，进而影响其生态环境效应。

土壤中的有机配体主要有腐殖质、蛋白质、多糖类、木质素、多酶类和有机酸等。其中最为重要的是腐殖质，土壤腐殖质具有多种有机官能团，如氨基（—NH_2）、羧基（—COOH）、羟基（—OH）、羰基（—C=O）、硫醚（RSR）、醚（ROR）等。因此，重金属与土壤腐殖质可形成稳定的配合物和螯合物。

土壤中常见的无机配体有Cl^-、SO_4^{2-}、HCO_3^-、OH^-等，它们可与金属离子配位形成各种配合物。

金属配合物或螯合物的稳定性与配体或螯合剂、金属离子的种类及其环境条件等有关。土壤有机质对金属离子的配位或螯合能力的顺序为：$Pb^{2+}>Cu^{2+}>Ni^{2+}>Hg^{2+}>Cd^{2+}$。不同配位基与金属离子亲和力的大小顺序为：—$NH_2$>—OH>—COO—>—C=O。土壤介质的pH值对螯合物的稳定性有较大的影响，pH值较低时，H^+与金属离子竞争螯合剂，螯合物的稳定性较差；pH较高时，金属离子可形成氢氧化物、磷酸盐或碳酸盐等不溶性化合物。

螯合作用对金属离子迁移的影响取决于所形成螯合物的可溶性。形成的螯合物易溶于水，则有利于金属离子的迁移，反之，则有利于金属在土壤中的滞留，降低其活性。

2.4 土壤污染及其危害

2.4.1 土壤污染

土壤环境以其自身组成及相应功能，对进入土壤的新物质有一定的缓冲、净化能力。主要表现为土壤胶体对外源污染物的吸附、交换作用，土壤的氧化还原对外源污染物形态的改变亦使其转化成沉淀或因挥发和淋溶从土壤迁移至大气或水体，土壤微生物或植物可将污染物降解成无害或毒性较小的物质。但土壤环境的自净能力还是有限的，随着现代工农业的发展，化肥、农药的大量施用，工矿企业废水灌溉农田、固体废物的不当堆放和填埋引起有害物质的淋溶和释放、酸雨和降尘等使污染物不断进入土壤，在数量和速度上往往超出了土壤自净能力范围。人类活动产生的污染物进入土壤并积累到一定程度，引起土壤质量恶化的现象即为土壤污染。土壤被污染的程度主要取决于进入土壤的污染物数量、强度和土壤自身净化能力大小，当进入量超过土壤自净能力，将会导致土壤污染。

土壤受到污染物后，不仅会影响植物生长，也会产生不良的生态效应，如影响土壤内部生物群的变化与物质的转化。土壤污染物会随地表径流而进入河湖，当这种径流中的污染物浓度较高时，会造成水体污染。如，土壤中过多的 N、P 及一些有机磷农药和部分有机氯农药、酚和氰的淋溶迁移常造成水体污染。污染物进入土壤后有可能对地表水、地下水造成次生污染。土壤污染物还可通过土壤-植物系统，经由食物链最终影响人类的健康。如日本的"痛痛病"就是上游铅锌冶炼厂的废水排入农田，污染土壤，造成稻米含镉量增加而危害人类健康。

土壤污染物来源广泛，种类繁多，既有化学物质，也有放射性污染物和生物病毒等，主要可分如下几类。

（1）化学污染物。包括无机污染物和有机污染物。

无机污染物主要指对动植物有危害作用的元素及其无机化合物，如镉、汞、铜、铅、锌、镍、砷等重金属，硝酸盐、硫酸盐、氟化物、可溶性碳酸盐等盐类化合物，过量使用氮肥或磷肥也会造成土壤污染。

有机污染物主要指有机农药、除草剂、三氯乙酸、矿物油类、表面活性剂、废塑料制品、洗涤剂和酚类，以及工矿企业排放的含有机质的"三废"。其中农药是土壤的主要有机污染物，常用的农药就约有 50 种。

（2）物理污染物。物理污染物是指来自工厂、矿山的固体废弃物，如尾矿、废石、粉煤灰和工业垃圾等。

（3）生物污染物。生物污染物指带有各种病菌（肠道细菌、肠寄生虫和结核杆菌等）的城市垃圾和由卫生设施（如医院）排出的废水、废物和厩肥等。

（4）放射性污染物。放射性污染物主要存在于核原料开采和大气层核爆炸地区，以锶和铯等在土壤中生存期长的放射性元素为主。

2.4.2 土壤污染的特点

较水污染而言，土壤污染有其自身特点，一般表现如下。

（1）隐蔽性和滞后性。水污染和废弃物污染等问题一般比较直观，通过感官就能发现。而土壤污染则不同，它往往要通过对土壤样品进行分析化验和农作物的残留检测，甚至通过研究对人畜健康状况的影响才能确定。因此，土壤污染从产生污染到出现问题通常会滞后较长时间。如日本的"痛痛病"经过了 10～20 年之后才被人们所认识，教训深刻。

（2）累积性。污染物在大气和水中一般比在土壤中更容易迁移，这使得污染物在土壤中并不像在大气和水体中那样容易扩散和稀释，因此污染物容易在土壤中不断积累而超标，同时也使土壤污染具有很强的地域性。

（3）不可逆转性。重金属对土壤的污染基本上是一个不可逆转的过程，如被某些重金属污染物的土壤可能要过100~200年，甚至更久才能够恢复，许多有机化学物质也需要较长的时间才能降解。

（4）治理难度大。如果大气和水体被污染，在切断污染源之后通过稀释作用和自净化作用有可能使污染问题得到解决，但积累在污染土壤中的难降解污染物则很难靠稀释作用和自净化作用来消除。土壤污染一旦发生，仅依靠切断污染源的方法往往很难恢复，有时要换图、淋洗土壤等方法才能解决问题，其他治理技术可能见效很慢。因此，治理污染土壤通常成本较高，周期较长。鉴于土壤污染难以治理，而土壤污染问题的产生又具有明显的隐蔽性和滞后性等特点，因此土壤污染问题一般不太容易受到重视，因而更加增加了土壤污染治理的难度。

2.4.3 土壤污染的危害

2.4.3.1 直接危害

土壤是农业生产、自然生态与环境的重要组成部分，是河湖水体的陆上区域，其径流必然进入河湖水体，其对人类社会发展和生态环境保护具有至关重要价值。由于土壤污染具有隐蔽性、滞后性、累积性和不可逆转性等特点，治理技术难度大，不够受到重视等，因而土壤污染的危害更加巨大。

1. 导致农作物的污染、减产

对于各种土壤污染造成的经济损失，目前尚缺乏系统的调查资料。仅以土壤重金属污染为例，全国每年就因重金属污染而减产粮食1000多万t，另外被重金属污染的粮食每年也多达1200万t，合计经济损失至少200亿元。

当土壤中的污染物含量超过植物的忍耐限度时，会引起植物的吸收和代谢失调；一些残留在植物体内的有机污染物，会影响植物的生长发育，甚至会导致遗传变异；Cu、Ni、Co、Mn、Zn等重金属和类重金属以及As等会引起植物生长发育障碍。油类、苯酚等有机污染物会使植物生长发育受到障碍，导致作物矮化、叶尖变红、不抽穗或不开花授粉；三氯乙醛能破坏植物细胞原生质的极性结构和分化功能，使细胞和核的分裂产生紊乱，形成病态组织，阻碍正常生长发育，甚至导致植物死亡。

2. 导致生物品质不断下降

我国大多数城市近郊土壤都受到了不同程度的污染，有许多地方粮食、蔬菜、水果等食物中镉、铬、砷、铅等重金属含量超标和接近临界值。土壤污染除影响食物的卫生品质外，也明显地影响到农作物的其他品质。有些地区污灌已经使得蔬菜的味道变差，易烂，甚至出现难闻的异味；农产品的储藏品质和加工品质也不能满足深加工的要求。

3. 导致其他环境问题

土地受到污染后，含重金属浓度较高的污染表土容易在风力和水力的作用下分别进入到大气和水体中，导致大气污染、地表水污染、地下水污染和生态系统退化等其他次生生态环境问题。

2.4.3.2 对人体的危害

土壤污染除了导致农作物污染、减产、品质下降和水及大气污染外，对人体健康更是具有直接或间接危害。

1. 残留农药对人体健康影响

农药在土壤中受物理、化学和微生物的作用，按照其被分解的难易程度可分为两类：易分解类（如有机磷制剂）和难分解类（如有机氮、有机汞制剂等）。难分解的农药成为植物残毒的可能性很大。

人类吃了含有残留农药的各种食品后，残留的农药转移到人体内，这些有毒有害物质在人体内不易分解，经过长期积累会引起内脏机能受损，使肌体的正常生理功能发生失调，造成慢性中毒，影响身体健康。特别杀虫剂所引起的致癌、致畸、致突变"三致"问题，令人十分担忧。

2. 重金属对人体健康的影响

植物对重金属吸收的有效性，受重金属在土壤活性的影响。一般情况下，土壤中有机质、黏土矿物含量越多，盐基代换量越大，土壤的pH越高，则重金属在土壤中活动性越弱，重金属对植物的有效性越低，也就是植物对重金属的吸收量越小。在上述土壤因素中，最重要的可能是土壤的pH值。

农作物体内的重金属主要是通过根部从被污染的土壤中吸收的。土壤重金属被植物吸收以后，可通过食物链危害人体健康。例如，1955年日本富山县发生的"镉米"重金属污染事件，即"痛痛病"事件。其原因是农民长期使用神通川上游铅锌冶炼厂的含镉废水灌溉农田，导致土壤和稻米中的镉含量增加。当人们长期食用这种稻米，使得重金属镉在人体内蓄积，从而引起全身性神经痛、关节痛、骨折，以至死亡。

3. 放射性物质对人体健康的影响

放射性物质进入土壤后能在土壤中积累，形成潜在的威胁。由核裂变产生的两个重要的长半衰期放射性元素是锶和铯。空气中的放射性锶可被雨水带入土壤中。因此，土壤的含锶的浓度常与当地的降水量成正比。铯在土壤中吸附更为牢固。有些植物能积累铯，所以高浓度的放射性铯能通过这些植物进入人体。放射性物质主要是通过食物经消化道进入人体，其次是经呼吸道进入人体。

思 考 题

1. 水分子具有什么样的分子结构，其造成的水分子的何种物理化学特征，具有什么重要的意义？
2. 天然水体组成有哪些？
3. 天然水具有哪些性质？这些性质从生态环境的角度而言具有什么意义？
4. 天然水体主要污染物有哪些类型，其危害是什么？

5. 什么是水体自净，其机理如何，水体自净对于生态环境具有什么重要作用？
6. 了解环境容量的概念，影响因素及重要价值。
7. 土壤是如何发育而来的，其结构组成有哪些？
8. 土壤的性质有哪些？请从生态环境治理与保护角度思考这些性质的重要作用。
9. 什么是土壤污染，其污染物主要有哪些类型，具有什么特征，危害又是什么？

第 3 章 河湖污染调查与评价

河流、湖泊与水库污染源和污染类型多样,污染源包括生活污染、工业污染和农业及城市面源污染,污染类型有些以有机物(COD)、氮和磷为主,而有些则以重金属或其他工业排放物为主。因而,对河流与湖库的环境污染进行治理,则应该首先了解其主要的污染源和污染物及其变化,河流、湖泊或者水库的水环境污染现状与主要污染物,即开展河湖污染调查与分析评价工作,这样才能够针对性提出合适的治理方法,达到河湖生态环境保护的目标。

3.1 河湖污染调查与评价的主要内容与目标

开展河湖污染调查与评价主要分为河湖污染源的调查与评价、河湖水环境质量的调查与评价,有时还包括河湖水生态调查与生态健康评价,这部分内容设置在第 10 章。

开展河湖污染调查与评价的主要目标如下。

(1) 对河流湖泊的主要排入污染源进行现场调查,包括污染排放量、主要污染物,进而确定主要的污染源和主要污染物及其量。

(2) 对河湖水体的水质状况进行检测,包括现场检测与实验室分析检测,评价其水环境质量现状,进而确定主要污染物。

(3) 结合河湖污染源和水环境质量现状调查与分析评价结果,分析河湖环境问题的主要污染物、主要污染源和迁移途径,为针对性河湖污染治理提供依据和参考。

(4) 结合现状调查,对河湖主要污染源和污染物及水体环境质量变化进行预测与分析,为进一步的河湖环境治理与管理提供依据和参考。

3.2 河湖水体污染源的调查、评价与预测

3.2.1 污染源及其调查

凡能排放或释放污染物进入河湖水体并引起其污染的城镇和农村生产、生活的污废水和生活污水、地表径流等,都统称为水体污染源。

按照污染源是河湖水体自然内部产生还是由水体以外进入水体,可以将其分为外源污染和内源污染,前者包括工业废水、城镇生活污染和农业和城市面源污染,后者则指河湖水体生物的死亡腐烂、引起富营养化的底泥沉积物污染释放等。河湖的外源污染进入河湖水体并沉积在底泥中,如重新释放,则又转变为了内源污染。

水体污染源的调查是控制水体污染、保护水资源的重要环节,是进行河湖治理和

环境管理的关键依据。河湖污染源调查一般采用普查法、现场调查法、经验估算法及物料平衡法等。从步骤上来看，一般经历普查，然后重点调查，确定主要污染源和主要污染物。调查内容随污染源的分类而有所不同。

3.2.1.1 对于点源污染应调查的主要项目

（1）工业污染（企业信息、生产工艺流程与原理、污水排放量和主要污染物），城镇生活污染（城镇人口、经济状况，污水处理情况，管网分布，生活垃圾处置状况等），排污口的地理位置及分布。

（2）污水量及其所含污染物的种类、浓度或各种污染物的绝对数量。

（3）排污方式，污水是经过污水处理厂处理后排入水体还是未经处理直接排入水体，是岸边排放还是送入水体中间排放；是明渠排放还是管道排放等。

（4）排放规律，是稳定排放还是非稳定排放；是连续排放还是间断排放，以及间断的时间、次数等。

（5）排污对水环境质量的影响，污染物进入水体后对浮游植物、浮游动物、鱼贝等组成的水生生态系统的影响。

（6）周围居民对排污的反映或者水体污染的反映，如是否有臭味、水体颜色变化、对周围居民身体健康的影响（直接或间接）等。

3.2.1.2 对于面源污染应调查的主要项目

（1）水体所在流域内地表径流的数量，经地表径流带入水体内污染物的种类和数量。

（2）水体水面大气降水的数量及经大气降水（包括降尘）带入水域内污染物的种类和数量。

（3）水域内农田化肥、农药使用情况，农田灌溉后退水的数量及所含污染物的种类、浓度。

（4）水域内地下水流入水体的数量及携带污染物的种类和浓度。

（5）水域内村镇和农村居民状况，直接或间接排入水体的人、畜用水的数量及携带污染物的种类和浓度。

（6）农田秸秆等废弃物的量和处置方式，是否沿河或沟渠堆放，其最终是否进入河湖水域等。

3.2.2 污染源评价

污染源评价是在污染源调查的基础上，把调查和实测所得到的大量数据，进行"标准化"处理，即转换成可以相互比较的量，这样就可以根据其对水环境质量影响的大小，确定各行业、各地区或各流域的主要污染源和主要污染物，实质在于分清评价区域内各个污染源及污染物的主次程度。

在进行污染物评价时，应主要从污染物危害性和污染量两个方面考虑，还应注意评价数据的选取与处理、评价标准及评价方法等问题。

3.2.2.1 评价数据的选取与处理

在污染源调查中所得到的数据，有来自各类调查表、现场实测值及各矿厂长期监测数据等，其可靠性、准确度均不一致，应进行认真筛选，原则上应选取最具代表性的数值。但在实际工作中这是很困难的,应取慎重态度予以取舍。

当实测数据较多时,可考虑选用算术平均值、中位值或根据排放量大小计算加权平均值。有时为了强调对环境影响最大值的作用,有人建议采用极端值进行评价,这要考虑具体污染物的危害程度。

3.2.2.2 评价标准

评价标准就是使用统一的"尺度"来衡量污染物对环境影响的大小。评价标准因评价对象而异,例如对污染源评价就与天然水体的水体质量评价不同,而天然水体因功能不同,所采用的评价标准也不同。此外,评价标准也与评价方法密切相关。

评价污染源的标准采用我国现行的国家标准《污水综合排放标准》(GB 8978—1996)。当然,部分地区根据其环境保护工作的需求,也有在国家标准作为参考的基础上,执行更加严格的地方标准的情况,如天津市和辽宁省。

除了采用国家或地方标准规定的污染物排放浓度作为评价标准外,也有根据污染物的危害性(毒性)作为评价标准的,但因毒性数据取得较为困难,其评价体系更为复杂,本书不做详细介绍。

《污水综合排放标准》(GB 8978—1996)于1998年颁布实施,除其标准规定的某些行业执行其行业标准外,其他工业企业都执行本标准。标准按照污染物在环境或动植物体内蓄积,对人体健康产生影响不同分为第一类污染物和第二类污染物。前者对人体健康产生长远不良影响,要求在工业车间或车间处理设施排出口取样;后者产生的影响要小于第一类污染物,要求在排污单位排出口取样。

第一类污染物包括总汞、烷基汞、总镉、总铬、六价铬、总砷、总铅、总镍和苯并芘等9种。

第二类污染物包括 pH 值、色度、悬浮物、BOD_5、COD_{Cr}、石油类、动植物油、挥发酚、氰化物、硫化物、氨氮、氟化物、磷酸盐、甲醛、苯胺类、硝基苯类、阴离子合成洗涤剂、铜、锌、锰等20种。

3.2.2.3 评价方法

污染源评价的实质在于分清评价区域内各个污染源及污染物的主次程度。评价方法也有很多类,主要分为两大类,即单项指标评价和多个指标的综合评价。

1. 单项指标评价

单项指标评价也称为类别评价,它是对污染源中某单一污染物的含量(浓度或重量等)、统计指标(检出率、超标率、超标倍数、标准差等)来评价某污染物的污染程度。

(1) 排放强度指标。即计算某污染物的排放总量,其计算公式为

$$W_i = C_i Q \tag{3.1}$$

式中:W_i 为单位时间排放 i 种污染物的绝对量,t/d;C_i 为单位时间排放 i 种污染物的实测平均浓度,mg/L 或 kg/m^3;Q 为污水日平均排放量,m^3/d。

(2) 浓度指标。指某污染源排放某种污染物的浓度,用超过排放标准的倍数来表达污染程度的大小。由于该指标只考虑浓度而未考虑污水量的多少,而将那些超过标准倍数大而排放量少的污染源视为主要矛盾,却忽略排污量大而浓度小,但其绝对数

量大的污染物,以致采用清水稀释法来达到浓度标准,造成管理上的漏洞,因此现在已经多不采用这一指标评价。

(3) 统计指标。主要有检出率、超标率和超标倍数。

检出率:指某污染物的检出样品个数占样品总数的百分比,计算公式如下。

$$检出率 = \frac{某污染物检出样品个数}{某污染物样品总数} \times 100\% \tag{3.2}$$

超标率:指某污染物的超过排放标准的检出次数占该污染物检出样品的百分比,计算公式如下。

$$超标率 = \frac{某污染物超过标准的样品个数}{某污染物检出样品个数} \times 100\% \tag{3.3}$$

最大超标倍数:指某污染物的最大检出值超过污染物标准值的倍数,计算公式如下。

$$最大超标倍数 = \frac{某污染物最大检出值}{某污染物的标准值} \tag{3.4}$$

2. 综合评价

综合评价是较全面、系统地衡量污染源能力的评价方法,其同时考虑多种污染物、排放量等因素,多用一定的数学模型进行综合评价,目前使用的方法很多,如排污量法、污径比法、超标法、排毒指数法和等标污染负荷法等,本节重点介绍使用最为广泛的等标污染负荷法。

(1) 排污量法。该法简单统计各污染源的排污量,按排污量的大小依次排列。排污量可以是废水量也可以是污染物总量。采用这一方法的最大优点是简便,缺点是未考虑废水中污染物浓度的大小,因为废水量相同时,污染物含量会相差极大。而采用污染物量作为排污量指标便可以克服这一缺点,故目前多使用污染物总量法。但仍不能反映污染物总量相同,而浓度不同对环境的影响不同的这一实际情况。尽管排污量比较粗糙,但因其简单易行,至今仍在不少范围应用。

(2) 污径比法。此法是比较污染源所排放的废水流量与纳污水体径流量之比。优点是考虑了纳污水体流量大小不同,即稀释能力的不同。如同样规模的企业排污,若直接进入大江大河与直接排入小溪所引起的环境效应是不同的。但其缺点是只考虑纳污水体的流量,而未考虑纳污水体的本底状况,也未考虑污水浓度及污染物质的类别不同对环境影响的差异。但该法能够比较污染源排污在当地环境影响中的重要程度,还可度量纳污水体的污染程度,因此,仍被采用。

(3) 超标法。在水环境质量管理中,一般要求对污染源中的超标项目实行限期治理,使其达到工业废水排放标准或行业的废水排放标准,以保证环境质量。在污染源所排污染物中有一项超标,即列为超标排放污染源。超标排放污染源占调查区域中污染源的总数便是污染源超标排放率。这一方法的缺点是未考虑废、污水量的大小,并且污染物中一项超标即定为超标排放污染源,不够全面。但此法却是比较简便的方法。

(4) 排毒指数法。根据生物毒性试验结果,对污染物计算排毒指标 F,公式为

$$F_i = C_i / D_i \tag{3.5}$$

式中：C_i 为第 i 种污染物的实测浓度，mg/L；D_i 为第 i 种污染物的毒性标准，分为慢性中毒阈剂量、最小致死量、半致死量。

对于一个污染源，往往有多种污染物，即多个污染参数，这时计算的排毒指标采用归一化处理，即

$$F = \left\{ \frac{C_1}{D_1} + \frac{C_2}{D_2} + \cdots + \frac{C_n}{D_n} \right\} \frac{1}{\sum_{i=1}^{n} C_i} \tag{3.6}$$

式中：n 为污染源的污染物种类数目。

应注意在评价中要使用统一的毒性标准。该方法的优点是将排毒指标与污染物的生物效应联系起来。但毒性指标的条件复杂，污染物种类多，难以实际应用。

(5) 等标污染负荷法。该方法是当前我国使用最普遍的方法。它不仅考虑不同种类污染物的浓度及相应的环境效应（即不同的评价标准），还考虑了污染源的排污水量，考虑因素全面。具体通过三个特征指标，综合评价出区域内的主要污染源和污染物。

1) 某污染物的等标污染负荷按下式计算：

$$P_i = \frac{C_i}{|C_{0i}|} Q_i \times 10^{-6} \tag{3.7}$$

式中：P_i 为某污染物的等标污染负荷，t/a；C_i 为某污染物实测浓度，mg/L；C_{0i} 为某污染物允许排放标准；Q_i 为含某污染物的废水排放量，m³/a；10^{-6} 为单位换算系数。

2) 某污染源 n 个污染物的总计等标污染负荷，即该污染源的等标污染负荷 P_n 为

$$P_n = \sum_{i=1}^{n} P_i = \sum_{i=1}^{n} \frac{C_i}{|C_{0i}|} Q_i \times 10^{-6} \tag{3.8}$$

3) 某地区或某流域内 m 个污染源等标污染负荷之和，即为该地区或流域等标污染负荷 P_m 为

$$P_m = \sum_{i=1}^{m} P_n \tag{3.9}$$

4) 全地区或全流域内某污染物总等标污染负荷 P_{mi} 为

$$P_{mi} = \sum_{i=1}^{m} P_m \tag{3.10}$$

5) 评价中还经常使用污染负荷比。某污染物等标污染负荷占该厂等标污染负荷的百分比，称为某工厂内某污染物的污染负荷比 K_i 为

$$K_i = P_i / P_n \times 100\% \tag{3.11}$$

6) 某工程（污染源）在全地区（流域内）的污染负荷比 K_n 为

$$K_n = P_n / P_m \times 100\% \tag{3.12}$$

根据各个污染物占污染源或者污染源占区域（流域）的 $K_i \sim K_j$ 大小排序便可确定该地区的主要污染物及其顺序或主要污染源及其顺序。

3.2.3 污染源预测

污染源预测就是对未来某个水平年或几个水平年污染源所排放的污染物的特性作出具体的估计。从而为水污染防治的规划、管理及决策提供依据。

3.2.3.1 废污水量预测

1. 工业废水预测

多采用重复利用率提高法,预测公式如下。

$$Q_B = F_b B \frac{1-\eta}{1-\eta_0} \tag{3.13}$$

式中:Q_B 为预测年工业废水量,万 t/d;F_b 为基准年单位工业产值废水排放量,万 t/万元;B 为预测年工业总产值,万元/d;η 为预测年的水重复利用率;η_0 为基准年的水重复利用率。

2. 生活污水预测

根据城镇人均用水定额和人口发展情况,按污水排放系数进行预测,计算公式如下。

$$Q_R = \frac{\alpha}{1000} RF \tag{3.14}$$

式中:Q_R 为预测年生活污水排放量,万 t/d;R 为预测年城镇人口数,万人,按自然增长率推算,计算公式如下。

$$R = R_0(1+K)^n + R_1 \tag{3.15}$$

式中:R_0 为城镇现状人口数,万人;K 为人口自然增长率,以小数计;n 为预测期限,年;R_1 为人口机械增长数,视经济发展因素确定;F 为预测年人均生活用水量,[L/(人·d)],参照现状用水定额并考虑到远景发展拟定;α 为污水排放系数,为生活污水排放量与生活用水量之比,一般取 0.7~0.85。

3. 废污水排放总量预测

废污水排放总量等于工业废水和生活污水预测值之和,即

$$Q_Z = Q_B + Q_R \tag{3.16}$$

式中:Q_Z 为废污水排放总量,万 t/d。

4. 入河(湖、库)废污水量计算

预测出污染源的废污水排放总量之后,还应计算出实际进入河流(或其他水域)的废污水量。城镇排放出的废污水,大多经过明渠、污水沟或地下管道排入河流。由于下渗、蒸发等作用,沿途总要消耗掉一部分废污水。这部分损失,采用损失 K_s 系数计算。K_s 的确定方法有两种:一是按实测资料反求;二是根据经验选取,一般取 $K_s = 0.5 \sim 1.0$。

计算公式为

$$Q_r = K_s Q_z \tag{3.17}$$

式中:Q_r 为入河废污水量,万 t/d;K_s 为废污水损失系数。

3.2.3.2 污染物预测

根据污染源评价结果,选取等标污染负荷比较大的几种污染物,进行产生量和入河(或其他水域)量预测。

污染物产生量预测公式为

$$W_c = U_b \beta B + U_r R - W_q \tag{3.18}$$

式中:W_c 为预测污染物产生量,kg/d;U_b 为基准年单位产值污染物排放量,kg/万

元；β 为预测消减系数，根据各城镇工业结构、发展速度、工艺革新等技术进步因素确定；B 为预测年工业产值，万元/d；U_r 为基准年人均污染物排放量，kg/(万人·d)；R 为预测年城镇人口数，万人；W_q 为基准年污染物去除量，kg/d。

预测出污染物产生量之后，同样还应换算出实际排入河流的污染物数量。污染物入河量采用污染物产生量乘以降解系数的方法折算。由于各污染物降解难易程度不一，应根据实测资料分析确定。在缺乏实际资料时，可按河道特征、水文条件等进行经验确定。

污染物入河量的计算公式为

$$W_r = W_c K_j \tag{3.19}$$

式中：W_r 为预测年污染物入河量，kg/d；K_j 为污染物入河前的降解系数。

3.2.3.3 面源污染预估

面源对河流的污染大于点源是很普遍的。在美国水体出现超标的情况中，65%由于面源污染，35%由于点源污染与面源污染的组合作用。

面源污染的水质预估模型多为经验公式或半经验公式。灌溉和降水径流条件下农业污水出流的污染物负荷可按下式估算：

$$L = \sum_{i=1}^{M} \sum_{j=1}^{N} \sum_{h=1}^{T} C_j R_{ijh} A_{ij} \tag{3.20}$$

式中：L 为污染物负荷，kg/a；R_{ijh} 为在 i 型土壤上，采用作物管理方法 j，由降雨 h 产生的地表径流，mm；A_{ij} 为在 i 型土壤上，采用作物管理方法 j 的土地面积上产生地表径流的面积，km^2；C_j 为作物管理方法 j 的农业污水浓度，mg/L；M、N、T 分别为土壤类型数、作物管理种类数和一年中降水次数。

3.3 河湖水体污染的调查、监测、评价与预测

3.3.1 河湖水体污染的调查与监测

3.3.1.1 水体污染现状调查

水体污染现状调查的主要内容应包括水体的物理、化学性质；污染物在水中及地质中的组成和含量；水生生物区系组成和生态特征及残毒累积情况等。此外还应包括水体环境条件的调查，如：气候、生物、土壤、水文等地带性因素及岩石矿物、地形地貌等特点。在调查中还应注意水体周围对生活、生产用水的反映和要求，水体周围居民健康状况和发病率情况，特别是污染事故等的调查。

在水污染现状调查过程中应采集大量水样，测试出水体内所含污染物质的组成、含量和时空分布，用来描述和确定水体污染程度。具体的调查方法如下。

1. 布设采样断面和采样点

首先应了解研究水体所在的集水区域内，工矿、城镇的布局，各类用水的取水口位置和取水量，各类废水、污水的排放位置、排放方式和排放水量等。采样断面和采样点的布设应掌握和控制该河段水体污染变化现状。一般在河流进入城镇、工矿区之前设置一清洁断面，作为对照点。在流经城镇、工矿区的河段上设一个或几个断面，

而在流出城镇、工矿区后仍需再设一个断面。以便对河流流经城镇、工矿区前、后的水质进行对比分析,确定其污染物状况、污染程度。

采样断面和采样点布设多少,应视水体的水文特征、水质特征及污染状况综合考虑,一般有以下三种:

(1) 单点布设法。适于较小河流,设置一个水质采样点。

(2) 三点布设法。适于河流有较大河心滩或有明显的分流时,在分流前及河心滩两侧各布设一个采样点。

(3) 断面布设法。在较大河流上多采用此法,即在河流流经的城镇、工矿区的上、中、下游河段上布置三个断面,每个断面依水面宽度均匀布置三个采用点。

2. 水样采集

水样采集的基本原则是:所取水样要能代表采样断面的平均水质状况。在完全混合断面处只需采一点的水样,而在未完全混合断面处可根据清浊水量的比例取混合水样。水质采样应同步进行,而且还应和水文测验、气象观测同时进行,利于分析水质和水量及环境条件间的关系。

3. 调查成果汇总

经过调查、定点取样、分析化验后,便可知道不同区域的水质指标状况,进一步归纳评价,并填写水体污染调查表、编写调查报告,得出调查结论和提出污染控制与治理的措施等。

3.3.1.2 水体污染监测

在对流域污染源调查和水体污染调查的基础上,应进一步根据流域特点、水文特征、污染源的分布、水体污染物的组成及时空变化规律,以及其他影响水环境质量的因素,设置若干采样点并进行定时、定点、定项目的长期观测,以便准确及时地掌握流域内的水体污染动态。这些监测数据不仅能直接检查水体环境质量是否符合国家及地区公布的有关质量标准,还可为水体环境质量评价、预测污染发展趋势、控制水体污染,更合理利用和保护水资源提供科学依据。

1. 水质监测站布设

地表水水质站可分为河流水质站和湖泊(水库)水质站,河流水质站又可分为源头背景水质站、干流水质站和支流水质站。

(1) 源头背景水质站应设置在各水系上游,接近源头且未受人为活动影响的河段。

(2) 干、支流水质站应设置在下列水域、区域:①干流控制河段,包括主要一二级支流汇入处、重要水源地和主要退水区;②大中城市河段或主要城市河段和工矿企业集中区;③已建或将兴建大型水利设施河段,大型灌区或引水工程渠首处;④入海河口水域;⑤不同水文地质或植被区、土壤盐碱化区、地方病发病区、地球化学异常区、总矿化度或总硬度变化率超过50%的地区。

(3) 湖泊水质站应按下列原则设置:①面积大于$100km^2$的湖泊;②梯级水库和库容大于1亿m^3的水库;③具有重要供水、水产养殖、旅游等功能或污染严重的湖泊(水库)。

(4) 重要国际河流、湖泊,流入、出行政区界的主要河流、湖泊(水库),以及水环境敏感水域，应设置界河（湖、库）水质站。

我国根据大江大河和湖泊的重要性和发展布局，全国共设置1个部级、7个流域级、31个省级和196个地市级水质中心，组成水质监测网络体系，全国共计水质监测站5218个。

2. 采样断面的布设

(1) 采样断面的布设应考虑如下原则。

1) 充分考虑本河段（地区）取水口、排污（退水）口数量和分布及污染物排放状况、水文及河道地形、支流汇入及水利工程情况、植被与水土流失情况、其他影响水质及其均匀程度的因素等。

2) 力求以较少的监测断面和测点获取最具有代表性的样品，全面、真实、客观地反映该区域水环境质量及污染物的时空分布状况与特征。

3) 避开死水及回水区，选择河段顺直、河岸稳定、水流平缓、无急流湍滩且方便处。

4) 尽量与水文断面相结合。

5) 断面位置确定后，应设置固定标志，不得任意变更；需变动时应报原批准单位同意。

(2) 河流采样断面布设。

1) 城市或工业区河段，应布设对照断面、控制断面和消减断面。对照断面布设在河流进入城镇或工业排污口前，不受本污染区影响的地方。控制断面布设在能反映该河段水质污染状况的地方，一般设在排污口下游0.5~1km处。消减断面布设在基本断面下游、污染物得到稀释的地方，一般至离立排污口下游1.5km处。

2) 污染严重的河段可根据排污口分布及排污状况，设置若干控制断面，控制的排污量不得小于本河段总量的80%。

3) 本河段内有较大支流汇入时，应在汇合点支流上游处，及充分混合后的干流下游处布设断面。

4) 出入境国际河流、重要省际河流等水环境敏感水域，在出入本行政区界处应布设断面。

5) 水质稳定或污染源对水体无明显影响的河段，可只布设一个控制断面。

6) 河流或水系背景断面可设置在上游接近河流源头处，或未受人类活动明显影响的河段。

7) 水文地质或地球化学异常河段，应在上、下游分别设置断面。

8) 供水水源地、水生生物保护区以及水源型地方病发病区、水土流失严重区应设置断面。

9) 城市主要供水水源地上游1000m处应布设断面。

10) 重要河流的入海口应布设断面。

11) 水网地区应按照常年主导流向设置断面；有多个岔路时应设置在较大干流上，控制径流量不得少于总径流量的80%。

(3) 潮汐河流采样断面布设。

1) 设有防潮闸的河流，在闸的上、下游分别布设断面。

2) 未设防潮闸的潮汐河流，在潮流界以上布设对照断面；潮汐界超出本河段范围时，在本河段上游布设对照断面。

3) 在靠近入海口处布设消减断面；入海口在本河段之外时，设在本河段下游处。

4) 控制断面的布设应充分考虑涨、落潮水流变化。

(4) 湖泊（水库）采样断面布设。

1) 在湖泊（水库）主要出入口、中心区、滞留区、饮用水源地、鱼类产卵区和游览区等应设置断面。

2) 主要排污口汇入处，视其污染物扩散情况在下游100～1000m处设置1～5条断面或半断面。

3) 峡谷型水库，应在水库上游、中游、近坝区及库尾与主要库湾回水区布设采用断面。

4) 湖泊（水库）无明显功能分区，可采用网格法均匀布设，网格大小依湖、库面积而定。

5) 湖泊（水库）的采样断面应与断面附近水流方向垂直。

3．采样垂线的布设

(1) 河流（潮汐河段）采样垂线的布设应符合规定，见表3.1。

表3.1　　　　　　　　　　江河采样垂线布设

水面宽/m	采样垂线布设	岸边有污染带	相对范围
<50	1条（中泓处）	如一边有污染带，增设1条垂线	
50～100	左、中、右3条	3条	左、右设在距湿岸5～10m处
100～1000	左、中、右3条	5条（增加岸边2条）	岸边垂线距湿岸5～10m处
>1000	3～5条	7条	

(2) 湖泊（水库）采样垂线布设要求。主要出入口上、下游和主要排污口下游断面，其采样垂线按照表3.1布设；湖泊（水库）中心，滞留区的各断面，可视湖库大小水面宽窄，沿水流方向适当布设1～5条采样垂线。

4．采样点的布设

(1) 河流采样垂线上采样点布设应符合规定，见表3.2，特殊情况可按河流水深和待测物分布均匀程度确定。

表3.2　　　　　　　　　　采样点布设

水深/m	采样点布设	位置	说明
<5	1	水面下0.5m	1. 不足1m时，取1/2水深； 2. 当沿垂线水质分布均匀时，可减少中层采样点； 3. 潮汐河流应设置分层采样点
5～10	2	水面下0.5m，河底上0.5m	
>10	3	水面下0.5m，1/2水深，河底上0.5m	

(2) 湖泊（水库）采样垂线上采样点的布设要求与河流相同，但出现温度分层现象时，应分别在表温层、斜温层和亚温层布设采样点。

(3) 水体封冻时，采样点应布设在冰下水深0.5m处；水深小于0.5m时，在1/2

水深处采样。

5. 水样的采集

主要指采样的时间和频次要求。

确定采样的时间和频次应充分考虑水体功能、污染影响范围及水文要素的变化。既要准确反映水体污染状况,又要切实可行。以最低的采样频数,取得最有时间代表性的样品。可采用下列规定。

(1) 河流。

1) 长江、黄河干流和全国重点基本站等,采样频次每年不得少于12次,每月中旬采样。

2) 一般中小河流基本站采样频次不得少于6次,丰、平、枯水期各2次。

3) 流经城市或工业区污染较为严重的河段,采样频次每年不得少于12次,每月采样1次。在污染河段有季节差异时,采样频次和时间可按污染季节和非污染季节适当调整,但全面监测不得少于12次。

4) 供水水源地等重要水域采样频次每年不得少于12次,采样时间根据具体要求确定。

5) 潮汐河段和河口采样频次每年不得少于3次,按丰、平、枯三期进行,每次采样应在当月大汛或小汛日采集高平潮和低平潮水样各1次;全潮分析的水样采集时间可从第一个落憩到出现涨憩,每隔1~2h采1个水样,周而复始直到全潮结束。

6) 河流水系的背景断面每年采样3次,丰、平、枯水期各1次,交通不便处可酌情减少,但不得少于每年1次。

(2) 湖泊。

1) 设有全国重点基本站或具有向城市供水功能的湖泊(水库),每月采样1次,全年12次。

2) 一般湖泊(水库)水质站全年采样3次,丰、平、枯水期各1次。

3) 污染严重的湖泊(水库),全年采样不得少于6次,隔月1次。

另外,同一条河流(湖泊、水库)应力求水质、水量及时间同步采样;在河流、湖泊(水库)最枯水位和封冻期,应适当增加采样频次;专用站的采样频次与时间视具体要求而定。

6. 监测项目

监测项目应根据监测目的、污染物的性质和危害程度及量测设备、条件状况,进行必要的选择。地表水体污染监测项目见表3.3。

表3.3 地表水体污染监测项目

水体	必 测 项 目	选 测 项 目
河流水体	水温、pH值、悬浮物、总硬度、电导率、DO、BOD_5、COD、氨氮、亚硝酸盐氮、硝酸盐氮、挥发性酚、氰化物、砷、汞、六价铬、铅、镉、石油类等	硫化物、氟化物、氯化物、有机氯农药、有机磷农药、总铬、铜、锌、大肠菌群、总α、总β、铀、镭和钍等

续表

水体	必测项目	选测项目
饮用水源	水温、pH值、浑浊度、总硬度、DO、BOD_5、COD、氨氮、亚硝酸盐氮、硝酸盐氮、挥发性酚、氰化物、砷、汞、六价铬、铅、镉、氟化物、细菌总数、大肠菌群等	锰、铜、锌、阳离子洗涤剂、硒、石油类、有机氯农药、有机磷农药、硫酸根、碳酸根等
湖泊水库	水温、pH值、悬浮物、总硬度、透明度、DO、BOD_5、COD、挥发性酚、氰化物、砷、汞、六价铬、铅、镉等	钾、钠、藻类（优势种）、浮游藻、可溶性固体总量、铜、大肠菌群等
排污河（渠）	根据纳污情况定	根据纳污情况定

生活污水的监测项目有COD、BOD_5、悬浮物、氨氮、总氮、总磷、阴离子洗涤剂、细菌总数、大肠菌群等。

医院废水的监测项目有pH值、色度、浊度、悬浮物、余氯、COD、BOD_5、病原菌、细菌总数、大肠菌群等。

7. 水样的保存与运输

除温度、pH值、电导率、浊度、溶解度、余氯、流速等水样物理性质指标应在现场测定外，大部分水样需送往中心化验室进行分析。水样保存应符合要求，见表3.4，超过保存期的样品按废样处理。

表3.4　　　　　　　　部分水样容器和保存时间

检测项目	采用容器（P为聚乙烯，G为玻璃瓶）	保存时间/h
酸度及碱度	P或G	24
色度	P或G	24
悬浮物	P或G	24
硫化物	G	24
总氰化物	P	24
COD	G	48
BOD_5	G	12
总磷	P或G	24

8. 监测方法

监测方法按其测定原理分为三种：

（1）物理法。测量各种物理量，包括时间、热、光、磁、放射性等，用以对水环境中污染物或某些特征值进行监测。

（2）化学法。应用分析化学手段，采用光学、电化学、色谱等分析方法，对水体中污染物种类、含量及其分布状况进行鉴别测定。

化学法分为定性分析和定量分析。

1）定性分析。是应用化学反应，将待测的元素或离子转变成具有某种特殊化学性质的新化合物，如：发生特殊的颜色，析出具有一定形状的沉淀物，产生可识别的气体，原有颜色发生变化，原有沉淀物溶解等。

根据这些化学反应结果和新化合物的特殊性质,即可判断试样中是否含有某种成分。

2)定量分析。主要是应用化学反应中物质守恒定律来测定试样中各组分的含量。定量分析按其分析时所采用的方法,主要分为:重量分析法、容量分析法(滴定法、沉淀法和氧化还原法)、光学分析(比色分析、比浊分析、光谱分析等)、电化学分析(极谱分析、电位分析等)、色谱分析(气相色谱、液相色谱)。

光学分析、电化学分析、色谱分析等又称为仪器分析。在水质分析中常用的仪器有紫外-可见分光光度计、原子吸收分光光度计、气相色谱仪、液相色谱仪等。

虽然仪器分析具有快速、准确、灵敏等优点,但价格较高,平时维护和对操作人员的要求也较高,因此在大多数水质分析工作中,仪器分析和普通化学分析是相辅相成、互为补充的,其中,普通化学分析仍居于基础地位。

(3)生物法。利用不同生物对水污染产生各种反应来判断水体的污染状况,如生物群落、种群变化、畸形、变种等。生物法与上述两种方法不同,它可以反映多种污染因子的综合效应以及水体长期污染的结果,因此,是不可替代的,近年来日益受到环境部门的重视。

9. 数据处理

对检测项目进行合适的数据处理是非常必要的,不仅决定了污染物含量的精度,更加决定了检测对象是否合理。

(1)合理性检验。首先应该对检测数据进行合理性检验,从逻辑上分析其是否存在不合理或相互矛盾的地方,并对特殊数据进行仔细研究和慎重处理。比如对于地表水,如正常生态的河流与湖泊,如 COD 值为 200mg/L 的较高值,或者 DO 小于 0,则可判断这个值是不合理的,应该舍弃。

(2)分析结果的表示方法。

1)使用法定计量单位及符号等。

2)水质项目中除水温(℃)、25℃的电导率[μS/cm(25℃)]、氧化还原电位(mV)、细菌总数(个/mL)、大肠菌群(个/L)、透明度(m)外,其余单位均为 mg/L。

3)底质、悬移质及生物体中的含量均用毫克/千克(mg/kg)表示。

4)平行样测定结果用均值表示。

5)当测定结果低于分析方法的最低检测浓度时,用"<DL"表示,并按 1/2 最低检测浓度值参加统计处理。

6)测定精度、准确度用偏(误)差值表示。

7)检出率、超标率用百分数表示。

(3)数据的一般计算规则。

1)当数据加减时,其结果的小数点后保留位数与各数中最少者相同。

2)当各数相乘、除时,其结果的小数点后保留位数与各数中有效数字最少者相同。

3)尾数的取舍,可根据"四舍六入五单双法"处理,即尾数小于 5 者舍,大于 5 者进,恰为 5 者按其前一位奇进偶舍处理。

4) 数据的修约只能进行一次,计算过程中的中间结果不必修约。

5) 平均值计算。对于某一项目平均值的计算方法,一般采用算术平均值法或流量加权法。

以算术平均值法计算:

$$C = \frac{\sum_{i=1}^{n} C_i}{n} \tag{3.21}$$

以流量加权计算:

$$C = \frac{\sum_{i=1}^{n} C_i q_i}{\sum_{i=1}^{n} q_i} \tag{3.22}$$

具体的项目监测与分析方法,可参考不同监测对象的国家标准。如适用于生活饮用水的《生活饮用水标准检验方法》(GB/T 5750—2006)。各类标准检验方法中都对采用、保存、前处理、检测方法和步骤及数据处理等都做了详细的规定,可根据监测对象和项目直接选择应用。

3.3.2 河湖水体水质评价

水质评价的目的是准确地反映水质污染状况,找出主要污染物的影响,为水资源保护、水污染防治和水质管理提供依据。

水质评价的依据是水质标准。水质标准指根据不同水功能区而制定的水环境质量标准,是进行河湖水体污染评价的基础和依据。不同功能的河湖水体,如饮用水水源、水产养殖用水、灌溉或景观娱乐,其水质标准也不相同,详见本书第2章相关部分。

水质评价一般包括现状评价、回顾评价和预测评价,分别回答现在、过去、未来的水体污染状况。

水质评价工作步骤大致可以概括为:搜集资料数据;确定评价要素(水质参数);选择评价方法;计算分析;得出结论。

水质评价包括感官形状评价法、氧平衡评价法、污染指数评价法、分级评价法、内梅罗指数评价法、打分评价法、水质模糊评价法和生物学水质评价法等。

3.3.2.1 感官性状评价法

在水质评价过程中,往往可根据水体的颜色、味道、臭味、透明度(或浑浊度)进行直观的评价,判断水体是否遭受污染及污染的轻重,即对水体感官性状的评价常是判定水体污染的直接依据。感官性状评价又称为物理评价,主要有以下几个指标。

1. 颜色

纯净的水在水浅时是无色的,深时为浅蓝色。当水中含有污染物时,水体颜色有所变化。如含低价铁化合物为浅绿色,含高价铁化合物呈黄色;油类污染是在阳光照耀下水表面泛出各种色泽;洪水季节泥沙含量升高,水体颜色随泥沙呈黄色。因此可根据水体颜色判别水体的清洁程度。

2. 味道

纯净的水应无味。当水中含有污染物时会产生异味。例如,受海水污染会出现咸味。一般不能用品尝方法判别,而多与测臭结合。

3. 臭味

清洁的水无任何气味,被污染的水常可闻到不同的气味,可给人以直观的印象。一般评定臭味的方法有两种:一是经验法,即根据人对水中气味的反映,将臭味的强度分为 6 级;二是嗅阈法。水中某种气味能被嗅出的最低浓度称为嗅阈浓度。将水样稀释到嗅阈浓度的稀释倍数称嗅阈值,即水样稀释到刚能觉察的稀释倍数,其值大小代表强度。

4. 透明度(或浑浊度)

透明度是指水清澈的程度。浑浊度与之相反。水中悬浮物和胶体物质愈多,透明度越小,浑浊度越大。

3.3.2.2 氧平衡评价法

氧平衡方法也是常用的方法。水中溶解氧,一部分被某些物质氧化吸收,同时又可从水生物的释放和大气中得到补充,形成水中氧的收支平衡。利用氧的收支平衡状况,即溶解氧含量的测定,反映水体中有机污染状况。常用的表示氧平衡状况的指标有:溶解氧(DO)、化学需氧量(COD)、五日生化需氧量(BOD_5)、总有机碳(TOC)和总需氧量(TOD)。DO 反映水中溶解氧的含量,其余则反映水中耗氧的有机污染状况。

3.3.2.3 污染指数评价法

这种水质评价方法的特点是用各种污染物质的相对污染值,进行数学上的归纳与统计得出一个较简单的数值,用以代表水体的污染程度,也可用它进行水体污染的分类和分级。污染指数法主要有单因子评价指数和多因子评价指数两种方法。

1. 单因子评价指数法

当评价某水质参数(i)对人体健康和水环境的影响度时,直接采用监测的浓度值不能全面反映污染的程度,为了表示该污染物对水环境质量产生的等效影响程度,常采用该污染物在水中的实测浓度与其在水中环境标准的允许浓度(评价标准)进行比较,求得单参数的污染指数。常采用算术平均值法,即

$$P_i = C_i / S_i \tag{3.23}$$

$$P = \sum_{i=1}^{n} \frac{P_i}{n} \tag{3.24}$$

式中:P_i 为某种污染物的相对污染值;C_i 为某种污染物实测浓度值;S_i 为某种污染物的评价标准;P 为某种污染物的污染指数;n 为某种污染物的实测次数。

P_i 为一无量纲值,表示了该污染物在环境中超过评价标准的程度。当 P 大于 1 时说明该污染物超过评价标准,不能满足环境质量要求。当 P 小于 1 时则能满足环境质量要求。

上述公式适用于有上限的污染物。对于有下限的污染物,例如 DO:

$$\begin{cases} P_i = 0, DO > 8\text{mg/L} \\ P_i = 1 - \dfrac{C_i - S_i}{S_i}, DO = 4 \sim 8\text{mg/L} \\ P_i = 1 + (S_i - C_i), DO < 4\text{mg/L} \end{cases} \tag{3.25}$$

对于具有最高、最低标准的污染物,例如pH值,则

$$P_i = \frac{C_i - 7}{S_{最高或最低} - 7} \quad (3.26)$$

2. 多因子评价指数法

污染的水体中大多含有多种污染物,而单因子评价指数常因为其所选参数可能缺乏代表性而不能真实反映实际水质,在实际工作中多采用多因子评价指数代替之。所谓多因子,即指能综合反映水质特征的多种参数的组合。方法很多,归纳如下。

(1) 叠加型指数。此法是将几个单项污染指数进行叠加,其计算公式为

$$I = \sum_{i=1}^{n} P_i = \sum_{i=1}^{n} \frac{C_i}{S_i} \quad (3.27)$$

式中:I 为综合污染指数。

此法采用的参数视水体的具体情况而定,以 I 值大小进行分级,计算简单,但对取不同的参数的水体缺乏可比性,同时不能区别不同污染物的不同影响。

(2) 均值型指数。

$$I = \frac{1}{n} \sum_{i=1}^{n} P_i \quad (3.28)$$

此法解决了参数多少不同的问题,但仍未考虑各污染物有害程度的不同及个别参数浓度过高的影响。

(3) 加权叠加型指数。

$$I = \sum_{i=1}^{n} W_i P_i \quad (3.29)$$

式中:W_i 为第 i 项污染物的权重值。

$$\sum_{i=1}^{n} W_i = 1 \quad (3.30)$$

此法用权重考虑了不同污染物对环境影响的差异,但权重值多凭经验确定,如通过咨询、征求专家意见进行评分确定,带有一定的主观随意性。

(4) 加权均值型指数。

$$I = \frac{1}{n} \sum_{i=1}^{n} W_i P_i \quad (3.31)$$

这是与加权叠加型指数相应的另一种形式。

(5) 均方根型指数。

$$I = \sqrt{\frac{1}{n} \sum_{i=1}^{n} P_i^2} \quad (3.32)$$

当 $P_i > 1$ 时,P_i 越大,P_i^2 越大;当 $P_i < 1$ 时,P_i 越小,P_i^2 越小。因此,式(3.32)突出了超过标准值的项目的污染指数的影响。

3.3.2.4 分级评价法

这种方法是将评价参数的区域代表值用同一分级标准逐个进行对比、分级,而后确定水质优劣。这种方法避免了烦琐的计算,概念明确,适用范围广,能反映水体的真实情况。1980年全国地表水水质评价中就采用了此法,现介绍如下。

(1) 确定评价参数。全国水质评价中,评价参数确定为 11 项,即 pH 值、总硬度、氯化物、DO、COD、氨氮、酚、氰化物、砷、汞、铬（Cr^{6+}）等。

(2) 确定河段代表值。将水文条件比较一致的水域划分为河段,以河段为评价单元。

1) 河段划分。

单一河段（在基本断面）取样时,代表河段长度为距离上下游断面一半距离。多河段取样时,代表河段为对照断面和消减断面之间的距离。

2) 河段参数代表值计算。

①断面代表值。

$$\overline{C_i} = \frac{\sum_{i=1}^{n} C_i}{n} \tag{3.33}$$

式中：n 为断面测点数。

②河段代表值。

$$\overline{C_L} = \frac{\sum_{i=1}^{m} \overline{C_i}}{m} \tag{3.34}$$

式中：m 为河段断面数。

(3) 参数单项评价。将确定的各项参数值,分别与评价标准逐个比较定级。

(4) 综合评价。根据河段加权平均原理,由各河段水质级别综合求得河道综合评价指数。

$$K = \frac{\sum_{i=1}^{n} K_i L_i}{\sum_{i=1}^{n} L_i} \tag{3.35}$$

式中：n 为河段数；L_i 为评价河段长度；K_i 为河段 i 的水质级别。

3.3.2.5 内梅罗指数评价法

内梅罗污染指数评价法是美国内梅罗（N. L. Nemerow）提出的一种水污染指数。根据所选水质指标的实测质量浓度和标准值,分别计算内梅罗污染指数（污染程度或者危害最大的污染物的标准指数）和标准指数,与相应的等级标准指数相对照,即可得到评价等级,计算公式：

$$P = \sqrt{\frac{\left(\frac{1}{n}\sum_{i=1}^{n}\frac{C_i}{C_{ij}}\right)^2 + \left(\max\frac{C_i}{C_{ij}}\right)^2}{2}} \tag{3.36}$$

式中：C_{ij} 为第 i 类评价因子的第 j 类标准质量浓度值；P 为某监测点的内梅罗污染指数；n 为参与评价污染物项数；max 为各项污染物中的最大分指数。

计算后的内梅罗指数对应河湖水体污染程度分级见表 3.5。

表 3.5　　　　　　　　　　内梅罗污染指数与水质类别对应

水质类别	Ⅰ类	Ⅱ类	Ⅲ类	Ⅳ类	Ⅴ类
P	$P<0.80$	$0.80\leqslant P<0.87$	$0.87\leqslant P<1.00$	$1.00\leqslant P<1.61$	$1.61\leqslant P<2.33$
等级划分	清洁	较清洁	轻（度）污染	中（度）污染	重（度）污染

从上可以看出内梅罗指数实际上是一种多因子环境质量指数，它结合了各单因子环境质量指数的最大值（即极端情况）以及所评价所有指数的平均值。这种方法能够避免在加权过程中受到主观因素的影响，在考虑各污染因子对污染状况的贡献同时，还特别客观考虑污染最严重的情况，一定程度上突出了环境质量的极端情况，有助于更准确反映环境的真实状况。

因此，内梅罗指数的应用非常广泛，它是当前国内外进行综合污染指数计算时最常用的方法之一，尤其是对于具有较大污染影响的重金属元素。

3.3.2.6　打分评价法

打分评价法的实质，是根据各种污染物监测值和对环境可能产生的影响进行评分，或先按污染情况分级，再按级给分，最后利用分数值来表征污染指数。评分方法可根据专家投票决定，也可采用通信方法，广泛征求各方面意见，再确定各项指标得分。

水质评价采用百分制分级评分法，评分越高，水质越好。各参数分级评分标准举例见表 3.6。各参数得分确定之后，按下式计算总分：

$$M = \sum_{i=1}^{10} A_i \tag{3.37}$$

式中：A_i 为参数评分值；M 为总分值

最后按计算结果对水质进行分级，见表 3.7。

表 3.6　　　　　　　　　　地表水水质分级评分标准

分级	理想级		良好级		污染级		重污染级		严重污染级	
	浓度/(mg/L)	评分值	浓度/(mg/L)	评分值	浓度/(mg/L)	评分值	浓度/(mg/L)	评分值	浓度/(mg/L)	评分值
COD	<3	10	<8	8	<10	6	<50	4	≥50	2
DO	>6	10	>5	8	>4	6	>3	4	≤3	2
CN	<0.01	10	<0.05	8	<0.1	6	<0.25	4	≥0.25	2
酚	<0.001	10	<0.01	8	<0.02	6	<0.05	4	≥0.05	2
油	<0.01	10	<0.3	8	<0.6	6	<1.2	4	≥1.2	2
Pb	<0.01	10	<0.05	8	<0.1	6	<0.25	4	≥0.2	2
Hg	<0.005	10	<0.002	8	<0.005	6	<0.025	4	≥0.025	2
As	<0.01	10	<0.04	8	<0.08	6	<0.25	4	≥0.25	2
Cd	<0.001	10	<0.005	8	<0.01	6	<0.05	4	≥0.05	2
Cr	<0.01	10	<0.05	8	<0.1	6	≤0.25	4	≥0.25	2

表 3.7　　　　　　　　　　水　质　分　级

M 值	100～96	95～76	75～60	59～40	小于 40
水质等级	理想级	良好级	污染级	重污染级	严重污染级

3.3.2.7 水质模糊评价法

水质级别界限具有一定的模糊性,仅以一个确定性的指标数值来评价水质,往往不能反映真实情况,因此,近年来开始应用模糊数学理论进行水质评价。现以评价某水体水质为例进行介绍。

【例 3.1】 某水体实测三个项目为评价参数:砷(As)、汞(Hg)、铬(Cr),若水质分为五个等级,其分级标准和实测值见表 3.8。

表 3.8　　　　　　　　水体水质分级标准及实测值　　　　　　　　单位:μg/L

项目	水质等级标准					实测值
	Ⅰ	Ⅱ	Ⅲ	Ⅳ	Ⅴ	
As	20	50	100	200	400	38
Hg	0.5	1.0	2.0	5.0	10.0	0.7
Cr	50	100	200	500	1000	14

解:计算步骤如下。

1. 用隶属度划分水质分级界限

令 y 为隶属度,它表示属于某种标准值的百分数,可用隶属函数描述,为方便采用线性函数,函数最大值为 1.0,如图 3.1 所示。

当实测浓度 x 位于左端属于Ⅰ级的隶属度为

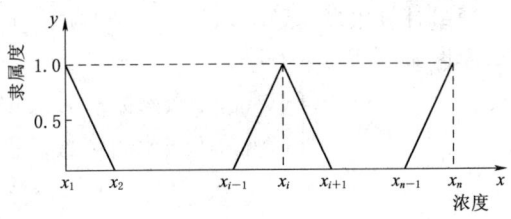

图 3.1　浓度 x 与隶属度 y 的关系

$$y_1 = \begin{cases} 1, & x \leq x_1 \\ \dfrac{x - x_{i-1}}{x_i - x_{i-1}}, & x_1 < x < x_2 \\ 0, & x \geq x_2 \end{cases} \quad (3.38)$$

当实测浓度 x 位于中间属于 i 级的隶属度为

$$y_i = \begin{cases} 1, & x = x_i \\ \dfrac{x - x_{i-1}}{x_i - x_{i-1}}, & x_{i-1} < x < x_i \\ \dfrac{x_{i+1} - x}{x_{i+1} - x_i}, & x_i < x < x_{i+1} \\ 0, & x \leq x_{i-1} \text{ 或 } x \geq x_{i+1} \end{cases} \quad (3.39)$$

当实测浓度 x 位于右端属于 n 级的隶属度为

$$y_1 = \begin{cases} 1, & x \geq x_n \\ \dfrac{x - x_{n-1}}{x_n - x_{n-1}}, & x_{n-1} < x < x_n \\ 0, & x \leq x_{n-1} \end{cases} \quad (3.40)$$

式中：y 为对应于实测值 x 相邻两级水（如 x_{i-1}、x_i 的隶属度；x 为实值；$x_1, x_2, \cdots, x_i, \cdots, x_n$ 分别为 Ⅰ 级、Ⅱ 级、$\cdots$、i 级、$\cdots$、n 级的水质标准值。

以 Hg 为例，实测值介于 Ⅰ 级与 Ⅱ 级之间，计算属于 Ⅰ 级、Ⅱ 级的隶属度分别为

$$y_1 = \frac{1.0-0.7}{1.0-0.5} = 0.6$$

$$y_2 = \frac{0.7-0.5}{1.0-0.5} = 0.4$$

表明该实测值有 60% 可能划为 Ⅰ 级水，40% 可能划为 Ⅱ 级水，即一个浓度用两个指标表示。

2. 对单项指标分别评价

取 U 为污染物五个单项指标的集合；V 为水体分级的集合；A 为单项指标（参数），即

$U:\{A_1, A_2, \cdots, A_m\}$

$V:\{Ⅰ 级水, Ⅱ 级水, \cdots, n 级水\}$

通过计算隶属函数，求出 m 个单项指标对 n 级水的隶属程度，得出 $m \times n$ 模糊矩阵 $\underset{\sim}{R}$，即

$$\underset{\sim}{R} = \begin{cases} y(A_1, Ⅰ级水), y(A_1, Ⅱ级水), \cdots, y(A_1, n级水) \\ y(A_2, Ⅰ级水), y(A_2, Ⅱ级水), \cdots, y(A_2, n级水) \\ \cdots \\ y(A_n, Ⅰ级水), y(A_n, Ⅱ级水), \cdots, y(A_m, n级水) \end{cases}$$

这样可分别求出本例 As、Hg、Cr 对各级别的隶属度，构成 3×5 的模糊矩阵 $\underset{\sim}{R}$，即

$$\underset{\sim}{R} = \begin{bmatrix} \text{Ⅰ} & \text{Ⅱ} & \text{Ⅲ} & \text{Ⅳ} & \text{Ⅴ} \\ 0.4 & 0.6 & 0 & 0 & 0 \\ 0.6 & 0.4 & 0 & 0 & 0 \\ 1.0 & 0 & 0 & 0 & 0 \end{bmatrix} \begin{matrix} \text{As} \\ \text{Hg} \\ \text{Cr} \end{matrix} \quad (3.41)$$

3. 计算权重

对各参数给予权重，可采用按照各分指标超标情况进行加权，超标越多，权重值越大。权重值为

$$W_i = \frac{C_i}{S_i} \quad (3.42)$$

式中：C_i 为第 i 种污染物实测浓度；S_i 为第 i 种污染物某种用途各级水质标准值的算术平均值。

为进行模糊计算，将各单项权重进行归一化，即

$$Z_i = \frac{C_i/S_i}{\sum_{i=1}^{m} C_i/S_i} = \frac{W_i}{\sum_{i=1}^{m} W_i} \quad (3.43)$$

对上述集合 U 中 m 项指标给予权重，组成一个 $1 \times m$ 的矩阵 $\underset{\sim}{B}$，即

$$\underset{\sim}{B} = (Z_1, Z_2, \cdots, Z_m) \quad (3.44)$$

对本例 As、Hg、Cr 的权重计算，即
$$\underset{\sim}{\boldsymbol{B}} = (0.52, 0.40, 0.08)$$

4. 模糊矩阵的复合运算

将上述 B、R 阵进行复合运算，确定水体的综合属度。

对于模糊矩阵，其运算方法与普通矩阵有所不同：两数相乘取小者为"积"，诸数相加取大者为"和"，即通过（∧，∨）算子进行矩阵复合运算。

矩阵复合运算可表达为

$$S = \underset{\sim}{\boldsymbol{B}} \cdot \underset{\sim}{\boldsymbol{R}} = (Z_1, Z_2, \cdots, Z_m)$$
$$\times \begin{cases} y(A_1, \text{I 级水}), y(A_1, \text{II 级水}), \cdots, y(A_1, n \text{ 级水}) \\ y(A_2, \text{I 级水}), y(A_2, \text{II 级水}), \cdots, y(A_2, n \text{ 级水}) \\ \cdots \\ y(A_n, \text{I 级水}), y(A_n, \text{II 级水}), \cdots, y(A_m, n \text{ 级水}) \end{cases} \tag{3.45}$$

5. 按最大隶属度原则确定水质级别

即从综合隶属度矩阵

$$S = [Y_{11}, Y_{12}, \cdots, Y_{1n}] \tag{3.46}$$

中选取最大值，其序号即代表评价水体的水质等级。如果矩阵中有两个相等的最大值，则根据相邻数按"靠大不靠小"的原则确定水质等级。下面为例题的综合评价结果：

$$S = \underset{\sim}{\boldsymbol{B}} \cdot \underset{\sim}{\boldsymbol{R}} = (0.52, 0.40, 0.08) \times \begin{bmatrix} 0.4 & 0.6 & 0 & 0 & 0 \\ 0.6 & 0.4 & 0 & 0 & 0 \\ 1.0 & 0 & 0 & 0 & 0 \end{bmatrix}$$
$$= (0.4, 0.52, 0, 0, 0)$$

从计算得知，综合评价该水体水质属 II 级。

3.3.2.8 生物学水质评价法

水体中生存着许多浮游生物、鱼类、底栖生物，它和水体环境构成一个生态系统。水体污染改变了水生生物的生存条件，使生物的种类、数量、生物群落的组合和结构发生改变。因此，利用生物的这种变化监测和评价水体污染，日益受到人们的重视。与其他方法比较，生物学水质评价法具有综合性、连续性和灵敏性的特点，即生物能对所处的环境做出综合的、连续的和累积的反映，还能检测用理化手段无法测出的水质变化。下面介绍几种主要方法。

1. 一般描述对比法

该法是根据水体中的水生生物组成、种类、数量、生态分布、资源情况等的描述，对照区域内同类型水体的历史资料，对水体的质量现状做出评价。这是常用的一种方法，但评价人员应有较丰富的经验。

2. 指示生物法

指示生物是指在一定水质条件下，对水环境质量变化反应敏感或有耐性的水生生物。故可利用指示生物作为评价水体好坏的依据。选作指示生物的物种，最好是寿命

长、生活区域相对固定的生物,能在较长时间反映环境的综合影响。一般静水主要用底栖生物和浮游生物;在流水中主要用底栖生物和着生生物,鱼类和大型无脊椎动物也常作为指示生物。

指示生物法又可分为单一指示生物法和指示生物群法。在单一指示生物法中,反映水体严重污染的指示生物有颤蚓类、毛蠓、细长摇蚊幼虫、绿色裸藻、静裸藻、小颤藻等。例如颤蚓类在溶解氧饱和度15%的水体中仍能正常生活,成为承受有机污染很严重水体的优势种。指示水体中度污染的生物有居水虱、瓶螺、被甲栅菜、环绿藻、脆弱刚毛藻等,它们对低溶解氧有较好的耐受力,在中度有机污染水中大量出现。指示清洁水体的生物,如纹石、扁蜉和蜻蜓的幼虫及田螺、肘状针杆藻、簇生竹枝藻等,它们均在溶解氧很高、未受污染的水体中大量生存。

3. 生物指数法

该法是依据水体污染影响水生生物群落结构,用数学形式表示这种变化从而指示水体质量状况。这里介绍以下几种。

(1) 贝克生物指数。采用水中大型无脊椎动物种类数,作为评价水污染生物指数。根据水生生物对水体有机污染的耐受力,将大型底栖无脊椎动物分为两类:一类是对有机污染缺乏耐受能力(即敏感的);另一类是对有机污染有中等程度耐受力(即不敏感的)。这两种动物种类数目分别以 A 和 B 表示,则生物指数 BI 可按下式计算:

$$BI = 2A + B \tag{3.47}$$

计算值 $BI=0$,水体属严重污染;$BI=1\sim6$,水体属中度污染;$BI=6\sim10$,水体属轻度污染;$BI>10$,水体清洁。

(2) 古德奈特和惠特利有机污染生物指数。该指数是以颤蚓个体数与全部大型底栖无脊椎动物个体数的百分比表示。其公式为

$$生物指数 = \frac{颤蚓类个体数}{底栖动物个体数} \times 100\% \tag{3.48}$$

此指数小于60%表示水质良好;60%~80%为中等有机污染;大于80%水质为严重有机污染或工业污染。

(3) 多样性指数。生物群落中的种类多样性是指两个方面:一方面是指群落中的种类数;另一方面是指群落中各种类的个体数。水环境污染导致水生生物群落结构明显变化:耐受能力差(敏感)的种类会逐渐衰亡、消失,使总的种类数下降;而那些能忍受、适应能力强的生物会逐渐繁殖起来,个体数明显增加。这种群落的演替现象,可用多样性指数表示,以评价水环境质量。介绍如下两个计算公式。

1) 马加里夫 (Margalef) 多样性指数。

$$d = \frac{S-1}{\ln N} \tag{3.49}$$

式中:d 为多样性指数;S 为生物种类数;N 为群落的个体总数。

上述 d 值越大,水质越好。但该式仅考虑了生物种类数和个体总数间的关系,没考虑个体在各种类之间的分配,容易掩盖不同群落的种类和个体数的差异,因而提出下述修正式

2) 香农-维纳（Shannon-Wiener）指数。

$$d = -\sum_{i=1}^{s}\left(\frac{n_i}{N}\right)\log_2\left(\frac{n_i}{N}\right) \tag{3.50}$$

式中：n_i 为第 i 种生物的个体数；N 为总个体数。

影响多样性指数的因素较多，如公式的选择、评价生物的选择及生物测试的均匀度等，均会影响该方法的效果。目前选用大型底栖无脊椎动物的 d 值进行有机污染评价较为成功。因此，常与物理、化学评价方法相结合，以使评价结果更接近实际情况。

3.3.3 河湖水体污染预测

水质污染预测是在已知（实测或预计）水质初始量（或污染来量）的基础上，根据水流的运动规律，以及水中污染物的物理运动、化学反应和生化作用等演化规律（通过数学模型表达），预估水体或水体中某一地点水质未来的变化。实际上，预测是指推测确定在一个具有置信区间的假想未来时间内，事情出现的数量和与之相应的出现概率（具有一定的重现期），因此，水质预测与水文的频率计算、流量特征值预估有密切关系。

3.3.3.1 河流水质预测

1. 建立统计相关模型的方法

（1）自净作用相关模型。表达河流污染负荷受自净作用随着时间（距离）而变化的数学模式为负指数递减曲线，其形式为

$$C = C_0 e^{-kd} \tag{3.51}$$

式中：C 为距离 d 处的浓度；C_0 为污染物起点浓度；d 为距起点的距离；k 为指数。

上式主要用于有机污染物负荷量计算。若水体中含有难衰减的生物污染负荷 C_R，则上式可改为

$$C = C_R + C_0 e^{-kd} \tag{3.52}$$

这类相关模型可以用简单的回归计算来建立，当然其中还有许多因素被忽略了。

（2）水质混合相关模型。这种预测模型，是设想在无支流和无旁侧污染入流情况下，污染物自上断面输送演化到下断面时，其污染量存在着线性关系。而当旁侧有污染负荷入流时则假定为完全混合。

设水质预测特征参数为 BOD，作为预测的地区水系有三条河流（图 3.2）A、B、C，水系旁侧有三个水处理厂污水集中入流口，河系共设有 10 个水质监测点，点 10 为总控制点；各支流来水量为 Q_1、Q_2、Q_3，其水质分别为 Y_1、Y_2、Y_3；旁侧集中入流的水量分别为 q_1、q_2、q_3，其水质分别为 X_1、X_2、X_3；a_1、a_2、a_3、…、a_6 及 b_1、b_2、b_3、…、b_6 为预测模型的常数项；以 L_1、L_2、L_3、…、L_{10} 为各监测点的 BOD 值。则按线性演进原理，各点的 BOD 值为

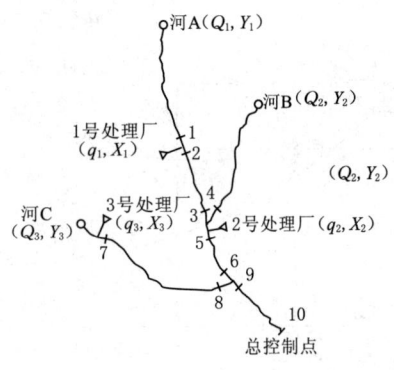

图 3.2 水质预测水系

$$\begin{cases} L_1 = a_1 + b_1 Y_1 \\ L_2 = \dfrac{Q_1 L_1 + q_1 X_1}{Q_1 + q_1} = \dfrac{Q_1(a_1 + b_1 Y_1) + q_1 X_1}{Q_1 + q_1} \\ L_3 = a_2 + b_2 L_2 = a_2 + b_2 \left[\dfrac{Q_1(a_1 + b_1 Y_1) + q_1 X_1}{Q_1 + q_1} \right] \\ \cdots \\ L_{10} = a_6 + b_6 \left[\dfrac{(Q_3 + q_3)L_3 + (Q_1 + Q_2 + q_1 + q_2)L_6}{Q_3 + q_3 + Q_1 + Q_2 + q_1 + q_2} \right] \end{cases} \quad (3.53)$$

（3）多元线性相关模式。对河流排污口以下的水文水质观测资料进行分析，发现河中 BOD 值和 DO（溶解氧）、T（水温）、Q（流量）间存在很好的相关性，也就是说，DO 的降低取决于三个变数——BOD、T、Q。于是，可利用最小二乘法导出回归方程，建立多元线性相关模型，并以此模型来预测任何 BOD 负荷条件下的溶解氧量。此方法可以摆脱推求反应速率常数（如 K_1、K_2 等）的许多工作量。

多元（取三元）线性方程的形式为

$$Y = a + b_1 X_1 + b_2 X_2 + b_3 X_3 \quad (3.54)$$

式中：Y 为因变量 DO，mg/L；X_1 为 BOD_5，mg/L；X_2 为水温，℃；X_3 为流量，m^3/s；a、b_1、b_2、b_3 为在实际运算中求出的常系数。

由最小二乘法原理，可得多元回归求常系数的正规方程如下：

$$\begin{cases} S_{11}b_1 + S_{12}b_2 + S_{13}b_3 = S_1 Y \\ S_{21}b_1 + S_{22}b_2 + S_{23}b_3 = S_2 Y \\ S_{31}b_1 + S_{32}b_2 + S_{33}b_3 = S_3 Y \end{cases} \quad (3.55)$$

其中

$$\begin{cases} S_{ij} = \sum_{i=1}^{n}(X_i X_j) - n \overline{X}_i \overline{X}_j, \ i,j = 1,2,3 \\ S_{iy} = \sum_{i=1}^{n}(X_i Y) - n \overline{X}_i \overline{Y}, \ i = 1,2,3 \end{cases} \quad (3.56)$$

联立求解上述方程组，即可求得 b_1、b_2、b_3 三个常系数值，代入下式求得 a 值：

$$a = \overline{Y} - (b_1 \overline{X}_1 + b_2 \overline{X}_2 + b_3 \overline{X}_3) \quad (3.57)$$

2. 求解确定性水质模型的方法

（1）单一河段溶解氧预测。对于某一既无支流汇入又无排污口排入污水的单一河段，可以用溶解氧下垂方程反应溶解氧沿程变化。溶解氧 DO 的沿程（随时间）变化曲线为悬索型（图 3.3）。溶解氧的最低点称为临界点，该点的溶解氧值一般要求高于水质标准值。临界点的亏氧量为最大亏氧量。

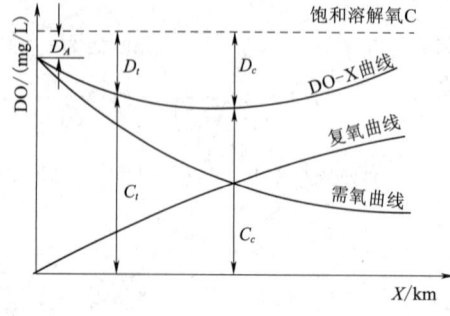

图 3.3 溶解氧下垂曲线

3.3 河湖水体污染的调查、监测、评价与预测

亏氧方程的形式如下：

$$D_t = \frac{K_1 L_A}{K_2 - K_1}(10^{-K_1 t} - 10^{-K_2 t}) + D_A 10^{-K_2 t} \tag{3.58}$$

式中：D_t 为某时刻的亏氧量，为饱和溶解氧与现存溶解氧之差值，mg/L；D_A 为起始亏氧量，mg/L；L_A 为起始点 BOD 值，mg/L；K_1 为耗氧系数，1/d；K_2 为复氧系数，1/d；t 为时段，d。

K_1、K_2 宜通过实测确定，缺乏资料时也可按下式估算：

$$K_1 = \frac{1}{\Delta t}\lg\frac{L_A}{L_B} \tag{3.59}$$

$$K_2 = K_1\frac{L}{D} - \frac{\Delta D}{2.3(\Delta t)D} \tag{3.60}$$

式中：L_A 为上断面（起始点）BOD 值，mg/L；L_B 为下断面 BOD 值，mg/L；L 为上下断面平均 BOD 值，mg/L；D 为上下断面平均亏氧量，mg/L；ΔD 为上断面到下断面的亏氧变化值，mg/L；Δt 为水流从上断面流到下断面的时间，d。

饱和溶解氧与水温和气压有关，可查有关表或按公式计算。临界点的亏氧量可从溶解氧下垂曲线上查得（对应溶解氧最低点），或按下式确定：

$$t_c = \frac{1}{K_2 - K_1}\lg\left\{\frac{K_2}{K_1}\left[1 - \frac{D_A(K_2 - K_1)}{L_A K_1}\right]\right\} \tag{3.61}$$

$$D_c = \frac{K_1}{K_2}L_A 10^{-K_1 t} \tag{3.62}$$

【例 3.2】 某河排污口下一定距离为起始断面，污染物在此已达均匀状态，并在此后无排污口和支流汇入。已知流量 $Q = 8.5 \text{m}^3/\text{s}$，过水断面面积 $\omega = 7.6 \text{m}^2$，起始断面的 BOD 值 $L_A = 18\text{mg/L}$，饱和溶解氧 $C_s = 10.71\text{mg/L}$，起始断面亏氧量 $D_A = 0.91\text{mg/L}$，$K_1 = 1.36(1/\text{d})$，$K_2 = 4.08(1/\text{d})$，按时段间隔 0.5h 计算亏氧量 D_t 并绘制溶解氧下垂曲线，确定临界时间 t_c 和最大亏氧量 D_c 值。

解： 按题意亏氧量计算公式式 (3.58) 可写为

$$D_t = \frac{1.36 \times 18}{4.08 - 1.36}(10^{-1.36t} - 10^{-4.08t}) + 0.91 \times 10^{-4.08t}$$

$$D_t = 9 \times 10^{-1.36t} - 8.09 \times 10^{-4.08t}$$

式中 t 以日为单位，按 0、0.5、1.0、1.5、…（h）间隔代入，即可求得对应的 D_t 值。

为绘图方便，须将时间 t 换算成距离 $X(\text{km})$，即

$$X = \frac{Q}{\omega}t = \frac{8.5}{7.6} \times \frac{3600t}{1000} = 4.026t$$

式中 t 以小时计。按 D_t 与 X 对应值即可绘出溶解氧下垂曲线。各时段实际溶解氧值则为

$$C_t = C_s - D_t = 10.71 - D_t$$

t_c、D_c 值除可在溶解氧下垂曲线上查得外，还可利用式 (3.61)、式 (3.62) 直

接进行计算，即

$$t_c = \frac{1}{4.08-1.36} \lg\left[\frac{4.08}{1.36} \times \left(1 - \frac{0.91 \times (4.08-1.36)}{18 \times 1.36}\right)\right] = 0.158(\text{d})$$

$$D_c = \frac{1.36}{4.08} \times 18 \times 10^{-1.36 \times 0.158} = 3.65(\text{mg/L})$$

（2）具有多支流及排污口的河流水质预测。在一个较短的河段内，生化需氧量和溶解氧变化的基本方程用差分法和浓度表示可写为

对于 BOD 值：

$$L_下 = L_上\left(1 - 0.0116\frac{K_1 X}{\bar{u}} + 0.0116\frac{L^*}{L_上 Q}\right)\alpha \tag{3.63}$$

对于 DO 值：

$$C_下 = C_上\left[1 - 0.0116\frac{X(K_1 L_上 - K_2 D_上)}{C_上 \bar{u}} + 0.0116\frac{C^*}{C_上 Q}\right]\alpha \tag{3.64}$$

式中：$L_上$、$L_下$ 为上、下断面 BOD 浓度，mg/L；$C_上$、$C_下$ 为上、下断面 DO 浓度，mg/L；$\bar{u}$ 为平均流速，m/s；K_1、K_2 为耗氧系数、复氧系数，1/d；X 为河段长度，km；L^* 为河段旁侧 BOD 入流量，kg/d；C^* 为河段旁侧 DO 入流量，kg/d；D 为亏氧量，mg/L；α 为河流稀释流量比。

α 可用下式计算：

$$\alpha = \frac{Q}{Q+q} \tag{3.65}$$

式中：Q 为河流流量，m³/s；q 为旁侧入流量，m³/s。

在已知各河段间距离 X、流速 $\bar{u}$、流量 Q 和 q、耗氧系数 K_1、复氧系数 K_2 和饱和溶解氧量以及起始断面 BOD 值和 DO 值、各支流的 BOD 值和 DO 值，即可按上式求得以下各河段的 BOD 值和 DO 值。

【例 3.3】 河流分段如图 3.4 所示，已知条件见图 3.4 与表 3.9，试求各河段 BOD 值和 DO 值。

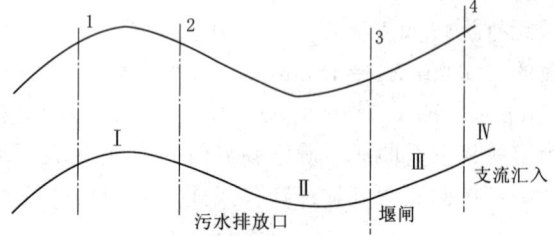

(BOD)₁=2.5 mg/L　　q_2=3.6 m³/s　　q_4=2.0 m³/s
(DO)₁=6.5 mg/L　　L^*=12.6 t/d　　(BOD)₄=2 mg/L
q_1=8.27 m³/s　　　　　　　　　(DO)₄=6 mg/L

图 3.4　河流分段示意图

表 3.9　　　　　　　　河段基本情况

河段	流速 $\bar{u}$ /(m/s)	流量 Q /(m³/s)	K_1/(1/d)	K_2/(1/d)	距离 X/km	备注
Ⅰ	0.10	8.27	0.25	0.30	0.5	
Ⅱ	0.09	11.87	0.93	0.30	0.5	C_S=10mg/L
Ⅲ	0.06	11.87	0.74	0.82	0.5	
Ⅳ		13.87				

解题提示：

(1) 在已知Ⅰ河段上断面 BOD=2.5mg/L 情况下，按式（3.63）计算河段Ⅰ下断面 BOD 值，直到计算出河段上断面 BOD 值，然后按式（3.64）计算相应断面的 DO 值。

(2) 旁侧入流的 BOD 值与 DO 值，其单位应一律转化为 kg/d。如2断面处 $L_2^* = 12600$ kg/d。4断面处

$$L_4^* = 2 \times 86400 \times 1000 \times \frac{2}{1000000} \text{kg/d} = 345.6 \text{kg/d}$$

$$C_4^* = 2 \times 86400 \times 1000 \times \frac{6}{1000000} \text{kg/d} = 1036.8 \text{kg/d}$$

(3) 2断面和4断面均处于两河段交界处，计算上、下侧 BOD 值和 DO 值时，须按 $X=0$（即微小河段）处理，即按式（3.63）和式（3.64）计算时，取 $X=0$。

(4) 3断面处既无支流也无排污口，显然上、下两侧 BOD 值与 DO 值相等。结果见表3.10。

表3.10　　　　　　　　河段 BOD 值、DO 值计算结果　　　　　　单位：mg/L

河段	Ⅰ		Ⅱ		Ⅲ		Ⅳ
项目	上	下	上	下	上	下	上
BOD	2.50	2.46	14.03	13.19	13.19	12.25	10.77
DO	6.50	6.53	4.55	3.82	3.82	3.37	3.75

3.3.3.2　水库（湖泊）水体环境容量预测

水库水体环境容量，即水库在维持某一环境质量标准时所能容纳的污染物质数量，可以用来预测水库蓄水运用中的水质状况。采用封闭水域稀释自净模型，其公式形式为

$$W = 100 \left[\frac{1}{\Delta t}(C_s - C_0)V + KC_sV + C_sq \right] \tag{3.66}$$

式中：W 为水库水体环境容量，即污染物允许排入量，t/d；Δt 为枯水期天数，一般取4—6月，$\Delta t = 90$d；C_s 为水环境质量标准，mg/L；C_0 为起始浓度，mg/L；V 为水库安全容积，一般取枯水期（4—6月）平均库容（10^8m³）；q 为在安全库容期间，从水库中排泄出的流量，10^8m³/d；K 为污染物质在水库中自然衰减率（1/d），其值主要取决于生物分解污染物的速度，最好实测确定。根据国内外若干资料分析，K 值的经验范围是：难氧化的化合物：0.001～0.05；一般氧化的化合物：0.05～0.30；易氧化的化合物：>0.30；对于 BOD 值，可取 $K=0.1$～0.3；对于 DO 值，可取 $K=0.05$～0.15。

上式亦可用于湖泊、洼地的环境容量预测。对于水库，常按丰、平、枯三种水平年的枯水期水库安全容积预测不同水平年的环境容量。

3.3.3.3　水库总氮总磷浓度及富营养化程度预测

总氮总磷浓度预测公式为：

$$N = \frac{L_N(1-R)}{\overline{Z}\rho_w} \tag{3.67}$$

$$P = \frac{L_P(1-R)}{\overline{Z}\rho_w} \tag{3.68}$$

式中：N、P 为水库中总氮、总磷的预测浓度，g/m^3；L_N、L_P 为预测年内水库单位面积氮、磷负荷，$g/(m^2 \cdot a)$；R 为滞留系数，可用下式计算：

$$R = 0.426e^{-0.271Q_i} + 0.574e^{-0.00949Q_i} \tag{3.69}$$

式中：Q_i 为单位面积水量负荷，等于平均年入库水量（m^3）与水库水面积（m^2）之比值；$\overline{Z}$ 为水库平均水深，m；ρ_w 为水力冲刷系数，等于平水年入库水量与库容之比（$1/a$）。

应用上述公式分析水库未来水质，可以有两种方法：一是将预测的 N、P 值与极限值或目标值相比较，看污染物浓度是否超标；二是用极限值或目标值的 N、P 代入上式，求出最大负荷 L_N、L_P，与未来水库可能入库的 N、P 负荷相比较，看污染物单位面积负荷是否超标。

水库是否可能发生富营养化，主要根据水体中 N、P 含量进行判别，其指标浓度为 $N=0.3mg/L$，$P=0.02mg/L$；临界负荷值 $N=5\sim10 g/(m^2 \cdot a)$，$P=0.2\sim0.5 g/(m^2 \cdot a)$。亦可按下式判断：

$$E = \left[\frac{(T-N)_i}{(T-N)_0}\right]^{\frac{1}{2}} + \left[\frac{(PO_4-P)_i}{(PO_4-P)_0}\right]^{\frac{1}{2}} + \left[\frac{BOD_i}{BOD_0}\right]^{\frac{1}{2}} \tag{3.70}$$

式中：E 为营养型判定值，标准见表 3.11；$(T-N)$ 为无机氮浓度；(PO_4-P) 为磷酸磷浓度；BOD 为生化需氧量；下标 i 为预测浓度，mg/L；下标 0 为标准浓度，mg/L。

表 3.11　　　　　　　　　　营养型评价标准

判定值 E	0～1	1～2	2～4	4～8	大于 8
营养型	贫	中贫	中	中富	富

思 考 题

1. 如何对一条河流或者湖泊进行水体污染现状调查，其包含的主要方面有哪些？
2. 进行河湖水体污染状况评价时，其水质标准是什么？如何选取？
3. 水质的多因子评价指数法有哪些类型，请分析其不同方法的优缺点。
4. 请详述内梅罗指数方法的内涵和应用过程。
5. 思考如何对一河段进行分段并计算其溶解氧值、BOD 值。

第4章 环境生物与生物群落

不管是水体环境还是土壤环境等自然环境，都是由各种微生物、植物和动物组成，构成各种具有生态功能的生物群落系统，生命体是生态系统的核心和关键部分。在这个生态系统中，通过各种物理、化学或生物化学过程，使物质在环境中不断被利用与转化，完成物质循环和能量流动，使得污染特性加重或者减轻。

对于污染物的生物治理，主要是利用环境中大量微生物的生命活动对污染物实现降解与转化，进而达到污染治理的目的。对河湖水体和土壤环境污染进行治理与修复，除了利用微生物外，还需要利用大型植物，甚至各种动物。而且在治理过程中也不仅仅是利用某一种生物或者某一类生物，而是利用它们的有机组合形成的完整生物群落系统，通过系统的物质循环与能量代谢完成对污染物的去除，并维持其长效功能，进而实现河湖生态健康的目的。当然，在这其中，微生物的作用是最重要的。

本章重点介绍水体环境中的各种微生物、水生动物和水生植物以及由其所组成的生物群落系统，以为后续章节讲授污染物的生物转化与降解和对应的生物治理方法提供基础。

4.1 概 述

4.1.1 环境生物的定义

环境生物指在环境中，与污染物迁移、分解和转化过程密切相关的微生物、植物与动物的统称，特别是应用于环境工程实践中的生物种类。

环境生物类群除了微生物外，还包括与环境工程相关的植物与动物。当然，环境微生物是主要类群，在污染物迁移、转化与分解中起到决定性作用，是环境生物学研究的重点。

微生物指肉眼看不见或看不清楚的微小生物的总称，其大小要用微米（μm）来表示，因此一般用肉眼都看不见，只有在显微镜下才能看到。微生物的类群十分庞大，包括非细胞结构的病毒、类病毒和具有细胞结构的细菌、放线菌、支原体、衣原体、蓝细菌、真菌、原生动物和显微藻类等。由于它们形体简单微小，生物学特性比较接近，因而归类于微生物。

因此，环境工程生物学就是研究与环境工程相关的生物形态、结构、生理和功能，以及它们在物质自然循环、水土环境治理与修复等方面的作用。

4.1.2 环境微生物的分类、特点与作用
4.1.2.1 分类

环境中常见微生物与生物的分类如图4.1所示。

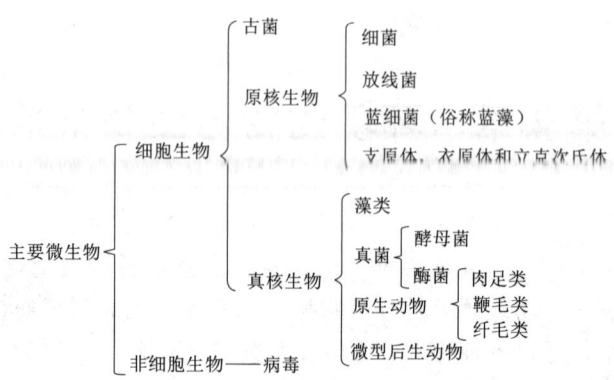

图 4.1 环境中常见微生物与生物的分类

环境工程微生物大部分是单细胞生物。在生物学中，藻类属于植物学的范畴，原生动物和后生动物属于无脊椎动物范畴。一些个体较大的藻类、原生动物和后生动物，严格地讲，不属于微生物的范畴。但基于环境工程的实际运用，将微藻、原生动物和微型后生动物列入微生物的范畴。

4.1.2.2 特点

微生物除个体微小外，还具有如下特点。

(1) 体积小，面积大。直径 $1\mu m$ 的球菌，如果排成 $1cm$，它们的总表面积可达到 $10^6 m^2$。

(2) 种类多，分布广。微生物种类现有 10 万种。由于微生物的种类繁多，因而对营养物的要求也不相同。它们可以分别利用自然界中的各种有机物和无机物作为营养，将各种有机物分解成无机物（所谓无机化或矿化），或将各种无机物合成复杂的碳水化合物、蛋白质、脂肪等有机物。所以微生物在自然界的物质转化和污染物的分解过程中起着重要的作用。

微生物个体小而轻，可随着灰尘四处飞扬，因此广泛分布于土壤、水和空气等自然环境中。土壤中含有微生物所需要的营养物质，所以土壤中微生物的种类和数量很多。在高空的粉尘中，在几千米深的海沟中都可以发现微生物的身影。

(3) 生长快，繁殖快。大多数微生物在几十分钟内就可繁殖一代。如果条件适宜，经过 10 小时就可繁殖数亿个。如大肠杆菌，其分裂速度为 $12.5\sim 20min/次$；24 小时后，其后代总数可达 4.7224×10^{15} 个。

(4) 易变异，适应性强。微生物能适应外界环境条件的变化，这也是它分布广的一个重要原因。利用这个特点，在污水处理时，可进行微生物菌种的驯化和微生物的育种与筛选。

4.1.2.3 微生物的作用

微生物在自然界物质循环和转化中有着巨大的作用，是整个生物圈中维持生态平衡的不可缺少的部分。

1. 正面的作用

近代，将微生物应用于发酵工业，生产出乙酮、丙酮、氨基酸、抗生素和酶制剂等,为人类生产和生活提供物质,为治疗疾病提供药品。

利用微生物的发酵作用可以生产农肥(固氮菌肥,磷、钾细菌肥料),还可以应用于植物害虫的生物防治,促进农业生产。

利用微生物在污染物的迁移、分解和转化过程中的重要作用,实现环境污染治理与生态修复。如城市生活污水处理、部分工业企业废水治理,甚至城市和农村面源污染物的治理也都可以采用生物法。

2. 负面的作用

有不少微生物是有害的。

病原微生物(细菌、病毒、霉菌、变形虫等的某些物种)能引起人的各种疾病,如肝炎、肠道病、伤风和感冒等。

黄曲霉能产生致癌的黄曲霉毒素;岛青霉、橘青霉和黄绿青霉等能产生致癌的黄变米毒素。

还有的微生物能引起作物病害和动物疾病,影响农业产量和品质。

一些细菌和霉菌能使食品和农副产品腐败和腐烂;硫细菌、铁细菌能引起混凝土管道和金属管道腐蚀。

蓝藻、绿藻和褐藻等藻类中的某些藻类能引起湖泊"水华"和海洋"赤潮"等富营养化问题,进而恶化水质,造成水体生态失衡,威胁人体健康。

4.1.3 环境生物中的植物和动物

过去的环境工程主要利用微生物进行污染物的降解,但是在自然环境中存在着大量的动植物,它们在自然环境的系统稳定中也起着重要的作用。由于环境治理的需要,它们也被应用到环境工程中,扩大了环境研究与工程领域。因此,对于它们的形态、生理特征与作用研究也是环境生物的研究内容,分为环境工程中的植物和动物两个部分。

4.1.3.1 环境工程中的植物

大型水生植物是除微型藻类以外的所有水生植物类群。根据它们的生活类型,主要是在水里的生存状态,可以分为挺水植物、漂浮植物、浮叶根生植物和沉水植物四大类型。

水生植物作为水体生态系统的重要组成部分,具有重要的环境生态功能。对于水体,特别是浅水水体,大型水生植物的存在具有维持水体生物群落稳定(包括结构稳定和功能稳定)和生态系统健康,控制水体富营养化和改善水环境质量的作用。

随着水污染的加剧,为了寻找高效低能耗的水污染控制与水环境治理措施,从20世纪70年代开始,人们开始关注大型水生植物对环境治理与生态修复的作用。随着研究的不断深入,逐渐发展出了多种以大型水生或陆生植物为主的环境和水体修复的生态工程技术,如土地处理、生态浮床、功能湿地和生物滞留池(也称下沉绿地)等。

4.1.3.2 环境工程中的动物

在环境治理中应用的动物主要是一些小型动物,包括土壤动物和水生动物。大型动物虽然在自然生态系统平衡中起着重要作用,通常应用于河湖的生态修复中,而在环境工程的污染治理中一般应用较少。

小型动物多指水体与土壤中的原生动物、后生动物（对于原生动物、微型后生动物，也可以放在微生物中讨论），它们是生态系统的重要组成，与环境过程特别是环境水质净化、污染物生态修复等过程有密切的关系。

在水体中，与环境工程有关的动物包括原生动物，如草履虫、变形虫等，微型后生动物，如钟形虫、水蚤等，还包括对生物群落结构稳定起重要作用的大型动物，如鱼类、底栖动物等。

4.1.3.3　生态系统

不论在自然的物质代谢中，还是在污染物的生物处理过程中，都不仅仅是一个类群的生物起作用，污染物得以顺利地转化与降解，总是各种生物类群共同作用的结果，即它们通过食物链或食物网的联系建立起生物群落和生态系统，然后通过生态系统的作用而完成。有时是微生物类群所形成的生态系统，如污水处理的活性污泥法中的细菌-原生动物中的鞭毛虫、纤毛虫-微型后生动物所组成的生物群落系统；有些是植物、动物与微生物共同组成的生态系统，如水体中的水生群落系统就是最好的例子。

4.1.4　生物学在环境治理与修复中的作用

环境工程生物学的任务就是充分利用有益微生物资源为人类造福，防止、抵制和消除微生物的有害活动，化害为利。在环境工程中，如废水处理、废物治理和水土环境治理与修复，生物法都占有重要位置，它与物理法、化学法相比，具有经济、高效的优点，更重要的是可达到无害化。

在污染治理工程与污染环境修复中，充分利用动植物的作用，建立起稳定的自然或人工生态系统，不仅能有效地处理污染物质，还能使生态系统长期稳定，并能节约能源与资源，更好地保护环境，进而与自然环境相和谐。

4.2　生物的分类和命名

自然界中的生物种类繁多，有记载的就达 200 多万种。这些生物个体大小相差悬殊，小到几纳米，大到数十米。如此众多的生物，需要进行科学的分类和命名。

生物学家以客观存在的生物属性为依据，将生物分门别类。根据生物之间相同或相异的程度以及亲缘关系的远近，可将生物划分为界（kingdom）、门（division）、纲（class）、目（order）、科（family）、属（genus）、种（species）共七个等级单位。

关于物种的命名，目前都采用瑞典博物学家林奈（Linnaeus，1707—1778）创立的双名法，即每种生物的学名由两个拉丁词组成，第一个词为该物种所在属的属名，常用名词（斜体），第一个字母大写；第二个词为种名，常用形容词（斜体），表示该物种的主要特征或产地，第一个字母小写；双名后面可附定名人的姓氏或其缩写（正体），如水稻 *Oryga sativa* L；芦苇 *Phragmites communis*；大肠杆菌 *Eschuerichia coliform*。

4.3 常见的微生物

4.3.1 原核生物与真核生物
4.3.1.1 原核生物

1. 概念

原核生物即广义的细菌，指一大类细胞核无核膜包裹，只存在称作核区的裸露DNA的原始单细胞生物，包括真细菌和古生菌两大类群，但由于古生菌又具有许多真核生物的特征，明显区别于细菌，因此不将古生菌列入其中，而将其拿出来单独描述。具体根据外表特征等方面可以把原核生物分为狭义的细菌、蓝细菌、放线菌、支原体、衣原体、螺旋体和立克次氏体七大类。

与真核生物的种类相比，已发现的原核生物种类虽不甚多，但其生态分布却极其广泛，生理性能也极其庞杂。有的种类能在饱和的盐溶液中生活；有的却能在蒸馏水中生存；有的能在0℃下繁殖；有的却以70℃为最适温度；有的是完全的无机化能营养菌，以二氧化碳为唯一碳源；有的却只能在活细胞内生存。在进行光合作用的原核生物中，有的放氧，有的不放氧；有的能在pH值为10以上的环境中生存，有的只能在pH为1左右的环境中生活；有的只能在充足供应氧气的环境中生存，而另外一些细菌却对氧的毒害作用极其敏感。有的可利用无机态氮，有的却需要有机氮才能生长；还有的能利用分子态氮作为唯一的氮源等。

2. 结构与特点

原核生物仍拥有细胞的基本构造并含有细胞质、细胞壁、细胞膜，以及鞭毛。值得注意的是，并非所有的原核生物都含有细胞壁。原核生物中，除了支原体，其余的都有细胞壁；支原体是唯一不具有细胞壁的原核生物。

原核生物具有如下特点。

（1）大部分原核生物有成分和结构独特的细胞壁，核质与细胞质之间无核膜，因而无成形的细胞核（拟核或类核）；细胞质内仅有核糖体而没有线粒体、高尔基体、内质网、溶酶体、液泡和质体（植物）、中心粒（低等植物和动物）等细胞器；在蛋白质合成过程中起重要作用的核糖体散在于细胞质内。

（2）细胞内的单位膜系统除蓝细菌另有类囊体外，一般都由细胞膜内褶而成，其中有氧化磷酸化的电子传递链（蓝细菌在类囊体内进行光合作用，其他光合细菌在细胞膜内褶的膜系统上进行光合作用，化能营养细菌则在细胞膜系统上进行能量代谢）。

（3）遗传物质是一条不与组蛋白结合的环状双螺旋脱氧核糖核酸（DNA）丝，不构成染色体（有的原核生物在其主基因组外还有更小的能进出细胞的质粒DNA）。

（4）没有由肌球、肌动蛋白构成的微纤维系统，故细胞质不能流动，也没有形成伪足、吞噬作用等现象。

总之原核生物的细胞结构要比真核生物的细胞结构简单得多。

3. 呼吸方式

有的原核生物，如硝化细菌、根瘤菌，虽然没有线粒体，但能利用细胞膜和细胞质的酶系进行有氧呼吸。第一个阶段发生的场所在细胞质内，产生的丙酮酸进入三羧酸循环，被彻底氧化生成 CO_2 和水，同时释放大量能量。因其呼吸链组分在细胞膜上，所以主要在细胞膜上进行。

有的原核生物如产甲烷杆菌等，没有与有氧呼吸有关的酶，因此，只能进行无氧呼吸。

总之，大多数原核生物能进行有氧呼吸。

4. 繁殖方式

以简单二分裂方式繁殖，不存在有丝分裂或减数分裂；没有性行为，有的种类有时能通过接合、转化或转导，将部分基因组从一个细胞传递到另一个细胞的准性行为。

5. 常见的原核生物

(1) 菌类。菌类包括细菌、放线菌和真菌；真菌又分酵母菌、霉菌和食用菌。细菌和放线菌属于原核生物；而酵母菌、霉菌（毛霉、曲霉、青霉）和食用菌（如银耳、黑木耳、灵芝、菇类）属于真核生物。

细菌有球菌、杆菌、螺形菌（包括螺菌和弧菌）三种基本形态，根据细胞分裂后细胞的组成情况，可分为单球菌、双球菌、链球菌和葡萄球菌等几类。故凡"菌"字前带有"杆""球""螺旋"和"弧"字的都属于细菌，如大肠杆菌、枯草杆菌、肺炎双球菌、霍乱弧菌。乳酸菌呈杆形，本来叫乳酸杆菌，通常省略"杆"字，所以乳酸菌属于细菌。除此之外，固氮菌（根瘤菌）、硫细菌、铁细菌、硝化细菌等也属于细菌。

常见的放线菌有小金色链霉菌、龟裂链霉菌、红霉素链霉菌和小单孢菌等。

(2) 藻类。蓝藻（如色球藻、念珠藻、颤藻、螺旋藻）属于原核生物；红藻（如紫菜、石花菜）、褐藻（如海带）属于真核生物

(3) 病毒。病毒没有细胞结构，是非细胞生物，是专营寄生生活的；而细菌有寄生，也有腐生，还有独立生活的。

病毒的核酸只有 DNA 或 RNA（朊病毒没有核酸）；细菌既有 DNA，也有 RNA。

4.3.1.2 真核生物

1. 概念

真核生物是所有单细胞或多细胞的且细胞具有细胞核的生物的总称，它包括所有动物、植物、真菌和其他具有由膜包裹着的复杂亚细胞结构的生物。

2. 结构与特点

真核细胞的主要结构是一团原生质，由它分化出细胞膜、细胞核、细胞质和各种细胞器等。细胞器有线粒体、中心体、高尔基体、溶酶体和叶绿体等。

真核生物与原核生物的根本性区别是前者的细胞内含有成形的细胞核，因此以真核来命名这一类细胞。

真核生物细胞相对于原核生物细胞具有如下特点：

（1）真核细胞具有由染色体、核仁、核液、双层核膜等构成的细胞核；原核细胞无核膜、核仁，故无真正的细胞核，仅有由核酸集中组成的拟核，也称核区。

（2）真核细胞的转录大多在细胞核中进行，也可以在半自助细胞器（如叶绿体和线粒体）中进行，蛋白质的合成在细胞质中进行，而原核细胞的转录与蛋白质的合成交联在一起进行。

（3）真核细胞有内质网、高尔基体、溶酶体、液泡等细胞器，原核细胞没有。

（4）真核细胞的有丝分裂是原核细胞所没有的。

（5）真核生物细胞较大，一般 10～100μm，原核生物细胞较小，一般 1～10μm。

（6）真核生物新陈代谢一般为需氧代谢，原核生物新陈代谢类型多种多样。

（7）真核生物细胞壁由纤维素或几丁质组成，动物没有细胞壁，原核生物和细菌中为肽聚糖。

（8）真核生物动植物中为有性的减数分裂式的受精、有丝分裂，原核生物通过一分为二或出芽生殖、裂变。

（9）真核生物通过线粒体进行呼吸作用，原核生物通过膜进行呼吸作用。

3. 呼吸方式

真核生物通常为有氧呼吸方式。

4. 繁殖方式

真核生物的繁殖方式有两种，即分裂和有性繁殖。

（1）分裂繁殖。以有丝分裂的形式，细胞核的分裂通常与细胞分裂得以相互协调，这一过程使得每一个子代细胞核都得到亲代的一条染色体拷贝。在大多真核细胞中，还有另一种有性繁殖过程，即减数分裂，这一过程中，二倍体亲代细胞经由两次分裂成为单倍体，DNA 的数量减半。

（2）有性繁殖。真核生物广泛地采用有性生殖。由亲本产生的有性生殖细胞（配子），经过两性生殖细胞（例如精子和卵细胞）的结合，成为受精卵，再由受精卵发育成为新的个体的生殖方式，叫作有性繁殖。有性繁殖可分同配生殖、异配生殖、孤雌生殖、接合生殖、幼体生殖、世代交替等生殖方式。

5. 真核生物种类

真核生物包括大多数动植物、真菌、原生生物（变形虫、绿眼虫等），包括原生生物界、真菌界、植物界和动物界。

4.3.2 细菌——原核微生物

细菌是环境中最"常见"的微生物。细菌是单细胞且没有真正细胞核的原核生物。其大小测定单位为微米。一滴水中，可以有成千上万个细菌。

细菌广泛分布于土壤和水中，或者与其他生物共生，甚至可以分布在极端环境中，例如温泉和放射性废料中，此类细菌称为嗜极生物，其中最著名的种类之一是海栖热袍菌，科学家是在意大利的一座海底火山中发现这种细菌的。

细菌的营养方式有自养及异养，其中异养的腐生细菌是生态系中重要的分解者，使碳循环能顺利进行。部分细菌会进行固氮作用，使氮元素得以转换为生物能利用的形式。硫细菌、铁细菌等是化能合成异养型，属于生产者，可以利用无机硫铁等制造自身需要的有机物。而根瘤菌则是消费者，它们与豆科植物互利共生，消耗豆科植物光合作用所生产的有机物。当然，细菌最主要的作用还是分解者，如果没有细菌、真菌等微生物，世界将是尸体的海洋。

细菌对人类活动有很大的影响。一方面，细菌是许多疾病的病原体，可以通过各种方式，如接触、消化道、呼吸道、昆虫叮咬等在正常人体间传播疾病，具有较强的传染性，对社会危害极大；另一方面，人类也时常利用细菌，例如乳酪及酸奶和酒酿的制作、部分抗生素的制造、污废水的生物处理等，都与细菌有关。

4.3.2.1 细菌的形态与大小

1. 细菌的形态

拓展 4.1

从菌体的外形来分，细菌的基本形态有四种：球菌、杆菌、螺旋菌和丝状菌。

(1) 球菌。球菌是外形呈圆球形或椭圆形的细菌，直径 $0.5\sim1\mu m$，有以下几种类型：①单球菌，如尿素小球菌；②双球菌，如肺炎双球菌；③链球菌，如乳酸链球菌；④四联球菌，形成的 4 个细胞排列在一起，成田字，如四联球菌；⑤八叠球菌，如尿素生孢八叠球菌；⑥葡萄球菌，如金黄色葡萄球菌（*Staphylococcus aureus*）。

(2) 杆菌。外形为杆状，常有长宽接近的短杆或球杆状菌，如甲烷短杆菌属（*Methano - brevibacter*）；长宽相差较大的棒杆状或长杆状菌，如枯草芽孢杆菌（*Bacillus subtilis*）、梭状杆菌（*Bacterium fusiformis*）；分枝状或叉状菌，如双歧杆菌属（*Bifidobacterium*）；竹节状（两端平截），如炭疽芽孢杆菌（*Bacillusanthracis*）等。

按杆菌细胞的排列方式不同则有成对的双杆菌、呈链状的链杆菌，另外，常有栅状、"八"字状以及由鞘衣包裹在一起的丝状等多种。典型的杆菌有大肠杆菌、枯草杆菌、链杆菌、变形杆菌。

(3) 螺旋菌。外形螺旋状的细菌，一般长 $5\sim50\mu m$，宽 $0.5\sim5\mu m$，根据菌体的弯曲可分为：①弧菌（*Vibrio*），螺旋不足一环者呈香蕉状或逗点状，如霍乱弧菌（*Vibrio cholerae*）；②螺菌（*Spirillum*），满 2~6 环的小型、坚硬的螺旋状细菌，如小螺菌（*Spirillum minor*）；③螺旋体（*Spirochaeta*），旋转周数多（通常超过 6 环）、体长而柔软的螺旋状细菌，如梅毒螺旋体（*Treponema Pallidum*）。

(4) 丝状菌。菌体较长，呈细丝状的细菌，分布在水生环境、潮湿土壤和活性污泥中，通常是好氧细菌，如铁细菌和硫细菌。铁细菌如浮游球衣菌（*Sphaerotilus natans*）、泉发菌属即原铁细菌属（*Crenothrix*）及纤发菌属（*Leptothrix*）。丝状硫细菌如发硫菌属（*Thiothrix*）、贝日阿托氏菌属（*Beggiatoia*）、透明颤菌属（*Vitreoscilla*）、亮发菌属（*Luecothrix*）等。

2. 细菌的大小

球菌大小用其菌体直径度量，球菌直径一般为 $0.5\sim2\mu m$；杆菌一般长 $1\sim5\mu m$，菌体直径 $0.5\sim1\mu m$；螺旋菌的长度则因种类的不同而有很大差异，一般为 $5\sim15\mu m$，宽度常为 $0.5\sim5\mu m$。

4.3.2.2 细菌的细胞结构

尽管细菌微小,但其细胞内部构造却相当复杂。细菌的构造可分为基本结构和特殊结构两种,见图 4.2。基本结构是所有细菌都具有的,而特殊结构只为一部分细菌所具有,它们具有一些特殊功能。

1. 基本结构

细菌由细胞壁和内部原生质组成,原生质体位于细胞壁内,包括细胞膜、细胞质和核质及内含物。

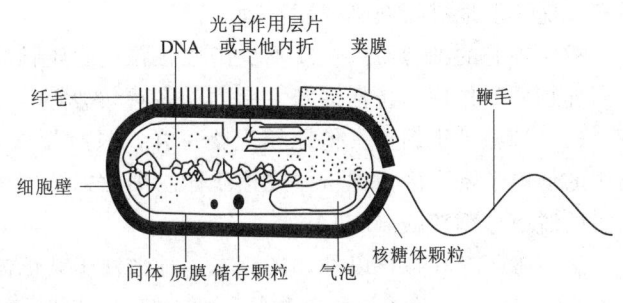

图 4.2 细菌细胞结构

(1) 细胞壁。细胞壁是包围在细菌细胞最外面的一层富有弹性的结构,占细胞干物质的 10%~25%。细胞壁厚度因细菌不同而异,一般为 15~30nm。细胞壁组成较复杂,并随细菌不同而异,主要成分是肽聚糖。革兰氏阳性菌细胞壁厚 20~80nm,有 15~50 层肽聚糖片层,每层厚 1nm,含 20%~40% 的磷壁酸 (teichoic acid),有的还具有少量蛋白质。革兰氏阴性菌细胞壁厚约 10nm,仅 2~3 层肽聚糖,其他成分较为复杂,由外向内依次为脂多糖、细菌外膜和脂蛋白。此外,外膜与细胞之间还有间隙。

肽聚糖是革兰氏阳性菌细胞壁的主要成分,凡能破坏肽聚糖结构或抑制其合成的物质,都有抑菌或杀菌作用。

(2) 细胞膜。细胞膜是一层紧贴细胞壁并包围着细胞质的薄膜,厚度 7~8nm,质量占细胞干重的 10%,主要有蛋白质、脂类和糖。脂类主要是极性类脂——甘油磷脂,由甘油、脂肪酸和磷酸及含氮碱组成。脂类约占细胞膜的 20%~30%。蛋白质是细胞膜的主要构成物质,包括蛋白质和酶,约占其 70%,有两类,一类

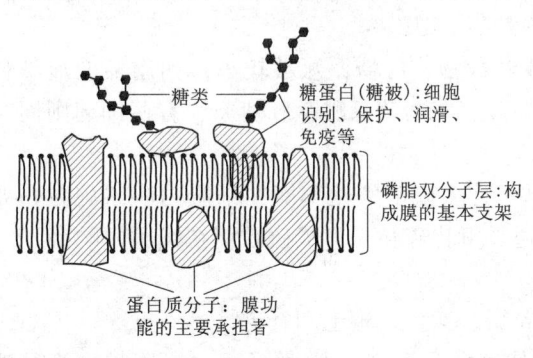

图 4.3 细胞膜结构示意图

是外周蛋白,或称可溶性蛋白质,占膜蛋白的 20%~30%,主要分布在膜内外两侧表面;另一类是固有蛋白质,占膜蛋白含量的 70%~80%,插入或贯穿磷脂双分子层中。这样脂类和蛋白质就形成了膜的基本结构,形成"流动镶嵌模型"结构(图 4.3)。因为磷脂分子在细胞膜中以多种方式不断运动,因而膜具有流动性。膜蛋白则以不同方式分布于膜的两侧或磷脂层中。这些蛋白质和酶与物质的渗透、吸收、转运、和代谢等有关。糖同样是细胞膜中的构成物质,但占比一般小于 10%,主要以糖蛋白和糖脂的形式存在。糖的含量虽少,但在细胞膜的结构和功能中具有重要作用。其中糖蛋白具有细胞识别与信号转导、细胞黏附、保护与润滑功能。糖脂主要分布在细胞膜的外

侧，同样具有细胞识别与信号转导，还可以调节细胞间的黏附和信号传导，维持细胞膜的稳定性等。

(3) 细胞质。细胞质是细胞膜内，除拟核以外的所有物质，是无色透明而黏稠的胶体，主要成分是水、蛋白质、核酸和脂类等，还有少量的盐和糖。细胞质内具有各种酶，能不断地进行新陈代谢活动。

成熟细胞的细胞质内还有不少胞质颗粒。胞质颗粒是细胞质中的颗粒，起暂时贮存营养物质的作用，包括多糖、脂类、多磷酸盐等。

(4) 拟核。细菌和其他原核生物一样，只有拟核，没有核膜，DNA 集中在细胞质中的低电子密度区，称核区或核质体。细菌拟核中只有一个染色体，含有携带遗传信息的脱氧核糖核酸（DNA）。

细菌除了存在拟核以外，还存在一种独立于染色体外，能进行自我复制并稳定遗传的小环状 DNA 分子，称为质粒。每个细菌体内可有几个质粒。质粒对细菌的生存不起决定作用，它的消失不影响细菌的生存。但质粒可使细菌具有某些特殊性状，如致育性、产生抗生素、抗药性和降解某些化学物质等。

(5) 内含物。内含物是细菌用来贮备物质的颗粒，对于污水中物质的去除和转化都具有重要的作用。当物质过剩时，细菌就将其转化成贮存物质，当营养缺乏时，它们又被分解利用。常见的内含物颗粒有以下四种。

1) 异染颗粒。异染颗粒的化学组分是多聚偏磷酸盐，是磷源和能源的贮藏物。聚磷菌在好氧条件下，可利用有机物分解产生的大量能量，过度摄取周围溶液中的磷酸盐并转化为多聚偏磷酸盐，以异染颗粒的方式贮存于细胞内。这是生物法除磷的主要机理和机制。

2) 聚 β-羟基丁酸盐（PHB）。它是细菌所特有的一种碳源和能源贮藏物，是有机物在厌氧代谢过程中形成的代谢产物，是 β-羟基丁酸的直链聚合物。在厌氧条件下，将细胞内贮存的异染颗粒分解，把磷释放出来，释放能量，促进细菌的生长和代谢，使有机物分解，并转化为 PHB 颗粒贮存于细胞内。

3) 肝糖原和淀粉粒。它们都是碳源贮藏物。肝糖原颗粒较小，如用稀碘液染色则呈现红褐色，可在光学显微镜下观察到。有些细菌只贮存肝糖原，有些细菌则同时贮存肝糖原和淀粉粒。

4) 硫粒。它是贮藏元素硫的颗粒物。许多硫磺细菌都能在细胞内积累硫粒，如贝氏硫细菌属和发硫细菌属，它们都能通过氧化硫化氢形成硫粒而在细胞内贮存。

2. 特殊结构

细菌细胞的特殊结构包括荚膜、菌胶团、芽孢、鞭毛和纤毛。

(1) 荚膜。在细菌的细胞壁外常围绕着一层黏液，厚薄不一，较薄时称为黏液层，较厚时，便称为荚膜。荚膜的主要成分是多糖类物质，有的也含有多肽或蛋白。当营养缺乏时，细菌可以利用荚膜多糖作为它的碳源和能源物质。

细菌的荚膜具有保护作用，抗吞噬作用，黏附作用，抗干燥作用。产荚膜细菌在污水生物处理中，对活性污泥的形成与沉降性能有重要作用。

(2) 菌胶团。当荚膜物质融合在一起，内含许多细菌时，成为菌胶团。有时菌胶团不但含有细菌，而且含有其他微生物、无机物和有机物。菌胶团细菌包藏在胶体物质内，一方面对动物的吞噬起保护作用，同时也增强了细菌对不良环境的抵抗和适应能力。

菌胶团是活性污泥中细菌的主要存在形式，有较强的吸附和氧化有机物的能力，具有较好的沉降性能，在废水生物处理中具有重要的作用。活性污泥性能的好坏，可根据所含菌胶团多少、大小及结构的紧密程度来确定。

（3）芽孢。又称内生孢子，是某些细菌（芽孢杆菌，梭状芽孢杆菌，少数球菌等）在其生长发育后期，在细胞内形成的一个圆形或椭圆形、厚壁、含水量低、抗逆性强的休眠体构造，称为芽孢。

芽孢是细菌的休眠体，对不良环境有较强的抵抗能力。小而轻的芽孢还可以随风四处飘散，落在适当环境中，又能萌发成为细菌。细菌快速繁殖和形成芽孢的特性，使它们几乎无处不在。

芽孢的生命力非常顽强，有些湖底沉积物中的芽孢杆菌经 500～1000 年后仍有活力，肉毒梭菌的芽孢在 pH 值为 7.0 时能耐受 100℃煮沸 5～9.5h。

（4）鞭毛和纤毛。鞭毛是长在某些细菌菌体上细长而弯曲的具有运动功能的蛋白质附属丝状物。鞭毛的长度常超过菌体若干倍。少则 1～2 根，多则可达数百根。鞭毛不是所有细菌都具有，如球菌就不具备鞭毛。大部分杆菌和所有螺旋菌则具有鞭毛。鞭毛是细菌的运动器官。鞭毛的主要成分是蛋白质，有的还含有极少量的多糖和类脂等，鞭毛蛋白质占细胞蛋白质的 2%。

纤毛是细胞游离面伸出的能摆动的较长的突起，比微绒毛粗且长，在光学显微镜下能看见，也称为菌毛。一个细胞可有几百根纤毛。纤毛直径约为 3～7nm。纤毛不是细菌的运动器官，但可以增强细菌的吸附能力，有的纤毛在细菌结合时，能进行遗传物质传递，这类纤毛称为性纤毛。

4.3.2.3 细菌的繁殖

细菌进行无性繁殖，主要为分裂生殖，也有芽孢生殖和孢子生殖。

1. 分裂生殖

即一个母细胞分裂成两个子细胞。分裂时，核 DNA 分别以两条单链为模板复制出一套新双螺旋链，随后形成两个核区。在两个核区间产生新的双层质膜和壁，将细胞分隔成为两个，各含一个与亲代相同的核 DNA。

2. 芽孢生殖与孢子生殖

芽孢生殖，即在母细胞表面先形成凸起，逐渐长大并与母细胞分开。与分裂生殖不同的是，芽孢的胞壁大部分为新合成的物质。

有少数细菌能由 1 个细胞形成许多分裂孢子或节孢子（与真菌的孢子不同，有的非常小，甚至可通过细菌滤器）。

4.3.2.4 细菌在固体培养基上的菌落特征

细菌的培养特征有多种，根据细菌在不同培养基上的特征可对细菌进行鉴定，或判断细菌的呼吸类型和运动型。在实验室中，通常在固体培养基上进行培养，因而本教材重点讲述其在固体培养基上的菌落特征。微生物的菌落特征如图 4.4 所示。

菌落特征指细菌在固体培养基上的培养特征。所谓菌落是由一个细菌繁殖起来的，由无数细菌组成的具有一定形态特征的细菌集团。

在实验室中，用稀释平板法和平板划线法将呈单个细胞的细菌接种在固体培养基上，给予一定的培养条件进行培养，细菌就可在固体培养基上生长繁殖形成一个由无数细菌组成的群落，即菌落。不同种的细菌，其菌落特征是不同的，包括其形态、大小、光泽、颜色、质地柔软程度、透明度等。菌落特征是微生物鉴定的依据。

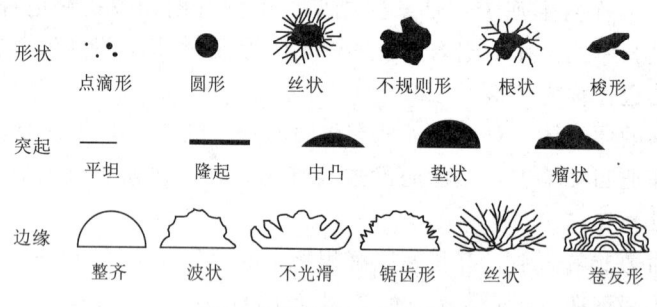

图 4.4　微生物的菌落特征

例如，肺炎球菌具有夹膜，表现光滑、湿润、黏稠，称为光滑菌落型；枯草芽孢杆菌没有夹膜，它的菌落表面干燥、褶皱、平坦，称为粗糙型菌落；梭状芽孢杆菌的细胞是链状的，其菌落表面粗糙，边缘有毛状突起并卷曲。

4.3.2.5　常见的杆菌和球菌

1. 杆菌

（1）大肠杆菌。大肠杆菌是人和许多动物肠道中最主要且数量最多的一种细菌，革兰氏染色为阴性，周身鞭毛，能运动，无芽孢。主要生活在大肠内，为异养兼性厌氧型代谢。

大肠杆菌细胞质中的质粒常用作基因工程的运载体。大肠杆菌作为外源基因表达的宿主，具有遗传背景清楚、技术操作简单、培养条件简单和大规模发酵经济等特点，是应用最广泛、最成功的表达体系。

《生活饮用水卫生标准》(GB 5749—2022) 中关于生活饮用水的细菌标准如下：

总大肠菌群（MPN/100mL 或 CFU/100mL）不得检出。

大肠埃希氏菌（MPN/100mL 或 CFU/100mL）不得检出。

菌落总数（MPN/mL 或 CFU/mL）100。

MPN 指最可能数；CFU 指菌落形成单位。当水样检出总大肠菌群时，应进一步检验大肠埃希氏菌；当水样未检出总大肠杆菌群时，则不必检验大肠埃希氏菌。

（2）假单细胞菌属。直或稍弯的革兰氏阴性杆菌，直径 0.5～1μm，长度 1.5～4μm。除单碳有机物外，能以多种有机物为碳源和能源。利用有机氮和无机氮为氮源，但不能固定分子氮。严格有氧呼吸代谢，不发酵糖类，有的种在硝酸盐存在时刻进行厌氧呼吸。存在于土壤、淡水和海水中，最适宜生长温度为 30℃。

假单胞菌在环境治理过程中应用广泛，如可用于生物脱氮，石油、氯苯类稳定剂（润滑油，绝缘油，增塑剂，油漆，热载体，油墨）、洗涤剂和农药的生物降解，含氮有机物的转化,汞甲基化与甲基汞降解,半纤维素的分解等。

(3) 芽孢杆菌属。革兰氏染色阳性菌,产生芽孢,无荚膜,需氧或厌氧呼吸。包括对人和动物致病的炭疽芽孢杆菌,可引起食物中毒的蜡状芽孢杆菌,非致病性的枯草芽孢杆菌、多黏芽孢杆菌等。

一些芽孢杆菌具有反硝化能力,可用于生物脱氮。还可用于农药、氯苯类稳定剂的降解,汞甲基化及半纤维素的分解。

(4) 产碱杆菌素。革兰氏阴性短杆菌,常成单、双或成链状排列,具有周鞭毛,无芽孢,多数菌株无荚膜。专性需氧,最适宜生长温度 25~37℃,部分菌株 42℃能生长,营养要求不高,普通培养基上生长良好。本属细菌除能利用柠檬酸盐,部分菌株能还原硝酸盐。

生产碱杆菌可降解多种有机物,如石油、洗涤剂、农药及氯苯类稳定剂等。

(5) 不动杆菌属。革兰氏染色阴性,无芽孢,无鞭毛,专性好氧,不发酵糖类,不还原硝酸盐,最适宜温度为 35℃。

不动杆菌属是除磷的优势菌种,有些种可降解氯苯稳定剂等。

2. 微球菌属

细胞呈球形,直径为 0.5~2.0μm,成对、四联或呈簇出现,但不成链。革兰氏染色阳性,不运动,不生芽孢。严格好氧,菌落常有黄或红的色调。

许多微球菌具有反硝化能力,可用于生物脱氮。有些种可降解石油及洗涤剂类。

4.3.3 其他原核微生物——丝状菌

另一些具有细长分枝的单细胞微生物,因其菌体呈放射状而称为放线菌。放线菌是原核微生物,没有完整的细胞核,没有核膜与核仁的分化。环境工程上常把菌体细胞相连而形成丝状的微生物统称丝状菌,主要类别有**丝状细菌**(铁细菌、硫细菌和球衣细菌)、放线菌、丝状真菌和丝状藻类(如蓝细菌)等。

4.3.3.1 丝状菌

丝状细菌有铁细菌、硫细菌和球衣细菌等,这些细菌对污染物的转化和降解具有重要的作用。

1. 铁细菌

铁细菌一般都是自养的丝状细菌,铁细菌能生活在含氧少但溶有较多铁质和二氧化碳的水中;它们能把细胞内所吸收的亚铁氧化为高铁,从而获得能量。

$$4FeCO_3 + O_2 + 6H_2O \longrightarrow 4Fe(OH)_3 + 4CO_2 + 167.5kJ$$

铁细菌以碳酸盐为碳素来源,亚铁的氧化为能量来源,但反应产生的能量很小。为了满足对能量的需要,就有大量的高铁 $[Fe(OH)_3]$ 的形成。这种不溶性的铁化合物排出菌体后就形成沉淀。铁质水管中的红褐色铁沉淀,就是这样形成的。此外铁细菌吸收水中的亚铁盐后,促使组成水管的铁质更多地溶入水中,因而加速了钢管和铸铁管的腐蚀。

常见的铁细菌有多饱泉发菌(*Crenothrix polyspora*)、赭色纤发菌(*Leptothrix. ochraces*)和含铁嘉利翁氏菌(*Gallionella ferruginea*)等,如图 4.5 所示。

多饱泉发菌的丝状体不分枝,附着在坚固的基质上,顶端薄而无色,基部厚并被铁所包围，外面的鞘清楚可见。细胞有圆筒形的和球形的，产生球形的分生孢子。

赭色纤发菌在地表水中广泛分布，为有鞘丝状体，呈黄色或褐色，被氢氧化铁所包围。

含铁嘉利翁氏菌是有柄的细菌，绞绳状对生分枝，没有鞘。因为还没有发现其他细菌有这种形状，所以这种扭曲的丝状体很容易鉴定。当卷曲的环被附着的铁所包围时，其丝状体就好像一串念珠。

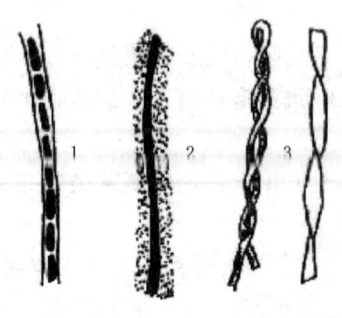

图 4.5　铁细菌
1—多饱泉发菌；2—赭色纤发菌；
3—含铁嘉利翁氏菌

2. 硫磺细菌

硫磺细菌一般是化能自养型营养微生物，在有氧条件下，能氧化硫化氢、硫磺或其他硫化物为硫酸，将获取的能量用于同化 CO_2，合成有机物质。

$$2H_2S+O_2 \longrightarrow 2H_2O+2S+343kJ$$
$$2S+3O_2+2H_2O \longrightarrow 2H_2SO_4+494kJ$$
$$CO_2+H_2O \longrightarrow [CH_2O]+O_2$$

在环境治理中，常见的硫磺细菌有贝日阿托氏菌（*Beggiatoa*）和发硫细菌（*Thiothrix*）等，如图 4.6 所示。

贝日阿托氏菌是一类漂浮在池沼上的硫磺细菌，其丝状体是由一串细胞相连接并为共同的衣鞘所包围，细菌的细胞内一般含有很多硫磺颗粒。其丝状体不分枝，单个分散，能进行匍匐运动，或呈直线或曲线，并经常改变行动方向。

发硫细菌为一种不分枝的丝状细菌，在水体中，可固着在其他物体上生长［图 4.6（b）］。

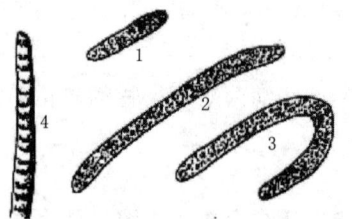
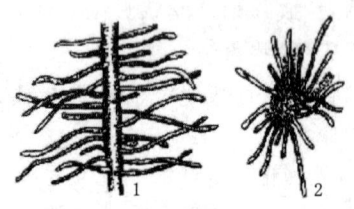

(a) 贝日阿托氏菌　　　　　　　　　　　　　　　　　　(b) 发硫细菌
1, 2, 3—体内含有硫粒；4—菌体的一端，不含硫粒　　　　1, 2—不同形状的菌体

图 4.6　硫磺细菌

当环境中硫化氢充足时，则形成硫磺的作用大于硫磺被氧化的作用，于是在菌体内累积了很多硫粒。当硫化氢缺少时，硫磺被氧化的作用就大于硫磺形成的作用，这时体内硫粒逐渐消失。当硫粒完全消失后，没有能量再继续供细菌的生长与代谢需要，于是硫磺细菌就死亡，或进入休眠状态停止生长。

硫磺细菌在自然界硫元素的循环中起着重要的硫化作用。

3. 球衣细菌

球衣细菌大多具有假分枝。皮鞘内的一个细菌细胞从皮鞘的一端游出，吸附在另一个球衣细菌的菌丝体上,并发育成一个新菌丝体,多个相连形成假分枝,实际上是多个细菌的相互附着,而不是一个真正的分枝个体(图 4.7)

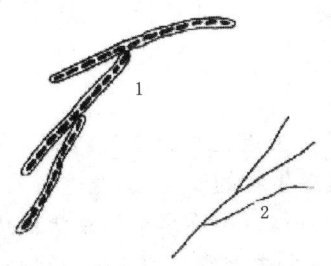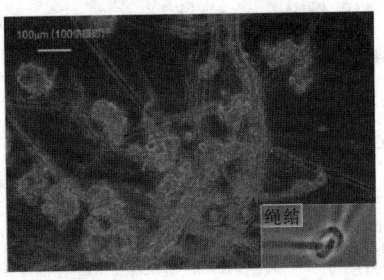

图 4.7 球衣细菌
1—高倍放大;2—低倍放大

球衣细菌是好氧细菌,其生长适宜的 pH 范围为 6~8,适宜的生长温度在 30℃左右,在 15℃以下生长不良。球衣细菌在营养方面对碳素的要求较高,反应灵敏,所以大量的碳水化合物能加速球衣细菌的繁殖。此外,球衣细菌对某些杀虫剂,如液氯、漂白粉等的抵抗力不及菌胶团。

球衣细菌分解有机物的能力很强,一定数量的球衣细菌,有利于污水中有机物的去除。但是,丝状细菌(特别是球衣细菌)在污水处理厂生物处理池活性污泥中大量繁殖后,会使污泥结构极度松散,轻而蓬松,引起污泥膨胀,进而影响污泥颗粒的沉降性,造成在二沉池中沉降分离困难,影响污水处理效果。

4.3.3.2 放线菌

放线菌(*Actinomycete*)是一种细长分枝的单细胞菌丝体,菌体由不同长短的纤细的菌丝组成,如图 4.8 所示。菌丝的直径与细菌的大小较接近,一般为 0.5~1μm,最大不超过 1.5μm,菌丝很长,为 50~600μm。主要特征是内部相通,一般无隔膜。菌丝分三部分,伸入营养物质内或漫生于营养物表面吸收养料的菌丝,称为营养菌丝。当营养菌丝长到一定程度,就会生长为伸向空中的菌丝,称为气生菌丝。在生殖生长期,气生菌丝的顶端形成孢子丝,产生分生孢子,或称气生孢子。孢子对不利环境有较强的抵抗力。

大多数放线菌是好氧型的,生长在中性偏碱环境,最适宜的 pH 值为 7~8,最适宜的温度为 25~30℃。放线菌多数是腐生性的,也有寄生性的,有些寄生种能使动

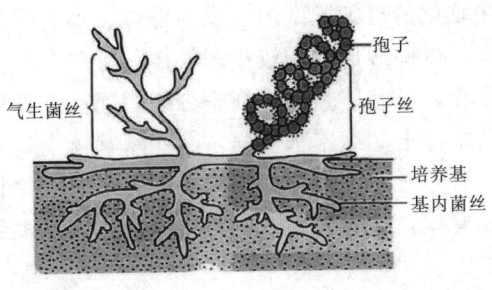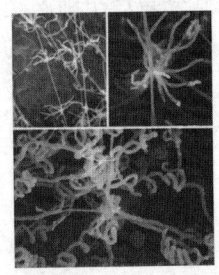

图 4.8 放线菌形态

植物致病。不少抗生素是由放线菌产生的，其中的氯霉素、链霉素、土霉素等，能抑制细菌的代谢。

放线菌的代表属有放线菌属（*Actinomyses*）、若卡氏菌属（*Nocardia*）、链霉菌属（*Streptomyces*）。

4.3.3.3 蓝藻

蓝藻又名蓝绿藻（blue-green algae），是一类进化历史悠久、革兰氏染色阴性、无鞭毛、含叶绿素 a 但不含叶绿体（区别于真核生物的藻类）、能进行产氧性光合作用的大型单细胞原核生物。呈单细胞或丝状的群体（由许多个体聚集而成），其细胞中除含有叶绿素、叶黄素等色素外，还含有较多的藻蓝素，因此藻体呈蓝绿色，有时带黄褐色甚至红色。蓝藻能进行光合作用，它的发展使整个地球大气从无氧状态发展到有氧状态，从而孕育了一切好氧生物的进化和发展。

1. 形态特征

蓝藻不具叶绿体、线粒体、高尔基体、中心体、内质网和液泡等细胞器，细胞器是核糖体。含叶绿素 a，无叶绿素 b，含数种叶黄素和胡萝卜素，还含有藻胆素（是藻红素、藻蓝素和别藻蓝素的总称）。

蓝藻光合作用系统中具有叶绿素 a 和光系统 II，以水为电子供体，放出 O_2，而其他光合细菌的电子供体一般为 H_2、H_2S 和 S，不产生 O_2。

蓝藻的细胞壁和细菌的细胞壁的化学组成类似，主要成分为肽聚糖（糖和多肽形成的一类化合物）；贮藏的光合产物主要为蓝藻淀粉和蓝藻颗粒体等。细胞壁分内外两层，内层是纤维素的，少数人认为是果胶质和半纤维素的。外层是胶质衣鞘以果胶质为主，或有少量纤维素。细胞质部分有很多同心环样的膜片层结构，称为类囊体，光合色素与电子传递链均位于此。

蓝藻遗传物质 DNA 所在部位，相当于细菌的核区，称为中心质或中央体。"中心质"常并不位于中央，与周围胞质无明确界限。蓝藻 DNA 几乎裸露，复制可连续进行。DNA 平均含量比高等动物细胞还多。蓝藻细胞分裂时，细胞中部向内生长出新横隔壁，将中心质与原生质分为两半。一般情况下，两个子细胞在一个公共的胶质鞘包围下保持在一起，并不断分裂而形成丝状、片状等多细胞群体。除此之外，蓝藻还可以通过出芽、断裂和复分裂等方式增殖。

蓝藻的藻体有单细胞体的、群体的和丝状体的。最简单的是单细胞体。有些单细胞体由于细胞分裂后子细胞包埋在胶化的母细胞壁内而成为群体，如若反复分裂，群体中的细胞可以很多，较大的群体可以破裂成数个较小的群体。有些单细胞体由于附着生活，有了基部和顶部的极性分化，丝状体是由于细胞分裂按同一个分裂面反复分裂、子细胞相接而形成的。有些丝状体上的细胞都一样，有些丝状体上有异形胞的分化；有的丝状体有伪枝或真分枝，有的丝状体的顶部细胞逐渐尖窄成为毛体，这也叫有极性的分化。丝状体也可以连成群体，包在公共的胶质衣鞘中，这是多细胞个体组成的群体。

2. 分类

蓝藻（Cyanobacteria）包括蓝球藻（*Chroococcus*）、颤藻（*Oscillatoria*）、念珠

藻（Nostoc）（如发菜 N. flagelliforme）等。

蓝藻门分为两纲：色球藻纲和藻殖段纲。色球藻纲藻体为单细胞体或群体；藻殖段纲藻体为丝状体，有藻殖段。蓝藻在地球上大约出现距今 35 亿～33 亿年前，已知蓝藻约 2000 种，中国已有记录的约 900 种。

湖泊中常见的蓝藻有铜绿微囊藻（Microcytis aeruginosa）、曲鱼腥藻（Anabaena contorta）等；污水中或潮湿土壤上常见的有颤藻（Oscillatoria limosa）和大颤藻（O. princeps）（图 4.9）。蓝藻是引起水体富营养化的主要藻类之一。

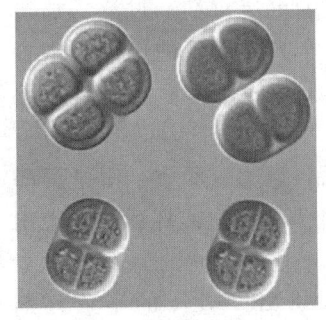
（a）铜绿微囊藻

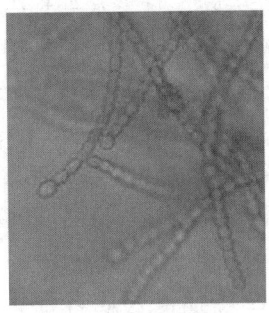
（b）曲鱼腥藻

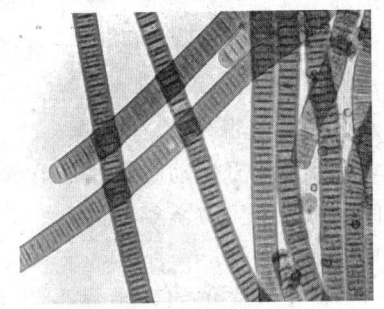
（c）颤藻

图 4.9　水中常见的蓝藻

蓝细菌中的许多种能固定空气中的分子氮，还有一些能与真菌形成共生体，如地衣（Lichen）就是蓝细菌与真菌所形成的共生体。

在水池、湖泊中生长茂盛时，能使水色变蓝或其他颜色，形成水华，有的蓝藻能发出草腥气或霉味。蓝藻能适应的温度范围很广，在温度高达 85℃ 的温泉中能大量繁殖，在多年不融化的冰上也能生长，但一般喜欢生长于较温暖的地区或一年中温暖的季节。

3. 蓝藻过量滋生的危害

（1）过量滋生，产生水华或绿潮。在一些营养丰富的水体中，有些蓝藻常于夏季大量繁殖，并在水面形成一层蓝绿色而有腥臭味的浮沫，称为"水华"，大规模的蓝藻暴发，被称为"绿潮"（和海洋发生的赤潮对应）。绿潮引起水质恶化，严重时耗尽水中氧气而造成鱼类的死亡。

蓝藻大量出现时，附近水体一般呈蓝色或绿色，水面被厚厚的蓝绿色湖靛所覆盖，被风吹到岸边堆积，不但会发出恶臭味，且含毒素的蓝藻细胞在水体中漂游，当与某些悬浮物络合沉淀，或被养殖对象捕食后随其排泄物沉淀，在鱼池池底富集，对水产品生产会带来巨大的负面影响。

蓝藻等藻类是鲢鱼、鳙鱼的食物，可以通过投放它们来治理藻类，防止蓝藻暴发（非经典的生物操纵）。

蓝藻中的项圈藻可快速产生致死因子，破坏养殖对象的鳃组织，干扰其新陈代谢的正常进行，麻痹神经，使其死亡。

（2）释放毒素。更为严重的是，蓝藻中有些种类（如微囊藻）还会产生微囊藻毒素（Microcystins，简称 MCs），大约 50%的绿潮中含有大量 MCs。它是一种肝毒素，这种毒素是肝癌的强烈促癌剂。

藻毒素具有水溶性和耐热性，易溶于水、甲醇或丙酮，不挥发，抗 pH 变化。微囊藻毒素-LR（MC-LR）的分子式为 $C_{49}H_{74}N_{10}O_{12}$，分子量为 995.2（计算时往往按 1000 计）。在水中的溶解性大于 1g/L，化学性质相当稳定，自然降解过程是十分缓慢的，并且不易为水中悬浮物吸附后沉淀。当水中的含量为 5μg/L 时，三天后，仅 10%被水体中微粒吸附，7%随砂沉淀。藻毒素有很高的耐热性，加热煮沸都不能将毒素破坏，也不能将其去除；自来水处理工艺的混凝沉淀、过滤、加氯消毒也不能将其去除。有调查试验研究表明在某湖周围 3 个自来水厂的出厂水中检出低浓度的藻毒素（128～1400ng/L），结果表明常规饮水消毒处理不能完全消除水体中的藻毒素。

家畜及野生动物饮用了含藻毒素的水后，会出现腹泻、乏力、厌食、呕吐、嗜睡、口眼分泌物增多等症状，甚至死亡。病理病变有肝脏肿大、充血或坏死，肠炎出血、肺水肿等。

对于人类健康，微囊藻毒素也具有很大危害性。其中 MC-LR 的半致死剂量（LD50）为 50～100μg/kg。人们在洗澡、游泳及其他水上休闲和运动时，皮肤接触含藻毒素水体可引起敏感部位（如眼睛）和皮肤过敏；少量喝入可引起急性肠胃炎；长期饮用则可能引发肝癌。

《生活饮用水卫生标准》（GB 5748—2022）将微囊藻毒素（MC-LR）增加为毒理性指标之一，限值为 0.001mg/L。

淡水水体中的蓝藻毒素已成为全球性的环境问题，世界各地经常发生蓝藻毒素中毒事件。

4.3.3.4 光合细菌

光合细菌（photosynthetic bacteris）是具有原始光能合成体系的原核生物的总称。光合细菌属革兰氏阴性细菌，是细菌中最为复杂的菌群之一。它们以光作为能源，能在厌氧光照条件下，利用自然界中的有机物、硫化物、氨等作为供氢体进行光合作用；或在黑暗条件下，利用有机物进行好氧异养生长。

1. 种类

根据光合作用是否产生氧气，可分为产氧光合细菌和不产氧光合细菌，通常多指不产氧的光合细菌。又可以根据光合细菌利用碳源的不同，将其分为光能自养型和光能异养型细菌。

根据其光合色素体系及是否利用硫分为四科：红螺菌科、绿硫菌科、红硫菌科、滑行丝状绿硫菌科，含 22 个属，61 个种。

光合细菌广泛存在于自然界的水田、湖泊、江河、海洋、生活污水处理的活性污泥及土壤内，是自然界的原始生产者，并在自然界物质循环中起重要作用。与生产应用关系密切的大部分是不产氧型光合细菌，主要是红螺菌科的一些属、种，如夹膜红假单胞菌（*Rhodopseudomonas capsulatus*）、嗜硫红假单胞菌（*R. sufiduphia*）、沼泽红假单胞菌（*R. palustris*）、深红红螺菌（*Rhodospirillum rubrum*）、黄褐红螺菌（R. fulvum）、球形红假单胞菌（R. globiformis）等。

2. 形态特征及生存环境

光合细菌菌体形态多样，有球形、椭圆形、半环形，也有杆状和螺旋状，有些菌种的细胞形态还会随培养条件和生长阶段的不同而发生变化。

绝大多数光合细菌的最佳pH值范围在7~8.5之间，在10~45℃范围内均可生长繁殖，最适温度为25~28℃。钠、钾、钙、钴、镁和铁等是光合细菌代谢中必需的矿质元素。

3. 生理特性

光合细菌含有大量的蛋白质、辅酶Q和相当完全的B族维生素（尤其维生素B_{12}、叶酸和生物素），以及丰富的菌绿素和类胡萝卜素。所有光合细菌体内含有菌绿素和类胡萝卜素，随其种类和数量的不同，菌体呈不同的颜色，如绿色、黄色等。

各种光合细菌获取能量和利用有机质的能力不同，它们的代谢途径随环境变化可以发生改变。光合细菌从营养类型上分为光能自养型、光能异养型及兼性营养型；从呼吸类型上分为好氧、厌氧和兼性厌氧型。

光能自养菌主要是以硫化氢为光合作用供氢体的紫硫细菌（Chromatium）和绿硫细菌（Chlorobium）。光能异养菌主要是以各种有机物为供氢体和主要碳源的紫色非硫细菌（Purple non-sulfur bacteria）。红螺菌科的一些菌具有固氮和产氢能力，固氮和产氢同步进行。光合细菌在自身的同化代谢过程中，又完成了产氢、固氮、分解有机物三个自然界物质循环中极为重要的化学过程。

这些独特的生理特性使它们在生态系统中的地位显得极为重要。

4. 光合细菌的应用

（1）净化水质。光合菌施入水体后，它可降解水体中的残存饲料、鱼类的粪便及其他有机物；同时，还能吸收利用水体中的氨、亚硝酸盐、硫化氢等有害物质。施用光合菌，能有效避免固体有机物和有害物质的积累，起到净化水质的作用。在水产养殖中运用的光合菌主要是光能异养型红螺菌科（Rhodospirillaceae）中的一些品种，例如沼泽红假单胞菌（Rhodop seudanonas palustris）。

光合细菌适应性强，能忍耐高浓度的有机废水，对酚、氰等毒物有一定忍受和分解能力，具有较强的分解转化能力。

例如，可以在水体治理的过程中，往黑臭严重的水体中投加光能异养型红螺菌，利用光合菌的作用去除底泥中的硫化氢、硫化物及有机物，达到消除水体黑臭的目的。

（2）作为饲料添加剂。光合菌是一种营养丰富、营养价值高的细菌，菌体含有丰富的氨基酸、叶酸、b族维生素，尤其是维生素B_{12}和生物素含量较高，还有生理活性物质辅酶Q。光合菌的体积为小球藻的1/20，特别适合作为刚孵出仔鱼的开口饵料，可大幅度提高鱼苗成活率。光合菌还可作为饲料添加剂添加在饲料中，光合菌所含的酶类，可以促进鱼类对饲料的消化吸收，提高饲料利用率，降低饵料系数，同时还可显著提高鱼的生长速度。

（3）优化水体藻类群体结构。光合菌能大量利用水中的氨氮，能有效避免"水华"的产生，如蓝藻的大量滋生。水体中施入光合菌后，硅藻、小球藻等鱼类喜欢摄食的藻类成为优势藻类，而蓝藻等有害藻类受到抑制。

4.3.4 真核微生物

4.3.4.1 真核微生物细胞基本结构与分类

1. 真核微生物细胞基本结构

凡是细胞核具有核膜，能进行有丝分裂，细胞质中存在线粒体、叶绿体等细胞器的微小生物，称为真核微生物。原生动物、微型后生动物、藻类、真菌均属于真核微生物。

真核生物的细胞与原核生物的细胞相比，个体更大、结构更为复杂，显著特征就是有明显的细胞核。有细胞壁的真核细胞其内部为原生质体，由细胞质膜包裹着，其中为细胞质和细胞核。细胞内存在由细胞膜包围着的众多细胞器，如内质网、高尔基体、溶酶体、微体、线粒体和叶绿体等。更重要的是真核细胞已进化出有核膜包裹着的完整的细胞核，其中存在着构造极其精巧的染色体，它的双链DNA长链与组蛋白及其他蛋白密切结合，更完善地执行生物的遗传功能。

2. 真核微生物分类

真核微生物主要包括显微藻类、真菌和原生动物等。

(1) 藻类。藻类是原生生物界一类真核生物（有些也为原核生物，如蓝藻门的藻类）。主要水生，无维管束，能进行光合作用。体型大小各异，小至长$1\mu m$的单细胞的鞭毛藻，大至长达60m的大型褐藻。将显微镜下才能够观察到的藻类归作微生物研究的范畴。藻类细胞内含有各种色素，能进行光合作用，吸收CO_2并释放O_2，营光能自养或兼性光能自养生活。藻类多为水生类型，在陆地上亦分布广泛，土壤中的藻类主要有硅藻、绿藻和黄藻，是构成土壤生物群落的重要成分。

(2) 真菌。是一种具真核的、产孢的、无叶绿体的真核生物，包括霉菌、酵母、真菌以及其他人类所熟知的菌菇类。已经发现了十二万多种真菌。真菌独立于动物、植物和其他真核生物，自成一界。真菌的细胞含有甲壳素，能通过无性繁殖和有性繁殖的方式产生孢子。

真菌像细菌和微生物一样都是分解者，能够分解死亡生物中的有机物为各类无机物，使土地肥力增强，净化环境中的污染物。

(3) 原生动物。原生动物是动物中最原始、最低等、结构最简单的单细胞动物，在动物学中被列入原生动物门。因其形体微小，长度在$10\sim300\mu m$，需在光学显微镜下才能看到，故归到微生物部分。它们在自然界中分布广泛，特别是海水、淡水中大量存在。水体中的原生动物是重要的浮游生物。在活性污泥处理废水中原生动物以吞食细菌为生，对净化污水起到重要的作用。

4.3.4.2 藻类

1. 形态结构

藻类 (algae) 是低等植物中的一大类群，其细胞与组织的进化地位低，没有根、径、叶、花和果实的分化。种类很多，按照其形态构造、色素组成等特点，藻类可分为10个纲，主要有蓝藻、绿藻、硅藻、褐藻和金藻等。蓝藻是原核生物，已在前节讲述。

藻类的形态多种多样，有单球状的、多球链状、杆状、舟形、薄板状、丝状等；

有单细胞的，也有多细胞的。个体较大的属于植物研究范畴，如海带、紫菜等，大多数为个体微小的生物，属于微生物。

藻类为真核微生物，多数有细胞壁。单细胞藻类一般能运动，运动器官为鞭毛。藻类体内都有叶绿体，但不同的藻类所含有的色素不同。

2. 生理特性

藻类一般是自养的，细胞内含有叶绿素及其他辅助色素，能进行光合作用，利用光能，吸收 CO_2 合成细胞物质，同时放出 O_2。除了利用 CO_2 外，还需要其他无机营养物质来合成藻体蛋白，如氮、磷、硫、镁等。

藻类的生理活动如图 4.10 所示。藻类为需氧型生物，在夜间无阳光时，则通过呼吸作用取得能量，吸收 O_2 同时放出 CO_2。因此，在藻类很多的池塘中，白天水中的溶解氧往往很高，甚至过饱和，而夜间则因藻类呼吸作用而溶解氧急剧下降。夜间藻类只有呼吸作用，没有光合作用。

藻类繁殖方式多样，无性生殖和有性生殖都很普遍。有通过营养繁殖、无性植物繁殖的；有性繁殖的方式多种多样，同配、异配和卵配都有

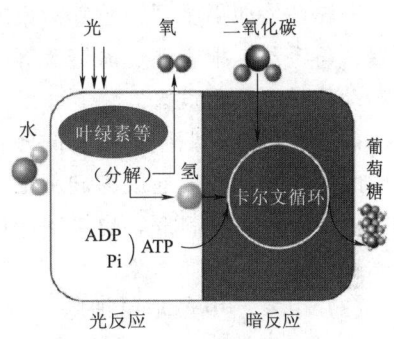

图 4.10 藻类的生理活动

存在。无性生殖有裂殖（原球藻属）、段殖或产生动孢子和不动孢子（丝藻属、鞘藻属）等方式。

藻类 pH 值在 4～10 之间便可以生长，最适宜 pH 值为 6～8。

3. 代表藻类

(1) 绿藻。绿藻是一种单细胞或多细胞的绿色植物。有的绿藻个体较大，如水绵、水王藻等。有些则很小，必须用显微镜才能看到，如小球藻、栅藻、衣藻和小环藻等。

绿藻细胞壁由两层纤维素和果胶质组成，也有细胞核和叶绿体。色素以叶绿素 a 和 b 最多，还有叶黄素和胡萝卜素，故呈绿色。叶绿体内有一至数个淀粉核。游动细胞有 2 或 4 条等长的顶生的尾鞭型的鞭毛。

绿藻的体型多种多样，有单细胞、群体、丝状体或叶状体。常见的绿藻有小球藻属、栅藻属、衣藻属、空球藻属和团藻属等。

有的绿藻有鱼腥或青草的气味，大部分种类适宜在微碱性环境中生长。绿藻多见于淡水，常附着于沉水的岩石和木头，或漂浮在死水表面。大部分绿藻在春夏之交和秋季生长最旺盛，是引起水体富营养化的主要藻类之一。

拓展 4.2

绿藻中的浮游种类是水生动物的食物或氧的来源。

(2) 硅藻。硅藻为单细胞，或由细胞彼此连接成链状、带状、丛状、放射状的群体，浮游或着生，着生种类常具胶质柄或者包被在胶质团或胶质管中。细胞壁是由两个套合的半片组成，称半片为瓣，分为上、下壳。上壳和下壳都是由果胶质和硅质组成的，没有纤维素。色素主要有叶绿素、胡萝卜素和叶黄素，因而藻体呈橙黄色、黄

褐色。

硅藻在食物链中属于生产者。硅藻的一个主要特点是硅藻细胞外覆硅质（主要是二氧化硅）的细胞壁。硅质细胞壁纹理和形态各异，但多呈对称排列。这种排列方式可作为分类命名的依据。

拓展4.3

硅藻主要存在于水体中，水中常见的硅藻有小环藻（*Cyllotella*）、纺锤硅藻（*Navisula*）、丝状硅藻（*Melosira*）、旋星硅藻（*Asterionella*）、隔板硅藻（*Tabellaria*）、斜生栅藻（*Scenedesmus obliquus*）等。

硅藻常用一分为二的繁殖方法产生，即营养繁殖或分裂繁殖。

海洋环境如果受到富营养污染或其他原因，常使某些硅藻如骨条藻、菱形藻、盒形藻、角毛藻、根管藻、海链藻等生殖过盛，形成赤潮，使水质恶劣，对渔业及其他水产动物带来严重危害。

硅藻死后，它们坚固多孔的外壳——细胞壁也不会分解，而会沉于水底，经过亿万年的积累和地质变迁成为硅藻土。硅藻土在工业上用途很广，可制造工业用的过滤剂、隔热及隔音材料等，也可用于过滤水里的污染物质而净化水质，也可用于土壤改良和控制土壤重金属污染。

（3）甲藻。甲藻是单细胞，少数群体或具分枝的丝状体；多数有2条不等长，排列不相称的鞭毛，极少数无鞭毛作变形虫状运动或不能运动。甲藻的细胞壁由纤维素组成，细胞核大而明显，有念珠状色质线，有核仁和核内体，原生质中央为1个大的液泡，有的有1个眼点，具有1个或多个色素体，黄绿色或棕黄色，偶为红色；色素体中除了含叶绿素a、叶绿素c和β-胡萝卜素外，还有几种特有的色素，如硅甲黄素、甲藻黄素、新甲藻黄素、环甲藻素；贮存养分为淀粉、淀粉状物质或脂肪。

甲藻繁殖主要是细胞分裂及产生游动孢子或不动孢子，有的可产生芽孢，有性生殖只见于少数种。

甲藻分布范围很广，淡水、半咸水、海水中都有，为主要的浮游藻类之一，海生种类很多，尤以热带海洋最多，在寒带海洋中种类较少而数量较多。许多甲藻趋光性强，只生于一定光度的水层中，有些甲藻喜生于河口或沿岸海区，少数可生于浅海沙滩上，呈绿色或棕色。生活于淡水中的种类，多喜在酸性水域中，即当水中含腐殖质酸性时常有甲藻生存。

在光照和水温适宜时，甲藻能够在短时期内大量繁殖，与硅藻一样为海洋动物的主要饵料，故有"海洋牧草"之称。但也时常由于突然死亡而造成毒害，常称为"赤潮"，引起鱼虾死亡。

由于每年有大量甲藻死亡后沉积到海底，所以是古代生油地层中的主要化石。在世界各国的石油勘探中，常常把甲藻化石，当作地层对比的主要依据。又由于甲藻的生态适应性范围较小，便可用甲藻的化石推测古代地貌或古地理，如古代的水体形态、水的含盐量以及水深、水温、光照强度等。

另外，环境中还有金藻、褐藻和红藻等，其生活习性与上述绿藻、硅藻或蓝藻相似。

4. 藻类在水生生态系统中的地位

在水生生态系统中，藻类是重要的初级生产者，是水生生态系统食物链中的一个关键环节，如存在于水体上层的浮游藻类，是浮游动物的食物。而在海洋中，藻类是主要的生产者，是海洋生物的重要有机营养来源，同时，也为海洋细菌的生长提供了丰富的有机物。

此外，藻类进行光合作用时，释放大量的氧，成为水体中溶解氧的主要来源，为水中生物的生长提供了良好的氧环境。

但由于生产和生活及农业废水的排放，造成水体氮、磷营养物质过多，则可能使受纳水体藻类大量繁殖，产生富营养化，进而破坏水体生态环境。严重时，甚至使湖泊退化为沼泽或湿地。

在淡水中，水体富营养化引起的藻类大量滋生称为水华，而海洋中则称为"赤潮"，其主要藻类为蓝藻、绿藻、硅藻、甲藻、褐藻和金藻。

4.3.4.3 真菌

真菌是低等的真核微生物，其构造比细菌复杂，种类繁多，有单细胞的酵母菌（yeast）、多细胞的分枝霉菌（mould）和人们熟知的蘑菇类。它们都具有明显的真正细胞核，没有叶绿素，不能进行光合作用，营腐生或寄生生活，为化能有机营养型。

真菌独立于动物、植物和其他真核生物，自成一界。真菌的细胞含有甲壳素，能通过无性繁殖和有性繁殖的方式产生孢子。

1. 酵母菌

酵母菌是一种肉眼看不见的微小单细胞微生物，能将糖发酵成酒精和二氧化碳，分布于整个自然界，主要分布于含糖偏酸性环境中，是一种典型的异养兼性厌氧微生物，在有氧和无氧条件下都能够存活。

(1) 形态结构。酵母菌是一种单细胞真菌，细胞宽度（直径）$2\sim6\mu m$，长度$5\sim30\mu m$，有的则更长，个体形态有球状、卵圆、椭圆、柱状和香肠状等。有些酵母菌进行一连串的芽殖后，长大的子细胞与母细胞并不立即分离，其间仅以极狭小的接触面相连，这种藕节状的细胞串称为"假菌丝"，如热带假丝酵母菌。如果细胞相连，且其间的横截面积与细胞直径一致，这种竹节状的细胞串称为真菌丝。

酵母菌具有典型的真核细胞结构，即细胞壁、细胞膜、细胞核、细胞质、液泡、线粒体等，有的还具有微体。酵母菌无鞭毛，不能游动。酵母菌的细胞结构与形态图见拓展4.4。

拓展 4.4

酵母菌的菌落形态特征与细菌相似，但比细菌大而厚，湿润，表面光滑，多数不透明，黏稠，菌落颜色单调，多数呈乳白色，少数红色，个别黑色。不产生假菌丝的酵母菌，菌落隆起，边缘十分圆整，而形成假菌丝的酵母菌，其菌落平坦，表面和边缘粗糙。

(2) 生理特性。酵母菌是兼性厌氧生物，未发现专性厌氧的酵母菌，在缺乏氧气时，发酵型的酵母通过将糖类转化成为二氧化碳和乙醇（俗称酒精）来获取能量。

多数酵母菌可以分布于富含糖类的环境中，比如一些水果（葡萄、苹果、桃等）

或者植物分泌物（如仙人掌的汁）。一些酵母在昆虫体内生活。

酵母菌的遗传物质由细胞核 DNA，线粒体 DNA，以及特殊的质粒 DNA 组成。大多数酵母菌以出芽的方式进行无性繁殖。先在细胞一段长出突起，接着细胞核分裂出一部分并进入突起部分，之后逐渐长大形成芽体，有些酵母菌是有性繁殖的，它们以子囊孢子进行繁殖。

酵母菌无害，容易生长，空气中、土壤中、水中、动物体内都存在酵母。有氧气或者无氧气都能生存。

（3）作用与用途。最常提到的酵母菌为酿酒酵母菌（也称面包酵母菌）(Saccharomyces cerevisiae)，自从几千年前人类就用其发酵面包和酒类，在发酵面包和馒头的过程中会放出二氧化碳，并且提高了营养价值。

因酵母菌属于简单的单细胞真核生物，易于培养，且生长迅速，被广泛用于现代生物学研究中。如酿酒酵母菌作为重要的模式生物，酵母菌中含有环状 DNA——质粒，可以用来作基因工程的载体，是遗传学和分子生物学的重要研究材料。

2. 霉菌

霉菌是丝状真菌的俗称，意即"发霉的真菌"，它们往往能形成分枝繁茂的菌丝体；但又不像蘑菇那样产生大型的子实体。在潮湿温暖的地方，很多物品上长出一些肉眼可见的绒毛状、絮状或蛛网状的菌落，那就是霉菌。

霉菌繁殖迅速，常造成食品、用具大量霉腐变质，但许多有益种类已被广泛应用，是人类实践活动中最早利用和认识的一类微生物。

拓展 4.5

（1）形态特征。环境中的霉菌是多细胞的腐生或寄生丝状菌，具有呈丝状分子的菌丝体。菌丝体呈长管状，宽度 2~10μm。与放线菌相似，菌丝体也分成两个部分，一部分称营养菌丝，伸入营养物质摄取营养，为基内菌丝；另一部分伸入空气中，称气生菌丝，长出孢子丝，在其顶部能形成孢子和释放孢子。大多数霉菌菌丝的内部有隔膜，把菌丝分成若干小段，每个小段就是一个细胞，菌丝中的隔膜是细胞的细胞壁，如青霉、曲霉等。由一个细胞组成的没有隔膜的菌丝，成为单细胞菌丝体，如毛霉和根霉等。

菌丝体常呈白色、褐色、灰色，或呈鲜艳的颜色（菌落为白色毛状的是毛霉，绿色的为青霉，黄色的为黄曲霉），有的可产生色素使基质着色。

霉菌的细胞壁与细菌不同，主要由几丁质或纤维素组成。除少数水生低等霉菌含纤维素外，大部分霉菌细胞壁由几丁质组成。

（2）生理特性。霉菌是异养微生物，依靠现成的有机物生活，能分解多种有机物，如碳水化合物（纤维素、木质素、多糖等）、脂肪、蛋白质及其他含氮有机物化合物等。大多数霉菌进行好氧呼吸，适宜的生活温度为 20~30℃，既能产生有机酸，也能产生氨，可调节酸碱度。因此，某些种类对 pH 值的适应性很强，可在 pH 值 1~10 范围内的环境中生存，但适宜 pH 值范围为 4.5~6.5。

霉菌的繁殖能力很强，方式多样，分无性繁殖和有性繁殖两大类。无性繁殖是主要繁殖方式，产生包囊孢子、分生孢子、节孢子和厚垣孢子等无性孢子。有些霉菌在菌丝生长后期以有性繁殖方式形成有性孢子进行繁殖。由于霉菌产生的无性孢子数量多，体积小而轻，因此可随气流或水流到处散布。当温度、水分、养分等条件适宜时，便萌发成菌丝。

（3）菌落特征。霉菌菌落形态较大，为细菌的几倍到几十倍，质地疏松，外观干燥，不透明，呈现或松或紧的形状。菌落呈绒毛状、絮状或蜘蛛网状，表面常有肉眼可见的孢子，背面呈现不同的颜色，如白色、灰色或黄色。霉菌常有"霉味"。

（4）在污染治理中的应用。霉菌的代谢能力很强，特别是对复杂有机物，如纤维素、木质素等，具有很强的分解能力。所以霉菌在固体废弃物的资源化及处理过程中具有重要作用。

在污水生物处理中，真菌的种类和数目远少于细菌、原生动物，但菌丝能肉眼看到，形如灰白色的棉花丝，粘着在沟渠或水池的内壁。在生物滤池的生物膜内，霉菌形成广大的网状物，起着结合生物膜的作用。在活性污泥中，若霉菌繁殖过快，丝状的菌丝体使污泥密度变小，引起污泥膨胀，沉降性下降，影响处理效果。

（5）主要类型。

常见的霉菌有藻状菌纲的根霉、毛霉等，子囊菌纲的红曲霉；半知菌类的曲霉及青霉等。

1）根霉属。根霉在培养基或自然基物上生长时，营养菌丝体上产生匍匐枝，匍匐枝节间形成特有的假根，在假根处的匍匐枝上生成群的孢囊梗，上有膨大的孢子囊，囊内产生包囊孢子。包囊孢子呈球形、卵形或不规则。常见的根霉有黑根霉、米根霉、华根霉和无根根霉。

根霉的淀粉酶活力很强，多用来做淀粉质原料酿酒的糖化菌。根霉能产生有机酸，如反丁烯二酸、乳酸、琥珀酸等，还能产生芳香性的酯类物质。根霉还是转化类固醇化合物的重要菌类。

在环境治理中，一些根霉可用于降解秸秆、壳聚糖及可降解塑料（淀粉类、纸浆模塑类、植物纤维类）。

2）毛霉属。毛霉的菌丝体在基质上或基质内能广泛蔓延，无假根和匍匐枝，孢囊梗直接由菌丝体生出，一般单生，分枝较少或不分枝。分枝顶端都有膨大的孢子囊，呈球形。常见的毛霉有高大毛霉、鲁氏毛霉和总状毛霉等。

毛霉能糖化淀粉并能生成少量乙醇，产生蛋白酶，有分解大豆蛋白的能力，我国多用来做豆腐乳、豆豉。许多毛霉能产生草酸，有些毛霉能产生乳酸、琥珀酸及甘油等，有的毛霉能产生脂肪酶、果胶酶、凝乳酶，对类固醇化合物有转化作用。

在环境治理中有些毛霉可用于分解纤维素，降解油脂废水、苯并[a]芘及氧化乐果。

3）曲霉属。曲霉属于半知菌类的丛梗孢目、曲霉科。曲霉的菌丝体由具有横隔的分枝菌丝构成，通常无色，老熟时渐变为浅黄色至褐色。孢子梗顶端膨大形成顶囊，顶囊有棒形、椭圆形和半球形及球形。顶囊表面生辐射状小梗，小梗单层或双层，小梗顶端分生孢子串。由顶囊、小梗顶端分生孢子构成分生孢子，分生孢子头具有各种不同颜色和形状，如球形、棒形或圆柱形等。

常见的曲霉有黑曲霉、宇佐美曲霉、黄曲霉、米曲霉等。

拓展 4.6

曲霉在发酵、医药和食品工业及粮食储藏等方面均有重要作用。黄曲霉（*Aspergillus terricola*）能产生致癌（肝癌）的黄曲霉毒素（aflatoxin），近来已引起极大的关注。

在环境治理中也有很多利用曲霉降解有机物的报道，如降解纤维素、半纤维素、有机磷农药、石油、塑料，并能净化各种废水中的油脂，如毛纺、油脂、肉类加工、制革，一些曲霉还被用于金属汞的甲基化。

4) 青霉属。青霉菌的营养菌丝体无色、淡色或具有鲜明颜色。有横隔，分生孢子更亦有横隔，基部无足细胞，顶端不形成膨大的顶囊，而是形成扫帚状的分支，称为帚状枝。小梗顶端串生分生孢子，分生孢子球形、团圆形或短柱形。大部分生长时呈蓝绿色。常见的青霉有产黄青霉、橘青霉、娄地青霉等。

青霉在工业上有很高的经济价值，如青霉素的生产、干酪加工及有机酸的制造等。但也有不少青霉是水果、食品及工业产品的有害菌，如生长在大米上，引起黄色霉变的橘青霉。

在环境治理中，有些菌株可用于分解纤维素、半纤维素及木质素，还有些菌株可降解油脂、酚类、苯胺类及多环芳烃化合物，此外青霉菌还具有良好的异养硝化和好氧反硝化功能。

4.3.4.4 原生动物

原生动物指无细胞壁，能自由活动的一类单细胞真核微生物。原生动物在自然界分布广泛，在海水、河水、湖水、池水及雨后地上的积水中都能找到。它们多以腐生和寄生的方式生活，少数与其他生物共生。原生动物种类很多，形态与生活周期差异很大。有的像动物，有的像植物。大者肉眼可见，小的用显微镜才能看到。原生动物以单细胞为其生命单位，细胞结构复杂。除一般细胞结构外，还有一些特殊结构。它们以吞噬方式吸收养分，少数也可进行光合作用。能运动，有有性和无性两种繁殖方式。

形态结构上，绝大多数的原生动物是显微镜下的小型动物，最小的种类体长仅有 $2\sim 3\mu m$，例如寄生于人及脊椎动物内皮系统细胞内的利什曼原虫（Leishmania），大型的种类体长可达 7cm。原生动物的每个个体就是一个细胞，其结构可以分为细胞膜（表膜）、细胞质和细胞核三大部分。

水中原生动物的营养方式有三类：植物性营养、动物性营养、腐生性营养。

绝大多数原生动物的呼吸作用是通过气体的扩散，依靠体表从周围的水中获得氧气。线粒体是原生动物的呼吸细胞器，其中含有三羧酸循环的酶系统，它能把有机物完全氧化分解成二氧化碳和水，并能释放出各种代谢活动所需要的能量，所产生的二氧化碳还可通过扩散作用排到水中。少数腐生性或寄生的种类，它们生活在低氧或完全缺氧的环境下，有机物不能完全氧化分解，而是利用大量的糖的发酵作用产生很少的能量来完成代谢活动。

原生动物的运动方式基本上可以分为两大类，一类是没有固定运动类器官的种类，另一类是具有固定运动类器官的种类。

运动胞器有伪足、鞭毛和纤毛等。如鞭毛虫类以鞭毛为运动胞器，通过鞭毛的摆动而在水体中四处活动，有利于捕食。

原生动物代谢产生的二氧化碳和其他一些可溶性代谢废物，通过伸缩泡排出体外，以免代谢产物积累对身体产生危害。

原生动物通过感觉胞器对外感知周围环境。如光合原生动物眼虫体内有一个或几个红色眼点，位于叶绿体旁或者埋在叶绿体内。眼虫运动与光对眼点的作用有关。

无性生殖有如下几种方式：二分裂（草履虫、眼虫等）、出芽生殖（吸管虫）、多分裂（多见于孢子虫纲）和质裂（多核变形虫和蛙片虫，其核先不分裂，而是由细胞质在分裂时直接包围部分细胞核形成几个多核的子体，子体再恢复成多核的新虫体）。

有性生殖有配子生殖和结合生殖两种方式。

配子生殖：大多数原生动物的有性生殖为配子生殖，即经过两个配子的融合或受精形成一个新个体。又分为同形配子生殖（两个配子大小、形状相似，生理功能不同）和异形配子生殖（两个配子大小、形状和生理功能均不相同，如精子和卵子）。

结合生殖：如纤毛虫，两个虫体腹面相贴，虫体结合，细胞核减数分裂，各形成1个新的单倍体小核，然后融合成新的二倍体结合核；然后2个虫体分开，各自再进行有丝分裂，形成数个二倍体的新个体。

1. 主要类型

常见的原生动物有4类，即肉足类、鞭毛类、纤毛类和吸管虫类，俗称"肉足虫""鞭毛虫""纤毛虫"和"吸管虫"。

（1）肉足类。肉足类大多数没有固定的形状，少数种类为球形。细胞质可伸缩变动而形成伪足，作为运动和摄食的胞器。

绝大多数肉足类是动物性营养，没有专门的胞口，靠伪足摄食，以细菌、藻类、有机颗粒和比它本身小的原生动物为食物。

肉足虫分为两类，即可以任意改变形状的变形虫，体形不变的辐射变形虫和太阳虫。

在自然界，肉足虫广泛分布于土壤和水体中，污染河流的多污带是其适宜的生活环境，该水体中有较多种类的肉足虫。在污水和废水处理构筑物中，一般当污泥不太好时，容易发现变形虫。

拓展4.7

（2）鞭毛类。这类原生动物因为具有1根、2根或多根鞭毛而统称为鞭毛虫。其体表有1层坚硬的角质膜，保持身体的形态不变形。鞭毛长度大致与其体长相等或更长些，是运动器官。鞭毛虫又可分为动物性鞭毛虫和植物性鞭毛虫。营养方式为自养性营养（植物性营养）、动物性营养和腐生性营养。

1）动物性鞭毛虫。这类鞭毛虫体内无绿色的色素体，也没有表膜、副淀粉粒等植物性鞭毛虫所特有的物质。一般体形很小，靠吞食细菌等微生物和其他固体食物生存，有些还兼有动物式腐生性营养。

在自然界中，动物性鞭毛虫生活在腐化有机物较多的水体内。在污水处理厂生物池运行的初期阶段，往往出现动物性鞭毛虫。

常见的动物性鞭毛虫有梨波豆虫、跳侧滴虫和活泼锥滴虫等。它们在水体中运动

拓展 4.8

较快，活体的鞭毛虫不易观察到。

2）植物性鞭毛虫。植物性鞭毛虫含叶绿素，能营光合作用，如眼虫和腰鞭毛虫。植物性鞭毛虫和藻类之间无明显区别。某些植物性鞭毛虫类在植物分类学上置于藻类中。

这类鞭毛虫多数有绿色的色素体，是只进行植物性营养的原生动物。此外，有少量无色的植物性鞭毛虫，它们没有绿色的色素体，但具有植物性鞭毛虫所专有的某些物质，如坚硬的表膜和副淀粉粒等，形体一般都很小，行动物性营养。在自然界中，绿色的种类较多，而在活性污泥中，则无色的植物性鞭毛虫较多。

常见的植物性鞭毛虫有绿眼虫，行植物性营养，有时能进行植物式腐生性营养。在中污染的小水体中常能够看到，是其最适宜的环境。在生活污水中较多，在寡污性的静水或流水中极少。在活性污泥中和生物滤池的表层滤料的生物膜上均有发现，但为数不多。此外，还有杆囊虫，鞭毛比眼虫粗些，利用溶解于水中的有机物进行腐生性营养。

很多鞭毛虫对人体健康有害，如引起尿道、前列腺炎的滴虫；引起腹痛、腹泻、呕吐及发热等症状的蓝氏贾第鞭毛虫；引起内脏利什曼病，又称黑热病的杜氏利什曼原虫等。

2. 纤毛类

纤毛类原生动物或纤毛虫的特点是周身表面或部分表面具有纤毛，作为行动或摄食的工具。纤毛比鞭毛细而短，数量也比鞭毛虫上的鞭毛多得多。

纤毛虫是原生动物中构造最复杂的，不仅有比较明显的胞口，而且还有口围、口前庭和胞咽等吞食和消化的细胞器官。细胞核有大核（营养核）和小核（生殖核）两种，通常大核只有一个，小核则有一个以上。

拓展 4.9

纤毛虫可分为游泳型和固着型两种，前者如草履虫。后者如钟虫、累枝虫等，它们可以形成群体形态。

在污水生物处理中，常见的游泳型纤毛虫有草履虫、肾形虫、豆形虫、漫游虫、裂口虫、楯形虫和游仆虫等。

常见的固着型纤毛虫主要是钟虫类。钟虫类因外形像钟而得名。钟虫前端有环形纤毛丛构成的纤毛带，形成类似波动膜的构造。纤毛摆动时使水形成旋涡，把水中的细菌、有机颗粒引进胞口。食物在虫体内形成食物泡。当泡内食物逐渐被消化吸收后，食物泡也就消失，剩余的残渣和水分渗入较大的伸缩泡。伸缩泡逐渐胀大，到一定程度即收缩，把泡内废物排出体外。伸缩泡只有一个，而食物泡的个数则随钟虫活力的旺盛程度而增减。

大多数钟虫的后端有尾柄，靠尾柄附着在其他物质上，如活性污泥及生物滤池的生物膜上。也有无尾柄的钟虫，可在水中自由游动。有时有尾柄钟虫也可离开原来的附着物，靠前端纤毛的摆动而移到另一个固体物质上。大多数钟虫进行裂殖。

水中常见的单个个体钟虫有小口钟虫、沟钟虫和领钟虫等。

常见的群体钟虫有累枝虫和盖纤虫。累枝虫的各个钟形体的尾柄一般互相连接呈等枝状，也有不分枝而个体单独生活的。盖纤虫的尾柄在顶端互相连接，虫口波动膜生有"小柄"。在清洁水体中常能看到钟虫。

纤毛虫喜欢吃细菌及有机颗粒，竞争能力较强，与污水生物处理的关系较为密切，通常为污水处理中的指示微生物。

还有一些原生动物，因其成虫具有吸管，被称为吸管虫类原生动物，但在幼虫时也具有纤毛，因此，也有归入纤毛虫类。吸管虫也长有柄，固着在固体物质上，吸管用来诱捕食物。

4.3.4.5 微型后生动物

除原生动物外的多细胞动物统称为后生动物。其中个体微小，需借助显微镜或放大镜才能看清的后生动物，称为微型后生动物。如轮虫、线虫、寡毛虫（飘体虫、颤蚓、水丝蚓）、浮游甲壳动物、苔藓动物等。上述微型动物在天然水体、潮湿土壤、水体和底泥中均有存在。一些微型后生动物常见于污水生物处理系统中，可作为生物处理工况的指示生物。

1. 轮虫

轮虫是担轮动物门轮虫纲的微小动物。因轮虫有初生体腔，新的分类把它归入原腔动物门。轮虫种类很多，目前已观察到的有 252 种，分别隶属于 15 科、79 属。常见的轮虫有：旋轮属、猪吻轮属、腔轮属、水轮属、沼轮属和巨冠轮属。

拓展 4.10

轮虫形体微小，多数在 $500\mu m$ 左右，需在显微镜下观察。身体为长形，分头部、躯干和尾部。头部有一个由 1~2 圈纤毛组成，能转动的轮盘，形如车轮故叫轮虫。轮盘为轮虫的运动和摄食器官，咽内有一个几丁质的咀嚼器。躯干呈圆筒形，背腹扁宽，具刺或棘，外面有透明的角质腊。尾部末端有分叉的趾，内有腺体分泌黏液，借以固着于其他物体上。雌雄异体。卵生，多为孤雌生殖。

轮虫有的以个体形式存在，如旋轮属、猪吻轮属、腔轮属、水轮属；也有的以群体形式存在，如金鱼藻沼轮虫、群栖巨冠轮虫和长柄巨冠轮虫。有自由生活和固着生活种类，少数海洋寄生种。

大多数轮虫以细菌、霉菌、藻类、原生动物及有机颗粒为食，因此在污水的生物处理中有一定的净化作用。

轮虫在自然环境中分布很广，是世界性的。轮虫以底栖的种类居多，栖息在沼泽、池塘、浅水湖泊和深水湖的沿岸带。大多数的属和种生长在苔藓植物上。适应 pH 范围广，中性、偏碱性和偏酸性的种均有，在 pH 为 6.8 左右生活的种类较多。

在一般的淡水水体中出现的轮虫有旋轮虫属、轮虫属和间盘轮虫属，活性污泥中常见的轮虫有玫瑰旋轮虫、转轮虫等。轮虫要求较高的溶解氧量，而且对污染物浓度及毒性相对敏感，所以是水体寡污带和污水生物处理效果好的指示生物。但轮虫数量太多，则是污水污泥膨胀的前兆。

2. 浮游甲壳类微小动物

浮游甲壳动物在浮游动物中占有重要地位，数量大，种类多，是鱼类的基本食料。因而浮游甲壳动物的数量对鱼类影响很大。它们广泛分布于河流、湖泊和水塘等淡水水体及海洋中，以淡水种类为最多。它们是水体污染和水体自净的指示生

拓展 4.11

物。常见的有剑水蚤和水蚤，均为水生，营浮游生活。摄食方式有滤食性和肉食性两种。

水蚤的血液中含有血红素，肌肉、卵巢和肠壁等细胞中也含有血红素。血红素的含量常随环境中溶解氧的高低而变化。水中含氧量低时，水蚤的血红素含量升高；水体中含氧量高时，水蚤的血红素含量降低。由于在污染水体中溶解氧含量低，清洁水体中溶解氧含量高，所以在污染水体中的水蚤颜色比在清水中的红些，这就是水蚤常呈不同颜色的原因，是适应环境的表现，也由此能判断水体是否被污染。

3. 线虫

拓展 4.12

线虫属于线形动物门的线形纲，线虫为长形，形体微小，多在 1mm 以下，在显微镜下清晰可见。线虫前端头上有感觉器官，体内有神经系统，消化道为直管，食管由辐射肌组成。线虫的营养类型有三种：腐食性（以动植物的残体及细菌等为食）、植食性（以绿藻和蓝藻为食）和肉食性（以轮虫和其他线虫为食）。

线虫寄生于动植物，或自由生活于土壤、淡水和海水环境中，绝大多数营寄生生活，营寄生生活中，只有极少部分寄生于人体并导致疾病。线虫在我国已发现有 35 种，造成疾病的线虫有蛔虫、鞭虫、蛲虫、钩虫、旋毛虫和粪类圆线虫。

污水处理中出现的线虫多是自由生活的，自由生活的线虫体两侧的纵肌交替收缩，做蛇形的拱曲运动。

线虫的生殖为雌雄异体，卵生。

线虫有耗氧和兼性厌氧的。在缺氧时，兼性厌氧线虫大量繁殖。线虫是污水净化程度差的指示生物。如在受到污染的湖塘底泥中，常发现众多细长的红色线虫，不断随着水流摆动，数量众多时聚集呈红色的线虫团，即红线虫。红线虫是鱼类的良好食物来源。

4. 其他常见微小动物

拓展 4.13

在水中可被发现的小虫或其幼虫还有摇蚊幼虫、蜂蝇幼虫和颤蚯蚓等。这些生物都是研究河流、湖泊、水塘等水体污染的重要指示生物。动物生活时需要氧气，但微型动物在缺氧的环境里也能数小时不死。一般说，在无毒污废水的生物处理过程中，如无动物生长，则往往能说明溶解氧不足。

4.3.5 非细胞微生物——病毒

病毒（virus）是一种可以利用宿主细胞系统进行复制的微小、无完整细胞结构的亚显微粒子。病毒不具细胞结构，无法独立生长和复制，但病毒可以感染所有的具有细胞的生命体，具有遗传、复制等生命特征。

对于病毒到底是一种生命形式，还是仅仅是一种能够与生物体作用的有机结构，人们的观点各不相同。病毒有高度的寄生性，完全依赖宿主细胞的能量和代谢系统，获取生命活动所需的物质和能量，离开宿主细胞，它只是一个大化学分子，停止活动，可制成蛋白质结晶，为一个非生命体。遇到宿主细胞它会通过吸附、进入、复制、装配、释放子代病毒而显示典型的生命体特征，所以病毒是介于生物与非生物之间的，一种处于"生命边缘的生物体"。

第一个已知的病毒是烟草花叶病毒，由马丁乌斯·贝杰林克于1899年发现并命名，如今已有超过5000种类型的病毒得到鉴定。研究病毒的科学被称为病毒学，是微生物学的一个分支。

4.3.5.1 形态结构

病毒是一种个体微小，结构简单，主要由核酸和蛋白质外壳组成，只含一种核酸（DNA或RNA），必须在活细胞内寄生并以复制方式增殖的非细胞型生物。病毒基因同其他生物的基因一样，也可以发生突变和重组，因此也是可以演化的，病毒的结构与形态如图4.11所示。

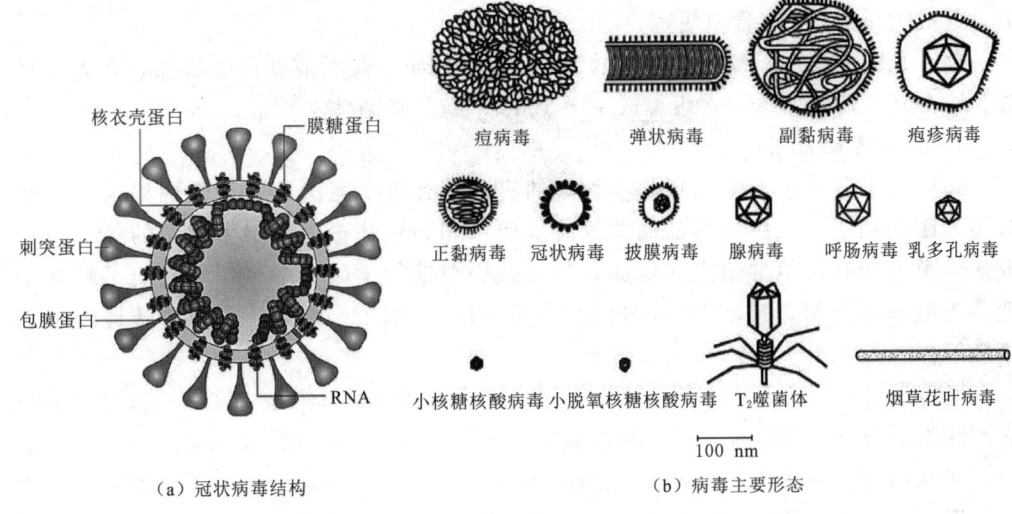

图4.11 病毒的结构与形态

病毒形态各异。大多数病毒的直径在10～300nm。最大的为痘病毒科，大小为(170～260)nm×(300～450)nm，最小的为双联病毒科，直径18～20nm。一些丝状病毒的长度可达1400nm，但其宽度却只有约80nm。大多数的病毒无法在光学显微镜下观察到，而扫描或透射电子显微镜是观察病毒颗粒形态的主要工具。

病毒只有核酸与蛋白质，蛋白质为外壳，保护在内的核酸，其决定病毒感染的特异性；核酸为遗传物质，决定病毒的增殖。

病毒形状不一，有球形、杆状、椭圆形、立方体和六面体等。

病毒寄生在人、动物及微生物等的活体细胞内，包括动物病毒，植物病毒和细菌病毒，细菌病毒又称为噬菌体。

传染病如天花、肝炎、小儿麻痹症及流感和新冠肺炎等都是由病毒引起的。其传播途径有气溶胶、体液或接触等，其中水也是重要的媒介。故在进行水处理时，也应注意防止传染性病毒对水的污染。

4.3.5.2 病毒的繁殖

病毒繁殖过程如图4.12所示。

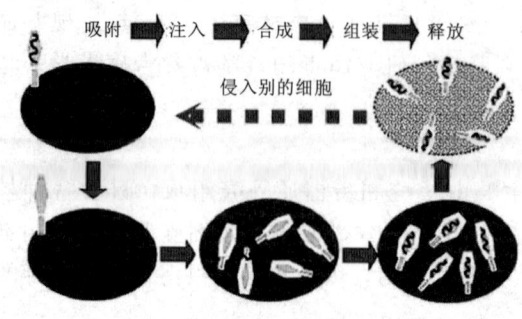

图 4.12 病毒的繁殖过程

(1) 吸附。病毒体通过特异受体附着到宿主细胞表面。

(2) 侵入和脱壳。在宿主细胞上吸附后，分泌水解细胞壁的酶，产生入侵孔，尾鞘收缩，DNA 注入，蛋白质衣壳留在外面，完成入侵和脱壳过程。

(3) 复制与合成。侵入的噬菌体 DNA 利用宿主的物质进行复制与合成，形成大量 DNA 与蛋白质。

(4) 装配和释放。复制与合成的 DNA 和蛋白质，装配成新的噬菌体，并大量释放；一个侵入的噬菌体一次可释放 10～1000 个新的噬菌体。

4.3.5.3 病毒的应用

病毒对于分子生物学和细胞生物学的研究具有重要意义，因为它们提供了能够被用于改造和研究细胞功能的简单系统。研究和利用病毒为细胞生物学的各方面研究提供了大量有价值的信息。例如，病毒被用在遗传学研究中来帮助我们了解分子遗传学的基本机制，包括 DNA 复制、转录、RNA 加工、翻译、蛋白质转运以及免疫学等。

遗传学家常用病毒作为载体将需要研究的特定基因引入细胞。这一方法对于细胞生产外源蛋白质，或是研究引入的新基因对于细胞的影响，都是非常有用的。病毒治疗法（virotherapy）也采用类似的策略，即利用病毒作为载体引入基因来治疗各种遗传性疾病，好处是可以定靶于特定的细胞和 DNA。这一方法在癌症治疗和基因治疗中的应用前景广阔。一些科学家已经利用噬菌体来作为抗生素的替代品，由于一些病菌的抗生素抗性的加强，人们对于这一替代方法的兴趣也不断增长。

4.4 常见的植物和动物

在环境中所涉及的大型生物主要包括水生植物、土壤植物、水生动物与土壤动物。本课程重点介绍水生植物、水生动物。

4.4.1 常见的大型水生植物

在环境中的大型水生植物是指直立、漂浮水面或沉没于水中的高等植物。

4.4.1.1 分类

根据其生活方式，一般将其分为以下几大类：挺水植物、浮叶植物、沉水植物和漂浮植物以及湿生植物。这是根据生态学上植物的生活性进行分类，而不是植物学的系统分类，是不同类群植物通过长期适应水环境而形成的趋同性生态适应类型。通常意义上的大型水生植物还包括一些大型的藻类植物。

1. 挺水植物

指根或地下茎生于水体底泥中，而植物体上部挺出水面的类群。这类植物体形比较高大，为了支撑上部的植物体，往往具有庞大的根系，并能借助中空的径或叶柄向根和根状茎输送氧气。

常见的种类有芦苇、香蒲、灯芯草等。

2. 漂浮植物

指植物体漂浮于水面上的植物类群，根系退化成悬垂状，叶或茎具有发达的通气组织，或具有专门的贮气结构，为整株植物漂浮提供浮力，保障了它们在水面环境中的生存。如凤眼莲（水葫芦）、水白菜、浮萍等。

3. 浮叶植物

指根或茎扎在水体底泥中，叶漂浮在水面的植物类群。这类植物为了适应风浪，通常具有柔韧细长的叶柄或径，常见的种类有菱、荇菜等。

4. 沉水植物

指植物体完全沉于水面以下，根扎在底泥中而茎叶浮在水体中的类群，这类植物是严格意义上完全适应水生的高等植物类群。相比其他类群，由于沉没于水中，阳光吸收和气体交换是影响其生长的最大限制因素，其次还有水流的冲击。因此该类植物的通气组织特别发达，气腔大而多，有利于气体交换；叶片也多裂成丝状或条带状，以增加吸收阳光的表面积，同时也减少水流的冲击。植物体呈绿色或褐色，以吸收射入水中较微弱的光线，常见的种类有苦草、眼子菜和黑藻、金鱼藻等。

5. 湿生植物

湿生植物即生活在草甸，河湖岸边和沼泽的植物。湿生植物喜欢潮湿环境，不能忍受较长时间的水分不足，是抗旱能力最低的陆生植物。

有两种生境条件适宜湿生植物生长。一种是土壤中充满水分，光照条件充足的生境条件，这类湿生植物称为阳性湿生植物，水体附近生长的苔草等属于此类。另一种是土壤足够湿润的情况下，空气中充满水分的生境条件，这种情况下光照条件常常不好，其上生长的植物称为阴性湿生植物，热带、亚热带充满水汽的阴暗森林中生长的一些植物属于此类。

水环境中指的湿生植物通常指阳性湿生植物，它们喜欢生长在有水的地方，根部只有在长期浸泡在水中的情况下，才能旺盛生长，如绥草、圆叶狸藻、石菖蒲、金钱蒲。

4.4.1.2 特点

大型水生植物繁殖能力强，以种子或分枝或地下茎繁殖；生长在水流比较平缓的水体，个别适应湍急水体，如飞瀑草；水生植物适宜生长水深在 10m 以内，从岸边依次为：挺水植物、浮叶植物、沉水植物。挺水植物一般在水深 1m 左右，可短期耐受 3m 以上水深；浮叶植物一般水深小于 5m，对水位波动具有一定的耐受能力，可在水下生长；沉水植物可在水深 6m 以内的范围内生长，一些种类的生理下限可达到 10~12m。

4.4.1.3 形态特征

（1）具有丰富发达的通气组织。水生植物的细胞间隙特别发达，经常还发育有特殊的通气组织，以保证植株的水下部分能有足够的氧气。水生植物的通气组织有开放式和封闭式两大类。莲等植物的通气组织属于开放式的，空气从叶片的气孔进入后能通过茎和叶的通气组织，从而进入地下茎和根部的气室。整个通气组织通过气孔直接与外界的空气进行交流。

金鱼藻等植物的通气组织是封闭式的，它不与外界大气连通，只贮存光合作用产生的氧气供呼吸作用之用，以及呼吸作用产生的二氧化碳供光合作用之用。

（2）叶片适应水生环境。水生植物的叶面积通常较大，表皮发育微弱或在有的情况下几乎没有表皮。沉没在水中的叶片部分表皮上没有气孔，而浮在水面上的叶片表面气孔则常常较多。此外，沉没在水中的叶子同化组织没有栅栏组织与海绵组织的分化。水生植物叶子的这些特点都是适应水体弱光、缺氧的环境条件的结果。水生植物在水中的叶片还常常分裂成带状或丝状，以增加对光、二氧化碳和无机盐类的吸收面积。同时这些非常薄、强烈分裂的叶片能充分吸收水体中丰富的无机盐和二氧化碳。爵床科的水罗兰就是一个典型的例子。它的叶片分为两型叶，水面上的叶片能够执行正常的光合作用的任务，而沉没在水中的、强烈分裂的叶片还能担负吸收无机盐的任务。

（3）叶片代替根的功能。由于长期适应于水环境，生活在静水或流动很慢的水体中的植物茎内的机械组织几乎完全消失。根系的发育非常微弱，在有的情况下几乎没有根，主要是水中的叶代替了根的吸收功能，如狐尾藻。

（4）营养繁殖为主。水生植物以营养繁殖为主，如常见的作为饲料的水浮莲和凤眼莲等。有些植物即使不能营养繁殖，也依靠水授粉，如苦草（*Vallisneria spiralis*）。

4.4.1.4　常见的大型水生植物

1. 挺水植物

拓展 4.14

我国常见的挺水植物有芦苇、香蒲、菖蒲和莲藕等，都是多年生高大禾草植物，多以根状茎进行旺盛地营养繁殖，经常在岸边形成密集的单种群落，构成水边的挺水植物带。

（1）芦苇。芦苇属于禾本科芦苇属植物。芦苇地上茎秆直立，中空圆柱形，高 1～3m，直径 2～10mm，叶生于茎秆上，带状披针形叶片。地下具有粗壮的匍匐根状茎，芦苇花絮为圆锥形，两性花，生长于直立茎顶部，果实为颖果。冬天地上部分死亡，来年又重新萌发生长。

芦苇生于湖泊、河岸旁、河溪边多水地区，在适宜的环境中常形成成片的芦苇塘、芦苇荡。水下土层深厚、土质肥沃、含有有机质较多的黏壤土或壤土最适宜芦苇的生长，这类土壤一般分布在静水沼泽或浅水湖荡区。芦苇生长旺盛阶段最大耐水深度达到 1～3m 左右，但也能在湿润而无水层的土壤良好生长。

芦苇是自然湿地的重要种类，芦苇荡还是鸟类的栖息场所，芦苇滩的浅水处是一些水生动物的活动场所，其中蕴藏着丰富的生物多样性。

（2）菖蒲。菖蒲也叫作白菖蒲、藏菖蒲，多年生草本，根状茎粗壮。叶基生，剑形，中脉明显突出，基部叶鞘套折，有膜质边缘。主要种类有菖蒲、石菖蒲、长苞菖蒲等。

菖蒲具有粗壮、横卧的地下根，无直立茎，剑形叶自根状茎顶端直立，丛生，叶中肋明显向两面突起,长可达 90~100cm 或更长,宽 1~3cm,菖蒲花序为肉穗型,花序柄生于根状茎顶端,直立或斜向上,两性花。菖蒲整个植株具有芳香气味。

生于沼泽地、溪流或水田边,耐贫瘠,其根茎可入药,味辛性温,能辟秽开窍、宣气逐痰、解毒杀虫。现主要用于人工湿地中,进行污水处理,也常用于城市湿地公园、水塘中,用于净化水质或作为景观。

(3) 香蒲。香蒲为香蒲科香蒲属种类的统称,也称为蒲草或蒲菜,因有着呈蜡烛状穗状花序,又称为水蜡烛。

香蒲根茎匍匐,有多数须根。叶扁平,线形,宽 4~10mm,质稍厚而柔,下部鞘状。穗状花序圆柱形,长 30~60cm,雌雄花序间有间隔 1~15cm;雄花序在上,长 20~30cm,雄花有早落的佛焰状苞片,花被鳞片状或茸毛状,雄蕊 2~3。雌花序长 10~30cm,雌花小苞片较柱头短,匙形,花被茸毛状与小苞片等长,柱头线头圆柱形,小坚果无沟。花期 6—7 月,果期 7—8 月。

香蒲植物约有 18 种,我国常见的有东方香蒲、宽叶香蒲、达香蒲、小香蒲、狭叶香蒲、长苞香蒲等。

生于池、沼、浅水中。常用于点缀园林水池、湖畔,美化水景。花粉称为蒲黄,可入药,有止血、消炎、利尿的作用。全株可用来造纸。

(4) 莲。莲的地下茎和根生长于泥土中,由地上茎将叶子与花托出水面。花具有高观赏性,果实(莲子)、根茎(藕)可食用,已经转变为经济作物。湖泊、水塘中见到的大片莲群落往往是人工种植的。

莲的品种有花莲、籽莲和藕莲三大类型 500 各个品种。

莲可吸收底泥中大量的营养物质,是控制水体富营养化的主要植物之一。

此外,我国常见的挺水植物还有灯芯草、水葱、水芹、莲子草、千蕨菜、慈菇、水蓼、风车草、香根草等,但这些种类自然条件下往往零星生长,很少能形成挺水植物带中的单种群落。挺水植物,大多是多年生植物,冬季地上部分通常都会枯死,地下部分可以存活,到第二年春天,又重新萌发而长出新植株。

2. 浮叶植物

浮叶植物是生于浅水中,根长在水底土中的植物,仅在叶外表面有气孔,叶的蒸腾非常大,又称着生浮水植物。这类植物气孔通常分布于叶的上表面,叶的下表面没有或极少有气孔,叶上面通常还有蜡质。浮叶植物的腔道形成连续的空气通道系统,通过这个系统,沉水器官可利用浮水器官的气孔与大气进行气体交换,免除因沉水造成缺氧。

常见的浮叶植物睡莲、菱、荇菜等。

(1) 睡莲。睡莲又称子午莲,是属于睡莲科睡莲属的多年生水生植物,是水生花卉中名贵花卉。外形与荷花相似,不同的是荷花的叶子和花挺出水面,而睡莲的叶子和花浮在水面上。

拓展 4.15

睡莲是多年生水生花卉,根状茎,粗短。叶丛生,具细长叶柄,浮于水面,低质或近革质,近圆形或卵状椭圆形,直径 6~11cm,全缘,无毛,上面浓绿,幼叶有褐色斑纹，下面暗紫色。花单生于细长的花柄顶端，多白色，漂浮于水，直径3～6cm。萼片4枚，宽披针形或窄卵形。聚合果球形，内含多数椭圆形黑色小坚果。因其花色艳丽，花姿楚楚动人，在一池碧水中宛如冰肌脱俗的少女，而被人们赞誉为"水中女神"。

睡莲喜强光，通风良好，所以睡莲在晚上花朵会闭合，到早上又会张开。对土质要求不严，pH值6～8，均生长正常，但喜富含有机质的壤土。生长季节池水深度以不超过80cm为宜。

睡莲可用于食用、制茶、切花、药用等用途。在水环境治理中，多用作水塘内种植植物，兼有净化底泥污染和景观作用。

（2）菱。菱为菱科菱属种类的统称，因叶片呈菱形而得名。

菱属植物均为一年生草本，根生于底泥中，茎细长抽出水面，植株具有两种叶：沉水叶和浮水叶。沉水叶对生于茎上，羽状分裂，裂片细丝状，外形像根；浮水叶三角状菱形或菱形。水面上茎的节间较短，叶密聚于茎顶端，叶柄上具有气囊，叶上部的叶柄较短，下部的叶柄较长，使得各叶片镶嵌展开于水面上，成为菱盘。花单生于叶腋处，两性花，花冠为白色。果实为坚果，有刺状角2～4枚，菱的果实富含淀粉，可生食或熟食。

我国菱属有11个种，最常见的是野菱、东北菱和菱角。

（3）萍蓬草。萍蓬草别名黄金莲、萍蓬莲，睡莲科萍蓬草属植物，该属约有25种。叶近于圆形浮贴水面，在基部还有一个V形的缺刻，最早和睡莲同在睡莲属；不过萍蓬草种子不具假种皮，相对于睡莲属，有很大的不同。萍蓬草的花比睡莲小很多，果实形状像酒壶。

萍蓬草喜在温暖、湿润、阳光充足的环境中生长。对土壤选择不严，以土质肥沃略带黏性为好。适宜生在水深30～60cm，最深不宜超过1m。生长适宜温度为15～32℃，温度降至12℃以下停止生长。

（4）莕菜。莕菜属龙胆科莕菜属植物，又称为荇菜。

莕菜根生于底泥中，茎细长，飘荡于水下，叶互生于茎上，叶片心状或椭圆形，叶片类似革质，比较厚，长可达15cm，宽可达12cm，顶端圆形，基部深裂至叶柄着生处，边缘与小三角齿或成微波状，上面光滑，下面带有紫色腺点，叶柄较长，可达10cm。莕菜花为伞形，生于叶腋处，花冠黄色、钟形，直径3～4cm，断经后成为浮水植物。

此外，我国常见的浮叶植物种类还有金银莲花、水萍、浮叶慈姑等。

3. 漂浮植物

漂浮植物的植株漂浮于水面，根系较短不能生长到水底的泥中。主要通过营养繁殖分生新的植株。在适宜的环境条件下，植株的生长代谢非常活跃，每个个体可在几天时间内就分生出一个新的个体。只要条件合适，这种营养繁殖就会一直持续进行，直至空间资源被完全占据。在夏季，快速生长往往可以完全覆盖一些静止水体的水面，在水面形成密集的"绿色垫层"。

拓展4.16

常见的漂浮植物有凤眼莲（俗称水葫芦）、大藻、浮萍、满江红、槐叶萍等。

(1) 凤眼莲。凤眼莲为雨久花科凤眼莲属植物，常称为水葫芦，也称水风信子、水荷花、假水仙或水浮莲等。

凤眼莲为多年生浮水草本植物，植株较高大，株高 10～50cm，须根发达，悬垂于水中，叶丛生在短茎的基部，叶片卵形，光滑，叶柄中下部有膨胀成葫芦状的气囊，因而得名"水葫芦"。花径单生，穗状花序呈蓝紫色。果实成熟后掉落水底，来年可萌发生长。其无性繁殖能力也非常强，在生长季节靠腋芽几天内发育出新植株来扩大种群，是公认的生长最快的植物之一。凤眼莲具有很强的空间竞争能力，一些池塘甚至缓流的城市河面一旦被凤眼莲入侵，很快会被其占据。

凤眼莲原产巴西，现分布于全世界温暖地区，在我国广布于长江、黄河流域及华南各省。其喜欢温暖湿润、阳光充足的环境，适应性也很强，具有一定的耐寒能力，生于海拔 200～1500m 的水塘、沟渠及稻田中。当其快速生长时很难被控制，非常容易在水体表面大面积暴发，阻塞河道，破坏水生生态系统，为水体带来生态灾难，已被列入"入侵植物"的黑名单中。

全株皆可作为家畜、家禽饲料，也可供药用，有清凉解毒、除湿祛风热以及外敷热疮等功效。嫩叶及叶柄可作蔬菜。

凤眼莲是监测环境污染的良好植物，它可监测水中是否有砷存在，还可净化水中汞、镉、铅等有害物质。在生长过程中能吸收水体中大量的氮、磷以及某些重金属元素等营养元素，凤眼莲对净化含有机物较多的工业废水或生活污水的水体效果更加理想。

(2) 浮萍。浮萍为浮萍科植物的统称，共有 4 属约 40 种，主要有浮萍、无根萍、紫萍和槐叶萍等。

浮萍是世界上最小最简单的高等植物之一，整个植株完全退化呈圆形或椭圆形的叶状体，厚度仅几个毫米，面积约在 1～50mm^2，叶状体的背部着生有短小的根，长约有 1～10cm，有些种类的根完全退化。

浮萍主要通过出芽生殖的方式产生后代，在我国主要有 4 类：浮萍、细脉浮萍、紫萍和无根萍。

由于浮萍个体较小，对水的波动非常敏感，水面的水平流速超过 0.1m/s 时，浮萍在水面上形成的垫层就能被搅动吹散，因此浮萍多生长在水流相对平缓的沟渠、湖湾处，以水塘内居多。

(3) 大藻。大藻是天南星科、大藻属水生漂浮草本植物。有长而悬垂的根，多数须根羽状，密集。叶簇生成莲座状，叶片常因发育阶段不同而形异，如倒三角形、倒卵形、扇形，以至倒卵状长楔形，二面被毛，基部尤为浓密；叶脉扇状伸展，背面明显隆起成褶皱状。

大藻喜高温高湿气候，耐寒性差。在中国江南、西南地区的夏季 1 个月内每株可繁殖 60 株左右。单株无性分支链体长度可达 60cm，株高 20cm。

如果在缓流水域的河流、溪沟中大藻生长繁衍速度比较快，这说明此水域的水质已被氮、磷富营养化而污染了。

大藻全株作猪饲料。入药外敷无名肿毒；煮水可洗汗瘢、血热作痒、消跌打肿痛；煎水内服可通经，治水肿、小便不利、汗皮疹、臁疮等。

（4）满江红。满江红亦称"红萍""绿萍"，蕨类植物，满江红科。它是生长在水田或池塘中的小型浮水植物。幼时呈绿色，生长迅速，常在水面上长成一片。秋冬时节，它的叶内含有很多花青素，群体呈现一片红色，所以叫作满江红。个体很小，径约1cm，呈三角形、菱形或类圆形。根状茎细弱，横卧，羽状分枝，须根下垂到水中。叶细小如鳞片，肉质，在茎上排列成两行，互生；每一叶片都深裂成两瓣：上瓣肉质，浮在水面上，绿色，秋后变红色，能进行光合作用；下瓣膜质，斜生在水中，没有色素；孢子囊果成对生于分枝基部的沉水叶片上。

满江红常与蓝藻中的项圈藻（鱼腥藻）共生，项圈藻能固定大气中的氮气。因此，它可以作为水稻的优良绿肥，也可作鱼类和家畜的饲料。

但如果生长环境水流不畅，红萍会疯长，以致覆盖水面，严重影响其他水生动植物的生长，从而给维护生态环境增加成本。

4. 沉水植物

拓展 4.17

我国常见的沉水植物种类主要有苦草、金鱼藻、狐尾藻、黑藻、眼子菜等。茂盛生长时，密集的枝叶可在水下形成"水下森林"或"水底草坪"的景观，对水体的底泥稳定起着非常重要的作用。常见沉水植物的特点见表4.1。

沉水型水生植物根茎生于泥中，整个植株沉入水中，具发达的通气组织，利于进行气体交换。叶多为狭长或丝状，能吸收水中部分养分，在水下弱光的条件下也能正常生长发育。对水质有一定的要求，尤其是浊度对沉水植物的生长影响较大，因为水质浑浊会影响其光合作用。

表 4.1　　　　　　　常见沉水植物的特点

黑藻	黑藻（*Hydrilla verticillate*）为水鳖科（Hydrocharitaceae）水鳖属（*Hydrilla*）植物，又称水王荪	黑藻为多年生沉水草本植物，根扎于底泥中，茎直立伸长，分枝比较少。叶4或8枚轮生于直立茎上，叶片带状披针形，长1~2cm，宽约1~5cm，叶边缘有小齿，花为绿色，生于叶腋，雌雄异株，雌花苞管状，雄花苞近球形，黑藻主要靠分枝进行营养繁殖扩大种群，常见于静水中，不耐水流冲击
细金鱼藻	细金鱼藻（*Ceratophyllum demersum*）为金鱼藻科（Ceratoophyllaceae）金鱼藻属（*Ceratophyllum*）植物	金鱼藻为多年生沉水草本植物，根扎于底泥中，茎平滑细长，有疏生的短枝。叶轮生于茎上，每5~10或更多枚叶集成一轮，叶长2~12cm，1~2回叉状分枝，边缘散生刺状细锯齿，摸之有脆硬的感觉，无叶柄。金鱼藻花比较小，单生于叶腋，不明显。金鱼藻主要靠分枝进行营养繁殖扩大种群，常见于静水中
苦草	苦草（*Vallisneriaasiatica*）为水鳖科（Hydrocharitaceae）苦草属（*Vallisneria*）植物、又称扁担草	苦草为多年生沉水草本植物，具有纤细的地下根状葡萄茎，无直立茎。叶基生于葡萄茎上，长线形或细带形、直立于水中，可随水流飘动，长短因水的深浅而不同，长可达2m，宽3~8mm。顶端多为钝形。苦草花比较小，但具有较长花柄，可伸出水面。苦草具有一定的抗水流冲击能力，可在流水中生长

续表

穗花狐尾藻	穗花狐尾藻（*Myriophyllum spicaticum*）为小二仙草科（*Haloragidaceae*），狐尾藻属（*Myriophyllum*）植物，又称聚藻	狐尾藻为多年生沉水草本植物，具有根状茎和直立茎，直立茎圆形，较粗壮，长1m左右。叶4枚轮生于直立茎上，丝状全裂，裂片10～15对，长1～1.5cm。狐尾藻花序为穗状，雄花具8雄蕊，生于茎顶端并挺出水面，长5cm，小花黄色不明显。狐尾藻多生于静水中

沉水植物在生长过程中会吸收水体中的营养物质，包括氮、磷等。针对富营养化的湖泊、湿地，可采用每年有计划地收割沉水植物的方式转移水体中过量的营养物质，对缓解水体富营养化起到积极作用。沉水植物可以将湖泊从一定浑浊状态转变成清水状态，因此通常沉水植物被作为进行水生态修复的先锋物种。

另外，常见的沉水植物还有眼子菜属，如竹叶眼子菜、马来眼子菜和龙须眼子菜，还有苦草等。其中龙须眼子菜在西南山丘区河流常有分布，其已经适应较快水流的水体。

5. 湿生植物

湿生植物即生活在草甸、河湖岸边和沼泽的植物，其喜欢潮湿环境，不能忍受较长时间的水分不足，是抗旱能力最低的陆生植物。根据生境特征，可分为阳性湿生植物（喜强光、土壤潮湿）和阴性湿生植物（喜弱光、大气潮湿）。

阳性湿生植物生长在阳光充足、土壤经常处于水饱和的环境中，代表植物如水稻、细叶灯芯草、红蓼、半边莲、毛茛等。它们根系不发达，有与茎叶相连的通气组织，以保证根部得氧。叶片有角质层等防止蒸腾的结构。湿生植物抗涝性很强，但抗旱力极弱。

阴性湿生植物生长在阴湿的森林下层，如附生蕨类植物、附生兰科植物、海芋、秋海棠等。它们的根系不发达，叶片薄而柔软，海绵组织发达，栅栏组织和机械组织不发达，防止蒸腾、调节水平衡能力差。

在环境治理与修复中，除了常用到的水生植物外，也要应用到陆生植物，如在污水土地处理或者被破坏的环境与污染环境的生态恢复与修复，在污水的生态处理中应用的植物，如功能湿地、生态浮床。它们一般都有较强的吸收能力，如吸收土壤中的重金属离子，或为有降解能力的微生物提供良好的生态环境，进而加速对污染物的分解。

陆生植物种类很多，形态多样，按茎的性质分类有乔木、灌木和草本等，利用其立体组合来进行环境的生态修复；按植物的使用范畴分类，有农作物如污水土地灌溉中的各种粮食作物与蔬菜等，有肥料植物如苜蓿、紫云英等，有花卉植物如美人蕉等。

因涉及范围太广，种类太多，在本书中不一一讲述，有关内容可参考相关植物学教材。

4.4.2 常见的水体动物

水体中除了存在众多的水生植物外，还存在着许多的水生动物。无机环境、浮游植物、水生植物、水生动物、细菌等共同组合在一起，以食物链为纽带，才组成了良好的水生生态系统。

按照水体中生物的存在位置与状态，水生动物可分为四大类群，即漂浮动物、浮游动物、自游动物（或游泳动物）和底栖动物（或水底动物）。

4.4.2.1 漂浮动物

在淡水中常见的是漂浮植物而漂浮动物较少，主要是一些水生昆虫。

4.4.2.2 浮游动物

浮游动物生活在水体的表层区，大多数体形微小，肉眼看不见，有些会游泳，而有些不会游泳，只能固着生长。包括以浮游植物为食的，不能进行光合作用的初级消费者（草食动物），以浮游动物为食的次级消费者，包括单细胞的原生动物和无脊椎动物（水母）。小型动物主要有原生动物和小型的后生动物，如轮虫、枝角类和桡足类，甚至包含一些大型动物的幼虫等，其个体很小，缺乏主动游泳能力，依赖水流而运动。

4.4.2.3 自游动物

自游动物都具有发达的运动器官和很强的游泳能力。一般都能逆流而上，有些种类还可以长距离洄游或能适应较急的流水。自游动物的运动方式各种各样。

自游动物是水体生态系统中最主要的消费者，多为食物链的上部环节。其生物量比浮游生物小很多，但都具有较高的经济价值，也是重要的水产资源，包括鱼类、虾类、龟类等。

4.4.2.4 底栖动物

底栖动物指栖息在水底，但又不能长时间在水中游动的动物，种类很多。常见的底栖动物包括原生动物、海绵动物、腔肠动物、节肢动物、软体动物等。

拓展 4.18

底栖动物的生活方式多种多样，一般在河流或湖泊及水塘的底泥中，如蠕虫类，常埋藏于沙子地下，而虾和螃蟹等则可以在底部行走。

由于底栖动物有许多特殊的生物学特征，在水体物质循环及水质保护中发挥着十分重要的作用，本节特别讨论底栖动物的一些特性。

1. 分类与基本特性

底栖动物的生活习性包括爬行、匍匐、附着、攀缘和穴居等。多数底栖动物不能远距离移动，这一点作为环境污染指示生物是有优越性的。但有时和浮游动物及自游动物难以分清，如甲壳类的螃蟹是底栖动物，但其幼体是在水中漂游的。

通常根据筛网孔径的大小，将底栖动物划分为不同的类型。将不能通过 $500\mu m$ 孔径筛网的动物称为大型底栖动物，在 $42\sim 500\mu m$ 筛网孔径之间的动物称为小型底栖动物，能通过 $42\mu m$ 的筛网孔径的动物称为微型底栖动物。

这种分类方法是为了研究的方便，与分类地位（动物学分类）和生活习性无关。20 世纪 60 年代以前，底栖动物的主要研究对象为体径超过 1mm 的大型底栖动物和体重超过 1g 的巨型底栖动物。其后，对生存于沿岸或水下沉积物颗粒间的大量体径为 0.4～1mm 的小型底栖动物和体径小于 0.4mm 的微型底栖动物的调查受到较多重视。

微型底栖动物主要是原生动物，其数量远远超过大型底栖动物，虽然个体很小，但其生物量却几乎与大型底栖动物相等，在物质转化与食物链方面起着重要作用。

2. 生活类型

根据其生活类型，底栖动物可分为固着动物、穴居动物和攀爬动物。

固着动物是在水底表面或突出物上终生或临时固着的动物，如海绵动物、刺胞动物，常见的淡水固着动物，如水蛭。

穴居动物通常将身体的全部或大部分埋藏于疏松的底泥中，如淡水中的一些线虫、颤蚓、摇蚊幼虫等。为解决底泥中氧气供应不足问题，穴居动物常有部分身体露出底泥外。如颤蚓类，常将尾部露出并不断摇摆，形成水流以取得氧气。

穴居动物分布在以淤泥为主的底泥中，有时可达到很大的深度，如颤蚓类，最深可达湖底 0.9m。因此采集底栖动物定量样品时，应考虑达到一定的深度。对疏松湖底，一般认为至少应穿透 20cm 底泥才有可能采到该处 90% 的生物。

攀爬动物指爬行于底泥表面或者水底突出物（如石头或水草）上的所有动物。一般，在底泥表面爬行的动物都个体较大，如腹足类的环棱螺、河蚌以及甲壳类的各种蟹类等，另外还有蜻蜓幼虫等。

攀爬动物中，也有活动能力相当强的种类，如龙虱和一些虾类，不但善于主动游泳，而且活动范围很广。

3. 摄食和生殖

(1) 摄食。底栖动物摄食行为多样，有撕食、刮食和捕食等多种。

(2) 生殖。有性生殖在底栖动物中是普遍现象，不论是雌雄同体还是雌雄异体，生殖时都须经过异体受精，形成受精卵并发育成幼体。

部分底栖动物采用无性生殖，包括断裂生殖（寡毛类的带丝蚓）、芽裂生殖（扁形动物单肠目的微口虫和寡毛类仙女虫科的许多种类）和出芽生殖（仅见于水螅）。

底栖动物的发育可分为直接发育和间接发育两种方式。直接发育指幼虫孵化后，其形态与成体无大差异。间接发育指幼体形态与成体不同，需经简单或复杂的变态阶段，如昆虫的发育。水中昆虫的变态发育有完全变态发育和不完全变态发育，前者发育过程包括卵、幼虫、蛹和成虫，后者通常无蛹期，幼虫常有气管鳃和翅芽，通常为稚虫，如蜻蜓和蜉蝣。

4. 分布及其功能

(1) 分布。底栖动物的生存、发展、分布和数量主要与水温、盐度和营养条件密切相关。此外，还受水体沉积物物理化学性质影响。多数底栖动物在生活史中都有两个或长或短的浮游幼体阶段。幼体漂浮在水层中生活，能随水流动，向远处扩散，但大多数幼体对底泥都要求甚严。例如，藤壶、蛤类，只固着在适宜的地质上。这种特点在一定程度上限制了某些底栖动物的分布范围。

底栖动物的栖息活动和分布受沉积作用影响很大。河口区沉积过程活跃，在一定程度上，影响了底栖动物的固着、栖息和活动。在沉积速率较高的粗颗粒区域，底栖动物的生物量和密度很低，常常难以发现。但在粗颗粒沉积少而有机物含量较高的区域，营养条件好，常常有大量底栖动物，形成特殊的生物群落。

(2) 功能。底栖动物通常对沉积物层理结构产生生物扰动，不仅可改变沉积物的层理结构，而且也改变其性质。

底栖生物链是水体生态环境健康的标志之一，底栖生物对水体内源污染控制极其重要，底栖生物量的建立能有效降低内源污染释放总量和速度。近年来，底栖动物在污染水体生态修复中的作用得到了广泛关注。

底栖动物寿命较长，迁移能力有限，且包括多种对环境敏感物种和耐污染能力很强的物种，常称为"水下哨兵"，其种类与多样性可作为长期监测水体质量的指示生物。

4.4.3 常见的土壤小型动物

土壤中存在种类繁多的各种小型动物，其通过生命活动参与土壤内的有机物、无机物的迁移和转化过程，对土壤物理、化学性质存在很大的影响，体现在如下两个方面：①土壤动物通过捕食、消化和排泄来影响土壤的生物化学性质，是调节土壤无机元素的主要因子；②土壤动物对有机质的机械粉碎作用，如动植物残体，有利于扩大真正的"分解者"微生物的接触面，为微生物分解与转化该类有机质提供了条件。

土壤动物、微生物和植物根系是土壤生态环境的有机主体，决定着土壤中的代谢活动的强弱。

在水环境治理与修复过程中，常采用土地处理或者与其类似的处理设施，如功能湿地、生态植草沟渠等。在这些设施的基质（通常由土壤和某些功能材料，如卵石、矿石填料、生物炭或植物秸秆等）中，同样也存在众多的微小动物，对于污染治理同样起到了至关重要的作用。基质中分布的小型动物与土壤基本一致。因此本小结以土壤中常见的动物类型进行介绍。

4.4.3.1 常见的土壤动物类群

1. 原生动物

原生动物对土壤营养循环和能量流动的作用表现为直接或间接方面。通过消化食物发挥直接作用，其消化养分的40%转化成自身生物量，60%被排泄到土壤环境中，再被微生物利用和植物吸收。

原生动物在土壤系统的作用可总结为调节和改变土壤微生物群落的数量大小和结构组成，加速微生物量、土壤有机质和营养元素的转化，直接排放营养物质，通过带菌或排泄出存活的微生物将其传播到新的基质中。

陆地生态系统中，原生动物的重要作用在于其摄食活动，由于个体微小，尚不能直接影响土壤的结构，但可通过与细菌和真菌的相互作用间接地起作用。土壤原生动物食性还不确定，尽管发现了食真菌者、腐食性和捕食性原生动物，但通常认为原生动物主要取食细菌。因其捕食细菌同时又被更大型动物捕食，所以原生动物是陆生生态系统食物链的关键环节。

土壤原生动物种类很多，主要是纤毛虫类，如肾形虫、鞭毛虫等。

2. 线虫类

土壤中的线虫可依据食性归类，主要以口器形态特征为基础，包括以植物、菌丝、细菌、有机质、动物为食类和杂食类等。食植物线虫通过排泄物、死亡以及诱导植物老根组织分解对土壤营养循环起着重要作用。就生物量而言，线虫的生物量通常少于原生动物，对土壤呼吸贡献率通常为1%或更少。线虫所消耗食物量也少于原生动物，其中食微生物类群消耗有机质输入量的5%~8%，被细菌侵染的植物残体的5%~25%，对氮的矿化贡献率为4%~22%。

3. 小型节肢动物

土壤小型节肢动物主要包括弹尾目昆虫和土壤螨类。弹尾目昆虫是土壤常见的栖居种类，但种类较少。土壤小型节肢动物也具有重要的生态学功能。在许多土壤生态系统中，弹尾目、螨类的数量都很大，两者占小型节肢动物总数的95%以上。它们的相对数量因生态系统类型、土壤条件、土地管理措施而不同。

小型节肢动物对土壤的直接影响在于分解作用，可通过呼吸活性测定，但该作用很小。弹尾目和螨类各自的影响在不同生态系统中也不相同。

4.4.3.2 小型动物在土壤生态系统中的作用

土壤生态系统很大程度上是建立在死亡有机物所储存的能量及营养物质基础上的。细菌及真菌等分解者可以利用这些营养和能量转化为自身物质，而这些分解者又被原生动物及线虫等捕食。

原生动物是细菌的重要捕食者，并且被杂食性及食肉性的线虫所捕食；一些小型鞭毛虫及肉足虫也可被一些大型肉足虫及纤毛虫捕食。原生动物可以捕食一些多细胞动物无法摄取的细菌，土壤原生动物在细菌与更高级营养动物之间起着重要的纽带和桥梁作用。

小型动物在土壤生态系统中的作用，概括而言有如下几点：

1. 对细菌的作用

原生动物通过对细菌的选择性捕食而调整细菌群落结构，其有利于没被捕食的细菌生存，不利于被捕食细菌生存。原生动物的存在可以促进大量的细菌活动，如固氮、二氧化碳释放、硝化以及铁载体的分泌等。原生动物分泌的有机物质促进细菌的活动。而被捕食的细菌则由于原生动物的控制而数量保持在对数增长期。

2. 对真菌数量的影响

以真菌为食的肉足虫可能会影响植物病原性真菌群落。在遭受小麦全蚀病的土壤中发现以真菌为食的肉足虫数量比正常土壤中高。在土壤中加入真菌后，常可以观察到以真菌为食的原生动物数量显著增加。

3. 驱动碳、氮循环

自然界之间通过碳、氮等元素循环相互作用，形成有机连续体。土壤生物主要通过取食和代谢共栖等关系，驱动碳氮循环。

（1）取食。自养型土壤生物以二氧化碳或碳酸盐为碳源，如藻类、蓝细菌等。异养型土壤微生物通过破碎枯枝落叶或分解有机质获取碳源，氧化有机物获取能量，如土壤动物、真菌、放线菌和大部分细菌。

取食活动促使碳氮等元素在食物网中流动。如温带森林生态系统中，微生物活动涉及食物网过程的每个环节，其代谢占到整个土壤生物代谢总量的80%~90%。

（2）代谢共栖。代谢共栖是土壤生物相互作用的普遍特征及重要形式。例如，植物传输土壤生物所需的氧气,分解者消耗土壤氧气,为厌氧菌的生长提供环境条件。细菌脱氨氮释放 NH_4^+,为氨氧化细菌提供营养。蚯蚓掘土,改善土壤通气性能,增强微生物活性;微生物分解枯枝落叶,创造有利于节肢动物取食的生境;节肢动物破碎枯枝落叶,促进微生物及其酶作用,释放养分。

有些代谢共栖具有对全球环境和物质循环的影响力,如需氧光合菌、化能无机营养菌、固氮菌、硝化与反硝化细菌及产甲烷菌等。

4.5 生物群落与生态系统

4.5.1 生态学原理

4.5.1.1 几个基本概念

1. 生态学

生态学是研究生物与生物、生物与环境之间相互关系的一门科学,或者说是如何从系统化的角度来研究生物与环境物流、能流及相互之间关系的一门学科,特别是动物与其他生物之间的有益和有害关系。

根据不同的生命体层次,针对不同的研究对象,生态学可以分为个体生态学、种群生态学、群落生态学和生态系统生态学。

2. 生态特性

生物的生存、活动、繁殖需要一定的空间、物质与能量。生物在长期进化过程中,逐渐形成对周围环境某些物理条件和化学成分,如空气、光照、水分、热量和无机盐类等的特殊需要。各种生物所需要的物质、能量以及它们所适应的理化条件是不同的,这种特性称为物种的生态特性。

3. 种群

种群指同一时间生活在一定自然区域内,同种生物的所有个体。种群中的个体并不是机械地集合在一起,而是彼此可以交配,并通过繁殖将各自的基因传给可育后代。种群是进化的基本单位,同一种群的所有生物共用一个基因库。

4. 生物群落

生物群落指在一定时间内一定空间内上的分布各物种的种群集合,包括动物、植物、微生物等各个物种的种群,共同组成生态系统中有生命的部分。

组成群落的各种生物种群不是任意地拼凑在一起的,而有规律组合在一起才能形成一个稳定的群落。

5. 生态位

生态位指群落中每一个生物种所占据的特定的生境和它执行的独特的功能的结合。

6. 生态系统

生态系统指在一定的时空范围内,由生物因素(动物、植物和微生物的个体、种群、群落)与环境因素(光、水、土壤、空气及其他非生物因子,如温度、pH 值等)通过能量流动和物质循环所组成的一个自然体而相互作用、相互影响所构成的综合体，或者说是占据一定空间的自然界客观存在的实体，是生命系统与环境系统在特定空间的组合。简单地说，就是在一定时间（或长或短）和空间范围内由生物与它们的生境简称生态系统，可用公式表示：生态系统＝生物群落十环境条件。

4.5.1.2 生物群落

1. 生物群落特征

生物群落的基本特征包括群落中物种的多样性、群落的生长形式（如森林、灌丛、草地、沼泽等）和结构（空间结构、时间组配和种类结构）、优势种（群落中以其体大、数多或活动性强而对群落的特性起决定作用的物种）、相对丰盛度（群落中不同物种的相对比例）、营养结构等。

2. 群落结构

包括空间结构、时间组配和种类结构。

（1）空间结构。空间结构指不同生活性的植物（乔木、灌木、草本）生活在一起，它们的营养器官配置在不同高度（或水中不同深度），因而形成分层现象。不仅在地上存在分层现象，在地下也存在分层现象。

生物群落最明显的空间结构就是群落物种的垂直分层和水平不均匀性，以斑块的形式出现，表现出生物群落的镶嵌性。

分层现象在温带森林中表现最为明显，例如温带落叶阔叶林可清晰地分为乔木、灌木、草本和苔藓地衣（地被）4层。

群落不仅地上分层，地下根系的分布也是分层的。群落地下分层和地上分层一般是相应的；乔木根系伸入土壤的最深层，灌木根系分布较浅，草本植物根系则多集中土壤的表层，藓类的假根则直接分布在地表。

群落在水平方向的不均匀性表现为以斑块出现；在不同的斑块上，植物种类、它们的数量比例、郁闭度、生产力以及其他性质都有不同。例如在一个草原地段，密丛草针茅是最占优势的种类，但它并不构成连续的植被，而是彼此相隔一定的距离（30～40cm）分布的。各个针茅草丛之间的空间，则由各种不同的较小的禾本科植物和双子叶杂类草占据着。但其中的某些植物也出现在针茅草丛的内部。因此，伴生少数其他植物的针茅草丛同针茅草丛之间生长有其他草类的空隙，它们在外貌、在种间数量关系和质量关系上都有很明显的不同。

植物在群落中的垂直分层造就了特殊的动物栖息环境。较高的层（草群，灌木）为吃植物的昆虫、鸟类、哺乳动物和其他动物所占据。在枯枝落叶层中，在腐烂分解的植物残体、藓类、地衣和真菌中，生活着昆虫、蜱、蜘蛛和大量的微生物。在土壤上层，挤满了植物的根，这里居住着细菌、真菌、昆虫、蜱、蠕虫。有时在土壤的某种深度还有穴居的动物。

（2）时间组配。组成群落的生物种在时间上也常表现出"分化"，即在时间上相互"补充"，如在温带具有不同温度和水分需要的种组合在一起：一部分生长于较冷季节（春秋），一部分出现在炎热季节（夏）。例如，在落叶阔叶林中，一些草本植物在春季树木出叶之前就开花，另一些则在晚春、夏季或秋季开花。随着不同植物出叶和开花期的交替，相联系的昆虫种也依次更替着：一些在早春出现，另一些在夏季出现。

生物也表现出与每日时间相关的行为节律：一些动物白天活动；另一些黄昏时活动；还有一些在夜间活动，白天则隐藏在某种隐蔽所中。大多数植物种的花在白天开放，与传粉昆虫的活动相符合；少数植物在夜间开花，由夜间动物授粉。许多浮游动物在夜间移向水面，而在白天则沉至深处远离强光。土壤栖居者也有昼夜垂直移动的种类。

(3) 种类结构。每一个具体的生物群落以一定的种类组成为其特征。但是不同生物群落种类的数目差别很大，其中的各个种群间存在非常复杂的联系。

生物群落中生物的复杂程度用物种多样性这一概念表示。多样性与出现在某一地区的生物种的数量有关，也与个体在种之间的分布的均匀性有关。例如，两个群落都含有 5 个种和 100 个个体，在一个群落中这 100 个个体平均地分配在全部 5 个种之中，即每 1 个种有 20 个个体，而在另一个群落中 80 个个体属于 1 个种，其余 20 个个体则分配给另外的 4 个种，在这种情况下，前一群落比后一群落的多样性大。

每种植物在群落中所起的作用是不一样的。个体多而且体积较大（生物量大）的植物种决定了群落的外貌。群落中的这些个体数量和生物量很大的种叫作优势种，它们在生物群落中占据优势地位。

活在一个群落中的多种多样的生物种，是在长期进化过程中被选择出来能够在该环境中共同生存的种。它们中每一个占据着独特的小生境，并且在改造环境条件、利用环境资源方面起着独特的作用。一个生物群落的物种多样性越高，其中生态位分化的程度也越高。

3. 生物群落功能

生物群落的功能可从生产力、有机物质的分解和养分循环三方面来描述。

(1) 生产力。群落中的绿色植物通过光合作用利用无机物质制造有机化合物，这是生物群落的最重要的功能。

生态学上更关心的是群落的生产力，即单位时间内的生产量。对于陆地或水底群落，是计算单位面积内的生物数量，而对于浮游和土壤群落则按单位容积确定。因而生物生产力乃是平方米面积上（或立方米容积中）在单位时间内的生产量，经常以碳的克数或干有机物质的克数表示。

(2) 有机质的分解。在许多群落中，动物从活植物组织得到的净初级生产量部分要比植物组织死亡之后被分解者细菌和真菌等利用的部分小得多。在森林中，动物食用的大约不到叶组织的 10%，不到活木质组织的 1%，大部分落到地面形成覆盖土壤表面的枯枝落叶层，被各种各样的土壤生物所利用。这些土壤生物包括吃死植物组织和死动物组织的食腐者，分解有机质的细菌和真菌，以及以这些生物为食的动物。虽然动物有助于枯枝落叶的破坏，但细菌和真菌在把死有机物质还原成无机最终产物方面起最主要的作用。

(3) 养分循环。群落中生产者从土壤或水中吸收无机养分，如氮、磷、硫、钙、钾、镁以及其他元素，利用这些元素合成某些有机化合物，组成原生质和保持细胞执行功能。消费者动物从吃植物或其他动物取得这些元素。分解者再分解动、植物废物产品和死亡残体时，养分又释放归还到环境中，再被植物吸收。这便是养分循环，或称物质的生物性循环。

例如，在森林中，某种养分从土壤被吸收进入树根，通过树的输导组织向上运输到叶子，这时可能被吃叶子的蠋所食入，然后又被吃蠋的鸟所利用，直到鸟死亡后，被分解释放归还到土壤，再被植物根重新吸收。许多养分采取较短的途径从森林树木回到土壤，随植物组织掉落到枯枝落叶层而被分解，或者在雨水淋洗下由植物表面落到土壤。

4. 生物群落中物种间的关系

生物群落中的各种生物之间的关系主要有 3 类。

(1) 营养关系。当一个种以另一个种，不论是活的还是它的死亡残体，或它们生命活动的产物为食时，就产生了这种关系。又分直接的营养关系和间接的营养关系。采集花蜜的蜜蜂，吃动物粪便的粪虫，这些动物与作为它们食物的生物种的关系是直接的营养关系；当两个种为了同样的食物而发生竞争时，它们之间就产生了间接的营养关系。因为这时一个种的活动会影响另一个种的取食。

(2) 成境关系。一个种的生命活动使另一个种的居住条件发生改变。植物在这方面起的作用特别大。林冠下的灌木、草类和地被植物以及所有动物栖居者都处于较均一的温度、较高的空气湿度和较微弱的光照等条件下。植物还以各种不同性质的分泌物（气体的和液体的）影响周围的其他生物。一个种还可以为另一个种提供住所，例如，动物的体内寄生或巢穴共栖现象，树木干枝上的附生植物等。

(3) 助布关系。指一个种参与另一个种的分布，在这方面动物起主要作用。它们可以携带植物的种子、孢子、花粉，帮助植物散布。

营养关系和成境关系在生物群落中具有最大的意义，是生物群落存在的基础。正是这两种相互关系把不同种的生物聚集在一起，把它们结合成不同规模的相对稳定的群落。

5. 群落演替

生物群落总是处于不断的变化和波动之中，但并不引起群落的本质的改变，它的某些基本特征仍然保持。但随着时间的推移，一个群落被另一个群落代替的过程，就叫作演替。

群落发生演替的主要标志：群落在物种组成上发生了变化，或者是在一定区域内一个群落逐步被另一个群落替代。

(1) 群落演替的原因。群落演替的原因有内因和外因。内因如生物本身的不断繁殖、迁移或迁徙，或者群落内部的生物生命活动造成内部环境的变化。外因如外部环境变化，为群落某些物种提供有利繁殖条件，而对另一些物种产生不利影响，生物种内和种外关系的变化，或者人类活动的影响等。

(2) 群落演替的类型。根据演替发生的性质将植物群落分为旱生演替和水生演替。

1) 旱生演替。以裸岩等陆生植物为基础发生的演替叫旱生演替，演替从干旱缺水的基质上开始，如裸露的岩石表面生物群落的形成过程，其演替系列依次为地衣阶段、苔藓阶段、草本植物阶段、灌木阶段和森林阶段。

2) 水生演替。在水体或湿地中发生的植物群落演替称为水生演替,演替开始于水生环境中,但一般都发展到陆地群落,如湖泊或池塘中水生群落向陆地群落的转变过程,其演替系列依次为开敞水体、沉水植物阶段、浮水植物阶段、挺水植物阶段、湿生草本植物阶段和陆地植物群落阶段。

(3) 群落演替的过程。群落演替的过程通常分为侵入定居、竞争平衡和相对稳定三个阶段,即一个物种进入某个群落后首先适应并生存,然后不断竞争,通过优胜劣汰,优势物种存活下来,在利用资源上达到相对平衡,而后物种通过竞争,资源利用更加充分有效,群落结构更加完善。

6. 群落演替的意义

在自然界里,群落的演替是普遍现象,而且是有一定规律的。人们掌握了这种规律,就能根据现有情况来预测群落的未来,从而正确地掌握群落的动向,使之朝着有利于人类的方向发展。例如,在河流环境治理与生态修复中,合理布置植物群落,就可以通过物种间相互作用、演替,最后形成稳定功能的水生物群落。

4.5.1.3 生态系统

1. 组成

生态系统的基本组成有两大类,即生物组分和环境组分。

环境提供生态系统所需要的物质和能量来源,如太阳辐射、大气、水、二氧化碳、土壤及各种矿物,即生态系统中的无生命部分。

生物组成可以分为生产者、消费者及分解者,而生产者、消费者及分解者可以一种或多种共存组成生物群落。

生产者包括绿色植物、部分光合菌类、自养微生物;它们将 CO_2 和水合成有机物,并将太阳能转化为化学能,为生态系统一切生物提供物质和能量来源。

消费者包括各类动物、以初级消费者的产物为食物的大型异养生物、次级消费者,一步步向高级进行物质和能量传递。

分解者又称还原者,主要是细菌、真菌和一些以腐生生活为主的原生动物及其他微小生物有机体,把动植物体内有机物分解并释放到无机环境,供生产者再利用。

2. 结构及其特点

(1) 生态系统结构。生态系统结构,指生态系统的构成要素以及这些要素在时间、空间上的配置和物质、能量在各要素间的转移、循环途径。

生态系统的基本结构包括 4 个层面。

1) 生物种群结构。即生物(植物、动物、微生物)的组成结构及生物物种结构。如农田中的作物、杂草与土壤微生物,大田作物中的粮食作物、经济作物、绿肥作物等。

2) 生态系统的空间结构。包括生物的配置与环境组分相互安排与搭配,形成所谓的平面结构和垂直结构。如农作物、人工林、果园、牧场、水面是农业生态系统平面结构的第一级层次,然后是在此基础上各自内部的平面结构,如农作物中的粮、棉、油、麻和糖等作物。生态系统的垂直结构是指在一个生态系统区域内,生物种群在立体空间上的组合状况,即生物与环境组分合理地搭配利用,最大限度地利用光、水、热等自然资源,提高生产力。如森林生态系统中乔、灌、草的空间分布。

3) 生态系统的时间结构。是指在生态区域与特定的环境条件下,各种生物种群生长发育及生物量的积累与当地自然资源协调、吻合状况,是自然界中生物进化同环境因素协调一致的结果。

生态系统的时间结构与生物群落的时间结构有类似的地方,但生物群落不包括环境的时间变化,生物群落时间结构的变化正是环境时间变化的结果。

4) 生态系统的营养结构。是生物之间借助物质、能量流动,通过营养关系而联结起来的结构。多种生物营养关系所联结成的多种链状和网状结构,表现为食物链结构和食物网结构。食物链结构是生态系统中最主要的营养结构之一,建立合理有效的食物链结构,可以减小营养物质的耗损,提高能量和物质的转化利用率,从而提高生态系统的生产力和经济效益。

(2) 生态系统结构的特点。生态系统具有如下特点。

1) 组成成分由有生命的有机体和无生命的环境与物质组成,不仅包括植物、动物、微生物,还包括无机环境中作用于生物物质的物理化学成分和太阳辐射,只有在生命存在的情况下,才有生态系统的存在,这是最本质的特点。

2) 生态系统与特定的空间联系,具有一定的自然地理特点和一定的空间结构特点。

3) 生物具有生长、发育、繁殖和衰亡的特性,因而生态系统也可以区分为幼年期、成长期和成熟期等阶段,表现出明显的时间变化特征,有着自然的发展演化规律。

4) 生物的营养和功能。生态系统具有代谢作用,其活动方式是通过生产者、消费者和分解者这三大功能类群参与的物质循环和能量转化过程完成的。

5) 具有复杂的动态平衡特征。生态系统中生物存在种内与种间关系、生物与环境关系,这些关系在不断发展变化,以维持其相对平衡。这种平衡也在不断变化之中,存在着正反馈和负反馈的作用。任何自然或人为活动干扰奥都会对系统的某一环节或环境因子造成影响,甚至导致生态系统的崩溃,影响系统的生态平衡。

3. 功能

生态系统是自然界的基本功能单元,其功能主要体现在生物生产、能量流动、物质循环和信息传递,是通过生态系统的核心——生物群落实现的。

在生物生产过程中,能量流动和物质循环两者缺一不可,是紧密联系、相辅相成,共同进行的。

(1) 生物生产。生物生产是生态系统的基本功能,是在太阳辐射、水、二氧化碳及无机物存在的情况下,由植物、藻类和光合细菌等利用太阳能,将二氧化碳和水合成碳水化合物,进而合成蛋白质、脂肪、纤维素等有机质,构成生命有机体。

(2) 能量流动。植物、藻类和光合细菌进行光合作用产生有机物,光能被转化成化学能而贮存于植物体内,能量再通过食物链由一种生物体转移至另一种生物体,进而实现在生态系统内的能量流动。一个食物链一般包括3~5个环节:一个植物,一个以植物为食料的动物和一个或更多的肉食动物。

能量的流动通过食物链与食物网来实现,主要有三种形式:①捕食食物链。从植物到草食动物再到肉食动物所联系的链条,如稻田中的青草—昆虫—青蛙—蛇—人。②寄生食物链。由大有机体到小有机体进行能量的流动,如人体—蛔虫、哺乳动物—跳蚤。③腐生食物链。由利用尸体的微生物组成,并通过腐烂分解,将有机体还原成无机物的食物链。

在生态系统中食物链不是唯一的,由于某一消费者不只吃一种食物(生物),每种食物或生物又被许多生物所食,因此形成相互交错、彼此联系的网状结构,故称食物网。

能量从一个营养级(如杂草)到另一个营养级(如食草动物)的流动过程中,一部分被固定下来形成有机物的化学能而贮存在生物体内,另一部分通过多种途径被消耗,直到最后耗尽为止。

能量在各营养级间的流动或转化遵循"十分之一"定律,即10%的能量作为化学能贮存在生物体内。因此,营养级由低级到高级,依据个体数目、生物量与能量的分布,形成了底宽而顶尖的金字塔形,称之为生态金字塔或能量金字塔,即顺着营养级位序列(沿食物链)向上,能量急剧递减。在每个营养级中将所含有的生物量或活组织连起来,随着营养级的增加,其生物量随之减少。

(3)物质循环。生态系统中,生物为了自身的生长、发育和繁殖,必须从环境中吸收各种营养物质和能量,主要有氮、氢、氧、碳、磷和硫等构成有机物的基本元素,还必须吸收钙、镁、磷、钠等大量元素以及铜、锌、钴、铁等微量元素。这些营养物在环境、生产者、消费者和分解者组成的各级营养级之间传递,在转移过程中未被利用及损失的物质又返回环境重新为植物所利用,在不断循环之中形成物质流。

大气、水和土壤中的物质,如二氧化碳、水及无机盐通过植物吸收进入食物链,并沿食物链转移给食草动物,再转给肉食动物,最后被微生物分解与转化回到环境中。回到环境中的物质有一次被植物吸收利用,重新进入食物链,如此周而复始,不断参加生态系统的物质循环。

(4)信息传递。信息传递方式多种多样,有强有弱,各种方式联为一个统一整体。信息有物理信息,例如声、光、颜色等,其中颜色起吸引异性、种间识别、威吓、警告等信息作用;生物的酶、维生素、生长素、抗生素等是化学信息,有报警、集合、食物的信息作用;在同一种或不同种间还有行为信息,例如雄鸟发现敌情,急速起飞给正在孵卵的雌鸟报警。

4. 生态系统的分类

生态系统是生物与环境相互作用形成的综合体,存在各种各样的形态。生态系统可以小到一滴水,大到生物圈。地球上最大的生态系统就是生物圈,包括水圈、大气圈和岩石圈,是地球上全部生物及其生活领域的集合体。

根据生存环境,地球生态系统可分为水体生态系统和陆地生态系统,前者还可以进一步细分为河流生态系统、湖泊生态系统、海水生态系统。

根据生物群落划分，有动物生态系统、植物生态系统及微生物生态系统。

而上述生态系统又可根据生存环境或生物群落进一步细分。

在同一生态系统中，微生物之间、微生物和动物、植物，微生物与环境因子均处于相互联系、依存和相互制约的对立统一之中。

5. 生态平衡

生态平衡是指在一定时间内生态系统中的生物和环境之间、生物各个种群之间，通过能量流动、物质循环和信息传递，使它们相互之间达到高度适应、协调和统一的状态。

虽然生态系统中各生物群落有各自的生长、发育、繁殖和死亡，但动物、植物、微生物等群落的种群、数量以及它们之间的数量比均保持相对恒定。即使存在外来干扰，生态系统能通过自行调节的能力恢复到原来的稳定状态，如土壤和水体受到污染后的自净。

生态系统的平衡具有如下特点：①动物、植物、微生物群落的种群、数量以及它们之间的数量比保持相对恒定；②生态平衡具有相对性，一旦失衡，则造成生态破坏。造成生态平衡破坏的原因有人为原因和自然原因，前者如生产或生活中大量排污造成的水体污染，后者如河流洪水造成的河岸淹没及对应区的生态系统破坏。

因此，必须采取多种途径维护生态平衡，保持生态系统的稳定。

4.5.1.4 生物群落与生态系统的区别和联系

生物群落与生态系统的概念不同。后者不仅包括生物群落还包括群落所处的非生物环境，把二者作为一个由物质、能量和信息联系起来的整体。因此生物群落只相当于生态系统中的生物部分。

4.5.2 环境微生物生态

微生物数量众多，多数为分解者，对于自然物质循环与能量流动起着至关重要的作用。根据其与周围环境特征，可以分为土壤微生物生态、空气微生物生态和水体微生物生态。因土壤微生物生态和水体微生物生态与环境治理和生态修复更为密切，因此本教材只介绍这两种环境微生物生态。

4.5.2.1 土壤微生物生态

土壤是微生物最好的天然培养基和良好的生活环境，具有微生物所必需的营养和微生物生长繁殖及生命活动所需的各种条件。

1. 土壤的生态环境

（1）营养。土壤中有大量死亡的动、植物残体和植物根系的分泌物，人和动物的排泄物；有丰富的无机元素，氮、磷、钾、硫、铁、镁、钙等，且含量高，同时还含有大量微生物所需的微量元素，如硼、铝、锌、锰、铜等，能够满足微生物生长发育的需要。

（2）适宜的环境。土壤pH值多数在5.5~8.5之间，甚至不少土壤pH接近中性，适合大多数微生物的生长。

良好的土壤具有团粒结构，土壤颗粒间充满孔隙，为土壤创造通气条件，氧在土壤中的含量平均为土壤空气体积的10%~12%。通气良好的土壤能够为好氧微生物的生长提供必备的好氧环境。

土壤团粒体的孔隙起到毛细管的作用，具有持水性，为微生物提供了必要的水分条件，保证适宜的土壤渗透压。

土壤渗透压通常在 30～60kPa 之间，革兰氏阴性杆菌体内渗透压为 50～60kPa，革兰氏阳性球菌体内渗透压为 200～250kPa。所以土壤中的渗透压对微生物是等渗或低渗环境，有利于微生物摄取营养。

土壤的保温性好，一年四季温度变化不大，即使冬季地面结冰，土壤仍保持微生物适宜生长的温度。

还有就是，土壤的表层能够为其中的微生物提供保护层，使生长的微生物免遭太阳紫外线的照射而致死。

2. 微生物在土壤中的种类、数量与分布

(1) 土壤微生物种类。土壤中微生物种类很多，以中温好氧和兼性厌氧菌为多，同时在土壤底层或深层还含有大量的厌氧菌。

细菌有氨化细菌、硝化细菌、反硝化细菌和固氮细菌（根瘤菌和自生固氮菌），对于氮的吸收利用和迁移转化起重要作用。还有大量的硫细菌、纤维素分解菌、磷细菌和铁细菌等。细菌以芽孢杆菌为最多，腐生性球状菌也很多。放线菌和霉菌能够分解纤维素、木质素、果胶和蛋白质等。酵母菌多在果园、养蜂场和葡萄园等土壤中分解糖类物质。

土壤藻类有硅藻、绿藻和固氮蓝藻。

其中节细菌属和诺卡氏菌属（放线菌的一种）不受土壤中动植物残体数量的影响，相对稳定地存在于土壤中而被称为"土著"菌群，部分假单细胞菌属、芽孢杆菌属和一些放线菌随土壤动物群体数量变化而变化。

(2) 土壤微生物数量。土壤中有机物含量的多少是衡量土壤肥力的指标之一，通常分为肥土和贫瘠土。肥土中每克土含几亿至几十亿个微生物，而贫瘠土每克土也含有几百万至几千万个微生物。

土壤微生物以细菌量最大，占 70%～90%。肥土中，每克约含细菌 25 亿个、放线菌 70 万个、真菌 40 万个、藻类 5 万个、原生动物 3 万个。土壤 pH 值影响土壤微生物，如中性和偏碱性土适合细菌和放线菌生长，而偏酸性土适合霉菌和酵母菌生长。土壤中，微生物从多到少的排序为细菌量＞放线菌＞真菌＞藻类＞原生动物＞微型动物等。

(3) 土壤微生物分布。土壤中微生物的水平分布取决于碳源。例如，油田地区、果园和养蜂场等处存在以碳氢化合物为碳源的微生物，森林土壤存在分解纤维素的微生物，含动物植物残体的土壤中氨化细菌、硝化细菌较多。

土壤中微生物的垂直分布与紫外线照射、营养、水、温度等因素有关。表面土受紫外线照射和缺乏水，微生物容易死亡而数量少。在 5～20cm 处微生物数量最多，每克土可含 65 万个微生物，在植物根系附近微生物数量更多。在耕作层 20cm 以下，微生物的数量随土层的深度增加而减小，距表面 1m 深处，每克土含有 3.6 万个微生物，而离表面 2m 深处微生物每克土只有几个。

土壤微生物的分布还与土壤团粒性有关。团聚性好的土壤，比较面积大，存在较多的孔隙，通气性好，以好氧和兼性厌氧菌居多，并且数量也多。而团聚性差的土壤，孔隙少，再加上受水淹，则以兼性菌或厌氧菌多，如水稻田中的产甲烷菌和反硝化细菌等。

4.5.2.2 水体微生物生态

1. 水体生态环境

水体生态环境比空气优越，但不如土壤。对好氧微生物而言，水体中的溶解氧往往较少；对于藻类而言，太阳光辐射随水深变化。由于雨水冲刷，将土壤中各种有机物和无机物，动、植物残体带至水体，工业和生活污水源源不断排入，水生动物、植物死亡等为水体微生物提供了丰富的有机营养。

在底泥中的微生物，细菌多以厌氧细菌为主，而动物则大部分在表层20cm以内大量存在。这是因为水中氧气含量在水-沉积物界面处以下急剧降低，在几厘米以内就会降低至0。

2. 水体中微生物的来源

水体中的微生物有水体中固有的微生物，如各种杆菌、球菌、丝状硫细菌、球衣菌和铁细菌等。也有来自土壤的微生物，其随着雨水冲刷通过径流到达水中，有枯草杆菌、巨大芽孢杆菌、氨化细菌、硝化和反硝化细菌、硫酸还原菌、霉菌等。部分来自生产和生活的微生物，其随着工业废水、生活污水和牲畜的排泄物夹带各种微生物进入水体，有大肠杆菌、肠球菌、各种腐生性细菌、致病微生物（霍乱弧菌、伤寒杆菌、痢疾杆菌、病毒）等。

水体中细菌种类很多，细菌共有47科，水体中就有39科。微生物在水体中的分布与数量受水体的类型、有机物含量、微生物的抵抗作用、雨水冲刷、河水泛滥、工业、生物污废水排放等影响。

3. 水体的微生物群落

（1）浅水微生物群落。河流、湖泊、小溪和池塘等水体中微生物种类和土壤中的差不多。湖泊和池塘水的流速慢，属静水系统，河、溪流为流水系统，两者的微生物群落分布不同。

影响微生物群落分布、种类和数量的因素有水体类型、受污染程度、有机物含量、溶解氧量、水温、pH值及水深。

尽管水体类型不同，但水平分布的共同特点是：沿岸水体有机物较多，水体较浅，微生物种类和数量也多。

湖泊形成初期，水中有机物少，湖底沉积物少，细菌数量少，生物生产力低，有机物分解微弱，耗氧量低，含大量溶解氧，为贫营养湖。随着河流不断向湖泊输送养料和泥沙，生物种类和数量增加，湖底沉积物中有机物逐渐丰富，细菌数量增加，分解有机物速率提高，无机物增加，表层水阳光充足，使浮游藻类大量繁殖，生物生产力提高，成为富营养湖。

没有受到严重污染的河溪，含有机物少。常见的细菌有革兰氏阴性杆菌、丝联菌属、嘉氏铁柄细菌、赭色纤发菌、球衣菌、贝氏硫菌属、发硫菌属及假单胞菌属，还有藻类、原生动物（如钟虫及其他固着纤毛虫）以及微型后生动物。

地下水、自流井、山泉和温泉等经过土层过滤，有机物和微生物都少。石油岩石地下水含有能分解烃的细菌，含铁泉水含有铁细菌，含硫温泉有硫磺细菌，这些都是耐热和嗜热的菌种，能在70~80℃水中生长，有的甚至可在90℃的水中生长。

淡水因土壤腐殖质和有机酸等流入或酸雨影响，水体大多呈弱酸性。淡水微生物要求pH=6.5~7.5，所以淡水水体适合它们生长。

（2）海洋中微生物群落。海水盐分高、渗透压大，温度低，海面阳光照射强烈，深海处光线极暗，静水压力大。海洋中的微生物有固有栖息者，也有许多是随河水、雨水及污水排入的。海洋微生物群落分布和数量受海洋环境变化、土壤、河流及人类活动的影响。

海洋微生物群落水平分布随距离海岸的远近而变化，沿海带有机物含量高，微生物种类丰富并且数量众多，港口出海水每毫升含细菌10万个。而外海人类活动少，海水有机物少，每毫升含细菌10~250个，大幅度减少。

海洋微生物在海水中垂直分布明显。距离0~10m的深度浮游藻类较多，如绿藻、硅藻和甲藻等，成为海洋生产者，为浮游动物和鱼虾提供饵料。5~10m以下至25~50m处的微生物数量较多，而且随海水深度增加而增加。50m以下微生物的数量随海水深度增加而减少。在海底沉积有很丰富的有机物，微生物数量增多，但溶解氧缺乏。

因此，对海洋微生物而言，在垂直水深上，海面溶解氧高，有藻类和好氧性异养菌，再往下，则有兼性厌氧微生物，海底有兼性厌氧微生物、厌氧异养菌及硫酸还原菌等。

海水的盐浓度约为3%，所以海洋微生物大多数是耐盐和嗜盐的，能耐高渗透压，在盐度2.5%~4%的海水中生长最适宜，如果超过10%则大多数微生物生长受到抑制。同时海洋微生物还耐较高的静水压力。

4.5.3 微生物、植物之间的相互关系
4.5.3.1 微生物之间关系

微生物不仅与环境因素有密切关系，而且与其他生物之间也有密切关系，如微生物种与种之间，微生物与高等动物、植物之间的关系都是非常复杂而多样化的，它们相互制约、相互影响，共同促进整个生物界的发展和变化。它们之间的相互关系，归纳起来可分为互生、共生、拮抗和寄生4种。

1. 互生关系

互生关系指两种不同种的生物，当其生活在一起时，可以由一方为另一方提供或创造有利的生活条件，也可双方互为有利。

互生关系在自然界中广泛存在，如固氮菌具有固定空气中氮气的能力，但不能利用纤维素做碳源和能源，而纤维素分解菌分解纤维素为有机酸对它本身的生长繁殖不利；但当两者在一起生活时，固氮菌固定的氮为纤维素分解菌提供氮源，纤维素分解菌为分解纤维素的产物有机酸被固氮菌用作碳源和能源，也为纤维素分解菌解毒。

天然水体、污水及土壤中的氨化细菌、亚硝化细菌和硝化细菌之间也存在互生关

系。氨化细菌分解含氮有机物产生的氨，是亚硝化细菌的营养，亚硝化细菌将氨转化为亚硝酸盐，为硝化细菌提供营养。亚硝酸盐对各种生物都有害，但由于硝化细菌将亚硝酸盐转化为硝酸盐，即为其他微生物解了毒，生成的硝酸盐还能被其他微生物和植物利用。

在污水生物处理过程，互生关系也是普遍的。氧化塘中的细菌和藻类之间表现为互生关系，细菌将污水中有机物分解为 CO_2、NH_4^+、PO_4^{3-}、SO_4^{2-} 为藻类提供碳酸、氮源、磷源和硫源等；藻类得到上述营养物质后，利用光合作用合成自身细胞，放出氧气供细菌用于分解有机物。

2. 共生关系

共生关系指不能单独生活的两种微生物共同生活后，各自根据优势的生理功能，在营养上互相利用，构成共生体，从而形成的生物之间的关系。

自然界中最典型的共生关系是地衣，其是藻类和真菌形成的一个共生体。藻类利用光合作用将二氧化碳和水合成有机物供自身及真菌利用，真菌从基质吸收水分和无机盐供两者营养。另外，根瘤菌和豆科植物根系共生也是个突出例子。

但微生物之间的共生关系并不普遍。

3. 拮抗关系

拮抗关系指一种微生物在代谢过程中产生一些代谢产物，其中有的产物对一种或一类微生物生长不利，或者抑制或者杀死对方。有的微生物不是通过代谢产物对抗对方，而是吞食对方。拮抗关系可分为非特异性拮抗关系和特异性拮抗关系两种。

(1) 非特异性拮抗关系。如，乳酸菌产生乳酸使 pH 值下降，抑制腐败细菌生长；原生动物吞食细菌及其他微生物的现象均为非特异性拮抗关系。

(2) 特异性拮抗关系。指一种微生物产生抗菌性物质，对另一种或一类微生物有专一的抑制或致死作用。例如，青霉菌产生青霉素对革兰氏阳性菌有致死作用。能产生抗菌性物质的微生物很多，因而拮抗关系是很普遍的。

当天然水体污染后，在对有机物净化过程中，各种微生物交替出现于水体，体现出微生物之间的拮抗关系（图 4.13）。当水体刚受到污染，细菌开始增多，但数量还不大，这时有较多的鞭毛虫。天然情况下，清洁水体中鞭毛虫很少。新污染的水中则可发现一定数量的肉足虫。植物性鞭毛虫常与细菌争夺溶解的有机物，但是竞争不过细菌。动物性鞭毛虫较植物性鞭毛虫的条件优越，因其以细菌为食料。但是动物性鞭毛虫掠食细菌的能力不如游泳型纤毛虫，因此也只得让位给游泳型纤毛虫。游泳型纤毛虫的数目随着细菌数目的变化而变化。只要细菌数目多，游泳型纤毛虫就占优势。当水体中有机物逐渐被氧化分解，细菌数目逐渐减少，这时游泳型纤毛虫也逐渐减少，而让位给固着型的纤毛虫，如各种钟虫和有柄

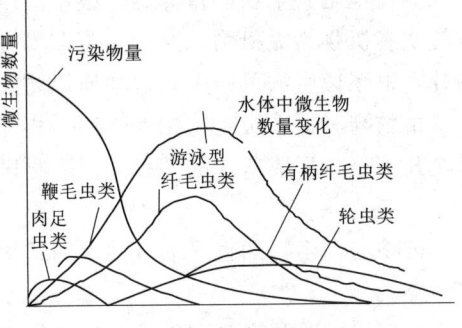

图 4.13 水体受到污染后自净过程中的微生物变化

纤毛虫。固着型纤毛虫只需要较低的能量，所以可以生存于细菌很少的环境中。水中细菌等物质愈来愈少，最后固着型纤毛虫也得不到必需的能量，这时水中生存的微型生物主要是轮虫等后生动物，它们以有机残渣、死的细菌等为食料。

在自然水体受到污染自净过程中出现的微生物交替现象，在生物处理构筑物中的污水有机物无机化的过程中也会出现，并遵循相似的规律。动物性营养的原生动物主要以细菌和真菌为食，吃掉一部分细菌等微生物和一些有机颗粒，并促进生物的凝聚作用，从而使得出水更加澄清。这是拮抗作用产生的有利一面。但对污水净化其主要作用的毕竟是细菌，如细菌被吃掉过多或活性污泥的结构被破坏过大，就会产生不利影响。

4. 寄生关系

寄生关系是一种微生物需在另一种微生物体内生活，从中摄取营养才能得以生长繁殖。通常前者使后者受到损害，前者成为寄生菌，后者称为寄主或宿主。

微生物之间的寄生关系表现为噬菌体与细菌、噬菌体与放线菌、真菌、藻类之间的关系。寄生关系的专一性很强。

细菌与细菌之间、真菌与真菌之间也存在寄生关系，如蛭弧菌属有寄生在假单胞菌、大肠杆菌和球衣菌等菌体中的种类。

可见，有的寄生菌不能离开寄主而生存，这叫专性寄主。有的寄生菌离开寄主后能营腐生生活，这叫兼性寄生。寄生的结果一般能会引起寄主的损伤或死亡。

4.5.3.2 微生物与高等植物之间的关系

微生物不仅与微生物之间相互作用，微生物与动、植物之间也存在着各种相互影响、相互协作的关系。如动物病毒寄生在动物体内，损害动物的机体机能与健康；在动物肠胃中的微生物往往是一些益生菌，有利于动物对食物的消化。这里主要阐述与环境相关密切的土壤或水体中微生物与植物之间的关系。微生物与植物间的相互作用主要表现在其与植物根系之间的相互作用，有3种类型。

1. 互生关系

微生物与植物之间同样存在互生关系。土壤中植物根系为土壤微生物提供了良好的栖息场所，其周围可以发现大量的微生物种群。植物根系为微生物营造了良好的生长环境，如吸收水分、释放有机物、调节微生物种群比例与密度等，死亡的根系和根的脱落物也是微生物的营养源。根系微生物也可以为植物提供各种好处，如根系微生物转变有机物为无机物，并产生提供维生素、氨基酸、生长因子等，促进植物生长。另外，根系微生物可产生拮抗物质以防止植物病害的发生。

植物与其根系微生物相互作用、相互促进，使根系微生物的数量比根系外多几倍甚至几十倍，形成所谓的"根际微生物区"。

2. 共生关系

植物与微生物间也可形成共生的结构与生理关系，在自然环境中的共生关系主要有两类。

（1）根瘤菌与高等植物的共生。如根瘤菌与豆科植物共生形成根瘤共生体，二者之间是一种典型的互惠共生关系。根瘤菌固氮，为植物提供氮素养料。豆科植物根系的分泌物则刺激根瘤菌的生长,并且植物根系的稳定环境为根瘤菌的生长提供良好的环境关系。

(2) 菌根菌与高等植物的共生。许多真菌能在一些植物根上发育,菌丝体包围在根表面或侵入根内,形成两者的共生体,成为菌根。例如,兰科植物的种子若无菌根菌的共生就无法发育,杜鹃科植物的幼苗若无菌根菌的共生就不能存活。在这种情况下,菌根菌成为根系结构的一部分。

真菌从植物根系获取营养,还可以为植物提供营养,但不对植物造成伤害,也不致病。此外菌根中的真菌还可以为植物带来其他好处,如延长根系寿命,提高植物从土壤吸取营养的速率、抵御疾病、提高植物对毒物的耐受水平,提高抗逆水平等。

3. 寄生关系

微生物与高等植物的寄生关系,主要是指由细菌、真菌、病毒等植物病原微生物侵染,危害其宿主植物,使其受到伤害,甚至死亡的相互关系。

如植物疾病的发生多与微生物有关,多是微生物侵入后生长造成的。

很多病毒可引起植物病害,如烟草花叶病毒引起的烟草病。植物病原体主要有支原体属、螺原体属、假单胞菌属、土壤杆菌属等,可导致很多植物的病害,包括徒长、枯萎、腐烂、疫病等。植物的真菌病害是最常见,也是最严重的。

4.5.4 水体生态系统

水生生物类群可以分为两大主要类群,即海洋生物类群和淡水生物类群,前者主要分布于海湾、海岸、海岸沼泽及海洋等,后者则主要分布于湖泊、河流、池塘和小溪,对应形成海洋生态系统和淡水生态系统。本部分主要介绍淡水生态系统。

4.5.4.1 淡水生态系统分类与特征

1. 分类

淡水生物群落包括湖泊、池塘、河流等群落,通常是互相隔离的;分为急流、缓流和静水三种群落类型,分别具有以下特点。

急流群落含氧量高,水底没有污泥,生物多附着在岩石表面或隐藏于石下,以防止被水流冲走。通常有根植物难以生长,但某些鱼类(大马哈鱼)能逆流而上,保证充分的溶解氧供鱼苗发育。

缓流群落水底多泥,底层易缺氧。游泳动物多,底栖种类多埋于底质之中,有浮游植物和有根植物,但制造的有机物多被水流带走或沉积在河流周围。

静水群落如湖泊,分带分布,沿岸依据水深,依次为挺水植物、浮水植物和沉水植物等分布;上层水体生物光合作用,藻类丰富;下层水体则以异养生物为主。根据营养状况不同,分为富营养、中度营养和贫营养湖泊。

富营养湖一般水体较浅,底泥与沉积物较多;而贫营养湖则一般较深。大陆中的水体还有一些特殊的群落类型,如温泉和盐湖等中的微生物群落又有自己的种类组成与群落结构。

2. 特征

淡水生态系统有如下特征。

(1) 淡水生物依其生活方式或生活习性可分为浮游生物、自游生物、底栖生物、周丛生物和漂浮生物等生态类群。

(2) 周丛生物是生长在淹没于水中的各种基质(如沉水植物、木桩、石头等)表面的生物群,主要包括藻类、原生动物、虫等小型动物。

(3) 淡水微生物(细菌和真菌)广泛分布在水体的各个部分,其中以水底沉积物表面的数量为最多,可以归属于多个生态类群。不同生态类群的淡水生物,在形态结构、生理机能、生态分布等方向部又有一定的特征,这是对不同环境条件的长期适应和自然选择的结果。

4.5.4.2 静水生物群落

静水是指陆地上的湖泊、沼泽、池塘和水库等。静水只是相对而言,对于水流速度比较缓慢的水体,如河流堰坝造成的水体也可以看作静水,只不过由于该类水体因汛期水流增大,其水生植物受到冲刷,不易形成稳定、丰富的生物群落。

按照静水中的生境不同,可以将静水生物群落分为沿岸带群落、敞水带群落和深水带群落,这些群落对于水体生态的重要性主要取决于其在水中的相对范围大小。

1. 沿岸带群落

沿岸带的生产者主要包括水生植物和各种藻类。水生植物的分布通常具有明显的水平成片成带的现象,从岸边到深水处随着水深的变化而出现不同的植物带。

(1) 挺水植物带。此带的植物根扎在水底的土壤中,但它们的茎叶高出水面,主要包括芦苇、菖蒲、莲等。一定量的湿生植物也会在岸边较浅区域生存,如灯芯草、红蓼、毛茛等。

(2) 浮叶、漂浮植物带。此处的植物叶片漂浮在水面上,包括浮叶植物和漂浮植物。浮叶植物根在底泥中,而漂浮植物都浮于水面,主要植物有菱、荇菜、睡莲、浮萍、大藻等。

(3) 沉水植物带。植物体完全在水下,主要为眼子菜科植物、苦草、黑藻等。除了沉水植物外,还分布着众多的藻类,如硅藻、甲藻、绿藻和蓝藻等,除了一部分丝状藻类和着生藻类依附于底生植物外,如刚毛藻、水绵,大部分藻类都是浮游性的。

沉水植物的分布主要决定于水层的透明度,其生长情况与浮游藻类的生长呈负相关。其根本原因在于浮游藻类与沉水植物竞争阳光、溶解氧和营养盐。在富营养化水体中,由于蓝藻水华严重阻碍了光的透射,沉水植物往往濒临灭绝。藻类对水生植物的影响,通常是沉水植物影响最大,浮叶和漂浮植物其次,而挺水植物最小。

因沿岸带植物种类多样而且丰富,因而沿岸带的消费者生物极为丰富,各个生态类群的各级消费者都存在。某些动物(尤其周丛生物)的水平成带分布,常与底生植物的分布相平行,但有很多种类几乎分布在整个沿岸带,并且动物的垂直成带现象比水平成带更为显著。

周丛生物（Periphyton）是一类生长于水中一定基质表面（如水体周边或底部的岩石、树木、沉水植物等）的低等着生藻类和无脊椎动物的总称，包括细菌、着生藻类、原生动物、轮虫、小型甲壳类、线虫、水蚯蚓、水生昆虫幼虫、软体动物，甚至螺、鱼卵、小虾、幼鱼等。它们多营固着生活，附着在基质物体表面，是底栖刮食性鱼类重要食物资源，也是某些底栖动物的栖息、繁衍场所。

在沿岸带群落中的周丛生物主要有螺类、昆虫幼虫、原生动物、轮虫、各种蠕虫、苔藓虫、水螅等。底栖动物中以多种昆虫幼虫、环节动物（寡毛类）和软体动物（螺、蚌）占优势。浮游动物主要有大型的枝角类和桡足类的某些种类及轮虫。自游生物主要有多种昆虫（幼虫或成虫）、两栖类（蛙）、爬行类（龟、鳄鱼）和各种鱼类。其中鱼类是来往于沿岸带和敞水带间的动物，常以沿岸带作为觅食和繁殖的场所。

2. 敞水带群落

敞水带位于沿岸带和深水区之间的水域，浮游植物主要有甲藻、硅藻、绿藻和蓝藻，大多数种类的个体都很小，但生产力高。敞水带的消费者主要为浮游动物和各种鱼类。鱼类存在明显分层现象，分布于不同的水层，一般都有很大的活动范围，如以鲢鱼与鲤鱼常活动于中上层，而鲫鱼、黄颡等常活动于水层底部。

3. 深水带群落

深水带不存在生产者，消费者种类也不多，其食物供应取决于沿岸带和敞水带。主要成员为细菌和真菌，大型动物主要为摇蚊幼虫和颤蚓等，这些动物都有适应缺氧环境的能力。

不同带的生物群落丰富了水体的生物组成。它们之间通过食物链和食物网构成一个完整的静水生态系统，维护了水体的生态健康稳定和持续发展。如果系统受到破坏，则会影响到水体的环境，引起水质的恶化。

图4.14为静水生态系统生物组成图，可见静水生态系统生物种类复杂、丰富，是水体最具生产力、生物活跃和生物多样性最丰富的区域。

4.5.4.3 流水生物群落

流水生态系统指那些水流流动湍急和流动较大的江河、溪流等。

1. 流水生物群落生境特点

流水生态系统生境有3个主要特点。

（1）水流不停。这是流水生态系统的基本特征。河流中不同部分和不同时间水流都有很大差异，如水深和流速。

（2）陆-水交换。河流的陆水连接长而密切，也就是说河流与周围的陆地之间存在更多的联系，江河、溪流等形成了一个较为开放的生态系统。

（3）氧气丰富。由于水流剧烈，水深较小，和空气之间水气交换频繁，致使河流水体溶解氧含量高。

2. 流水生物群落类型

流水生物群落类型主要有两种，即急流生物群落和缓流生物群落。在流水生态系

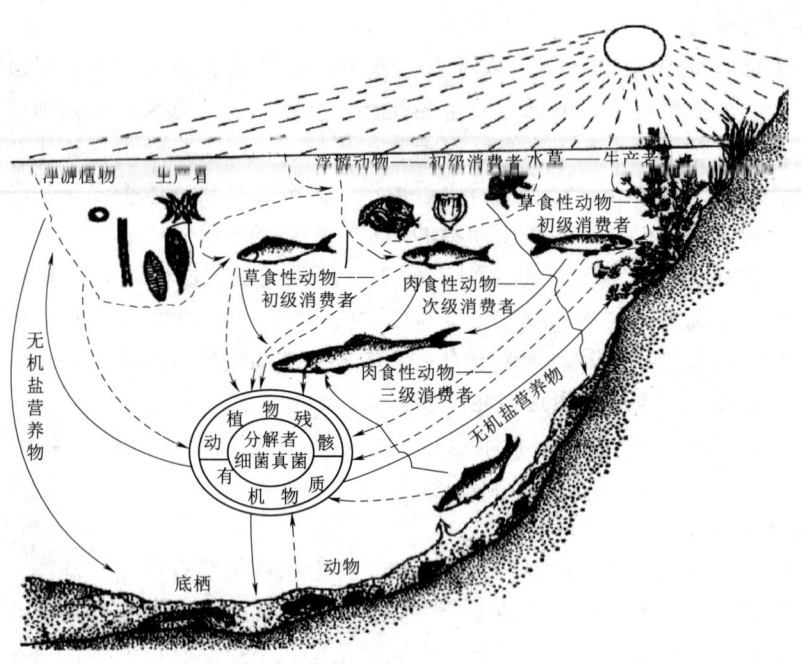

图 4.14 静水生态系统

统中河流河床底质情况，如砂土、黏土等，对于生物群落的性质、优势种和种群的密度等影响较大。

急流生物是河流的典型生物代表，为适应流水生境，具有以下特征适应性。

拓展 4.19

(1) 一般具有流线型或扁平身体，以便在水流中减小运动阻力或能够在石下或缝隙中栖息。

(2) 能够持久地附着在固定的物体上，如附着的绿藻、刚毛藻，少数动物是固着生活的，如淡水海绵以及把壳和石块黏在一起的石蚕。

(3) 具有钩和吸盘等附着器，能够使它们紧附在物体的表面，如双翅目的幼虫，水蛭等。

(4) 黏着的下表面，如扁形动物、涡虫等，动物能以它们黏着的下表面贴附在河底石块的表面。

(5) 趋触性。有些河流动物具有使身体紧贴其他物体表面的行为，如河流中石蝇幼虫在水中总是和树枝、石块或其他任何物体接触。如果没有可以利用的物体，它们就彼此附在一起。

思 考 题

1. 细菌的基本结构有哪些，各自存在什么功能？
2. 微生物有哪些种类，其各自典型特征是什么？
3. 原生动物的细胞结构与主要类型。
4. 水环境中常见的水生植物有哪些类型？其为了适应环境而身体具有什么适应

性的特征?

5. 什么是生物群落?什么是生态系统?二者的区别和联系是什么?
6. 简述一下生态系统的基本构成及其各自功能。
7. 简述生态系统结构及其特点和功能。
8. 分析静水生物群落和流水生物群落含有的生物种类、各自特点,思考河流、湖泊环境治理与生态修复中如何适应构建合适的生物群落体系?

第 5 章 污染物的物理与化学净化

污染物质进入水体以后，在物理、化学和生物作用下，会发生空间位置的移动和存在形态的转化，这一过程称为污染物在水体内的迁移转化。在此过程中，污染物可能发生分散或富集，最终导致水体自净或发生更严重的污染。

污染物在水环境中的迁移转化途径主要包含三种，即：

（1）物理和物理化学净化途径：污染物在水流作用下的稀释与扩散、挥发、沉淀与溶解、吸附和解析等，其根本特征在于只是污染物的浓度在不断变化，而没有产生新的物质。

（2）化学净化途径：污染物进入水体后，因pH值、溶解氧或者与水体内其他溶解性离子发生化学反应，如化学沉淀、氧化还原反应等，进而浓度降低的过程。在该净化途径中，污染物一般转化为另外的物质，如二价铁与水中氧反应产生氢氧化铁胶体沉淀，六价的重铬酸根离子在水中还原性物质的作用下反应而生成低危害的三价铬离子等。

（3）生物降解与转化过程：由于各种生物（藻类、微生物等）的活动特别是微生物对水中有机物的氧化分解作用使污染物降解。包括污染物的生物吸收与合成、微生物厌氧分解等。生物降解与转化对有机物而言，要么吸收转化为自身细胞物质，要么经好氧分解或厌氧分解转化为二氧化碳、甲烷、氨氮和水及硫化氢等，进入环境后再进一步循环利用。但对于某些毒性污染物，如难降解的含氯有机物和重金属等，可能再产生生物累积与富集，进而随着食物链传递，最终产生更大的危害，威胁人体健康。

本章内容主要介绍污染物的物理和物理化学净化及化学净化途径，至于生物降解与转化过程则放在第6章，结合生物化学基础知识进行详细介绍。

5.1 物理和物理化学净化

物理和物理化学作用包括污染物与水体的混合过程、在水体内的稀释与扩散、以挥发性污染物的挥发、与水体中悬浮物或胶体物质之间的吸附与解析、悬浮物或胶体之间的絮凝以及形成的絮体颗粒在重力作用下的沉淀等过程。

5.1.1 污染物在水体中的混合过程

排入河道中的污废水污染物通常以溶解态和胶体状态存在。含有污染物的污废水其性质与河流水流动力性质是完全相同的。污染物进入河流、湖泊水体首先是污废水与水体水流相互混合的过程，然后在混合过程不断被稀释和扩散，最终达到均匀分布。

5.1.1.1 污废水与水体的混合阶段

含有污染物的污水排入河流后，按照其与水体在河流中的混合状态可划分为两个不同阶段。

1. 竖向混合阶段

即从排出口到污染物在河流水深方向上充分混合的阶段。此阶段混合过程比较复杂，有因河流流速分布不均和湍流作用产生的混合，有因温度差造成的热交换混合以及射流交换混合。

一般情况下，竖向混合的长度与水深成正比，与排出口在河流竖向上的位置有关，大致为排出口处水深的几十倍到上百倍左右。

此阶段，在水流竖向上，污染物达到了均匀分布，但河流横向上还没有达到均匀分布，体现为形成了距离排出口处河岸一定范围的污染带。

2. 横向混合阶段

即污染物在竖向混合后至在河流横断面上达到充分混合而均匀分布为止，即污染物不但在竖向，而且在河流横向均匀分布。天然河流的河床常是宽浅式的，其宽深比一般大于10，因此横向混合所需要的长度比竖向混合要大，而且河流越宽浅，所需要的距离就越长，一般需要几公里，甚至几十公里。

此阶段是河流竖向混合均匀的污染水流不断横向扩散，最后达到整个河流断面的过程，体现为河流污染带自排口不断沿河流横断面扩充，最后整条河流横断面污水与河水完全混合，最后污染物浓度在河流横断面和竖向断面均匀化，即污染物均匀地充满了整个河道。

3. 混合距离

混合距离指从污水排出口开始到污水在整个河流断面（竖向和横向）完全混合，达到污染物浓度均匀一致的距离。实践中，一般离排出口的混合距离 L 采用下式计算，以后的区域即可视为污水与河流水体达到了完全混合。

$$L \geq \frac{1.8B^2 u}{4Hu^*} \tag{5.1}$$

式中：B 为河流平均宽度，m；u 为河流平均流速，m/s；H 为平均水深；u^* 为河流的摩阻流速，m/s，$u^* = \sqrt{gHI}$；其中 g 为重力加速度，m/s^2；I 为河道水力坡降，对河流而言通常采用河道的纵向底坡。

5.1.1.2 河流的稀释与扩散

河流的稀释即河流水体与污水之间因流速、质量不同而发生混合，可认为是弥散作用，使得浓度沿河流流动方向逐渐降低，达到稀释状态。

水流扩散，指由于污染物质、悬浮物或胶体粒子群等，在分子无规则热运动、湍流运动和水流弥散作用下，污染物不断进入水体并分散到整个水流空间的现象。

下面根据引起物质水流扩散的作用不同而分成三个方面介绍。

1. 分子扩散

分子扩散，也称分子传质，简称扩散，是在浓度差或其他推动力的作用下，由于分子、原子的无规则热运动而形成的物质在空间的迁移与传递现象。扩散与温度有关，是水体中污染物质量传递的一种基本方式。

此外，还经常遇到流体或物质在多孔介质中的扩散现象，如水体中的污染物在多孔介质表面和内部孔隙中的扩散，它的扩散速率有时控制了整个过程的速率，如有些气固、液固相反应过程的速率。在水污染治理中常见的是活性炭、生物炭等多孔介质对污染物的吸附净化，主要受分子扩散过程控制。

分子扩散服从菲克（Fick）定律，即以扩散方式通过单位截面积的质量通量与扩散物质的浓度梯度成正比：

$$\begin{cases} J_x = -E_m \dfrac{\partial c}{\partial x} \\ J_y = -E_m \dfrac{\partial c}{\partial y} \\ J_z = -E_m \dfrac{\partial c}{\partial z} \end{cases} \tag{5.2}$$

式中：J_x，J_y，J_z 分别为 x，y，z 方向上的分子扩散质量通量，$mol/(m^2 \cdot s)$；E_m 为分子扩散系数，m^2/s；c 为传递的物质浓度，mol/m^3；x，y，z 分别为三个坐标方向的距离，m。

水中的分子扩散系数不仅与溶质有关，而且与温度有关。如25℃时，氧分子在水中的分子扩散系数为 $2.42 \times 10^{-9} m^2/s$，二氧化碳在水中的分子扩散系数为 $1.91 \times 10^{-9} m^2/s$，硫化氢在水中的分子扩散系数为 $1.36 \times 10^{-9} m^2/s$，二氧化硫在水中的分子扩散系数为 $1.86 \times 10^{-9} m^2/s$。

2. 湍流（紊动）扩散

湍流扩散是由于湍流场中各物理量（速度、压力）的瞬时值的随机脉动而产生的物质分散现象。湍流扩散理论的基本观点是，湍流由许多大小不同的湍流涡所构成，湍流涡之间因速度梯度或压力梯度而存在相互剪切，使得能量由大涡向小涡传递，因而发生了能量转移，这一过程一直进行到最小的湍流涡转化为热能为止。在这个过程中，湍流涡中的物质随着能量的传递而同时传递，直到物质在整个湍流场中均一为止。

河流中水的流动基本属于湍流，其基本特征是速度、压力和物质浓度随时间的变化而随机脉动。

为了湍流场中浓度变化的方程易于求解，多以某点物质浓度的湍流时均值 $\bar{c}$ 来表示该点的浓度。

湍流引起的物质扩散通量可以用类似分子扩散的菲克定律方程来表示：

$$\begin{cases} I_x = -E_x \dfrac{\partial \bar{c}}{\partial x} \\ I_y = -E_y \dfrac{\partial \bar{c}}{\partial y} \\ I_z = -E_z \dfrac{\partial \bar{c}}{\partial z} \end{cases} \tag{5.3}$$

式中：I_x、I_y、I_z 分别为 x，y，z 方向上的湍流扩散质量通量，$mol/(m^2 \cdot s)$；E_x，E_y，E_z 分别为 x，y，z 方向上湍流扩散系数，m^2/s；$\bar{c}$ 为传递的物质平均浓度，mol/m^3；x，y，z 分别为三个坐标方向的距离，m。

分子扩散系数（为 $10^{-9}\sim 10^{-10}\,\mathrm{m^2/s}$）要比湍流扩散系数（为 $10^{-4}\sim 10^{-5}\,\mathrm{m^2/s}$）小得多，因此一般河流中污染物的分子扩散作用可以忽略不计。污染物在河流中的扩散以湍流扩散和弥散作用为主。

3. 弥散作用

水流在河道中流动时，由于河岸和河床边壁的影响，其流速在整个横断面上各点的流速分布不均，在靠近河岸和河床边壁的地方，流速较小，而河流中心则流速较大。同时，因河床和河岸的不均一（如凹凸不平），水流存在大小不同的漩涡，流速更加分布不均。

如图 5.1 所示，在河段的 $x=0$ 处投入一些染料（模拟污染物质），液流质点运动到流速分布线处（c），此时溶质沿河各断面的平均浓度相应地从（b）变为（d），即分散开来。

与此同时，在湍流扩散作用下，原来溶质浓度集中的水团，在向下游流动过程中变大，因此与仅有湍流扩散的情况相比，断面上流速分布的不均匀性大大加速了污染物在水流方向的混合过程。

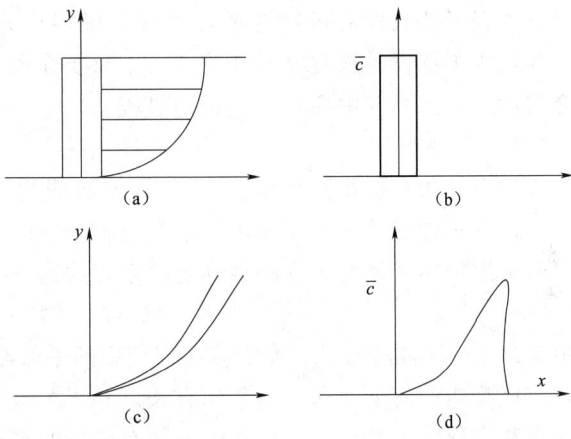

图 5.1　污染物在河流中的纵向弥散现象

此时，处于流速较快（或较慢）部分中浓度较高的污染物，在横向流速不均引起的涡旋作用下，向含污染物较少的部位横向扩散，使整个断面上浓度趋于一致，从而降低了断面流速分布均所产生的纵向混合效果。

弥散所引起的质量通量同样可以借用菲克定律的形式加以表示：

$$\begin{cases} J_x = -D_x \dfrac{\partial \bar{c}}{\partial x} \\ J_y = -D_y \dfrac{\partial \bar{c}}{\partial y} \\ J_z = -D_z \dfrac{\partial \bar{c}}{\partial z} \end{cases} \tag{5.4}$$

式中：J_x，J_y，J_z 分别为 x，y，z 方向上的分子扩散质量通量，$\mathrm{mol/(m^2 \cdot s)}$；$D_x$，$D_y$，$D_z$ 为分别为 x，y，z 方向上弥散系数，$\mathrm{m^2/s}$；其他符号意义同前。

从宏观而言，弥散是因为河流中水流流速分布不均而引起的，湍流扩散是由于流场的流速随机瞬时脉动引起的，而分子扩散则是由于水分子的热运动（布朗运动）引起的，其扩散尺度存在较大差别。在水流运动流速较高的情况下，弥散引起的污染扩散远大于湍流扩散和分子扩散，是污染物在河流中物理混合和迁移的主要推动力。

显然，在不考虑源项和降解转化消耗的情况下，有

$$\frac{dc}{dt} = D\frac{\partial^2 c}{\partial n^2} \tag{5.5}$$

式中：t 为时间，s；c 为污染物的浓度，mg/L 或 mol/L；n 为空间三维矢量，指 x，y，z 三个维度，m；D 为污染物在水体中的扩散系数，包括分子扩散、湍流扩散和弥散作用的综合扩散系数。

5.1.2 污染物向大气中挥发

具有挥发性的污染物在进入水体后，可以通过水-气界面在挥发的作用下进入大气，进而使得水体中该污染物的浓度得以降低。在环境中，主要关注对环境影响比较大的有毒或者持久性有机物的挥发过程。很多小分子持久有机物具有一定的可挥发性，其从水中挥发是该类物质迁移的一个重要途径。因此，本节以水中有机物的挥发来介绍污染物向大气中挥发而变化的过程。

5.1.2.1 亨利定律

可挥发持久有机物在水体中水-气界面两侧的平衡，实质是水中溶解的该类物质向大气挥发过程与其从大气向水中溶解过程之间的动态平衡。

通常用描述气体溶解度的亨利定律来表达这一平衡关系：

$$H = C_g/C_l \tag{5.6}$$

式中：H 为亨利常数；C_g 为物质在气相中的平衡浓度；C_l 为物质在液氧中的平衡浓度，与该物质的溶解度和气体分压有关。

亨利常数除了可用于比较水中不同有机物的水气两相间的迁移速度外，还可直接反映水中不同有机物的相对挥发性。亨利常数越大，有机物的挥发性也就越大。

5.1.2.2 持久性有机物从水中向大气挥发的速度

亨利常数只能表示污染物从水中向大气中挥发的趋势和该物质在水体中的最终浓度将会降低。而污染物在水中的净化速度及下游水体的污染程度主要取决于该物质从水体向大气的挥发速度。

由于大气的扩散条件好，在与水面相邻的气团中，持久性有机物的浓度通常很低，因此该类物质可认为是单向迁移，即从水体向大气挥发，而忽略其的再溶解过程。

为了描述物质在大气和液体之间的溶解和挥发过程，研究者提出了不同的理论来模拟物质在二者之间的迁移过程，如双膜理论、表面更新理论、湍流传质理论等，其中应用最为广泛的是双膜理论。

双膜理论（two-film theory）为气液界面传质过程的经典理论。由惠特曼（W. G. Whitman）和刘易斯（L. K. Lewis）于 20 世纪 20 年代提出。双膜理论将水气界面看作一个边界面，两侧各有一扩散薄层，分别为气相薄层和液相薄层。有机物在这两个薄层中因挥发而形成浓度梯度，而在气相和液相的其余部分保持浓度均一，如图 5.2 所示。

双膜理论的基本论点如下。

（1）相接触的气、液两流体间存在着稳定的相界面，界面两侧附近各有一层很薄的稳定气膜或液膜，溶质以分子扩散方式通过此两膜层。

（2）界面上的气、液两相呈平衡，相界面上没有传质阻力。

（3）在膜层以外的气、液两相主体区无传质阻力，即浓度梯度（或分压梯度）为零。

双膜理论把整个相际传质过程简化为溶质通过两层有效膜的分子扩散过程。

用 C_g 和 C_l 表示有机物分子在气相和水相主体部分的浓度，将界面水气两侧的浓度分别记为 C'_g 和 C'_l。如整个气体挥发过程为稳态过程，则溶质分子通过两个扩散薄层的通量相等。此通量分别与这两个扩散层的浓度成正比，即

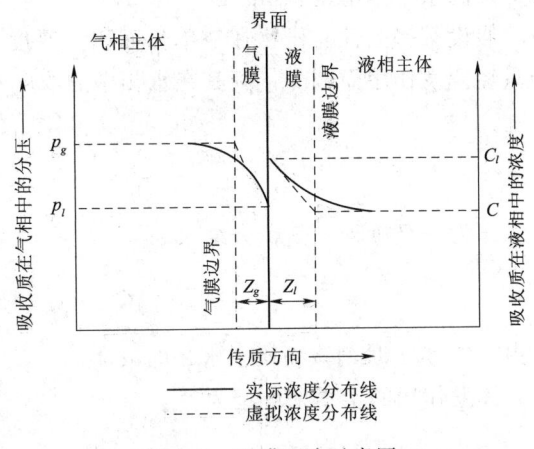

图 5.2 双膜理论示意图

$$F = K_g(C'_g - C_g) \tag{5.7}$$
$$F = K_l(C_l - C'_l) \tag{5.8}$$

根据亨利常数定义，有 $H = C'_g \div C'_l$ 或 $C'_g = HC'_l$，将其代入上述两式，消去 C'_g 和 C'_l 得

$$F = \frac{HK_lK_g}{HK_g + K_l}(C_l - C_g) \tag{5.9}$$

令 $K = \dfrac{HK_lK_g}{HK_g + K_l}$，有

$$F = \frac{K}{C_l - \dfrac{C_g}{H}} \tag{5.10}$$

式中：K 为整个挥发过程的速度，称总交换常数，它是亨利常数 H 和上述两个单层交换常数 K_g 和 K_l 的函数。

据实验测定，K_g、K_l 与它们的分子量的平方根成反比。因此对任何相对分子质量为 M 的物质，可根据标准物质如（CO_2 和 H_2O），遵循下式计算 K_g 和 K_l 值：

$$K_l = K_l(CO_2)\sqrt{\frac{M_{CO_2}}{M}} = 0.33\sqrt{\frac{44}{M}} \tag{5.11}$$

$$K_g = K_g(H_2O)\sqrt{\frac{M_{H_2O}}{M}} = 50\sqrt{\frac{18}{M}} \tag{5.12}$$

上述公式中 K_g 和 K_l 的单位均为 cm/min。亨利常数按下式计算：

$$H = \frac{16.04MP_0}{TC_s} \tag{5.13}$$

式中：M 为相对分子质量，g/mol；P_0 为标准大气压，mmHg；T 为温度，K；C_s 为以 CO_2 为标准物质计算亨利常数对 CO_2 在一个标准大气压 P_0 和温度（通常指

20℃）的水中溶解度，mg/L。

假设某持久性有机物在一单位面积、厚度为 h 的水团中的起始浓度为 C_0，该物质只经挥发作用而减少，则其在水相中的浓度变化率为

$$\frac{dc}{dt} = \frac{K\left(C_t - \frac{C_g}{H}\right)}{h} \tag{5.14}$$

作为一级过程，其积分结果为

$$C_t = \left(C_0 - \frac{C_g}{H}\right)e^{-Kt/h} + \frac{C_g}{H} \tag{5.15}$$

式中：C_t 为 t 时刻该物质在水相的浓度。

挥发作用的半衰期可记为 $t_{1/2}$

$$t_{1/2} = \frac{h}{K}\ln\frac{C_0 - \frac{C_g}{H}}{0.5C_0 - \frac{C_g}{H}} \tag{5.16}$$

对于大多数持久性有机物，它们在大气中的浓度极低。在大气扩散条件好时，$C_g = 0$，则上式可简化为

$$C_t = C_0 e^{-Kt/h} \tag{5.17}$$

$$t_{1/2} = 0.693\frac{h}{K} \tag{5.18}$$

一些有机氯化合物从水溶液中挥发的半衰期的计算值和实测值见表 5.1，可见用式（5.18）估算持久性有机物挥发的速度是能满足精度要求的。

表 5.1　　　　　　　　部分持久有机物从水中挥发的半衰期

化合物	C_t/ppm	P_0/mmHg	H	K/(cm/min)	$t_{1/2}$/min	
					计算值	实测值
CCl_6	800	113	0.87	0.177	24.4	25.5
CH_3CH_2Cl	5700	760	0.46	0.269	16.7	23.1
CH_2ClCH_2Cl	8700	82	0.04	0.184	24.5	28.0
CH_3CCl_3	720	124	1.20	0.190	23.7	20.3
$CHCl_2CHCl_2$	3000	6.5	0.019	0.111	40.5	55.2
$CH_2=CHCl$	60	760	50	0.280	16.1	27.6

5.1.3　吸附与解析

天然水体是一个多种物质混合的稳定分散系统，其中分散物质包括各种溶解态的离子和分子、胶体颗粒和悬浮颗粒等。颗粒物质按照组成可分为三类：无机粒子（主要是土壤颗粒、细小矿物等）、有机离子（各种有机物和微生物，有机物中以腐殖质类为主）以及无机与有机粒子的聚集体。这些粒子因颗粒微小、表面带电和水化膜等作用，在水体中能够保持长期分散而不下沉的稳定状态，从水处理的角度都统称为胶体。

不管是水中的胶体或者较大颗粒的悬浮物，由于它们具有巨大的比表面积、表面

能和带电荷，它们都能强烈的吸附水中的各种分子和离子，尤其是对重金属和难溶性有机污染物的吸附能力更强，进而对其在水环境中的迁移和转化有很大影响。胶体和悬浮物的吸附作用是使重金属和持久性有机污染物从不饱和溶液中的液相转入固相而沉积在河湖沉积物（底泥）的主要途径。

包含大量颗粒物组分的河湖水底沉积物也可被看作一个吸附剂的组合体。

5.1.3.1 水体中的颗粒物

在天然水体中存在的主要颗粒物有黏土微粒和黏土矿物、金属水合氧化物、腐殖质和悬浮沉积物。

1. 黏土微粒和黏土矿物

天然水中常见矿物微粒为石英、长石、云母及黏土矿物等硅酸盐矿物。石英（SiO_2）、长石（$KAlSi_3O_8$）等不易碎裂，颗粒较粗，缺乏黏结性。云母、蒙脱石、高岭石等路上矿物则是层状结构，易于碎裂，颗粒较细，具有黏结性，可以生成稳定的凝集体。

黏土矿物是天然水中具有显著胶体化学特性的微粒。黏土矿物是由其他矿物经化学风化作用而生成，主要为铝或镁的硅酸盐。

2. 金属水合氧化物

Al、Fe、Mn、Si 等金属的水合氧化物在天然水中以无机高分子及溶胶等形态存在，在水环境中发挥重要的胶体化学作用。

Al 在水中主要形态是 Al^{3+}、$Al(OH)^{2+}$、$Al_2(OH)_2^{4+}$、$Al(OH)_2^+$、$Al(OH)_3$、$Al(OH)_4^-$ 等，并随 pH 值的变化而改变各形态浓度的比例。实际上，铝在一定条件下会发生聚合反应，生成多核羟基配合物或无机高分子，最终生成 $[Al(OH)_3]n$ 的无定形沉淀物。

Fe 也是广泛分布的丰量元素，它的水解反应和形态与铝有类似的情况，存在形态有 Fe^{3+}、$Fe(OH)^{2+}$、$Fe(OH)_2^+$·、$Fe_2(OH)_2^{4+}$ 和 $Fe(OH)_3$ 等。固体沉淀物可转化为 FeOOH 的不同晶型物。同样，它也可以聚合成为无机高分子和溶胶。

Mn 与铁类似，其丰度虽然不如铁，但溶解度比铁高，因而也是常见的水合金属氧化物。

Si 在水体中通常以溶解性无机硅的形式存在，主要为正硅酸盐，单体如 H_4SiO_4，它是一种弱酸；还可以以胶体悬浮存在，或以沉淀形式存在于沉积物中。胶体存在的硅酸盐是由过量硅酸聚合而成，颗粒直径通常为 $10^{-9} \sim 10^{-7} cm$。

3. 腐殖质

腐殖质是一种带负电的高分子弱电解质，其形态构型与官能团的离解程度有关。在 pH 较高的碱性溶液中或离子强度低的条件下，羟基和羧基大多离解。因高分子呈现的负电荷相互排斥，构型伸展，亲水性强，因而趋于溶解。在 pH 值较低的酸性溶液中，或有较高浓度的金属阳离子存在时，各官能团难于离解而电荷减少，高分子趋于卷缩成团，亲水性弱，因而趋于沉淀或凝聚。富里酸因分子量低受构型影响小，故仍溶解，腐殖酸则变为不溶的胶体沉淀物。

4. 悬浮沉积物

天然水体中各种环境胶体物质往往并非单独存在，而是相互作用结合成为某种聚集体，即成为水体悬浮沉积物。它们可以沉降进入水体底部，也可重新再悬浮进入水中。

悬浮沉积物是以矿物微粒，特别是黏土矿物为核心骨架，有机物和金属水合氧化物结合在矿物微粒表面上，成为各微粒间的黏附架桥物质，把若干微粒组合成絮状聚集体，经絮凝成为较粗颗粒而沉积到水体底部。

其他物质，如湖泊中的藻类，污水中的细菌、病毒，废水排出的表面活性剂、油滴等，也都有类似的胶体化学表现，起类似的作用。

5.1.3.2 吸附与解析

吸附指当流体与多孔固体接触时，流体中某一组分或多个组分在固体表面处产生积蓄，此现象称为吸附。吸附也指物质（主要是固体物质）表面吸住周围介质（液体或气体）中的分子或离子现象。

解析指吸附的逆过程，被吸附在吸附剂上的物质从其上脱附下来，重新进入周围介质的现象。

5.1.3.3 吸附机理

从环境中悬浮胶体颗粒与水中污染物（无机重金属和有机物）相互作用的角度，一般吸附分为物理吸附、专属吸附和交换吸附三种类型。

1. 物理吸附

因胶体具有巨大的比表面积和高表面能而对吸附质产生的吸附，又称为表面吸附。

物体表面的分子与内部分子不同，由于受到不均衡的分子引力（范德华力），使其具有多余的自由能，即存在剩余引力。由于这些能量是在表面产生的，故称表面能。表面能越大，吸附作用越大。

表面能的大小，取决于物体的裸露表面积。比表面积指单位重量物质的表面积。胶体颗粒微小，比表面积大，因而能产生巨大的表面吸附能。

2. 离子交换吸附

离子交换吸附是一种物理化学吸附。它与胶体微粒所带电荷有关，故又称为极性吸附。在自然环境中，大部分胶体（黏粒矿物、有机胶体等）带负电荷，所以容易被吸附的主要是各种阳离子。

黏粒矿物的负电荷一部分为其晶格本身决定，不受介质pH值的影响。但另一部分电荷受pH值的影响，随环境pH值的改变而改变，称此可变负电荷为pH依变电荷。水中腐殖质胶体的负电荷均为可变负电荷，主要由于腐殖质的羟基和羧基中的H^+解析所引起的。

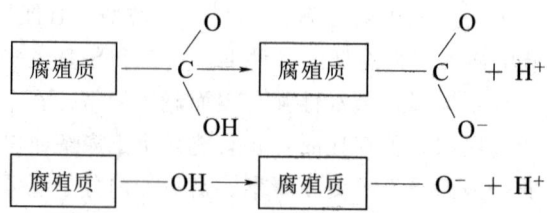

含水氧化铁、氧化铝属于典型的两性胶体，其特点是既能离解出 OH^-，也能离解出 H^+，在酸性条件下带正电荷，在碱性条件下带负电荷，即

$$Al(OH)_3 + H^+ \rightleftharpoons Al(OH)_2^{+1} + H_2O$$

$$Al(OH)_3 + OH^- \rightleftharpoons Al(OH)_2O^- + H_2O$$

当两性胶体离解的阴阳离子量相等时，胶体溶液的 pH 值称为等电点（零电位点），即在这一 pH 值时胶体不带电荷。

上述腐殖质和硅酸等只能离解出 H^+，如果要离解 OH^-，只有在极端条件下才有可能，因而等电点很低。氢氧化铝和氢氧化铁是典型的两性胶体，具有几乎同等的离解 H^+ 和 OH^- 的能力，它们的等电点较高。

在吸附的过程中，胶体每吸附一部分阳离子，同时也放出等当量的其他阳离子。因此，称这种吸附为离子交换吸附。离子交换吸附是一种可逆反应，而且能迅速达到可逆平衡，并且向任何一方的反应都不能进行到底。由于这个原因，水环境中胶体上吸附的交换性离子很少是一种离子组成的，往往存在好几种离子。

离子交换吸附是以当量关系进行的，且不受温度的影响。

被胶体粒子吸附的离子总量称为吸附容量，它通常以每 100g 胶体所含离子的毫摩尔数来表示。常见黏土矿物的吸附容量见表 5.2。

表 5.2　　　　　　　　　水中常见各类胶体的吸附容量

胶体种类	胶体中交换性阳离子含量（mmol/100g）	
	一般范围	平均值
蒙脱石类	60~100	80
伊利石类	20~40	30
高岭石类	3~15	10
含水氧化铁、铝	极微	—
埃洛石（$2H_2O$）	5~10	
埃洛石（$4H_2O$）	40~50	
蛭石	100~150	
绿泥石	10~40	
有机胶体	150~700	300~400

环境 pH 值高时，胶体的吸附容量也大。这是因为介质中 pH 值很低时，H^+ 离子浓度相当大，胶体的 OH^- 离解受到抑制，所以胶体的负电荷减少，而吸附的阳离子必然也减少。pH 值增高时，胶体的 H^+ 离解增大，阳离子交换量相应增加。pH 值对高岭石和蒙脱石的吸附容量影响见表 5.3。

表 5.3　　　　　　pH 对高岭石和蒙脱石胶体吸附容量的影响

胶体种类	pH=2.5~6.0	pH=7.0	由于 OH 基进一步离解所增加的阳离子交换量
	mmol/100g		
高岭石	4	10	6
蒙脱石	95	100	5

3. 专属吸附

专属吸附指包括化学吸附,即吸附剂和吸附质之间发生化学反应而生成化学键引起的吸附,常由加强的憎水键和范德华力或氢键在起作用。化学吸附是专属吸附的主要作用,也是最强烈的吸附作用。专属吸附作用不但可使胶体表面电荷改变符号,而且可使离子化合物吸附在同号电荷的表面上。因此,专属吸附在水环境胶体化学中具有十分重要的意义。

在水环境中,配合离子、有机离子、有机高分子和无机高分子的专属吸附作用特别强烈。例如,简单的 Al^{3+}、Fe^{3+} 等高价离子并不能使胶体电荷因吸附而变号,但其水解产物却可达到此点。这就是发生专属吸附的结果。

金属水合氧化物或氢氧化物,最常见的是铁和铝的氧化物和氢氧化物,其对重金属离子的专属吸附最强。金属水合氧化物与极性水分子产生羟基,而后与重金属离子形成配合物或螯合物而吸附,被吸附的离子不能被通常的提取剂(如钠、铵和钙盐溶液)所提取,只能在极强酸性条件下解吸,或被亲和力更强的重金属离子所置换。

由于专属吸附作用,金属水合氧化物可以从常量浓度的碱金属盐溶液中吸附其中的痕量(浓度上低 3~4 个数量级)重金属离子。

专属吸附不是静电引力所致,在金属水合氧化物带正电荷或负电荷时均可发生专属吸附。例如人工合成的水锰矿,其等电点为 pH=1.8,但在 pH<1 时,也能够明显吸附 Co^{2+}、Cu^{2+} 和 Ni^{2+}。

水合金属氧化物或氢氧化物对金属离子的专属吸附与非专属吸附的区别见表 5.4。

表 5.4　　水合金属氧化物对金属离子的专属吸附与非专属吸附区别

项　　目	专属吸附	非专属吸附
发生吸附时表面电荷的符号	+,0,−	−
金属离子所起的作用	配位离子	反离子
吸附时所发生的反应	配位体交换	阳离子交换
发生吸附时要求体系的 pH 值	>或≤零电位点	>零电位点
吸附所发生的位置	内层	扩散层
对表面电荷的影响	负电荷减小、正电荷增加	无

上述三种吸附在机理上各不相同,但对某一实际的吸附过程而言,很难判断它究竟属于什么类型的吸附。

在水环境中,在水-悬浮物的吸附中,其吸附速度和吸附容量大小一般由胶体和悬浮物的性质(特别是它的比表面积大小)以及吸附质和水的性质决定,因水大量存在,一般可将这方面的因素视为不变。

4. 表面吸附(物理吸附)与专属吸附的区别

表面吸附也称为物理吸附,而专属吸附主要指化学吸附,包括化学成键作用和水合金属氧化物(氢氧化物)的羟基配合或螯合作用,二者主要区别如下:

(1)吸附强弱不同。物理吸附发生时,固体吸附剂与吸附质之间不发生电子的转移和化学键的生成与破坏,物质被吸附就像分子在固体表面上凝聚,所以被吸附的分子容易从固体表面脱附,从这一角度来讲,物理吸附是可以双向进行的。而专属吸附依靠化学键力或配合及螯合作用,发生脱附较困难,因而在一般情况下只能单向进行。

(2) 吸附热效应不同。吸附过程都是自发进行的,吸附作用的结果不但使固体表面自由能减小,而且被吸附质的自由度也比在水相或气相中要小,分子运动的混乱度相应减小,因此吸附过程是放热反应,但由于在物理吸附中范德华力作用较小,所以物理吸附的热效应比专属吸附的热效应要小得多。

(3) 吸附选择性不同。物理吸附是由分子间引力所引起的物理现象,所以没有选择性,也就是说任何固体都可以吸附任何种类的物质,吸附作用的差别仅在于吸附量的大小不同而已。一般来说沸点越高的气体,越容易被固体表面吸附。专属吸附是由化学键力引起的化学反应或金属水合氧化物羟基化引起的配合或螯合反应,吸附剂只能吸附那些容易和它发生对应反应的物质,因而专属吸附是有选择性的。

(4) 吸附速率不同。物理吸附的速度很快,气体与吸附剂一经接触就发生吸附作用,比较容易达到吸附平衡,而且吸附速度受温度影响也较小。专属吸附,如化学吸附就像化学反应需要一定的活化能,吸附速度较慢且受温度影响较大,一般来说化学吸附的速度随温度升高而加快。

5.1.3.4 吸附等温式

水体中颗粒物对溶质的吸附是一个动态平衡过程,在固定的温度条件下,当吸附达到平衡时,颗粒物表面上的吸附量(Q)与溶液中溶质平衡浓度(C)之间的关系,可用吸附等温线来表达。水体中常见的吸附等温线有两类,费兰德里希(Freundlich)型和朗格缪尔(Langmuir)型。

表达温度固定条件下,吸附剂的吸附量Q与溶液中溶质平衡浓度C之间关系的数学关系式,称为吸附等温式。

1. 费兰德里希(Freundlich)吸附等温式

一般情况下,固体吸附量Q随着溶液浓度增加而增大。固体吸附等温线常见的形式如图5.3所示。

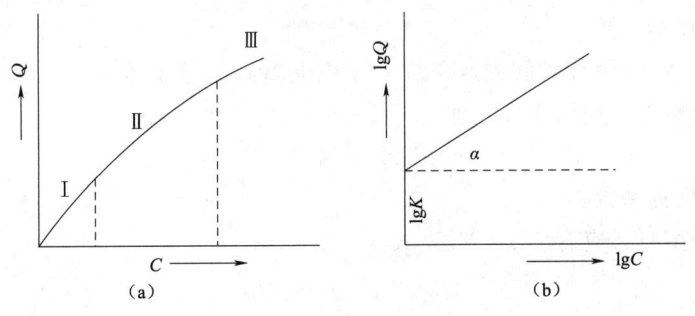

图5.3 费兰德里希吸附等温线

图中曲线可划分为三段,第Ⅰ段为低浓度区,浓度C对吸附量Q的影响最大,Q-C接近直线比例关系;在继续提高浓度时,吸附量仍随着浓度的增加而增长,但增长速度减缓(第Ⅱ段);最后当浓度很高时(第Ⅲ段曲线),吸附量达到饱和,此时

Q-C 曲线几乎平行横坐标，吸附量不再增加。

对于曲线第Ⅱ段，在实际中常用费里德里希经验公式表示，即

$$Q = KC^{\frac{1}{n}} \tag{5.19}$$

对上式取 lg 对数，则得

$$\lg Q = \lg K + \frac{1}{n}\lg C \tag{5.20}$$

其对数坐标图如图 5.3（b）所示，纵坐标上截距为 $\lg K$，因此 K 值即为 $C=1$ 时的吸附量值。直线的斜率即 $\alpha = \frac{1}{n}$，表示吸附量随浓度而增长的强度。

这一经验公式在研究水体悬浮物与底泥对重金属离子吸附时得到广泛的应用，但对于低浓度及高浓度时可能产生较大的误差。

公式中的常数 K 和 n 为经验系数，没有明确的物理意义。

2. 朗格缪尔（Langmuir）吸附等温式

朗格缪尔吸附理论认为任何固体表面都不是绝对光滑的，而是由大量的均匀分布的突出点组成。突出点上的原子和离子具有未饱和的价键力，构成了一系列的吸附点，称为吸附活性中心。每个活性中心只能吸附一个物质分子，因此当表面上的吸附活性中心全部被占满时，吸附量达到最高饱和值，此时在吸附剂表面上分布一个吸附质的单分子层。被吸附的物质分子之间不再发生吸附，它们相互之间也没有作用，因此不可能再形成第二层被吸附分子。

当整个吸附表面上的吸附速率与解吸速率相等，即达到吸附动态平衡时，表面上被吸附的物质占据的活性中心点比例为 θ，则尚未被物质占据的活性点比例为 $1-\theta$。单位面积上达到饱和时最大极限吸附量为 Q_0，而达到任一平衡的吸附量为 Q，则 $\theta = Q/Q_0$。

当温度一定时，单位时间在单位面积上吸附的分子数目（即吸附速度 N_a）与溶液浓度成正比，也与尚未被占据的自由活性点 $1-\theta$ 成正比，有

$$N_b = K_a C(1-\theta) \tag{5.21}$$

式中：K_a 为比例系数。

解吸速度 N_b（单位时间内从单位表面积上离开的分子数目）将只与表面已吸附的活性中心点所占比例成正比，即

$$N_b = K_b \theta \tag{5.22}$$

式中：K_b 为比例系数。

当吸附平衡时，应有 $N_a = N_b$，故

$$K_a C(1-\theta) = K_b \theta$$

由上式求得

$$\theta = \frac{K_a C}{K_b + K_a C}$$

如果令 $b = K_a/K_b$，则

$$\theta = \frac{bc}{1+bc}$$

而 $\theta = Q/Q_0$，故可化为

$$Q = \frac{Q_0 bc}{1+bc} \tag{5.23}$$

上式为朗格缪尔吸附等温式的基本形式。如果令 $a = K_b/K_a$，即 a 和 b 互为倒数，则可得

$$\theta = \frac{C}{a+C}$$

$$Q = \frac{Q_0 C}{a+C} \tag{5.24}$$

这是朗格缪尔吸附等温式的另一表达形式，其图像为一条曲线（图 5.4）。曲线渐进线为 $Q = Q_0$，即当 $C \to \infty$ 时，$Q \to Q_0$。

由朗格缪尔等温吸附式（5.24）可知，当浓度 C 与常数 a 相差大时，即 $C \gg a$，则式中 a 可以忽略不计，此时可得 $Q = Q_0$，吸附量达到最大极限值。反之，当浓度极低时，$C \ll a$，则上式分布中的 C 也可忽略不计，而有

$$Q = \frac{Q_0}{a} C = KC \tag{5.25}$$

式中：$K = Q_0/a$ 为一常数，说明此时吸附量 Q 与浓度 C 成正比，在等温线上为直线区段。

由式（5.24）可知，如果 $a = C$，则可得 $Q = \frac{1}{2}Q_0$，即 a 值相当于吸附量达到极限值的一半，也就是吸附活性点有一半被占据时的溶液浓度 C 值。a 值还可以通过由曲线零点引切线 OA 与渐近线相交所割线段的方法求得，见图 5.4。

朗格缪尔吸附等温式能较好地适合各种溶液浓度，其中包括低浓度和高浓度的情况，而且式中每一项都具有明确的物理意义，Q_0 指最大饱和吸附量，a 指吸附速率常数，因而得到广泛的应用。

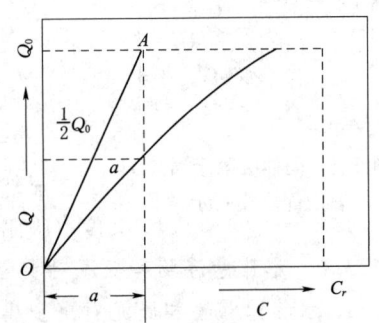

图 5.4 朗格缪尔吸附等温曲线

从朗格缪尔吸附理论及其吸附等温式的推导可知，该模式实际上描述的物质分子以单层吸附的方式吸附在吸附剂上。在实际吸附中，由于存在吸附剂与吸附分子及吸附分子之间的范德华力，吸附行为则表现为不只是单层吸附，可能存在较多层吸附的问题。这可能是朗格缪尔吸附等温式存在偏差的原因。

因此，一些研究者依据不同的吸附理论假设，提出了另外的吸附等温式，如 Brunauer、Emmett 和 Teller 针对多层吸附行为，提出了 BET 吸附等温式，Temkin 假设吸附焓随气体分压线性改变，提出 Temkin 吸附等温式。但费兰德里希和朗格缪尔吸附等温

式在实际中应用更为广泛。

5.1.3.5 氧化物表面吸附的配合模式

在水环境中,硅、铝、铁的氧化物和氢氧化物是悬浮沉积物的主要成分,研究这类物质表面上发生的吸附机理,特别是对金属离子的吸附具有重要作用。

20世纪70年代初期,由Stumm、Shindler等提出表面配合模式,逐步得到了更多的承认和推广应用,目前已成为吸附中的主流理论之一,在水环境化学中发挥很大作用。该模式基本点如下:

(1) 把氧化物表面对H^+,OH^-,金属离子,阴离子等的吸附看作是一种表面配合反应。

(2) 金属氧化物表面都含有MeOH基团,这是由于其表面离子的配位不饱和,在水溶液中与极性水分子配位,水发生解离吸附而生成羟基化表面。

(3) 表面羟基在溶液中可发生质子迁移,其质子迁移平衡可具有相应的酸度常数,即表面配合数。

对应水体中的金属水合氧化物,其在水中存在如下离解平衡:

$$\equiv MeOH_2^+ \rightleftharpoons \equiv MeOH + H^+$$

$$K_{s_1}^s = \frac{\{\equiv MeOH\}[H^+]}{\{\equiv MeOH_2^+\}}$$

$$\equiv MeOH \rightleftharpoons \equiv MeO^- + H^+$$

$$K_{s_2}^s = \frac{\{\equiv MeO^-\}[H^+]}{\{\equiv MeOH\}}$$

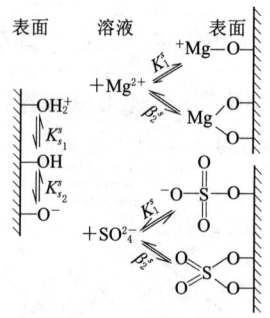

图5.5 固体吸附金属离子表面配合模式示意

式中:[ ]和{ }分别为溶液中化合态的浓度和表面化合态的浓度。

表面的$\equiv$MeOH基团在溶液中可以与金属离子和阴离子生成表面配位配合物,示意图见5.5,表面配合反应为

$$\equiv MeOH + M^{z+} \rightleftharpoons \equiv MeOM^{(z-1)+} + H^+$$

$$2\equiv MeOH + M^{z+} \rightleftharpoons (\equiv MeO)_2 M^{(z-2)+} + 2H^+$$

$$\equiv MeOH + A^{z-} \rightleftharpoons \equiv MeA^{(z-1)-} + OH^-$$

$$2\equiv MeOH + A^{z-} \rightleftharpoons (\equiv Me)_2 A^{(z-2)-} + 2OH^-$$

显然,金属水合氧化物的吸附与溶液pH值、颗粒浓度(吸附剂)、吸附质浓度、吸附质性质有关。

5.1.3.6 水体悬浮物和底泥对重金属和持久有机物的吸附与二次释放

1. 水体悬浮物和底泥对重金属的吸附作用

(1) 吸附作用可控制水体中金属离子浓度。胶体的吸附作用在很大程度上控制着微量金属在水环境中的分布与富集状况。大量资料表明,在水环境中所有富含胶体的沉积物由于吸附作用几乎都富集有Ca^{2+}、Ni^{2+}、Co^{2+}、Ba^{2+}、Zn^{2+}、Pb^{2+}等金属离子。Gardiner1974年的试验证明,底泥和悬浮物对Cd^{2+}的吸附作用及其可能的解吸作用是控制河水中Cd^{2+}浓度的主要因素。

很多学者研究了水环境中的胶体对Hg^{2+}的吸附特性,如Jenne发现铁和锰的水

合氧化物对 Hg^{2+} 的吸附作用能有效控制的 Hg^{2+} 浓度。Andersson 发现氧化铁能吸附大量 Hg^{2+}，尤其是在 pH＝6.5～7.0 时。Trost 和 Bisque 指出蒙脱石和伊利石在 pH＝6.0 时吸附的汞量大致相等。

(2) 吸附剂对金属离子的吸附能力及影响因素。Krenel 和 Shin 等研究了各种天然和人工合成吸附剂对 $HgCl_2$ 的吸附情况，发现它们对 $HgCl_2$ 吸附能力的大小顺序是：含硫的沉积物（还原态的）＞商业去污剂（硅的混合物）、活性炭＞三维黏土矿物（伊利石和蒙脱石）＞含蛋白的去污剂（羊毛、鸡毛）＞铁锰氧化物及不含硫的天然有机物（羊毛、鸡毛）＞不含硫但含胺的合成有机去污剂、三维黏土矿物和细沙。

如以 1 分钟内每克吸附剂所吸附的 $HgCl_2$ 的数量来排列，则其吸附能力大小顺序为：硫醇（84.2）＞伊利石（65.3）＞蒙脱石（35.77）＞胺类化合物（10.5）＞高岭石（9.7）＞含羰基的有机物（7.3）＞细砂（2.9）＞中砂（1.7）＞粗砂（1.6）。

在水环境中的胶体对甲基汞和氯化汞的吸附作用大致相同，只是与吸附剂的亲和力稍差一些。天然沉积物对甲基汞的吸附力与沉积物的环境条件和成分有一定的关系。如在厌氧条件下，含硫沉积物对汞的亲和力较大，在好氧条件下，亲和力比三维黏土矿物低。

近年，众多学者对沉积物对重金属的吸附主要影响因素进行了研究，表明水体 pH 值是控制金属离子由水体向固相迁移的主要因素。如王晓蓉对金沙江颗粒物对 Cu^{2+}、Ni^{2+}、Co^{2+}、Cd^{2+}、Zn^{2+} 和 Ni^{2+} 的吸附作用的研究，表明吸附总量随 pH 值的增高而增大，而且各元素具有一临界 pH 值，超过该值，离子的水解、沉淀起主要作用。汤鸿宵等研究指出，在湘江沉积物样品总吸附量中，黏土矿物的吸附贡献占主要地位（占 60%～70%），金属水合氧化物占 15%～25%，有机物占 11%～22%，而碳酸盐在其中其作用很小（仅占 0.5%～5%）。

上述可总结为，影响水体悬浮物和底泥对重金属的吸附作用的因素有：颗粒粒径大小（对底泥而言指黏粒含量），水体 pH 值，沉积物的组成性质等。

2. 水体悬浮物和底泥对持久有机物的吸附作用

水环境中的持久性有机物主要为农药、抗生素等，种类繁多，化学性质各异，因此在环境胶体上的吸附机理也不相同。这决定于有机物在水环境中能否形成带电荷的化合物。据此，将有机物分为离子型和非离子型，前者可参与离子交换作用，后者则不能。

离子型化合物又可按其所带电荷的不同及所受 pH 值条件影响的差别分为强碱性、弱碱性和酸性有机物三种。非离子型化合物也可进一步分为多个小类。

阳离子型持久有机物属于强碱性化合物，它们在天然水中基本解离，以阳离子形式存在，因此具有很高的溶解度。这种有机物在水体悬浮物或底泥中吸附的主要机理是简单的阳离子交换作用。阳离子型有机物尤其容易被蒙脱石所吸附，且吸附量可以达到蒙脱石的阳离子交换量，吸附后也不易被无机阳离子所取代。

弱碱性有机物分子在胶体表面的吸附可以三种方式进行，即离子交换、憎水吸附和氢键作用，其中最重要的是离子交换。弱碱性有机分子在适当条件下能在水中接受一个质子而带正电荷，其质子化程度取决于环境的 pH 值。如果以 B 表示弱碱性有机

物分子，则有

$$B+H^+ \rightleftharpoons BH^+$$

则电离常数 $K_a = \dfrac{[B][H^+]}{[B]}$，有

$$PK_a = \lg\dfrac{[BH^+]}{[B]} + pH \tag{5.26}$$

当环境中 pH 远高于弱碱性有机物的共轭酸 BH^+ 的 PK_a 值时，由于质子化程度低，离子交换吸附作用很弱。当 pH 与 PK_a 值相等时，有 50% 的弱碱性有机物被质子化而带正电荷，此时离子交换吸附最强。如果 pH 进一步下降，由于游离的 H^+ 和从黏土矿物中释放出来的 Al^{3+} 增多，它们在与质子化有机物竞争吸附剂方面越来越占据优势，因此有机物在固体表面的吸附会逐渐减弱。

值得注意的是，在固体表面附近，pH 条件与主体溶液中的情形不完全相同，一般来说，在黏土矿物表面，特别是在被高电负性阳离子（如 Al^{3+}）饱和的黏土矿物表面，弱碱性有机物分子被质子化的可能性增加。

弱碱性有机污染物分子能否参与离子交换吸附，常由环境的 pH 值所决定，而这些化合物在有机胶体上的憎水吸附则不受环境条件的影响。这种吸附作用的强弱程度与固体物质的有机物含量密切相关，实际上遵循化学物质的相似相溶的规律。弱碱性有机物分子还可以通过氢键作用与固体物质表面结合，但这样的结合比上述两种吸附方式弱得多。

酸性有机物分子多含有羧基或酚羟基，这种基团的离子化可导致带负电荷的有机阴离子生成：$RCOOH \rightleftharpoons RCOO^- + H^+$

同样有

$$PK_a = \lg\dfrac{[RCOOH]}{[RCOO^-]} + pH \tag{5.27}$$

这种离子化的趋势取决于酸性有机物的 PK_a 值和环境体系的 pH 值。由于水体悬浮物或沉积物中的主要成分均带负电荷，有机阴离子只能在酸性条件下被两性胶体（如含铁或铝氧化的胶体）所吸附。

各类非离子型持久性有机物主要被有机胶体所吸附，其中有机氯化合物在水中的溶解度最低，它们在固体表面的吸附为非专属性物理作用，且憎水吸附作用是其主要作用。以极难溶的 DDT 为例，它最容易被富含有机质的胶体所吸附。有机磷也有很强的向固体表面转移的趋势，它不仅能被有机胶体吸附，而且还可以附着在黏土矿物表面。

氨基甲酸苯酯类有机化合物，在固相表面的吸附也与吸附剂中有机物含量相关。此外，环境胶体中的黏土矿物成分也在一定程度上参与了对这些有机分子的吸附。除憎水吸附和表面物理吸附外，氢键作用在氨基甲酸苯酯类的吸附中也起到不可忽视的作用。

3. 沉积物中重金属的解吸——二次释放

为胶体和悬浮物所吸附的重金属、持久污染物、磷等污染物，随着水流的减缓和颗粒的沉淀而沉积在河流、湖泊的沉积物（底泥）中。但在一定的条件下，如颗粒环境条件改变（pH、氧化还原状态）或者水中浓度较低时，还可以从吸附的颗粒上解

吸出来而重新进入水体。因此，颗粒吸附的污染物的解吸属于二次污染问题，主要诱因如下。

(1) 盐浓度升高。水中溶解盐浓度升高，如钙、镁等，对重金属产生离子交换吸附作用，如钙可离子交换 Zn、Cu、Pb，交换能力排序为 Zn＞Cu＞Pb。

(2) 氧化还原条件变化。如铁和锰在沉积物中耗氧物质较多的情况下，如底泥中的有机物，会从高价态还原成低价态而溶解在水中。

(3) pH 降低。金属氧化物在水中的溶解随着 pH 值的升高而降低。

(4) 水中配合剂的量。重金属与配合剂形成溶解性的金属配合物。

(5) 生物化学行为。如植物根系分泌酸性物质，造成金属释放。

5.1.4 絮凝与重力沉淀

5.1.4.1 天然水体中悬浮胶体及其稳定性

1. 天然水体中悬浮胶体的性质

天然水体中含有大量的悬浮物，包括各种胶体、有机物、细微黏土颗粒、微生物等，其在水体中能够长久保持稳定分散状态而不下沉。在水环境和水处理中，把这种稳定分散状态的胶体与悬浮物混合溶液统称为胶体溶液。

天然水体中的胶体溶液存在如下性质：①颗粒尺寸很小，在纳米、微米量级，比表面积大；②这些胶体颗粒表面物质与极性水分子发生溶剂化作用，因而通常带有负电荷，颗粒之间存在相互排斥的静电斥力；③胶体溶液中的颗粒处于稳定而不下沉的状态；④胶体颗粒（悬浮颗粒）使水产生浑浊。

由于水中悬浮胶体带负电荷，而且颗粒细小，比表面积大，其能够对水体的污染物，如有机物和重金属离子产生强烈的吸附作用。因而，胶体悬浮物的性质及随水流的迁移，如产生絮凝而沉淀下来，还是继续保持悬浮状态，对水中污染物的迁移、转化起着非常重要的作用，影响到其迁移输送和沉降归宿的距离和去向，如重金属阳离子往往吸附在悬浮物表面而沉积在河湖底泥中，持久性有机物也因随着吸附的悬浮物的沉淀而在底泥中大量富集。

2. 天然水体中悬浮胶体稳定性

从水处理的角度而言，凡沉降速度十分缓慢的胶体粒子以至微小悬浮物，均被认为是"稳定"的。例如，粒径为 $1\mu m$ 的黏土颗粒，沉降 10cm 约需 20h 之久，在停留时间有限的水处理构筑物内不可能沉降下来，它们的沉降性可以忽略不计。这样的悬浮体系在水处理领域即被认为是"稳定体系"。

那么悬浮胶体为什么能够在水体中保持稳定的状态呢？一般研究认为胶体悬浮颗粒表面带有电荷，因而受聚集性稳定和动力学性稳定两大因素。

(1) 胶体带电特性。水中胶体表面都带有电荷，在一般水质中，黏土、细菌、病毒等都是带负电的胶体。胶体溶液中的电泳（胶体粒子的运动）和电渗（胶体溶液的运动）现象可证明胶体的带电。而氢氧化铝或氢氧化铁等微晶体都是带正电的胶体。

胶体表面荷电是因为固相表面对水中离子的特异吸附、固体表面物质的溶解、颗粒表面官能团的离解（如氨基、羧基等）以及固体表面晶体结构缺陷（如黏土及其他铝硅酸盐矿物）。胶体表面荷电大小受到 pH 值的影响。

悬浮胶体带电的结构可以用双电层理论进行描述。如图 5.6 所示，整个黏土胶团由胶核、吸附层、扩散层（漫散层）所组成。

胶核是胶体颗粒的中心，由颗粒物质组成。胶核表面带有电位形成离子，将吸引水中与之电荷相反的离子（反离子）。

吸附层是一部分反离子被紧密地吸引在胶核颗粒的表面附近，可随着微粒移动，这一层称为吸附层，其厚度与离子大小相近，为 $2\sim 3\text{A}°$，其随胶核一起运动，靠近胶核表面处，异号离子浓度大，结合紧密。

扩散层是另一部分反离子由于热运动和溶剂化作用向外扩散，构成扩散层，其厚度约为 $162\sim 325\text{A}°$。扩散层在胶体运动时大部分被甩掉，甩掉后剩下的面，叫滑动面，离胶核远，反离子浓度小，结合松散。

胶体移动时在滑动面上所表现出来的电位称为滑动电位，即 ζ 电位。ζ 电位越高，静电斥力越大，胶粒越稳定。要降低静电斥力，必须降低 ζ 电位，则应大量加入电解质，使溶液中反离子浓度增加，使与胶核表面吸附的离子带有相反电荷的离子进入吸附层，扩散层的异电离子数目减少，并变薄，压缩双电层。

天然水中的胶体杂质通常是负电荷胶体，如黏土、细菌、病毒、藻类、腐殖质等。黏土胶体的 ζ 电位一般在 $-15\sim -40\text{mV}$ 范围内，细菌的 ζ 电位一般在 $-30\sim -70\text{mV}$ 范围内，藻类的 ζ 电位一般在 $-10\sim -15\text{mV}$ 范围内。

（2）影响胶体的稳定因素。

1）胶体带电引起的颗粒间静电斥力。水中的胶体颗粒带有电荷，带有相同电荷的胶体颗粒之间存在相互排斥的静电斥力，其阻止胶体颗粒相互靠近。同时胶体颗粒之间因其质量而存在相互吸引的分子间作用力，即范德华力，其使颗粒相互接近。

如图 5.6 所示，当两个胶体颗粒接近时，两个颗粒间的静电斥力增加，同时颗粒吸引力也增加，但静电斥力和吸引力方向相反，一个表现为排斥而妨碍颗粒聚集，另一个表现为吸引而有利颗粒聚集。胶体颗粒之间的静电斥力和范德华力相互平衡时，胶体溶液处于稳定状态。

两个力相互作用的结果是在颗粒间距离达到一定程度时，颗粒间相互聚集需要克服的能量达到最大 $E_{\max}$。只要越过这个排斥能峰，颗粒就进入到吸引力为主的范围内，颗粒就会发生凝聚。

因此，悬浮胶体带电形成的颗粒间静电斥力是胶体稳定的一个重要因素。

2）水化膜作用。除了上述静电斥力和范德华力之外，还有胶体在溶液中的水化膜作用。由于吸附在胶核周围的反离子能与极化水分子相结合（水分子带负电一端总是向着正离子，负离子的周围对着水分子的正极一端）称为水化膜作用，从而在胶粒周围形成一层水化膜，犹如一堵围墙，阻止胶粒与胶粒之间的凝聚，也阻止胶粒与反离子结合。水化膜越厚，胶粒越稳定。水化膜是伴随胶粒带电而产生的，一旦胶粒 ζ 电位消除或减弱，水化膜将随之消失或减弱。

3）分子布朗运动。水分子的布朗运动也是胶体稳定的一个重要因素。布朗运动是指悬浮在液体或气体中的微粒所做的永不停息的无规则运动，因由英国植物学家布朗所发现而得名。作布朗运动的微粒的直径一般为 $10^{-5}\sim 10^{-3}\text{cm}$，这些小的微粒处

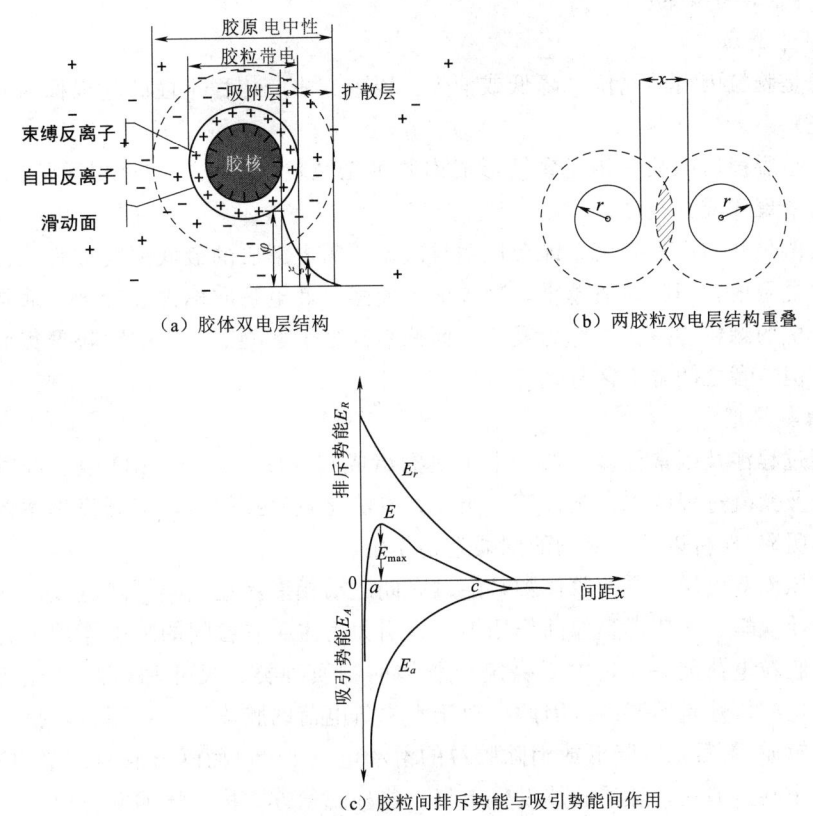

图 5.6 胶体带电结构与相互作用

于液体或气体中时，由于液体分子的热运动，微粒受到来自各个方向液体分子的碰撞，当受到不平衡的冲撞时，微粒的运动不断地改变方向而使微粒出现不规则的运动。布朗运动的剧烈程度随着流体的温度升高而增加。

大颗粒悬浮物如泥沙等，在水中的布朗运动很微弱甚至不存在，在重力作用下会很快下沉。而胶体颗粒很小，布朗运动剧烈，胶粒本身质量小因而所受重力作用很小，布朗运动足以抵抗重力影响，故而能长期悬浮于水中，称动力学稳定。胶体粒子越小，动力学稳定性也就越高。

综合以上，将胶体稳定性分为"动力学稳定"和"聚集性稳定"两种。胶体动力学稳定指颗粒布朗运动对抗重力影响的能力，即因水分子无规律布朗运动而引起的胶体稳定成为其动力学稳定。

胶体聚集性稳定指胶体颗粒之间不能相互聚集的特性，指由于胶体粒子表面同性电荷的静电斥力作用或水化膜的阻碍使这种自发聚集不能发生，这种稳定性称为胶体的"聚集性稳定"。

显然，如果胶体粒子表面电荷或水化膜消除，便失去聚集稳定性，小颗粒便可相互聚集成大的颗粒，从而动力学稳定性随之破坏，沉淀就会发生。因此，胶体的稳定性，关键在于聚集稳定性。

5.1.4.2 絮凝与凝聚

1. 基本概念

脱稳是胶粒因滑动电位ζ降低或消失,以致失去胶体稳定性的过程称为胶粒的脱稳(解稳)。

絮凝是脱稳后的胶粒相互聚结形成肉眼可见绒粒(矾花)的过程通常称为絮凝。矾花称为凝聚体或絮凝体。

凝聚值是开始产生凝聚,即形成明显凝聚所需电解质的最低浓度称为该种电解质对胶粒的凝聚值,即凝聚值越小,凝聚能力越强。此电解质称为混凝剂。通常依靠无机离子产生的颗粒碰撞长大称为凝聚,而依靠高分子絮凝剂产生的颗粒聚集而长大称为絮凝。但二者之间常不区分。

2. 絮凝机理

絮凝过程涉及因素很多,如水中杂质的组成和浓度、水温、pH 值、混凝剂的性能、投量及絮凝过程的水力条件等。当前,看法比较一致的是,絮凝机理主要有压缩双电层、吸附-架桥以及沉淀物的网捕卷扫作用。

(1) 压缩双电层。要使胶体颗粒通过布朗运动相撞聚集,必须降低或消除胶体颗粒间的排斥能峰,而使得颗粒间作用力以吸引力为主。胶粒间的吸引作用力为范德华力,其与胶粒电荷无关,它主要决定于胶体的物质种类、尺寸和密度。对于一定水质,胶粒这些特性是不变的。因此,对于水中负电荷的胶体悬浮物而言,投入带有正电荷的电解质-絮凝剂可降低或消除胶粒的滑动电位ζ,进而降低胶粒间静电排斥力,使得其减小甚至消失,悬浮胶体发生聚集,这种脱稳方式称为压缩双电层。

凝聚效果同原子价有关,价数越高,用量越省,或者说高价正离子压缩扩散层远比低价离子有效。同价的各种离子的凝聚能力同原子序号是一致的,如,$H^+>NH_4^+>Na^+>K^+$。

这种机理只适用于低价电解质提供的简单离子的情况,尤其适用于无机盐混凝剂。其无法解释絮凝剂投量过多时胶体重新稳定的现象。如三价铝盐或铁盐投加量过多时,絮凝效果反而下降,水中胶粒会重新变得稳定。实践表明:絮凝效果最佳时滑动电位ζ不在等电状态,通常是ζ>0,一般ζ最优是$-10\sim 5mV$。

(2) 吸附-架桥。絮凝剂中的高分子物质,以及硫酸铝、氯化铁溶于水后,形成的无机高分子聚合物,它们均具有线性结构,胶体微粒对这类高分子物质具有强烈的吸附作用,因而它们可以在相距较远的两胶粒之间进行吸附-架桥,即它的一端吸附某一胶粒后,另一端又吸附另一胶粒,也就是说形成了"胶粒+高分子+胶粒"的絮凝体,如图 5.7 (a) 所示,其高分子聚合物起了吸附架桥的作用。绒粒通过高分子吸附架桥作用,绒粒逐渐变大,最终形成肉眼可见的粗大絮凝体(矾花),$d=0.6\sim 1.0mm$,为后续沉淀创造良好的条件。

当高分子物质投加量过多时,将产生"胶体保护"作用,如图 5.7 (b) 所示。胶体保护可理解为:当全部胶粒的吸附面均被高分子聚合物覆盖后,两胶粒接近时,就受到高分子聚合物的阻碍而不能聚集。这种阻碍来源于高分子聚合物之间的相互排斥,其排斥力可能来源于"胶粒—胶粒"之间高分子受到压缩变形(像弹簧被压缩一样）而具有排斥势能，也可能由于高分子之间的同电荷斥力（对带电高分子而言）或水化膜。因此，高分子物质投量过少不足以将胶粒架桥连接起来，投量过多又会产生胶体保护作用。如在受到有机物污染严重的水体中，颗粒难以通过絮凝作用而沉淀分

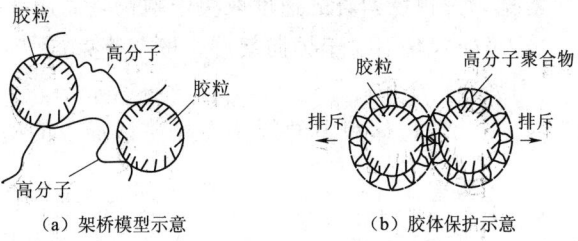

图 5.7　高分子吸附-架桥作用

离，这是因为有机污染物产生了胶体保护的原因。而这时需投加氧化剂破坏颗粒表面的有机物。

（3）沉淀物网捕或卷扫。当金属盐（如硫酸铝、氯化铁）或金属氧化物和氢氧化物（如石灰）用作混凝剂，且投加量大得足以迅速形成沉淀［如金属氢氧化物（氢氧化铝、氢氧化铁等）或金属碳酸盐（碳酸钙）］时，水中胶粒可被这些沉淀物在形成时所网捕、卷扫，从而产生沉淀分离，称为网捕或卷扫作用。

需要说明的是，几种混凝机理不是单独孤立的现象，往往可能同时存在，只是每种机理在不同的絮凝剂、投加量和水质的情况下所起到的作用不同而已。

5.1.4.3　絮凝动力学

要使杂质颗粒之间或者杂质颗粒与混凝剂之间发生絮凝，一个必要的条件是使颗粒相互碰撞。推动水中颗粒碰撞的动力来自两个方面：颗粒在水中的布朗运动；在水力或机械搅拌下所造成的流体湍流运动。

1. 基本概念

絮凝动力学是研究絮凝过程中颗粒碰撞、聚集以及絮体形成和演变的科学。它涉及颗粒在流体中的运动规律、相互作用机制以及外部条件对絮凝过程的影响，与过程作用时间和颗粒碰撞速率相关。

异向絮凝是由布朗运动引起的颗粒碰撞聚集。

同向絮凝是由水力或机械搅拌所造成的流体运动引起的颗粒碰撞聚集。

2. 絮凝动力学

（1）絮凝过程中颗粒大小的变化。加入絮凝剂并与原水均匀混合后，颗粒不断碰撞与凝聚，一步步长大成较大的颗粒，颗粒随着时间的变化见表 5.5。

表 5.5　　　　　　　　矾花颗粒粒径随反应时间的变化

混合反应时间	30s	1min	5min	10min	25～35min
粒径	40μm	80μm	0.3mm	0.5mm	>0.6mm

由此可见，在絮凝过程中颗粒大小随时间的增加而不断增大，直至可以在重力作用下产生沉淀，这说明絮凝效果与时间密切相关。

（2）絮凝动力学。絮凝颗粒的碰撞长大不仅与时间有关系，而且还与水流的水力条件有关系。

无论是由分子热运动引起的布朗运动造成的异向絮凝，还是由于水流紊动造成的

同向絮凝，其颗粒絮凝的速度取决于颗粒碰撞速率。

1) 异向絮凝。对于异向絮凝，根据菲克定律可导出颗粒碰撞速率：

$$N_p = 8\pi d D_B n^2 \tag{5.28}$$

式中：N_p 为单位体积中的颗粒在异向絮凝中的碰撞速率；n 为颗粒数量浓度，个/cm^3；d 为颗粒直径，cm；D_B 为布朗运动扩散系数，$D_B = \dfrac{KT}{3\pi d v \rho}$，$K$ 为波尔兹曼（Boltzmann）常数，1.38×10^{-16} g·cm²/(s²·K)；T 为水的绝对温度，K；v 为水的运动黏度，cm²/s，$v = \dfrac{\eta}{\rho}$；ρ 为水的密度，g/cm³。

将 $D_B = \dfrac{KT}{3\pi d v \rho}$ 代入式（5.28）得

$$N_p = \frac{8}{3 v \rho} K T n^2 \tag{5.29}$$

可知，由布朗运动所造成的颗粒碰撞速率与水温成正比，与颗粒的数量浓度平方成正比，而与颗粒尺寸无关。实际上，只有小颗粒才具有布朗运动。随着颗粒粒径增大，布朗运动将逐渐减弱。当颗粒粒径大于 1μm 时，布朗运动基本消失。因此，要使较大的颗粒进一步碰撞凝聚，还要靠流体运动的推动来促使颗粒相互碰撞，即进行同向絮凝。

2) 同向絮凝。由流体运动所造成的颗粒碰撞凝聚称同向絮凝，包括层流和湍流两种状态下的絮凝过程。

层流条件下，碰撞速率 N_0 可由式 5.30 计算（推导略）：

$$N_0 = \frac{4}{3} n^2 d^3 G \tag{5.30}$$

$$G = \frac{\Delta u}{\Delta z} \tag{5.31}$$

式中：G 为速度梯度，s^{-1}；Δu 为相邻两流层的流速增量，cm/s；Δz 为垂直于水流方向的两流层之间的距离，cm。

n 和 d 均属原水杂质特性参数，而 G 是控制混凝效果的水力条件。故在絮凝设计中往往以速度梯度 G 值作为重要的控制参数之一。

紊流条件下，水流是处于紊流状态的。列维奇（Levich）等根据科尔莫哥罗夫（Kolmogoroff）局部各向同性紊流理论来推求同向絮凝动力学方程，虽然实际水流的微观紊动不是各向同性的，但其推导在实际工程中可以应用。该理论认为：①在各向同性紊流中，存在各种尺度不等的涡旋，外部施加的能量形成大涡旋；②大涡旋将能量输送给小涡旋；③小涡旋将能量输送给更小的涡旋；④只有尺度与颗粒尺寸相近的涡旋才会引起颗粒碰撞。

依据上述理论，结合异向絮凝颗粒碰撞速率公式，可得出紊流条件下颗粒絮凝的碰撞速率公式：

$$N_0 = \frac{8\pi}{\sqrt{15}} G n^2 d^3 \tag{5.32}$$

比较式 (5.32) 与式 (5.30)，两式仅系数不同，形式完全相同。

根据式 (5.32) 与式 (5.30)，在絮凝过程中，水流速度梯度 G 值越大，颗粒碰撞速率越大，混凝效果越好。但随着 G 值增大时，水流剪力也随之增大，已形成的絮凝体又有破碎的可能。

3. 絮凝过程控制指标

原水的絮凝效果主要决定于水流紊动强度和絮凝反应时间两项因素，通常用速度梯度 G 和絮凝时间 T 的乘积 GT 值作为控制絮凝过程的指标。

在混合阶段，对水流进行剧烈搅拌的目的，主要是使药剂快速均匀分散于水中以利于混凝剂快速水解、聚合及胶体颗粒脱稳。搅拌强度按速度梯度计，平均 $G=700\sim1000\text{s}^{-1}$，搅拌时间通常在 $10\sim30\text{s}$，一般 $<2\text{min}$，$GT=10^4\sim10^5$。此阶段，杂质颗粒微小，同时存在颗粒间的异向絮凝。

在絮凝阶段，主要靠机械或水力搅拌促使颗粒碰撞凝聚而长大，故以同向絮凝为主。同向絮凝效果不仅与 G 有关，还与时间有关。在絮凝阶段，通常以 G 值和 GT 值作为控制指标。平均 $G=20\sim70\text{s}^{-1}$，$GT=10^4\sim10^5$，随着絮凝的进行，G 值应逐渐减小。

5.1.4.4 影响颗粒絮凝效果的因素

影响絮凝的因素很多，包括水温、水质、含盐量、水力条件等，还包括絮凝剂的品种、性质和投加量。

1. 水温

水温对絮凝效果有明显的影响，其主要原因有以下几点：水温低时，絮凝剂的水解速度缓慢，因无机絮凝剂的水解是吸热反应，低温时，无机混凝剂水解困难；絮凝体的形成也很缓慢，而且絮凝体细而松，不易下沉；水温低时，水的黏度大，水流剪力增加（水化作用增强，妨碍胶体凝聚，影响絮凝体成长），水中杂质微粒的布朗运动减弱，彼此碰撞机会减少，不利于脱稳和凝聚，也不利于颗粒的下沉（下沉阻力增大）。

例如，水温对铝盐类絮凝剂絮凝效果的影响：$t=20\sim40℃$，絮凝效果好；$t=15\sim10℃$，生成的矾花细而松，不易沉淀；$t=0℃$，效果极差。但水温对铁盐絮凝效果的影响较小，因 $Fe(OH)_3$ 比重大，$t=20℃$，$Fe(OH)_3$ 比重为 3.6，而 $Al(OH)_3$ 比重为 2.4。

目前对低温水的处理方法：

1) 投加助凝剂活化硅酸或黏土，投加高分子助凝剂，如聚丙烯酰胺（PAM）。
2) 增大絮凝剂的投量，改善颗粒之间的碰撞条件。

2. 水的碱度影响

铝盐或铁盐水解时均产生 H^+，使 pH 值降低。只有从水中不断排出 H^+，才能维持水体中 pH 值在絮凝剂最佳工作范围之内。

我国大多数地区的地面水碱度可以满足絮凝的要求，但也有一些地区水源碱度不足，特别是投药量较大，而原水碱度较小时，碱度不足，矾花很难形成。

对碱度不足的原水，为提高碱度，一般投加石灰或重碳酸钠（碳酸氢钠，$NaHCO_3$）进行碱化。如投加石灰（CaO），石灰在水中发生如下反应：

$$CaO + H_2O \longrightarrow Ca(OH)_2$$

$$Ca(OH)_2 = Ca^{2+} + 2OH^-$$

$$OH^- + H^+ = H_2O$$

$$Al_2(SO_4)_3 + 3CaO + 3H_2O = 2Al(OH)_3\downarrow + 3CaSO_4\downarrow$$

或

$$2FeCl_3 + 3CaO + 3H_2O = Fe(OH)_3\downarrow + 3CaCl_2$$

氢氧化铝 [$Al(OH)_3$] 是一种两性氢氧化物,既能与酸反应,也能与碱反应。如投加过程的石灰,会使得水体 pH 值过高,存在过量的 OH^-。则铝盐形成的 $Al(OH)_3$ 会进一步与水中的 OH^- 反应生成偏铝酸根,$Al(OH)_3$ 颗粒会溶解,影响絮凝效果。

$$Al(OH)_3 + OH^- = [Al(OH)_4]^-$$

3. 水的 pH 值

pH 值影响絮凝效果的程度视絮凝剂品种而异,因不同的絮凝剂在不同的 pH 值的条件下,其水解后的离子在水中的存在形态不同。

如对硫酸铝而言,pH<4 时,水解反应受到抑制;6.0>pH>4.5 时,铝离子主要以多核羟基配合物的形态存在;7.0<pH<7.5,主要是 $Al(OH)_3$ 沉淀物;pH>8.0 时,铝离子主要以络合阴离子 $[Al(OH)_4]^-$ 的形态存在。为了除浊,硫酸铝作为絮凝剂时最佳 pH 值范围为 6.5~7.5,主要依靠氢氧化铝聚合物的吸附架桥及羟基配合物的电中和作用和 $Al(OH)_3$ 沉淀物的网捕作用。

对氯化铁而言,pH<3 时,水解受到严重抑制。$Fe(OH)_3$ 属非典型两性化合物,只有在强碱性条件下才会重新溶解,形成溶于水的铁酸盐。

为了除浊,氯化铁的最佳 pH 值比铝盐宽得多,为 6.0~8.4;为了除色,最佳 pH 值范围 3.5~5.0。但一般天然水的 pH 值在中性范围内。

4. 水力条件

絮凝时的水力条件,主要是指絮凝时的速度梯度 G,其对絮凝反应的发生和进行具有重要的影响。絮凝剂与水体的混合应迅速并均匀,因而要求水流速度梯度较大,一般在 10~30s 内均匀混合,小于 2min,要求 G 值 $=700\sim1000s^{-1}$。而在后面的絮体长大即絮凝反应阶段,水流速度既要满足颗粒膨胀长大对的条件,又不要太大而造成颗粒破碎,因而要求平均 $G=20\sim70s^{-1}$,$GT=10^4\sim10^5$,随着絮凝的进行,G 值应逐渐减小。

5. 水中悬浮物浓度的影响

从上述絮凝动力学方程可知,水中悬浮物浓度很低时,颗粒碰撞速率大大减小,絮凝效果差。

5.1.4.5 重力沉淀

水中的悬浮胶体在絮凝之后形成较大直径的颗粒,这时其依靠重力作用就可以经过沉淀而进入水体底泥而沉积下来。重力沉淀一般去除 20~100μm 的颗粒。颗粒比重相对于水大于 1 时,表现为下沉;颗粒比重相对于水小于 1 时,表现为上浮。

1. 分类与沉淀过程

根据沉淀过程中,各颗粒之间是否存在干扰,可以分为自由沉淀和拥挤沉淀。

(1) 自由沉淀。低浊度水沉淀时,因水中的悬浮泥沙颗粒较少,沉淀时各颗粒之间相互干扰较小,可以看作是自由沉淀。

在静水中,颗粒下沉时,会受到向下的重力以及向上的阻力的共同作用。重力为颗粒的质量力,仅与颗粒自身的重量有关,而阻力则与颗粒的大小、糙度、形状以及沉淀速度有关。刚开始下沉时,颗粒受到重力作用,下沉速度会越来越大,但随着沉淀速度的加快,颗粒受到的向上的阻力也相应增大。当阻力与重力相等时,即达到平衡状态。

(2) 拥挤沉淀。拥挤沉淀指对于浊度较高的水而言,其颗粒在水中下沉时,被排挤的水对颗粒具有一定的阻力,颗粒处于相互干扰状态,这时的沉降将慢于自由沉淀的沉速。对于絮凝颗粒而言,其在拥挤沉淀过程中,颗粒之间因碰撞而继续长大,因而在沉淀过程中反而速度不断增加,其沉淀过程表现为清水液面与浑水液面的下沉,因此又称为分层沉淀或絮凝沉淀。

如图 5.8 所示,经过一定的沉淀时间后,沉淀实验筒中可划分为 4 个区域:清水区 A、等浓度区 B、变浓度区 C 以及压实区 D。清水区 A 与等浓度区 B 之间存在一个清水区与浑水区分界的分界面。在沉淀过程中,分界面随着沉淀时间的延长而连续下移,则清水区 A 深度不断增加,同时等浓度区 B 不断缩小直至消失,最终只剩下清水区 A 和浓缩区 D,这就是整个的拥挤沉淀过程。拥挤沉淀的沉速和水中的颗粒浓度有很大关系,一般浓度越高,沉淀时颗粒之间相互干扰越大,以致沉速越小。

如用相同的水样在不同高度的沉淀管内做沉淀实验,发现在不同沉淀高度 H_1 和 H_2 时,两条沉降过程曲线存在相似关系(图 5.8),即 $\dfrac{OP_1}{OP_2} = \dfrac{OQ_1}{OQ_2}$,说明当原水颗粒浓度相同时,$A$、$B$ 区交界的浑液面的下沉速度是相同的。这种沉淀过程与沉淀高度无关的现象,使有可能用较短的沉淀管作实验,来推测实际沉淀效果。

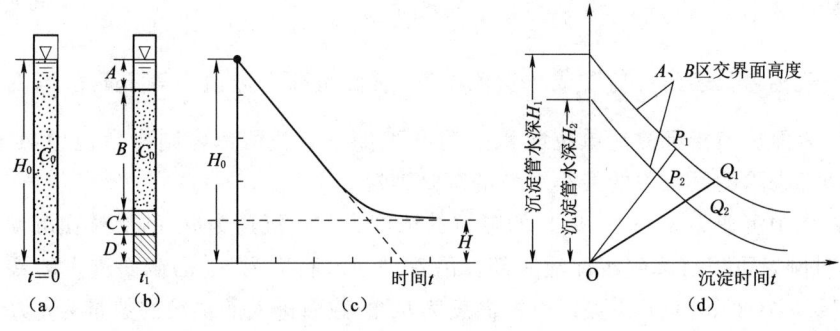

图 5.8 拥挤沉淀过程及其相似关系

2. 沉淀效率与浅层沉淀理论

在推求颗粒沉淀效率过程中,此处借用给水处理中的理想沉淀池的概念。

所谓理想沉淀池,应符合以下 3 个假定:

1) 颗粒处于自由沉淀状态。即在沉淀过程中,颗粒之间互不干扰、颗粒的大小、形状和密度不变。因此,颗粒的沉速始终不变。

2）水流沿着水平方向流动。在过水断面上，各点流速相等，并在流动过程中流速始终不变。

3）颗粒沉到池底即认为已被去除，不再返回水流中。

理想沉淀池工作状况如图 5.9 所示，$ABA'B'$ 构成纵断面的沉淀池组成，AB 为进水断面，$A'B'$ 为出水断面，水深为 h_0，沉淀区池长为 L。

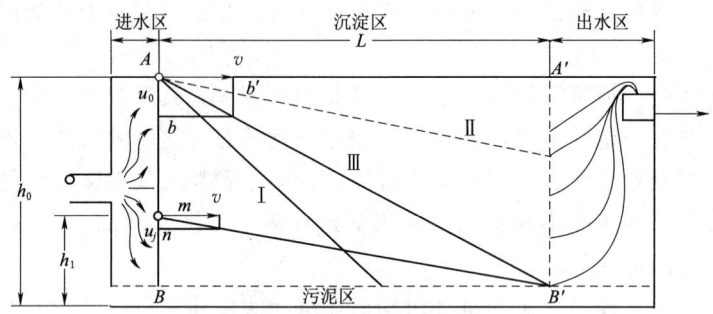

图 5.9 理想沉淀池工作状况

图 5.9 中直线 Ⅰ、Ⅱ、Ⅲ 的意义如下：直线 Ⅰ 指从池顶 A 开始下沉而能够在池底最远处 B' 点之前沉到池底的颗粒的运动轨迹；直线 Ⅱ 指从池顶 A 开始下沉而不能沉到池底的颗粒的运动轨迹；直线 Ⅲ 指从池顶 A 开始下沉刚好沉到池底的颗粒的运动轨迹。

设沿直线 Ⅲ 运动的颗粒被水流挟带的水流水平流速为 v，颗粒沉速为 u_0。轨迹 Ⅲ 所代表的颗粒沉速 u_0 具有特殊的意义，一般称为临界沉速或截留沉速，用 u_0 表示。实际上它反映了沉淀池所能全部去除的颗粒中的最小颗粒的沉速，因为凡是沉速等于或大于沉速 u_0 的颗粒能够全部被沉掉。

由图 5.9 可推导出颗粒的截留速度为

$$u_0 = \frac{Q}{A} \tag{5.33}$$

$\frac{Q}{A}$ 一般称为"表面负荷"或"溢流率"。表面负荷在数值上等于截留速度，但含义不同。表面负荷指沉淀池单位面积上的产水量，而截留速度则指自池顶 A 开始下沉所能全部去除的颗粒中的最小颗粒的沉降速度。

设原水中沉速为 u_i ($u_i < u_0$) 的颗粒的浓度为 C，沉速为 u_i 的颗粒在沉淀池中距池底 h_i 时刚好可以沉降到沉淀池底部。沿着进水区高度为 h_0 的截面进入的颗粒的总量为 $QC = h_0 BvC$，沿着 m 点以下的高度为 h_i 的截面进入的颗粒的数量为 $h_i BvC$（图 5.9），则沉速为 u_i 的颗粒的去除率为

$$E = \frac{h_i BvC}{h_0 BvC} = \frac{h_i}{h_0} \tag{5.34}$$

另外，从图 5.9 中 $\triangle ABB'$ 和 $\triangle Abb'$ 的相似关系，得

$$\frac{h_0}{u_0} = \frac{L}{v}, \text{即} \ h_0 = \frac{Lu_0}{v} \tag{5.35}$$

同理得

$$h_i = \frac{Lu_i}{v} \tag{5.36}$$

由上式得

$$E = \frac{u_i}{u_0} \tag{5.37}$$

由式（5.37）和式（5.33）得

$$E = \frac{u_i}{\dfrac{Q}{A}} \tag{5.38}$$

由式（5.38）可知，悬浮颗粒在理想沉淀池中的去除率只与沉淀池的表面负荷有关，而与其他因素如水深、池长、水平流速和沉淀时间均无关。这一理论早在1904年已由Hazen提出，称为Hazen浅池沉淀理论，它对沉淀技术的发展起了不小的作用。

可见，理想平流沉淀池的沉淀效率E只与颗粒沉速、沉淀池的水量和表面积有关，而与其他因素如水深、水平流速、沉淀时间、沉淀池的长度和宽度均无关。

3. 絮凝沉淀过程

絮凝颗粒在沉降过程中要相互碰撞凝聚，颗粒会进一步长大，使沉降速度增加，这种絮凝沉淀的颗粒在池中的沉降轨迹如图5.10所示。

从图5.10可以看出，絮凝沉淀的效果要略优于自由沉淀。

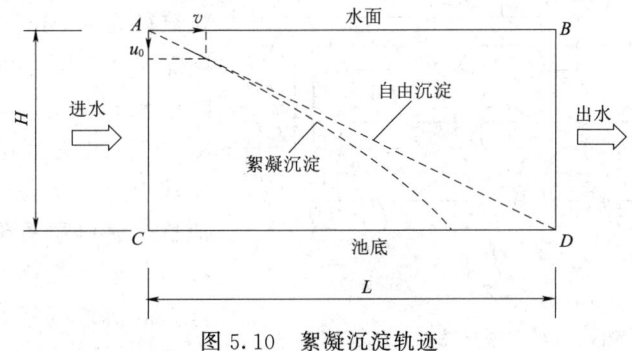

图5.10 絮凝沉淀轨迹

4. Hazen浅池沉淀理论的应用

（1）斜管/板沉淀池。根据Hazen浅层沉淀理论可知，要提高沉淀池的沉淀效果，可采用如下措施：

1）合理进行絮凝，可增大颗粒粒度，从而改变颗粒的沉降速度，沉淀效果提高。

2）在不影响沉泥稳定的情况下减小池深，增加水平分格，从而增加沉淀面积，从而提高沉淀效果［图5.11（b）］。

斜板（管）沉淀池就是根据Hazen浅池沉淀理论发展起来，在水处理中是浅池沉淀理论的典型实际运用。

如图5.11（a）所示，如在沉淀池中增加隔板，将沉淀池分为4层，每层水深为$4/H$，沉淀面积增加了4倍。如果水平流速v及所要求去除的最小颗粒的沉速u_0不变，则颗粒沉降轨迹的坡度不变。则其沉淀效率为

$$E' = \frac{u_i}{Q/4A} = 4\frac{u_i}{Q/A} = 4E \tag{5.39}$$

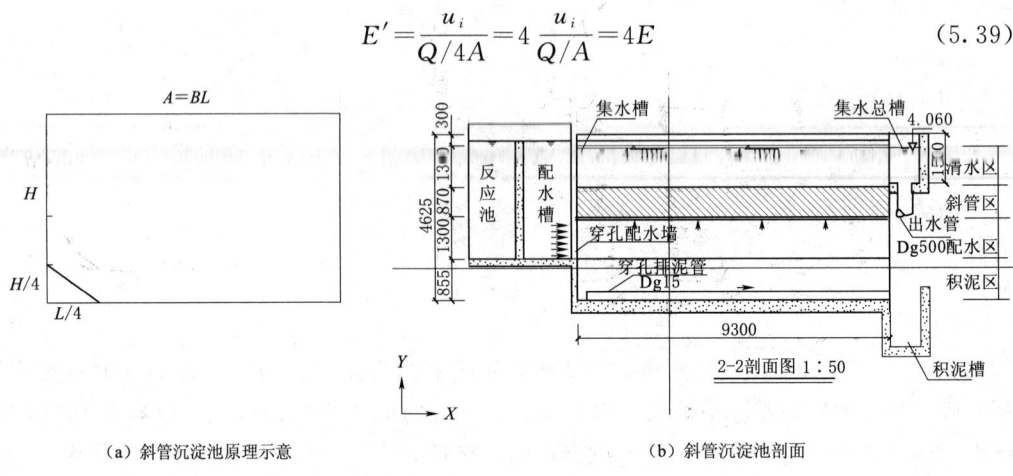

(a) 斜管沉淀池原理示意　　　　　(b) 斜管沉淀池剖面

图 5.11　斜管沉淀池

显然，沉淀池的沉淀效率增加了 4 倍。有更多的颗粒沉淀于池底，出水水质更好。

(2) 在过滤中的作用。过滤时常用滤除水中悬浮颗粒的水处理方法，水流经过滤料层的示意见图 5.12。

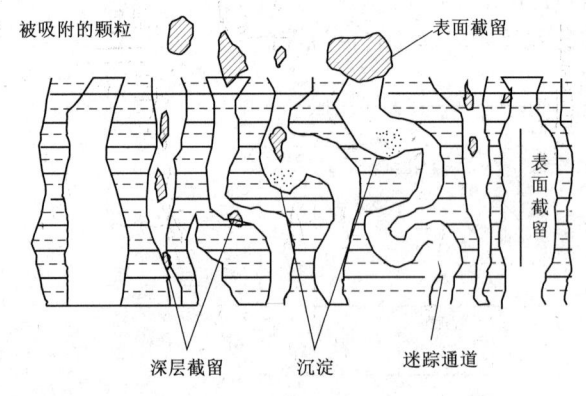

图 5.12　颗粒与水流通过滤料层示意图

对于滤料堆积后的滤料层，其颗粒间空隙非常小，如对于颗粒粒径为 0.5mm 的滤料而言，其空隙尺寸大概为 $80\mu m$。但水从空隙中流过时，水流速度非常小，$Re<2$，水流呈层流状态，颗粒在其中沉淀类似于沉淀池，即可把整个滤料层看作类似于层层叠起的一个多层微小沉淀池，利用巨大的沉淀面积，以截留水中微小杂质，如粒径为 0.5mm 的 $1m^3$ 砂粒，可提供有效沉淀面积达 $400m^2$ 左右，相当于同等负荷沉淀池，它能去除的杂质粒径约为沉淀池的 1/20。

过滤除了是给水厂中的必须水质净化工艺外，还常用在水环境治理与修复工程中，如功能湿地的进水前端，通常设置一段的卵石滤层用于截留大颗粒泥沙。还有污水土地处理的下渗过程、初期雨水处理的下沉绿地（生物滞留池）以及功能潜流湿地等，都可以将水流流经的填料层视为众多微小沉淀池组成的空间结构，其对颗粒的截留、沉淀也起到了至关重要的作用。

(3) 生态修复中颗粒在沉水植物叶面的沉淀。在水环境治理与生态修复实施过程中，通常在水体内种植大量的沉水植物，形成水生植物群落，起到水质净化和维持水体生态健康的作用。而水中悬浮颗粒以这些植物叶片为沉淀面而沉积在植物叶片上，并不断累积，然后在水流的作用下滑落至水底。因而沉水植物液面也充当了颗粒沉淀的接触面，众多水生植物构成了许多的沉淀池，加速了悬浮颗粒在水体内向底泥沉降过程。

5.2 化学净化

化学净化是污染物进入水体后，通过化学作用使其浓度降低或消除的过程。这类化学作用包括溶解与沉淀、氧化与还原、络合与螯合、光化学分解等。影响化学净化的环境因素有酸碱度、氧化还原电位和温度等。污染物本身的形态、化学性质和组成对化学净化也有很大影响。如温度升高可加速化学反应，在温热环境中有利于有机污染物的分解；酸性环境中金属离子活性增强，有利迁移；而碱性环境中易形成氢氧化物沉淀而减少环境中的有害金属离子。因自然界存在的化学作用而使污染物降解或消除的过程，称为化学自净。

5.2.1 溶解与沉淀

溶解和沉淀是污染物在水环境中迁移的重要途径。一般金属化合物在水中的迁移能力，可以直观地用溶解度来衡量。溶解度小者，迁移能力小。溶解度大者，迁移能力大。一般需用溶度积来表征溶解度。天然水中各种矿物质的溶解和沉淀作用也遵守溶度积原则。

本小节的沉淀与前小节不同，本小节沉淀指由于水中化学作用而生成不溶性物质而发生的物质沉积在水体底泥的现象。前一节仅指颗粒在重力作用下沉积在水底的过程。

在溶解和沉淀现象中，平衡关系和反应速率两者都是重要的。由平衡关系可以预测污染物溶解或沉淀作用的方向，并可以计算平衡时溶解或沉淀的量。但经平衡计算得到的结果与实际测量值相差很远，造成这种差别的原因很多，主要是自然环境中沉淀溶解过程影响因素较为复杂所致。如溶解沉淀平衡缓慢，不易在自然动态环境下达到平衡，可能存在溶解过饱和的现象，或者溶解产生的离子在水中进一步反应等。

因环境中金属氧化物、氢氧化物、硫化物和碳酸盐是各种离子主要存在的固体盐形式，了解其溶解与沉淀，对研究无机离子，尤其是重金属在水环境中的迁移转化和生态环境效应具有重要作用，因而本节主要介绍金属氧化物、氢氧化物、硫化物和碳酸盐的溶解沉淀过程。

5.2.1.1 氧化物和氢氧化物

金属氢氧化物沉淀有好几种形态，它们在水环境中的行为差别很大。氧化物可以看成是氢氧化物脱水而成的。这类化合物溶解与沉淀直接与 pH 值有关，涉及水解和羟基配合物的平衡过程，该过程往往复杂多变，本节以强强电解质的最简单关系式进行表述：

$$Me(OH)_n(s) \rightleftharpoons Me^{n+} + nOH^-$$

根据溶度积（K_{sp}）关系：

$$K_{sp} = [Me^{n+}][OH^-]^n \tag{5.40}$$

则有

$$[Me^{n+}] = K_{sp}/[OH^-]^n = K_{sp}[H^+]^n/K_w^n \quad (5.41)$$

$$-\lg[Me^{n+}] = -\lg K_{sp} - n\lg[H^+] + n\lg K_w \quad (5.42)$$

$$pc = pK_{sp} - npK_w + npH \quad (5.43)$$

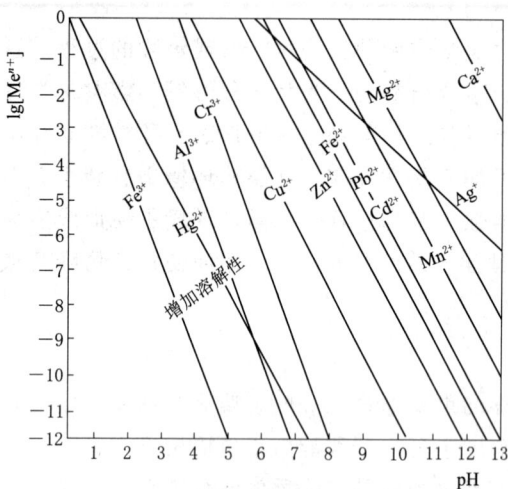

图 5.13 金属氢氧化物的溶解性与 pH 关系

根据式 (5.43), 可以给出溶液中金属离子饱和浓度对数值与 pH 的关系图 (图 5.13), 直线斜率等于 n, 即金属离子价。当离子价为 +3、+2、+1 时, 直线斜率分别为 -3、-2 和 -1。直线横轴截距是 $-\lg[Me^{n+}] = 0$ 或 $[Me^{n+}] = 1.0 mol/L$ 时的 pH 值, 水的离解常数 K_w ($K_w = 1 \times 10^{-14}$) 取负对数, 即 $-\lg K_w = 14$, 有

$$pH = 14 - \frac{1}{n} pK_{sp} \quad (5.44)$$

各种金属氢氧化物的溶度积常数值见表 5.6。根据其中部分数据给出的对数浓度图 (图 5.13) 可以看出, 同价金属离子的各线具有相同的斜率, 靠图右边斜线代表的金属氢氧化物的溶解度大于靠图左边的溶解度。根据此图大致可查出各种金属离子在不同 pH 值溶液中所能存在的最大饱和浓度。

不过图 5.13 和表 5.6 所表征的 pH 与氢氧化物溶解度关系, 并不能充分反映出氧化物或氢氧化物的溶解度, 还应该考虑这些固体能与羟基形成羟基配合物 $[Me(OH)_n^{z-n}]$ 处于平衡, 如铁、铝和铅等具有两性特征的离子。

表 5.6 典型氢氧化物的溶度积常数值

氢氧化物	K_{sp}	pK_{sp}	氢氧化物	K_{sp}	pK_{sp}
AgOH	1.6×10^{-8}	7.80	Fe(OH)$_3$	3.2×10^{-38}	37.50
Ba(OH)$_2$	5×10^{-3}	2.30	Mg(OH)$_2$	1.8×10^{-11}	10.74
Ca(OH)$_2$	5.5×10^{-6}	5.26	Mn(OH)$_2$	1.1×10^{-13}	12.96
Al(OH)$_3$	1.3×10^{-33}	32.90	Hg(OH)$_2$	4.8×10^{-26}	25.32
Cd(OH)$_2$	2.2×10^{-14}	13.66	Ni(OH)$_2$	2.0×10^{-15}	14.70
Co(OH)$_2$	1.6×10^{-15}	14.80	Pb(OH)$_2$	1.2×10^{-15}	14.93
Cr(OH)$_3$	6.3×10^{-31}	30.20	Th(OH)$_4$	4.0×10^{-45}	44.40
Cu(OH)$_2$	5.0×10^{-20}	19.30	Ti(OH)$_3$	1.0×10^{-40}	40.00
Fe(OH)$_2$	1.0×10^{-15}	15.00	Zn(OH)$_2$	7.1×10^{-18}	17.15

如果考虑到羟基配合作用, 可以把金属氧化物或氢氧化物的溶解度表示如下:

$$Me_T \rightleftharpoons [Me^{z+}] + \sum_i^n [Me(OH)_n^{z-n}] \qquad (5.45)$$

图 5.14 给出了考虑固相还能与羟基金属离子配合物处于平衡时溶解度的例子，以铅为例，在 25℃ 时，固相与溶质化合态之间所有可能发生的反应如下：

$$PbO(s) + 2H^+ \rightleftharpoons Pb^{2+} + H_2O \qquad \lg K_{s_0} = 12.7$$
$$PbO(s) + H^+ \rightleftharpoons PbOH^+ \qquad \lg K_{s_1} = 5.0$$
$$PbO(s) + H_2O \rightleftharpoons Pb(OH)_2 \qquad \lg K_{s_2} = -4.4$$
$$PbO(s) + 2H_2O \rightleftharpoons Pb(OH)_3^- + H^+ \qquad \lg K_{s_3} = -15.4$$

根据上述各式，Pb^{2+}、$PbOH^+$、$Pb(OH)_2$ 和 $Pb(OH)_3^-$ 作为 pH 函数的特征线斜率分别为 -2、-1、0 和 $+1$，把所有化合态都结合起来，可以得到图 5.14 中包围着阴影区域的线，因此，$[Pb(II)_T]$ 在数值上可由下式计算得

$$[Pb(II)_T] = K_{s_0}[H^+]^2 + K_{s_1}[H^+]$$
$$+ K_{s_2} + K_{s_3}[H^+]^{-1} \qquad (5.46)$$

图 5.14 表明固体的氧化物和氢氧化物具有两性的特征。它们和质子（H^+）或羟基离子（OH^+）都发生反应，存在有一个 pH 值，在此 pH 值下溶解度为最小值，在碱性或酸性更强的 pH 区域内，溶解度都变得更大。

5.2.1.2 硫化物

金属硫化物是比氢氧化物溶度积更小的一类难溶沉淀物，重金属硫化物在中性条件下实际上是不溶的，在盐酸中 Fe、Mn 和 Cd 的硫化物是可溶的，而 Ni 和 Co 的硫化物是难溶的。Cu，Hg 和 Pb 的硫化物只有在硝酸中才能溶解。常见重金属硫化物的溶度积见表 5.7。

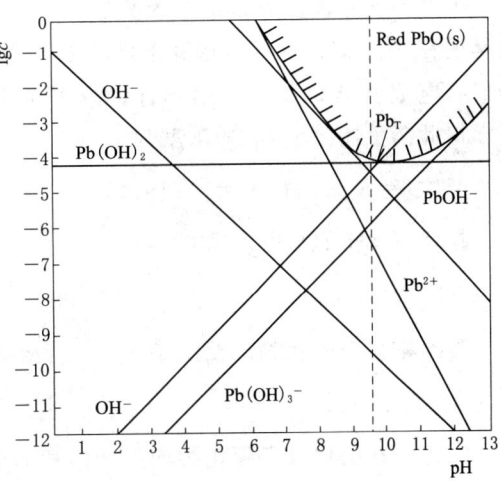

图 5.14 考虑羟基配合的氧化铅的溶解度

表 5.7 常见金属硫化物的溶度积

分子式	K_{sp}	pK_{sp}	分子式	K_{sp}	pK_{sp}
Ag_2S	6.3×10^{-50}	49.20	HgS	4.0×10^{-53}	52.40
CdS	7.9×10^{-27}	26.10	MnS	2.5×10^{-13}	12.60
CoS	4.0×10^{-21}	20.40	NiS	3.2×10^{-19}	18.50
Cu_2S	2.5×10^{-48}	47.60	PbS	8×10^{-28}	27.90
CuS	6.3×10^{-36}	35.20	SnS	1×10^{-25}	25.00
FeS	3.3×10^{-18}	17.50	ZnS	1.6×10^{-24}	23.80
Hg_2S	1.0×10^{-45}	45.00	Al_2S_3	2×10^{-7}	6.70

由表 5.7 可知，只要水环境中存在 S^{2-}，几乎所有重金属均可从水体中除去。因此，当水中有 H_2S 气体存在时，溶解于水中的硫化氢气体呈二元酸状态存在，其分级电离反应方程为

$$H_2S \rightleftharpoons H^+ + HS^- \quad K_1 = 8.9 \times 10^{-8}$$

$$HS^- \rightleftharpoons H^+ + S^{2-} \quad K_2 = 1.3 \times 10^{-15}$$

因此有

$$H_2S \rightleftharpoons 2H^+ + S^{2-}$$

$$K_{1.2} = [H^+]^2[S^{2-}]/[H_2S] = K_1 K_2 = 1.16 \times 10^{-22}$$

在饱和水溶液中，H_2S 浓度总是保持在 $0.1 mol/L$，因此可认为饱和溶液中 H_2S 分子浓度始终保持在 $0.1 mol/L$，代入上式得

$$[H^+]^2[S^{2-}] = 1.16 \times 10^{-22} \times 0.1 = 1.16 \times 10^{-23} = K'_{sp}$$

因此，与水的离解常数概念类似，将 1.16×10^{-23} 看成是一个溶度积（K'_{sp}），也就是说在任何 pH 的 H_2S 饱和溶液中必须保持的一个常数。由于 H_2S 在纯水溶液中的二级电离甚微，通常忽略不计，故可根据一级电离，近似认为 $[H^+] = [HS^-]$，可求得此溶液中 $[S^{2-}]$ 的浓度为

$$[S^{2-}] = K'_{sp}/[H^+]^2 = [1.16 \times 10^{-23}/(8.9 \times 10^{-8})] mol/L = 1.3 \times 10^{-15} mol/L$$

在任一 pH 的水中，则有

$$[S^{2-}] = K'_{sp}/[H^+]^2$$

溶液中促成硫化物沉淀的是 S^{2-}，若溶液中存在二价金属离子 Me^{2+}，则有

$$[Me^{2+}][S^{2-}] = K_{sp} \tag{5.47}$$

因此，在硫化氢和硫化物均达到饱和的溶液中，可算出溶液中金属离子的饱和浓度为

$$[Me^{2+}] = K_{sp}/[S^{2-}] = K_{sp}[H^+]^2 K'_{sp} = K_{sp}[H^+]^2 (0.1 K_1 K_2) \tag{5.48}$$

对其进行对数取值，得

$$\lg[Me^{2+}] = \lg K_{sp} + 2pH - \lg(K_1 K_2) + 1 \tag{5.49}$$

在水环境中，通常存在大量硫酸盐矿物，而且 SO_4^{2-} 是天然水中存在的四大阴离子之一。而水体底泥因有机物和微生物的存在，往往呈极度厌氧还原状态，间隙水中的 SO_4^{2-} 和底泥中的硫酸盐可被还原成 S^{2-}，S^{2-} 与重金属生成更难溶的金属硫化物，对重金属离子的迁移转化起到至关重要的作用。

如果底泥中有机物含量过高，则底泥还原性更强，有机物厌氧酸化造成底泥 pH 值下降，硫酸盐更多还原成 HS^-，或者金属硫化物溶解，则可能造成 HS^- 含量增加，并形成恶臭的 H_2S 气体从水体逸出，而金属的硫氢化物大部分是可溶性的，因而在水体受到严重的有机污染而厌氧时，除了水体黑臭外，还往往伴随着重金属的释放。

金属硫化物不会像金属氢氧化物那样存在羟基配合作用的问题,因此其溶解沉积作用相对于金属氢氧化物而言更简单。

5.2.1.3 碳酸盐

在 $Me^{2+}-H_2O-CO_2$ 体系中,碳酸盐作为固相沉淀,实际上是二元酸(H_2CO_3)在三相(大气、水和沉积物)中的平衡分布问题。在对待 $Me^{2+}-H_2O-CO_2$ 体系的多相平衡时,主要区别两种情况:①对大气封闭的体系(只考虑固相和液相,把 $H_2CO_3^*$ 当作不挥发酸类处理),此种情况适用于在实验室实验时,短时间内的碳酸盐平衡问题;②对开放体系,考虑固相、液相和气相,包含了气相中的 CO_2。在天然水体中应考虑这种情况。

由于方解石(主要成分为 $CaCO_3$)在天然水体中的重要性,因此,下面重点以 $CaCO_3$ 为例进行介绍。

1. 封闭体系

(1) C_T 为常数时,$CaCO_3$ 的溶解度。用 C_T 表示体系中 H_2CO_3、HCO_3^- 和 CO_3^{2-} 的总的浓度,α_0,α_1,α_2 分别指 $H_2CO_3 - HCO_3^- - CO_3^{2-}$ 体系中三种化合态所占比例,则有

$$\alpha_0 = [H_2CO_3^*]/\{[H_2CO_3]+[HCO_3^-]+[CO_3^{2-}]\} \tag{5.50}$$

$$\alpha_1 = [HCO_3^-]/\{[H_2CO_3]+[HCO_3^-]+[CO_3^{2-}]\} \tag{5.51}$$

$$\alpha_2 = [CO_3^{2-}]/\{[H_2CO_3]+[HCO_3^-]+[CO_3^{2-}]\} \tag{5.52}$$

对封闭体系,有

$$H_2CO_3^* \rightleftharpoons HCO_3^- + H^+ \quad pK_1 = 6.35$$

$$HCO_3^- \rightleftharpoons CO_3^{2-} + H^+ \quad pK_2 = 10.33$$

则可得到作为酸解离常数与氢离子浓度(pH)的函数的形态分数:

$$\alpha_0 = \left(1 + \frac{K_1}{[H^+]} + \frac{K_1 K_2}{[H^+]^2}\right)^{-1} \tag{5.53}$$

$$\alpha_1 = \left(1 + \frac{[H^+]}{K_1} + \frac{K_2}{[H^+]}\right)^{-1} \tag{5.54}$$

$$\alpha_2 = \left(1 + \frac{[H^+]^2}{K_1 K_2} + \frac{[H^+]}{K_2}\right)^{-1} \tag{5.55}$$

因而,对于封闭体系而言,如知道体系的 pH 值,则体系中 H_2CO_3、HCO_3^- 和 CO_3^{2-} 的比例 α_0、α_1、α_2 就可以通过上述计算式进行计算,是已知的。

对 $CaCO_3$ 的溶解平衡,有:

$$CaCO_3(s) \rightleftharpoons Ca^{2+} + CO_3^{2-} \quad K_{sp} = [Ca^{2+}][CO_3^{2-}] = 10^{-8.32}$$

$$[Ca^{2+}] = K_{sp}/[CO_3^{2-}] = K_{sp}(C_T \alpha_2) \tag{5.56}$$

根据上式,可以得出随 C_T 和 pH 变化的 Ca^{2+} 的饱和平衡值。对于任何与 $MeCO_3(s)$ 平衡的 $[Me^{2+}]$ 都可以写出类似方程,并可给出 $\lg[Me^{2+}]$ 对 pH 的曲线图,见图 5.15。

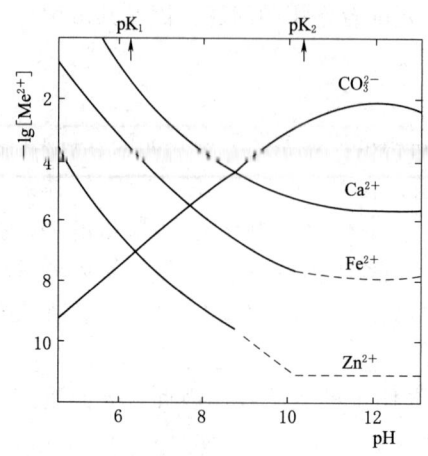

图5.15 封闭体系中 c 为常数时，$MeCO_3(s)$ 的溶解度以及对 pH 值的依赖关系

($C_T = 3 \times 10^{-3}$ mol/L)

图 5.15 基本上是由溶度积方程和碳酸平衡叠加而构成的，$[Ca^{2+}]$ 和 $[CO_3^{2-}]$ 的乘积必须是常数。因此，在 $pH > pK_2$ 的高 pH 值区时，$\lg[CO_3^{2-}]$ 线斜率为零，$\lg[Ca^{2+}]$ 线斜率也必为零，此时饱和浓度 $[Ca^{2+}] = K_{sp}/[CO_3^{2-}]$；当 $pK_1 < pH < pK_2$ 区时，$\lg[CO_3^{2-}]$ 的斜率为 +1，相应 $\lg[Ca^{2+}]$ 斜率为 -1；当 $pH < pK_1$ 区时，$\lg[CO_3^{2-}]$ 的斜率为 +2，为保证 $[Ca^{2+}]$ 和 $[CO_3^{2-}]$ 的乘积是常数，相应 $\lg[Ca^{2+}]$ 斜率必然为 -2。$C_T = 3 \times 10^{-3}$ mol/L 时一些金属碳酸盐的溶解度以及它们对 pH 值的依赖关系，如图 5.15 所示。

(2) $CaCO_3(s)$ 在纯水中的溶解。溶液中的溶质为 Ca^{2+}、H_2CO_3、HCO_3^-、CO_3^{2-}、H^+ 和 OH^-，有六个未知数。所以在一定的压力和温度下，需要有相应方程限定溶液的组成。如果考虑所有溶解出来的 Ca^{2+} 在浓度上必然等于溶解碳酸化合态的总和，就可得到方程：

$$[Ca^{2+}] = C_T \tag{5.57}$$

此外，溶液必须满足电中性条件：

$$2[Ca^{2+}] + [H^+] = [HCO_3^-] + 2[CO_3^{2-}] + [OH^-]$$

达到平衡时，可以用 $CaCO_3(s)$ 的溶度积来考虑：

$$[Ca^{2+}] = K_{sp}/[CO_3^{2-}] = K_{sp}/(C_T \alpha_2) \tag{5.58}$$

综合考虑，可得出下式：

$$[Ca^{2+}] = (K_{sp}/\alpha_2)^{\frac{1}{2}} \tag{5.59}$$

$$-\lg[Ca^{2+}] = 0.5 pK_{sp} - 0.5 p\alpha_2 \tag{5.60}$$

$$-\lg[Me^{2+}] = 0.5 pK_{sp} - 0.5 p\alpha_2 \tag{5.61}$$

可得

$$(K_{sp}/\alpha_2)^{0.5}(2 - \alpha_1 - 2\alpha_2) + [H^+] - K_w/[H^+] = 0 \tag{5.62}$$

可用试算法求解：

同样可以用 pc - pH 图表示碳酸钙溶解度与 pH 的关系，应用在不同 pH 区域中存在以下条件便可绘制。

当 $pH > pK_2$，$\alpha_2 \approx 1$，则

$$\lg[Ca^{2+}] = 0.5 \lg K_{sp} \tag{5.63}$$

当 $pK_1 < pH < pK_2$，$\alpha_2 \approx K_2/[H^+]$，则

$$\lg[Ca^{2+}] = 0.5 \lg K_{sp} - 0.5 \lg K_2 - 0.5 pH \tag{5.64}$$

当 $pH < pK_1$，$\alpha_2 \approx K_2 K_1/[H^+]^2$，则

$$\lg[Ca^{2+}] = 0.5 \lg K_{sp} - 0.5 \lg K_1 K_2 - pH \tag{5.65}$$

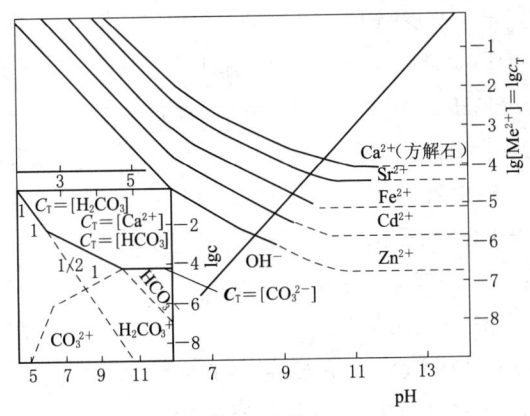

图 5.16 金属碳酸盐的溶解度图

某些金属碳酸盐的溶解度曲线如图 5.16 所示。

2. 开放体系

向纯水中加入 $CaCO_3(s)$，并且将此溶液暴露于含有 CO_2 的气相中（空气），因大气中 CO_2 分压固定，溶液中的 CO_2 浓度也相应恒定，根据前面的讨论，有

$$C_T = \frac{[CO_2]}{\alpha_0} = \frac{1}{\alpha_0} K_H p_{CO_2} \quad (5.66)$$

$$[CO_3^{2-}] = \frac{\alpha_2}{\alpha_0} K_H p_{CO_2} \quad (5.67)$$

由于要与气相中 CO_2 处于平衡，此时 $[Ca^{2+}]$ 就不再等于 C_T，但仍保持有同样的电中性条件：

$$2[Ca^{2+}] + [H^+] = C_T(\alpha_1 + 2\alpha_2) + [OH^-] \quad (5.68)$$

综合气-液平衡式和固-液平衡式，可以得到基本计算式：

$$[Ca^{2+}] = \frac{\alpha_0}{\alpha_2} \cdot \frac{K_{sp}}{K_H p_{CO_2}} \quad (5.69)$$

同样可将此关系推广到其他金属碳酸盐，绘出 pc-pH 图，如图 5.17 所示。

5.2.1.4 水溶液中不同固相的稳定性

溶液中可能有几种固-液平衡同时存在，按热力学观点，体系在一定条件下建立平衡状态时，只能以一种固-液平衡占主导地位。因此，可在选定条件下判断何种固体作为稳定相存在而占优势。而对于这种体系，判断稳定存在的固定相，则可以得出该项物质在环境中的迁移转化趋势。

下面以 Fe(Ⅱ) 为例，讨论一定条件下何种固体占优势。在天然水体中，CO_2 因大气与水体平衡，是常影响物质固液平衡的常见气体。因此，以碳酸盐溶液为体系 ($C_T = 3 \times 10^{-3}$ mol/L)，讨论其不同固相的稳定问题。在碳酸盐溶液中可能生成 $FeCO_3$ 及 $Fe(OH)_2$，可以列出以下一些平衡式绘出两种沉淀的溶解区域图，如图 5.18 所示。

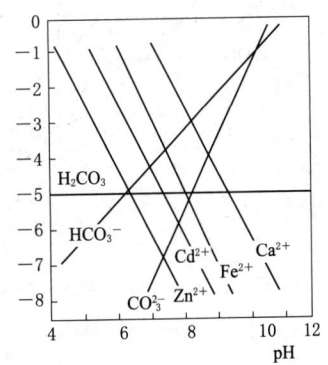

图 5.17 开放体系的碳酸盐浓度

① $Fe(OH)_2(s) \rightleftharpoons Fe^{2+} + 2OH^-$ $\lg K_s = -14.5$

$Fe(OH)_2(s) + 2H^+ \rightleftharpoons Fe^{2+} + 2H_2O$ $\lg K_s = 13.5$

$$p[Fe^{2-}] = -13.5 + 2pH \quad (5.70)$$

② $Fe(OH)_2(s) \rightleftharpoons FeOH^+ + OH^-$ $\lg K_s = -9.4$

$Fe(OH)_2(s) + H^+ \rightleftharpoons FeOH^+ + H_2O$ $\lg K_s = 4.6$

$$p[FeOH^+] = -4.6 + pH \tag{5.71}$$

③ $\quad Fe(OH)_2(s) + OH^- \rightleftharpoons Fe(OH)_3^- \quad lgK_s = -5.1$

$\quad Fe(OH)_2(s) + H_2O \rightleftharpoons Fe(OH)_3^- + H^+ \quad lgK_s = -19.1$

$$p[Fe(OH)_3^-] = 19.1 - pH \tag{5.72}$$

根据以上三式可以绘出 $Fe(OH)_2(s)$ 的溶解区域图，见图 5.18 的右侧部分。

④ $\quad FeCO_3(s) \rightleftharpoons Fe^{2+} + CO_3^{2-} \quad lgK_s = -10.7$

$\quad FeCO_3(s) + H^+ \rightleftharpoons Fe^{2+} + HCO_3^- \quad lgK_s = -0.3$

$$p[Fe^{2+}] = 0.3 + pH + lg[HCO_3^-] \tag{5.73}$$

⑤ $\quad FeCO_3(s) + OH^- \rightleftharpoons FeOH^+ + CO_3^{2-} \quad lgK_s = -5.6$

$\quad FeCO_3(s) + H_2O \rightleftharpoons FeOH^+ + H^+ + CO_3^{2-} \quad lgK_s = -19.6$

$$p[FeOH^+] = 19.6 - pH + lg[CO_3^{2-}] \tag{5.74}$$

⑥ $\quad FeCO_3(s) + 3OH^- \rightleftharpoons Fe(OH)_3^- + CO_3^{2-} \quad lgK_s = -1.3$

$\quad FeCO_3(s) + 3H_2O \rightleftharpoons Fe(OH)_3^- + 3H^+ + CO_3^{2-} \quad lgK_s = -43.3$

$$p[Fe(OH)_3^-] = 43.3 - 3pH + lg[CO_3^{2-}] \tag{5.75}$$

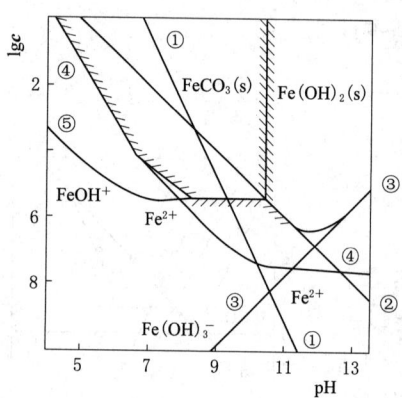

图 5.18 $FeCO_3$ 和 $Fe(OH)_2$ 的溶解区域图

以上三式可以绘出 $FeCO_3(s)$ 的溶解区域图，见图 5.18 左边的部分。由图可看出，当 pH<10.5 时，$FeCO_3(s)$ 优先发生沉淀，控制着溶液中 Fe(Ⅱ) 浓度；当 pH>10.5 以后，则转化为 $Fe(OH)_2(s)$ 优先沉淀，控制着 Fe(Ⅱ) 的浓度；而当 pH=10.5 时，则两种沉淀可同时发生。

以上没有考虑到溶液体系中存在溶解氧的情况，如有溶解氧存在，如天然水体中，则体系的氧化还原状态不同，而 Fe(Ⅱ) 受体系氧化还原状态的影响，可能产生氧化而转变成 Fe(Ⅲ)，则情况会变得更加复杂。

5.2.1.5 水环境中物质的沉淀过程

水环境中物质的沉积作用有：溶解性组分之间或溶解性组分与絮凝剂之间发生的化学沉淀，颗粒物的自然沉降和胶粒颗粒的絮凝沉降等。

1. 化学沉淀

化学沉淀是水体沉积物形成的主要原因之一。如：

(1) 含有较高磷浓度的雨水、工业废水、农田灌溉水和生活污水等进入含 Ca^{2+} 高的水体中，可发生如下反应：

$$5Ca^{2+} + OH^- + 3PO_4^{3-} \longrightarrow Ca_5OH(PO_4)_3 \downarrow$$

(2) 富含 CO_2 的水体中，如果排入大量 Ca^{2+}，将生成 $CaCO_3(s)$ 沉积物。

(3) 水体氧化还原电位的变化可导致沉积作用的发生。如溶解性 Fe^{2+} 被氧化为 $Fe(OH)_3(s)$ 沉积物，反应为

$$4Fe^{2+} + 10H_2O + O_2 \longrightarrow 4Fe(OH)_3 \downarrow + 8H^+$$

水体底泥在厌氧微生物的作用下，生成黑色 FeS 沉积物，反应式如下：

$$Fe(OH)_3 \longrightarrow Fe^{2+}$$
$$SO_4^{2-} \longrightarrow H_2S$$
$$Fe^{2+} + H_2S \longrightarrow FeS \downarrow + 2H^+$$

2. 自然沉降

自然沉降是指水中悬浮颗粒与水的密度差在重力或浮力作用下的沉降过程，也叫重力沉降。如自由沉淀、絮凝沉淀、分层沉淀和压缩沉淀就是自然沉降的四种类型。影响因素要考虑颗粒物本身的特性、水体的特点以及水体的湍动程度等。

水环境中颗粒直径小于 $2\mu m$ 的颗粒絮凝沉降，已在 5.1.4 絮凝与沉淀中介绍，请参阅前节内容。

5.2.2 水解作用

水解作用是有机物与水之间最重要的反应。在反应中，有机物的官能团 X- 与水中的 OH- 发生交换反应，整个反应可表示为

$$RX + H_2O = ROH + HX$$

反应步骤还可以包括一个或多个中间体的形成，有机物通过水解反应而改变了原化合物的化学结构。对于许多有机物来说，水解作用是其在环境中消失的重要途径。在环境条件下，可能发生水解的官能团类有烷基卤、酰胺、胺、氨基甲酸酯、羧酸酯、环氧化物、腈、磷酸酯、膦酸酯、磺酸酯、硫酸酯等。下面列出几类有机物可能的水解反应的产物，如图 5.19 所示。

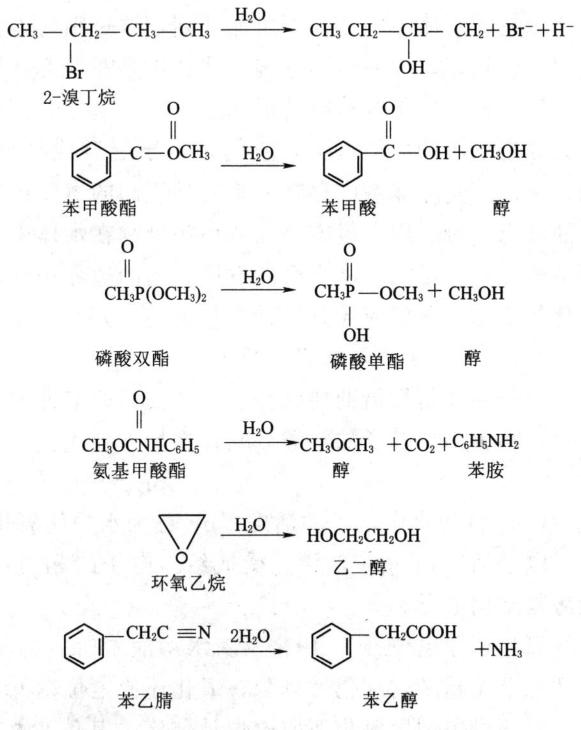

图 5.19 几类有机物可能的水解反应的产物

水解作用可以改变反应分子，但并不能总是生成低毒产物。例如 2,4-D 酯类的水解作用就生成毒性更大的 2,4-D 酸，而有些化合物的水解作用则生成低毒产物，例如：

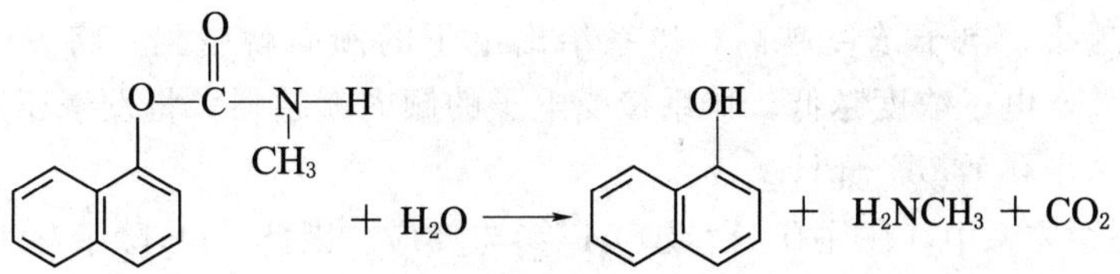

水解产物可能比原来化合物更易或更难挥发,与 pH 有关的离子化水解产物的挥发性可能是零,而且水解产物一般比原来的化合物更易为生物降解(虽然有少数例外)。

5.2.3 氧化与还原

氧化还原平衡对水环境中污染物的迁移转化具有重要意义。水体中氧化还原的类型、速率和平衡,在很大程度上决定了水中主要溶质的性质,进而决定了其污染物的降解、转化、存在状态,对环境污染治理与修复具有决定作用。如,一个厌氧性湖泊,其湖下层的元素将以还原形态存在:碳还原成-4 价形成 CH_4,氮形成 NH^{4+},硫形成 H_2S,铁形成可溶性的 Fe^{2+}。而表层水由于可以被大气中的氧饱和,处于氧化态。如果达到热力学平衡时,上述元素将以氧化态存在:碳形成 CO_2,氮形成 NO^{3-};铁形成 $Fe(OH)_3$ 沉淀;硫形成 SO_4^{2-}。显然这种变化对水生生物和水质影响很大。

需要注意的是下面所介绍的体系都假定它们处于热力学平衡。实际上这种平衡在天然水或污水体系中几乎不可能达到,这是因为许多氧化还原反应非常缓慢,很少能达到平衡状态,即使达到平衡,往往也是在局部区域内,如海洋或湖泊中,在接触大气中氧气的表层与沉积物的最深层之间,氧化还原环境有着显著的差别。在两者之间有无数个局部的中间区域,它们是由于混合或扩散不充分以及各种生物活动所造成的。所以,实际体系中存在的是几种不同的氧化还原反应的混合行为。但这种平衡体系的设想,对于用一般方法去认识污染物在水体中发生化学变化趋向有很大帮助,通过平衡计算,可提供体系必然发展趋向的边界条件,对研究污染物在水环境中的迁移转化及生态环境效应还是非常有帮助的,如 C、N、S、Fe 和 Mn 的不同形态存在。

5.2.3.1 电子活度与氧化还原电位

电子活度是指借助酸碱概念,认为还原剂即为在化学反应中给出电子的物质,而氧化剂则为接受电子的物质,则存在如下公式:

$$pE = -\lg a_e \tag{5.76}$$

式中:a_e 称为水中电子的活度,pE 称为水中的氧化还原电位。

电子活度 a_e 衡量溶液接受或给出电子的相对趋势,在还原性很强的溶液中,其趋势是给出电子。

氧化还原电位 pE:用来反映水溶液中所有物质表现出来的宏观氧化还原性。氧化还原电位越高,氧化性越强,氧化还原电位越低,还原性越强。

在测量中利用氧化还原电位计测定,其值为相对于标准氢原子的氧化还原电位,即标准氢电极氧化还原电位为 pE=0,即在 H^+(aq) 在 1 单位活度与 1 个标准大气压 H_2 平衡(同样活度也为 1)的介质中,电子活度为 1.0,此时 pE=0.0。如果,电子活度增加 10 倍,那么电子活度将为 10,对应 pE=-1.0。

因此,pE 是平衡状态下(假想)的电子活度,它衡量溶液接受或给出电子的相对趋势。在还原性很强的溶液中,其趋势是给出电子,体系发生氧化反应。从 pE 概念可知,pE 越小,电子浓度越高,体系给出电子的倾向就越强,将发生氧化反应。反之,pE 越大,电子浓度越低,体系接受电子的倾向就越强,将发生还原反应。

5.2.3.2 天然水体的 pE-pH 关系

在氧化还原体系中,往往有 H^+ 或 OH^- 参与反应。因此,pE 除了与氧化态和还原态物质浓度有关外，还受到体系 pH 的影响，这种关系可以用 pE-pH 图来表示。该图显示了水中各种形态的稳定范围及边界线，可用来判断体系中物质的存在形态。

例如，一个金属元素可以有不同的金属氧化态、羟基配合物以及不同形式的固体金属氧化物或氢氧化物存在于用 pE-pH 图所描述的不同区域内，大部分水体中都含有碳酸盐并含有许多硫酸盐及硫化物，因此可以有各种金属的碳酸盐、硫酸盐及硫化物在各种不同区域中占主要地位。

1. 水的氧化还原限度

在绘制水的 pE-pH 图时，必须考虑几个边界情况。

首先是水的氧化还原反应限定图中的区域边界。选作水氧化限度的边界条件是 1.0130×10^5 Pa（1个标准大气压）的氧分压，水还原限度的边界条件是 1.0130×10^5 Pa（1个标准大气压）的氢分压，由这些边界条件可获得把水的稳定边界与 pH 联系起来的方程。

水的氧化限度：

$$\frac{1}{4}O_2+H^++e^-\Longleftrightarrow \frac{1}{2}H_2O \quad pE^0=+20.75$$

$$pE=pE^0+\lg\{p_{O_2}^{1/4}[H^+]\}$$

$$pE=20.75-pH \tag{5.77}$$

水的还原限度：

$$H^++e^-\Longleftrightarrow \frac{1}{2}H_2 \quad pE^0=0.00$$

$$pE=pE^0+\lg[H^+]$$

$$pE=-pH \tag{5.78}$$

水的氧化限度以上的区域为 O_2 稳定区，还原限度以下的区域为 H_2 稳定区，在这两个限度之内的 H_2O 是稳定的，也是水中各化合态分布的区域。

2. pE-pH 图

Fe 是天然水体中最常见的具有氧化还原状态变化的金属离子，也是土壤及矿物中最常见的元素，其存在状态与 Fe 自身和其他元素（氮、磷、有机物、铅、镉等）的迁移转化密切相关。因此本节以 Fe 为例，讨论如何绘制 pE-pH 图。

假定溶液中溶解性 Fe 的最大浓度为 1.0×10^{-7} mol/L，没有考虑 $Fe(OH)_2^+$ 及 $FeCO_3$ 等形态的生成，根据上面的讨论，Fe 的 pE-pH 图必须落在水的氧化还原限度内，下面将根据各组分间的平衡方程把 pE-pH 的边界逐一推导。

而对于其他金属，如 Pb、Al、Cu、Zn、Mn 等，可采取同样的方法推导，只是元素变化而已。

(1) $Fe(OH)_3(s)$ 和 $Fe(OH)_2(s)$ 的边界。

$Fe(OH)_3(s)$ 和 $Fe(OH)_2(s)$ 的平衡方程为

$$Fe(OH)_3(s)+H^++e^-\Longrightarrow Fe(OH)_2(s)+H_2O$$

$$\lg K=4.62$$

$$K=\frac{1}{[H^+][e^-]}$$

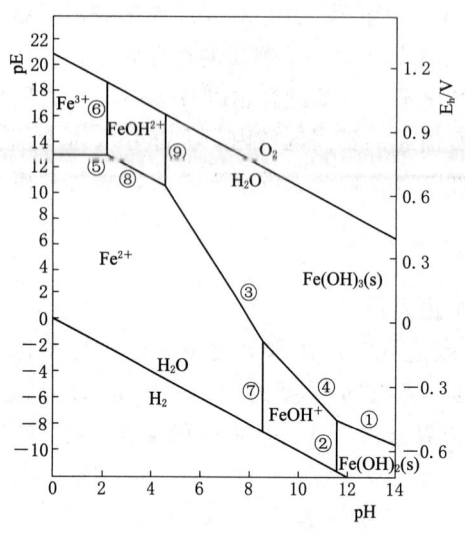

图 5.20 水中铁的 pE-pH 图
($[Fe^{2+}]$ $1.0×10^{-7}$ mol/L)

$$pE=4.62-pH \qquad (5.79)$$

以 pH 对 pE 作图可得图 5.20 中的①,斜线上方为 $Fe(OH)_3(s)$ 稳定区,斜线下方为 $Fe(OH)_2(s)$ 稳定区。

(2) $Fe(OH)_2(s)$ 和 $FeOH^+$ 的边界。

根据平衡方程:

$$Fe(OH)_2(s)+H^+ \rightleftharpoons FeOH^+ +H_2O$$
$$\lg K=4.6$$

可得这两种形态的边界条件:

$$pH=4.6-\lg[FeOH^+] \qquad (5.80)$$

将 $[FeOH^+]=1.0×10^{-7}$ mol/L 代入,得

$$pH=11.6$$

故可画出一条平行 pE 轴的直线,如图 5.20 中②所示,表明与 pE 无关。直线左边为 $FeOH^+$ 稳定区,直线右边为 $Fe(OH)_2(s)$ 稳定区。

(3) $Fe(OH)_3(s)$ 与 Fe^{2+} 的边界。

根据平衡方程:

$$Fe(OH)_3(s)+3H^+ +e^- \rightleftharpoons Fe^{2+}+3H_2O \quad \lg K=17.9$$

可得这两种形态的边界条件:

$$pE=17.9-3pH-\lg[Fe^{2+}]$$

将 $[Fe^{2+}]=1.0×10^{-7}$ mol/L 代入,得

$$pE=24.9-3pH \qquad (5.81)$$

得到一条斜率为 -3 的直线,如图 5.20 中③所示。斜线上方为 $Fe(OH)_3(s)$ 稳定区,斜线下方为 Fe^{2+} 稳定区。

(4) $Fe(OH)_3(s)$ 和 $FeOH^+$ 的边界。

根据平衡方程:

$$Fe(OH)_3(s)+2H^+ +e^- \rightleftharpoons FeOH^+ +2H_2O \quad \lg K=9.25$$

可得这两种形态的边界条件:

$$pE=9.25-2pH-\lg[FeOH^+]$$

将 $[FeOH^+]=1.0×10^{-7}$ mol/L 代入,得

$$pE=16.25-2pH \qquad (5.82)$$

得到一条斜率为 -2 的直线,如图 5.20 中④所示。斜线上方为 $Fe(OH)_3(s)$ 稳定区,斜线下方为 $FeOH^+$ 稳定区。

(5) Fe^{3+} 与 Fe^{2+} 的边界。

根据平衡方程:

$$Fe^{3+}+e^- \rightarrow Fe^{2+} \quad \lg K=13.1$$

可得

5.2 化 学 净 化

$$pE = 13.1 + \lg \frac{[Fe^{3+}]}{[Fe^{2+}]}$$

边界条件为 $[Fe^{3+}]=[Fe^{2+}]$，则

$$pE = 13.1$$

因此，可绘出一条垂直于纵轴平行于 pH 的直线，如图 5.20 中⑤所示，表明与 pH 无关。

当 pE>13.1 时，$[Fe^{3+}]>[Fe^{2+}]$；当 pE<13.1 时，$[Fe^{3+}]<[Fe^{2+}]$。

(6) Fe^{3+} 与 $FeOH^{2+}$ 的边界。

根据平衡方程：

$$Fe^{3+} + H_2O \rightleftharpoons FeOH^{2+} + H^+ \quad \lg K = -2.4$$

$$K = [FeOH^{2+}][H^+]/[Fe^{3+}]$$

边界条件为 $[Fe^{3+}]=[FeOH^{2+}]$，则

$$pH = 2.4$$

故可画出一条平行于 pE 的直线，如图 5.20 中⑥所示。表明与 pE 无关，直线左边为 Fe^{3+} 稳定区，直线右边为 $FeOH^{2+}$ 稳定区。

(7) Fe^{2+} 与 $FeOH^+$ 的边界。

根据平衡方程：

$$Fe^{2+} + H_2O \rightleftharpoons FeOH^+ + H^+ \quad \lg K = -8.6$$

$$K = [FeOH^+][H^+]/[Fe^{2+}]$$

边界条件为 $[FeOH^{2+}]=[Fe^{3+}]$，则

$$pH = 8.6$$

同样得到一条平行于 pE 的直线，如图 5.20 中⑦所示。直线左边为 Fe^{2+} 稳定区，直线右边为 $FeOH^+$ 稳定区。

(8) Fe^{2+} 与 $FeOH^{2+}$ 的边界。

根据平衡方程：

$$Fe^{2+} + H_2O \rightleftharpoons FeOH^{2+} + H^+ + e^- \quad \lg K = -15.5$$

可得：

$$pE = 15.5 + \lg \frac{[FeOH^{2+}]}{[Fe^{2+}]} - pH$$

边界条件为 $[Fe^{2+}]$ 与 $[FeOH^{2+}]$，则

$$pE = 15.5 - pH \tag{5.83}$$

得到一条斜线，如图 5.20 中⑧所示。斜线上方为 $FeOH^{2+}$ 稳定区，斜线下方为 Fe^{2+} 稳定区。

(9) $FeOH^{2+}$ 与 $Fe(OH)_3(s)$ 边界。

根据平衡方程：

$$Fe(OH)_3(s) + 2H^+ = FeOH^{2+} + 2H_2O \quad \lg K = 2.4$$

$$K = [FeOH^{2+}]/[H^+]^2$$

边界条件 $[FeOH^{2+}] = 1.0 \times 10^{-7}$ mol/L 代入，得

$$pH = 4.7$$

至此,已获得绘制 Fe 在水中的 pE-pH 图所必需的全部边界方程,水中铁体系的 pE-pH 图如图 5.20 所示。由图可以看出,当这个体系在一个相当高的 H^+ 活度和高的电子活动时,即酸性还原介质中,Fe^{2+} 是主要形态(在大多数天然水体系中,由于 FeS 或 $FeCO_3$ 的沉淀作用,Fe^{2+} 的可溶性范围是很窄的),在这种条件下,一些地下水中有相当水平的 Fe^{2+};在很高的 H^+ 活度和低的电子活动时,即酸性氧化介质中,Fe^{3+} 是主要的。在低酸度的氧化介质中,固体 $Fe(OH)_3(s)$ 是主要的存在形态,最后在碱性的还原介质中,具有低的 H^+ 活度和高的电子活度,$Fe(OH)_2(s)$ 是稳定的。

注意,在通常的水体 pH 范围内 pH=5~9,$Fe(OH)_3(s)$ 和 Fe^{3+} 是主要稳定形态。

3. 天然水的 pE 和决定电位

天然水中含有许多无机及有机氧化剂和还原剂。水中主要的氧化剂有溶解氧、Fe^{3+}、Mn^{6+} 和 S^{6+},其作用后本身依次转变为 H_2O、Fe^{2+}、Mn^{2+} 和 S^{2-}。水中主要还原剂有种类繁多的有机物、Fe^{2+}、Mn^{2+} 和 S^{2-},在还原物质的过程中,有机物本身的氧化产物是非常复杂的。

由于天然水是一个复杂的氧化还原混合体系,其 pE 应是介于其中各个单体系的电位之间,而且接近于含量较高的单体系的电位,即体系的决定电位。

决定电位指若某个单体系的含量比其他体系高得多,则此时该单体系电位几乎等于混合复杂体系的 pE,称之为"决定电位"。该物质称为"决定电位物质"。

在一般天然水环境中,溶解氧是"决定电位物质",而在有机物累积的厌氧环境中,有机物是"决定电位物质",介于两者之间者,则其"决定电位"是溶解氧体系和有机物体系的结合。

从这个概念出发,可以获得天然水中的 pE。

若水中 $p_{O_2}=0.21\times10^5 Pa$,以 $[H^+]=1\times10^{-7} mol/L$ 代入式(5.77),则

$$\begin{aligned}pE &= 20.75 + \lg\{(p_{O_2}/1.013\times10^5 Pa)^{0.25}\times[H^+]\} \\ &= 20.75 + \lg\{[(0.21\times10^5)/(1.013\times10^5)]^{0.25}\times1.0\times10^{-7}\} \\ &= 13.58\end{aligned}$$

说明这是一种好氧的水,存在夺取电子的倾向,水体处于氧化状态。

若是有机物丰富的厌氧水,例如一个由微生物作用产生 CH_4 及 CO_2 的厌氧水,假定 $p_{CO_2}=p_{CH_4}$ 和 pH=7.00,其相关的半反应为

$$\frac{1}{8}CO_2 + H^+ + e^- \rightleftharpoons \frac{1}{8}CH_4 + \frac{1}{4}H_2O \quad pE^0 = 2.87$$

$$\begin{aligned}pE &= pE^0 + \lg(p_{CO_2}^{0.125}[H^+]/p_{CH_4}^{0.125}) \\ &= 2.87 + \lg[H^+] \\ &= -4.13\end{aligned}$$

这个数值并没有超过水在 pH=7.00 时还原极限 −7.00,说明这是还原性环境,有提供电子的倾向。从上面计算可以看到,天然水的 pE 随水中溶解氧的减少而降低,因而表层水呈氧化性环境,深层水及底泥呈还原性环境,同时天然水的 pE 随其 pH 减小而增大。

经过调查,各类天然水 pE 及 pH 情况如图 5.21 所示。此图反映了不同水质区域的氧化还原特性,氧化性最强的是上方同大气接触的富氧区,这一区域代表大多数河流、湖泊和海洋水的表层情况,还原性最强的是下方富含有机物的缺氧区,这区域代表富含有机物的水体底泥和湖海底层水情况。在这两个区域之间的是基本上不含氧、有机物比较丰富的沼泽水等。

4. 无机氮的氧化还原转化

水中氨主要以 NH_4^+ 或 NO_3^- 形态存在,在某些条件下,也可以有中间氧化态 NO_2^-。如水中的许多氧化还原反应那样,氮体系的转化反应是微生物的催化作用形成的。下面讨论中性天然水的 pE 变化对无机氮形态浓度的影响。

同铁的 pE-pH 方法,绘制氮的天然水中不同氮浓度 pE-lg[X] 图(图 5.22)。

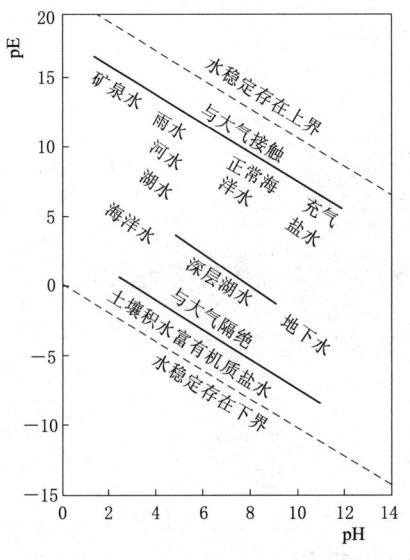
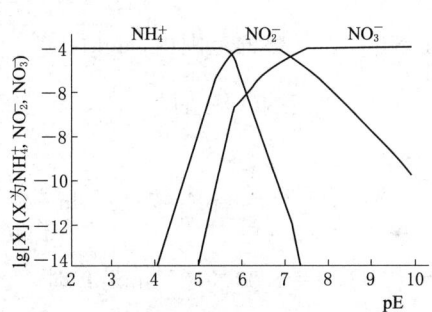

图 5.21 不同天然水在 pE-pH 图中的近似位置

图 5.22 水中 NH_4^+-NO_2^--NO_3^- 体系的 pE-lg[X] 图

(pH=7.00,总氮浓度=1.00×10^{-4}mol/L)

假设总氮浓度为 1.00×10^{-4} mol/L,水体 pH=7.00。

(1)在较低的 pE 值时(pE<5),NH_4^+ 是主要形态。在这个 pE 范围内,NH_4^+ 的浓度对数则可表示为

$$\lg[NH_4^+] = -4.00$$

$\lg[NO_2^-]$ 与 pE 的关系可以根据含有 NO_2^- 及 NH_4^+ 的半反应求得

$$\frac{1}{6}NO_2^- + \frac{4}{3}H^+ + e^- \rightleftharpoons \frac{1}{6}NH_4^+ + \frac{1}{3}H_2O \quad pE^0 = 15.14$$

pH=7.00 时可表达为

$$pE = 5.82 + \lg\frac{[NO_2^-]^{\frac{1}{6}}}{[NH_4^+]^{\frac{1}{6}}} \tag{5.84}$$

以 $[NH_4^+]=1.00\times10^{-4}$ mol/L 代入，就可得到 $\lg[NO_2^-]$ 与 pE 的相关方程：

$$\lg[NO_2^-]=-38.92+6pE$$

在 NH_4^+ 是主要形态并有 1.00×10^{-4} mol/L 浓度时，$\lg[NO_3^-]$ 与 pE 的关系为

$$\frac{1}{8}NO_3^-+\frac{5}{4}H^++e^-\rightleftharpoons\frac{1}{8}NH_4^++\frac{3}{8}H_2O \quad pE^0=14.90$$

$$pE=6.15+\lg\frac{[NO_3^-]^{\frac{1}{8}}}{[NH_4^+]^{\frac{1}{8}}} \quad (pH=7.00) \tag{5.85}$$

$$\lg[NO_3^-]=-53.20+8pE$$

(2) 在一个狭窄的 pE 范围内，pE 为 6.5 左右，NO_2^- 是主要形态。在这个 pE 范围内 NO_2^- 的浓度对数根据方程可表示为

$$\lg[NO_2^-]=-4.00$$

用 $[NO_2^-]=1.00\times10^{-4}$ mol/L 代入式 (5.84) 中，得

$$pE=5.82+\lg\frac{(1.00\times10^{-4}\text{mol/L})^{\frac{1}{6}}}{[NH_4^+]^{\frac{1}{6}}} \tag{5.86}$$

$$\lg[NH_4^+]=30.92-6pE$$

在 NO_2^- 占优势的范围内，$\lg[NO_3^-]$ 的方程可从下面的处理中得到：

$$\frac{1}{2}NO_3^-+H^++e^-\rightleftharpoons\frac{1}{2}NO_2^-+\frac{1}{2}H_2O \quad pE^0=14.15$$

$$pE=7.15+\lg\frac{[NO_3^-]^{\frac{1}{2}}}{[NO_2^-]^{\frac{1}{2}}} \quad (pH=7.00) \tag{5.87}$$

当 $[NO_2^-]=1.00\times10^{-4}$ mol/L 时，

$$\lg[NO_3^-]=-18.30+2pE$$

(3) 当 pE>7，溶液中氮的形态主要为 NO_3^-，此时，

$$\lg[NO_3^-]=-4.00$$

$\lg[NO_2^-]$ 的方程也可以在 pE>7 时获得，将 $[NO_3^-]=1.00\times10^{-4}$ mol/L 代入式 (5.87)，得

$$pE=7.15+\lg\frac{(1.00\times10^{-4}\text{mol/L})^{\frac{1}{2}}}{[NO_2^-]^{\frac{1}{2}}}$$

$$\lg[NO_2^-]=10.30-2pE \tag{5.88}$$

以此类推，代入式 (5.85) 给出在 NO_3^- 占优势区的 $\lg[NH_4^+]$ 的方程：

$$pE=6.15+\lg\frac{(1.00\times10^{-4}\text{mol/L})^{\frac{1}{8}}}{[NH_4^+]^{\frac{1}{8}}}$$

$$\lg[NH_4^+]=45.20-8pE \tag{5.89}$$

至此，绘制水中氮系统的对数浓度图 pE-lg[X] 所需要的全部方程均已求得，

以 pE 对 lg[X] 作图，即可得到水中 $NH_4^+ - NO_2^- - NO_3^-$ 体系的对数浓度图（图 5.22）。由图可见，在低的 pE 范围内，NH_4^+ 是主要的氮形态；在中间 pE 范围，NO_2^- 是主要形态；在高 pE 范围，NO_3^- 是主要形态。

5. 无机铁的氧化还原转化

天然水中的铁主要以 $Fe(OH)_3(s)$ 或 Fe^{2+} 形态存在。铁在高 pE 水中将从低价态氧化成高价态或较高价态，而在低的 pE 水中将被还原成低价态或与其中硫化氢反应形成难溶的硫化物。现在以 $Fe^{3+} - Fe^{2+} - H_2O$ 体系为例，讨论不同 pE 对铁形态浓度的影响。

设总溶解性铁的浓度为 1.0×10^{-3} mol/L，

$$Fe^{3+} + e^- \rightleftharpoons Fe^{2+} \quad pE^0 = 13.05$$

$$pE = 13.05 + \frac{1}{n} \lg \frac{[Fe^{3+}]}{[Fe^{2+}]} \tag{5.90}$$

当 $pE \ll pE^0$ 时，则 $[Fe^{3+}] \ll [Fe^{2+}]$，

$$[Fe^{2+}] = 1.0 \times 10^{-3} \text{mol/L}$$

所以

$$\lg[Fe^{3+}] = pE - 16.05 \tag{5.91}$$

当 $pE \gg pE^0$ 时，则 $[Fe^{3+}] \gg [Fe^{2+}]$

$$[Fe^{3+}] = 1.0 \times 10^{-3} \text{mol/L}$$
$$\lg[Fe^{3+}] = -3.0$$
$$\lg[Fe^{2+}] = 10.05 - pE \tag{5.92}$$

以 pE 对 lg$c$ 作图，得图 5.23。由图可知，当 pE<12 时，Fe^{2+} 占优势，当 pE>14 时 Fe^{3+} 占优势。

6. 水中有机物的氧化

水中有机物可以通过微生物的作用，而逐步降解转化为无机物。在有机物进入水体后，微生物利用水中的溶解氧对有机物进行有氧降解，其反应式可表示为：

$$\{CH_2O\} + O_2 \xrightarrow{\text{微生物}} CO_2 + H_2O$$

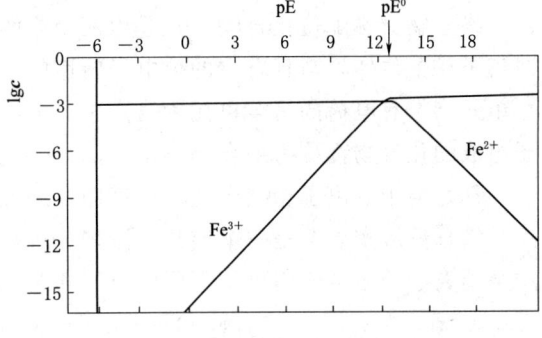

图 5.23 Fe^{3+}，Fe^{2+} 氧化还原平衡的 lg$c$ - pE 图

如果进入水体有机物不多，其耗氧量没有超过水体中氧的补充量，则溶解氧始终保持在一定的水平上，这表明水体有自净能力，经过一段时间有机物分解后，水体可恢复至原有状态。如果进入水体有机物很多，溶解氧来不及补充，水体中溶解氧将迅速下降，甚至导致缺氧或无氧，有机物将变为缺氧分解。对于前者，有氧分解产物为 H_2O、CO_2、NO_3^-、SO_4^{2-} 等，不会造成水质恶化，而对于后者，缺氧分解产物为 NH_3、H_2S、CH_4 等，将会使水质进一步恶化。

一般向天然水体中加入有机物后，将引起水体溶解氧发生变化，可得到水体的氧

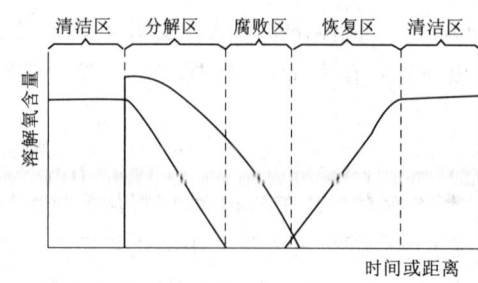

图 5.24 有机物排入河流后的溶解氧变化曲线

含量变化曲线（图 5.24），将河流分成相应的几个区段。

(1) 清洁区。表明未被污染，氧及时得到补充。

(2) 分解区。细菌对排入的有机物进行分解，其消耗的溶解氧量超过通过大气补充的氧量，因此，水体中溶解氧下降，此时细菌个数增加。

(3) 腐败区。溶解氧消耗殆尽，水体进行缺氧分解，当有机物被分解完后，腐败区即告结束，溶解氧又重新增加。

(4) 恢复区。有机物降解接近完成，溶解氧上升并接近饱和。

(5) 清洁区。水体环境改善，又恢复至初始状态。

5.2.4 配合作用

5.2.4.1 基本概念

1. 配合反应

配合反应就是络合反应，是指生成配合物（络合物）或配合离子的反应。

2. 络合反应

由一个正离子或原子和一定数目的中性分子或负离子以配位键结合形成的，能稳定存在的复杂离子或分子叫络离子。含有络离子的化合物叫络合物，这种由络离子或络分子生成的反应叫络合反应。

络合物又称配位化合物。凡是由两个或两个以上含有孤对电子（或 π 键）的分子或离子作配位体，与具有空的价电子轨道的中心原子或离子结合而成的结构单元称络合单元，带有电荷的络合单元称络离子。电中性的络合单元或络离子与相反电荷的离子组成的化合物都称为络合物。

凡是与中心离子相结合的一切基团，统称为配位体。

络合反应实质上是一个或几个溶剂分子被其他基团所取代的过程，因此，水溶液中金属离子的络合作用可用下面的方程式表示：

$$M(H_2O)_n + L \rightleftharpoons M(H_2O)_{n-1}L + H_2O$$

式中：L 为分子或带电的离子。络合物中未被取代的水基团可被其他 L 基团继续取代，直至生成络合物 ML_n 为止。

严格地说，通常用符号 Me^{n+} 来表示溶液中的金属离子是不确切的，因为没有考虑到离子周围的溶剂分子。如果准确知道与金属离子相结合的水基团数目，那么，以符号 $M(H_2O)_n^{n+}$ 来表示就比较恰当。但在一般情况下，为了方便，通常省略水分子式。

3. 螯合反应

螯合反应就是生成螯合物的化学反应。

螯合物是配合物的一种，在螯合物的结构中，一定有一个或多个多齿配体提供多对电子与中心体形成配位键。"螯"指螃蟹的大钳，此名称比喻多齿配体像螃蟹一样用两只大钳紧紧夹住中心体。

金属 EDTA 螯合物通常比一般配合物要稳定，其结构中经常具有的五或六元环结构更增强了稳定性。因此，螯合物的稳定常数都非常高。

可形成螯合物的配体叫螯合剂。常见的螯合剂如下：乙二胺，2,2-联吡啶，1,10-邻二氮杂菲，草酸根，乙二胺四乙酸（EDTA）。常见的是乙二胺四乙酸（EDTA），它能提供 2 个氮原子和 4 个羧基氧原子与金属配合，可以用 1 个分子把需要 6 个配位的钙离子紧紧包裹起来，生成极稳定的产物，常用作金属的掩蔽剂或者去除重金属离子等。一些生命必需的物质是螯合物，如血红蛋白和叶绿素中卟啉环上的 4 个氮原子把金属原子（血红蛋白含 Fe^{2+}，叶绿素含 Mg^{2+}）固定在环中心。

5.2.4.2 水中常见的配位体

天然水体中有许多阳离子，其中某些阳离子是良好的配合物中心体，某些阴离子则可作为配位体，它们之间的配合作用和反应速率等概念与机制，可以应用配位化学基本理论予以阐释，比如软硬酸碱理论、欧文-威廉姆斯顺序等。

金属离子和其他路易斯酸的分类见表 5.8，根据该表可以估计金属离子配位的趋势及配合物稳定性的次序。

表 5.8　　　　　　　　　　金属离子和其他路易斯酸的分类

	分类	A 型金属阳离子	过渡型金属阳离子	B 型金属阳离子
按离子特性分类	离子特性	惰性气体的电子构型	外层电子数为 1 到 9	电子数相当于 Ni^0、Pd^0、Pt^0（外层电子 10 或 12）
		低极化性"硬球体"	非球形对称	低电负性；高极化性"软球体"
	离子	H^+、Li^+、Na^+、K^+、Be^{2+}、Mg^{2+}、Ca^{2+}、Sr^{2+}、Al^{3+}、Sc^{3+}、La^{3+}、Si^{4+}、Ti^{4+}、Zr^{4+}、Th^{4+}	V^{2+}、Cr^{2+}、Mn^{2+}、Fe^{2+}、Co^{2+}、Ni^{2+}、Cu^{2+}、Ti^{3+}、V^{3+}、Cr^{3+}、Mn^{3+}、Fe^{3+}、Co^{3+}	Cu^+、Ag^+、Au^+、Tl^+、Ga^+、Zn^{2+}、Cd^{2+}、Hg^{2+}、Pb^{2+}、Sn^{2+}、Tl^{2+}、Au^{3+}、In^{3+}、Bi^{3+}
按软硬酸分类	分类	硬酸	交界酸	软酸
	离子	所有 A 型金属阳离子以及 Cr^+、Mn^{3+}、Fe^{3+}、Co^{3+}、UO_2^{2+}、VO^{2+} 还有如下化合态 BF_3、BCl_3、SO_3、RSO_2^+、RPO_2^+、CO_2、RCO^+、R_3C^+	所有二价过渡金属阳离子以及 Zn^{2+}、Pb^{2+}、Bi^{3+} SO_2、NO^+、$B(CH_3)_3$	所有 B 型金属阳离子除去 Zn^{2+}、Pb^{2+}、Bi^{3+} 所有金属离子，整体内金属 I_2、Br_2、ICN、I^+、Br^+
优先结合的配位体原子		N≫P O≫S F≫Cl	—	P≫N S≫O I≫F
一般定性的稳定性顺序		阳离子： 稳定性∝电荷/半径 配位体：$F>O>N$ $=Cl>Br>I>S$ $OH^->RO^->RCO_2^-$ $CO_3^{2-}\gg NO_3^-$ $PO_4^{3-}\gg SO_4^{2-}\gg ClO_4^-$	—	阳离子： Irving-Williams 序列：Mn^{2+} $<Fe^{2+}<Co^{2+}$ $<Ni^{2+}<Cu^{2+}>Zn^{2+}$ 配位体：$S>I>Br>Cl=N>O$ $>F$

注　"—"表示不存在或不涉及。

天然水体中的配位体分为无机配位体和有机配位体。其中最重要的无机配位体是 H_2O、Cl^- 和 OH^-，它们是水环境中重金属迁移的重要因素；其他无机配位体有 HCO_3^-、CO_3^{2-}、SO_4^{2-}、PO_4^{3-} 等；在某些特定水体中还含有 NH_3、CN^-、F^-、S^{2-}、$HSiO_3^-$ 等配位体。有机配体的情况比较复杂，天然水体中包括动植物组织的天然降解产物，如氨基酸、腐殖酸，以及人为活动造成含有合成配位体的污染物输入，如生活废水中的洗涤剂，NTA，EDTA，农药和大分子环状化合物等。这些有机物相当一部分具有配合能力。

水体中一些天然有机配位体的配位基团见表5.9。

表5.9　　　　　　　　　天然有机配位体的配位基团

配位基团	物　种	存　在
（C=O, OH结构）	Flavenoids，木质素，醌类，糖类，富里酸，胡敏酸	植物，真菌，海洋动物
（OH(R), OH, OH, O结构）	Flavenoids，花色素苷，糖类，富里酸，胡敏酸	植物，花，果实，渣滓植物霉菌
（COOH, OH结构）	富里酸，胡敏酸	
（O, O结构）	富里酸，胡敏酸	
（OH, OH结构）	富里酸，胡敏酸	
（R, O, N结构）	氨基酸类	植物，动物
（N, C=O结构）	生物碱（如胡椒碱、辣椒碱）	
（N, N, N, N, W结构）	含稠杂环的卟啉	植物，动物

天然水体中常见的配位化合物可分为两类。一类是配位化合物，如单核配位化合物具有一个金属离子为核心外加配位体的结构形态；双核或多核配位化合物中，是将各单核配合物的金属离子结合了起来，成为具有桥联结构的化合物。另一类是螯合

物，是由多基配位体和金属离子同时生成两处或更多的配位键，构成了环状螯合结构的产物。大多数螯合剂都是用作试剂的有机化合物；无机螯合剂以聚合磷酸盐为例，其环状结构是由各相邻的 PO_4^{3-} 基团中的氧原子同金属离子形成的，其最基本结构形式为

$$\begin{array}{c} O \quad O^- \\ \parallel \quad \parallel \\ -O-P-O-P-O- \\ \parallel \quad \parallel \\ O \quad O \\ \searrow \swarrow \\ Ca^{2+} \end{array}$$

水体中的螯合物大致可分为两类。一类属易变性螯合物，如 EDTA 与各种金属形成的螯合物，只要水体 pH 值发生微小的变化，螯合物的稳定性受到显著的影响；另一类为不易变性螯合物，如铁色素、细胞色素、叶绿素、维生素 B12 以及卟啉类化合物等。它们一般是由很大的有机分子与金属离子组成一种笼式结构，从而具有非常高的稳定性。

5.2.4.3 配合作用

污染物特别是重金属污染物，大部分以配合物形态存在于水体，其迁移、转化及毒性等均与配合作用有密切关系。如迁移过程中，大部分重金属在水体中可溶态是配合形态，随环境条件改变而运动和变化。至于毒性，自由铜离子的毒性大于配合态铜，甲基汞的毒性大于无机汞已是众所周知的。此外，已发现一些有机金属配合物增加水生生物的毒性，而有的则减少其毒性，因此，配合作用的实质问题是哪一种污染物的结合态更能为生物所利用。

1. 配合物在溶液中的稳定性

配合物在溶液中的稳定性指配合物在溶液中解离成中心离子（原子）和配位体，当解离达到平衡时解离程度的大小，常用解离常数来表示。

水中金属离子可以与电子供给体结合，形成一个配位化合物（或离子），如 Cd^{2+} 和一个配体 CN^- 结合形成 $CdCN^+$ 配合离子。

$CdCN^+$ 还可继续与 CN^- 结合逐渐形成稳定性变弱的配合物 $Cd(CN)_2$、$Cd(CN)_3^-$、$Cd(CN)_4^{2-}$。在这个例子中，CN^- 是一个单齿配体，它仅有一个位置与 Cd^{2+} 成键，所形成的单齿配合物对于天然水的重要性并不大，更重要的是多齿配体，即具有不止一个配位原子的配体，如甘氨酸、乙二胺是二齿配体、二乙基三胺是三齿配体、乙二胺四乙酸根是六齿配体，它们与中心原子形成环状配合物，即螯合物。这种螯合物就非常稳定。例如，乙二胺与铬离子所形成的环状配合物就是铬的螯合物，其结构如图 5.25 所示。

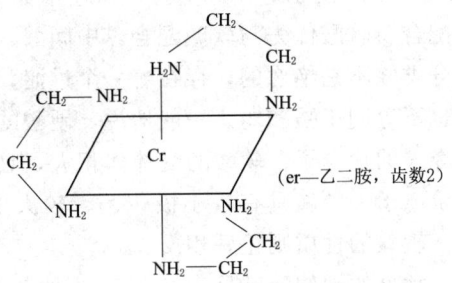

图 5.25 铬离子与乙二胺形成的螯合物

显然，螯合物比单齿配合体所形成的配合物稳定性要大得多。

配合物稳定性的大小用稳定常数来衡量。配合物平衡反应及相应的平衡常数可以下式表示：

$$M \xrightarrow{K_1} ML \xrightarrow{K_2} ML_2 \cdots \xrightarrow{K_n} ML_n$$

$$\xrightarrow{\beta_2}$$

$$\xrightarrow{\beta_n}$$

$$K_n = \frac{[ML_n]}{[ML_{n-1}][L]}, \beta_n = \frac{[ML_n]}{[M][L]^n} \tag{5.93}$$

式中：β_n 为配合物的累积生成常数或累积稳定常数，$\beta_n = K_1 \cdot K_2 \cdot K_3 \cdots \cdot K_n$，$K_n$ 为 n 级配位反应的稳定常数；K_n 为配合物的逐级生成常数。

从上可以看出 K_n 和 β_n 之间的关系。K_n 或 β_n 越大，配合离子越难解离，配合物也就更加稳定。因此，从稳定常数的值可以算出溶液中各级配合离子的平衡浓度。

根据路易斯的软硬酸碱理论，金属配合物就是酸碱反应的产物。在这种反应里，配位基是路易斯碱，中心原子是路易斯酸。例如

$$Ag^+ + 2\overset{H}{\underset{H}{\ddot{N}}}:H \rightleftharpoons Ag(:NH_3)_2^+$$

酸　　　碱　　　　配合离子

$$Co^{3+} + 6:CN^- \rightleftharpoons Co(:CN)_6^{3-}$$

酸　　　碱　　　配合离子

因此，水溶液中实际发生的是路易斯碱与溶剂水（也是碱）竞相和路易斯酸（金属阳离子）结合的反应。这样，像 Co^{3+} 和 CN^- 在水中的反应便可写成

$$Co(H_2O)_6^{3+} + 6CN^- \rightleftharpoons Co(CN)_6^{3-} + 6H_2O$$

酸　　　碱$_1$　　　碱$_2$　　配离子

1963 年皮尔逊通过实验，陈述了如下的硬软酸碱规则（HSAB）：硬酸优先与硬碱配合，软酸优先与软碱配合，中间酸（碱）则与软硬碱（酸）都能配合。酸碱的软硬分类并不是绝对的，存在着一个过渡，即从很软的酸碱到很硬的酸碱。而且，硬和软也不等同于强和弱。一般地说，硬酸的受体原子体积小，有较高正电荷，没有容易被夺去的价电子。软酸的受体体积大，具有较小的正电荷，或者含有几个容易被夺去的价电子。硬碱具有较小极化率、较大电负性和电子亲和能，能较强地保持住价电子。软碱的性质则正好相反。

常见的硬软酸碱见表 5.10，这种分类是很粗略的，因为迄今还不具备足够的实验数据可供细致进行酸碱软硬分类之用。

5.2 化 学 净 化

表 5.10　　　　　　常见的软硬酸碱

硬酸	H^+、碱金属离子、碱土金属离子 Mn^{2+}、Al^{3+}、La^{3+}、Co^{3+}、Fe^{3+}、Ti^{4+}、Sn^{4+}
软酸	Cu^+、Ag^+、Au^+、Tl^+、Hg^+、Cd^{2+}、Hg^{2+}
中间酸	Fe^{2+}、Co^{2+}、Ni^{2+}、Cu^{2+}、Zn^{2+}、Pb^{2+}、Sn^{2+}
硬碱	F^-、O_2^-、OH^-、H_2O、Cl^-、CH_3COO^-、NO_3^-、ClO_4^-、SO_4^{2-}、CO_3^{2-}、PO_4^{3-}、ROH、R_2O
软碱	R_2S、RSH、SCN^-、$S_2O_3^{2-}$、S^{2-}、R_3P、$(RO)_3P$、I^-、CN^-
中间碱	Br^-、NO_2^-、SO_3^{2-}、吡啶

2. 羟基对重金属离子的配合作用

(1) 单核羟基配合物。由于大多数重金属离子均能水解，其水解过程实际上就是羟基配合过程，它是影响一些重金属难溶盐溶解度的主要因素，因此，人们特别重视羟基对重金属的配合作用。现以 Me^{2+} 为例：

$$Me^{2+}+OH^- \rightleftharpoons MeOH^+ \quad \beta_1=K_1$$

$$Me^{2+}+2OH^- \rightleftharpoons Me(OH)_2^0 \quad \beta_2=K_1K_2$$

$$Me^{2+}+3OH^- \rightleftharpoons Me(OH)_3^- \quad \beta_3=K_1K_2K_3$$

$$Me^{2+}+4OH^- \rightleftharpoons Me(OH)_4^{2-} \quad \beta_4=K_1K_2K_3K_4$$

以 β 代替 K，计算各种羟基配合物占金属总量的百分数（以 φ 表示），它与累积生成常数及 pH 值有关，因为

$$[Me]_T=[Me^{2+}]+[MeOH^+]+[Me(OH)_2^0]+[Me(OH)_3^-]+[Me(OH)_4^{2-}]$$

所以

$$[Me]_T=[Me^{2+}]\{1+\beta_1[OH^-]+\beta_2[OH^-]^2+\beta_3[OH^-]^3+\beta_4[OH^-]^4\} \quad (5.94)$$

设 $\quad \alpha=\{1+\beta_1[OH^-]+\beta_2[OH^-]^2+\beta_3[OH^-]^3+\beta_4[OH^-]^4\}$

则 $[Me]_T=[Me^{2+}]\alpha$

$$\varphi_0=[Me^{2+}]/[Me]_T=1/\alpha$$

$$\varphi_1=[MeOH^+]/[Me]_T=\beta_1[Me^{2+}][OH^-]/[Me]_T=\varphi_0\beta_1[OH^-]$$

$$\varphi_2=[Me(OH)_2^0]/[Me]_T=\varphi_0\beta_2[OH^-]^2$$

……

$$\varphi_n=[Me(OH)_n^{2-n}]/[Me]_T=\varphi_0\beta_n[OH^-]^n$$

在一定温度下，β_1，β_2，…，β_n 等为定值，φ 仅是 pH 值的函数。$Cd^{2+}-OH^-$ 配

合离子在不同 pH 值下的分布如图 5.26 所示。从图 5.26 可看出,不同 pH 值有不同的优势形态:当 pH<8 时,Cd 基本上以 Cd^{2+} 形态存在;pH=8 时,开始形成 $CdOH^+$ 配合离子;pH 值约为 10 时,$CdOH^+$ 达到峰值;pH 达到 11 时,$Cd(OH)_2$ 达到峰值;pH=12 时,$Cd(OH)_3^-$ 达到峰值;当 pH>13 时,则 $Cd(OH)_4^{2-}$ 占优势。

(2) 多核羟基配合物。以上介绍的是单核配位化合物,它是以一个金属离子为核心外加配位体的结构形态而多核配位化合物是将各单核配合物的金属离子结合起来,成为具有桥联结构的化合物,如

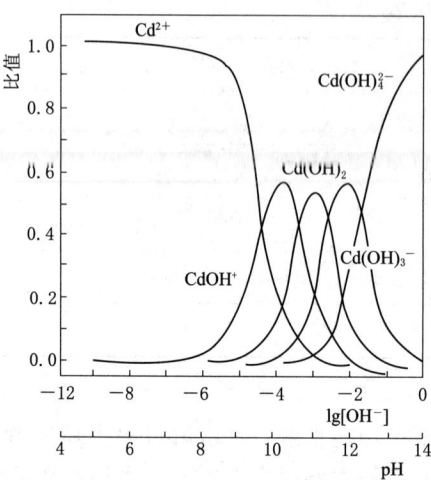

图 5.26 $Cd^{2+}-OH^-$ 配合离子在不同 pH 值下的分布

$$2Al(OH)(H_2O)_5^{2+} \rightleftharpoons \left[(H_2O)_4Fe\begin{matrix}OH\\OH\end{matrix}Fe(H_2O)_4\right]^{4+}$$

$$\left[(H_2O)_4Al\begin{matrix}OH\\OH\end{matrix}Al(H_2O)_4\right]^{4+} + 2H_2O$$

$$\rightleftharpoons \left[(H_2O)_4Al\begin{matrix}OH\\OH\end{matrix}\begin{matrix}H_2O\\Al\\H_2O\end{matrix}\begin{matrix}OH\\OH\end{matrix}Al(H_2O)_4\right]^{5+} + 2H_2O$$

$$\rightleftharpoons Al(HO)_n(H_2O)_m^{m(6-n)} + 2H_2O$$

通过羟基桥联生成多核配合物的过程中放出 H_2O 分子,使生成物的配位水减少,羟基配位增加,羟基数目增多有利于进一步羟基桥联,生成更高级的多核配合物,其最终结果是生成难溶的氢氧化铝沉淀,即

$$[Al_n(H_2O)_{3n}] \longrightarrow [Al(OH)_3]_n \downarrow$$

除 Fe^{2+}、Al^{3+} 外,许多金属离子如 Zn^{2+}、Cu^{2+}、Mg^{2+}、Pb^{2+}、Hg^{2+}、Sn^{2+} 等,也都具有多核配合物的特性。

人们利用这种特性将一些金属盐类用作絮凝剂进行污水处理,取得了预期的效果,常用的无机金属絮凝剂见表 5.11。

表 5.11　　　　　　　　　　　常见无机金属絮凝剂

类别		名称	分子式	略记号	使用 pH 值
铝盐	低分子	硫酸铝	$Al_2(SO_4)_3 \cdot 18H_2O$	AS	6.0～8.5
		氯化铝	$AlCl_3$	AC	6.0～8.5
		含铁硫酸铝	$Al_2(SO_4)_3 + Fe_2(SO_4)_3$	MIC	6.0～8.5
		硫酸铝钾	$Al_2(SO_4)_3 \cdot K_2SO_4 \cdot 24H_2O$	KA	6.0～8.5
	高分子	聚硫酸铝	$[Al_2(OH)_n(SO_4)_{3-n/2}]_m$	PAS	6.0～8.5
		聚氯化铝	$[Al_2(OH)_nCl_{6-n}]_m$	PAC	6.0～8.5
铁盐	低分子	硫酸亚铁	$FeSO_4 \cdot 7H_2O$	FSS	8.0～11
		硫酸铁	$Fe_2(SO_4)_3 \cdot 2H_2O$	FS	4.0～11
		三氯化铁	$FeCl_3 \cdot 6H_2O$	FC	4.0～11
铁盐	高分子	聚合硫酸铁	$[Fe_2(OH)_n(SO_4)_{3-n/2}]_m$	PFS	4.0～11
		聚氯化铁	$[Fe_2(OH)_nCl_{6-n}]_m$	PFC	4.0～11
其他	低分子	消石灰	$Ca(OH)_2$	CHO	9.5～14
		氧化镁	MgO	MO	
		碳酸镁	$MgCO_3$	MC	9.5～14

3. Cl^- 对重金属离子的配合作用

除羟基外，Cl^- 也是水中最常见的阴离子，其作为最重要的配体，对重金属的迁移转化起到重要作用。Cl^- 与重金属的配合作用如下：

$$Me^{2+} + Cl^- \rightleftharpoons MeCl^+ \quad \beta_1$$
$$Me^{2+} + 2Cl^- \rightleftharpoons MeCl_2^0 \quad \beta_2$$
$$Me^{2+} + 3Cl^- \rightleftharpoons MeCl_3^- \quad \beta_3$$
$$Me^{2+} + 4Cl^- \rightleftharpoons MeCl_4^{2-} \quad \beta_4$$

Cl^- 与重金属的配合程度决定于 Cl^- 的浓度，也决定于重金属离子对 Cl^- 的亲和力。如 Cd^{2+} 与 Cl^- 的逐级配合作用：

$$Cd^{2+} + Cl^- \rightleftharpoons CdCl^+ \quad K_1=34.7, \beta_1=34.7$$
$$CdCl^+ + Cl^- \rightleftharpoons CdCl_2^0 \quad K_2=4.57, \beta_2=158$$
$$CdCl_2^0 + Cl^- \rightleftharpoons CdCl_3^- \quad \beta_3=200$$
$$CdCl_3^- + Cl^- \rightleftharpoons CdCl_4^{2-} \quad \beta_4=40.0$$

同样，这里 K_1、K_2、K_3 和 K_4 为配合物的逐级生产常数，β_1、β_2、β_3 和 β_4 为累积生成常数。当体系离子轻度为 1.0mol/L，在 25℃ 和 1 个标准大气压下，这些常数是适用的。如果控制体系的 pH 值，使得 $CdOH^+$ 配合物可以忽略，则有

$$[Cd]_T = [Cd^{2+}] + [CdCl^+] + [CdCl_2^0] + [CdCl_3^-] + [CdCl_4^{2-}]$$

各种氯配合物占金属总量的百分数以 φ 表示，则得到关于 $P[Cl^-]$ 的函数

$$\varphi_0 = [Cd^{2+}]/[Cd]_T = 1/\{1 + \beta_1[Cl^-] + \beta_2[Cl^-]^2 + \beta_3[Cl^-]^3 + \beta_4[Cl^-]^4\}$$
$$\varphi_1 = [CdCl^+]/[Cd]_T = \varphi_0 \beta_1 [Cl^-]$$
$$\varphi_2 = [CdCl_2^0]/[Cd]_T = \varphi_0 \beta_2 [Cl^-]^2$$

$$\varphi_3 = [CdCl_3^-]/[Cd]_T = \varphi_0 \beta_3 [Cl^-]^3$$
$$\varphi_4 = [CdCl_4^{2-}]/[Cd]_T = \varphi_0 \beta_4 [Cl^-]^4$$

若以氯配合物的分数或 $\lg\varphi$ 与 $P[Cl^-]$ 作图,就可观察到当 $P[Cl^-]$ 改变时,主要含 Cd 的形态也发生相应的变化,在很低的 $P[Cl^-]$ 下,体系以 $CdCl_4^{2-}$ 形态为主,在高 $P[Cl^-]$ 条件下,则以 Cd^{2+} 为主(图 5.27)。

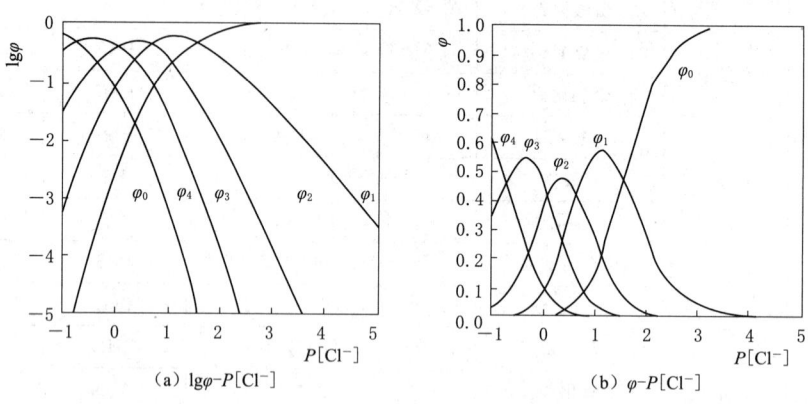

图 5.27　Cd^{2+}-Cl^- 体系的逐级配合作用

4. 腐殖质的配合作用

(1) 腐殖质的主要成分。约在 1800 年前后,人们才发现土壤和水体中腐殖质的存在。由于组成和结构非常复杂,所以对它的化学性质等方面迄今还不十分了解。但长期以来,人们对它的研究兴趣却一直有增无减,目前,腐殖质化学已经成为化学上的一个分支学科。

腐殖质的环境化学意义在于:①存在于天然水体(或土壤)中的腐殖质对金属离子有螯合作用,对有机物有吸附作用,成为水(或土壤)的天然净化剂;②在加工生产饮用水的氯化过程,原水中腐殖质与药剂 Cl_2(及其中所含 Br_2)反应,可生成三卤甲烷类化合物(THMs),具有强致癌性,成为公众健康的一大隐患;③水体中的腐殖质可能作为光敏物质参与光化学氧化还原反应。一般地说,腐殖质首先在土壤中生成。土壤中生物体,特别是植物死亡后,在各种环境条件下分解后残留物就是腐殖质。腐殖质在土壤中广泛存在,由于土壤和水体相通,不难理解,在水体和沉积物中也必然存在着相当数量的腐殖质。但也有研究者指出,海水中所含腐殖质,有部分是在该水体系统中直接生成的。土壤中腐殖质形成的过程如图 5.28 所示。作为起始物的动植物残体大致通过化学分解和微生物分解最终转为腐殖质。

海水中腐殖质含量约占有机物总量的 6%~30%,一般在 100~300μg/L 之内。海水中腐殖质经高分子多孔聚合物 XAD-2 吸附浓集后,所得提取物再用酸碱按下列程序处理,即可获得腐殖质的三种重要组分,其中:①腐殖酸,是能溶于碱而沉积于酸的组分;②富里酸(或称黄腐酸),是能兼溶于酸和碱的组分;③胡敏质(或称腐黑物),是酸、碱皆不溶的组分。

(2) 腐殖质的化学结构。腐殖质具有非常复杂的化学结构,而且其结构还随来源

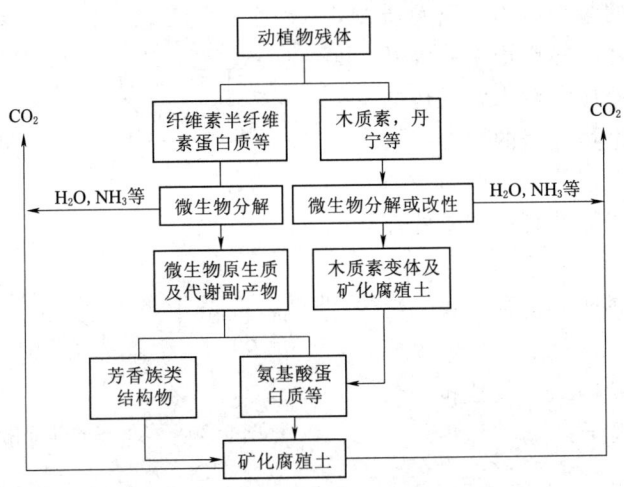

图 5.28 土壤中腐殖质的形成过程

不同(如土壤、淡水、海水、褐煤、沉积物)而各异。其实,红外光谱实验证明,以上这三类腐殖质在结构上是非常相似的,只是在分子量、元素和官能团的含量上有差别。

腐殖酸的部分化学结构如图 5.29 所示,最简单的富里酸的结构如图 5.30 所示。研究推测,腐殖酸分子核心是一个含大量有机杂原子基团的高分子化合物,核心外围联结着很多功能基团。腐殖质三种组分间的区别在于分子量和官能团含量的不同。如腐殖酸和胡敏质比富里酸有更高的分子量和较少的亲水官能团。总的来说,腐殖质的结构中含有羧基、酚基、醇基、羰基等官能团,其结构特点如下。

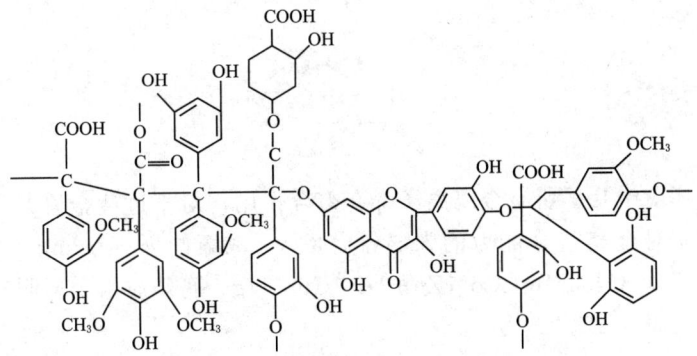

图 5.29 腐殖酸的部分化学结构

1) 以碳链为骨架,以 —O—,—N— 为交联基团。
2) 含氢键,带有很多含氧功能基。
3) 分子量大,如胡敏质、腐殖酸分子量可达几万。
4) 分子内多处带有电荷,高度极性。
5) 分子内含蛋白质类和碳水化合物类的部分很容易发生水解,芳香核部分不易发生化学降解和生物降解。

(3) 腐殖质的螯合能力。腐殖质与环境中有机物之间的作用主要涉及吸附效应、溶解效应、对水解反应的催化作用、对微生物过程的影响以及光敏效应和猝灭效应等。但腐殖质与金属离子生成配合物是其最重要的环境性质之一。

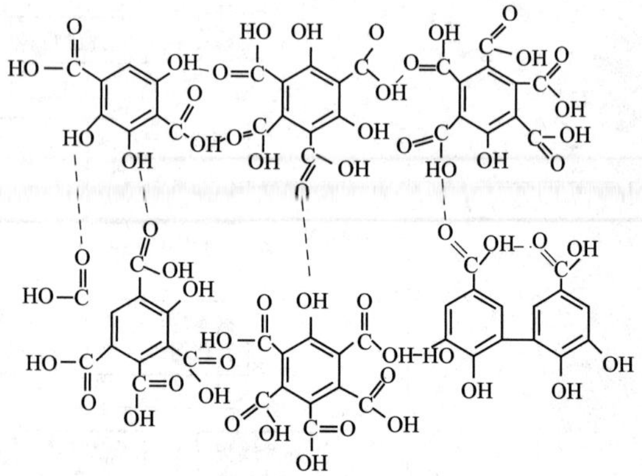

腐殖质与金属间的螯合方式一般有三种。

第一种方式是以一个羧基和一个酚羟基螯合金属离子：

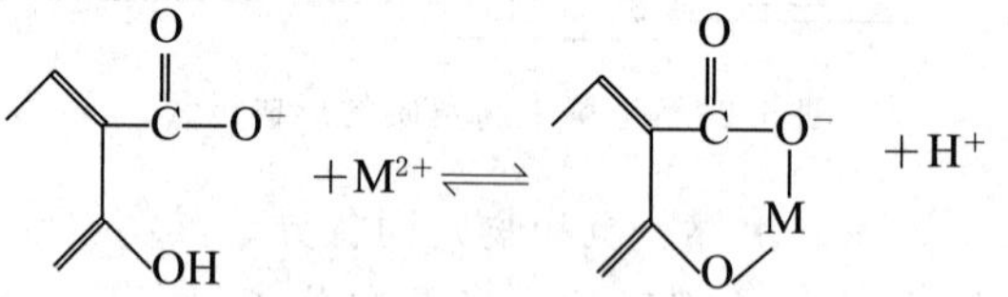

图 5.30 富里酸的部分化学结构

第二种方式是以一个羧基与其配合：

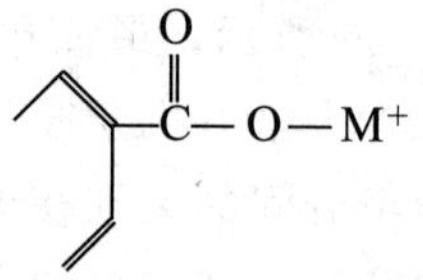

第三种方式是以两个羧基螯合金属离子：

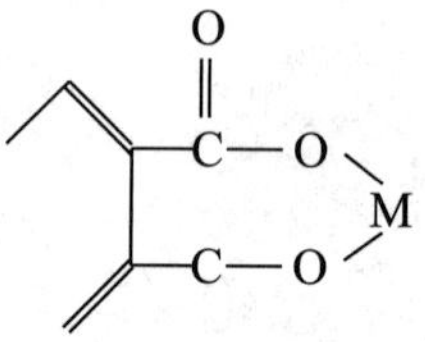

腐殖质对环境中几乎所有金属离子都有螯合作用，对于过渡金属尤为如此。一般情况下，腐殖质对金属螯合能力的强弱符合欧文-威廉姆斯（Irving-Williams）次序，即：$Mg < Ca < Cd < Mn < Co < Zn \approx Ni < Cu < Hg$。腐殖质与金属阳离子形成螯合物的稳定常数见表 5.12。

表 5.12　　　　　　　　　腐殖质与重金属的螯合物稳定常数

来源	lg$K$					
	Ca	Mg	Cu	Zn	Cd	Hg
泥煤	3.65	3.81	7.85	4.83	4.57	18.3
	—	—	8.29			
湖水						
Celyn 湖	3.95	4.00	9.83	5.14	4.57	19.4
Balal 湖	3.56	3.26	9.30	5.24	—	19.3

续表

来源	lgK					
	Ca	Mg	Cu	Zn	Cd	Hg
河水 Dee 河	—	—	9.48	15.36	—	19.7
Conway 河	—	—	9.59	5.41	—	21.9
海湾	3.65	3.50	8.89	—	4.95	20.9
底泥	4.65	4.09	11.37	5.87	—	21.9
海湾污泥	3.60	3.50	8.89	5.27	—	18.1
土壤	3.4	2.2	4.0	3.7	—	—
						5.2
松花江水	—	—	—	2.68	2.54	16.02
	—	—	—	3.14	3.01	16.74
松花江泥	—	—	—	2.76	2.66	16.51
	—	—	—	3.13	3.00	16.39
蓟运河水、泥	—	—	—	—	—	16.38
	—	—	—	—	—	16.28
	—	—	—	—	—	16.41

许多研究表明：重金属在天然水体中主要以腐殖酸的配合物形式存在。Matson 等指出 Cd、Pb 和 Cu 在美洲的五大湖（Great Lake）水中不存在游离离子，而是以腐殖酸配合物形式存在。重金属与水体中腐殖酸所形成的配合物稳定性，因水体腐殖酸来源和组分不同而有差别。Hg 和 Cu 有较强的配合能力，在淡水中有大于 90% 的 Cu、Hg 与腐殖酸配合，这点对考虑重金属的水体污染具有很重要的意义。特别是 Hg，许多阳离子如 Li^+、Na^+、Co^{2+}、Mn^{2+}、Ba^{2+}、Zn^{2+}、Mg^{2+}、La^{3+}、Fe^+、Al^{2+}、Ce^{2+}、Th^{4+}，都不能置换 Hg。水体的 pH、E_h 等都影响腐殖酸和重金属配合作用的稳定性。

很容易吸附在天然颗粒物上，改变了颗粒物的表面性质。彭安等研究了天津蓟运河中腐殖酸对汞的迁移转化的影响，结果表明腐殖酸对底泥中汞有显著的溶出影响，并对河水中溶解态汞的吸附和沉淀有抑制作用。配合作用还可抑制金属以碳酸盐、硫化物、氢氧化物形式的沉淀产生。在 pH 值为 8.5 时，对 CO_3^{2-} 及 S^{2-} 体系的影响特别明显。

腐殖酸对水体中重金属的配合作用还将影响重金属对水生生物的毒性。彭安等曾进行了蓟运河腐殖酸影响汞对藻类、浮游动物、鱼的毒性试验。在对藻类生长的实验中，腐殖酸可减弱汞对浮游植物的抑制作用，对浮游动物的效应同样是减轻了毒性，但不同生物富集汞的效应不同，腐殖酸增加了汞在鲤鱼和鲫鱼体内的富集，却降低了汞在软体动物棱螺体内的富集。与大多数聚羧酸一样，腐殖酸盐在有 Ca^{2+} 和 Mg^{2+} 存在时（浓度大于 10^{-3} mol/L）发生沉淀。

5. 有机配体对重金属迁移的影响

水溶液中共存的金属离子和有机配位体经常生成金属配合物，这种配合物能够改变金属离子的特征，从而对重金属的迁移产生影响，其主要机制有两种：

（1）影响颗粒物（悬浮物或沉积物）对重金属的吸附。

1）配位体可能与金属离子配合，或者与表面争夺可给吸附位，使吸附受到抑制。

2）如果配位体与金属离子作用生成弱配合物，并且对固体表面亲和力很小，则不致引起吸附量的明显变化。

3）如果配位体与金属离子形成强配合物，并同时对固体表面具有较强的亲和力，则可能会增大吸附量。决定配位体对金属吸附量影响的是配位体本身的吸附行为。

首先，配位体是否能被吸附。如果配位体本身不被吸附，或者金属配合物是非吸附的，则由于配位体与表面争夺金属离子，使得金属吸附受到抑制。例如，Vuceta 研究了柠檬酸和 EDTA 对 Pb(Ⅱ) 和 Cu(Ⅱ) 在 α-石英上吸附行为的影响（图 5.31），表明配位体的存在降低了 α-石英对 Pb(Ⅱ)、Cu(Ⅱ) 的吸附能力。

如果配位体浓度低，配位体和金属结合能力弱或配位体本身不被吸附，那么配位体的加入几乎不会对金属的吸附行为产生影响。Ducorsma 发现，只有异己氨酸的浓度大约是典型天然水浓度的 10^4 倍时，才能看到其对 Co(Ⅱ) 和 Zn(Ⅱ) 吸附的显著影响。Vuceta 等发现，异己氨酸存在下的蒙脱土和加入半胱氨酸的无定形 Fe(OH) 对 Hg(Ⅱ) 的吸附能力几乎无影响。

若配位体被吸附，又有一个强配位官能团裸露于溶液，则会显著提高颗粒物对痕量金属的吸附量。Davis 等研究了谷氨酸、皮考啉酸和 2,3-PDCA 的加入对 Fe(OH)$_3$ 吸附 Cu(Ⅱ) 的影响。结果表明，谷氨酸和 2,3-PDCA 增加了 Fe(OH)$_3$ 对 Cu(Ⅱ) 的吸附，而皮考啉酸实际上妨碍了溶液中因配合作用所致的 Cu 迁移（图 5.32）。

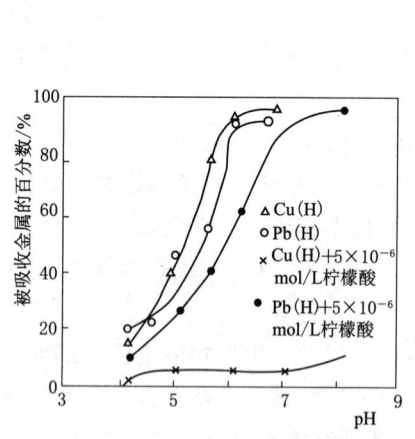

图 5.31 柠檬酸对 Cu(Ⅱ) 和 Pb(Ⅱ) 在二氧化硅/水界面上吸附的影响

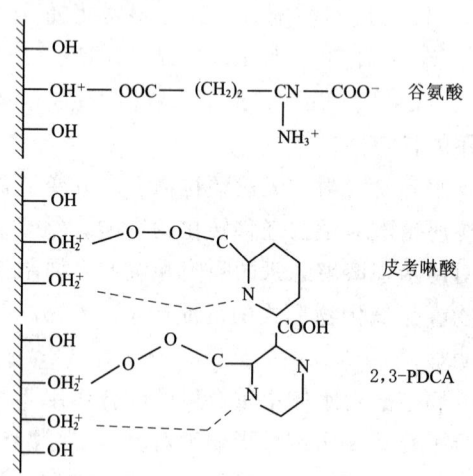

图 5.32 吸附谷氨酸盐、皮考啉酸和 2,3-PDCA 离子形成的表面配合物

由图 5.32 可以看出，皮考啉酸的表面配合可能涉及羧基和含氮杂原子电子给予体。因此，配位基是无效的，吸附的皮考啉盐离子不能像配位基一样对金属发生作用，而谷氨酸和 2,3-PDCA 可作为表面配合剂在表面与 Cu(Ⅱ) 生成 Cu(Ⅱ)-谷氨

酸和 Cu(Ⅱ)-2,3-PDCA 配合物。由此可见，被颗粒物吸着的配位体和金属配合物将对氧化物表面吸着痕量金属起着重要作用。吸附的配位体官能团可能是表面上的"新吸附点"，因而，存在于溶液中的配位体就改变了界面处的微观化学环境。目前，对于天然有机物在促进和阻止金属吸附方面所起的作用尚未完全弄清。

（2）影响重金属化合物的溶解度。重金属和羟基的配合作用，提高了重金属氢氧化物的溶解度。例如 $Zn(OH)_2$ 和 $Hg(OH)_2$，根据溶度积计算，水中 Zn^{2+} 应为 0.861mg/L，而 Hg^{2+} 应为 0.039mg/L。但由于水解配合生成了 $Zn(OH)_2$ 和 $Hg(OH)_2$ 配合物，水中溶解态锌总量达到 160mg/L，溶解态汞总量达到 107mg/L。同样，Cl^- 也能提高重金属化合物的溶解度。当 $[Cl^-]$ 为 1mol/L 时，$Hg(OH)_2$ 和 HgS 的溶解度分别提高了 3.6×10^7 及 10^5 倍。

通过上述例子的说明，可解释实际水体沉积物中重金属往往再次得到释放的现象。同理，废水中配体的存在可使管道和沉积物中重金属重新溶解，影响重金属污染的治理效果。

5.2.5 光化学分解

对于生态系统而言，光是一种重要的外部环境因子。在光的作用下进行的反应，统称为光化学反应（photochemical reaction）。光化学反应可以说是地球上涉及面最广、产量最高、与人类生活及物质文明关系最大的一类化学反应。植物的光合作用即是一种最典型的光化学过程。太阳光引发的光化学反应及其对化合物在天然水中迁移、转化、归宿以及对水生生态系统的影响，一直是水环境研究的热点，许多问题有待探索研究。

5.2.5.1 天然水中的光化学过程与机制

1984 年，Zafiriou 对天然水中有代表性的光化学过程作了汇总（表 5.13），实际水环境中的光化学过程当然远不止这些，但上述光化学过程足以描述主要水体的光化学反应特征。

表 5.13　　　　　　　　　　天然水中的光化学过程

环境	反应物	产物	可能的机理	可能的影响
海洋与淡水	天然有机生色团与色素，C NO_2^- Br^-，CO_3^{2-}，RH R·	C·+HO_2 或 C·+AH C^1+·O_2 C+O_2 HOOH· ·NO+OH· ·Br_2，·CO_3，R ROO·	H 转移到 O_2 或 A 电子迁移到 O_2 能量转移到 $O_2 \cdot O_2^-$ 直接光解 ·OH 自由基参与 O_2 的加成	改变氮的形态 NO 进入大气 氧化有机自由基
海洋	CH_3I MnO_2（胶体） Cu（Ⅱ） Cu（Ⅱ）-有机配合物	·CH_3+I· $Mn_{(aq)}^{2+}$ Cu（Ⅰ）Cl	直接光解 Cu（Ⅱ）被 HO_2/·O_2 还原 电荷迁移至金属元素	改变碘的形态，大气-海洋交换生物有效性 Mn；改变铜毒性循环

续表

环境	反应物	产物	可能的机理	可能的影响
淡水	Fe(Ⅲ)-有机配合物 Fe(Ⅲ)-有机物-PO_4配合物	Fe(Ⅲ)+CO_2 Fe(Ⅲ)+PO_4^{2-}	析氢	有机质的氧化；腔体态铁的溶解，P的生物有效性
被石油污染的水体	RH, ArH, $R_2SAr(CH_2)_nCH_3$	R=O RCO_2^-, ArOH, R_2SO 苯基烷基酮、醇	自由基，单线态氧参与反应，直接光解蒽醌光敏化	

水生系统（淡水系统和海水系统）的化学组成和物理性质等对在其中发生的光化学过程有很大影响。水生系统都含有大量具生色团的有机物，它们与水生系统中发生的初级光化学过程和能量的转化有密切关系。氧和水合电子普遍存在，并参与诸多次级光化学反应。但是，淡水的透光层比海水的透光层薄，并且变动较大；海水的pH值变化较小，一般为8±0.5，淡水的pH值变化较大，一般为7±3；海水的离子强度为0.7，淡水的离子强度为0.001；海水中阴离子的组成恒定，占优势的是氯离子和硫酸根离子，淡水阴离子的组成易变，一般占优势的是碳酸氢根离子。这些性质差异也影响到淡水系统光化学与海水系统有一定差异。在下面的论述中会具体加以区别。

1. 主要活性物质生成的光化学过程

天然地表水中，存在着许多天然的化合物和人工合成的化学品，太阳光可使这些化合物发生初级光化学过程，生成各种活性物种，从而引发各种光化学次级过程。这里主要讨论水合电子和活性氧类物质。

（1）水合电子（e_{aq}^-）生成的光化学过程。水合电子是一种独特的粒子结构，由一个电子与周围4个（或6个、8个）水分子紧密包围构成，其化学性质异常活泼，表现出极强的还原能力，几乎能与所有元素及化合物发生化学反应。20世纪60年代，许多学者研究发现含有可溶性有机化合物的水溶液，在光的作用下可生成水合电子。他们发现丁酚和甲酚水溶液的光化学行为是由酚氧基造成，在400nm附近产生吸收带，而可见光区的吸收带是由于光合电子产生。

Dobson提出含芳香化合物的水合电子 e_{aq}^- 光化学产生的基本过程，其中 $(C_6H_5O^-)^*$ 表示过渡态。

$$C_6H_5OH \xrightleftharpoons{h\nu} (C_6H_5O^-)^* + H^+$$
$$\downarrow$$
$$C_6H_5O \cdot + e^- H_2O$$

1966年，Joschek对含芳香化合物水溶液中 e_{aq}^- 光化学的产生做了较详细的研究，考察了含氧芳香烃27种、含氮芳香烃9种、含硫芳香烃6种等共74种芳香化合物，某些类型的芳香化合物可以产生 e_{aq}^-（表5.14），而某些芳香化合物则产生自由基（表5.15）。

5.2 化 学 净 化

表 5.14 取代苯水合电子 e_{aq}^- 的产生

母体分子	e_{aq}^- 的产生	
	+	−
HO—⟨⟩—R	CH_3	OC_6H_5
CH_3O—⟨⟩—R	OH	Br
	OCH_3	NO_2
H_2N—⟨⟩—R (CH_3O)	C_6H_4OH	Br
	OCH_3	
	OH	
H_2N—⟨⟩—R	NH_2	

表 5.15 取代苯光自由基的产生

取 代 基		产生的自由基
OH	OCH_3	O·
OH	CH_2COO^-	O·
OH	$CH_2CH_2COO^-$	O·
$O·CH_3$	OCH_2COO^-	$O·CH·$
OH	Br	C−Br 键断裂
OH	NO_2	未观察到
OCH_3	Br	C−Br 键断裂
OCH_3	Br	未观察到

(2) 活性氧。天然水系统发生的光化学过程可以产生各种活性氧。天然水中的主要成分包括 H_2O、Cl^-、Br^-、HCO_3^-、CO_3^{2-}、O_2、NO_3^-、NO_2^-、DOM、$(CH_3)_2S$，还原性金属离子等。在太阳光的照射下，能够产生单线态氧 $^1O_2$、超氧根自由基 O_2^-、羟基自由基 ·OH、过氧化氢 H_2O_2、$RO_2·$ 和 R· 等活性氧化物质，进而与水中污染物发生反应。其中单线态氧 $^1O_2$ 和过氧化氢 H_2O_2 称为非自由基活性物种，而其他则称为自由基活性物种，它们都是强氧化性物质，但氧化能力及与有机物反应的优先基团不同。

1) 单线态氧 $^1O_2$ 生成的光化学过程。$^1O_2$ 是一种重要的活性氧，天然地表水富含氧，含有多种生色基团有机物，易发生光敏反应，存在时间长（6μs）。1977 年，Zepp 等研究发现，天然水在阳光的照射下有 $^1O_2$ 生产，这是因为水中一些光敏性物质（用 S 表示）吸光后变为激发态，然后与水中氧作用生成单线态氧，其反应如下：

$$S + h\upsilon \longrightarrow {}^1S$$
$$^1S \longrightarrow {}^3S$$
$$^3S + O_2 \longrightarrow S + {}^1O_2$$

在天然水中 $^1O_2$ 的浓度很低，一般在 $10^{-14} \sim 10^{-15}$ mg/L 范围内，寿命短，半衰期仅为 2μs。$^1O_2$ 可氧化氨基酸、硫醇、硫化物和多环芳烃等化合物反应的半衰期在 $1 \sim 10$ h 范围内。

1984 年，Haag 等测定了不同波长下腐殖酸产生 $^1O_2$ 的量子产率，见表 5.16。

表 5.16 腐殖酸产生 $^1O_2$ 的量子产率

溶解性有机质(DOM)的来源	h /nm	DOM /(mg/L)	[FFA] /(mmol/L)	pH	ϕ^1O_2 /(×10^{-3})	测定次数
Fluk 腐殖酸	366	100~200	3.4~10	8.0	4.9±1.4	3
	405		3.4~34		5.0±2.0	3
	436		3.4~34		4.8±1.6	3

续表

溶解性有机质（DOM）的来源	h/nm	DOM/(mg/L)	[FFA]/(mmol/L)	pH	ϕ^1O_2/($\times 10^{-3}$)	测定次数
Fluk 腐殖酸	546		10		5.0	1
	366	100	10~34	7.2	10±4	4
	405				13±3	4
	436				12±5	3
Black 湖腐殖酸	546				5.1±2.2	4
	366	280	51	7.3	26	1
	405				23±7	2
	436				20±9	2
	546				11	1

注 FFA（Furfuryl alcohol）为探针化合物呋喃甲醇。

2) 过氧化氢 H_2O_2 生成的光化学过程。H_2O_2 是天然水中一种重要的活性氧类物质，其生成与去除的机理很复杂，基本过程如图 5.33 所示。

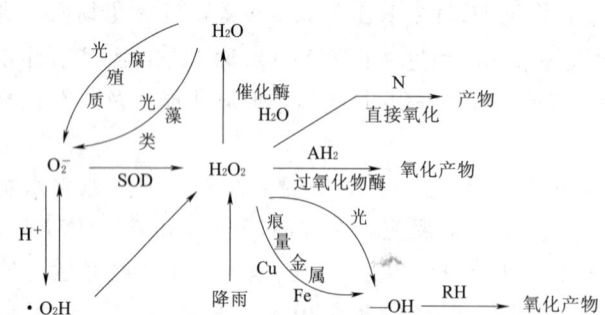

图 5.33 水环境中 H_2O_2 的生产与去除
注：SOD—超氧化物歧化酶；N—与 H_2O_2 反应的亲核试剂；AH_2—能被过氧化物酶、H_2O_2 氧化的底物；RH—有机化合物。

3) $\cdot O_2^-$（超氧自由基阴离子）生成的光化学过程。$\cdot O_2^-$ 的生成可以由水中的溶解氧结合电子而实现，例如前面讲到的水合电子与氧分子的反应。由溶解氧参与的其他光化学诱导的电子迁移过程是很多的，像半导体类氧化物表面光化学过程、过渡金属离子[Fe(Ⅲ)、Cu(Ⅱ)]的光解过程、腐殖质光解过程等，都可以产生 $\cdot O_2^-$。

4) $\cdot OH$ 羟基自由基生成的光化学过程。天然水中的 H_2O_2 是 $\cdot OH$ 的一个主要来源，因为 $\cdot OH$ 的生成过程更为复杂。后面将具体讨论一些有关 H_2O_2 和 $\cdot OH$ 生成的光化学过程及次级反应。

除了上述重要的活性氧物质外，天然水体中的光化学过程还产生 $\cdot RO_2$ 和 $\cdot R$ 等自由基。

2. 天然水系统光化学过程发生的机制

光解反应是指化合物在水环境中吸收了太阳辐射波长大于 290nm 的光能所发生的分解反应。天然水环境中的光解反应是一种十分重要的过程，因为大部分天然水环境都会暴露在太阳光下，从太阳光获得光解反应所需要的光能。如前所述，在天然水中，化学品发生的光化学过程可以分为两大类：直接光解和间接光解，由此而产生各种活性物种和短寿命的氧化剂如 $\cdot OH$、$\cdot O_2^-$、$\cdot HO_2$、$\cdot R$、$\cdot ROO$、$\cdot NO$ 等自

由基和 $^1O_2$、O_3、H_2O_2、ROOH 等分子。这些物质具有较强的反应活性，使得水体中能够发生复杂多变的化学反应。

(1) 直接光解。直接光解是具有生色团的化合物吸收光辐射后发生化学变化，产生的产物能够进一步参与次级化学过程，是天然水系统中最简单的光化学过程。

1) 有机化合物的直接光解。在天然水系统中，能够发生直接光解的有机化合物很少。羰基化合物、碘甲烷和多氯酚可以发生这类反应：

$$CH_3I \xrightarrow{h\nu} CH_3 + I$$

$$C_6Cl_5OH \xrightarrow{h\nu} C_6Cl_4OH + Cl$$

有些亲水性的有机化合物如叶绿素、类胡萝卜素、多不饱和脂肪酸等，可能在颗粒相上发生直接光解。

2) 无机化合物的直接光解。目前，对天然水系统中无机化合物的直接光解研究很少，已知道 NO_2^- 可以发生直接光解：

$$NO_2^- \xrightarrow{h\nu} NO + OH$$

该反应可使海洋表面的 NO_2^- 每年损失 10%。

3) 过渡金属元素离子配合物的直接光解。

$$Fe(Ⅲ)-OH\ 配合物 \xrightarrow{h\nu} Fe(Ⅱ) + OH$$

$$Fe(Ⅲ)-有机配合物 \xrightarrow{h\nu} Fe(Ⅱ) + CO_2$$

(2) 间接光解。间接光解是通过生色团吸收光辐射的，如果生色团重新产生，生色团起光催化剂的作用，如果生色团吸收光辐射后的变化不可逆转，自身则发生光解，同时引发其他成分发生间接光解。在天然水系统中，间接光解过程是普遍存在的，而且是特别重要的，因为这一过程可以使原来不能发生光解的化合物发生化学变化。间接光解的主要途径如图 5.34 所示。

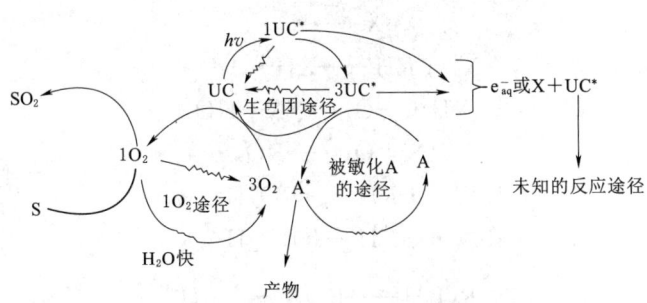

图 5.34 间接光解的主要途径

UC—未知生色团；S—能够与单线态氧反应的化合物；
A—非氧的能量受体，波浪线表示辐射能量迁移

5.2.5.2 天然水中有机化合物的光氧化降解

水中各种吸光物质（天然产物或人工合成化合物）吸收太阳辐射后，产生一系列的次级光化学过程，进而生成各种活性物种（$^1O_2$、·OH、·RO_2 等），使水中的化

合物被氧化。

在水环境中自由基氧化的速率公式可表达为：
$$R_{O_x} = k_{RO_2}[C][\cdot RO_2] + k_{OH}[C][\cdot OH]$$

1977年，Mill 等估算了水环境中·OH 和·RO_2 的浓度，并给出了上式多对应的速率半衰期见表5.17。由表可知，同·RO_2 相比，尽管·OH 的绝对反应活性较·RO_2 大 5~10 个数量级，·OH 与许多有机物的反应活性仍相当小。这是因为·OH 在水环境中的浓度很低，所以·OH 在水环境中对多数有机物的氧化作用可以忽略不计。·RO 相比自由基的选择性和活性介于·OH 和·RO_2 之间。

表 5.17　部分有机化合物被·OH、·RO 和·RO_2 氧化的速率和半衰期

化合物	k /[mol/(L·s)]	半衰期 $t_{1/2}$	化合物	k /[mol/(L·s)]	半衰期 $t/2$
被 RO_2 氧化		RO_2 浓度 10^{-9} mol/L	烯烃	24	334d
			苯甲基类	10	801d
烯烃类	0.09	9×10^4 d	醇类	1	22a
苯甲基类	1	8×10^3 d	芳香胺	3000	64h
醛类	0.1	8×10^4 d	酚类	1000	192h
醇类	0.01	8×10^5 d	被 OH 氧化		OH 浓度 10^{-7} mol/L
酚类	1×10^4	0.8d			
芳香胺	1×10^4	0.8d	醇类	1×10^{-9}	800d
氢醌	1×10^6	12min	醚类	2×10^{-9}	400d

目前对脂肪烃、芳香烃和多环芳烃的光氧化过程有了一定的了解。

1. 脂肪烃的光氧化

脂肪烃通常是通过光敏化反应而发生光氧化，例如正构烷烃的光氧化：

$$X \xrightarrow{h\nu} X^*$$
$$X^* + RH \longrightarrow XH\cdot + R\cdot$$
$$XH\cdot + O_2 \longrightarrow X + HO_2\cdot$$
$$R\cdot + O_2 \longrightarrow RO_2\cdot$$
$$RO_2\cdot + RH \longrightarrow RO_2H + R\cdot$$
$$RO_2\cdot + XH \longrightarrow RO_2H + X\cdot$$
$$RO_2H \longrightarrow RO\cdot + \cdot OH$$
$$RO\cdot + RH \longrightarrow ROH + R\cdot$$
$$RO_2H + R\cdot \longrightarrow RO\cdot + ROH$$

式中：X 为甲氧杂蒽酮；X^* 为甲氧杂蒽酮的三线态；RH 为十六烷。

2. 芳香烃的光氧化

在氧和酚的存在下，烷基苯的光氧化按下面的反应进行：

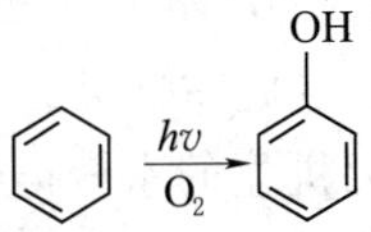

[反应式: 苯 $\xrightarrow[O_2]{h\nu}$ 苯酚]

3. 多环芳烃（PAHs）的光氧化

在水环境中，多环芳烃通过不同的过程进行降解，最重要的降解过程是光氧化、化学氧化和生物转化。水环境中多环芳烃的光氧化是通过光引发生成的单线态氧、羟基自由基等进行的，如 9,10-二甲基蒽：

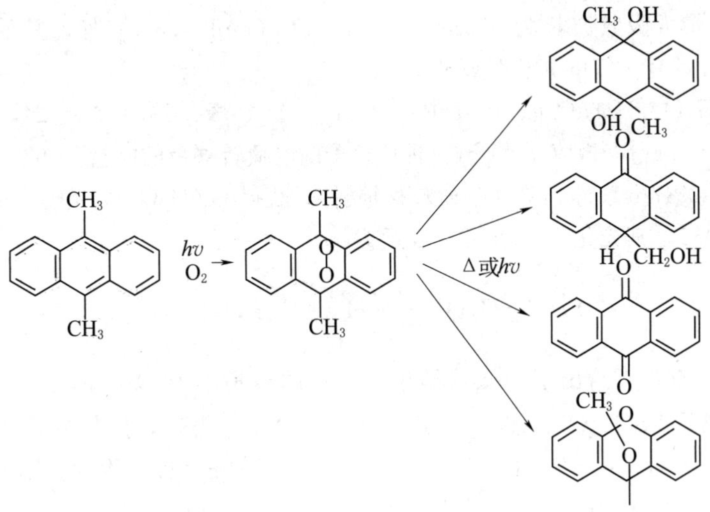

[反应式: 9,10-二甲基蒽 $\xrightarrow[O_2]{h\nu}$ 内过氧化物 $\xrightarrow{\Delta 或 h\nu}$ 多种产物]

又如：

[反应式: 蒽 $\xrightarrow[Al_2O_3 或 SiO_2]{h\nu, O_2}$ 内过氧化物 $\xrightarrow{-O^-}$ 1,4-二羟基蒽醌]

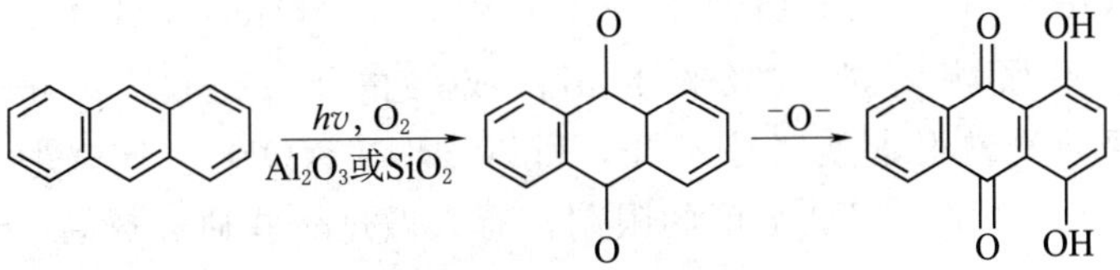

上述反应所生成的产物还可以进一步发生反应而降解。

5.2.5.3 天然水中阳离子的光化学反应

天然水中含有众多的金属阳离子，如 Fe、Mn、Cu、Hg、Pb、Ca、Mg 等，其中 Fe、Mn、Cu、Hg 等变价金属易在光的作用下发生光化学反应，进而影响自身和水体中其他污染物的迁移转化。本节以水中最常见的 Fe、Mn 为例来介绍水中阳离子的光化学反应过程和机制，Cu 通常用作富营养化水体控制的投加药剂，因而也在本节一并介绍。

1. Fe 的光化学反应

铁是浮游植物生长所必需的一种微量元素，也是限制浮游植物初级生产力的重要因素。Fe(Ⅲ) 的光还原反应是控制酸性天然水体中铁的氧化还原反应的重要过程。

（1）天然水中不同形态 Fe(Ⅲ)/Fe(Ⅱ) 羟基配合物的光化学氧化还原循环。水溶液中，Fe(Ⅲ) 的光化学还原生成 Fe(Ⅱ)，Fe(Ⅱ) 再被氧化剂重新氧化为 Fe(Ⅲ)。在 pH＝3～5 的 Fe(Ⅱ) 无机盐的水解产物中，Fe(OH)$^{2+}$ 是主要的 Fe(Ⅲ)OH 配合物形态，其光化学还原反应可表示为

$$Fe(OH)^{2+} \xrightarrow{h\nu} Fe^{2+} + \cdot OH$$

其实，在 pH≤4 的条件下，至少有 4 种不同形态的 Fe(Ⅲ) 配离子共存于 Fe(Ⅱ) 盐溶液中，即 Fe^{3+}、$Fe(OH)^{2+}$、$Fe(OH)_2^+$ 和 $Fe(OH)_4^-$。除了最具活性的 $Fe(OH)^{2+}$ [最大吸收波长为 295nm，ε＝2050L/(mol·cm)] 外，其他 Fe(Ⅲ)OH 配合物也各自具有一定的光化学活性。

在 $Fe(H_2O)_5^{3+}$ 的吸收光谱中，只有一个主峰，约在 λ＝240nm 处 [ε＝4350L/(mol·cm)]，相应于水→Fe(Ⅲ) 离子的电荷转移带的能量。1975 年，Langford 和 Carry 利用 254nm 紫外光源（电荷转移辐射），获得 $Fe(H_2O)_6^{3+}$ 光解生成·OH 的量子产率为 0.065，其光化学反应可以表示为

$$Fe^{3+} + H_2O \xrightarrow[254nm]{h\nu} Fe^{2+} + \cdot OH + H^+$$

1995 年，有作者给出了相似的结果（光源的波长小于 300nm，Φ_{OH}＝0.05）。虽然六水合络离子 $Fe(H_2O)_6^{3+}$ 也可以光解产生·OH 自由基，但其吸收波长明显与太阳光谱不重叠，而且在 pH≥2.5 时，它并不是主要的 Fe(Ⅲ) 物种。因此，其光化学还原反应所生成的·OH 自由基的贡献可以忽略。

pH≤3 的 Fe(Ⅲ) 盐水溶液的吸收光谱，主要取决于两种 Fe(Ⅲ) 离子形态，即 Fe^{3+} 和 $Fe(OH)^{2+}$，以及一级水解平衡常数 K_1。可能是由于 $Fe(OH)_2^+$ 的浓度太低，以至于不影响溶液的吸收光谱；或是由于 $Fe(OH)^{2+}$ 的吸收光谱与 $Fe(OH)_2^+$ 的吸收光谱根本就区分不开，所以表明 $Fe(OH)_2^+$ 这一形态存在的光谱学证据未能给出。为了克服低浓度的限制，有人做过一些通过提高 pH 值（pH＞3）来增加 $Fe(OH)_2^+$ 浓度的试验，均失败了。因为在该 pH 值下，溶液不能较长时间保持稳定。基于以上限制，$Fe(OH)_2^+$ 的光化学特性尚未见报道。但是可以推测，由于 $Fe(OH)_2^+$ 的前体 Fe^{3+} 和 $Fe(OH)^{2+}$，及其进一步水解聚合的产物 $Fe_2(OH)_4^{2+}$ 均具有光化学活性，因此 $Fe(OH)_2^+$ 可能也具有光化学活性，并且能够光解产生·OH。

光还原反应生成的 Fe(Ⅱ) 经过氧化剂（如水中溶解氧等）的作用，重新氧化成 Fe(Ⅲ)：

$$O_2 + Fe^{2+} \longrightarrow Fe^{3+} + O_2\cdot$$

或经由下式生成 Fe(Ⅲ)：

$$Fe^{2+} + \cdot OH \longrightarrow Fe(OH)^{2+}$$

可以看出，Fe^{2+} 和羟基自由基（·OH）经氧化生成 $Fe(OH)^{2+}$ 的过程，实际上是 $Fe(OH)^{2+}$ 在光照作用下生成 Fe^{2+} 和羟基自由基（·OH）的逆反应过程。

如此，水溶液中 Fe(Ⅲ)/Fe(Ⅱ) 的氧化还原循环就基本形成了（图 5.35）。

(2) Fe(Ⅲ) 氧化物表面的 Fe(Ⅲ)/Fe(Ⅱ) 光化学循环。Fe(Ⅲ) 氧化物及其氢氧化物的种类较多（天然存在的或人工合成的），各种氧化物结构之间的转变可能通过水合—脱水方式和部分氧化还原反应进行。考虑到 Fe(Ⅲ) 氧化物固体的基本性质，光化学家们早就开始将其与半导体的光电化学性质作对比研究。

1991 年，Wells 等研究了海水中铁氧化物胶体的光溶解，指出太阳光可以增强 Fe(Ⅲ) 氧化物分解并释放不稳定的 Fe(Ⅱ) 离子，并且认为这些光化学过程明显形成一个循环：Fe(Ⅲ) 光还原溶解—快速重新氧化—Fe(Ⅲ) 沉淀。循环反应涉及有机发色团，并生成无定形、不稳定性较大的 Fe(Ⅲ) 沉淀，而 Fe^{2+} 只是过渡形态。由此可以推断，Fe(Ⅱ) 氧化物的光化学机制与普通的半导体不同。

把有机物引入 Fe(Ⅲ) 氧化物的多相光化学反应体系，才能更好地体现 Fe(Ⅲ) 氧化物的光化学性能，及其对有机物的光催化氧化降解作用。1984 年，Wait 和 Morel 研究了天然水体中胶态 Fe(Ⅲ) 氧化物（γ-FeOOH）的光还原性溶解，提出了以下反应模型（图 5.36）。

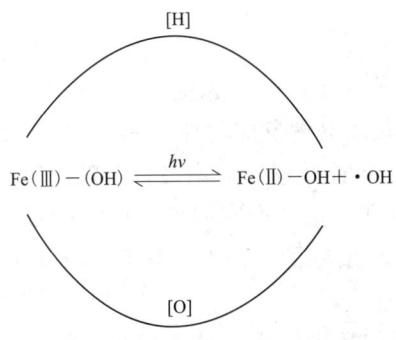
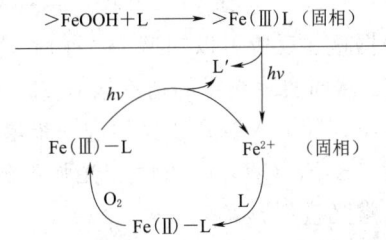

图 5.35　Fe(Ⅲ)/Fe(Ⅱ)—OH 配合物光氧化还原循环（[H]—还原剂，如 S^{2-}、低价金属、有机质等；[O]—氧化剂，如溶解氧、高价金属等）

图 5.36　Fe(ⅠⅠ)OOH 的光还原性溶解及 Fe(Ⅲ) 有机配体配合物的光氧化还原循环（>FeOOH—铁氧和氢氧化物；L—有机配体；L′—有机配体的氧化产物）

这一模型基本上表明了 Fe(Ⅲ)—有机配体配合物在胶体表面的光还原，同时生成 Fe(Ⅱ) 进入溶液的反应历程。

(3) Fe(Ⅲ)-多羧酸盐配合物的光化学性质。较早以前就有研究指出 Fe(Ⅲ) 离子对羧酸的光氧化有敏化作用，但直到 20 世纪 60 年代，人们才注意到其中可能涉及某些形态的铁—有机配体配合物。多羧酸（如柠檬酸、乙二酸、草酸等）能与 Fe^{3+} 形成稳定常数大的配合物，其在阳光下经历快速光化学反应。

F(Ⅲ)—草酸盐配合物广泛存在于环境中，尤其在天然水相中的存在，构成了天然水相的常见成分。由于它所具有的光化学还原性，在光化学研究中常常用作光量子剂，测定光源的辐射剂量和强度。近些年来，大气化学的研究表明，大气水相中 Fe(Ⅲ)—草酸盐配合物的光解能生成 H_2O_2，是大气水相中的重要来源。因此，大气水相中 Fe(Ⅲ)—草酸盐配合物的存在对于大气中 SO_2 的液相氧化形成酸沉降有着重要作用。同时，H_2O_2 生成后引发的次级光化学反应对于整个大气环境中的氧化还原体系和环境中各种污染物的降解均有重要影响。同样对于地表水而言，除了溶解态的 Fe(Ⅱ) 与草酸盐形成配合物外，一些形态的 Fe(Ⅲ) 氧化物（包括水合氧化物）在草酸盐存在下，可以形成 Fe(Ⅲ)—草酸盐表面配合物，在阳光作用下发生光解，增强了 Fe(Ⅲ) 氧化物的溶解。同时共存体系中的有机物也得到降解。可以说，Fe(Ⅲ)—草酸盐配合物的存在对于天然水相的光化学氧化还原反应有重要贡献。

从 20 世纪 50 年代起，大量研究表明，Fe(Ⅲ)—草酸盐配合物具有较高的光解速率。在无氧溶液中，以配位数为 3 的 Fe(Ⅲ)—草酸盐配离子为例，光化学反应如下：

$$Fe(C_2O_4)_3^{3-} \xrightarrow{h\nu} Fe(C_2O_4)_2^{2-} + C_2O_4^- \cdot$$

$$C_2O_4^- \cdot + Fe(C_2O_4)_3^{3-} \longrightarrow Fe(C_2O_4)_2^{2-} + C_2O_4^{2-} + 2CO_2$$

草酸根离子自由基 $C_2O_4^- \cdot$ 也可经下面的歧化反应清除：

$$C_2O_4^- \cdot \longrightarrow CO_2 \cdot + CO_2$$

$$2CO_2 \cdot \longrightarrow C_2O_4^{2-}$$

$$2C_2O_4^- \cdot \longrightarrow C_2O_4^{2-} + 2CO_2$$

总反应为

$$2Fe(C_2O_4)_3^{3-} \xrightarrow{h\nu} 2Fe(C_2O_4)_2^{2-} + C_2O_4^{2-} + 2CO_2$$

根据这些反应可以知道 Fe(Ⅲ)—草酸盐配离子光解反应的理论 Fe(Ⅱ) 量子产率为 2.0，然而实际测得的值在波长 250~450nm 范围内为 1.0~1.2，且随入射光波长变化较小；随着入射光波长的进一步增大，Fe(Ⅱ) 量子产率降低。Fe^{2+} 的量子产率对温度、$K_3Fe(C_2O_4)_3$ 浓度和光强度的变化是不敏感的。因此，$K_3Fe(C_2O_4)_3$ 常被用作化学光量剂。

(4) 天然水中 Fe(Ⅲ)/Fe(Ⅱ) 光化学循环的环境效应。铁的光化学氧化还原循环伴随着有机配体的氧化降解，不仅是小分子还包括腐殖质。对于难降解有机物的破坏和降解，生成小分子，可增强其生物有效性。此外，光氧化不仅降低了溶解有机物的浓度，还减少了这类物质特有的光吸收。可见，铁的循环不仅影响小分子有机物的归宿，同时改变了难降解或有色溶解有机物的转化，对水生生态系统有重要影响。

1) 亚铁离子是浮游植物可直接利用的铁形态。亚铁离子在中性有氧条件下，易于被氧化成稳定性高而溶解度低的 Fe(Ⅲ) 氧化物或氢氧化物；而快速的氧化还原强烈干扰缓慢的铁氧化物或氢氧化物的聚合与沉淀，促进其还原与溶解，因而能增强无机 Fe(Ⅲ) 形态和胶体的反应性和生物有效性。

2) 铁作为限制性营养元素和影响因子，其形态和生物有效性对藻类的生长和不同藻类间的竞争有选择性影响。可能限制初级生产者的数量，减弱光合作用，影响水生生态系统的基础生产力。同时生物异化作用以及非生物质氧化作用产生的 CO_2 或其他含碳气体（如 CH_4）的累积，对 CO_2 的全球循环和碳元素的生物地球化学循环都有影响。

3) 水生生物直接或间接地受 UV 辐射的强烈影响。间接影响主要包括光化学反应生成的各类活性氧物质。而铁光化学循环对活性氧物质的生成起到催化作用，如果铁循环是足够快的，它可能很大程度上决定了水中 H_2O_2、·OH 等活性物种的浓度，也间接影响到水生生物。

4) 铁的光化学反应对水体颗粒物（铁的氧化物、氢氧化物和有机质等）的浓度、颗粒粒径和表面性质等均有影响。仅就颗粒物表面的吸附作用而言，对重金属、营养物和生物残骸等许多物质的生物地球化学循环都有一定影响。如对磷的影响，铁氧化物或氢氧化物可以通过其表面羟基而与磷形成具有更强稳定的配合物，进而影响了磷的释放和生物有效性。

2. Mn 的光化学反应

锰在天然水体中主要以不溶的 Mn(Ⅲ) 和 Mn(Ⅳ) 的氧化物及可溶性的 Mn(Ⅱ) 存在。在 pH 值为 8.0 和 pE 值为 12.5 的条件下，锰的稳定状态为 Mn(Ⅳ)，不溶于水。不稳定的还原态 Mn(Ⅱ) 主要以 Mn^{2+} 存在。一些稳态的 Mn(Ⅲ) 和 Mn(Ⅳ) 一样，在水中是不溶的且与 Mn(Ⅳ) 以混合固体氧化物的形式共同存在。天然水体中锰的氧化性颗粒可与含羟基、羰基、酚、醇等基团的有机物发生配合反应，生成的配合物因发生光化学或热力学的还原反应而溶解，锰被还原，相应的有机物被氧化。

锰对于海洋的生物活动具有重要作用。由于锰在光合作用方面（在光反应体系中作为一种还原催化剂），在有氧呼吸产生的氧化物的去毒作用方面和生产 ATP 方面的作用，使它在生物学上占有重要地位。该元素只有在还原状态下才能被生物吸收。因此，似乎可以这样认为：光化学诱导的还原反应与微生物的光化学氧化作用共同使得世界大洋表层海水中存在可被生物吸收的 Mn(Ⅱ)。

(1) 锰的光化学反应的控制因素。影响锰的光化学反应的因素有很多，光照、搅拌和加入的有机物都会影响溶液中 Mn(Ⅳ) 到 Mn(Ⅱ) 的还原反应速率。其中，有机物对锰的光化学反应的影响尤为重要。有机物存在下，锰与其反应生成可发生表面电子转移的配合物，光还原反应的速率直接与生成的表面配合物的浓度有关。Spokes 和 Liss 的结果表明：加入腐殖酸的溶液在光照下，Mn(Ⅳ) 到 Mn(Ⅱ) 的还原反应速率随着光照时间的增加而增加，Horvath 等的研究也表明，锰的光化学反应速率正比于锰与有机物间形成的可发生表面电荷转移的配合物浓度。

Spokes 和 Liss 的研究表明，在同样时间内，随着加入腐殖酸浓度的增加，Mn(Ⅳ) 到 Mn(Ⅱ) 的还原反应速率相应增加。受到光照的溶液由于吸收了入射光而发生反应，因此反应速率与吸收光的光强、波长，即给定波长范围内氧化还原反应的光量子产率有关。受到晴天日光照射的烧杯中溶液的转化率明显比实验室条件下弱光强的试管中溶液的转化率高。

Spokes 和 Liss 的实验结果表明，搅拌对 MnO_x 转化为可溶态的 Mn(Ⅱ) 的速率也有影响。对于人工合成的 MnO_x，在不含腐殖酸的海水中，光照下未搅拌过的烧杯中的 Mn(Ⅳ) 到 Mn(Ⅱ) 的还原反应速率较搅拌过的烧杯中的高；加入腐殖酸后，搅拌过的烧杯中的 Mn(Ⅳ) 到 Mn(Ⅱ) 的还原反应速率大大提高，超过了未搅拌过的烧杯中的反应速率。而 Waite 等的研究则认为，搅拌不会对反应产生影响。因此，有关搅拌的影响还有待于进一步研究。

(2) 反应机理的讨论。关于锰的光还原反应的机理目前还不是十分清楚，可能包括光化学反应提高了锰的氧化物及其吸附有机物间的金属—配位体间电子转移速率。

Waite 等的实验表明，无论催化剂和氧气是否存在，MnO_x 具有相同的还原反应速率。因此，他们提出反应中间物如过氧化氢在 MnO_x 的反应中起不到什么重要作用。Waite 等指出，对过氧化氢不具有依赖性是由于 MnO_x 的表面被有机物覆盖，从而阻止了自由的 MnO_x 同光反应产生的过氧化氢发生反应。这表明在海洋有机物浓度低的环境中，由于形成反应中间产物如过氧化氢等促进了光还原反应。但在有机物浓度高的海水中，光还原反应通过生成表面配合物促进其发生。

3. Cu 的光化学反应

铜是生物必需的一种重要的微量元素，但过量的铜对人和动物都有害。在大多天然水中，铜的浓度为 $1.00\sim5.00\text{pg/L}$，$Cu(Ⅱ)$ 主要被生物有机体配合。$Cu(Ⅱ)$ 的形态控制着生物对其的承受力，而表层天然水中的光化学作用影响着铜的氧化还原反应。铜的光反应可能会导致对水生生物产生毒性。对铜的光化学反应的研究主要集中在铜的配合对光反应的作用，而对于铜的光反应过程的研究则较少。

研究表明，$Cu(Ⅰ)$ 和 $Fe(Ⅱ)$ 在天然水中被 H_2O_2 氧化的过程是天然水中氢氧自由基的主要来源之一，绝对不亚于亚硝酸盐的光反应过程。铜在表层水中发生光反应生成羟基自由基的反应式为

$$Cu(Ⅰ)+H_2O_2 \longrightarrow Cu(Ⅱ)+\cdot OH+OH^-$$

$Cu(Ⅰ)$ 可与特定的有机物发生配合反应。生成的配合物在光照下发生还原反应生成金属铜沉淀。反应被认为是通过电子在金属—配位体之间的传递导致的。该反应作为生产金属铜的一个新方法被人们普遍重视。Kunkely 等对 $Cu(Ⅰ)$ 的 DMP (2,9-二甲基-1,10 菲啉) 配合物进行光照表明：在 $\lambda > 380\text{nm}$ 时，$(DMP)Cu^I(BH)$ 发生光还原反应生成金属铜。

$$(DMP)Cu^I(BH_4) \xrightarrow{h\nu} DMP+Cu^0+H_2+1/2B_2H_6$$

该反应主要分三步完成：

$$(DMP)Cu^I(BH_4) \xrightarrow{h\nu/LLCT} (DMP^-)Cu^I+BH_4$$

$$2BH_4 \longrightarrow H_2+B_2H_6$$

$$(DMP^-)Cu^I \longrightarrow DMP+Cu$$

5.2.5.4 天然水中的过氧化氢及其光化学反应

过氧化氢（H_2O_2）既是一种强氧化剂又是强还原剂。可与天然水中多种化学物质发生反应。在天然水中，相对于单线态氧和羟基自由基等活性氧来说，H_2O_2 的浓度较高，也较稳定，因而其生成、累积和光化学转化更能引起人们的关注。

1. 天然水中 H_2O_2 生成的影响因素

在河水、海水和水库等天然水体的表层存在着不同浓度的 H_2O_2，浓度通常较低，在纳摩尔每升至微摩尔每升范围内。除了大气沉降是水体中 H_2O_2 的重要来源以外，天然水中 H_2O_2 的主要来源是光化学对溶解有机物的氧化，由此，天然水中 H_2O_2 的生成主要受到有机物浓度、光强等因素的影响。

(1) 有机物浓度的影响。由于 H_2O_2 的主要来源是光化学对溶解有机物的氧化，有机物浓度对 H_2O_2 的光化学反应起重要作用。Miller 等指出 H_2O_2 在有机物浓度较

高的富氧水中产率较高。南部和中部大西洋表层海水中 TOC 的浓度（70～110μmol/L）明显低于 Seto Inland Sea 表层海水中 TOC 的浓度（120～300mmol/L），该点导致了 H_2O_2 产率的降低。但到目前为止，很少有数据描述两者之间的确定关系。

（2）光强的影响。Miller 等对 Sargasso Sea 中 H_2O_2 浓度变化的研究表明，H_2O_2 在 1m 深度处的浓度大于其在 3m 深度处的浓度，在 200m 以下随深度的增加 H_2O_2 的浓度不再有大的变化，该结果同随深度增加光强降低是一致的。Yuan 等的研究表明，在南部和中部大西洋表层海水中，H_2O_2 的浓度在近早晨时达最低值（由于黑暗条件下，H_2O_2 发生衰减而浓度降低），在午后浓度达最高值。此外，纬度变化对 H_2O_2 浓度的影响，部分原因也是由于太阳辐射的强度不同引起的。

2. 天然水中 H_2O_2 的光化学反应

天然水中 H_2O_2 的光化学反应包括初级光化学过程和次级光化学过程。

（1）H_2O_2 的初级光化学过程——H_2O_2 的光解。水溶液中 H_2O_2 的光解已有较多的研究。研究结果表明，波长低于 380nm 的光辐射可使 H_2O_2 光解：

$$H_2O_2 \xrightarrow{h\nu, \lambda<380nm} 2HO\cdot$$

产生的羟基自由基可发生自由基的链传递和链终止反应：

$$HO\cdot + H_2O_2 \longrightarrow H_2O + HO_2\cdot$$
$$HO_2\cdot + H_2O_2 \longrightarrow O_2 + H_2O + HO\cdot$$
$$HO_2\cdot + HO\cdot \longrightarrow O_2 + H_2O$$
$$2HO_2\cdot \longrightarrow O_2 + H_2O_2$$
$$2HO\cdot \longrightarrow H_2O + O(2O \to O_2)$$
$$2HO\cdot \longrightarrow H_2O_2$$
$$HO\cdot + X \longrightarrow 链中止$$

还有两种可能的初级光化学过程：

$$H_2O_2 \xrightarrow{h\nu} H_2O + O$$
$$H_2O_2 \xrightarrow{h\nu} H\cdot + HO_2\cdot$$

（2）H_2O_2 的次级光化学过程。过氧化氢光化学反应机理的一般特征是通过初级光化学过程生成的羟基自由基继续反应，一般可有三种类型的反应。

氢的脱除：

$$RH + HO\cdot \longrightarrow H_2O + R\cdot$$

双键或三键的加成：

$$\mathrm{\underset{/}{\overset{\backslash}{C}}\!=\!\underset{\backslash}{\overset{/}{C}}} + HO\cdot \longrightarrow HO-\mathrm{\underset{|}{\overset{|}{C}}-\underset{|}{\overset{|}{C}}}\cdot$$

电子转移：

$$Me^{n+} + HO\cdot \longrightarrow Me^{(n+1)+} + OH^-$$

上述反应产生的有机自由基随后可发生下列反应。

二聚化：
$$R\cdot + R\cdot \longrightarrow R-R$$

与氧反应：
$$R\cdot + O_2 \longrightarrow RO_2\cdot$$
$$RO_2\cdot + RH \longrightarrow RO_2H + R\cdot$$

与过渡金属离子反应：

①自由基 R· 的氧化
$$R\cdot + Me^{n+} \longrightarrow R^+ + Me^{(n-1)+}$$
$$R\cdot + H_2O \longrightarrow ROH + H\cdot$$

②自由基 R· 的还原
$$R\cdot + Me^{n+} \longrightarrow R^- + Me^{(n+1)+}$$
$$R^- + H_2O \longrightarrow RH + OH^-$$

1987 年，Moffett 等研究了海水中过氧化氢与铁离子和铜离子的反应动力学，提出了以下反应机理。

对于 Cu^+ 和 Fe^{2+} 可发生以下反应
$$M^{n+} + H_2O_2 \longrightarrow M^{(n+1)+} + HO\cdot + OH^-$$
$$M^{n+} + HO\cdot \longrightarrow M^{(n+1)+} + OH^-$$

对于 Cu^{2+} 和 Fe^{3+} 可发生以下反应
$$H_2O_2 \longrightarrow H^+ + HO_2^-$$
$$M^{(n+1)+} + HO_2^- \longrightarrow M^{n+} + HO_2$$
$$HO_2 \longrightarrow H^+ + O_2^-$$
$$M^{(n+1)+} + O_2^- \longrightarrow M^{n+} + O_2$$

Fe^{2+} 与 H_2O_2 的暗反应和光反应都可产生羟自由基，这是大家熟知的 Fenton 和光-Fenton 反应，1992 年，Haag 等给出了由臭分解、Fenton 和光-Fenton 反应产生的羟自由基与饮用水中几十种有机污染物的反应速率常数（表 5.18）。

表 5.18 Fenton 和光-Fenton 反应产生的氢氧自由基与有机污染物的反应速率常数

化合物	溶液 pH 值	浓度/(mmol/L)	·OH 产生方式	k_{OH}/[L/(mol·s)]
二溴甲烷	3	0.34	光-Fenton	$(9.9\pm0.2)\times10^7$
1,1,2-三氯乙烷	2.8	0.22	光-Fenton	$(1.3\pm0.4)\times10^8$
1,2-二氯丙烷	2.8	0.12	光-Fenton	$(3.8\pm1.9)\times10^8$
1,2-二溴-3-氯丙烷	2.7	0.045	光-Fenton	$(3.2\pm0.4)\times10^8$
二溴乙醇	2.7	0.5	光-Fenton	$(3.5\pm2.3)\times10^8$
1,1,1-三氯-2-甲基-林丹(农)	3	0.031	Fenton	$(2.7\pm0.5)\times10^8$
	2.9	0.007	Fenton	$(5.8\pm1.9)\times10^8$
	2.9	0.004	光-Fenton	$(5.2\pm0.9)\times10^8$
	2.8	0.004~0.008	Fenton	$(1.1\pm0.2)\times10^8$
	2.8	0.012	Fenton	$(9.2\pm0.4)\times10^8$

续表

化合物	溶液pH值	浓度/(mmol/L)	·OH产生方式	$k_{OH}/[L/(mol·s)]$
异狄氏剂	2.8	0.0009	Fenton	$(2.7±0.7)×10^8$
	3.4	0.0010	光-Fenton	$(1.1±0.2)×10^8$
	2.8	0.0005	Fenton	$(1.3±0.4)×10^8$
氯丹	3.3	0.0009	光-Fenton	$(6～170)×10^8$
毒杀芬(农)	1.9	0.003	Fenton	$(1.2～8.1)×10^8$
阿特拉津(农)	3.6	0.020	光-Fenton	$(2.6±0.4)×10^8$
西玛莱(农)	3.5	0.020	光-Fenton	$(2.8±0.2)×10^8$
氨基己二酰	3.4	0.013	Fenton	$(2.0±0.2)×10^8$
茅草枯(农)	2.4	0.1	光-Fenton	$(7.2±0.3)×10^7$
敌草快(农)	3.1	0.064	Fenton	$(8.0±1.8)×10^8$

5.2.5.5 天然水中的溶解性腐殖质的光化学反应

腐殖质的光化学性质比较活泼，能逐渐光解为小分子物质。同时，腐殖质具有光诱导性质，能够产生活性氧（ROS），从而引起自身和有机污染物的光解，因此，研究腐殖质的光化学过程，有助于深入了解有机污染物在天然水中的降解机理，对于探讨水体修复机理和发展修复技术具有重要意义。

天然水环境和腐殖质结构的复杂性决定了腐殖质的光化学反应机理非常复杂。目前对腐殖质的光化学研究主要包括两个方面：①研究腐殖质自身的光解规律，包括降解历程、结构特征的变化、有机小分子产物的鉴定等；②以腐殖质作为光敏剂，研究水体中典型有机污染物的降解机理、产物分布以及涉及的ROS反应历程。

1. 腐殖质的自身光解

腐殖质分子中含有大量的羟基、羰基、羧基等基团，它们之间以氢键、范德华力等作用力相互结合在一起，因此很容易被各种氧化剂、活性物质等分解。腐殖质的光解是指腐殖质分子吸收光子能量后，通过复杂的物理化学反应，形成小分子的过程腐殖质分子能够直接吸收光子能量，形成不稳定的激发态，通过断裂与重排生成其他小分子化合物。此外水体中存在多种光敏化剂，能在光辐射的作用下生成活性中间体，如 e_{aq}^-、·OH、$^1O_2$ 等，这些活性中间体具有很高的能量，能够将腐殖质分子中的化学键打断，从而形成小分子（图5.37）。

腐殖质难以被生物降解，但它在紫外辐射或自然光照下的降解过程却非常迅速，腐殖质在光解过程中芳环、不饱和键等因吸收光子而发生断裂或重排，从而导致体系的光谱性质在光解过程中也发生变化。目前对于腐殖质自身结构和光解产物结构的了解还不多，主要是由于腐殖质的分子量在2000～300000之间，同时含有各种基团，使得对其降解产物的定性、定量描述非常困难，一般采用紫外—红外光谱特征峰、总有机

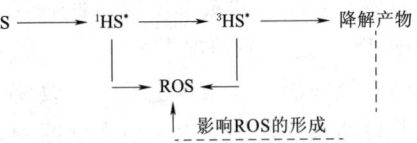

图5.37 腐殖质光解过程示意图

碳（TOC）或溶解有机碳（DOC）等指标。

TOC（或 DOC）的变化可以说明腐殖质光降解过程中的一些问题。如研究发现，在 300nm 以上波长的光照下，锐钛型 TiO_2 光催化降解腐殖质过程中腐殖酸的浓度和 TOC 均随着时间的推移而逐渐下降，两者之间存在良好的相关性。许多研究均发现，腐殖质溶液中 TOC（或 DOC）值随光照时间不断下降，这说明腐殖质溶液中不断形成各种小分子，同时不断被矿化。

紫外—红外光谱则是最常用的定性定量手段，从腐殖酸（HA）降解产物的紫外—红外光谱特征发现，其光解可能存在两种机制：首先是光脱反应的机制，这或许是光解 HA 的主要反应；其次为脱色反应，即 HA 的生色团被破坏，与此同时伴随着另外一些苯环及酚类化合物的含量减少。

1995 年，李君文等对经紫外线（253.7nm）照射后的腐殖酸理化性质进行了比较系统的研究。试验结果表明 HA 在紫外线照射下发生了较大的变化：它的紫外、红外及核磁共振光谱图形均发生明显改变。光照氧化后的 HA 溶液有机物的组成也发生比较明显的变化，随着光照时间的增长，溶液的总有机碳不断下降，部分有机碳转化为无机碳的形式，但溶液中依然保持较高的有机碳含量，这说明紫外线可使 HA 部分分解。原来 HA 溶液为较淡的棕黄色，照射后溶液颜色明显变淡，当照射时间超过 2h 时溶液颜色基本消失。这个现象说明紫外线有很强的破坏 HA 中生色团的能力。对样品的紫外光谱分析表明（图 5.38），在接受照射前后 HA 的紫外光谱中最大吸收峰出现了紫移现象，并出现了两条吸收带。这说明 HA 结构中的共轭生色团可能发生了结构的变化，如化学键的断裂或分子内重排等。从 HA 溶液的颜色变化可以看出，除最大吸收波长发生变化外，在 230～800nm 范围内光照后紫外吸收强度有所下降，这与光照前后 TOC 的变化基本一致。

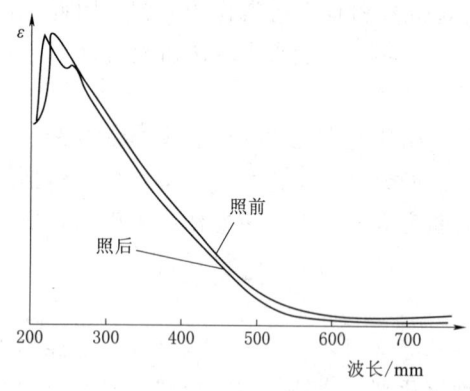

图 5.38　照射前后 HA 紫外光谱的变化

照射前后 HA 红外光谱的变化情况如图 5.39 所示。经 2h 照射后、在 1730cm 处的吸收峰明显减弱，甚至消失。而 1620cm^{-1} 处的峰有所增强，这说明 HA 经紫外线照射后，发生了脱羧基反应，使一部分有机碳转变成了无机碳，这与照射前后 HA 溶液中 TOC 变化的情况基本一致。从 1000～1400cm^{-1} 峰的变化情况看，芳烃、不饱和脂肪烃或醚类等结构也发生了改变。HA 照射前后的核磁共振氢谱也表明在 HA 中的芳香结构出现了变化，但在谱图中未发现游离的醛、酸的质子信号。结合溶液中酚类化合物的减少，可认为酚类化合物是 HA 中主要的生色团。通过在溶液中加入自由基捕获剂 DMSO（二甲亚砜），经短时间的紫外照射后（不超过 20min），使用电子自旋共振仪测定发现样品溶液中有自由基的产生，该自由基主要为半醌类自由基，且随着光照时间的增长而增加。

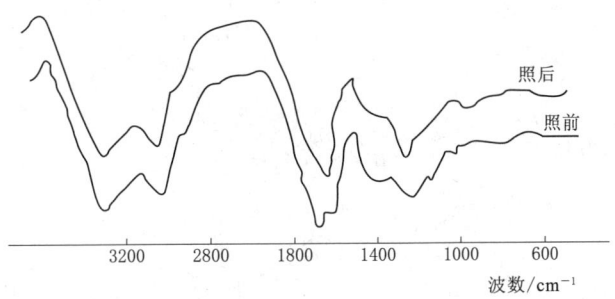

图 5.39　照射前后 HA 红外光谱的变化情况

随着分析手段的进步与成熟,可以通过质谱等技术更清楚的研究水相中腐殖质的光降解产物。Schnitzer 研究发现光解富里酸的主要产物是羧酸和酚酸;Chen 等得到光解腐殖质的产物主要为苯、一元至六元的羧酸及 C 结构的脂肪酸;Corin 在降解天然湖水及水溶液的腐殖质发现降解产物中主要为一元、二元羧酸,酮酸,芳香族羟基羧酸和醛类;Kuloraara 也发现光照 HA 和 FA 48h 后,产物中主要是羧酸、甲酸、乙酸、丙酸、乙醇酸、草酸、丙二酸、苯甲酸。此后所报道的研究结果与此非常相似。

2. 腐殖质的光敏化反应

许多难以生物降解的有机污染物,可以发生直接降解或间接光解。判断何种光解机理更重要,可以将相同光照条件下该化合物在蒸馏水(或光化学性溶剂)和天然水中的光解速率进行比较。由于天然水体中腐殖质的存在可能改变了有机污染物的降解机制,因此研究实际条件(或接近实际条件)下有机污染物的光解更有意义。某些有机污染物并不直接吸收光,例如艾氏剂对 $\lambda > 250$nm 的光不产生吸收,因而在水中不发生光解。当水体中含有 μmol/L 级 H_2O_2 时,艾氏剂可快速光氧化生成狄氏剂及其他产物;而黑暗中 H_2O_2 并不能氧化艾氏剂。有机污染物在天然水体中的光解速率不同于纯水体系中的光解速率,主要归因于 DOM 的影响,尤其是腐殖质的光敏化作用。

激发三重态的腐殖质($_3HA^*$)主要通过 3 种机制使有机物发生光敏化反应:①$_3HA^*$ 直接将能量转移给污染物分子,例如顺-1,3-戊二烯可以吸收 $_3HA^*$ 的能量;②污染物分子中的 H 原子转移到 $_3HA^*$ 上形成自由基,如苯胺将氨基上的 H 原子转移到 $_3HA^*$ 上,生成苯胺自由基;③$_3HA^*$ 与水中的溶解氧作用生成 $^1O_2$、O_2^- 等活性氧,从而导致有机物的光氧化降解。例如,Vialaton 等提出了 4-氯-2-甲基苯酚分别在有、无腐殖质时的降解机理(图 5.40)。从图 5.40 中可以看出底物在有、无腐殖质的情况下降解机理是完全不同的,降解产物也是不同的,在腐殖质存在下,甚至发生了开环反应。

腐殖质对不同有机污染物光解速率的影响是不同的,这可能是由于腐殖质的不同性质之间对有机物光解存在着竞争效应。腐殖质的来源、浓度、吸附性等会对活性中间体和体系中的能量转移产生较大影响,从而使得溶液中各物质的形态不同于单一有机污染物体系,并改变了污染物的光解速率。Sakkas 等研究了不同水体中腐殖质对

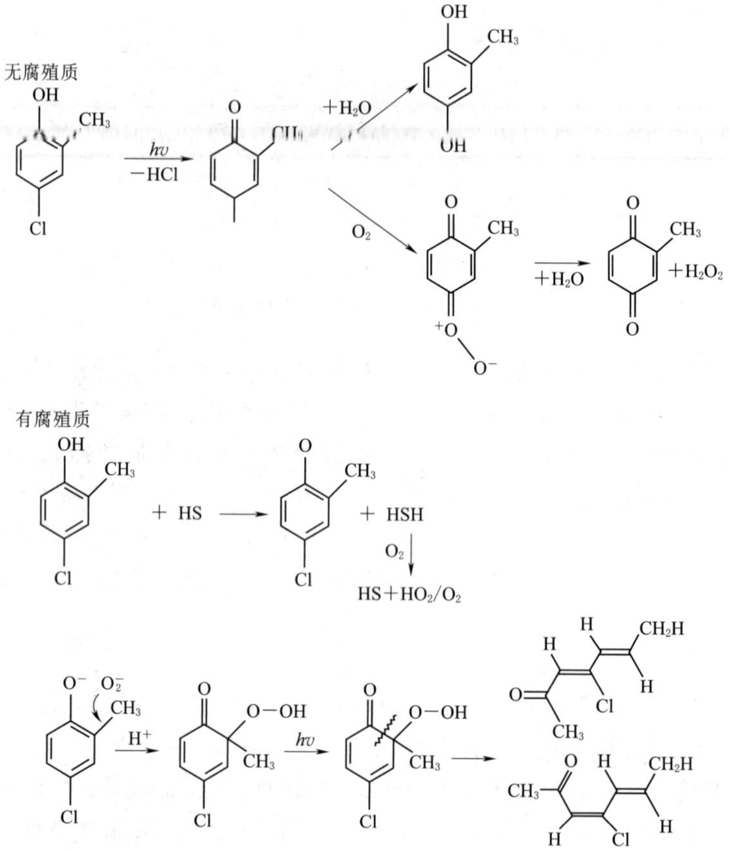

图 5.40 水体明 4-氯-2-甲基苯酚的光解机理

IRGAROL 1051 [N-环丙基-N'-(1,1-二甲基乙基)-6-(甲基硫代)-1,3,5-三嗪-2,4-二胺] 光降解的影响，发现在经过滤的水体中加入腐殖质可加速其降解，而在天然水体中腐殖质则会抑制其降解。此外水体中还存在各种无机离子、悬浮物等，它们的存在可改变水体中活性氧的分布和能量转移方式，从而改变水体中有机污染物的降解速率。可见，对于结构各异的有机污染物，不同水环境条件下的光解历程可能不同，腐殖质在其中所起的作用也比较复杂。

3. 影响腐殖质光化学反应的因素

影响腐殖质光化学反应的因素非常多，包括腐殖质的来源、溶液的 pH 值、温度等都可能影响腐殖质光化学反应的历程。下面主要讨论腐殖质浓度、光照条件、金属离子、曝气等因素。

(1) 腐殖质浓度。在光强一定时，单位时间内光源能够提供给水体的能量是一定的，如 1m 深的水体在 300~500nm 的阳光照射下，获得能量为 0.025Ei/(L·h)，因此能被激发的腐殖质分子数有个上限。此外腐殖质浓度过高，水体透光性下降，使得到达水体的光强下降。Palmer 和 Aguer 证实，随着腐殖质浓度的增加，腐殖质、有机污染物的矿化速率有一个极大值，因此腐殖质对有机污染物的敏化作用也就有一个极限,腐殖质浓度增高不一定能增加污染物的降解效率,甚至会抑制其光解效率。Sakkas 等研究了不同浓度腐殖质对 IRGAROL 1051 的降解效率,发现随着浓度的增加,IRGAROL 1051 的光解效率逐渐下降,这可能是由于腐殖质对 IRGAROL 1051 产生了强烈的吸附作用,腐殖质浓度越高,吸附的 IRGAROL 1051 分子就越多,从而阻止了 IRGAROL 1051 的降解。

(2) 光照条件。分子只有吸收特定波长的光才能形成激发态,但激发不同结构单元所需要的能量不同。由于短波长的光能量更高,所产生的激发态能量也可能越高。Aguer 等研究了不同波长对腐殖质的激发效应,发现在 254nm 和 365nm 光照条件下都会产生活性中间体,但在 254nm 光照下腐殖质产物中脂肪酸的含量较高。除了辐射波长外,光强也会影响腐殖质的光化学反应,因为有机物的光吸收往往是光解历程中的速率决定步骤。Palmer 等的研究表明,在不同光强下,腐殖质的光解速率和矿化速率的增加幅度是不同的。开始时光解速率和矿化速率随着光强的增加而大幅度增加,但到一定程度后,其增加的幅度开始下降。这可能是由于单位时间内可激发的分子数或发色团数目有限所致。

(3) 共存离子。由于腐殖质的官能团能够与金属阳离子形成配合物,改变腐殖质原有的结构特性,因而其光化学特性会发生改变。体系加入金属离子后,腐殖质的光解速率加快,目前认为其历程与 Photo-Fenton 反应类似。也有研究发现金属离子能抑制 ROS 的形成。Liao 等在 254nm 辐射和 H_2O_2 存在的条件下研究了 Cu^{2+} 对腐殖酸矿化和 ROS 形成的影响,发现 Cu^{2+} 能够抑制腐殖酸的矿化速率。原因可能是 HA-Cu(Ⅱ) 配合物的光活性比 HA 弱,体系中残留更多的 HA 竞争吸收光子,从而导致 H_2O_2 吸收较少的光子发生分解,即抑制了光解过程中形成活性较高的·OH 自由基。

水体中值得关注的阴离子主要是硝酸根 (NO_3^-)。硝酸根是水体中羟基自由基的一个重要来源,其光化学反应生成羟基自由基的量子产率为 0.01。Stangroom 等研究了 4-氯-2-甲基苯酚在硝酸根和腐殖质存在下的光降解,结果表明腐殖质对羟基自由基起了猝灭的作用,相对地使腐殖质对于 4-氯-2-甲基苯酚的光敏化作用增加。除 NO_3^- 外,水体中的 HCO_3^- 和 CO_3^{2-} 也是目前关注比较多的阴离子。Wang 等研究发现 HCO_3^-/CO_3^{2-} 体系的浓度越高,腐殖酸(HA)的矿化速率就越低。但当加入 H_2O_2 后,HCO_3^-/CO_3^{2-} 体系却能加速 HA 的光降解,这是由于 HCO_3^-/CO_3^{2-} 体系除了是活性氧的猝灭剂外,还能促进 H_2O_2 分解形成活性氧化物。

(4) 曝气条件。由于活性中间体主要是 ROS,而 ROS 的形成与 O_2 密切相关,故在不同的曝气条件下腐殖质的光解效率会有所不同。O_2 除了作为电子受体生成 H_2O_2 外,还可以形成其他活性中间体(如有机过氧自由基)引发链反应。在 H_2O_2 的光化学反应中可以生成 O_2,通氧可能使溶液中溶解氧过量,抑制 ROS 的形成,降低腐殖质的降解,例如,Wang 等研究了不同曝气条件下 HA 的光解效率,通过对通 N_2、空气和不通气实验的对比,发现在最初的 60min 内 HA 的残留没有太大的差别,但在通空气足够长时间的样品中 HA 残留较高。

思 考 题

1. 简述分子扩散、湍流扩散和弥散的概念，分析其区别和联系。在不同的水体中上述物质扩散各自作用有什么不同？

2. 请从大气—水气体交换的双膜理论分析水动力对水体复氧过程的影响。

3. 简述吸附机理及常用的等温吸附式及其物理意义。

4. 简述水体中悬浮颗粒保持稳定的原因，如何使其凝聚而成为大颗粒絮凝体？影响水体颗粒絮凝的因素有哪些？

5. 简述浅层沉淀理论。水体或者水处理中有哪些常见的应用？

6. 以铁为例，分析pH、pE是如何影响其在天然水中的存在形态和相互转化的？

7. pH，pE是如何影响污染物在水体中的迁移转化的，你认为这种影响对污染物的净化治理有什么作用？

8. 简述天然水中不同形态的$Fe(III)/Fe(II)$的光化学氧化还原循环过程。

9. 简述天然水中$Fe(III)/Fe(II)$的光化学氧化还原循环的环境效应。

10. 简述天然水中过氧化氢的光化学反应过程及其环境效应。

11. 查阅资料，分析过氧化氢在水中的化学和光化学反应，思考如何能够利用过氧化氢的光化学反应过程进行水体污染的治理？

12. 简述腐殖质的分子结构特征、光化学过程及其影响因素。

第6章 污染物的生物转化

生物净化是指环境中的某些污染物浓度的降低或总量的减少，是由于生物（微生物、植物和动物）通过代谢作用（同化和异化代谢）分解、转化和富集等过程而使得污染物得到净化，数量减少、浓度下降、毒性减轻，直至消失的过程。水体、空气和土壤的污染，只要不超过生态系统的环境承载能力，污染物就可以通过物理的、化学的和生物学的作用得到净化，其中生物净化作用占有十分重要的地位。如果环境污染物超过了生态系统的承载能力，生物净化作用就会遭到破坏，整个生态系统就有可能失去平衡，产生不良的后果，即造成了污染。

植物能吸收土壤中的酚、氰并在体内转化为酚糖甙和氰糖甙，球衣菌可把酚、氰分解为二氧化碳和水。土壤微生物可降解各种农药，把有毒物质变为无毒物质。绿色植物吸收二氧化碳、吸附飘尘，释放氧气净化空气。凤眼莲可吸收水中的汞、镉、砷等，其根系微生物可转化降解污水中有机物，使污水得到净化。有机污染物的净化主要依靠微生物的降解作用，在氧气充足的条件下，好氧微生物能把污水中的有机物分解成二氧化碳、水、氨氮和磷等；在缺氧条件下，厌氧微生物能把有机物分解成甲烷、二氧化碳、硫化氢等。

在第4章介绍了环境中的微生物、植物及动物和相应环境生物群落的基础上，本章首先介绍生物净化污染物所需的有关生物化学基础知识，然后以碳、氮、磷等元素的自然生物循环过程，讲述环境中污染物的生物净化原理和过程。

6.1 生物化学基础

生物化学是研究生命物质的化学组成、结构及生命活动过程中各种化学变化的基础生命科学，主要用于研究细胞内各组分，如蛋白质、糖类、脂类、核酸等生物大分子的结构和功能及在生物体内的转化。

6.1.1 生命组成物质

生物体是由一定的物质成分按严格的规律和方式组织而成的。人体含水 55%～67%，蛋白质 15%～18%，脂类 10%～15%，无机盐 3%～4% 及糖类 1%～2% 等。从这个分析来看，人体的组成除水及无机盐之外，主要就是蛋白质、脂类及糖类三类有机物质。其实，除此三大类之外，还有核酸及多种有生物学活性的小分子化合物，如维生素、激素、氨基酸及其衍生物、肽、核苷酸等。

后续小节重点介绍与环境生物化学过程息息相关的物质及其代谢过程和产物，尤其以糖和蛋白质的代谢为主，简单介绍脂类及核酸代谢，然后介绍生物酶及生物的酶促反应。

6.1.2 糖及其代谢

6.1.2.1 糖的结构与功能

糖类广泛存在于生物体内，是自然界中数量最多的一类有机化合物。按干重计，糖类物质占植物的 85%~90%，占细菌的 10%~30%，在动物体内所占比例小于 2%。动物糖的含量虽然比较少，但动物生命活动所需能量主要来源于糖类物质。

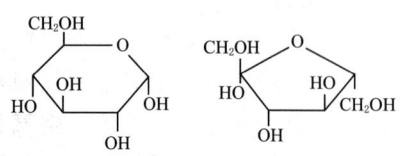

图 6.1 葡萄糖和果糖的结构

1. 糖的结构

从化学结构看，糖是一类多元醇的醛或酮衍生物，包括多羟基醛、多羟基酮及它们的缩聚物和衍生物。例如，常见的葡萄糖和果糖分别是多羟基醛和多羟基酮（图 6.1）。

2. 糖的种类

根据糖类能否被水解及水解后的产物，将糖类分为单糖、聚糖和复合糖，其中聚糖又分为寡糖和多糖。

单糖是简单的多羟基醛和多羟基酮化合物，如核糖、脱氧核糖、葡萄糖、果糖和半乳糖。

寡糖是 2~10 个单糖分子缩合成的糖类物质，如二糖：蔗糖、麦芽糖、乳糖；三糖：棉子糖和龙胆三糖。

多糖是多个单糖分子（多于 10 个）缩成的糖类物质。同一分子组成的称为同多糖，如淀粉、木质素和糖原；两种及以上单糖分子缩成的称为杂多糖，如果胶和黏多糖。

复合糖是由糖和非糖物质组成的复合体，如糖蛋白和糖脂。

3. 糖的功能

糖是生命体的重要构成成分。纤维素、半纤维素、木质素和果胶是植物细胞壁和植物体的主要成分，淀粉是植物体的重要储存成分，肽聚糖是细菌细胞壁的主要成分，壳多糖是昆虫和甲壳类动物外壁的主要成分。糖类分解代谢也是生命体主要能源来源，如淀粉，葡萄糖等。另外，糖是生命体合成其他自身物质的原料，如氨基酸、核苷酸和脂肪提供碳骨架原料。

寡糖作为单糖分子缩聚形成的糖类，具有特殊的生物功能。如某些寡糖能促进肠道益生菌的生长；有些寡糖促进老人对钙的吸收；某些寡糖降解为寡素糖，其为植物调节分子，可调节植物生长发育，起到抗病和预防病害作用。

糖类物质还是细胞识别的信息分子，如糖蛋白，与细胞识别、免疫保护、代谢调控、发育、癌变、衰老等生理过程密切相关。

6.1.2.2 糖的代谢过程与主要产物

1. 多糖的降解过程

多糖是至少超过 10 个的单糖组成的聚合糖高分子碳水化合物，是没有办法直接为生物作为能源或合成其他物质而直接利用，需要先经过各种不同酶的作用转化成小分子糖类物质，然后再进一步分解或吸收利用。

例如，淀粉，其一般经过两种途径转变为可利用的简单糖（图 6.2），在淀粉酶的作用下，经过水解途径，降解成简单的糖，如麦芽精和糊精等；或者在磷酸解酶的作用下，通过磷酸分解途径，降解成1-磷酸葡萄糖（图6.2）。

纤维素是最常见的植物细胞组成物质，是由β-D-葡萄糖分子通过β-1,4-糖苷键连接而形成的多糖，基本组成单位是纤维二糖。人和动物不合成纤维素酶类，故自身不消化纤维素。所以有时候为了肠胃健康，人们需要多摄食一些含粗纤维的食物，以加强对肠胃功能的调节；微生物可以分泌纤维素酶，将纤维素降解为葡萄糖而利用。

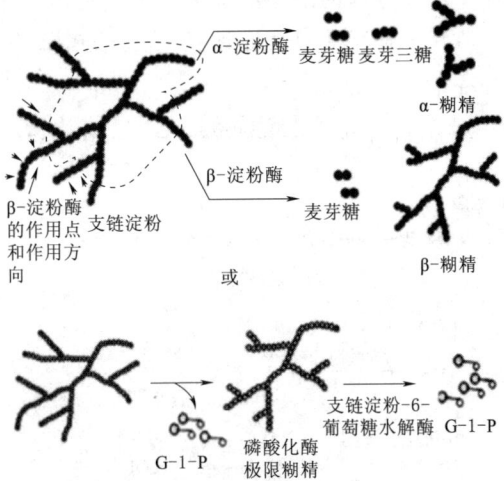

图6.2 淀粉的水解酶作用过程

另外，其他常见的多糖还有蔗糖、麦芽糖和乳糖，虽然其各自的糖初步降解过程各有不同，但都是在各自特定酶的作用下，降解为简单糖类。如糖原在糖原磷酸酶作用下降解为1-磷酸葡萄糖，果糖在果糖胶酶作用下降解为葡萄糖。蔗糖的降解则相对较复杂，一方面在蔗糖水解酶作用下可转化为单糖（葡萄糖和果糖），另一方面，在蔗糖合成酶作用下，与核苷酸反应转变为果糖和核苷酸葡萄糖。常见的乳糖，则可在乳糖酶作用下水解为葡萄糖和半乳糖。

从上述可以看出，对于多糖，不同的糖按照生物降解促进成分或各种对应酶作用下转化为单糖，即葡萄糖、果糖或者1-磷酸葡萄糖，最终再进入葡萄糖的生物化学降解过程——糖酵解、乳酸发酵或者酒精发酵过程，其中前者是葡萄糖最主要的降解途径。

2. 糖酵解

糖酵解指在无氧状态下，葡萄糖在细胞质中被分解为丙酮酸的过程，如图6.3所示。期间每分解一分子葡萄糖，产生两分子丙酮酸以及两分子ATP，属于糖代谢的一种途径。

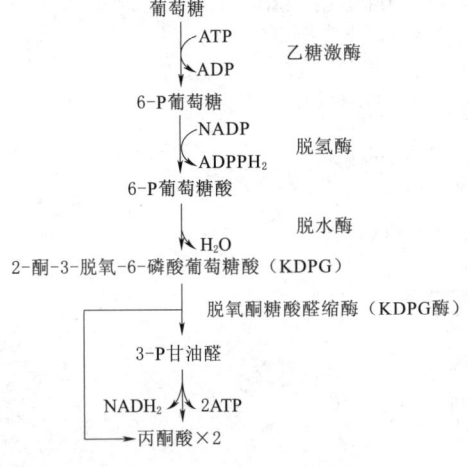

图6.3 糖酵解过程

糖酵解途径，总结为十步反应，包含四个主要步骤：葡萄糖的磷酸化、磷酸葡萄糖的裂解、氧化脱氢和ATP（三磷酸腺苷）与丙酮酸的生成。

糖酵解途径的意义：①单糖分解的重要途径，为生物体提供部分能量；②普遍存在生物体中，从单细胞生物到高等动植物；③中间产物可作为其他物质合成的原料；④只能将单糖分解为三碳化合物，释放能量有限，分解不彻底。

葡萄糖经过糖酵解转化为丙酮酸后，再进一步转化。根据生物所处有氧和无氧条件，可以分为丙酮酸的无氧代谢和有氧代谢途径。

（1）葡萄糖无氧代谢途径-乳酸发酵或酒精发酵。

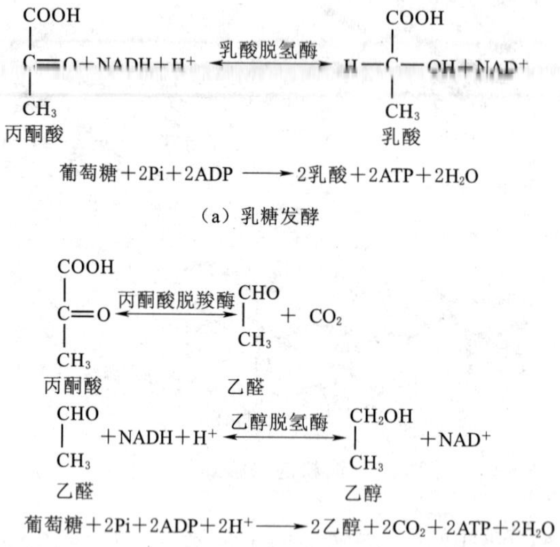

1）在无氧条件下，丙酮酸经乳酸脱氢酶作用转化为乳酸，称为乳酸发酵。

2）经丙酮酸脱羧酶，丙酮酸降解为乙醛，再乙醇脱氢酶转化为乙醇，称为酒精发酵。

上述两个具体代谢过程如图 6.4 所示。

（2）葡萄糖的有氧代谢途径——三羧酸循环。

葡萄糖的有氧代谢分成三个关键阶段：糖酵解（葡萄糖转化为丙酮酸过程）、丙酮酸转化为乙酰辅酶 A 过程和三羧酸循环，葡萄糖转化为二氧化碳和水，并释放能量而为生命活动提供活动所需。

图 6.4 葡萄糖的无氧发酵过程

1）糖酵解，同葡萄糖无氧代谢途径一致。

2）乙酰辅酶 A 的产生：丙酮酸在有氧条件下经丙酮脱氢酶系催化而转化为乙酸辅酶 A（乙酰 CoA），这一步反应是连接糖酵解与三羧酸循环的桥梁与纽带，是丙酮酸进入三羧酸循环的必经环节，如图 6.5 所示。丙酮脱氢酶是位于细胞内线粒体内膜上的一种多酶复合体，包括丙酮酸脱氢酶（E1）、二氢硫辛酸转乙酰酶（E2）和二氢硫辛酸脱氢酶（E3），还包括 6 种辅助因子（TPP、硫辛酸、CoASH、FAD、NAD^+ 和 Mg^{2+}）。

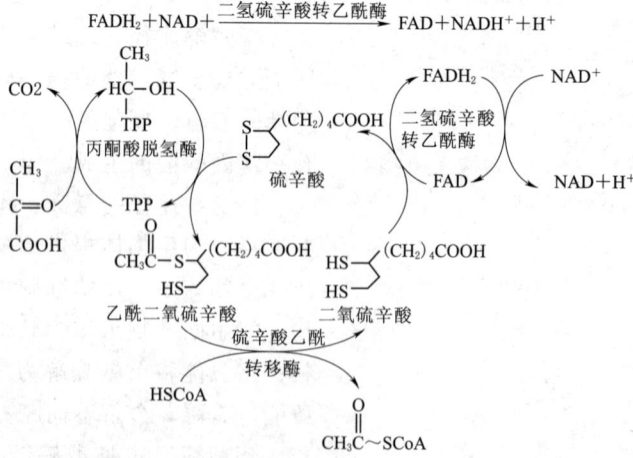

图 6.5 葡萄糖的乙酰辅酶 A 产生

经过上述酶复合体（3种酶和6种辅助因子综合作用），葡萄糖转化为乙酰辅酶A，然后进入下一阶段。

3）三羧酸循环。三羧酸循环是糖类物质如葡萄糖或糖原在有氧条件下彻底氧化，产生二氧化碳和水，并释放出能量的过程，又称为糖的有氧氧化过程，指由乙酰辅酶A（C2）与草酰乙酸（OAA）（C4）缩合生成含有3个羧基的柠檬酸（C6），经过4次脱氢（3分子NADH+H+和1分子$FADH_2$），1次底物水平磷酸化，最终生成2分子CO_2，并且重新生成草酰乙酸的循环反应过程，详细过程见图6.6。

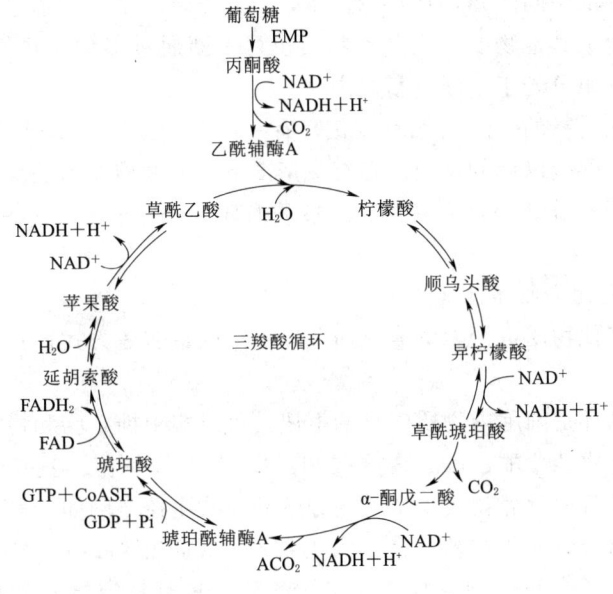

图6.6 三羧酸循环途径

总的化学反应式如下：

Acetyl－CoA＋3NAD$^+$＋FAD＋GDP＋P_i＋$3H_2O \longrightarrow$ CoA－SH＋3NADH＋$3H^+$＋$FADH_2$＋GTP＋$2CO_2$

值得注意的是，CO_2的两个C并不来源于乙酰CoA（Acetyl－CoA），而是草酰乙酸。

其过程总结如下：

①CO_2的生成，循环中有两次脱羧基反应，但作用的机理不同，由异柠檬酸脱氢酶所催化的β氧化脱羧，辅酶是NAD$^+$，它们先使底物脱氢生成草酰琥珀酸，然后在Mn^{2+}或Mg^{2+}的协同下，脱去羧基，生成α-酮戊二酸。α-酮戊二酸脱氢酶系所催化的α氧化脱羧反应和前述丙酮酸脱氢酶系所催经的反应基本相同。应当指出，通过脱羧作用生成CO_2，是机体内产生CO_2的普遍规律，由此可见，机体CO_2的生成与体外燃烧生成CO_2的过程截然不同。

②三羧酸循环的四次脱氢，其中三对氢原子以NAD$^+$为受氢体，一对以FAD为受氢体，分别还原生成NADH$^+$H$^+$和$FADH_2$。它们又经线粒体内递氢体系传递，最终与氧结合生成水，在此过程中释放出来的能量使ADP和Pi结合生成ATP，凡

NADH$^+$H$^+$ 参与的递氢体系，每 2H 氧化成一分子 H$_2$O，生成 2.5 分子 ATP，而 FADH$_2$ 参与的递氢体系则生成 1.5 分子 ATP，再加上三羧酸循环中一次底物磷酸化产生一分子 ATP，那么，一分子柠檬酸参与三羧酸循环，共生成 10 分子 ATP。

③乙酰-CoA 中乙酰基的碳原子，乙酰-CoA 进入循环，与四碳受体分子草酰乙酸缩合，生成六碳的柠檬酸，在三羧酸循环中又二次脱羧生成 2 分子 CO$_2$，与进入循环的二碳乙酰基的碳原子数相等，此时乙酰辅酶 A 中的 2 个碳已全部转变为 CO$_2$，同时其中的一部分能量已转变成了 NADH 和 ATP 中的能量。

④三羧酸循环的中间产物，从理论上讲，可以循环不消耗，但是由于循环中的某些组分还可参与合成其他物质，而其他物质也可不断通过多种途径而生成中间产物，所以说三羧酸循环组分处于不断更新之中。

糖的有氧氧化与糖的酵解（无氧氧化）有一段共同途径，即葡萄糖-丙酮酸，所不同的是在生成丙酮酸以后的反应。在有氧情况下，丙酮酸在丙酮酸脱氢酶系的催化下，氧化脱羧生成乙酰 CoA，后者再经三羧酸循环（tricarboxylic acid cycle）氧化成 CO$_2$ 和 H$_2$O。

3. 三羧酸循环的生物学意义

（1）是糖或其他物质进行生物氧化而获取能量的最有效方式，1 个葡萄糖产生 38 分子的 ATP。

（2）三羧酸循环是细胞内物质转化的枢纽：可以实现糖、脂和蛋白质之间的相互转化。循环中间产物如草酰乙酸、丙酮酸和乙酰 CoA 等是糖、氨基酸和脂肪等的原料；三羧酸循环是各种营养物质完全氧化分解的公共途径，例如谷氨酸、天冬氨酸等蛋白质产物、脂肪分解的脂肪酸，是三大类物质联系的枢纽；在植物体内，柠檬酸、苹果酸等三羧酸循环中间产物既是生物氧化基质，也是特定器官的积累物质，如苹果、柠檬分别富含苹果酸及柠檬酸。

6.1.2.3　糖三羧酸循环的生理学意义

（1）为机体提供能量。每摩尔葡萄糖彻底氧化成 H$_2$O 和 CO$_2$ 时，净生成 30mol 或 32mol（糖原则生成 31~33mol）ATP。因此在一般生理条件下，各种组织细胞（除红细胞外）皆从糖的有氧氧化获得能量。糖的有氧氧化不但产能效率高，而且逐步释能，并逐步储存于 ATP 分子中，因此能的利用率也极高。

（2）三羧酸循环是三大营养物质的共同氧化途径。乙酰 CoA，不但是糖氧化分解的产物，也是脂肪酸和氨基酸代谢的产物，因此三羧酸循环实际上是三大有机物质在体内氧化供能的共同主要途径。据估计人体内 2/3 的有机物质通过三羧酸循环而分解。

（3）三羧酸循环是三大物质代谢联系的枢纽。糖有氧氧化过程中产生的 α-酮戊二酸、丙酮酸和草酰乙酸等与氨结合可转变成相应的氨基酸。而这些氨基酸脱去氨基又可转变成相应的酮酸而进入糖的有氧氧化代谢途径。同时脂类物质分解代谢产生的甘油、脂肪酸代谢产生的乙酰 CoA 也可进入糖的有氧氧化途径进行代谢。

6.1.2.4　糖代谢的其他途径

（1）几种发酵途径。乳酸发酵、乙醇发酵、丙酸发酵、丁酸发酵、混合酸发酵。

(2) 戊糖磷酸途径。戊糖磷酸途径 (pentose phosphate pathway) 是在动、植物和微生物中普遍存在的一条糖的分解代谢途径，也称为单磷酸己糖支路 (hexose monophosphate shunt)。是一个葡萄糖-6-磷酸经代谢产生 NADPH 和核糖-5-磷酸的途径。该途径包括氧化和非氧化两个阶段，在氧化阶段，葡萄糖-6-磷酸转化为核酮糖-5-磷酸和 CO_2，并生成两分子的 NADPH；在非氧化阶段，核酮糖-5-磷酸异构化生成核糖-5-磷酸或转化为酵解中的两个中间代谢物果糖-6-磷酸和甘油醛-3-磷酸。

戊糖磷酸途径的氧化阶段的两步脱氢反应在生理条件下是不可逆的，为整个戊糖磷酸途径的限速反应，催化这两步反应的 G6PDH 和 6PGDH 都是该途径的限速酶。戊糖磷酸途径除了受 G6PDH 和 6PGDH 制约外，还受细胞内 NADPH 的调节，当 [NADPH]/[NADP+] 比率过高时，会抑制 G6PDH 和 6PGDH 的活性。

6.1.2.5 糖的合成代谢

糖的合成代谢指生物体通过不同的途径合成各种糖，如单糖、二糖和多糖的过程。其主要包括如下两个主要过程。

(1) 糖异生化作用。非糖物质转化为葡萄糖或糖原的过程，如丙酮酸生成磷酸烯醇式丙酮酸，1,6-二磷酸果糖生成 6-磷酸果糖，6-磷酸果糖生成葡糖等。

(2) 糖原的合成。葡萄糖是合成糖原的唯一原料，其通过磷酸葡萄糖、半乳糖和果糖转变为糖原。很多非糖物质也可以在肝脏和肾脏的皮质中转变为糖原，如乳酸、丙酮酸、丙酸、甘油和部分氨基酸，首先转化为葡萄糖，而后再转化为糖原。

6.1.3 蛋白质及其代谢

蛋白质是由氨基酸通过肽键连接而成的生物大分子，其具有一定的相对分子量、复杂的分子结构和特定的生物功能，是表达生物遗传性的主要物质。

6.1.3.1 蛋白质的种类

蛋白质分类的依据不同，其种类也不同，通常采用如下的分类方式：

(1) 分子形状。可分为球状蛋白质（血红蛋白）、纤维状蛋白质（肌肉、胶原等）等。

(2) 化学组成。由 20 种基本氨基酸组成，可分为简单蛋白质（只由氨基酸构成），如球蛋白、核糖核酸酶、胰岛素等；结合蛋白质（由非氨基酸和氨基酸结合而成），如血红蛋白、核蛋白等，其中的非蛋白部分称为辅基。

(3) 溶解性。分为可水溶性蛋白质（清蛋白、球蛋白）、醇溶性蛋白质（醇溶谷蛋白）和不溶性蛋白质（角蛋白、胶原蛋白和弹性蛋白）。

(4) 功能性。根据蛋白质的生物功能，分为活性蛋白质和非活性蛋白质。活性蛋白质：大多数为球状蛋白质，如酶、激素蛋白和膜蛋白；非活性蛋白质主要包括对生物体起支持和保护作用的结构蛋白质，如胶原蛋白、角蛋白等。

6.1.3.2 蛋白质的功能

蛋白质是生命体构成的基本物质，其功能众多，涉及各种生命活动，如：①催化功能，如酶；②结构功能，蛋白质是生物体的构成成分，如胶原、细胞膜、植物的线粒体、动物的毛发和指甲等；③运输功能，如氧气的运输（血红蛋白），脂类的运输（载脂蛋白），铁的运输（转铁蛋白）；④储存功能，储存氨基酸等其他物质，作为生物体的养料和胚胎或幼儿生长发育的原料，如鸡蛋中的蛋清蛋白、小麦种子中的醇溶性蛋白等；⑤运动功能，如肌肉蛋白；⑥防御功能，如免疫反应的蛋白质抗体、凝血蛋白等；⑦调节功能，某些激素及全部的激素受体；⑧信息传递功能、遗传功能等。

6.1.3.3 蛋白质的组成

（1）元素组成。蛋白质各元素组成如下：碳（50%）；氢（7%）；氧（23%）；氮（16%）和少量的硫（0~3%），还有一些其他元素，如磷、铁、铜、锌和钼等。

所有蛋白质中均含有氮，且含量比较恒定，平均为16%，这是蛋白质元素组成的重要特点，可用于测定蛋白质含量。

（2）蛋白质的结构单元-氨基酸。氨基酸，是含有碱性氨基和酸性羧基有机化合物，基本结构如下：

$$R-\underset{\underset{H}{|}}{\overset{\overset{NH_2}{|}}{C}}-COOH$$

氨基酸仅有22种，包括20种常见氨基酸：甘氨酸、丙氨酸、缬氨酸、亮氨酸、异亮氨酸、甲硫氨酸（蛋氨酸）、脯氨酸、色氨酸、丝氨酸、酪氨酸、半胱氨酸、苯丙氨酸、天门冬酰胺、谷氨酰胺、苏氨酸、天冬氨酸、谷氨酸、赖氨酸、精氨酸、组氨酸，以及2种非常见氨基酸：硒半胱氨酸和吡咯赖氨酸（仅在少数细菌中发现）。这些氨基酸是构成蛋白质的基本单位。

从人体需要的角度，上述氨基酸可分为必需氨基酸和非必需氨基酸，必需氨基酸指人体不能合成的氨基酸，必须从食物中摄取，有8种：异亮氨酸、亮氨酸、赖氨酸、蛋氨酸、苯丙氨酸、苏氨酸、色氨酸、缬氨酸。

由于氨基酸分子内同时存在的酸性基团和碱性基团可相互作用形成内盐，所以氨基酸通常是以偶极离子形式存在。

（3）肽和蛋白质。一个氨基酸的氨基与另一个氨基酸的羧基缩合成肽，形成的酰胺键在蛋白质化学中称为肽键。

$$H_2N-\underset{\underset{R_1}{|}}{CH}-COOH + H_2N-\underset{\underset{R_2}{|}}{CH}-COOH \longrightarrow N_2N-\underset{\underset{R_2}{|}}{CH}-\overset{\overset{O}{\|}}{C}-\underset{\underset{H}{|}}{N}-\underset{\underset{R_2}{|}}{CH}-COOH + H_2O$$

氨基酸1　　　　　　氨基酸2　　　　　　　　　　　2肽

肽键是蛋白质分子中氨基酸之间的主要连接方式。

蛋白质是由一条或一条以上的多肽链按各自不同的方式组合成具有完整生物活性的分子。随着肽链数目、氨基酸组成及其排列顺序的不同，就有不同的三维空间结构，也就形成不同的蛋白质。

6.1.3.4 蛋白质降解与氨基酸代谢

蛋白质与氨基酸在生命体代谢的过程见图6.7。一方面蛋白质经生物硝化吸收后会转化成氨基酸,然后在生物体内合成细胞内蛋白质,或者体内蛋白质再降解成氨基酸,或者氨基酸转化为核苷酸、维生素、激素等其他生命体物质;另一方面,外界的氨氮和有机酸如 α-酮酸也可由微生物合成氨基酸,然后再参与生物体内氮素循环与转化。

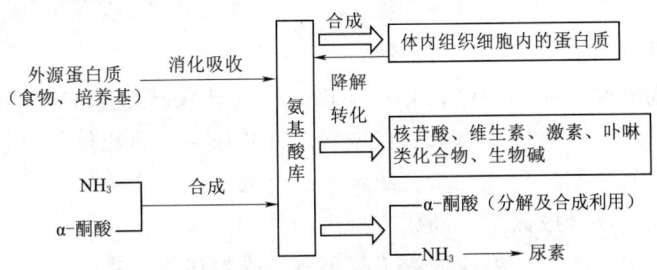

图 6.7 蛋白质和氨基酸的生物代谢与转化

(1) 蛋白质的酶促水解。在生物体内,在各种蛋白质水解酶的催化作用下,蛋白质水解过程:蛋白质—蛋白胨—肽—氨基酸。

(2) 氨基酸的公共代谢途径。氨基酸共同的结构特征是具有 α-NH_2 和 α-COOH,氨基酸分解的公共途径为脱氨基作用、脱羧基作用和脱氨脱羧作用,分别为脱氨酶类、转氨酶类和脱羧酶类所催化。

不同氨基酸的 R 基团不同,所以各种氨基酸都有自己的特殊代谢途径,如图 6.8 所示。

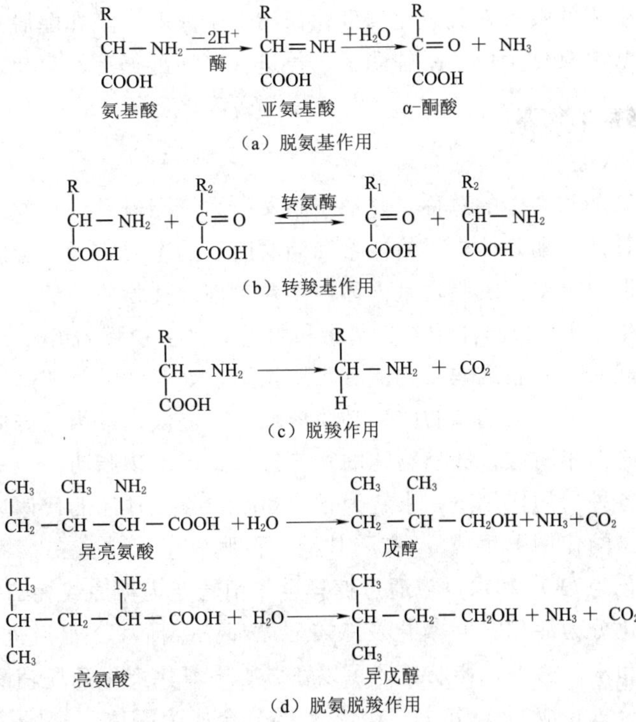

图 6.8 不同氨基酸的公共代谢途径

（3）氨基酸的代谢产物。氨基酸主要是由氨基和酮酸组成，因此，其降解主要是脱氨基或者脱羧基作用。前者形成酮酸和氨，后者则产生胺和CO_2。产生的二氧化碳和酮酸代谢与糖的代谢类似，而氨和胺如在生物体大量积累，则会对生物体有害，必须及时处理。

1）氨的代谢转化。氨主要经过三种途径转化：

①用于生成酰胺，在生物体暂存或运输，用于合成新氨基酸或其他含氮化合物，如嘌呤和嘧啶等；或者酰胺分解成氨或尿素，并随尿液而排出体外；

②生成氨甲基磷酸，再进一步合成吡啶核苷酸，或者生成尿素而排出体外；

③氨氮直接生物合成尿素，随尿液排出体外。

尿素是中性无毒物质，形成尿素不仅可以解除对机体的毒害，还可降低体内CO_2溶于血液产生的酸性，需消耗4个ATP的能量。

2）α-酮酸的代谢。氨基酸经脱氨基生成的α-酮酸又进一步代谢转化，也主要有三个转化途径：

①α-酮酸发生氨基化反应，重新合成氨基酸；

②α-酮酸进入糖酵解途径和三羧酸循环，类似糖的转化，最终生成二氧化碳和水；

③α-酮酸用于合成糖和脂肪。

3）CO_2和胺的代谢。氨基酸脱羧形成的CO_2大部分直接排到细胞外，通过呼吸作用释放；小部分通过丙酮酸羧化支路生成草酰乙酸或苹果酸。

氨基酸脱羧生成的胺可在胺氧化酶催化作用下生成醛；醛在醛脱氢酶作用下，生成有机酸，有机酸再氧化生成乙酰辅酶A，再进入三羧酸循环，氧化成CO_2和水。

6.1.4 脂类和核酸的代谢

6.1.4.1 脂类的代谢

脂类是甘油三酯和类脂的总称。甘油三酯又称为三酯酰甘油，类脂包括磷脂、糖脂、胆固醇等。甘油三酯是体内供给能量和储藏能量的重要物质。类脂对于维持正常细胞膜结构与功能很重要。类脂也是人体内重要生理活性物质的原料，如胆固醇可转变为性激素、维生素D3和胆汁酸等；磷脂和胆固醇是生物膜的组分。

不饱和脂肪酸对生物膜结构及功能有重要作用，如亚油酸、亚麻酸及二十碳四烯酸是人体必需而又不能合成的脂肪酸，必须依赖食物提供，成为营养必需脂肪酸；植物油中含有较多必需脂肪酸，故植物油的营养价值高于动物脂肪。

脂类优先在各种酶的作用下，水解为甘油和脂肪酸。甘油的代谢途径如图6.9所示，甘油在甘油激酶作用下生成α-磷酸甘油，再脱氢生成磷酸二羟丙酮，再经糖氧化分解途径，转化为CO_2和水，或通过糖异生作用转变为糖原或葡萄糖。

脂肪酸的氧化分为活化、β-氧化及三羧酸循环三个阶段，最后进入糖降解途径，转化为二氧化碳和水。另外，脂肪酸还可以在肝脏中氧化产生乙酰辅酶A，后进入三羧酸循环，大部分氧化成CO_2和H_2O，还有部分合成为酮体。酮体是乙酰乙酸、β-羟丁酸和丙酮的总称。酮体的代谢：通过乙酰乙酸激酶或者琥珀酰辅酶A将酮体转化

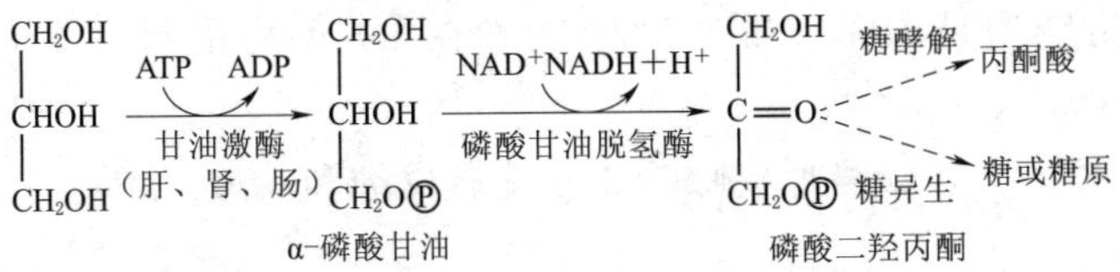

图 6.9 甘油的代谢途径

为乙酰乙酰辅酶 A，再由硫解酶催化，生成乙酰辅酶 A，进入三羧酸循环，再氧化成 CO_2 和 H_2O。丙酮水溶性强，易挥发，可随呼吸道及尿排出体外，因此也可不被利用。

生物体内存在可水解甘油磷脂的磷脂酶类，主要有磷脂酶 A_1、A_2、B、C、D，其特异性作用于磷脂分子内部各个酯键，形成不同的产物。产物主要为脂肪酸和溶血磷脂，或者释放磷酸胆碱或磷酸乙氨醇。

胆固醇不能被彻底氧化成 CO_2 和 H_2O，而仅仅是环核的氢化和侧链的氧化。大部分胆固醇转化成其他类固醇物质或直接排出体外，所以胆固醇分解代谢实际上是转化成其他类固醇物质，如胆汁酸、类固醇激素、维生素 D3 等。

6.1.4.2 核酸的代谢

生物体内核酸有两类，即脱氧核糖核酸（DNA）和核糖核酸（RNA），约占细胞干重的 5%～15%。核酸是生命遗传的物质基础，主要生物学功能是传递和表达遗传信息。

核酸由 C、H、O、N、P 元素组成，存在两个特点：①一般不含硫；②核酸中 P 的含量较多，而且比较稳定，在 9%～10%；

核酸的基本分子结构为核苷酸，如 DNA 由 4 种脱氧核糖核苷酸通过 3,5-磷酸二酯键连接而成；分子量大，结构复杂，存在一、二、三级结构。

RNA 由 4 种核糖核苷酸通过 3,5-磷酸二酯键连接组成，分子较小，一般为链状结构。

核苷酸的分子结构组成见图 6.10。

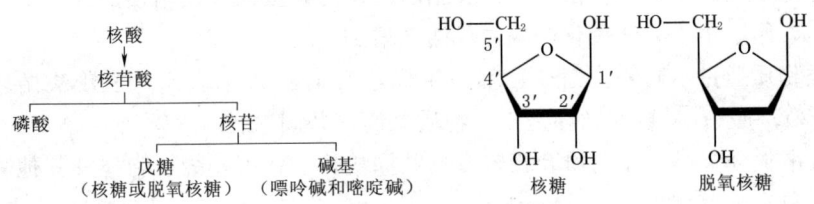

图 6.10 核苷酸的分子结构

脱氧核糖是一种有机物，化学式为 $C_4H_9O_3CHO(C_5H_{10}O_4)$。一种存在于一切细胞内的戊糖衍生物，是分子中氢原子数与氧原子数不符合 2:1 的糖类。

核糖是一种五碳醛糖，是一种单糖，化学式为 $C_5H_{10}O_5$。一般常见的形态为 D-核糖，是 RNA 的组成物之一，也是 ATP 及 NADH 等生化代谢所需分子的原料。

从结构上看，脱氧核糖与核糖的差别在于少了一个氧原子。

碱基共有 5 种：胞嘧啶（缩写作 C）、鸟嘌呤（G）、腺嘌呤（A）、胸腺嘧啶（T，DNA 专有）和尿嘧啶（U，RNA 专有）。

DNA 测序测定的是碱基（嘌呤和嘧啶）在 DNA 中的排列顺序，以此来确定物种。

核酸降解途径如下，最终形成嘌呤或嘧啶、戊糖和磷酸。

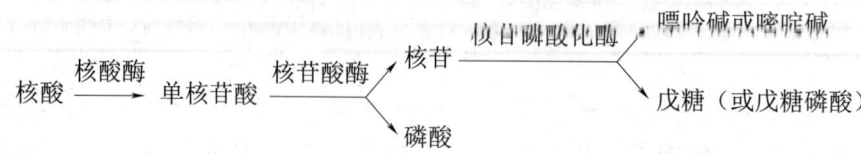

嘧啶或嘌呤可以被吸收，用于新的核苷合成，或者经嘧啶或嘌呤氧化酶氧化为尿酸，尿酸则或吸收，或随尿液排出。

戊糖则用于新的核苷合成，或者经糖酵解和三羧酸循环而最终氧化为 CO_2 和水。

6.1.5 糖、蛋白质和脂肪代谢之间的关系

（1）氨基酸与糖代谢关系。氨基酸的碳骨架可转变为糖，之后经糖酵解和三羧酸循环，提供能量，维持正常的生理功能。

糖代谢的中间产物经氨基化或转氨基作用也可以转变为氨基酸。

（2）氨基酸与脂肪代谢关系。氨基酸的碳骨架可转变为脂肪酸代谢的中间产物，进而合成脂肪，如脂肪的甘油部分可由需多生糖氨基酸合成。

脂肪分解的甘油也可沿糖代谢途径而合成几种氨基酸，但分解产生的脂肪酸部分合成氨基酸的可能性小。

（3）糖代谢与脂肪代谢的关系。糖的代谢中间产物-磷酸二羟基丙酮或乙酰辅酶 A 可分别形成甘油与脂肪酸，进而合成脂肪。

脂肪中的甘油也可通过变成磷酸二羟基丙酮而合成糖。但脂肪酸不能净生成糖，必须消耗乙酰辅酶 A，如在乙醛酸循环途径的微生物与植物中可存在脂肪酸转化为糖。

（4）糖代谢是其他物质代谢的枢纽。糖代谢的强度决定脂肪和蛋白质代谢的强度；糖充足，节约脂肪和蛋白质；糖和脂肪不足时，蛋白质代谢便加强；如没有一定的糖代谢，脂肪很难完全氧化，酮体代谢会增加。

三类物质通过不同的代谢途径都在生成乙酰辅酶 A 后，进入三羧酸循环而彻底氧化成 CO_2 和水；三羧酸循环是三种物质代谢的共同途径。

三羧酸循环又是三类物质互相转变的共同机构，在氨基酸、脂类及其他物质的合成过程中具有重要作用。

6.2 酶及酶促反应

6.2.1 微生物的酶

酶是在动物、植物及微生物等生物体内合成的，催化生物化学反应的，并传递电子、原子和化学基团的生物催化剂。微生物的营养和代谢需在酶的参与下才能正常进行。

酶的种类繁多,按照酶的组成,可以将酶分为单成分酶(只含蛋白质)和全酶。全酶是由蛋白质和不含氮的小分子有机物组成,或者由蛋白质和不含氮的小分子有机物加上金属离子组成。

酶各组分的功能各有不同,酶蛋白起加速生化反应的作用,辅基和辅酶起传递电子、原子、化学基团的作用,金属离子除传递电子外,还起激活剂的作用。

酶的成分缺一不可,否则会丧失活性。

6.2.2 几种重要的酶

铁卟啉(氧化还原)、辅酶 A(受酰或脱酰,参与转酰基反应)、辅酶 I (NAD)、辅酶 II(NADP)(脱氢酶,在反应中传递氢)、辅酶 Q(传递氢和电子)、维生素 H(羧化酶的辅基,生长因子)、金属离子(酶的辅基,激活剂,如铜、镍、锌等)。

6.2.3 酶蛋白的结构与分类

(1)酶的空间结构。酶本质上是蛋白质,其同蛋白质一样,也是由 20 种氨基酸组成,遵循氨基酸-肽链-蛋白质的结构形式,肽链之间以氢键、盐键(—NH$_3^+$,—OOC$^-$)、酯键(R—CO—O—R)、疏水键、范德华力及金属键等相连接而成。

酶蛋白的空间结构如图 6.11 所示,可以分为一级、二级和三级结构,少数酶有四级结构,一级结构指多肽链本身,二级结构指多肽链形成的初级孔状结构,由氢键维持其稳定性,三级结构是在二级结构的基础上再进一步弯曲盘绕而形成的构型,由氢键、盐键和疏水键等维持其稳定性。

(2)酶的分类。酶有以下分类:①按功能可分为氧化酶类、脱氢酶类、转移酶类、异构酶类、裂解酶类、合成酶类;②按在细胞的部位可分为胞外酶、胞内酶和

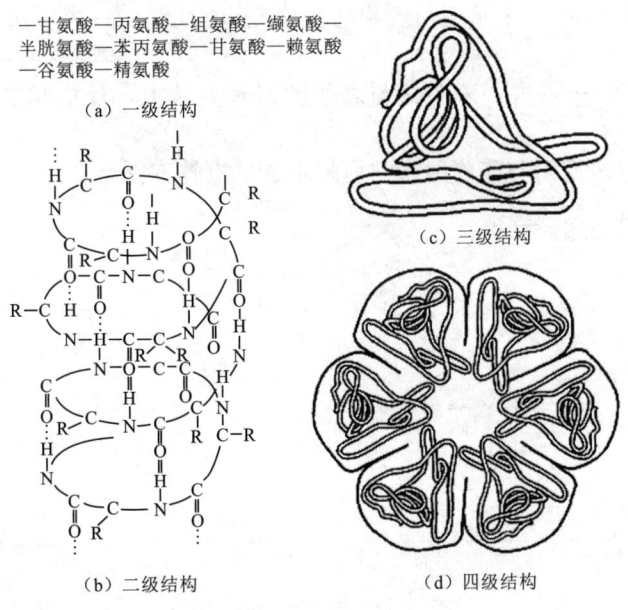

图 6.11 酶蛋白的空间结构

表面酶；③按作用底物不同可分为淀粉酶、蛋白酶、脂肪酶、纤维素酶和核糖核酸酶。

6.2.4 酶的催化特性

酶作为生物体内最重要的生命活动物质，其催化糖、蛋白质、脂肪和核酸以及众多的物质的生物转化，具有如下催化特性：

(1) 加速反应速度，但不改变反应平衡点。

(2) 酶的催化作用具有专一性：一种或一类物质或一类化学反应，产生一定的产物。

(3) 酶的催化作用条件温和，表现为常温、常压和近中性的水溶液中。

(4) 酶对环境条件极为敏感，高温、强酸、强碱都能使酶丧失活性；Cu^{2+}、Hg^{2+}、Ag^+ 等重金属离子能使之失活。酶失活的本质酶蛋白的变性。

(5) 酶的催化效率极高，酶能降低反应的能阀，降低反应物所需的活化能。

6.2.5 酶促反应动力学

Michaelis 和 Menten 提出如下的中间反应过程形式，如图 6.12 所示。

$$E+S \underset{K_2}{\overset{K_1}{\rightleftharpoons}} ES \overset{K_3}{\longrightarrow} E+P$$

根据质量作用定律，推导出如下反应速度方程式：

$$V = V_m S/(K_m + S) \tag{6.1}$$

$$K_m = (K_2 + K_3)/K_1 \tag{6.2}$$

上述酶促反应方程式就是著名的米-门公式，K_m 称为米氏常数，其含义为①当 $V = V_{max}/2$ 时，$K_m = S$，所以它是反应速度为最大反应速度一半时的底物浓度；②$K_m = (K_2 + K_3)/K_1$，表示酶与底物的反应完全程度，$\frac{1}{K_m}$ 表示酶与底物的亲和程度，K_m 越小，则 $\frac{1}{K_m}$ 越大，表明酶与底物的亲和力越大，反应越趋于完全；K_m 越大，则 $\frac{1}{K_m}$ 越小，表明酶与底物的亲和力越小，反应越不完全。

由上述米-门公式，可得

$$\frac{1}{V} = \frac{1}{V_{max}} + \frac{K_m}{V_{max}} \times \frac{1}{[S]} \tag{6.3}$$

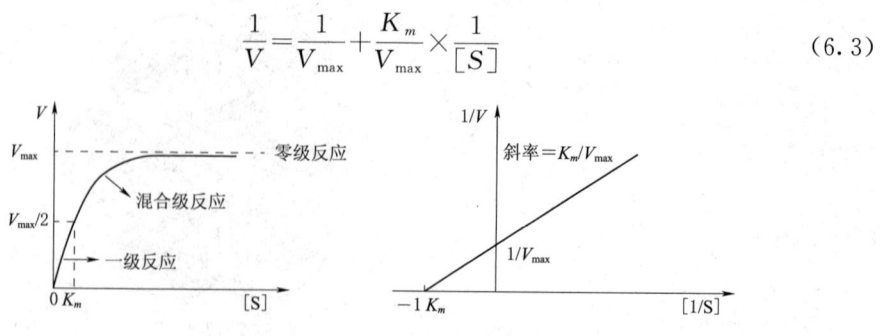

图 6.12 酶反应动力过程

通过斜率和在坐标轴上的截距,即可求得 K_m,$V_{\max}$ 值。

6.2.6 酶促反应的影响因素

不同因素对酶促反应的影响如图 6.13 所示。

(1) 酶浓度对反应的影响。酶促反应与酶浓度成正比,但在酶较高浓度时,酶促反应逐渐趋向平缓。或许因为酶浓度较高后,底物与酶活性中心结合完毕,所以酶浓度增加,反应速度趋于平缓。

(2) 底物浓度对酶促反应的影响。当酶的浓度为定值,底物浓度较低时,酶促反应速度与底物浓度成正比。当所有酶与底物结合生成中间产物 ES 后,即使再增加底物浓度,中间产物 ES 也不增加,酶促反应速度也不增加。

(3) 温度对酶促反应的影响。适宜温度范围内,随着温度的增加,酶促反应速度增加 1~2 倍;但在最适宜温度之外,则酶促反应大大降低,甚至停止。

(4) pH 值对酶促反应的影响。在适宜 pH 值范围内,酶表现出活性,大于或小于最适,都会降低酶活性。

pH 值对酶的影响:①改变底物分子和酶分子的带电状态,进而影响酶和底物的结合;②过高、过低的 pH 值都会影响酶的稳定性,进而使酶遭到不可逆的破坏。

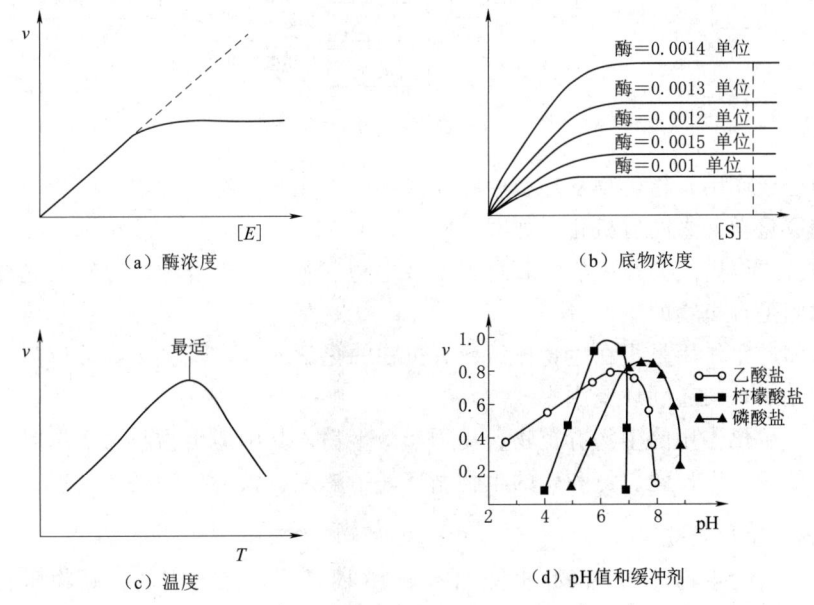

图 6.13 不同因素对酶促反应的影响

(5) 活性剂或抑制剂对酶促反应的影响。能激活酶的物质称为酶的激活剂,包括:①无机阳离子,如 Na^+、K^+、Mg^{2+}、Ca^{2+} 等;②无机阴离子,如 Cl^-、Br^-、I^-、NO_3^-、SO_4^{2-} 等;③有机化合物,如维生素 C、维生素 B_1、B_2 等。如金属离子通过某种搭桥作用,先与酶结合,再与底物结合,形成酶-金属-底物的复合物。

能减弱、抑制甚至破坏酶活性的物质称为酶的抑制剂,如重金属离子(Ag^+、Cu^{2+}、Hg^{2+})、CO、H_2S、乙二胺四乙酸、表面活性剂等。

抑制可分为竞争性抑制和非竞争性抑制。如与底物结构类似的物质先与酶活性中心结合，表现为竞争性抑制；抑制剂与酶活性中心以外的位点结合后，底物仍可与酶活性中心结合，但酶不显示活性，表现为非竞争性抑制。

有的物质既可作为一种酶的抑制剂，又可作为另一种酶的激活剂。

6.3 物质的生物转化与净化

在自然界中，生物所需要的各种化学元素，通过生物的生命活动进行循环，生物本身就是物质地球化学循环的关键主体和推动者，一方面合成有机物组成生物体，称为生物合成作用；另一方面这些合成的有机物又被分解成无机物而返回自然界，即生物分解作用或矿化作用。这样，组成生命物质的所有元素，不断地从非生命物质状态转化为生命物质状态，然后再由生命物质状态转化成非生命物质状态，如此循环不尽，物质生物循环框图如图 6.14 所示。

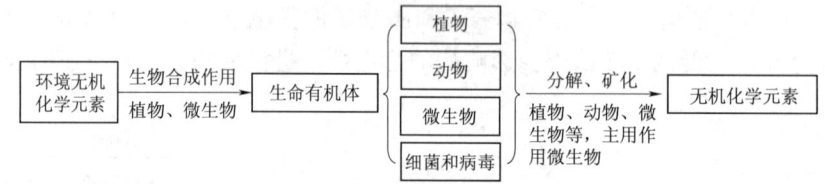

图 6.14 物质生物循环框图

生物合成作用是指生物从环境中吸收多种化学元素，组成生物体，生长、发育和繁殖，完成化学元素的有机化，如 C、N、S、P、Fe、Mn 等。

生物合成作用主要是由植物和自养型微生物（藻类、光合细菌等）的光合作用完成的，它们是有机物的生产者。

分解和矿化作用是指在生物体组成有机物的化学元素，经微生物分解后，形成无机的矿质元素，归还到环境中去。

能进行矿化作用的生物有植物、动物和微生物，其中微生物起主要作用。

本小节重点讲授碳、氮和磷的生物循环，了解硫、铁的生物循环过程。

6.3.1 碳的生物转化

含碳物质的生物转化与净化框图如图 6.15 所示。自然界中的含碳物质有无机碳和有机碳两大部分。无机碳包括碳单质（石墨、金刚石）、二氧化碳及各种碳酸盐等；有机碳更是种类繁多，包括高分子的有机碳和小分子有机碳，前者如大量的碳水化合物（糖、淀粉、纤维素和木质素）、蛋白质、脂肪和核酸等，后者如甲烷、乙醇、醋酸、柠檬酸等。

碳的生物循环与转化以二氧化碳为中心，二氧化碳被植物、藻类利用进行光合作用，合成植物性碳，再通过食物链，被动物利用转化为动物性碳，植物、动物呼吸放出二氧化碳，微生物厌氧和好氧分解有机物所产生的二氧化碳均回到大气，再一次被植物利用进入循环。

6.3 物质的生物转化与净化

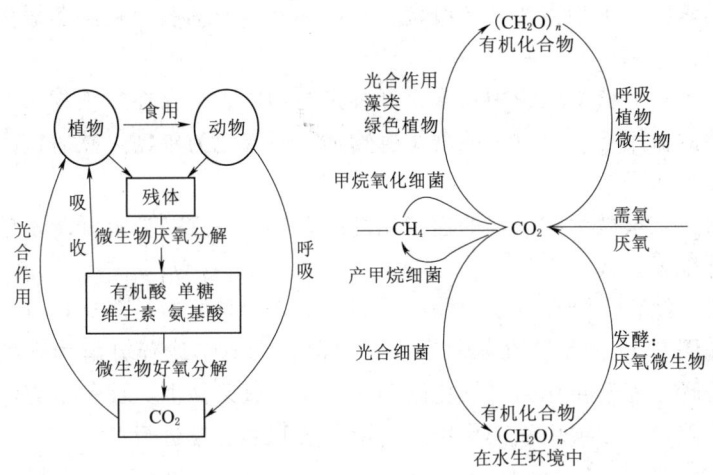

图 6.15 含碳物质的生物转化与净化框图

如环境中的有机物大量累积，造成水体溶解氧急剧降低，微生物种群和数量发生急剧变化，水体出现发黑致臭，水生态破坏及水功能丧失，则产生水环境污染。显然，水环境污染也是物质生物转化的重要现象。

在环境工程中，碳循环的有机物分解作用更为重要，因污染治理就是将过多排入水体中的有机物降解或转化为稳定的简单物质，如二氧化碳，从而消除有机污染物对环境的危害。

6.3.1.1 典型有机物的生物分解

本节重点介绍与环境工程密切相关的几种典型有机物分解作用：纤维素、半纤维素、淀粉、果胶、脂肪、木质素、烃类物质等。

（1）纤维素。纤维素是葡萄糖的高分子聚合物，每个纤维素分子含 1400～10000 个葡萄糖分子，是植物细胞壁的主要成分。

纤维素在环境中比较稳定，只有在微生物产生的纤维素酶作用下才能分解成简单的糖类。

纤维素的分解途径如图 6.16 所示。

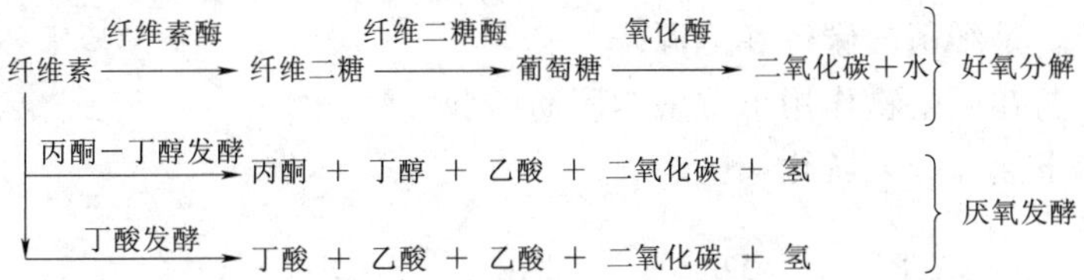

```
            纤维素酶        纤维二糖酶      氧化酶
纤维素 ──────→ 纤维二糖 ──────→ 葡萄糖 ──────→ 二氧化碳+水      好氧分解

  丙酮-丁醇发酵
 ────────────→ 丙酮 + 丁醇 + 乙酸 + 二氧化碳 + 氢
                                                              厌氧发酵
  丁酸发酵
 ────────────→ 丁酸 + 乙酸 + 二氧化碳 + 氢
```

图 6.16 纤维素分解途径

参与纤维素分解的酶主要有三种类型，即纤维素 C_1 酶：将未水解的纤维素长链分子转化为短链分子；纤维素 C_2 酶：分为内切酶和外切酶，将纤维素分子上的糖切割下来，形成纤维二糖和二糖；β-葡萄糖苷酶：将纤维二糖和二糖分解成单糖。

分解纤维素的微生物主要有放线菌、细菌和真菌，细菌中粘细菌居多，还有霉菌等，如各类蘑菇，木耳，青霉。

（2）半纤维素。植物组织中仅次于纤维素的物质，也存在于植物细胞壁中。半纤维素在聚糖酶的作用下，经过一系列微生物作用而转化为单糖，然后进入单糖的好氧与厌氧分解转化途径。

半纤维素被土壤微生物分解的速度比纤维素快，并且能分解纤维素的微生物，都能够分解半纤维素。

（3）淀粉。淀粉广泛存在于植物种子和果实之中，淀粉是多糖，其在微生物作用下分解途径如图 6.17 所示。在好氧条件下，淀粉沿着①途径分解为葡萄糖，经糖酵解和三羧酸循环，完全转化为二氧化碳和水；在厌氧条件下，淀粉沿着②途径转化为乙醇和二氧化碳；在专项厌氧菌作用下，沿着③和④途径进行。

淀粉 →(糊精酶)→ 糊精糖 →(麦芽糖苷酶)→ 麦芽糖 →(葡萄苷酶)→ 葡萄糖
① 二氧化碳+水（好氧分解）
② 乙醇+二氧化碳（好氧分解）
③ 丙酮—丁醇发酵 → 丙酮 + 丁醇 + 乙酸 + 二氧化碳 + 氢
④ 丁酸发酵 → 丁酸 + 乙酸 + 乙醇 + 二氧化碳 + 氢
厌氧发酵

图 6.17 淀粉分解途径

分解淀粉的细菌有枯草杆菌、根霉、曲霉、酵母菌等，厌氧菌主要为芽孢杆菌属。

（4）果胶。果胶质存在于植物的细胞壁和细胞间质中。天然的果胶质不溶于水，其首先在原果胶酶的作用下分解为可溶性果胶和聚戊糖，然后可溶性果胶经果胶甲酯酶作用分解为果胶酸和甲醇，果胶酸再分解成乳糖醛酸。

果胶、聚戊糖、半乳糖醛酸等在好氧条件下经糖酵解和三羧酸循环途径被分解为二氧化碳和水；在厌氧条件进行丁酸发酵，产物为丁酸、乙酸、醇类、二氧化碳和氢气。

果胶的主要分解微生物有：好氧菌，如枯草杆菌、多黏芽孢杆菌等；厌氧菌，如蚀果胶梭菌、浸麻梭菌；真菌，如青霉菌、曲霉、毛霉等。

（5）脂肪。脂肪是甘油和高级脂肪酸所形成的酯，广泛存在于动植物体内，是动物的能量来源，是细菌的碳源和能源。

首先，脂肪在微生物作用下分解为脂肪酸和甘油。

甘油经如下途径分解转化：

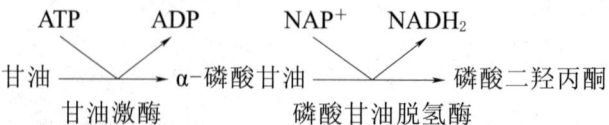

磷酸二羟基丙酮再经酵解、氧化脱酸和三羧酸循环，完全氧化为二氧化碳和水；也可沿着酵解途径逆行生成 6-磷酸葡萄糖，进而生成葡萄糖和淀粉。

脂肪酸通常通过 β-氧化途径氧化分解。脂肪酸先是被脂酰硫激酶激活，然后在

α、β碳原子上脱氢、加水、脱氢、再加水，最后在 α、β 碳位之间的碳链断裂，生成乙酰辅酶 A 和碳链较原来少两个碳原子的脂肪酸。乙酰辅酶 A 进入三羧酸循环完全氧化成二氧化碳和水。剩下的碳链较原来少两个碳原子的脂肪酸可重复一次 β-氧化，以至完全形成乙酰辅酶 A 而告终。

6.3.1.2 沼气发酵

沼气是有机物质在厌氧条件下，经过微生物的发酵作用而生成的一种混合气体。沼气，顾名思义就是沼泽里的气体。人们经常看到，在沼泽地、污水沟或粪池里，有气泡冒出来，划着火柴，可把它点燃，这就是自然界天然产生的沼气。由于这种气体最先是在沼泽中发现的，所以称为沼气。人畜粪便、秸秆、污水等各种有机物在密闭的沼气池内，在厌氧条件下，被种类繁多的沼气发酵微生物分解转化，从而产生沼气。

沼气的主要成分是甲烷。沼气由 50%～80% 的甲烷（CH_4）、20%～40% 的二氧化碳（CO_2）、0～5% 的氮气（N_2）、小于 1% 的氢气（H_2）、小于 0.4% 的氧气（O_2）与 0.1%～3% 的硫化氢（H_2S）等气体组成。由于沼气含有少量硫化氢，所以略带臭味。空气中如含有 8.6%～20.8%（按体积计）的沼气时，就会形成爆炸性的混合气体。

沼气分布广，淡水湖泊、河流、池沼淤泥和海洋的沉积物都可产生沼气。

1979 年，Bryant 等提出，将沼气发酵过程分成由三大代谢类群微生物引起的三阶段理论，即水解阶段、产酸阶段和产甲烷阶段，如图 6.18 所示。

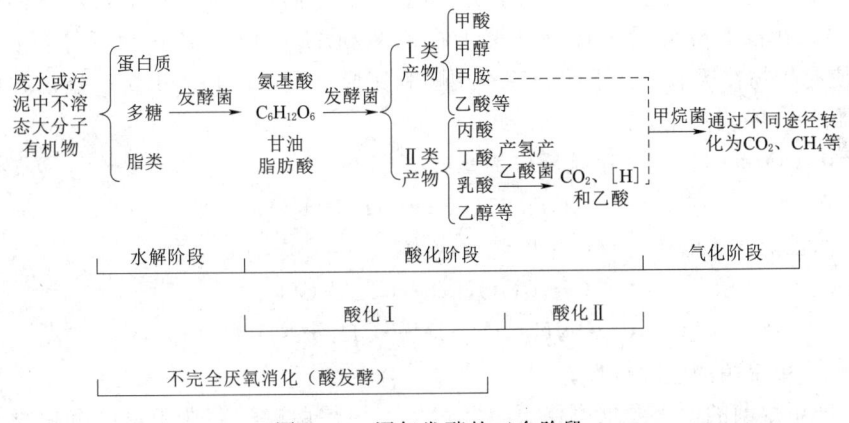

图 6.18 沼气发酵的三个阶段

1. 水解阶段

用作沼气发酵原料的有机物种类繁多，如禽畜粪便、作物秸秆、食品加工废物和废水，以及酒精废料等，其主要化学成分为多糖、蛋白质和脂类。

其中多糖类物质是发酵原料的主要成分，包括淀粉、纤维素、半纤维素、果胶质等。这些复杂有机物大多数在水中不能溶解，必须首先被发酵细菌所分泌的胞外酶水解为可溶性糖、肽、氨基酸和脂肪酸后，才能被微生物吸收利用。发酵性细菌将上述可溶性物质吸收进入细胞后，经过发酵作用将它们转化为乙酸、丙酸、丁酸等脂肪酸和醇类及一定量的氢、二氧化碳。在沼气发酵测定过程中,发酵液中的乙酸、丙酸、丁酸总量称为总挥发酸(TVA)。蛋白质类物质被发酵性细菌分解为氨基酸,又可被细菌合成细胞物质而加以利用,多余时也可以进一步被分解生成脂肪酸、氨和硫化氢等。

蛋白质含量的多少,直接影响沼气中氨及硫化氢的含量,而氨基酸分解时所生成的有机酸类,则可继续转化而生成甲烷、二氧化碳和水。脂类物质在细菌脂肪酶的作用下,首先水解生成甘油和脂肪酸,甘油可进一步按糖的代谢途径被分解,脂肪酸则进一步被微生物分解为多个乙酸。

2. 产酸阶段作用细菌

(1) 产氢产乙酸菌。发酵性细菌将复杂有机物分解发酵时产生的有机酸和醇类,除甲酸、乙酸和甲醇外,均不能被产甲烷菌所利用,必须由产氢产乙酸菌将其分解转化为乙酸、氢和二氧化碳。

(2) 耗氢产乙酸菌。耗氢产乙酸菌也称同型乙酸菌,这是一类既能自养生活也能异养生活的混合营养型细菌。它们既能利用 H_2+CO_2 生成乙酸,也能代谢产生乙酸。通过上述微生物的活动,各种复杂有机物可生成有机酸和 H_2/CO_2 等。

3. 产甲烷阶段作用菌群

(1) 产甲烷菌的类群。在沼气发酵过程中,甲烷的形成是由一群生理上高度专业化的古细菌——产甲烷菌所引起的,产甲烷菌包括食氢产甲烷菌和食乙酸产甲烷菌,它们是厌氧消化过程食物链中的最后一组成员,尽管它们具有各种各样的形态,但它们在食物链中的地位使它们具有共同的生理特性。它们在厌氧条件下将前三群细菌代谢终产物,在没有外源受氢体的情况下把乙酸和 H_2/CO_2。转化为气体产生 CH_4/CO_2,使有机物在厌氧条件下的分解作用顺利完成。目前已知的甲烷产生过程由以上两组不同的产甲烷菌完成。

1) 由 CO_2 和 H_2 产生甲烷反应为

$$CO_2+4H_2 \longrightarrow CH_4+H_2O$$

2) 由乙酸或乙酸化合物产生甲烷反应为

$$CH_3COOH \longrightarrow CH_4+CO_2$$
$$CH_3COONH_4+H_2O \longrightarrow CH_4+NH_4HCO_3$$

(2) 产甲烷菌的生理特性。

1) 产甲烷菌的生长要求严格厌氧环境,产甲烷菌广泛存在于水底沉积物和动物消化道等极端厌氧的环境中;

2) 产甲烷菌食物简单,产甲烷菌只能代谢少数几种碳素底物生成甲烷;

3) 产甲烷菌适宜生存在 pH 值中性条件下;

4) 产甲烷菌生长缓慢。

4. 厌氧发酵的环境条件

(1) 适宜的发酵温度。沼气池的温度条件分为:①常温发酵(也称为低温发酵)10~30℃,在这个温度条件下,产气率可为 $0.15\sim0.3m^3/(m^3 \cdot d)$;②中温发酵 30~45℃,在这个温度条件下,池容产气率可达 $1m^3/(m^3 \cdot d)$ 左右;③高温发酵 45~

60℃，在这个温度条件下，池容产气率可达 2～2.5m³/(m³·d)。沼气发酵最经济的温度条件是 35℃，即中温发酵。

（2）适宜的发酵液浓度。发酵液的浓度范围是 2%～30%。浓度愈高产气愈多。发酵液浓度在 20% 以上称为干发酵。农村户用沼气池的发酵液浓度可根据原料多少和用气需要以及季节变化来调整。夏季以温补料浓度为 5%～6%；冬季以料补温 10%～12%。

（3）发酵原料中适宜的碳、氮比例（C:N）。沼气发酵微生物对碳素需要量最多，其次是氮素，我们把微生物对碳素和氮素的需要量的比值，叫作碳氮比，用 C:N 来表示。目前一般采用 C:N=25:1。但并不十分严格，20:1、25:1、30:1 都可正常发酵。

（4）适宜的酸碱度（pH 值）。沼气发酵适宜的酸碱度为 pH=6.5～7.5。pH 值影响酶的活性，所以影响发酵速率。

（5）足够量的菌种。沼气发酵中菌种数量多少，质量好坏直接影响着沼气的产量和质量。一般要求达到发酵料液总量的 10%～30%，才能保证正常启动和旺盛产气。

（6）较低的氧化还原电位（厌氧环境）。沼气甲烷菌要求在氧化还原电位低于 -330mV 的条件下才能生长。这个条件即严格的厌氧环境，所以，沼气池要密封。

通过厌氧沼气发酵，28% 的甲烷来自氢的氧化和二氧化碳的还原，72% 的甲烷来自乙酸盐的裂解。由于大部分甲烷和二氧化碳逸出，氨以亚硝酸铵、碳酸氢铵的形式留在污泥中，可中和第一阶段产生的酸，为产甲烷菌创造了生存所需的弱碱性环境。厌氧发酵产生的氨可被产甲烷菌用作氮源。

6.3.2 氮素生物转化

氮在自然界中的存在状态：①分子氮，占大气的 78%；②有机氮，主要是蛋白质、酶、氨基酸、核糖核酸、尿素等；③无机氮，如氨氮、硝酸盐氮、亚硝酸盐氮、一氧化氮、一氧化二氮等。

6.3.2.1 氮素的自然生物转化

在微生物、植物和动物三者的协同作用下，三种形态的氮相互转化，构成氮循环，其中微生物起着重要作用，如图 6.19 所示。

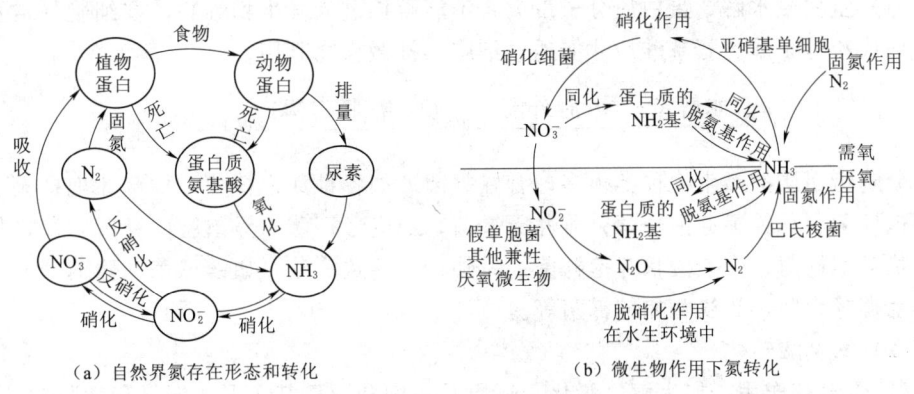

(a) 自然界氮存在形态和转化　　(b) 微生物作用下氮转化

图 6.19　氮素的自然生物转化与循环

6.3.2.2 氮素生物转化作用过程

氮素生物循环通过如下过程得以实现：固氮作用、氨化作用、硝化作用、反硝化作用和同化作用，其中前4个作用是主要过程。

1. 生物固氮作用

(1) 固氮作用。植物和大多数微生物不能直接利用空气中的分子氮，只有少数微生物可以利用。通过微生物的作用把分子氮转化为氨氮，进而合成有机氮，这一过程称为固氮作用。

固氮过程如下：

$$N_2+6e+6H^++15ATP \xrightarrow{\text{固氮酶}} 2NH_3+15ADP+15Pi$$

$$酶\sim N\equiv N \xrightarrow{+2e、+2H^+} 酶\sim \underset{H}{\overset{H}{N}}=\underset{H}{\overset{H}{N}} \longrightarrow 酶\sim \underset{H}{\overset{H}{N}}-\underset{H}{\overset{H}{N}} \longrightarrow 2NH_3$$

反应中消耗糖、醇和有机酸，为固氮提供H^+和能源，ATP则由好氧（三羧酸循环）或厌氧过程（有机物发酵）提供。

(2) 固氮微生物。固氮菌分为三种类型：①共生固氮微生物。如好氧菌（豆科类植物根系的根瘤菌属、弗兰克氏菌属）、厌氧菌（巴氏固氮梭菌）。②联合固氮微生物。固氮微生物生长在其他生物体内，如植物的叶面、根系表面等，但微生物不与植物形成共生体，如固氮螺菌属生活在植物根圈内。③自生固氮微生物。蓝细菌是主要的自生固氮微生物，固氮蓝藻，如鱼腥藻属、念珠藻属、颤藻属、眉藻属等，他们具有异形胞，其固氮在异形胞中进行；光合细菌，如红螺菌、绿菌属等在光照下厌氧生活，也能固氮；硫酸还原菌也有固氮作用。

2. 氨化作用

有机氮化合物（蛋白质和核酸）在微生物作用下，发生分解生成氨的过程。氨化作用主要有蛋白质水解和氨基酸转化。

(1) 蛋白质水解。蛋白质分子量大，不能直接进入微生物细胞，在细胞外被蛋白酶水解成小分子肽、氨基酸后才能透过细胞，被微生物利用。

$$蛋白质 \xrightarrow{\text{水解蛋白酶(胞外酶)}} 胨 \xrightarrow{\text{肽酶(胞内酶)}} 肽 \longrightarrow 氨基酸$$

分解蛋白质的微生物种类很多，有好氧菌，如各种芽孢杆菌、枯草芽孢杆菌、巨大芽孢杆菌、马铃薯芽孢杆菌；兼性厌氧菌，如变形杆菌、假单胞菌；厌氧菌，如腐败梭状芽孢杆菌、生孢梭状芽孢杆菌；另外，一些致病菌，如链球菌、葡萄球菌、曲霉、毛霉等真菌，放线菌如链霉菌等。

(2) 氨基酸转化。

1) 脱氨基作用：如水解、氧化、还原及减饱和脱氨基，形成氨氮和脂肪酸。

水解作用：

$$\underset{\text{丙氨酸}}{\underset{|}{\overset{CH_3}{\underset{COOH}{CHNH_2}}}} + H_2O \longrightarrow \underset{\text{乳酸}}{\underset{|}{\overset{CH_3}{\underset{COOH}{CHOH}}}} + NH_3$$

氧化作用：

$$\underset{\text{丙氨酸}}{\underset{|}{\overset{CH_3}{\underset{COOH}{CHNH_2}}}} + \frac{1}{2}O_2 \longrightarrow \underset{\text{丙酮酸}}{\underset{|}{\overset{CH_3}{\underset{COOH}{CO}}}} + NH_3 \xrightarrow{\text{三羧酸循环}} CO_2 + H_2O$$

还原作用：

$$\underset{\text{甘氨酸}}{\underset{|}{\overset{CH_2-NH_2}{COOH}}} + 2H \xrightarrow{\text{梭状芽孢杆菌}} \underset{\text{乙酸}}{\underset{|}{\overset{CH_3}{COOH}}} + NH_3$$

减饱和作用：

$$\underset{\text{天门冬氨酸}}{\overset{COOH}{\underset{COOH}{\underset{|}{\underset{CHNH_2}{\underset{|}{CH_2}}}}}} \longrightarrow \underset{\text{延胡索酸}}{\overset{COOH}{\underset{COOH}{\underset{|}{\underset{CH}{\underset{\|}{CH}}}}}} + NH_3$$

2) 脱羧基作用。腐败细菌和霉菌可引起氨基酸脱羧作用，生成胺。二元胺对人有毒，肉类蛋白质腐败后不可食用，这是氨基酸经脱羧作用而形成胺的原因。

$$\underset{\text{丙氨酸}}{COOH} \longrightarrow \underset{\text{乙胺}}{CH_3CH_2NH_2} + CO_2$$

$$\underset{\text{赖氨酸}}{H_2N(CH_2)_4CHNH_2COOH} \longrightarrow \underset{\text{尸胺}}{H_2N(CH_2)_4CH_2NH_2} + CO_2$$

(3) 尿素的转化。人、畜尿液中含有尿素，其含氮量 47%，能被许多细菌水解产生氨。

$$O=C\underset{NH_2}{\overset{NH_2}{\diagup}} + 2H_2O \xrightarrow{\text{尿酶}} (NH_4)_2CO_3 \longrightarrow 2NH_3 + CO_2 + H_2O$$

3. 硝化作用

土壤中氨与硝酸盐氮转化如图 6.20 所示。氨氮在有氧的条件下，经亚硝酸细菌和硝酸细菌的作用转化为硝酸，称为硝化作用，分两步进行：

$$2NH_3 + 3O_2 \longrightarrow 2HNO_2 + 2H_2O + 619kJ$$

$$2HNO_2 + O_2 \longrightarrow 2HNO_3 + 201kJ$$

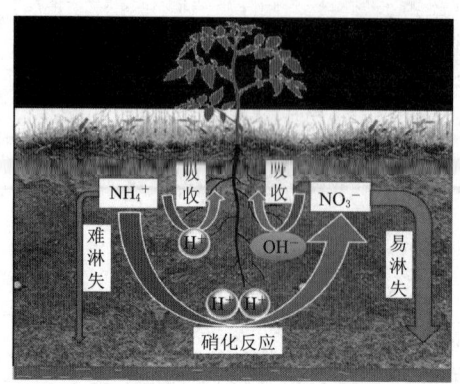

图 6.20 土壤中氨与硝酸盐氮转化

前一步由亚硝酸细菌（亚硝酸单胞菌属、亚硝酸球菌属、亚硝酸螺菌属）起作用，后一步由硝酸细菌（硝化杆菌、硝化球菌）起作用。二者都是好氧菌，适宜在中性和偏碱性环境中生长，不需要有机营养。亚硝酸细菌为革兰氏阴性菌。

4. 反硝化作用

兼性厌氧的硝酸盐还原细菌能够将硝酸盐还原为氮气，也有一部分生物可以将硝酸盐直接还原为氨，称为反硝化作用。由于还原程度的不同，可生成不同的还原态产物，如亚硝酸、一氧化氮、分子态氮和氨等，通常存在三种情况：

(1) 硝酸盐还原为亚硝酸。

$$HNO_3 + 2[H] \longrightarrow HNO_2 + H_2O$$

(2) 反硝化细菌（兼性厌氧的）在厌氧条件下将硝酸盐还原为氮气。

$$12H^+ + 2NO_3^- \longrightarrow 6H_2O + N_2$$

(3) 硝酸盐过度还原。硝酸盐被还原成负价的化合态物质氨，而不是分子态的氮，这种还原被称为硝酸盐过度还原。

$$2HNO_3 \xrightarrow[-2H_2O]{+2H^+} 2HNO_2 \xrightarrow[-2H_2O]{+4H^+} 2HNO \xrightarrow[-2H_2O]{+2H^+} N_2O \xrightarrow[-2H_2O]{+2H^+} NH_3$$

进行硝酸盐过度还原的主要有一些植物（如藻类）、大多数细菌、放线菌及真菌，利用硝酸盐为氮素营养，通过硝酸盐还原酶的作用将硝酸盐还原成氨，进而合成氨基酸、蛋白质和其他含氮物质。

反硝化过程所需要的适宜条件有丰富的碳源和能源、pH 为中性偏碱性、温度为中温 25℃ 左右。最重要的条件是厌氧环境，氧的存在能够强烈抑制异养菌还原酶的活性。

反硝化细菌主要有施氏假单胞菌、脱氮假单胞菌、荧光假单胞菌、色杆菌属中的紫色杆菌、脱氮色杆菌。

自然界中，包括土壤、水体、污废水中都含有硝酸盐，硝酸盐在缺氧的厌氧环境下，总会发生反硝化作用。反硝化作用是消除水体总氮的必然途径。若在土壤发生反硝化，则土壤肥力会降低；若水体含硝酸盐氮过高，则发生反硝化作用，可能产生致癌物质亚硝酸胺，造成二次污染，危害人体健康。

在污水处理工程上，通过设置必要的水体氧条件（好氧、兼性厌氧或厌氧）和有机物营养条件，能够进行氨化、硝化和反硝化作用，进而达到去除水中总氮的目的。

6.3.3 硫素生物转化

6.3.3.1 硫在自然界的形态和生物循环

硫在自然界的形态包括：元素硫，即单质硫；无机硫化物，如 SO_2、SO_3^{2-}、SO_4^{2-}、S^{2-}；含硫有机化合物。硫的自然存在形态与循环如图 6.21 所示。

无机硫酸盐被植物、藻类吸收后转化为含硫有机物，而含硫有机物在厌氧条件下进行腐败作用产生硫化氢,硫化氢被无色硫细菌氧化为硫单质,并进一步氧化为硫酸盐,硫酸盐又可在厌氧条件下,被硫酸盐还原菌(如脱硫弧菌)还原为硫化氢,硫化氢又能被光合细菌用作供氢体,氧化为硫或硫酸盐,构成硫的自然循环。

6.3.3.2 含硫有机物的转化

在生物体中,含硫有机物主要是蛋白质,其先分解转化成氨基酸,氨基酸再进一步脱硫,同时也进行脱

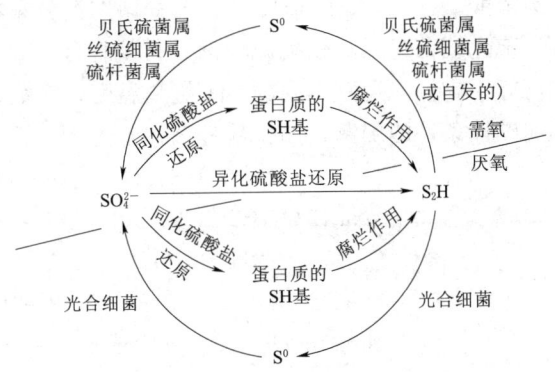

图 6.21 硫自然存在形态与循环

氮作用。分解含硫有机物的微生物很多,并且能分解含氮有机物的微生物能够分解含硫有机物而产生硫化氢。如变形杆菌将半胱氨酸水解为氨和硫化氢:

$$\begin{matrix} COOH \\ | \\ CHNH_2 \\ | \\ CH_2SH \end{matrix} + 2H_2O \longrightarrow CH_3COOH + HCOOH + NH_2 + H_2S$$

半胱氨酸　　　　　　乙酸

6.3.3.3 无机硫的生物转化

1. 硫化作用

无机硫化物如 SO_4^{2-}(主要以硫酸盐存在)、S^{2-}(主要以 H_2S、S^{2-} 或固体金属硫化物存在),在微生物的作用下,可以通过硫化作用和反硫化作用进行相互转化,过程类似氮的硝化与反硝化作用。硫化作用是在有氧条件下,通过硫细菌的作用将硫化氢氧化为元素硫,再进而氧化为硫酸。硫细菌主要有硫磺细菌和硫化细菌。

(1) 硫磺细菌能将空气中的 H_2S 氧化为硫,并以硫粒的方式将硫储存在细胞内,包括丝状硫磺细菌和光能自养的硫细菌。它们在缺少碳源的情况下,可以将这些储存的硫通过好氧作用转化为硫酸盐,从而获得能量。

$$2H_2S + O_2 \longrightarrow 2S + 2H_2O + 能量$$
$$2S + 2H_2O + 3O_2 \longrightarrow 2SO_4^{2-} + 4H^+ + 能量$$

1) 丝状硫磺细菌有贝日阿托氏菌,透明颤菌属,辫硫菌属,发硫菌,亮发菌。

在生活污水处理中,当溶解氧在 1mg/L 以下,硫化物含量过多时,贝日阿托氏菌和亮发菌等丝状硫磺细菌会过量生长,引起污泥膨胀。

2) 光能自养硫细菌这类细菌含有叶绿素,在光照下,能将 H_2S 氧化为元素硫,在体内积累硫粒或体外积累硫粒。

(2) 硫化细菌。能把环境中的各种还原态的硫(如氧化硫化氢、元素硫、硫代硫酸盐、亚硫酸盐和多硫磺酸盐等)直接氧化成硫酸,并获得能量,产生硫酸,同化 CO_2 合成有机物。

硫化细菌属于硫杆菌属,为革兰氏阴性杆菌,其将环境中还原态硫作为能源而氧

化为硫酸,使环境 pH 值降低。硫杆菌广泛分布在土壤、淡水和海水中。

硫化细菌包括氧化硫硫杆菌、排硫杆菌、氧化亚铁硫杆菌、新型硫杆菌、脱氮硫杆菌等,它们能适宜不同的 pH 值和温度,多数在酸性条件下生长,也有适宜于中性和偏碱性条件的细菌,如排硫杆菌。

$$2S+3O_2+2H_2O \longrightarrow 2H_2SO_4+能量$$
$$Na_2S_2O_3+2O_2+H_2O \longrightarrow Na_2SO_4+H_2SO_4+能量$$
$$2H_2S+O_2 \longrightarrow 2H_2O+2S+能量$$
$$4FeSO_4+O_2+2H_2SO_4 \longrightarrow 2Fe_2(SO_4)_3+2H_2O$$
$$FeS_2+7Fe_2(SO_4)_3+8H_2O \longrightarrow 15FeSO_4+8H_2SO_4$$
$$Cu_2S+2Fe_2(SO_4)_3 \longrightarrow 2CuSO_4+4FeSO_4+S$$

2. 反硫化作用

反硫化作用是指在缺氧条件下,硫酸盐、亚硫酸盐、硫代硫酸盐和次亚硫酸盐等高价态存在的硫在微生物的还原作用下形成低价态 H_2S 的过程。主要的反硫化细菌也称硫酸盐还原菌,有脱硫弧菌属、脱硫单胞菌属、脱硫叶菌属、脱硫肠状菌属等。

反硫化作用常常发生于土壤淹水、河流、湖泊等缺少溶解氧的水体中。

脱硫弧菌利用葡萄糖和乳糖还原硫酸盐的过程如下:

$$C_6H_{12}O_6+3H_2SO_4 \longrightarrow 6CO_2+6H_2O+3H_2S+能量$$
$$2CH_3CHOHCOOH+H_2SO_4 \longrightarrow 2CH_3COOH+2CO_2+H_2S+2H_2O$$

脱硫弧菌为略弯曲的杆菌,革兰氏阴性菌,严格厌氧,适宜温度为 25～30℃,最适宜 pH 值为 6～7.5。除利用葡萄糖、乳糖为供氢体外,反硫化细菌还能利用多种有机物,如蛋白质、天门冬素、甘氨酸、丙氨酸、天门冬氨酸、乙醇、甘油、苹果酸及琥珀酸等,为反硫化作用提供碳源和能量。

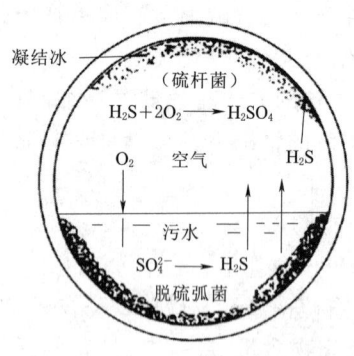

图 6.22 硫的反硫化作用对铸铁管道的腐蚀作用

硫的硫化和反硫化作用过程是自然界常见的物质循环过程,如在硫酸盐存在的土壤环境中,或混凝土排水管和铸铁排水管中,均缺氧,硫酸盐会被还原为硫化氢(图 6.22)。硫化氢上升到污水表层或逸出空气层,与污水表面的溶解氧相遇,被硫化细菌或硫磺细菌将硫化氢氧化为硫酸,再与管顶部的凝结水结合使混凝土管或铸铁管受到腐蚀。另外,河流、海洋码头钢桩的腐蚀也是硫酸盐和硫化氢腐蚀的结果。

在厌氧条件下,如存在硫酸盐和硝酸盐,则可能同时存在反硫化作用和反硝化作用过程,二者竞争碳源,即硫酸盐的存在会对反硝化脱氮造成一定干扰。

6.3.4 磷素生物转化

6.3.4.1 磷在自然界中的形态及生物转化

磷是一切生物必需的重要营养元素,微生物可吸收可溶性的磷,合成核酸/ATP、磷脂等有机物。

磷在土壤和水体中以含磷有机物，如核酸/卵磷脂；无机磷化合物，如磷酸钙/磷酸钠/磷酸镁和磷灰石矿石；还原态 PH_3 三种状态存在。

磷循环：有机磷和磷酸钙经微生物作用转化为可溶性磷酸盐，后被植物和微生物吸收利用，转变为植物体内含磷有机物，动物食用后转变为动物体内含磷有机物，动物/植物残体经微生物作用，分解转化为溶解性的偏磷酸盐（HPO_4）$^{2-}$，其又在厌氧条件下，被还原为 PH_3，如图 6.23 所示。

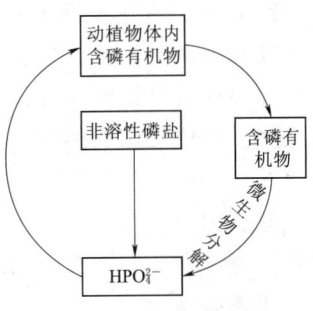

图 6.23 磷的自然生物转化

6.3.4.2 含磷有机物转化

动植物/微生物体中的含磷有机物有核酸/磷酸酯/植素，均可被微生物分解。

核酸：

$$\text{核酸} \xrightarrow[+H_2O]{\text{核酸酶}} \text{核苷酸} \xrightarrow{\text{核苷酸酶}} \begin{cases} \text{核苷} \rightarrow \begin{cases} \text{嘌呤或嘧啶} \\ \text{核糖} \end{cases} \\ \text{磷酸} \end{cases}$$

磷酸酯：

$$\text{卵酸酯} \xrightarrow{\text{卵酸酯酶}} \text{甘油} + \text{磷酸} + \text{脂肪酸}$$

植素：

$$\text{植酸} \longrightarrow \text{磷酸} + \text{环己六醇}$$

6.3.4.3 含磷无机物转化

在土壤中存在的难溶性磷酸钙，可以和通过异养微生物的生命活动产生的有机酸和碳酸，硝酸细菌和硫细菌产生的硝酸和硫酸等作用生产溶解性磷酸盐。

$$Ca_3(PO_4)_2 + 2CH_3CHOHCOOH \longrightarrow 2CaHPO_4 + Ca(CH_3COHOHCOO)_2$$

$$Ca_3(PO_4)_2 + 2H_2SO_4 \longrightarrow Ca(H_2PO_4)_2 + 2CaSO_4$$

可溶性磷酸盐被植物/藻类及其他微生物吸收利用，组成卵磷脂/核酸及 ATP 等，甚至某些细菌，如无色杆菌属中有的能溶解磷酸三钙和磷矿粉。

磷酸盐在厌氧条件下，被梭状芽孢杆菌/肠杆菌等还原作用形成 PH_3。

6.3.5 铁元素的循环与转化

自然界中，铁以无机化合铁和含铁有机物两种状态存在。无机化合铁有溶解性的二价铁和不溶性的三价铁，二价的亚铁盐容易被植物、微生物吸收利用，转变为含铁有机物，二价铁/三价铁和含铁有机物三者之间可相互转化。

6.3.5.1 二价亚铁盐的氧化与沉淀

所有的生物都需要铁，而且要求溶解性的二价亚铁盐，但有些微生物能将二价铁盐氧化成三价铁。

$$2FeSO_4 + 3H_2O + 2CaCO_3 + 1/2O_2 \longrightarrow 2Fe(OH)_3 \downarrow + 2CaSO_4 + 2CO_2$$

$$4FeCO_3 + 6H_2O + O_2 \longrightarrow 4Fe(OH)_3 \downarrow + 4CO_2 + \text{能量}$$

能完成上述过程的微生物叫铁细菌。厌氧时，存在大量二价铁。当环境中 pH 值为中性和有氧时，二价铁能被铁细菌氧化为三价铁，三价铁又生成氢氧化物沉淀。

环境中常见铁细菌有嘉氏铁柄细菌/氧化亚铁硫杆菌/多孢锈铁菌/纤维发菌属/球衣菌属。这些细菌利用氧化亚铁产生的能量合成细胞物质。

在含铁和有机物的阴沟或水体中，都有铁细菌存在，纤发菌和球衣菌更常见。

球衣菌与活性污泥丝状膨胀有密切关系。在含有低分子糖类和有机酸及溶解氧含量低、温度在 25～28℃ 的水中，不管有机负荷高或低，都会大量生长，引起活性污泥丝状膨胀。

6.3.5.2 高价铁的还原与溶解

环境中的高铁化合物（三价铁盐）在微生物代谢活动产生的酸的作用下，发生溶解，或者在不良的环境中，氧化还原电位的降低而引起铁的还原。

$$Fe_2O_3 + 3H_2S \longleftrightarrow 2FeS + 3H_2O + S$$

河流、湖泊或水库底泥环境处于厌氧状态，底质中的高价铁（主要以三氧化二铁存在，如针铁矿、赤铁矿颗粒等）在厌氧和有机物、硫存在条件下，被还原成二价铁，其与硫反应生成黑色硫化亚铁颗粒，混在底泥或水体中，是水体颜色发黑的主要黑色物质。

思 考 题

1. 什么是糖酵解？其主要途径有哪些？有何重要意义？
2. 简述一下生物的三羧酸循环过程，其生物学意义是什么？
3. 简述糖、蛋白质和脂肪之间的代谢关系。
4. 微生物酶及其特性。
5. 简述酶促反应及其影响因素。
6. 简述微生物在物质循环转化中的重要作用。
7. 简述自然界中碳的存在形态、生物转化。
8. 简述自然界中氮的存在形态、生物转化。
9. 简述自然界中磷的存在形态、生物转化。
10. 自然界碳氮磷的生物转化对我们进行环境污染治理与修复有什么重要作用？

第 7 章　典型污染物环境迁移转化与环境效应

典型污染物特别是重金属、持久有机物、农药和氮磷营养物等，一旦进入水体或土壤中，在物理、化学和生物等作用下进行迁移转化，产生不同的生态环境效应，造成直接或潜在危害。本节将重点介绍重金属和持久性有机物及氮磷营养物质在水环境和土壤环境中的迁移转化及其环境效应。

7.1　典型重金属在水环境中的迁移转化

重金属是具有潜在危害的重要污染物，其污染的威胁在于它不能被微生物分解。相反，生物体可以富集重金属，并能将某些重金属转化为毒性更强的金属-有机化合物，如汞的甲基化。自从 20 世纪 50 年代在日本出现水俣病和痛痛病，并且查明这是由于汞污染和镉污染所引起的"公害病"以后，重金属的环境污染问题受到人们极大的关注。

重金属元素在环境污染领域中其概念与范围并不是很严格，一般指对生物有明显毒性的元素，如汞、铬、铅、锌、铜、钴、镍、锡、钡和锑等，从毒性上也通常把砷、铍、锂、硒、硼和铝等包括在内。目前，最引人们注意的是汞、砷、镉、铅、铬等。

7.1.1　天然水中金属存在形态及其生物有效性

金属生物有效性或称生物利用度，生物利用率或生物可用率，通常指环境中生物可吸收的金属形态。金属生物有效性（bioavailability）是指实验测得的金属生物有效态量与总量的比值，生物有效性（%）＝金属化学提取量/金属总量×100。金属生物有效性不仅与元素地球化学行为有关，而且受酸碱性、阳离子交换量、氧化还原电位、有机质含量、黏土矿物组成、其他元素浓度以及吸附和解吸作用的控制。生物对金属的吸收还与生物种类有关。

不同金属的生物有效性与金属的形态有关，如水俣病就是由于食用了含有甲基汞的鱼。重金属对鱼类和其他水生生物的毒性，不是与溶液中的金属总浓度相关，主要是取决于游离的金属离子，如镉、铜，而大部分稳定配合物及其与胶体颗粒结合的形态是低毒的。不过，脂溶性金属配合物除外，因其能迅速透过生物膜，对细胞产生很大的破坏作用。

因此，除了关注重金属在水中的浓度外，还要更加重点关注重金属的形态。将高毒的金属形态转化为低毒甚至无毒的金属形态，则是解决重金属污染的主要途径。

7.1.1.1 天然水中的金属存在形态

化学形态指某一种元素在环境中以某种分子或离子存在的实际形态,例如磷在水中有 H_3PO_4、$H_2PO_4^-$、HPO_4^{2-}、PO_4^{3-} 及有机磷化物等形态。

物质的化学形态与水环境的物理化学参数有关,如氧化还原点位、pH 值、离子强度、金属元素的浓度等,其物理化学参数的变化必然会影响到对水环境中金属的配合物离解、吸附与解吸、沉淀与溶解、氧化与还原等过程,而最终导致金属形态的变化。如在溶解氧存在的氧化环境中,铁通常以 Fe^{3+} 形态存在,而在厌氧环境中铁以 Fe^{2+} 形态存在。

又如 3 价铝离子,$Al_2(SO_4)_3 \cdot 18H_2O$(明矾)溶于水中后立即离解出铝离子,通常以 $[Al(H_2O)_6]^{3+}$ 水合铝离子形态存在。随着溶液 pH 值的变化,Al^{3+}(略去配位水分子)经过水解、聚合或配合反应可形成多种形态的配合物或聚合物以及氢氧化铝 $Al(OH)_3$,铝离子水解时发生如下反应:

$$Al^{3+} + H_2O \longleftrightarrow [Al(OH)]^{2+} + H^+$$

$$Al^{3+} + 2H_2O \longleftrightarrow [Al(OH)_2]^+ + 2H^+$$

$$Al^{3+} + 3H_2O \longleftrightarrow Al(OH)_3 + 3H^+$$

$$Al^{3+} + 4H_2O \longleftrightarrow [Al(OH)_4]^- + 4H^+$$

$$2Al^{3+} + 2H_2O \longleftrightarrow [Al_2(OH)_2]^{4+} + 2H^+$$

$$3Al^{3+} + 4H_2O \longleftrightarrow [Al_3(OH)_4]^{5+} + 4H^+$$

$$13Al^{3+} + 28H_2O \longleftrightarrow [Al_{13}O_4(OH)24]^{7+} + 32H^+$$

$$Al(OH)_3(无定形) \longleftrightarrow Al^{3+} + 3OH^-$$

由反应式可知,铝离子水解产生的物质分成 4 类:未水解的水合铝离子,单核羟基配合物,多核羟基配合物或聚合物,氢氧化铝沉淀。多核羟基配合物可认为由单核羟基配合物通过羟基桥联形成的:

$$2[Al(OH)(H_2O)_6]^{2+} \longrightarrow [(H_2O)_4Al(OH)_2Al(H_2O)_4]^{4+}$$

不同 pH 值,各种水解产物相对含量不同,当 pH<3 时,水中的铝离子以 $[Al(H_2O)_6]^{3+}$ 形态存在;在 pH=4~5 时,水中将产生较多的多核羟基配合物,如 $[Al_2(OH)_2]^{4+}$、$[Al_3(OH)_4]^{5+}$ 等;当 pH=6.5~7.5 的中性范围内,水解产物将以 $Al(OH)_3$ 沉淀物为主;当 pH>8.5 时,水解产物将以负离子形态 $[Al(OH)_4]^-$ 出现。

7.1.1.2 天然水中金属形态的划分

天然水中金属通常分为颗粒态和溶解态。

溶解态金属指样品中能通过 $0.45\mu m$ 滤膜的金属部分,包括离子态和各种配合物形成的金属配合物。

颗粒态金属指截留在 $0.45\mu m$ 滤膜上的金属部分称。

如按照是否与有机物形成螯合物或者络合物,则可以分为无机态金属和有机态金属。

溶解态金属转化为颗粒态金属的主要途径为吸附、沉淀、共沉淀和生物作用等。

颗粒态金属还可以分为如下几种形态。

(1) 可交换态（吸附态）。沉积物或其主要成分（如黏土、铁锰水合氧化物、腐殖酸及二氧化硅胶体等）对微量金属的吸附作用而形成可交换态金属。

(2) 碳酸盐结合态。与沉积物中的碳酸盐结合在一起的部分微量金属。

(3) 铁锰氧化物结合态。天然水中的铁锰氧化物以铁、锰结合或凝结物形式存在于颗粒上，也有的成胶膜覆盖在颗粒上，它们是微量金属极好的吸附剂，与铁锰氧化物联系在一起的被包裹或本身就成为氢氧化物沉淀的这部分微量金属。

(4) 成硫化物或有机物结合态。包括在还原环境下生成的硫化物沉淀及各种形态的有机物束缚的微量金属，这些有机物主要是活的有机体、腐殖质、矿物颗粒上的有机胶体层。

(5) 残渣。指可能包含在矿物晶格中而又不会释放到溶液中的那部分金属。上述各金属颗粒态的分离提取方法见相关的金属形态分析技术方法。

7.1.1.3 不同形态的金属生物有效性

1. 溶解态金属的生物有效性

金属形态不同，对水体生物的生物有效性也不同。如锌，以藻类为研究对象，藻类生长速率受锌离子浓度影响，随着 EDTA（乙二胺乙二酸）、氮三乙酸钠盐等螯合剂浓度的增加，藻类生长速率明显下降。

有机配位体可增加或减小微生物对金属离子的摄取，如加入水溶性有机络合剂（EDTA、富里酸、半胱氨酸）可减小藻细胞对铜的吸收，而脂溶性配体（8-羟基喹啉）则可增加藻细胞对铜的吸收。

环境因素变化会影响金属的生物有效性，如铜对鱼类的毒性受到 pH、硬度、无机及有机配合作用等多环境因素的影响，被有机配位基螯合后是无毒的，并且铜的毒性随着铜的被螯合而下降。因此，认为铜的毒性是由铜的无机形态造成的。

pH 值会影响元素的形态变化而影响其生物有效性，如低 pH 值能够造成沉淀物的溶解，从而将沉淀态的金属释放而增加金属的毒性。如在较低 pH 值时，酸度增加使铝从沉积物中溶解出来，这是 pH 值为 4.5~6.0 的水中使鱼类死亡的主要原因。对铝而言，其二水合形式 $[Al(OH)_2]^+$ 具有毒性，其他水合形式 $[Al(OH)_2]^+$、$Al(OH)_3$ 及 $[Al(OH)_4]^-$ 是无毒的。

2. 颗粒态金属存在形态的生物有效性

颗粒物中金属含量，特别是金属结合态的含量与生物有效性的关系目前尚不清楚。如对于鲫鱼和水蚤的研究，其体内金属摄取只受沉积物结合态的间接影响，而在相同的环境条件下，其浓缩系数基本不变。但对底栖动物（如螺蛳），反而情况有些不同，螺蛳不但从溶液中摄取金属，而且从沉积物中摄取金属。

因此，在研究水体中某些重金属的生物有效性时，研究沉积物中金属存在形态以及相应的环境条件是十分重要的。

7.1.2 典型重金属的生物转化

本节以典型重金属在水环境中的赋存形态和转化为例，让大家认识其存在形态和复杂的转化，进而对认识和进一步研究重金属形态和生态环境效应及其转化提供启发。

7.1.2.1 汞的转化

1. 汞的来源、分布与存在形态

汞的自然本底浓度很低，在土壤、水体和大气中非常微量。如在森林土壤中为 $0.029\sim0.10\mu g/g$，耕作土壤中为 $0.03\sim0.07\mu g/g$，黏质土壤中为 $0.030\sim0.034\mu g/g$。水体中汞的含量更低，例如，河水中约为 $1.0\mu g/L$，海水中约为 $0.3\mu g/L$，雨水中约为 $0.2\mu g/L$。大气中的汞的本底值为 $0.5\sim5mg/m^3$。

工业发展造成汞在自然界中的排放增加。据统计，目前全世界每年应用的汞量约在 $1\times10^4 t$ 以上，其中绝大部分最终以三废的形式进入环境。

汞可以以零价形态存在于大气、土壤和天然水中，具有较强的挥发性，一般有机汞的挥发性大于无机汞，有机汞中又以甲基汞和苯基汞的挥发性最大，不同汞化合物的挥发性见表7.1。

表7.1　　　　　　　　　　不同汞化合物的挥发性

化合物	条件	大气中汞质量浓度/$(\mu g/m^3)$
硫化物	干空气中，RH≤1%	0.1
	湿空气中，RH接近饱和	5.0
氧化物	干空气中，RH<1%	2.0
碘化物	干空气中	150
氟化物	RH<1%	8
	RH=70%	20
氯化甲基汞（液体）	0.06%的0.1mol/L磷酸盐缓冲液，pH=5	900
双氰胺甲基汞（液体）	0.04%的0.1mol/L磷酸盐缓冲液，pH=5	140
醋酸苯基汞（固体）	在RH<10%的干空气中	22
	在RH=30%的空气中	140
硝酸苯基汞（固体）	在RH<1%的干空气中	4
	在RH=30%的空气中	27
半胱氨酸汞络合物（固体）	湿空气中，RH饱和干空气中，RH<1%	132

空气中的汞大部分吸附在颗粒物上。水体中，汞主要与水中的悬浮微粒结合，最后沉降进入水底沉积物中。

无机汞在生物体内一般容易排泄，但当汞与生物体内的高分子集合，形成稳定的有机汞络合物，则很难排出体外，如半胱氨酸和白蛋白与甲基汞和汞的络合物就相当稳定。甲基汞和汞的某些络合物的稳定常数见表7.2。

表7.2　　　　　　　　甲基汞和汞的某些络合物的稳定常数

| 配体 | pK | | 配体 | pK | |
	CH_3Hg^+	Hg^{2+}		CH_3Hg^+	Hg^{2+}
—OH	9.5	10.3	半胱氨酸	15.7	14
组氨酸	8.8	10	白蛋白	22.0	13

7.1 典型重金属在水环境中的迁移转化

重金属的存在形态还受到配体种类及配体的浓度影响,如存在亲和力更强或浓度更大的配位体,重金属难溶盐就会发生转化。如汞,在 Hg(OH)$_2$ 和 HgS 的溶液中,汞的浓度仅为 0.039mg/L。在 Cl$^-$ 存在的情况下,当氯离子浓度为 0.001mol/L 时,Hg(OH)$_2$ 和 HgS 的溶解度分别提高 44 和 408 倍,而当氯离子浓度为 1mol/L 时,则 Hg(OH)$_2$ 和 HgS 的溶解度分别增加 10^5 和 10^7 倍。原因在于:Hg^{2+} 与 6 个 Cl$^-$ 形成络合物,大大增加了其溶解性。例如在河流悬浮物和沉积物中的汞,进入海洋后会发生解吸,使得河口沉积物中汞的含量显著减小。

2. 汞的无机转化

汞在环境中的迁移、转化与环境(特别是水环境)的氧化还原电位和 pH 值紧密相关,见图 7.1。

从图 7.1 可以看出,不同形态的汞在相当宽的 pH 和电位条件下,都是稳定存在的,如液态汞、Hg^{2+}、Hg(OH)$_2$。

沉积物中的汞,在缺氧条件下,通常通过以下途径迁移转化而慢慢进入水体中:

$$HS^- + OH^- \longrightarrow S^{2-} + H_2O$$

$$Hg^{2+} + S^{2-} \longrightarrow HgS$$

$$HgS + S^{2-} \longrightarrow HgS_2^{2-}$$

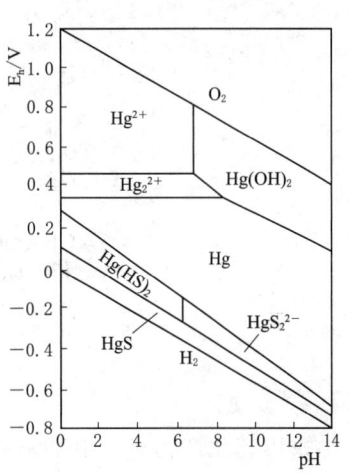

图 7.1 汞在水中存在稳定范围

在自然水体中缺氧条件下,S^{2-} 是硫存在的主要形态,S^{2-} 的浓度越高,已经形成的 HgS 固体转化成溶解态的 HgS$_2^{2-}$ 的反应速度就越快,这促进了汞从沉积物的固态汞形态到水体中溶解态汞形态的迁移转化。结果就使得沉积物上的汞慢慢溶解进入水体,由上述 S^{2-} 与 Hg^{2+} 的反应过程可以看出,沉积物上汞的溶解过程主要取决于 S^{2-} 的浓度。而实际上,由于自然水体中 HS$^-$ 通常含量较低,且受 pH 的影响显著,因此 pH 是 HgS 溶解度的最敏感因素,当 pH 变小时,硫主要以 H$_2$S 存在并从水体逸出,进而使得 S^{2-} 的浓度更加小,抑制了已经生成的固体 HgS 向溶解态的 HgS$_2^{2-}$ 转化,因而有时可以看到朱砂,即 HgS 沉淀存在。

3. 汞的有机转化-甲基化

水俣病是一种中枢神经系统疾病,于 1953 年在日本的熊本县水俣市被发现。1963 年,科学家从水俣湾的鱼和贝类中分离出 CH$_3$HgCl 结晶,并用其喂猫(动物实验),发现猫的症状与水俣病患者完全一致,从而证实甲基汞是水俣病的致病因子。1968 年最终确定水俣病是由水俣湾附近化工厂排放的汞和甲基汞所致。

甲基钴氨素(维生素 B$_{12}$)是汞甲基化过程中甲基基团的重要生物来源。当含汞废水排入水体后,无机汞被颗粒物吸附而沉入水底,通过微生物体内的甲基钴氨酸转移酶进行汞的甲基化转变。此时汞以氧化态的 Hg^{2+} 出现,甲基钴氨素为二价汞离子提供甲基基团——甲基负离子 CH$_3^-$,反应如下:

$$CH_3CoB_{12} + Hg^{2+} + H_2O \longrightarrow H_2OCoB_{12} + CH_3Hg^+$$
（水合钴氨素）

水合钴氨素（$H_2OCoB_{12}^+$）被辅酶 $FADH_2$ 还原，使其中的钴由三价降为一价，然后辅酶甲基四氢叶酸（$THFA—CH_3$）将正离子 CH_3^+ 转移给钴，并从钴上取得两个电子，以 CH_3^- 与钴结合，完成了甲基钴氨素的再生，使汞的甲基化能够继续进行，其循环反应如下：

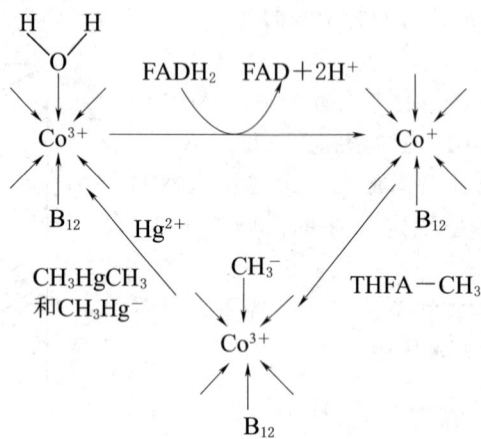

汞甲基化产物有一甲基汞和二甲基汞。在甲基钴氨素（维生素 B_{12}）的催化作用下，一甲基汞的转化速率是二甲基汞的 6000 倍，但在 H_2S 存在的情况下，则以转化为二甲基汞为主，其反应为

$$2CH_3HgCl + H_2S \longrightarrow (CH_3Hg)_2S + 2HCl$$
$$(CH_3Hg)_2S \longrightarrow (CH_2)_2Hg + HgS$$

这一过程可使不饱和的甲基金属完全甲基化。例如，能使 $(CH_3)_3Pb^+$ 转化为 $(CH_3)_4Pb$。一甲基汞可因氯化物浓度和 pH 不同而形成氯化甲基汞或氢氧化甲基汞：

$$CH_3Hg^+ + Cl^- \rightleftharpoons CH_3HgCl$$
$$CH_3HgCl + H_2O \rightleftharpoons CH_3HgOH + Cl^- + H^+$$

在中性和酸性条件下，氯化甲基汞是主要形态；在 pH=8，氯离子浓度低于 400mg/L 时，氢氧化甲基汞占优势；在 pH=8，氯离子浓度为 18000mg/L 时（正常海水），氯化甲基汞约占 98%，氢氧化甲基汞占 2%，甲基汞离子（CH_3Hg^+）可以忽略不计。

在烷基汞中，只有甲基汞、乙基汞和丙基汞三种烷基汞为水俣病的致病性物质。它们存在的形态主要是烷基汞氯化物，其次是溴化物和碘化物，一般以 CH_3HgX 表示。有趣的是具有 4 个碳原子以上的烷基汞并不是水俣病的致病物质，也没有发现它们具有直接毒性。

汞的甲基化既可在厌氧条件下发生，也可在好氧条件下发生。在厌氧条件下，主要转化为二甲基汞。二甲基汞难溶于水，有挥发性，易挥发到大气中。但二甲基汞容易被光解为甲烷、乙烷和汞，故大气中二甲基汞存在量很少。在好氧条件下，主要转化为一甲基汞。在弱酸性水体（pH 为 4~5）中，二甲基汞也可以转化为一甲基汞。

一甲基汞为水溶性物质,易被生物吸收而进入食物链,进而与蛋白质结合而产生生物富集,如半胱氨酸和白蛋白。

4. 甲基汞脱甲基化和汞离子还原

甲基汞可被某些细菌如假单细胞菌属降解转化为甲烷和汞,也可将 Hg^{2+} 还原为金属汞。如我国吉林医科大学从松花江底泥中分离出三株可使甲基汞脱甲基化的细菌,其对 1mg/L 和 5mg/L 的甲基汞清除率近 100%。

$$CH_3Hg^+ + 2H \longrightarrow Hg + CH_4 + H^+$$
$$HgCl_2 + 2H \longrightarrow Hg + 2HCl$$

汞在环境中的循环如图 7.2 和图 7.3 所示。

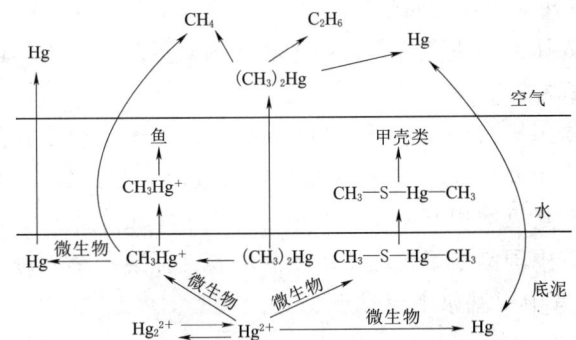

图 7.2 汞的生物循环(马文漪等,1998,自金相灿《沉积物污染化学》1990)

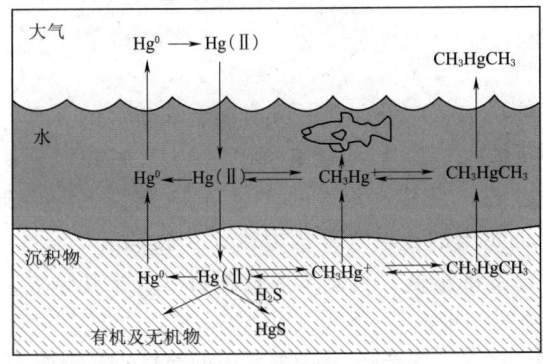

图 7.3 淡水湖泊中的汞循环

5. 汞的生物效应

烷基汞可与多种有机配位体基团结合,如 $-COOH$、$-NH_2$、$-SH$、$-\overset{|}{\underset{|}{C}}-S-\overset{|}{\underset{|}{C}}-$、$-OH$ 等。例如在蛋氨酸 $CH_3SCH_2CH(NH_2)COOH$ 分子结构中,就存在三个潜在的键联点,即硫醚基、氨基和羧基。在 pH<2 的强酸性情况下,CH_3Hg^+ 会键合在蛋氨酸分子的硫醚基上;当 pH>2 时,CH_3Hg^+ 与羧基结合;pH>8,CH_3Hg^+ 则与氨基结合。CH_3Hg^+ 除能被束缚在碱基上外,还能直接键合到核糖上去。所以烷基汞非常容易和蛋白质、氨基酸和核糖类物质起作用。

这就造成汞被烷基化后，具有如下特点。

(1) 烷基汞具有高生物毒性。烷基汞的高脂溶性，使其容易进入生物体，并在生物体内因与蛋白质和氨基酸等键合，其分解速度缓慢，半衰期约为70d，烷基汞比可溶性无机汞毒性大10~100倍。

(2) 烷基汞的生物富集能力强。一般鱼类对氯化甲基汞的浓缩系数是3000，甲壳类则为100~100000。在日本水俣湾的鱼肉中，汞的含量达8.7~2.1μg/g。

6. 人体对汞的消除

人体消除汞的活跃部分是肾、肝和毛发等，一个健康的人，每天从尿中可排出约10~20μg/g的汞。发汞含量为50μg/g，血汞含量为0.2μg/ml和红细胞中汞含量0.4μg/g，可作为甲基汞中毒的阈值。

鉴于甲基汞对人体的严重危害，国际上和各国对甲基汞的人体最大甲基汞安全摄入量制定了严格的标准：

(1) 联合国粮农组织/世界卫生组织食品添加剂联合专家委员会建议的甲基汞暂定每周耐受摄入量为1.6μg/kg。换算为每日摄入量，则为0.23μg/(kg·d)。

(2) 美国环保署建议的甲基汞参考剂量为0.1μg/(kg·d)。

(3) 中国标准：中国制定了食品中甲基汞的容许标准，每人每周摄入总汞量以不超过0.3mg为宜，其中甲基汞不超过0.2mg。

7.1.2.2 砷及其转化

砷和它的化合物是常见的环境污染物。砷和砷化物一般可通过水、大气和食物等途径进入人体，造成危害。元素砷的毒性极低，砷化物均有毒性，三价砷化合物比其他砷化合物毒性更强。

1. 砷的来源与分布

(1) 天然砷源。砷是一个广泛存在并具有准金属特性的元素，它多以无机砷存在于多种矿物中，如砷黄铁矿（FeAsS）、雄黄矿（As_4S_4）和雌黄矿（As_2S_3）。地壳中砷的含量为1.5~2mg/kg，比其他元素的含量高20倍。土壤中砷的本底值在0.2~40mg/kg之间，而受砷污染的土壤含砷量可达550mg/kg。

空气和水中砷的含量都很低，自然本底值在每立方米几纳克，其中甲基砷含量约占总量的20%。

地表水中砷的含量也很低，如德国境内河水中砷含量的平均值为0.003mg/L，湖水中为0.004mg/L。地表水中三价砷和五价砷的含量比范围为0.06~6.7。海水含砷量范围为0.001~0.008mg/L，其中主要为砷酸根离子，但亚砷酸盐根含量仍占总量的三分之一。

但地下水中有时含量极高（224~280mg/L），且50%为三价砷，温泉水中的砷含量高。

植物中的砷多集中在根部，未经砷污染的土壤，植物含砷量在0.01~5mg/kg之间，但砷污染的土壤中则植物含砷量较高，尤其是根部。海藻和海草中砷含量较高，为10~100mg/kg，其浓缩倍数为1500~5000倍。

(2) 人为砷源。环境中砷污染主要来自砷化物为主要成分的农药。如砷酸铅、乙酰亚砷酸铜、亚砷酸钠、砷酸钙和有机砷酸盐。铬砷合剂、砷酸钠和砷酸锌用作木材防腐剂，防止霉菌与昆虫的破坏。某些苯胂酸化合物，如对氨基苯基胂酸，作为饲料添加剂用于家禽和猪，也用于治疗小鸡的某些疾病。

此外，砷还可以用于冶金工业和半导体工业，如砷化镓和砷化铜。所以，工程和矿山含砷废水、废渣的排放，以及矿物燃烧等也是造成砷污染的重要来源。

2. 砷在环境中的存在形态

(1) 水中砷的形态。在天然水中，砷的存在形态为 $H_2AsO_4^-$、$HAsO_4^{2-}$、H_2AsO_3、$H_2AsO_3^-$。在天然水的表层中，由于溶解氧浓度高，pE 值高，当 pH 为 4~9，溶解氧浓度高，砷主要以 $H_2AsO_4^-$、$HAsO_4^{2-}$ 形态存在。在 pH>12.5 的碱性水环境中，砷主要以 AsO_4^{3-} 形态存在。在 pE<0.2，pH>4 的水环境中，则砷主要以 H_2AsO_3、$H_2AsO_3^-$ 形态存在。

以上这些砷都是水溶性的，它们容易随水发生迁移。

(2) 土壤砷的形态。土壤中，砷主要与铁、铝水合氧化物胶体结合的形态存在，水溶态含量极少。试验研究发现，AsO_4^{3-}、AsO_3^{3-} 存在的砷容易与土壤胶体吸附，并与 Fe^{3+}，Al^{3+} 和 Ca^{2+} 生成难溶化合物而固定。土壤固定砷的能力与游离氧化铁的含量相关，随氧化铁的含量增加而增加，并且氢氧化铁对砷的吸附能力约为氢氧化铝的 2 倍。砷的溶解度随着土壤 pE 的降低和 pH 的增高而增大，这是因为 AsO_4^{3-} 被还原为 AsO_3^{3-}，其溶解度大幅度增加。同时，pH 升高，土壤胶体带正电减少，不利于 AsO_4^{3-}、AsO_3^{3-} 的吸附。故高有机物、厌氧底泥中，砷更加容易释放。植物比较容易吸收 AsO_3^{3-}，在浸水土壤中生长的作物的砷含量也较高。

3. 砷的甲基化与生物还原

砷的生物甲基化反应和生物还原反应是它在环境中转化的一个重要过程。因为它们能产生一些可在空气和水中运动并相当稳定的有机金属化合物。但生物甲基化所产生的砷化物容易被氧化和细菌脱甲基化，结果又使它们回到无机砷化合物的状态，其在环境中转化的模式如下：

$$\begin{array}{c}
HAsO_4^{2-} \\
-H^+ \updownarrow +H^+ \\
H_2AsO_4^- \\
-H^+ \updownarrow +H^+ \\
H_3AsO_4
\end{array}
\xrightleftharpoons[+O_2]{\text{生物还原}}
\begin{array}{c}
AsH_3 \\
\uparrow \text{还原} \\
HAsO_2 \\
+H^+ \updownarrow -H^+ \\
AsO_2^-
\end{array}
\xrightleftharpoons[\text{细菌}]{+CH_3^+}
\begin{array}{c}
CH_3AsH_2 \\
\uparrow \text{还原} \\
CH_3AsO(OH)_2 \\
+H^+ \updownarrow -H^+ \\
CH_3-As\begin{array}{c}=O\\ -OH\\ -O^-\end{array}
\end{array}
\xrightleftharpoons[\text{细菌}]{+CH_3^+}$$

$$\begin{array}{c}
(CH_3)_2AsH \\
\uparrow \text{还原} \\
(CH_3)_2AsO(OH) \\
+H^+ \updownarrow -H^+ \\
(CH_3)_2As-O^- \\
\parallel \\
O
\end{array}
\xrightarrow{+CH_3^+}
\begin{array}{c}
(CH_3)_3As \\
\text{生物还原} \updownarrow +\frac{1}{2}O_2 \\
(CH_3)_3AsO
\end{array}$$

砷与产甲烷菌或与甲基钴氨素（维生素 B_2 的主要成分）及 L-甲硫氨酸甲基-d3 反应均可使砷甲基化。在厌氧菌作用下主要产生二甲基砷，而好氧的甲基化反应则产生三甲基砷。Challenger 等认为砷酸盐甲基化的机制如下：

$$AsO_4^{3-} \xrightarrow[-O]{2e^-} AsO_3^{3-} \xrightarrow{CH_3^+} CH_3AsO_3^{2-} \xrightarrow[-O]{2e^-}$$

$$CH_3AsO_2^{2-} \xrightarrow{CH_3^+} (CH_3)_2AsO_2^- \xrightarrow[-O]{2e^-} (CH_3)_2AsO^- \xrightarrow{CH_3^-}$$

$$(CH_3)_2AsO \xrightarrow[-O]{2e^-} (CH_3)AsO$$

该机制指出，砷的甲基化必须首先完成砷的还原反应，从 +5 价还原为 +3 价，才可进行。

二甲基砷和三甲基砷可以氧化为相应的甲砷酸，这些化合物与其他较大分子的有机砷化合物，如含砷甜菜碱和含砷胆碱，都极不容易降解。甲砷酸为二元酸，其能与碱金属形成可溶性盐类。二甲砷酸为一元弱酸，也能形成溶解度相当大的碱金属盐。一些烷基砷酸能还原成相应的砷，它们与硫化氢或含硫有机物反应生成含硫衍生物，如 $(CH_3)_2AsSSH$。因此二甲次胂酸的还原反应及其巯基继发反应或许是砷影响生物活性的关键所在。

4. 砷的毒性与生物效应

三价无机砷毒性高于五价砷，摄入 As_2O_3 的致死量为 $70\sim180mg$。也有证据表明，溶解性砷比不溶性砷毒性高，可能是因为前者较易吸收。

无机砷可抑制酶的活性，三价无机砷还可与蛋白质的巯基反应使该类组成的酶失活。另外，三价砷对线粒体呼吸作用有明显的抑制作用，如亚砷酸盐可减弱线粒体氧化磷酸化反应，或使之不能偶联，对线粒体的呼吸作用产生抑制。这一现象可能与线粒体三磷酸腺苷酶（ATP）的激活有关，它本身又往往是线粒体膜扭曲变形的一个因素。

长期接触砷会对人和动物的许多器官产生不利影响，如造成肝功能异常。体内和体外两方面的研究都表明，无机砷还可以影响人的染色体，造成染色体畸变率增加。可靠的流行病学证据表明，含砷杀虫剂工业生产中，呼吸系统的癌症与接触无机砷有关。还有一些研究指出，无机砷影响 DNA 的修复机制。

7.1.2.3 镉污染

1. 痛痛病事件

痛痛病事件指 1955—1977 年发生在日本富山县神通川流域的公害事件。1955 年，在神通川流域河岸出现了一种怪病，症状初始是腰、背、手、脚等各关节疼痛，随后遍及全身，有针刺般痛感，数年后骨骼严重畸形，骨脆易折，甚至轻微活动或咳嗽，都能引起多发性病理骨折，最后衰弱疼痛而死。经调查分析，痛痛病是河岸的锌、铅冶炼厂等排放的含镉废水污染了水体，使稻米含镉。而当地居民长期饮用受镉污染的河水，以及食用含镉稻米，致使镉在体内蓄积而中毒致病。此病以其主要症状而得名。截至 1968 年 5 月，共确诊患者 258 例，其中死亡 128 例，到 1977 年 12 月又死亡 79 例。痛痛病在当地流行 20 多年，造成 200 多人死亡。

直到这一事件发生之后，镉污染问题才引起了人们的普遍关注。

2. 镉在环境中的分布与特点

地壳中镉的丰度仅为 20ng/kg，通常与锌共生，最早发现镉元素就是在 $ZnCO_3$ 矿中。在 Zn-Pb-Cu 矿中镉含量最高，所以炼锌过程是环境中镉的主要来源，在冶炼铅和铜时也会排放出镉。

镉主要用于电镀、增塑剂、颜料生产、Ni-Cd 电池生产等。电镀厂在更换电镀液时，常将含镉量高达 2200mg/L 的废镀液排入周围水体中。另外，在磷肥、污泥和矿物染料中也含有少量镉。

3. 镉污染的特点

镉在环境中易形成各种配合物或螯合物，Cd^{2+} 与各种无机配体组成的配合物的稳定性顺序大致为

$$HS^->CN^->P_3O_{10}^{5-}>P_2O_7^{4-}>CO_3^{2-}>OH^->PO_4^{3-}$$
$$>NH_3>SO_4^{2-}>I^->Br^->Cl^->F^-$$

与有机配体形成螯合物的稳定性顺序大致为

$$巯基乙胺>乙二胺>氨基乙酸>乙二酸$$

与含氧配体形成配合物的稳定性顺序为

$$氨三乙酸盐>水杨酸盐>柠檬酸盐>酞酸盐>草酸盐>醋酸盐$$

镉在环境中的存在形态和转化规律在很大程度上受到上述稳定性顺序的制约。

镉污染的另一个特点是价态总是保持在 +2 价，随着水体环境氧化还原性和 pH 的变化，受影响的只是与 Cd（Ⅱ）相结合的基团：在氧化性淡水中，主要以 Cd^{2+} 形式存在；在海水中主要以多氯离子的配合物存在；当 pH>9 时，$CdCO_3$ 是主要存在形式；而在厌氧的水体环境中，大多数都转化为难溶的 CdS。

水体底泥对镉同样存在较强的吸附作用，浓缩系数可达 500～50000，所以水中的镉大部分沉积在底泥中。但镉的吸附作用不如汞，而且镉化合物的溶解度比相应的汞化合物大，因而镉在水中的迁移比汞容易，在沿岸浅水区，镉的滞留时间一般为 3 周左右，而汞则长达 17 周。

4. 镉的毒害性

镉和汞一样，是人体不需要的元素。许多植物如水稻、小麦对镉的富集能力很强，使镉及其化合物能通过食物链进入人体。另外，饮用镉含量高的水，也是导致镉中毒的一个重要途径。其实，在有镉污染物的地区，粮食、蔬菜、鱼体内都检测出了较高浓度的镉，这些都是致病因素。

镉的生物半衰期长，从体内排除的速度十分缓慢，容易在体内的肾脏、肝脏等部位积聚，对肾脏、肝脏、骨骼、血液系统等都有较大的损害作用，还能破坏人体的新陈代谢。如每天摄取镉 0.3mg 以上，经过二三十年的积累就会发病，而一旦发病便无可挽救。

5. 镉致毒机制

镉中毒为何会使骨软呢？首先是引起肾功能障碍，特别是缺钙诱使软骨症出现。

Cd^{2+} 半径为 0.097nm，Ca^{2+} 半径为 0.099nm，两者非常接近，很容易发生置换作用。骨骼中的钙容易被镉置换而占据，就会造成骨质变软。镉使肾中维生素 D 的活性受到抑制，进而妨碍十二指肠中钙结合蛋白的生成，干扰在骨质上钙的正常沉积。此外，缺钙会使肠道对镉的吸收率增高，加重骨质软化和疏松。

另一原因是镉影响骨胶原的正常代谢。关节、韧带等是联系各个骨块的结缔组织。同时又有润滑、保护、强化的功能，它们主要由胶原蛋白和弹性蛋白组成。这些蛋白的形成要通过许多以锌和铜为活性中心的酶促反应。Cd^{2+} 与 Zn^{2+} 和 Cu^{2+} 的外层电子结构相似，半径也相近，因此当镉中毒后，它取代了这些酶的中心原子，使它们失活。例如赖氨酸氧化酶的活性中心是铜，是形成胶原纤维的基础；当被镉毒化时，此酶的活性降低，影响胶原蛋白质的形成。

镉对肾脏的损害作用主要是由于其蓄积在肾表皮中导致输尿管排出蛋白尿。镉中毒致死的人体解剖结果发现肾脏含大量的镉，甚至骨灰中的含镉量高达 2%。

有研究表明，硒对镉的毒性有一定的拮抗作用，这可能与硒是硫族元素，镉与硒能较稳定地结合在一起，使镉失去活性有关。

7.1.2.4 铅污染

1. 铅在环境中的分布与污染

铅 Pb 是自然界常见的元素之一，属于亲硫元素，也具有亲氧性。在自然界很少发现纯金属铅，除多以硫化物形式存在外，如 PbS、5PbS、$2Pb_2S_2$ 等，还有硫酸盐、磷酸盐、砷酸盐及少数氧化物。

铅主要以 Pb^{2+} 形态存在，在极强氧化环境中也有 Pb^{4+}，如 PbO_2。

铅在大气中的背景浓度为 $0.1\sim1ng/m^3$，但在世界上大多数城市大气铅浓度都远高于背景浓度，在 $100\sim3000ng/m^3$ 之间；在天然水体中，淡水含铅量为 $0.06\sim120\mu g/L$，中值 $3\mu g/L$，海水中含铅 $0.03\sim13\mu g/L$，中值 $0.1\mu g/L$；在岩石中的平均含铅量为 16mg/kg；世界土壤中铅含量大部分为 $2\sim200mg/kg$，平均 20mg/kg，我国大多数土壤的含铅量在 $10\sim80mg/kg$ 之间，平均 25mg/kg。

矿山开采、金属冶炼、汽车尾气是环境中铅的主要来源。在这些过程中，特别是铅的冶炼，是环境铅污染的主要污染源。例如，德国策冶炼厂附近的土壤中含铅量为 $2900\sim3000mg/kg$，而在矿区附近严重污染的土壤中铅含量可高达 5000mg/kg。

以往的汽油中通常加入四乙基铅作抗爆剂，据有关资料，每升汽油中含铅量 $200\sim500mg$，因而汽油燃烧时排放的含铅废气是铅的另一大污染源。据估计，世界上每年从汽车尾气中排放的总铅量约为 40 万 t。它们进入大气后，约有 28 万 t 经雨水进入海洋，12 万 t 散落到陆地。因此，汽车来往频繁的交通路口的空气，铅污染物十分严重，土壤及植物的铅污染因距离公路、城市中心的远近以及交通量的大小等而有明显差异。

2. 铅的环境化学行为

铅可生成 +2 和 +4 价态的化合物。铅的无机化合物有 PbO、PbO_2、$Pb(OH)_2$、$PbCO_3$ 和 $Pb_3(PO_4)_2$ 等，大多数铅盐均难溶或不溶于水，但均溶于稀硝酸。铅的代表性有机化合物是四乙基铅，为无色透明的液体，四乙基铅不溶于水，但溶于有机溶剂、脂肪及类脂质中，故可经皮肤吸收。

环境中的铅通常以二价离子状态存在。Pb^{2+}与可溶性的硫酸盐相遇即生成白色硫酸铅沉淀：

$$Pb^{2+}+SO_4^{2-} \Longleftrightarrow PbSO_4$$

Pb^{2+}与S^{2-}作用生成黑色硫化铅沉淀：

$$Pb^{2+}+S^{2-} \Longleftrightarrow PbS$$

PbS不溶于水、稀盐酸中，易溶于热稀硝酸和浓盐酸中。

Pb^{2+}还可与OH^-作用生成白色胶状的氢氧化铅沉淀。

$$Pb^{2+}+OH^- \Longleftrightarrow Pb(OH)_2$$

$Pb(OH)_2$为两性物质，可像酸或碱一样能在溶液中电离：

$$Pb^{2+}+2OH^- \Longleftrightarrow Pb(OH)_2 \Longleftrightarrow H^++HPbO_2^-$$

因为它具有两性，因而可与酸和碱相互作用：

$$Pb(OH)_2+2HCl \Longleftrightarrow PbCl_2+2H_2O$$

$$Pb(OH)_2+NaOH \Longleftrightarrow NaHPbO_2+H_2O$$

铅在天然水中的含量和形态明显地受到Cl^-、SO_4^{2-}、OH^-、S^{2-}等的影响。在天然水中铅化合物主要存在如下的溶解平衡和络合平衡：

溶解平衡：

$$PbCO_3(s) \Longleftrightarrow Pb^{2+}+CO_3^{2-}$$

$$Pb(OH)_2(s) \Longleftrightarrow Pb^{2+}+2OH^-$$

$$PbSO_4(s) \Longleftrightarrow Pb^{2+}+SO_4^{2-}$$

$$PbCl_2(s) \Longleftrightarrow Pb^{2+}+2Cl^-$$

络合平衡：

$$Pb^{2+}+OH^- \Longleftrightarrow PbOH^+$$

$$Pb^{2+}+2OH^- \Longleftrightarrow Pb(OH)_2^0$$

$$Pb^{2+}+3OH^- \Longleftrightarrow Pb(OH)_3^-$$

$$Pb^{2+}+Cl^- \Longleftrightarrow PbCl^+$$

$$Pb^{2+}+2Cl^- \Longleftrightarrow PbCl_2^0$$

土壤中可溶性的铅含量很低，这是由于铅进入土壤时，开始以卤化物形态的铅存在，但它们在土壤中可以很快转化为难溶性化合物，使铅的移动性和被作物的吸收都大大降低。C. N. 莱蒂等发现，随着土壤E_h值的升高，土壤中可溶性铅的含量降低。其原因是氧化条件下土壤中的铅与高价铁、锰的氢氧化物结合在一起，降低了可溶性的缘故。

土壤中的铁和锰的氢氧化物，特别是锰的氢氧化物，对Pb^{2+}有强烈的专性吸附能力，对铅在土壤中的迁移转化，以及铅的活性和毒性影响较大，它是控制土壤溶液中Pb^{2+}浓度的一个重要因素。

土壤pH值对铅在土壤中的存在形态影响也很大。一般可溶性铅在酸性土壤中含量较高。这是由于酸性土壤中的H^+可以部分地将已被化学固定的铅重新溶解而释放出来，这种情况在土壤中存在稳定的 $PbCO_3$ 时尤其明显。

土壤中的铅也还呈离子交换吸附态的形式存在，其被吸附的程度取决于土壤胶体负电荷的总量、Pb 的离子势，以及原来吸附在土壤胶体上的其他离子的离子势。有关研究也指出，土壤对 Pb^{2+} 的吸附量和土壤交换阳离子总量间有很好的相关性。

3. 铅的生物迁移特征

植物从土壤中吸收铅主要是吸收存在于土壤溶液中的 Pb^{2+}。用醋酸和 EDTA 浸提法，测定土壤中的可给态铅，约占土壤总铅量的 25%。这些铅是可能被植物吸收的，但不一定在短期内都被吸收。

植物吸收的铅绝大部分积累于根部，而转移到茎叶、种子中的很少。这一点与 Cd 有所不同。另外，植物除通过根系吸收土壤中的铅以外，还可以通过叶片上的气孔吸收污染空气中的铅。

土壤的酸碱度对植物吸收铅的影响是较明显的，当土壤 pH 值由 5.2 增至 7.2 时，作物根部的含铅量降低，这是由于随 pH 值的升高，铅的可溶性和移动性降低，以致影响植物对铅的吸收。

用土壤悬浮液栽培植物，研究土壤 E_h 对水稻吸收铅的影响，发现无论是全株吸收铅总量，或是积累于根部的铅量，均随土壤 E_h 和 pH 值的升高而降低。变化的趋势与土壤中可溶性铅含量随土壤 E_h 和 pH 值而变化的趋势是一致的，这进一步说明了植物主要从土壤中吸收可溶性铅离子。

铅在土壤环境中的迁移转化和对植物吸收铅的影响，还与土壤中存在的其他金属离子有密切关系。据有关资料说明，在非石灰性土壤中，镉可与铅竞争而被植物吸收。当土壤中同时存在 Pb 和 Cd 时，Cd 的存在可能降低作物（如玉米）体内 Pb 的浓度，而 Pb 会增加作物体内 Cd 的浓度。

如前所述，土壤中铁、锰的氢氧化物对 Pb^{2+} 有强的专性吸附能力，显然也能较强烈地控制物质对 Pb^{2+} 的吸收。

7.2 持久性有机物在水体中的迁移转化

大量的有机物化学品最终进入环境，其中以对生态环境和人体健康影响最大的难降解、有致癌、致畸和致突变"三致"作用的有机物的环境行为最受关注。

持久性有机污染物（persistent organic pollutants，POPs）是指人类合成的能持久存在于环境中、通过生物食物链（网）累积、并对人类健康造成有害影响的化学物质。其危害如下。

（1）自然环境中滞留时间长，极难降解，毒性极强，能导致全球性的传播。

（2）被生物体摄入后不易分解，并沿着食物链浓缩放大，对人类和动物危害巨大。

（3）很多持久性有机污染物不仅具有致癌、致畸、致突变性，而且还具有内分泌干扰作用。

主要的持久性有机污染物有 23 种：杀虫剂：艾氏剂、氯丹、DDT、狄氏剂、异狄氏剂、七氯、六氯代苯、灭蚁灵、毒杀芬；工业产品和副产品：多氯联苯、六氯苯、二噁英和呋喃；新增：开蓬、六溴联苯、六六六、多环芳烃、六氯丁二烯、八溴联苯醚、十溴联苯醚、五氯苯、多氯化萘和短链氯化石蜡。

7.2.1 水环境中几种转化持久有机污染物的典型作用/过程

持久有机污染物在水环境中的降解转化有化学降解、光化学降解和生物降解三种主要过程。

7.2.1.1 化学降解过程

持久性有机污染物一般具有较高的辛醇比，容易为水体中大量的悬浮胶体吸附而沉积在沉积物中，以溶解态存在水中的量很少。因此，关注这类污染物在水环境中的迁移转化，以关注其在水体沉积物中的迁移转化为主。

在研究环境中无机物的氧化还原反应时，常通过计算体系的氧化还原电位，进而依据环境的氧化还原条件来判断发生反应的可能性。对有机污染物构成的环境体系，虽然不能据此作出精确的判断，但仍可以根据体系的氧化还原特性分析它们在特定环境条件发生反应的可能性。

目前对土壤中持久性有机污染物的降解研究比较充分，而且土壤和沉积物环境在一定程度上具有可比性，因此我们以环境条件对毒杀芬在土壤中降解速度的影响为例，说明环境氧化还原条件对有机污染物降解的影响。有机氯农药毒杀芬在不同条件的土壤中的残留随时间的变化如图7.4所示。

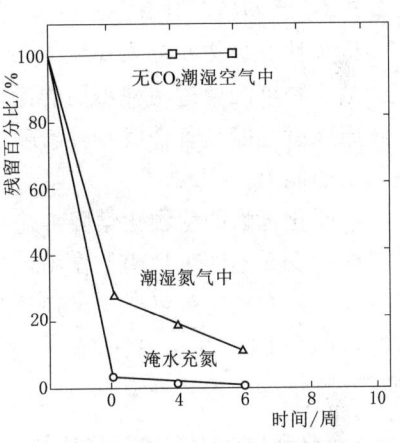

图 7.4 毒杀芬在不同氧化还原条件下的降解速度

由图7.4表明，毒杀芬在还原条件下的降解速度比在氧化条件下快得多，其他有机氯化物的降解反应也有类似的特征。这是由于还原条件加速了它们降解过程中的脱氯反应，而该反应恰恰是含氯有机化合物的整个降解过程的关键步骤。这步反应可能是由二价铁离子作为催化剂实现的：

$$Fe^{2+} + RCl \longrightarrow Cl^- + R + Fe^{3+}$$

过程中二价铁本身被氧化为三价铁，而有机化合物进一步氧化释放出来的电子则又将三价铁还原为低价的二价铁。对环境具有重要危害的持久性有机污染物DDT向DDE的转化过程也可能就是在二价铁离子的催化作用下完成的。

一般来说，还原条件有利于有机氯化物的降解，但不同有机氯化物在同样环境条件下的降解行为也不尽相同。如果能够测得各种有机氯化物的还原电位，那么就很容易判断它们发生还原脱氯反应的难易程度，从而确定它们在相同环境条件下降解的快慢顺序。若干有机氯化物的还原电位见表7.3。根据上述机理，具有较高还原电位的化合物比较容易脱氯继而降解。以林丹和DDE为例，林丹的还原电位为-1.520V，而DDE的还原电位为-1.757V，因此，林丹比DDE更容易还原。实际观察结果也证明林丹确实比DDE更容易降解。此外，从表中还可以看出，在环境中残留期很长的 PCB 化合物均具有很低的还原电位。

表 7.3　　若干有机氯化物的还原电位

化合物	六氯苯	五氯苯	林丹	DDT	DDD	DDE	2-氯联苯	2,4-二氯联苯	2,3,5-三氯联苯	2,3,4,5-四氯联苯	1,2,4-三氯萘	1,2,3,4-四氯萘
电位（-）	1.322	1.573	1.520	1.240	2.088	1.757	2.097	1.983	1.788	1.679	1.565	1.393

除铁离子外，环境中一些其他物质也能催化有机污染物的降解反应，包括氧化、还原、水解和异构化，例如，碱性氨基酸和还原性铁卟啉可催化 DDT 的脱氯化氢作用。艾氏剂向狄氏剂的转化过程也可由某些无机物的催化而加速，而黏土颗粒可以称为异狄氏剂异构化作用和 DDT 水解反应的催化剂。

7.2.1.2　光化学降解过程

在太阳光的照射下，有机物可以发生各种复杂的光降解反应，具体机制见本教材 5.2.5 光化学分解小节。

7.2.1.3　生物降解过程

持久性有机物在进入环境中，也可能在微生物参与的情况进行缓慢的生物降解过程。微生物可能通过两种不同的途径去适应环境中新出现的化学物，一方面，这些微生物原来就可能具备合成一种新酶的能力；另一方面，它们也可以通过突变而产生制造新酶的能力。

不同化合物的生物化学降解途径千变万化，甚至同一种化合物，在不同的环境条件下或者受到不同生物酶的作用，也可能经过不同途径而降解。生物降解这类化合物的主要作用有氧化脱氢反应、还原反应（如脱氯化氢反应和还原脱氯反应）、水解反应等，如在 DDT 的分解过程中，脱氯化氢反应是其关键步骤，而林丹的生物降解，则还原脱氯反应是其关键。

7.2.2　典型持久性有机污染物的环境转化过程

下面以几种典型的持久性有机污染物在水体的迁移转化过程来讨论其进入水体环境之后的归趋和影响。

7.2.2.1　有机卤代物

有机卤代物包括卤代烃、多氯联苯、多氯代二噁英和有机氯农药等。本小节以卤代烃作为主要介绍。

① 苯-Cl　　② $CH_3CH(CH_3)—CH_2Cl$

③ $(CH_3)_3C—CH_2Cl$　　④ $CHCl_2—CHBr_2$

⑤ 环己基-Br　　⑥ CH_3Cl

有机卤代物种类众多，来源广泛。部分来自天然源，如海水中会产生一氯甲烷；其他大部分来自工业生产，如氟利昂、四氯化碳（氯仿）、甲基氯仿等。在自然界中较稳定，在自然界中通常存在几年，甚至几千或上万年。

7.2 持久性有机物在水体中的迁移转化

多数小分子氯代烃具有挥发性，会进入大气的平流层和对流层，在 O_3 和氮氧化物作用下转变为盐酸和二氧化碳。但造成臭氧层的破坏，如氯仿。氯仿在臭氧层中的光解过程如下：

$$CCl_4 \xrightarrow{hv} CCl_3 + Cl$$
$$Cl + O_3 \longrightarrow ClO + O_2$$
$$O_3 \xrightarrow{hv} O_2 + O$$
$$O + ClO \longrightarrow Cl + O_2$$
$$Cl + CH_4 \longrightarrow HCl + CH_3$$
$$HO + HCl \longrightarrow H_2O + Cl$$

游离的氯原子可以多次参与臭氧破坏的链式反应，在链式反应中进出的活动在 10 次以上，可以破坏数以千计的臭氧分子，直到氯化氢到达对流层，并在降雨中被清除。

7.2.2.2 多氯联苯（PCBs）

多氯联苯（PCBs）是重要的持久性有机污染物，其性质稳定，用途广泛，已成为全球性环境污染物。联苯上不同的氢原子被氯取代，即成为不同的多氯联苯分子，共有 210 种，其中已知的为 102 种。

多氯联苯随着氯取代个数不同，性质不同，从液态开始，随着氯取代个数增加而变黏稠，并且在水中的溶解度下降。

多氯联苯属于致癌物质，容易累积在脂肪组织，造成脑部、皮肤及内脏的疾病，并影响神经、生殖及免疫系统。

多氯联苯（PCBs）在水中的溶解度极低，一般为纳克量级。但易为土壤颗粒吸附，故在底泥中含量高，达 $2000 \sim 5000 \mu g/kg$；易被水生植物所快速吸收，富集系数在 $10000 \sim 100000$；通过食物链传递，在鱼中 PCBs 含量可达 $1 \sim 7 mg/kg$，进而进入人体，危害人体健康。

迁移转化主要途径为光催化降解和生物化学降解。多氯联苯的光催化降解途径和产物如图 7.5 所示。

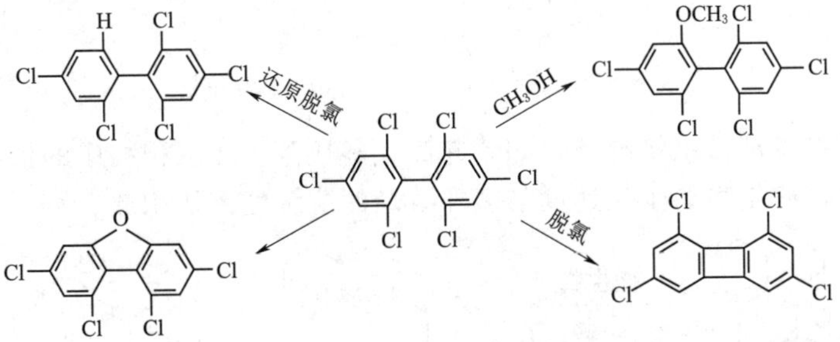

图 7.5 多氯联苯的光催化降解途径和产物

PCBs 可在微生物作用下降解，主要产物为单酚和酚类，但速度非常缓慢。并且多氯联苯中含氯原子越少，越容易被生物降解。

PCBs具有生物毒性，当浓度为10~100μg/L时，会抑制水生植物的生长，浓度为0.1~1.0μg/L时，会引起光合作用减少；多数鱼类对PCBs敏感。黑头鲦鱼与PCBs 1260接触30天，半致死量为3.3μg/L，与PCBs 1248接触30天，半致死量为4.7μg/L；并且即使在3.0μg/L时仍可繁殖，但其第二代鱼只要接触低含量PCBs（0.4μg/L）便会死亡。鸟类吸收PCBs后可引起肝、肾的扩大和损坏，内部出血，脾脏衰弱等，并且还可使水中的家禽蛋壳厚度变薄。

PCBs对哺乳动物的肝脏可诱导出一系列症状，如腺瘤和癌症的发展。

PCBs在环境中很难降解，污染控制和治理很困难。唯一方法是焚烧，但焚烧常产生多氯代二苯和二噁英，为强致癌物，故焚烧处理也并非良策。

7.2.2.3 多环芳烃

即PAH，是两个以上苯环连在一起的化合物，如下：

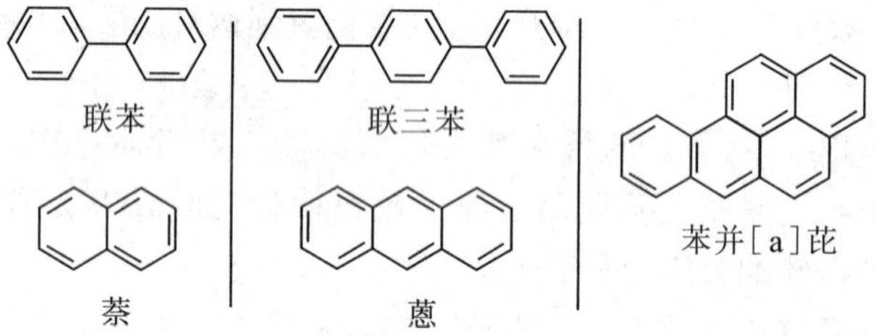

联苯　　联三苯

萘　　蒽　　苯并[a]芘

多氯联苯的来源分为天然源和人为源。天然源：来自植物、微生物的生物合成、森林、草原的天然火灾或者火山活动；人为源：各种矿物燃烧，如煤、石油、天然气等、木材、纸等其他含碳氢化物的不完全燃烧或在还原气氛下的热解。食品经过炸、炒、烘烤和熏等加工后也会生成多环芳烃。

迁移转化指在大气中PAH多与颗粒吸附在一起，之后通过沉降进入土壤和水以及沉积物中，并进入生物圈。多环芳烃可被光催化（300nm紫外），如苯并芘：

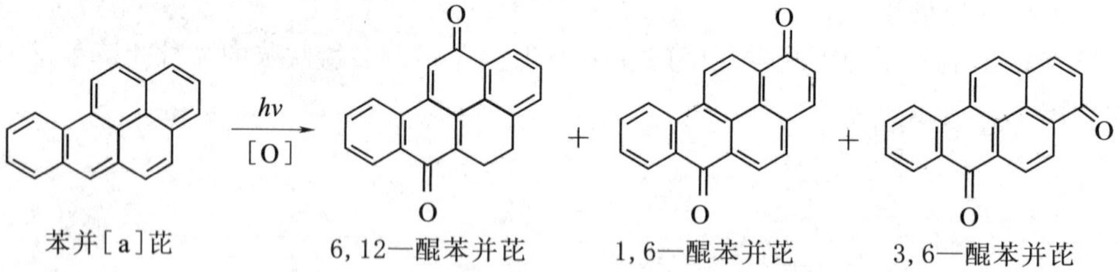

苯并[a]芘　$\xrightarrow[{[O]}]{hv}$　6,12—醌苯并芘　+　1,6—醌苯并芘　+　3,6—醌苯并芘

多环芳烃也可被微生物降解，如苯并芘。多环芳烃在沉积物中的消除途径主要是靠微生物降解，微生物的生长速度与多环芳烃的溶解度密切相关。

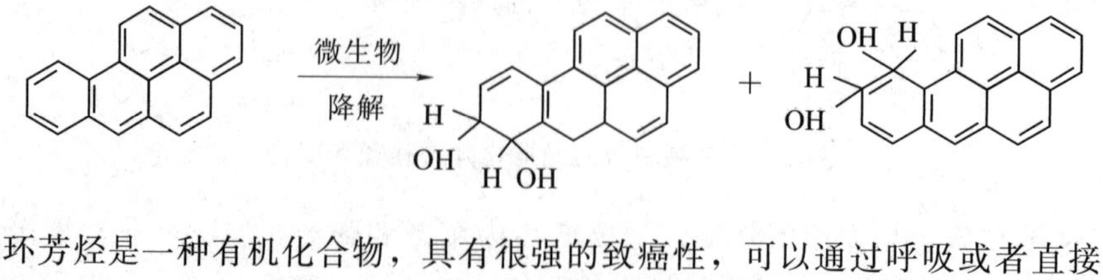

多环芳烃是一种有机化合物，具有很强的致癌性，可以通过呼吸或者直接的皮肤接触使人体致癌。多环芳烃中对人体影响最大的是苯并芘，是一个脂溶性比较强的物

质，能吸入到体内，进入肺泡甚至血液，导致肺癌和心血管疾病。

7.3 氮磷营养物在水中的迁移转化及环境效应

7.3.1 藻类对营养盐的吸收

天然水中氮、磷、硅等可溶性无机化合物在水生植物的生长繁殖过程中被吸收利用，是生物体的重要组成元素。例如生物体的蛋白质中，氮和磷的含量分别为16％和0.7％；在脂肪中磷的含量达2％；硅是硅质生物（如硅藻）的重要组成元素。通常把天然水中的可溶性氮、磷和硅的无机化合物称为水生植物营养盐，把组成这些营养盐的氮、磷和硅统称为营养元素和生源要素。

众多研究者研究表明，藻类对营养盐的吸收与水中营养盐浓度之间关系符合一般酶促反应动力学方程——米门方程。

从研究结果来看，为了达到藻类的正常繁殖速率，水体的限制性营养元素浓度应维持在$3K_m$（米门公式常数）以上。显然，如营养不足，浮游植物的生长、繁殖将直接受到限制。不过，在水温、光照适宜的自然条件下，影响藻类繁殖的限制因素不仅包括溶解性营养元素浓度，而且与营养盐的总储量（包括可能的补给量，如底泥中的营养物）有关。

7.3.2 天然水体中的氮

7.3.2.1 存在形态

天然水域中，氮的存在形态可粗略分为以下几种：溶解游离态氨气、氨（铵）态氮、硝酸态氮、亚硝酸态氮和有机氮化物。有机氮化物包括尿素、氨基酸、蛋白质、腐殖酸及其分解产物。

硝酸态氮（NO_3^--N）通常存在于通气良好的天然水域，或者说是溶解氧充足的水域，是含氮化合物的稳定形态，在各种无机化合态氮中占优势。它是含氮物质氧化的最终产物，但在缺氧水体中可经反硝化细菌的作用而被还原。

亚硝酸态氮（NO_2^--N），天然水中该形态氮通常比其他形态的无机氮含量要低很多，亚硝酸态氮是氨氮和硝酸态氮之间转化的一种中间氧化状态，而且在自然条件下，这两种过程受微生物的作用而活化，因此它不是一种稳定的形态。

氨（铵）态氮，指在水中以NH_3和NH_4^+形态存在的氮元素之和，水化学分析测定的氨氮或铵氮都是两者之和，未加以区分。

NH_3和NH_4^+对水生生物的毒性有很大的差异，NH_4^+基本没有毒，而NH_3的毒性却很大。因此，在研究毒性时，需要将两者区别。

7.3.2.2 天然水中氮的来源与转化

天然水中化合氮的来源很广，包括大气降水过程的大气中淋溶、地下径流从岩石土壤的溶解、水体中水生生物的代谢、水生生物的固氮作用，以及沉积物氮的释放等。另外，工业和生活污水的排放、农业的退水等造成对环境的污染日益加重，污水成了天然水化合态氮的重要来源。对于水产养殖水体，施肥投饵和养殖生物的代谢是水中氮的主要来源。

湖泊沉积物中存在大量的固氮细菌，如巴氏固氮梭菌，其转化单质 N_2 为生物能够利用的化合物形态，即固氮作用，是湖泊水体的重要氮来源。

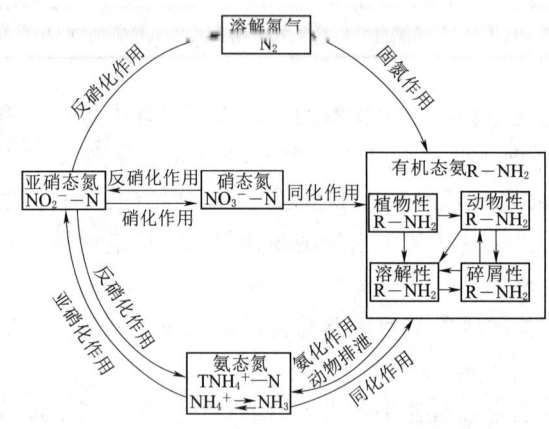

图 7.6 天然水中氮的转化关系

天然水中各种形态的氮在生物及非生物因素的共同作用下不断迁移、转化，构成一个复杂的动态循环（图 7.6）。藻类的同化作用、微生物的氨化作用、硝化作用和反硝化脱氮作用在各种形态氮的相互转化过程中起着极其重要的作用。

天然水中的氨氮和硝酸盐氮等无机氮化合物是藻类和水生植物能直接吸收利用的主要氮营养元素形态。某些特殊藻类甚至可以直接以游离氮为氮源（固氮作用）。对一般藻类而言，有效氮指的主要是无机氮化合物。有机氮如果不经脱氨基作用分解，所含氮元素一般不能为植物直接吸收，只能在附着于植物表面的细菌的作用下被间接利用。

实验表明，当氨氮和硝酸态氮共存时，其含量又处于同样有效的范围内，绝大多数藻类总是优先吸收利用氨氮，仅在氨氮消耗殆尽后，才开始利用硝酸态氮，水体 pH 较低时处于指数生长期的藻类细胞，此特点尤为显著。

实验证明，在不同类型的生物体内，糖、蛋白质和脂肪的比例可以有相当大的差别，但就平均状况而言，生物有机体都具有相对固定的元素组成。构成藻类原生质的 C、N、P 3 种元素的平均组成，按其原子个数之比为 C∶N∶P=106∶16∶1。一般认为，浮游植物对营养元素的吸收也是按照这样的比例进行的。

7.3.3 天然水体中的磷

磷也是一切藻类生长所必需的营养元素，需要量比氮少，但天然水中缺磷现象往往比缺氮现象更为普遍，因为自然界存在的含磷化合物溶解性和迁移能力比含氮化合物低得多，补给量及补给速率也比较小，因此磷对水体初级生产力的限制作用往往比氮更强。

7.3.3.1 磷的存在形态

天然水中含磷化合物一般以 +5 价存在，其变化一般只是在不同的化合状态、溶解沉淀状态的变化以及生物的吸收利用。磷在水中的形态常常按照磷的这种性质来划分，分为溶解态无机磷、溶解态有机磷和颗粒磷。

1. 溶解态无机磷

包括无机正磷酸盐和无机缩聚磷酸盐。

无机正磷酸盐在水中的存在形态可能有 PO_4^{3-}、HPO_4^{2-}、$H_2PO_4^-$ 以及 H_3PO_4，各部分的相对比例（分布系数）随 pH 的不同而异。在 pH 为 6.5~8.5 的正常天然淡

水中以 HPO_4^{2-} 和 $H_2PO_4^-$ 为主；而在海水中，$H_2PO_4^-$ 为可溶性磷酸盐的主要存在形态，而游离的 H_3PO_4 部分含量很小。

无机缩聚磷酸盐，主要存在于受到工业废水或生活污水污染的天然水，如 $P_2O_7^{4-}$、$P_3O_{10}^{5-}$ 等，它们是某些洗涤剂、去污粉的主要添加成分。随着多聚磷酸分子的增大，溶解度变小，通常认为它们是导致一些水体富营养化的重要因素。因而，为了保护环境，世界各国都已经限制了多聚磷酸盐在洗涤剂中的应用。

无机缩聚磷酸盐在水中很容易水解成正磷酸盐，特别是在某些生物及酶的作用下，水解速度加快。

2. 溶解态有机磷

溶于天然水中的有机磷的性质还不完全清楚。可溶性有机磷如果是来自有机体的分解，其成分应包括磷蛋白、核蛋白、磷脂和糖类磷酸盐。由单胞藻释放的某些有机磷，能被碱性磷酸酶所水解，因此这些分泌物中似含有单磷酸酯。此外，许多研究者认为天然水中可溶性有机磷包括生物体中存在的氨基磷酸与磷核苷酸类化合物。

3. 颗粒磷

天然水中悬浮颗粒物一般指可以被 $0.45\mu m$ 微孔滤膜截留的物质，这些颗粒物内部或表面常常含有无机磷酸盐和有机磷，这两部分一般很难分离。颗粒状无机磷主要为 $Ca_{10}(PO_4)_6(OH)_2$、$Ca_3(PO_4)_2$、$FePO_4$ 等溶度积极小的难溶性磷酸盐，某些悬浮黏土矿物和有机体表面上可能吸附无机磷。悬浮颗粒有机磷包括存在于生物体组织中的各种磷化合物。

天然水的总磷 TP 含量中各部分所占的比例因不同水域而有显著的差异，贫营养水体通常以可溶性无机磷盐所占比例较高。例如，根据 Maine 海湾研究结果，在各种形态磷的化合物中，可溶性无机磷含量很高，占总磷量的 70%～90%（随季节变化）。而可溶性有机磷仅占 2%～20%，颗粒状磷占 6% 以下。湖泊中，可溶性无机磷的含量一般变化较大，占总磷的比例较小，而可溶性的有机磷可能占总磷的 30%～60%。

天然水中的含磷量通常是以酸性钼酸盐形成磷钼蓝进行测定。根据能否与酸性钼酸盐反应，也可以把水中磷的化合物分为两类：活性磷化合物和非活性磷化合物。凡能够与酸性钼酸盐反应的，包括磷酸盐、分布溶解性有机磷、吸附在悬浮物表面的磷酸盐以及一部分在酸性中可以溶解的颗粒无机磷［如 $Ca_3(PO_4)_2$ 和 $FePO_4$］等，统称为活性磷化合物；其他不与酸性钼酸盐反应的统称为非活性磷化合物。由于活性磷化合物主要以可溶性磷酸盐的形态存在，所以称为活性磷，并以 PO_4-P 表示。

以上各种形态的磷化合物中，能被水生植物直接吸收利用的部分称为有效磷。溶解无机正磷酸盐是对各种藻类普遍有效的形态。但实验也表明，很多单细胞藻类（如三角褐指藻、美丽星干藻等）可以利用有机磷酸盐（特别是磷酸甘油）。其原因是很多浮游植物细胞表面能产生磷酸酯酶，这种作用于有机磷酸盐，就生成被浮游植物吸收的溶解无机正磷酸盐。但目前一般把活性磷酸盐视为有效磷。

7.3.3.2 天然水中活性磷酸盐的迁移转化及其影响因素

天然水中各种形态的磷之间在各种因素，特别水生物学的作用下会相互转化、迁移，构成一个复杂的动态体系。

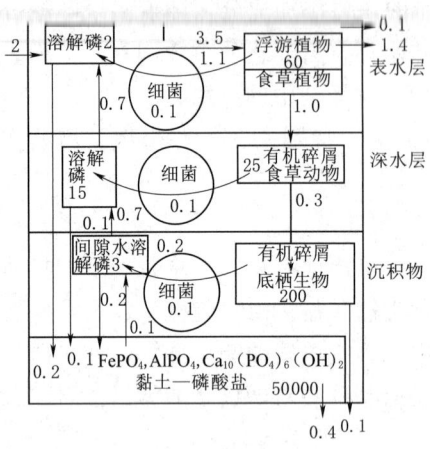

图 7.7 湖泊中磷的分布及迁移模式
注：方框和圆圈中的数值为不同形态磷的浓度（μg/L），箭号上的数值为不同形态磷之间的转化速率 [μg/(L·d)]。

图 7.7 是湖泊中各种形态磷转化的一个实例。从图中可以看出，沉积物中铁铝磷和钙磷是磷的主要存在形态。影响磷循环的主要因素有：有机残体的分解矿化、沉积物的释放、水生生物的分泌与排放、水生植物的吸收利用和一些非生物因素等。

1. 有机残体的分解矿化

水生生物残体和衰老或者受损细胞，由于自溶或者受微生物分解而迅速释放无机磷酸盐，构成了水体中有效磷的重要来源。

2. 沉积物的释放

湖泊沉积物是上覆水有效磷的巨大潜在源，例如湖泊沉积物中磷的丰度比上覆水高 600 多倍，甚至更高。但沉积物中的磷多以 Fe、Al 和 Ca 等磷酸盐、有机磷和被胶粒黏土吸附固定的磷酸盐等形态存在。

沉积物中的有机态磷主要来自生物有机残骸的沉积，它们经过微生物活动及体外磷酸酶的作用而逐渐矿化。被沉积物吸附的磷酸盐在一定的条件下与溶液间发生离子交换解吸作用也有利于磷酸盐的再生。

沉积物中磷酸盐的迁移转化有赖于环境条件。一般而言，降低 pH，出现还原性条件以及增大络合剂的浓度，有利于难溶无机磷酸盐的溶解。而增高 pH，好氧条件则有利于有机磷的矿化和交换解吸。如沉积物中铁铝磷含量高，高的 pH 值还会促使其释放。这些过程都使沉积物间隙水中有效磷的含量增大。一旦间隙水可溶性有效磷的浓度大于底层水中的浓度时，由于扩散或沉积物气体释放（甲烷、二氧化碳）或者底栖动物以及深层水的湍流运动等的搅动，便可促使可溶性有效磷从沉积物向上覆水迁移，并进一步在水流作用下向表层水迁移，从而影响表层生物的产量和生长速率。

显然，沉积物释放有效磷受到各种因素控制，但一般认为主要是受间隙水的扩散速率控制的。水－沉积物界面两侧的可溶性磷浓度梯度增大，则磷的释放速率也增大。

3. 水生生物的分泌与排泄

研究表明，天然水中水生生物的生命活动产生的磷在磷循环方面起着重要作用。如淡水绿藻在其分裂周期的某一定特殊阶段分泌出相当数量的有机磷酸盐。浮游动物排泄磷酸盐常常是有效磷的重要再生途径，如哲水蚤吞食的食物中的磷，用于生长的大约占 17%，以粪便形态排出的磷占 23%，其余 60% 以溶解态的磷排除。

7.3 氮磷营养物在水中的迁移转化及环境效应

4. 水生植物的吸收利用

在一切天然水的真光层,大量的有效磷在水生植物生长繁殖过程中被吸收利用,构成天然水中磷循环的重要环节之一。

如前所述,生物有机体残骸在分解矿化再生营养盐时按一定的比例进行,而藻类在吸收利用有效氮和有效磷时一般也按照 N/P = 16:1 或 15:1 的比例进行。当然,不同水域、季节和不同种的水生植物可能有所不同,但大洋表层水中的 N/P 之比一般分布在 15:1 的理论直线附近(图7.8)。N/P 比是否符合植物生长的需要,这对于水产养殖和水体富营养化特别重要。

浮游植物对有效磷的吸收规律也符合酶促反应的米门方程。研究表明,许多淡水浮游植物对有效磷的半饱和系数常数 Km 为 $0.2 \sim 0.8 \mu mol/L$。但不同种类的浮游植物吸收利用有效磷的能力差异相当悬殊,例如,海洋中的角刺藻对磷酸盐吸收利用的 Km 值为 $0.12 \mu mol/L$,而三角褐指藻能够使介质中的磷酸盐浓度降低

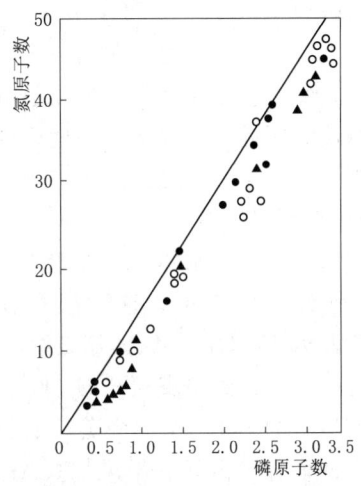

图 7.8 三大洋表层水的 N/P 比
(▲—太平洋;●—大西洋;○—印度洋)

至 $7.2 \times 10^{-4} \mu mol/L$(比通常的分析方法监测低限还小)。Km 值越小的植物,对磷酸盐的吸收能力越强,在温度、光照适宜的缺磷水体内越容易发展成为优势种群。

若从促进天然水浮游植物的繁殖进而维持良好的水体生态健康考虑,水中有效磷需要维持一定含量水平。以浮游植物的 Km 平均值为 $0.5 \mu mol/L$ 计,则有效磷浓度[P]应保持不低于其值的 3 倍,即约 $1.5 \mu mol/L$,约为 $0.05 mg/L$。因此,从水体富营养化的角度考虑,则也应该保持不超过这个含量。

《地表水环境质量标准》(GB 3838—2002)规定湖泊水库的总磷,一类水不超过 $0.01 mg/L$,二类水不超过 $0.025 mg/L$,三类水不超过 $0.05 mg/L$。

大多缺磷饥饿的藻类细胞,一旦接触到有效磷含量较高的水质环境,其吸收利用的速度极快,此时,多吸收的磷一般以多聚磷酸盐的形态储存在细胞中。在细胞缺磷的情况下,多聚磷酸盐分解释放能量和磷酸盐,用来支持种群的大量生长繁殖。例如,在生活污水处理中的聚磷菌就是在厌氧条件下过度释放磷而处于"不会饥饿"状态,而在好氧多磷环境中则过量吸收并储存磷。

5. 非生物过程

天然水中含磷物质的外部来源主要为降水、冲刷土壤地表径流以及生活污水。降水中磷含量通常在 $30 \sim 100 \mu g/L$;地表径流从土壤中冲刷走的磷是农业面源磷迁移的主要形式,以黏土微粒态磷为主,在还原条件下可能转变为溶解态磷。过去含磷洗涤剂、去污粉的大量使用,也可给水体带来大量的磷。

可溶性含磷物质的化学沉淀或吸附沉淀也可以使部分有效磷离开水体。天然水体

内的化学沉淀作用，主要与 Fe^{3+}、Al^{3+} 和 Ca^{2+} 等离子形成难溶磷酸盐沉淀。在光合作用强烈的真光层中，随着 $CaCO_3$ 的沉淀，可能部分转化为溶解度更小的羟基磷灰石沉淀：

$$10CaCO_3(s) + 6HPO_4^{2-} + 4H_2O \Longrightarrow Ca_{10}(PO_4)_6(OH)_2(s) + 10HCO_3^- + 2OH^-$$

此外，悬浮于水中的黏土微粒或胶体，可能把水中的 HPO_4^{2-} 紧紧吸附在其表面。显然，无论是水体中的化学沉淀或者液-固界面上的吸附作用都可能降低水中磷的浓度。因此，世界上很多地区的淡水水域严重缺磷，以致磷成为其初级生产力的重要限制性因素。一旦大量的磷进入水体后，往往会引起浮游植物的迅猛生长而使水体呈现富营养化。

通常，随着水体 pH 的降低，有效磷的化学沉淀或吸附固定的趋势减小。例如当 pH 在 6.5～7.5 时，这种过程较难进行。在缺氧条件下，三价铁还原为二价铁，$FePO_4$ 及 $Fe(OH)_3$ 胶体随之溶解，所固定的 PO_4^{3-} 转化为溶解态磷酸盐。而在氧化条件下，常伴随出现较高的 pH，有利于 $Fe(OH)_3$ 胶体及 $CaCO_3$ 沉淀的生成，这可能使溶解的 PO_4^{3-} 沉淀固着。有机物的存在有利于限制或减小 PO_4^{3-} 的吸附和沉淀，因为许多有机物可络合 Fe^{3+}、Al^{3+} 和 Ca^{2+} 等金属离子，也可能是由于覆盖于黏土或胶粒的表面，妨碍了沉淀与吸附作用的进行。

7.3.3.3 天然水中磷的分布变化

淡水中磷酸盐的分布变化因水系的不同而呈现不同的特征，但一般的规律是磷酸盐含量最大值多出现在冬季或早春，最小值多出现在暖季的后期。在水体停滞分层时，表层水由于植物吸收消耗，有效磷常可降低至检测不出的程度，而底层水则因有机物矿化、沉积物补给而积累较高含量的磷酸盐。通常情况下，河流、湖泊、水库等天然淡水最高有效磷含量介于 0.04～0.11mg/L 之间。

海水中磷酸盐含量有较大的变化范围，通常情况下最大浓度为 15～30μg/L，近岸海区、近大陆径流的排入其磷酸盐浓度常比远岸海区高；在缺氧海盆或上升流海区，磷酸盐含量也较高，甚至达到 0.1mg/L 以上，较低的浓度出现于热带的表层水中，在那里最大浓度为 3～6μg/L。

磷酸盐的季节变化与有效氮十分相似，通常都是冬季含量较高，而浮游植物生长旺盛的暖季含量降低。

7.4 土壤中氮磷的环境行为及其对环境的影响

氮磷化肥的施用支撑了我国农业产量的持续增长。但由于化肥使用量逐年增加，且无机化现象愈来愈普遍，致使化肥利用率不高，未利用的氮磷随着降雨径流而流失进入河湖水体，形成农业面源污染，引起的环境污染不容忽视。因此，了解氮磷在土壤环境中的行为对河湖治理与修复具有重要价值。

7.4.1 土壤中氮、磷的来源与含量

7.4.1.1 氮素的来源与含量

土壤中的氮主要来源于降水、生物固氮和所施用的氮肥。地球上的氮 99.78% 存

在于大气和有机物中。每年大气中的氮进入土壤的量约为 12.8kg/hm^2，其中通过生物固氮的氮约为 9.8kg/hm^2，其中一半是豆科植物固氮的结果。这些作物与根瘤中的具有能从大气固氮的根部细菌固氮杆菌具有共生关系，能向土壤提供大量的氮。此外，大气层中的雷电能够使氮氧化成氮氧化物，随后随雨水带入土中，成为土壤中氮的经常来源之一。

人类活动也是主要来源之一，如施用农田化肥及有机肥（包括粪肥、厩肥、堆肥和绿肥等）。死亡的动、植物的生物降解产物也是有机氮和氨氮等氮营养元素的主要来源。

7.4.1.2 土壤中的磷来源与含量

地壳中含磷量约占其重量的 0.12%，含磷最高的是原生矿物中的磷灰石族及次生矿物中的鸟粪石磷矿。磷的天然源主要来自岩石的风化作用，许多岩石中所含的磷通常以 PO_4^{3-} 形态结合于矿物结构中。当岩石风化时，这些磷酸盐大量溶解和转变为可被植物利用的形态。发育自不同母质的土壤，其含磷量会有明显差异。由沉积岩风化发育成的土壤中，来自石灰岩或石灰性沉积体的，通常含磷量也多于酸性沉积物。

土壤磷素的人为源主要是磷矿废水及施用磷肥。我国磷肥总产量约为 300 万 t，其中过磷酸钙和钙镁磷肥占总磷肥的 98.02%。自然界磷通常没有像氮循环那样的有气体参与循环，而是沉积循环。

7.4.2 土壤中氮、磷的形态

土壤中的氮、磷的形态可分为有机态和无机态两大类，两者合称为全氮或全磷。与水体中氮、磷的存在相似之处，更与水体沉积物中的形态一致，只是因为环境条件的不同，其含量存在明显差异。土壤表层土的氮大部分是有机氮，约占总氮的 90% 以上，而磷则以无机磷为主。

7.4.2.1 土壤中的无机氮

土壤中无机态氮，一般只占土壤全氮量的 1%～2%，主要为铵态氮（NH_4^+）、硝态氮（NO_3^-）和亚硝态氮（NO_2^-），这些都是可为植物摄取的主要形态。

铵态氮来源于土壤含氮有机物的矿化和所施入的氮肥，可分为交换形态铵、非交换形态铵和液相中的铵三部分。

硝态氮是铵态氮在好氧的条件下经微生物硝化后的产物，由于是阴离子，不易被土壤胶体吸附而易于流失，但能直接被植物吸收。

亚硝态氮、N_2O、NO 和 NO_2 等在土壤中停留时间短，只是在特殊条件下作为微生物转化氮的中间物存在，如硝化、反硝化过程及硝酸盐还原。

此外，还有一些量不大且化学性质不稳定，仅以过渡态存在的形态，如 NH_2OH、H_2NO_2。

7.4.2.2 土壤中的无机磷

土壤中的无机磷几乎全部是正磷酸盐，一般含量占全磷含量的 50%～90%，其含量多少与土壤母质成分有关。根据其所结合的主要阳离子的性质不同，可把土壤通常存在的磷酸盐化合物分为几个类别：

1. 钙磷-磷酸钙（镁）化合物（Ca-P）

土壤中磷酸根可以和钙、镁离子按照不同比例形成一系列不同溶解度的磷酸钙、镁盐类，一般钙盐溶解度小于镁盐且数量也远大于镁盐，因而成为石灰性或者钙质土壤中磷酸盐的主要形态。土壤中常见的磷灰石为氟磷灰石 $[Ca_5(PO_4)_3F]$，羟基磷灰石 $[Ca_5(PO_4)OH]$ 等。其共同特点是 Ca/P 比为 5/3，溶解度极小，对植物营养无效。

施用的化学磷肥可在土壤中形成一系列磷酸钙类化合物，如施用过磷酸钙肥料，则水溶性磷酸一钙为主要有效成分，但可与石灰性土壤中的钙质成分作用依次转化为磷酸二钙（Ca_2HPO_4）、磷酸八钙 $[Ca_8H_2(PO_4)_6]$ 及磷酸十钙 $[Ca_{10}(PO_4)_6(OH)_2]$ 等，随着 Ca/P 比的增加，这些化合物在土壤中的稳定性增加，溶解度迅速下降，生物利用性急剧降低。

2. 磷酸铁和磷酸铝类化合物（Fe-P 或 Al-P）

在酸性土壤中，无机磷很大一部分是和土壤中的铁、铝化合物形成各种形态的磷酸铁和磷酸铝类化合物，如常见的粉红磷铁矿 $Fe(OH)_2·H_2PO_4$ 和磷铝石 $Al(OH)_2·H_2PO_4$，它们溶解度很小，尤其是粉红磷铁矿更低。当磷在土壤中固定为粉红磷铁矿后，如果遇到土壤局部 pH 升高时，就可能产生如下反应：

$$Fe(OH)_2H_2PO_4 + OH^- \longrightarrow Fe(OH)_3 + H_2PO_4^-$$

反应结果虽然释放除了固相表面的那部分的固定磷，但所形成的无定型 $Fe(OH)_3$ 胶体可以在粉红磷铁矿表面形成一层胶状薄膜，溶度积比粉红磷铁矿小得多，因此，胶膜对内部的 Fe-P 起到了掩蔽作用。这种以 $Fe(OH)_3$ 胶体或其他类似性质的不溶性胶膜所包被的磷酸盐，统称为闭蓄态磷（O-P）。这种形态的磷，在没有除去外层铁质胶膜前，很难发挥其有效作用，但在土壤中有相当比例，尤其是在强酸性土壤中，往往超过 50%，而在石灰性土壤中也可达到 15%~30% 以上。

此外，水稻土和其他沼泽型积水土壤中还可能有蓝铁矿 $Fe_3(PO_4)_2·8H_2O$，由于处于厌氧条件下，使 Fe-P 类化合物的溶解度提高，从而增加了磷对植物的有效性。

3. 磷酸铁铝和碱金属、碱土金属复合而成的磷酸盐类

这种磷酸盐成分更复杂，种类也多，往往是由化学磷肥作用于土壤成分转化而成。因此，它们很少存在于自然土壤中。而在耕作土壤中，由于它们存在的数量也不多，而且溶解度又极小，所以对作物营养无多大影响。

就我国而言，在风化程度很高的南方砖红壤和红壤中，闭蓄态磷 O-P 占无机磷总含量的比重很高，最多的竟占 90% 以上，其次为 Fe-P，而 Ca-P 和 Al-P 一般较少。在风化程度低，有石灰性反应的北方和西北土壤中，Ca-P 所占比例最大，约在 60% 以上，其次为闭蓄态磷 O-P，Al-P 很少，Fe-P 小于 1%。

7.4.2.3 土壤中的有机态氮

土壤中的有机态氮可按水解难易分为水解性有机氮和非水解性有机氮两类。

1. 水解性有机态氮

凡是用酸、碱或酶处理时，能水解成为简单的易溶性化合物或直接生成铵化合物的有机态氮属此类，其总量占总氮量的 50%~70%。部分水解性有机态氮为水溶性有机态氮，即一些较简单的游离氨基酸、胺盐及酚胺类化合物，一般不超过全氮量的 5%，这类有机氮化合物不能直接被植物吸收，但很容易水解释放出 NH_4^+，从而成为植物的速效性氮源。

若按化学组分分类，蛋白质及多肽则是该类土壤氮素的最重要形态，一般占土壤全氮的 1/3 至 1/2。水解后主要生成多种氨基酸及数量不等的 NH_4^+，在植物营养上的有效性相当大。其次是核蛋白质类，水解后生成核糖（戊糖）、磷酸及含氮的有机碱基衍生物，化学性质比氨基酸稳定得多，因此作为植物营养的氮源，与蛋白质及多肽类相比而言是比较迟效性的。这种形态的氮一般只占全氮 10% 以下。另外是氨基糖，主要为葡萄糖胺，在土壤微生物的作用下，可进一步分解而产生铵。此类化合物占全氮量的 5%～10%。

2. 非水解性有机态氮

这种形态的氮既非水溶也不能用一般的酸碱处理来促使其水解，主要包括杂环氮化合物、糖类和铵类的缩合物以及铵或蛋白质和木质素类物质作用而成的复杂环状结构物质，这类化合物占土壤总氮量的 30%～50%。

土壤中有机态氮和无机态氮之间可以转化。土壤中的有效氮通过微生物的吸收同化，把无机态氮转化为有机态氮，从而可以避免淋失，起到保肥作用。相反，有机态氮转化为无机态氮的过程称为矿化过程，提供植物所需的氮素，这两种过程都是通过微生物作用进行，其平衡结果决定了土壤有效氮的供给量。

7.4.2.4 土壤中的有机磷

有机磷在总磷中所占的比例及其变化范围是十分宽的，从 10% 到 50%。一般地说，有机磷随土中有机质的含量的增加而增加，而表层土又较次层土有机磷含量高，有机磷在表层土的含量变化较大。土壤中有机态磷主要有三类：

1. 核酸及其衍生物类

核酸是一类含磷和氮的复杂有机化合物，多数认为是从动植物残体特别是微生物的核蛋白质分解而来，这类核酸态磷在土壤有机态磷中所占比例一般在 5%～10%。除了核酸外，土壤中还存在少量核蛋白质，也属于有机态磷化合物，它们都是通过微生物酶系作用，分解为磷酸盐后才能为植物所吸收。

2. 植素类

植素是普遍存在于植物体内的含磷有机化合物，占土壤有机磷总量的 1/5 至 1/3 之间，有的甚至超过一半。据报道，植素在纯水中的溶解度可达 10mg/L 左右，并且随溶液 pH 值升高而溶解度增大。但对大部分植素来说，一般须先通过微生物的植素酶的水解，产生 H_3PO_4，从而对植物产生有效性。以植素钙、镁盐形态为例，分解步骤大体如下：

$$(CHO-PO_3)_6Ca_3Mg_3 \longrightarrow [CHO-PO(OH)_2]_6 \longrightarrow \cdots\cdots \longrightarrow$$
植素（即植酸钙镁）　　　植酸$[CHO-PO(OH)_2]_2(CHOH)_4+4H_3PO_4$

$$\xrightarrow{\text{多次水解}} (CHOH)_6 + 2H_3PO_4$$
环己六醇（肌醇）

3. 磷脂类

这是一类醇溶性和醚溶性的含磷有机化合物，其中较复杂的还含氮，普遍存在于动植物及微生物组织中，土壤中磷脂类含量通常不到总有机磷量的 1%，也必须经过微生物的分解，才能成为有效磷。

以上几种有机磷含量约占总有机磷的 70%，其中以植素磷和核酸磷类为主，尚有 20%～30%的有机磷形态有待进一步查明。

7.4.3 土壤中氮、磷的迁移转化

7.4.3.1 土壤氮素的迁移转化

1. 有机氮的矿化和无机氮的生物固定

土壤中有机氮经微生物分解为氨的作用称为矿化作用或氨化作用。矿化作用分为两步：先是蛋白质在微生物所分泌的水解酶的作用下进行多次水解，依次形成多肽、二肽等中间物后，最终生成氨基酸；接着氨基酸在微生物的作用下脱氨基，释放出氨，并形成有机酸、醇、醛、甲烷或硫化氢等中间产物。矿化作用非常普遍，其作用的强度和速率则取决于土壤温度、湿度、pH 值和 C/N 比。所产生的氨有些为作物所吸收，有些被土壤所吸附，有些被微生物转化为硝态氮，或以 NH_4^+ 形式进入土壤溶液中，一般不会形成累积。当温度为 20～30℃时，土壤湿度为田间持水量的 60%，土壤反应为中性，C/N 比等于或小于 25:1，氨化作用最为旺盛，氨可以在土壤中积累。

无机氮被土壤中微生物同化后成为有机氮，并构成其躯体而暂时留在土壤中，此为生物固定作用。土壤中氮的生物固定作用会随着相应的微生物的大量繁殖而增强。

这两个过程在土壤中是同步进行的，都是微生物活动的结果。因此，能量、氮源、温度、湿度、pH 值等影响这两个作用的相对强度。当土壤中的能量比较少时，有机氮的矿化速率大于无机氮的生物固定速率，土壤中无机氮得以积累，出现净矿化作用。当土壤中无机氮含量逐渐减少，产生净生物固定作用。随着能量物质的不断消耗，生物固氮作用速率逐渐降低而接近矿化速率，当这两个相反过程的速率相等时，成为转折点。此时矿质氮的微生物固定量为最大生物固定量，可以可逆进行。

2. 铵的固定与释放、吸附与解析

矿化的铵（NH_4^+）和施入的铵被 2:1 型黏土矿物的晶格固定为固定态铵或非交换性铵的作用，称为铵的固定作用。

固定态铵在微生物、物理和化学作用下被释放的作用，称为铵的释放作用。

铵离子被土壤胶体吸附为交换性铵的作用，称为铵的吸附作用。

交换性铵被转移到溶液中的作用，称为解吸作用。

铵的固定与释放、吸附与解析之间存在相互之间转化的平衡。

土壤对铵离子的吸附强弱与土壤胶体种类和胶体表面的电荷数量、胶体表面吸附的交换性阳离子数量和种类、铵离子的浓度和数量有关。土壤对铵离子的吸附，使得大部分的可交换性铵得以保存在土壤中；另一方面，在吸附作用没有达到饱和时，吸附作用阻滞了铵离子向深层土壤的淋失，减轻了氮素对地下水的污染。

3. 硝化作用和反硝化作用

硝化作用是微生物将铵氧化为硝酸根离子，并从中获得生活所需能量的过程，它由两个连续而又不同的阶段所构成。第一阶段是亚硝酸细菌将铵氧化为亚硝酸盐氮，

第二阶段是硝酸细菌将其再氧化为硝酸盐氮,参与两个阶段的微生物大都属于硝化细菌科,均系化能自养菌。硝化作用联系着矿化-生物固氮等作用及氮素的损失,因而是土壤氮素转化中的一个重要环节。

土壤的反硝化作用主要指在厌氧条件下,由兼性好氧的异养微生物利用同一个呼吸电子传递系统,以硝酸盐氮作为电子受体,将其逐步还原为 N_2 的硝酸盐异化过程。反硝化过程具有导致土壤和肥料氮素损失以及氮氧化物污染环境的双重意义,因而引人注意。

土壤的理化性质、水热条件和施肥的种类和数量等都会影响硝化作用和反硝化作用的进行。

4. 土壤氮的补给与损失

土壤氮素的补给是指通过降水、施肥及生物固氮将随收获物带走的氮归还给土壤的作用,它是保持和提高土壤肥力的重要措施之一。氮的损失是指铵态氮的挥发、硝态氮的淋溶损失和反硝化的脱氮作用、排水损失及地表径流和冲刷损失。

按全国调查数据估计,氮素通过挥发损失约占20%,主要是气态氮(包括氨气、二氧化氮、一氧化氮等);淋溶损失10%左右,主要是硝态氮;反硝化脱氮损失15%左右,主要是一氧化氮、二氧化氮及氮气;地表径流、冲刷和随水流失15%左右,主要是被土壤颗粒所吸附的铵态氮。氮素总损失量60%左右。

7.4.3.2 土壤磷的迁移转化

1. 有机磷的分解

土壤中的有机磷除一部分能被作物直接吸收利用外,大部分需经微生物的分解转化为无机磷或被根际的磷酸酶脱磷酸后,才能被作物吸收利用。各种磷的分解过程如下:

$$\text{磷酸肌醇} \xrightarrow{\text{水解(磷酸酯酶)}} \text{肌醇} + H_3PO_4$$

$$\text{卵磷脂} \xrightarrow{\text{水解(磷酸酯酶)}} \text{磷酸甘油} + \text{胆碱} + \text{脂肪酸}$$

$$\xrightarrow{\text{水解}} \text{甘油} + H_3PO_4$$

$$\text{核蛋白} \xrightarrow{\text{水解}} \text{核酸} + \text{蛋白质}$$

$$\xrightarrow{\text{核酸酶}} \text{核苷酸} \xrightarrow{\text{核苷酸酶}} \text{核苷} + H_3PO_4$$

土壤中有机磷的矿化,主要是土壤中的微生物和磷酸酶共同作用的结果,因此其分解速率与有机氮的矿化速率一样,决定于温度、湿度、通气性、pH、无机磷和其他营养元素及耕作技术、根系分泌物等因素。

2. 有效磷化合物的固定与难溶性磷的释放

土壤中各种磷化合物从可溶性或速效性状态转变为不溶性或缓效性状态,统称为土壤的固磷作用。据统计,我国施用化肥的有效磷都不到30%,其重要原因之一就是土壤具有强大的固磷作用。

大部分土壤pH范围内, $H_2PO_4^-$ 及 HPO_4^{2-} 是主要的正磷酸盐形态,也正是植物摄取磷的主要形态。因此，在近于中性 pH 时，正磷酸盐对植物最有用。在较酸性的土壤中，正磷酸盐离子被沉淀或被 Al(Ⅲ) 及 Fe(Ⅲ) 的物质吸附。在碱性土壤中，可与 $CaCO_3$ 反应生成溶解度很小的羟基磷灰石：

$$3HPO_4^{2-} + 5CaCO_3(s) + 2H_2O \longrightarrow Ca_5(PO_4)_3(OH)(s) + 5HCO_3^- + OH^-$$
（羟磷灰石）

它需要不同酶体系的配合才能分解，表明作为肥料的磷很少从土壤中淋溶失去，这从水污染和磷肥利用两方面来看，都有重要意义。

我国南方酸性红壤的固磷能力特别强。固磷作用可通过化学沉淀、土壤固相表面交换吸附作用、闭蓄作用以及生物固定作用等进行。

一般来讲，土壤酸度，施用生理酸性肥料，或作物与微生物所分泌的有机酸与无机酸，以及有机磷的矿化和土壤 CO_2 分压的增高等，均能增加磷酸钙盐的溶解度，提高磷的有效性。当土壤处于淹水还原状态时，土壤中磷的有效性也能提高，这是因为土壤淹水能使 pH 和 E_h 值降低。在酸性和中性土壤中，pH 值升高，能促进磷酸盐的水解，增加无定形磷酸铁的有效性，E_h 值降低，能使一部分闭蓄态磷酸铁（还原型）变为非闭蓄态磷酸铁，使原来的晶形磷酸铁转化为无定形状态，使与磷酸根结合的含水氧化铁被还原为氧化亚铁，同时，还能使有机阴离子把吸附在黏土矿物或 $Fe(OH)_3$、$Al(OH)_3$ 的磷酸离子置换下来。

7.4.3.3 土壤中氮和磷对环境的影响

1. 硝酸盐的环境效应与危害

土壤中使用不同形态的氮肥都会随土壤水分淋失，其中以硝酸盐为最多，亚硝酸盐次之，铵态氮只占很小的比例。这是由于 NO_3^- 带负电，不被带负电荷的土壤颗粒所吸附，因此，很容易被淋溶到地下水、河流等，造成污染。影响土壤中氮淋溶的主要因素有降雨量、土壤性质、肥料种类和用量以及植物覆盖度等。

在一些农业地区，硝酸盐污染已经成为地表水及地下水中的主要问题。国内外的许多研究表明，地面水和地下水硝态氮的浓度增加，都与农田氮肥使用量的增加有关。美国伊利诺伊州在 1949—1969 年间，化学氮肥的施用量增加了 10.8 倍，该州河流中硝态氮的平均含量也从 3.1mg/L 上升到 10.9mg/L，至少有 55% 是由于化学氮肥施用不当所造成的。张明泉等（1990）对兰州市马滩地下水源多年水质检测分析中发现，1965 年当地绝大多数地下水井中硝态氮含量小于 3mg/L，到 1974 年最高值达 39mg/L，已有 29% 的井超标，1986—1987 年地下水硝态氮含量产生突变性增长，使水源地 60% 的水井硝态氮含量超标，最高值达 290mg/L，原因是这一时期菜田化学氮肥的大量施用所致。

2. 水体富营养化

由于城市排污和农田大量施用化肥，所含氮、磷等营养成分可以通过地表径流、土壤侵蚀等进入海洋、河流及湖泊中。大量营养物进入水体必然会导致水体产生富营养化，从而对环境造成影响。富营养化表现为特征性藻类（主要为蓝藻、绿藻等）的异常增殖，水体透明度下降，水体溶解氧下降，水质恶化，鱼类及其他生物大量死亡。

湖泊富营养化程度分级见表 7.4。

表 7.4　　　　　　　　　　　　　湖泊富营养化程度分级

项　　目	贫营养	中营养	富营养
无机态总氮/(mg/L)	<0.1	0.1～0.3	>0.5
无机态总磷/(mg/L)	<0.001	0.001～0.01	>0.03
生物化学需氧量（BOD）/(mg/L)	<1	1～5	>10
溶解氧（DO）/(mg/L)	>5	5～1	<1
水色	蓝绿色	绿色	黄绿色
藻类数量/(万个/L)	<100	100～10 万	>10 万
细菌总数/(个/mL)	<100	1000～2000	>3000
浮游动物/(个/L)	种多量少	种多量少	种少量多
底栖动物/(个/m²)	300～1000	1000～2000	2000～10000

根据《中国生态环境状况公报》（2022），在 2022 年，开展营养状态监测的 204 个重要湖泊（水库）中，贫营养状态湖泊（水库）占 9.8%，中营养状态湖泊（水库）占 60.3%，富营养状态湖泊（水库）占 29.9%，比 2021 年有所上升。

根据相关文献，发现我国湖泊富营养化具有如下特征：①湖泊中营养盐氮、磷浓度普遍偏高，远远超过世界卫生组织的标准；②作为描述湖泊水库初级生产力重要指标和评价湖泊富营养化的主要参数叶绿素 a 含量高，在 32.2～240mg/L 之间；③透明度低，有一半以上湖泊透明度在 0.6m 以内；④富营养化湖泊中浮游植物以蓝绿藻为主；⑤湖泊沉积物中氮、磷浓度很高，总有机碳含量也很多，在点源污染得到有效控制的情况下，沉积物中污染物已经成为湖泊水体的主要污染源，而且是长期稳定源，处理较为困难。

氮磷含量与水体富营养化的成因：关于富营养化的成因，目前尚有不同的见解，多数认为氮、磷等营养物浓度升高是藻类大量繁殖的原因，随着氮磷的增加，贫营养湖泊会朝富营养湖泊转化。当 N/P 比值大于 100 时，属贫营养湖泊状况，当 N/P 比值小于 10 时，则属富营养状况。

一般认为无机营养物（无机氮、正磷酸盐形态）控制生物生长率。从分析无机氮/正磷酸盐的比值，可初步判定氮、磷为生物生长率的控制因子。如果假定其比值超过 15，生长率不受氮限制的话，则 70% 的湖泊属磷限制。如果把比值 7～15 之间的湖泊也包括进去，则有 85% 的湖泊属磷限制。美国 1972—1973 年对 466 个不同类型湖泊进行调查，结果表明，P 为限制因子的湖泊占 65%，N 为限制因子的湖泊占 28%。我国对太湖等湖泊的调查也发现类似结果。许多国家把富营养化的 P 负荷标准确定为 0.02mg/L，这是一个很重要的数据，因为藻类生物量与这一范围 P 浓度呈线性正相关关系。

湖泊富营养化最根本的原因是过量的氮、磷营养盐向封闭和滞留性水体的迁移，其来源包括工业废水、生活污水、农田径流和水产养殖投入的饵料以及干、湿沉降等。在目前点源污染得到有效控制的情况下，如工矿、企业废水和城镇居民生活污水，近年研究表明，农业非点源污染物的排放，是水体富营养化的主要原因之一。在我国，虽然不同区域的湖泊来自农田的氮磷负荷占总负荷的百分比各不相同，但对富营养化的贡献却不可忽视，比如，位于山东的南四湖，其农田氮磷污染占比分别为35.22%和68.04%。刘景权等（1997）在研究第二松花江的水体含氮量时发现，丰水期卜游3个断面水体中硝态氮的含量均高于枯水期和平水期，主要是由于沿江两岸水田和旱地施用的氮肥随地表径流向水体迁移所致。

总之，通过农田径流向河湖水系输入的氮、磷均已占河湖氮磷营养盐污染的不可忽视的比例。因此，农田面源污染的控制是治理河湖水体污染的主要措施，应加以重视。

7.5 土壤重金属的累积与迁移转化

土壤重金属污染是指由于人类活动将重金属排放到土壤中，超过土壤环境容量，并造成生态环境质量恶化的现象。重金属一般是指比重等于或大于5.0的金属元素，在环境污染研究中所说的重金属实际上主要指汞、镉、铅、铬以及类金属砷等生物毒性显著的元素，其次是指有一定毒性的一般重金属，如锌、铜、镍、钴和锡等。

7.5.1 重金属在土壤中的赋存形态

重金属的形态不同，其活性和生物毒性也不同，这对于研究土壤重金属污染的生态环境效应具有重要意义。由于土壤组成复杂，土壤物理化学性质，特别是pH、E_h等又具有可变性，所以重金属在土壤中存在形态多样而复杂。要想详细区分重金属在土壤中的各种形态组成，是十分困难的。目前，对土壤重金属的形态划分，是采用不同的浸提剂进行连续浸提分析后，将土壤环境中重金属存在形态分为：①水溶态（以去离子水浸提）；②交换态（如以$MgCl_2$溶液为浸提剂）；③碳酸盐结合态（如以NaAc-Hac为浸提剂）；④铁锰氧化物结合态（如以盐酸羟胺为浸提剂）；⑤有机结合态（如以碱或H_2O_2为浸提剂）；⑥残留态（如以王水或$HClO_4$-HF消化，1:1 HCl浸提）。由于水溶态一般含量较低，又不易与交换态区分，常将水溶态合并到交换态之中。

上述不同存在形态的重金属，其生理活性和毒性均有差异。其中以水溶态、交换态的活性、毒性最大，残留态的活性、毒性最小，而其他结合态的活性、毒性居中。研究资料表明，在不同的土壤环境条件下，包括土壤类型、土地利用方式（水田、旱地、果园、牧场、林地等），以及土壤的pH值、E_h、土壤无机和有机胶体的含量等因素的差异，都可以引起土壤中重金属元素存在形态的变化，从而影响作物对重金属的吸收，使受害程度产生差别。

重金属赋存形态随着土壤环境条件变化而发生转化，这种转化处于动态平衡状态，符合一般的溶解与沉淀、氧化与还原、络合与螯合以及吸附与解吸平衡原理。但是，由于土壤组成及其性质的复杂性，应用溶液化学的某些理论时，也常有偏离现象。例如，一些难溶化合物在土壤溶液中的实际浓度，常常偏离溶度积原理。这是因为土壤分散体系是一高度异相介质，土壤液相中离子浓度除受溶度积原理控制外，还受发生在固液相界面上的交换吸附和解吸的影响,不易形成"纯"的相,或离子浓度不易达到浓度积所允许的浓度。同时,还因土壤溶液中组分的复杂性,常易发生共沉淀现象,导致某种离子浓度受另一种离子浓度所控制。酸性土壤的液相中 pZn 与 pFe 呈负相关性就是明显的例证。因而仅应用溶度积原理去阐明土壤环境中发生的溶解和沉淀现象,会出现某些偏差。但是,水溶液化学的基本原理仍然是研究土壤溶液化学的理论基础。

7.5.2 土壤重金属污染的特征
7.5.2.1 重金属在土壤中的污染物特点

重金属对土壤环境的污染具有隐蔽性、潜伏性、不可逆性、持久性和治理难度大的特点。因而重金属与其他许多污染物不同,它们在土壤中一般不易随水淋滤,不能被土壤微生物分解;相反地,生物体可以富集重金属,使重金属常常在土壤环境中积累,甚至某些重金属元素在土壤中还可以转化为毒性更大的物质。问题的严重性还在于重金属在土壤环境中累积的初期,不易为人们所察觉或注意,而一旦毒害作用比较明显地表现出来,就难以消除。

7.5.2.2 重金属污染的化学特性

重金属大多属于过渡性元素,而过渡性元素的原子有其特有的电子层结构,使其在土壤环境中的化学行为具有一系列特点。

(1) 过渡元素有可变价态,能在一定的幅度内发生氧化还原反应,但是,重金属的价态不同,其活性和毒性是不同的。

(2) 重金属在环境中发生水解反应生成氢氧化物,也可以与一些无机酸反应生成硫化物、碳酸盐、磷酸盐等,这些化合物的溶度积都比较小,易生成沉淀物,在土壤中不易迁移,且积累于土壤中。

(3) 重金属作为中心离子能够接受多种阴离子和简单分子的独对电子,生成配位络合物;还可以与一些大分子有机物如腐殖质、蛋白质等生成螯合物。难溶性的重金属盐形成络合物、螯合物以后,其在水中的溶解度可能增大,并在土壤环境中迁移。

7.5.2.3 重金属污染的生态效应特征

一般重金属对生物体产生毒性的浓度范围有的较大,而有的则很小。例如,锌和铜对生物体的毒性较小,产生毒性的浓度范围在几十到 100mg/kg 以上;而汞、镉等对生物体的毒性较大,产生毒性的浓度范围在 0.1mg/kg 以内。这是因为 Hg、Cd、Pb 等是生物生长发育中并不需要的元素,而 Cu、Zn、Mn、Fe 等是动植物正常生长发育所必需的营养元素,具有一定的生理功能,它们在农作物中的自然含量显著高于 Cd、Hg、Pb,只是在含量过高且超过一定限量时,才会发生污染危害,出现中毒症状,但这种限量一般相当高。据有关资料说明,造成植物中毒的土壤有效性 Zn 含量一般超过 1000mg/kg,折合土壤全锌量可能要以 1g/kg,这在通常情况下很少达到有污染危害的程度。因此,Hg、Cd、Pb 比 Cu、Zn 等元素的污染危害严重得多。

不同类型的重金属对作物产生的危害情况有所不同。例如,Cu、Zn 主要是妨碍植物正常的生长发育,而 Hg、Cd 等一般在作物生长发育尚未受到妨碍时,在作物体内的积累量就可能达到有害浓度(超过食品卫生标准)。也就是说,土壤中 Hg、Cd

累积直接危害作物正常生长发育的现象比较罕见,而它们在土壤和作物中的残留问题比较突出。这些元素可以通过食物链在动物或人体内累积并引起慢性中毒。

同种重金属,由于在土壤中存在的形态不同,其迁移转化特点和污染性质、危害程度也不相同。例如,水溶态和交换态的重金属显然要比难溶态的重金属活性、毒性大得多。因此,在研究土壤重金属污染危害时,不仅要注意它们的总含量,还必须重视了解各种形态的含量。

植物从土壤中摄取重金属,可经过食物链进入人体,并在人体内成千百倍地富集起来。重金属进入人体后,可与蛋白质、酶等发生强烈的相互作用,积蓄在人体的某些器官中,影响人体正常生活,出现某些病症。但是,重金属对人体危害初期不易被人们察觉,潜伏期较长,有些重金属对人体的累积性中毒往往需要一二十年才能显现出来。

微生物不仅不能降解重金属,相反地,某些重金属可在土壤微生物作用下转化为金属有机物,如甲基汞,产生更大的毒性。重金属对土壤微生物也有一定毒性,而且对土壤酶活性有抑制作用。根据有关资料说明,不同重金属对土壤生态系统中氮的转化与 NO_3^- 淋失的抑制作用强度的次序为:$Hg^{2+}>Cd^{2+}>Ni^{2+}>Zn^{2+}>Pb^{2+}>Cu^{2+}>Cr^{3+}$。实验研究还发现,重金属对土壤酶活性的抑制作用是一种暂时现象。由于脲酶活性恢复得较少较慢,故可应用脲酶活性作为土壤重金属污染程度的主要生化指标。从土壤环境污染生态学的角度来考虑,可以选择 NO_3^- 含量变化作为一项反映重金属对土壤生态毒性的早期诊断依据。此外,国内外不少研究工作证明,砷及重金属在土壤中不同剂量,对于不同类群土壤微生物数量的变化有不同程度的影响,甚至可引起主要生物种群的变化,以致破坏了土壤生态系统的平衡。

7.5.3 重金属在土壤-植物系统中的累积与迁移

7.5.3.1 重金属在土壤中的累积及其影响因素

重金属可以通过多种途径被包含于矿物颗粒内或被吸附于土壤胶体表面上而在土壤中积累。

重金属与土壤无机胶体的结合通常分为两种类型:一类为非专性吸附,即离子交换交换吸附;另一类为专性吸附。

1. 非专性吸附

非专性吸附又称为极性吸附,其发生与土壤胶体微粒带电荷有关。因各种土壤所带电荷的符号和数量不同,对重金属离子吸附的种类和吸附交换容量也不同。

土壤环境中的黏土矿物胶体一般带有负电荷,对金属阳离子的吸附顺序一般是:$Cu^{2+}>Pb^{2+}>Ni^{2+}>Co^{2+}>Zn^{2+}$、$Ba^{2+}>Rb^{2+}>Sr^{2+}>Ca^{2+}>Mg^{2+}>Na^+>Li^+$。其中蒙脱石的吸附顺序是:$Pb^{2+}>Cu^{2+}\geqslant Ca^{2+}>Ba^{2+}\geqslant Mg^{2+}>Hg^{2+}$;高岭石的吸附顺序是:$Hg^{2+}>Cu^{2+}\geqslant Pb^{2+}$;带正电荷的水合氧化铁胶体可以吸附 PO_4^{3-}、VO_4^{3-}、AsO_4^{3-} 等阴离子。但是,离子浓度不同,或有络合剂存在时,会打乱上述吸附顺序。因此,对于不同的土壤类型可能有不同的吸附顺序。

应当指出,离子从溶液中转移到胶体上是离子的吸附过程,而胶体上原来吸附的离子转移到溶液中去是离子的解吸过程，吸附与解析的结果表现为离子相互转化，即所谓的离子交换作用。在一定的环境条件下，这种交换作用处于动态平衡之中。

2. 专性吸附

专性吸附是由土壤胶体表面与被吸附离子间通过共价键、配位键而产生的吸附。如重金属离子可被黏土胶体表面的水合氧化物牢固吸附，这是因为这些离子能进入氧化物的金属原子的配位壳中，与$-OH$和$-OH_2$配位基重新配位，并通过共价键或配位键结合在固体表面，形成专性吸附，亦称为选择吸附。这种吸附不一定发生在带电胶体表面上，亦可以发生在中性表面上，甚至在吸附离子带同号电荷的表面上进行。其吸附量的大小并非决定于表面电荷的多少和强弱，这是专性吸附与非专性吸附的根本区别之处。被专性吸附的重金属离子是非交换态的，如铁、锰氧化物结合态，通常不被氢氧化钠或醋酸钙（或醋酸铵）等中性盐所置换，只能被亲和力更强和性质相似的元素所解吸或部分解吸，也可在较低的pH值条件下解吸。

土壤中各种胶体本性对专性吸附影响极大。以Cu的吸附为例，土壤中各种胶体对Cu的吸附顺序为：氧化锰（68300）＞氧化铁（8010）＞海洛石（810）＞伊利石（530）＞蒙脱石（370）＞高岭石（120）（括号中数字为最高吸附量，mg/kg）。在相同条件下，锰、铁和铝三种水合氧化物对Pb^{2+}的专性吸附差别也很大，吸附量分别为100%、76%和27%。同一种元素的氧化物，因化学形态不同，其选择性也有所不同，如针铁矿对Cu的吸附较对Pb的吸附强，而赤铁矿则相反。无机胶体中层状铝硅酸盐矿物边角断键上裸露的OH基，通过H^+的解吸或缔合作用，也能与氧化物相似，产生pH可变电荷而对重金属离子选择吸附。尽管这类矿物的专性吸附能力比氧化物要弱得多，但由于它们在土壤中含量比氧化物高得多，因此，对于控制土壤溶液中重金属离子浓度所起的作用，也是不能低估的。

重金属离子的专性吸附与土壤溶液pH密切相关，在土壤通常的pH值范围内，一般随pH值的上升而增加。此外，在多种重金属离子中，以Pb、Cu和Zn的专性吸附亲和力最强。这些金属离子在土壤溶液中的浓度，在很大程度上受专性吸附所控制。据有关资料说明，我国黄泥土（江苏）、红壤（江西）和砖红壤（广东）对Cu^{2+}的专性吸附量占总吸附量的80%～90%，而阳离子交换吸附量仅占10%～20%。

专性吸附使土壤对某些重金属离子有较大的富集能力，从而影响到它们在土壤中的移动和在植物中的累积。专性吸附对土壤溶液中重金属离子浓度的调节、控制甚至强于受浓度积原理的控制。

3. 重金属和有机胶体的结合

重金属元素可以被土壤中有机胶体络合或螯合，或者为有机胶体表面所吸附。从吸附作用来说，有机胶体的交换吸附容量远远大于无机胶体。但是，土壤中有机胶体的含量远小于无机胶体的含量。

必须指出，土壤腐殖质等有机胶体对金属离子的吸附交换作用和络合-螯合作用是同时存在的，一般当金属离子浓度较高时，以吸附交换作用为主，而在低浓度时，以络合-螯合作用为主。当生成水溶性的络合物或螯合物时，则重金属在土壤环境中随水迁移的可能性增大。

4. 溶解和沉淀作用

重金属化合物的溶解和沉淀作用,是土壤环境中重金属元素化学迁移的重要形式。它实际上是各种重金属难溶电解质在土壤固相和液相之间的离子多相平衡,必须根据溶度积的一般原理,结合土壤的具体环境条件(主要指 pH 值和 E_h),研究和了解它的规律,从而控制土壤环境中重金属的迁移转化。

重金属在土壤中的溶解和沉淀作用,主要受土壤 pH、E_h 和土壤中存在的其他物质(如富里酸、胡敏酸)的影响。

(1) 土壤酸度的影响。土壤酸度对重金属化合物的溶解与沉淀平衡的影响是比较复杂的。金属的氢氧化物由于变成硫化物而沉淀,且在高 pH 值的条件下溶解度更低。土壤使用石灰等碱性物质后,重金属化合物可与 Ca、Mg、Al、Fe 等生成共沉淀。对于 M_mA_n 沉淀,增大土壤溶液的酸度,可以使 A^{m-} 与 H^+ 结合生成相应的共轭酸,降低溶液的酸度,可以使 Mn^+ 发生水解,生成羟基络合物 $M(OH)^{(n-1)+}$。这两种情况都可以导致沉淀的溶解度增大。

当土壤溶液中 H^+ 浓度增大时,平衡向右移动,导致 $CdCO_3$ 沉淀部分溶解,甚至全部溶解。

一般在土壤溶液 pH<6 时,迁移能力强的主要是在土壤中以阳离子形式存在的重金属;在 pH>6 时,由于重金属阳离子可生成氢氧化物沉淀,所以迁移能力强的主要是以阴离子形式存在的重金属。

图 7.9 表明,随着土壤溶液 pH 值的升高,Zn、Cd、Mn 等重金属的溶出率迅速降低。在 pH 为 4~5 时,Zn、Cd 的溶出率很高,说明此条件下 Zn、Cd 容易迁移,而随着 pH 值的升高,其溶出率明显下降,在 pH 为 7~9 时溶出率极低,说明此时多以氢氧化物形式沉淀。

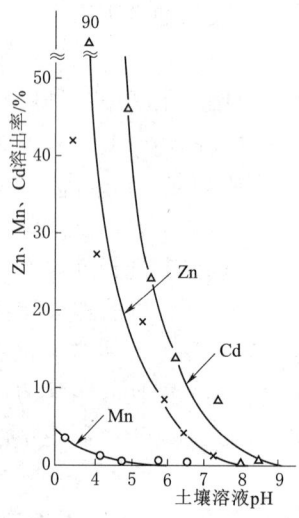

图 7.9 浸出液 pH 值与 Zn、Mn 和 Cd 溶出率之间关系

土壤酸度直接控制着重金属元素氢氧化物的浓度,并可根据溶度积(K_{sp})计算出离子浓度与 pH 的关系(类似水环境化学中过程)。现以 $Cu(OH)_2$ 为例,计算如下:

$$Cu(OH)_2 \longrightarrow Cu^{2+} + 2OH^-$$

$$K_{sp} = 1.6 \times 10^{-19}$$

$$[Cu^{2+}][OH^-]^2 = 1.6 \times 10^{-19}$$

$$[Cu^{2+}] = 1.6 \times 10^{-19}/[OH^-]^2$$

因为

$$[OH^-]^2 = 1 \times 10^{-14}/[H^+]$$

所以

$$[Cu^{2+}] = 1.6 \times 10^{-19} / \left[\frac{1 \times 10^{-14}}{[H^+]}\right]^2$$

两边取对数：

$$\log[Cu^{2+}]=\log(1.6\times10^{-19})-2\log\frac{1\times10^{-14}}{[H^+]}$$

$$=\log(1.6\times10^{-19})-2\log(1\times10^{-14})-2pH=9.2-2pH$$

同样可求得：

$$\log[Cd^{2+}]=14.3-2pH$$

$$\log[Zn^{2+}]=11.65-2pH$$

$$\log[Pb^{2+}]=13.62-2pH$$

上述关系式表明，土壤 pH 值越低，重金属离子浓度越高，可根据上述式子计算在不同酸度下，土壤溶液中氢氧化物溶解平衡时某重金属离子的浓度（实际值与此理论计算值有偏差）。

对于具有两性的氢氧化物，开始是随着 pH 值的增加溶解度减小，但达到一定值以后，沉淀又开始溶解。对于非两性氢氧化物，则随 pH 值的增大，达一定值后可生成羟基络合物而增大溶解度，例如：

$$Cu(OH)_2(固) \rightleftharpoons Cu(OH)_2(水) \rightleftharpoons Cu^{2+}+2OH^-$$

$$\Updownarrow OH^-$$

$$Cu(OH)^+$$

$$\Updownarrow OH^-$$

$$Cu(OH)_2^0$$

$$\Updownarrow OH^-$$

$$Cu(OH)_3^-$$

一些纯净氢氧化物沉淀和溶解时所需的 pH 值见表 7.5。在土壤环境中，由于其他因素的干扰，其所需 pH 值不可能全与表中所列数值一样，但可供参考。

表 7.5   一些纯净氢氧化物沉淀和溶解时所需的 pH 值

氢氧化物	pH 值				
	开始沉淀		沉淀完全	沉淀开始溶解	沉淀完全溶解
	原始浓度 (1mol/L)	原始浓度 (0.01mol/L)			
$Sn(OH)_4$	0	0.5	1.0	13	>14
$Sn(OH)_2$	0.9	2.1	4.7	10	13.5
$Al(OH)_3$	3.3	4.0	5.2	7.8	10.8
$Cr(OH)_3$	4.0	4.9	6.8	12	>14
$Zn(OH)_2$	5.4	6.4	8.0	10.5	12~13
$Fe(OH)_2$	6.5	7.5	9.7	13.5	
$Co(OH)_2$	6.6	7.6	9.2	14	
$Ni(OH)_2$	6.7	7.7	9.5		

续表

氢氧化物	pH 值				
	开始沉淀		沉淀完全	沉淀开始溶解	沉淀完全溶解
	原始浓度(1mol/L)	原始浓度(0.01mol/L)			
$Cd(OH)_2$	7.2	8.2	9.7		
$Pb(OH)_2$		7.2	8.7	10	13
$Mn(OH)_2$	7.8	8.8	10.4	14	

在石灰性土壤的碳酸盐体系中，重金属的碳酸盐解离平衡也与土壤溶液的 pH 值有一定关系，并可根据溶度积导出离子浓度与 pH 值的关系式，如：

$$\log[Zn^{2+}] = 7.4 - \log p_{CO_2} - 2pH$$

但是，上述计算也仅是理论计算，故只能作为参考。

（2）土壤 E_h 的影响。土壤 E_h 对沉淀与溶解平衡的影响，可用下式来说明：

$$CdS(固) \rightleftharpoons CdS(水) \rightleftharpoons Cd^{2+} + S^{2-}$$
$$S^{2-} - 2e \rightleftharpoons S \downarrow$$

在有机物丰富的土壤中，在淹水的条件下，土壤环境通常呈现很强的还原性条件，土壤中的硫通常以负二价硫离子形态存在，其与金属结合成金属硫化物。因此，研究氧化还原条件对重金属硫化物的溶解-沉淀平衡对重金属的迁移转化具有重要价值。

上式中，S^{2-} 被氧化生成硫磺而沉淀，降低了 S^{2-} 的浓度，结果使溶解平衡向右移动。

土壤 E_h 的变化，还可以直接影响到重金属元素的价态变化，并可能导致其化合物溶解性的变化。例如，Fe、Mn 等在氧化状态下，一般呈难溶解态存在于土壤中，而当土壤处于还原状态下，高价态的 Fe、Mn 化合物可被还原为低价态，溶解性增大，因而迁移能力大幅度增强。

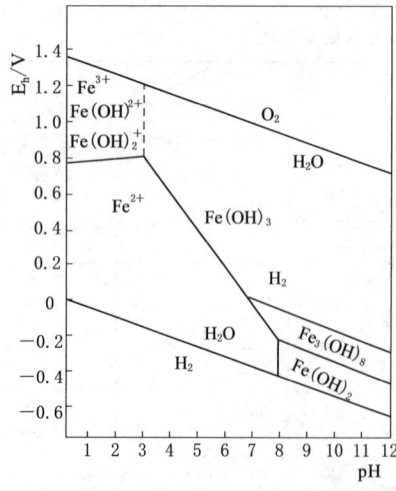

图 7.10 Fe^{3+}、Fe^{2+} 及其氢氧化物的 E_h-pH 稳定范围

此外，在还原性条件下，当土壤 E_h 降至 0mV 以下时，土壤中的含硫化合物开始转化生成 H_2S，并随 E_h 的下降，H_2S 的产生迅速增加。此时，土壤中的重金属元素大多以难溶性的硫化物沉淀形式存在。相反，在氧化状态下，重金属大多以溶解度较大的硫酸盐形式存在。

值得注意的是，重金属在土壤环境中的溶解与沉淀平衡往往同时受土壤 pH 和 E_h 两个因素的影响，使得问题变化更加复杂。在实际工作中，常用 E_h-pH 图来表明某一重金属在土壤中的存在状态与 pH、E_h 值之间的关系，这个过程也与水环境化学中金属离子的溶解-沉淀平衡存在类似之处。图 7.10 为 Fe^{3+}、Fe^{2+} 及

其氢氧化物的 E_h-pH 稳定范围图。

由上图可知，在 pH<2.7、E_h>0.77V 的范围内，基本上以 Fe^{3+}、$Fe(OH)^{2+}$、$Fe(OH)_2^+$ 为主；pH=2.7～6.8 和 E_h=0.77～0.03V 为 Fe^{2+} 和 $Fe(OH)_3$ 的稳定范围，其 $\Delta E_h/\Delta pH$ 为 -0.177V。在 pH=6.8 和 E_h=0.03V 这一点，形成了 $Fe_3(OH)_8$。当 pH>8.1、E_h<-0.27V 时，就形成固体的 $Fe(OH)_2$。可见在旱地情况下，以 $Fe(OH)_3$—Fe^{3+} 为主；而在水田还原条件下（一般 pH=6.5～7.0、E_h=+0.2～-0.2V）则主要应为 $Fe(OH)_2$—Fe^{2+}、$Fe(OH)_2$—$Fe_3(OH)_8$ 和 $Fe_3(OH)_8$—Fe^{2+}。

(3) 络合效应的影响。在沉淀与溶解平衡中，若土壤溶液中存在能与构晶离子生成可溶性络合物的配位体，则反应向沉淀溶解的方向进行，甚至完全溶解，这种影响称为络合效应。如果生成的是螯合物也可称为螯合效应。但是，由于络合平衡与溶解－沉淀平衡相互影响，使问题比较复杂，这里仅定性的做简单介绍。

在土壤环境中，人们比较重视的无机配位体有羟基和氯离子，这两者是影响一些重金属难溶盐溶解度的重要因素。

羟基对重金属的络合作用，实际上就是重金属离子在碱性条件下的水解反应，水解过程中 H^+ 离开水合重金属离子的配位水分子，生成羟基络离子，其反应为：

$$M(H_2O)_n^{2+} + H_2O \rightleftharpoons M(H_2O)_{n-1}(OH)^+ + H_3O^+$$

或简写作：

$$M^{2+} + H_2O \rightleftharpoons M(OH)^+ + H^+$$

在碱性条件下，当 pH 值增大到一定值后，金属氢氧化物的溶解度开始增大，其实质就是羟基的络合作用（具有两性的氢氧化物除外）。

氯离子与重金属络合形成的氯络离子主要有：MCl^+、MCl_2^0、MCl_3^-、MCl_4^{2-}，其络合的程度主要决定于 Cl^- 的浓度，也决定于重金属离子与氯离子的亲和力。Cl^- 对重金属的络合力顺序为：$Hg^{2+}>Cd^{2+}>Zn^{2+}>Pb^{2+}$。氯离子对重金属的络合作用，生成水溶性的氯络离子，可以大大提高重金属化合物的溶解度，如：

$$Hg(OH)_2(固) \rightleftharpoons Hg(OH)_2(水) \rightleftharpoons Hg^{2+} + 2OH^-$$
$$\Updownarrow Cl^-$$
$$HgCl^+$$
$$\Updownarrow Cl^-$$
$$HgCl_2^0$$
$$\Updownarrow Cl^-$$
$$HgCl_3^-$$

土壤中含有腐殖质等有机配位体，重金属可与富里酸形成稳定的可溶于水的螯合物。因此，富里酸的络合-螯合作用，可大大提高难溶性重金属盐的溶解度，并随水在土壤中迁移，而胡敏酸与重金属络合形成稳定的螯合物，一般难溶于水，进而抑制了重金属的随水流迁移。故在土壤重金属化合物的溶解与沉淀平衡中，富里酸和胡敏酸起着重要的作用。

络合效应对沉淀溶解度的影响与配位体的浓度及络合物的稳定性有关。配体的浓度愈大，生成可溶性络合物或螯合物愈稳定，则沉淀愈趋向于溶解。

7.5.3.2 重金属在土壤—植物系统中的迁移

重金属在土壤—植物系统的迁移，主要是指植物通过根系从土壤中吸收某些化学形态的重金属，并在植物体内积累起来。这一方面可以看作是生物对土壤重金属污染的净化；另一方面也可看作是重金属通过土壤对作物的污染。

重金属在土壤-植物系统中的迁移，受多种因素的影响，其中主要影响因素如下。

(1) 重金属在土壤环境中的总量和赋存形态。一般水溶态的简单离子、简单络离子最容易为植物所吸收，而吸附交换态、络合态次之，难溶态则暂时不被植物吸收。由于各种赋存形态之间存在一定的动态平衡关系，一般在重金属含量越高的土壤中，其水溶态、吸附交换态的含量也相对较高，因此，植物吸收的量也更加多。

(2) 土壤性质。土壤环境的酸碱度，氧化还原电位，土壤胶体的种类、数量，不同的土壤类型等土壤环境状况直接影响到重金属在土壤环境中的赋存形态及其相互之间量的比例关系。因此，不同的土壤环境状况成了影响重金属生物迁移的重要因子。在土壤环境重金属污染的调控和防治中，常常就是通过调节适宜的土壤 pH、E_h 值，增施有机胶体等措施，以抑制重金属的生物迁移，减轻对农作物的污染危害。

(3) 不同作物种类。由于不同植物种类有不同的选择吸收性能，同一种重金属在不同的植物体内累积的程度也有所不同。

(4) 伴随离子的影响。这是由于另一种金属离子的存在而影响到植物对某种金属离子吸收的效应。例如，在土壤处于氧化状态时，Zn^{2+} 的存在可促进植物对 Cd^{2+} 的吸收；但当土壤处于还原状态时，Zn^{2+} 的存在则抑制植物对 Cd^{2+} 的吸收。我们把促进植物对某金属离子的吸收并增强重金属离子对作物的危害的效应称为协同作用；而把减小植物对某金属离子的吸收并减弱重金属离子对作物的危害的效应称为拮抗作用。协同作用与拮抗作用又统称为交互作用。

7.5.3.3 重金属元素间的协同与拮抗作用

重金属随生物迁移并累积在作物体内，进而通过食物链，最终影响到人体健康。因此，通过盆栽或田间试验，摸清各类土壤中重金属的生物迁移规律，特别是重金属复合污染时，相互之间的交互作用规律，对于调控和防治土壤环境的重金属污染有着十分重要的意义。

有关土壤环境重金属复合污染的研究，在国内外均已引起普遍重视。因为，人们早已发现金属间的联合作用，可以大大改变某元素的生物活性和毒性，要比单元素的作用更为重要。同时，土壤环境的重金属污染在实际上往往又多是几种重金属的复合污染。因此，研究各种元素或化合物之间存在协同作用和拮抗作用，了解重金属化合物群体对土壤环境的效应以及与单个元素化合物污染影响的差异，在理论与实践上均有重要的意义。我国有的研究采用正交试验法，研究了 Zn、Cd、Cu、Pb 等重金属复合污染时，共存元素间的交互作用对小麦幼苗吸收重金属元素的影响，为进一步深入研究重金属复合污染的机理提供了一定的基础。该项试验结果表明，在 Zn、Cd、

Cu、Pb 复合污染的情况下，元素之间在植物吸收累积上的竞争，可归纳为如下几点。

（1）对 Zn 而言，小麦幼苗或叶片中 Zn 累积量均极显著地受到 Zn－Pb 和 Zn－Cu 交互作用的影响，也显著地受到 Zn－Cd 交互作用的影响。这一影响的结果大大促进了作物对 Zn 的吸收和累积，说明了 Pb、Cu、Cd 与 Zn 之间具有协同作用。对于 Cd 而言也类似于 Zn 的情况，其中尤其以 Zn－Cd 的交互作用对 Cd 的吸收影响最大。对于 Pb 而言，麦苗中 Pb 的累积量随 Cu 添加水平增加而减小，说明 Cu 与 Pb 之间有拮抗作用，而 Zn 与 Pb、Zn－Cd 与 Pb 之间有显著的协同作用。

（2）麦苗中 Cu 的累积量仅显著地受到投加 Cu 量多少和共存元素 Pb 的影响，即随 Cu 添加量的增加而增加，而随 Pb 投加量的增加 Cu 的累积量减小。这说明 Pb 与 Cu 之间有拮抗作用，而 Zn、Cd 对 Cu 的吸收累积影响不明显。

（3）Pb、Cu、Cd 与 Zn 在植物体内的运移及叶中分配率，既受到元素在植物体内的吸收机制及其生物化学过程的影响，也受到共存元素的影响。在供试条件下，这几种元素在麦苗叶部吸收率大小顺序为：Cd＞Zn＞Cu＞Pb。

7.5.3.4 植物对重金属污染产生耐性的几种机制

植物对重金属污染产生耐性由植物的生态学特性、遗传学特性和重金属的理化性质等因素所决定，不同种类的植物对重金属污染的耐性不同；同种植物由于其分布和生长的环境各异，长期受不同环境条件的影响，在植物的生态适应过程中，可能表现出对某种重金属有明显的耐性。因此，人们从不同的侧面研究探讨了植物对重金属的耐性机制。

1. 植物根系的作用

植物根系通过改变根系化学性状、原生质泌溢等作用限制重金属离子跨膜吸收。

Lolkema 曾用水耕法对采自铜矿山遗址的具有耐性的石竹科麦瓶草植物和非耐性系列植物进行了对比研究，其结果表明，耐性植物根中 Cu 浓度明显地比非耐性系列低，由此可以推断耐性系列植物具有降低植物根系对铜的吸收的机制。

已经证实，某些植物对重金属离子吸收能力的降低可以通过根际分泌螯合剂而减少重金属的跨膜吸收。还可以通过形成跨根际的氧化还原电位梯度和 pH 梯度等来抑制对重金属的吸收。

2. 重金属与植物的细胞壁结合

在调查植物体内 Zn 的分布时发现，耐性植物中 Zn 向其地上部分移动的量要比非耐性植物少得多，Zn 在细胞各部分的分布，以细胞壁中最多，占 60%。Nishizono 等研究了蹄盖蕨属根细胞壁中重金属的分布、状态与作用，结果表明，该类植物吸收 Cu、Zn、Cd 总量的 70%～90% 位于细胞壁，大部分以离子形式存在或与细胞壁中的纤维素、木质素结合。由于金属离子被局限于细胞壁上，而不能进入细胞质影响细胞内的代谢活动，使植物对重金属表现出耐性。只有当重金属与细胞壁结合达到饱和时，多余的金属离子才会进入细胞质。不同金属与细胞壁的结合能力不同，经过 Cu、Zn、Cd 的研究证明，Cu 的结合能力大于 Zn 和 Cd。此外，不同植物的细胞壁对金属离子的结合能力也是不同的。所以细胞壁对金属离子的固定作用不是植物的一个普遍耐性机制。也就是说，不是所有的耐性植物都表现为将金属离子固定在细胞壁上。如

Weigel 等研究了 Cd 在豆科植物亚细胞中的分布,结果发现 70% 以上的 Cd 位于细胞质中,只有 8%～14% 的 Cd 位于细胞壁上。杨居荣等研究了 Cd 和 Pb 在黄瓜和菠菜细胞各组分的分布,发现 77%～89% 的 Pb 沉积于细胞壁上,而 Cd 则有 45%～69% 存在于细胞质中。

3. 酶系统的作用

一些研究发现,耐性植物中有几种酶的活性在重金属含量增加时仍能维持正常水平,而非耐性植物的酶活性在重金属含量增加时明显降低。此外,在耐性植物中还发现另一些酶可以被激活,从而使耐性植物在受重金属污染时保持正常的代谢过程。如在重金属 Cu、Cd、Zn 对膀胱麦瓶草生长影响的研究中发现耐性不同的品种体内的磷酸还原酶、葡萄糖-6-磷酸脱氢酶、异柠檬酸脱氢酶及苹果酸脱氢酶等的活性明显不同,耐性品种中硝酸还原酶被显著激活,而不具耐性或耐性差的品种这些酶则完全被抑制。因此可以认为耐性品种或植株中有保护酶活性的机制。

4. 形成重金属硫蛋白或植物络合素

1957 年在 Margoshes 等首次由马的肾脏中提取出一种结合蛋白,命名为"金属硫蛋白"(简称 MT),经对其性质、结构进行分析发现,能大量合成 MT 的细胞对重金属有明显的抗性。而丧失 MT 合成能力的细胞对重金属有高度敏感性。现已证明,MT 是动物及人体最主要的重金属解毒剂。Caterlin 等首次从大豆根中分离出富含 Cd 的复合物,由于其表观相对分子质量和其他性质与动物体内的 MT 极为相似,故称为类 MT。后来,从水稻、玉米、卷心菜和烟叶等植物中分离得到了 Cd 诱导产生的结合蛋白,其性质与动物体内的 Cd-MT 类似。1991 年何笃修等利用反相高效液相色谱法从玉米根中分离纯化得到 Cd 结合蛋白,其半胱氨酸含量为 29.0%,每个蛋白质分子结合大约 3 个 Cd 原子,Cd 与半胱氨酸的比值为 1:2.5。由于其性质与动物的 MT 相似,所以认为 Cd 在玉米中诱导产生了植物类 MT。

1985 年 Grill 从经过重金属诱导的蛇根木悬浮细胞中提取分离了一组重金属络合肽,其相对分子质量、氨基酸组成、紫外吸收光谱等性质都不同于动植物体内的 MT,所以不是类 MT 物质,而将其命名为植物络合素(简称 PC)。它可被重金属 Cd、Cu、Pb 和 Zn 等诱导合成。未经重金属离子处理过的细胞中则不存在这种络合素。后来,人们又从向日葵、山芋、马铃薯和小麦中分离得到了类似性质的镉化合物。

研究证明,重金属 Cd 在植物体内也可诱导产生其他的金属结合肽。有些植物中重金属结合蛋白质的问题还有许多研究工作需要进行。但无论植物体内存在的金属结合蛋白是类 MT 还是植物络合素或者其他的未知的金属结合肽,它们的作用都是与进入植物细胞内的重金属结合,使其以不具生物活性的无毒的螯合物形式存在,降低了金属离子的活性,从而减轻或解除其毒害作用。当重金属含量超过金属结合蛋白的最大束缚能力时,金属才以自由状态存在或与酶结合,引起细胞代谢紊乱,出现中毒现象。人们认为植物耐重金属污染的重要机制之一就是结合蛋白的解毒作用。

7.6 土壤农药及其迁移转化

全世界的有害昆虫约 10000 种，有害线虫约 3000 种，杂草约 30000 种，植物病原微生物有 80000～100000 种。这些有害生物使全世界农作物产量每年平均损失约 35%，而农药的使用可以大幅度减小上述损失。因而，自 20 世纪以来，农药得到了最为广泛的使用。目前世界上生产使用的农药已达 1000 多种，其中大量使用的约 100 多种；每年化学农药的产量达 200 多万 t，其中主要是有机氯、有机磷和氨基甲酸酯类化合物。

然而，由于农药在环境中残留的持久性，尤其像有机氯农药对生态环境产生了许多有害的作用和影响，破坏了自然生态平衡，使得农药污染已成为全球性的环境问题。

7.6.1 农药在土壤环境中的扩散与吸附

7.6.1.1 农药在土壤环境中的扩散

图 7.11 为农药在自然界中的迁移以及最终进入人体的途径。

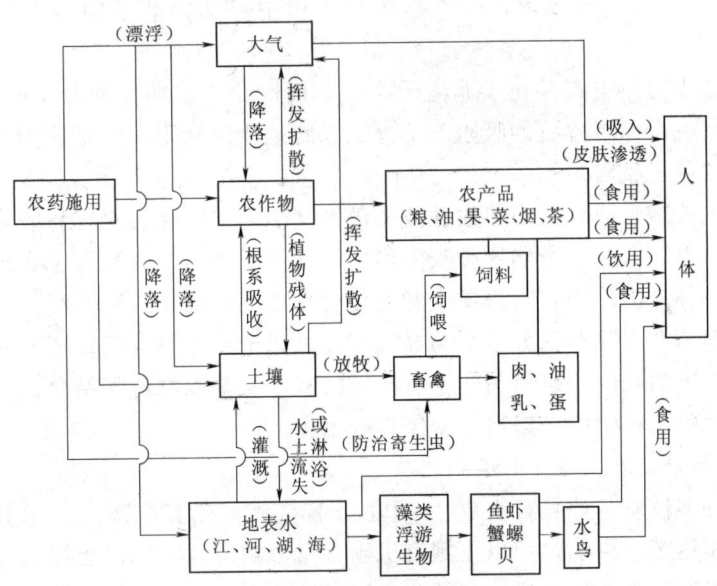

图 7.11 农药在自然界中的迁移（转自夏立江，《环境化学》，2003）

由图可知，进入土壤环境中的农药可以通过挥发、扩散而迁移到大气，引起大气污染；或随水分向四周移动（地表径流）或向深层土壤移动（淋溶），从而造成地表水和地下水污染；或者被土壤胶体及有机质吸附，被土壤和土壤微生物降解等；也可以通过作物的吸收，导致对农作物的污染，再通过食物链浓缩，进而导致对动物和人体的危害。

农药在土壤溶液中的迁移、扩散速度一般较慢。许多实验都证明，土壤对一般农药的吸附为放热反应，降低温度，有利于吸附的进行；升高温度，则有利于解吸。农药在土壤环境中的移动性与农药本身的溶解度有密切关系。一些在水中溶解度大的农药可直接随水流入江河、湖泊；一些难溶性的农药主要附着于土壤颗粒上，随雨水冲刷，连同泥沙流入江河。此外，农药在土壤中的移动性与土壤的吸附性能也有关。例如，在吸附容量小的沙土中农药易随水迁移，而在黏质和富含有机质的土壤中则不易随水迁移。

7.6.1.2 土壤对农药的吸附作用

农药一旦进入土壤，就会发生吸附、迁移和分解等一系列作用。吸附作用是农药与土壤固相之间相互作用的主要过程，直接或间接影响着其他过程，对农药在土壤环境中的行为和毒性有很大影响，例如，它使农药大量积累在土壤表层。

农药在土壤的吸附作用通常遵循费里德里希（Freundlich）、朗格缪尔（Langmuir）和BET吸附等温式，可能的机制如下。

(1) 离子交换。离子型农药在水中能离解成为离子，如阳离子型除草剂，它易与土壤有机质和黏土矿物上的阳离子起交换作用，这种吸附是以离子键相结合。

(2) 配位体交换。土壤及其组成矿物中，可进行配位体交换的通常是结合态水分子，其必要条件是吸附质分子被置换的配位体具有更强的配合能力，例如杀草强、2,4-D与蒙脱石的吸附，利谷隆等与土壤中可交换离子间的吸附都属于这种作用机制。

(3) 范德华力。主要存在于非离子型、非极性分子或弱极性分子的吸附作用中，如异草定与蒙脱石和高岭石的吸附、毒莠定和腐殖质的吸附，均被认为主要是由范德华力所引起的分子吸附。

(4) 疏水性结合。农药中非极性或弱极性基团为主的化合物容易吸附在土壤有机质的疏水部分上，水分不影响这种吸附作用，其本质相当于农药分子在土壤有机质和水分之间的一种分配作用，有机质中酯类化合物可能是属于这种类型。

(5) 氢键结合。除草剂分子可与黏粒表面氧原子或边缘羟基以氢键相结合，如扑草灭在蒙脱石上的吸附，也可与土壤有机质的氧和氨基以氢键相结合。

以上各种吸附机制中，以离子交换吸附为主。

7.6.1.3 影响农药在土壤中行为的因素

土壤的许多性质，如颗粒组成、pH值、有机质（或有机碳）含量等，均对土壤的农药吸附作用产生影响，但以土壤有机碳含量影响最大，如以土壤对农药的吸附系数与土壤有机碳百分含量的比值表征为吸附常数，则基本上为一常数。

土壤对农药的物理吸附强弱决定于土壤胶体比表面积的大小，如土壤无机黏土矿物中，蒙脱石对丙体六六六的吸附量为10.3mg/g，而高岭土只有2.7mg/g。土壤有机胶体比矿物胶体对农药有更强的吸附力，许多农药如林丹、西玛津等大部分吸附在有机胶体上。腐殖质能提高土壤吸附有机氯的能力，如DDT在0.5%的腐殖酸钠溶液中其溶解度是水中的20倍，腐殖酸的存在大大增强了对DDT的吸附能力。

另外，农药本身的化学性质对吸附作用也有很大影响。农药中存在的某些官能团如$-OH$、$-NH_2$、$-NHR$、$-CONH_2$、$-COOR$以及R_3N^+等有助于吸附作用。在同一类型的农药中，农药的分子越大，溶解度越小，被植物吸收的可能性越小，而被土壤吸附的量越多。又如离子型农药进入土壤后，一般解离为阳离子，可被带负电荷的有机胶体或矿物胶体吸附，有些农药中的官能团（—OH、—NH$_2$、—NHR、—COOR 等）解离时产生负电荷称为有机阴离子，则可被带正电的 $Fe_2O_3 \cdot nH_2O$、$Al_2O_3 \cdot nH_2O$ 胶体吸附。有些农药在不同的酸碱条件下有不同的离解方式，因而有不同的吸附形式，如 2,4-D 在 pH 为 3～4 时解离生产有机阳离子，可被带负电的胶体吸附，而在 pH 为 6～7 的条件下，离解成为有机阴离子，可被带正电的胶体吸附。

农药被土壤吸附后，由于存在形态的改变，其迁移转化能力和生理毒性也随之变化。例如，除草剂、百草枯和杀草快被土壤黏土矿物强烈吸附后，它们在溶液中的溶解度和生理活性大大降低，所以土壤对化学农药的吸附作用在某种意义上讲就是土壤对污染有毒物质的净化和解毒作用，土壤的吸附能力越大，农药在土壤中的有效度越低，净化效果越好，但这种净化作用是相对不稳定也是有限的，只是在一定条件下，起到净化和解毒作用。

影响农药在土壤中行为的影响因素如图 7.12 所示。

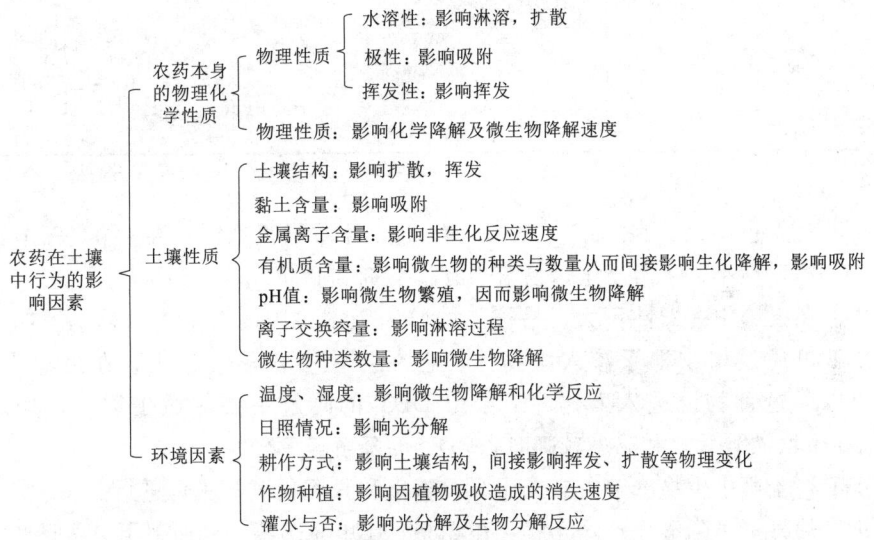

图 7.12 影响农药在土壤行为的因素（转自夏立江，《环境化学》，2003）

上述各因素之间相互耦合，使得农药在土壤中的迁移转化和生态环境效应更加复杂。

7.6.2 典型农药在土壤中的迁移转化

7.6.2.1 有机氯农药

有机氯农药大部分是含有一个或几个苯环的氯的衍生物，其特点是化学性质稳定，残留时间长，易溶于脂肪，并在其中积累。有机氯农药是目前造成污染的主要农药，美国在 1973 年停止使用，我国也于 1984 年停止使用。有机氯农药主要品种见表 7.6。

表 7.6 几种主要的有机氯农药

商品名称	化学名称	分子结构
DDT	p,p'-二氯二苯基三氯乙烷	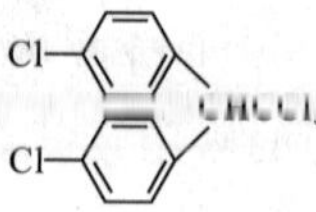
六六六 γ-六六六（林丹）	六氯环己烷	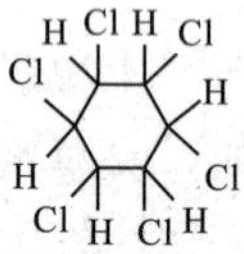
氯丹	八氯六氢化甲基茚	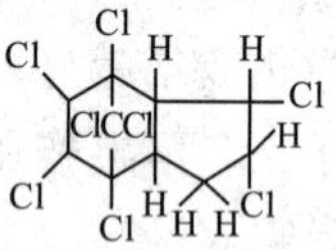
毒杀芬	八氯莰烯	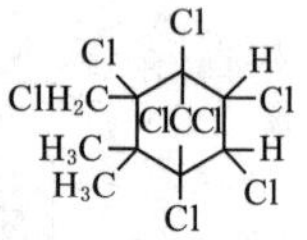

1. DDT

DDT 为无色结晶，在 115～120℃加热 15h 性质仍很稳定，在 190℃以上开始分解。DDT 挥发性小，不溶于水，易溶于有机溶剂和脂肪。

DDT 在土壤中挥发性不大，易被土壤胶体吸附，因而在土壤中移动不明显。但是，DDT 可通过植物根系渗入植物体，它在叶片中积累量最大，在果实中较少。DDT 可以通过食物链进入人体。土壤中 DDT 的降解主要靠微生物的作用。在缺氧（例如土壤灌溉后）和温度较高时，DDT 的降解速率较快。

DDT 在土壤中生物降解主要按还原、氧化和脱氯化氢等机理进行。

DDT 的另一个降解途径是光解，在 290～310nm 的紫外光照射下，可逐步光解。

2. 林丹

林丹，又称六六六，其有多种异构体。异构体中只有丙体六六六具有杀虫效果，含丙体六六六 99% 以上的六六六称为林丹。

林丹为白色或稍带淡黄色的粉末状结晶，在 60～70℃以下不易分解，在日光和酸性条件下很稳定，但遇碱会发生分解，失去杀虫作用。六六六较 DDT 易挥发而进入大气。

由于林丹的挥发性强，它在水、土壤和其他环境对象中积累较少。但在土壤底层移动相当缓慢。

六六六易溶于水（20℃时为 7.3mg/L），故六六六可从土壤和空气中进入水体，由于挥发性强，它也可随水蒸发，重新进入大气。

此外，六六六还能在土壤生物（如蚯蚓）体内累积。表 7.7 为土壤及不同植物体中六六六的含量。

表 7.7　几种六六六在土壤和植物体中的含量

对象	含量/(mg/kg)				
	a-六六六	β-六六六	γ-六六六	δ-六六六	各种异构体合计
稻田土壤	0.539	1.029	0.231	0.220	2.019
稻草	1.914	8.146	0.989	3.635	14.684
稻谷	0.152	0.079	0.044	0.097	0.372
西红柿	0.234	0.061	0.105	0.026	0.426
牛奶	0.055	0.229	0.002	0.006	0.292

从表中数据可以看出，植物能从土壤中吸附积累相当量的六六六，且不同植物积累量不同，其中 γ-六六六在各种植物体中含量最少。

1961—1967 年，在英、法、意、印度等国调查人体脂肪中六六六含量发现，人体脂肪中六六六含量为 0.07～1.43mg/kg，比 DDT 低得多。另外，林丹对于大多数鱼类的毒性也低于 DDT，对成鱼的毒性更低。

林丹在植物、动物和微生物体中代谢的最初产物是无氯环己烯，它以几种异构体形式被分离出来。在微生物的影响下，六六六可以形成酚类，在土壤中它们还要进一步降解。在动物（大鼠）体内，可以生成二氯、三氯和四氯苯酚的各种异构体。

因此，与 DDT 相比，六六六具有较低的累积性和持久性，但为了防止它们在环境中的积累，应尽快消减其使用量，采用纯的 γ-六六六，并与其他杀虫剂交替使用。

7.6.2.2　有机磷农药

有机磷农药大部分是磷酸的酯类或酰胺类化合物，按结构可分为磷酸酯（如敌敌畏、二溴磷）、硫代磷酸酯（如对硫磷、马拉硫磷、乐果等）、膦酸酯和硫代膦酸酯（如敌百虫）、磷酰胺和硫代磷酰胺（如甲胺磷等）。

几种常见的有机磷农药分子结构与产品名称见表 7.8。

表 7.8　几种常见的有机磷农药及其产品名称

分类	商品名称	化学名称	分子结构
磷酸酯	敌敌畏	O,O-二甲基-O-(2,2-二氯乙烯基)磷酸酯	$(CH_3O)_2P(=O)O-CH=CCl_2$
硫代磷酸酯（即硫逐磷酸酯）	甲基对硫磷	O,O-二甲基-O-对硝基苯基硫代磷酸酯	$(CH_3O)_2P(=S)O-C_6H_4-NO_2$

续表

分类	商品名称	化学名称	分子结构
二硫代磷酸酯	马拉硫磷	O,O-二甲基-S-(1,2-二乙氧酰基乙基)二硫代磷酸酯	$(CH_3O)_2P(=S)-S-CH(COOC_2H_5)-CH_2-COOC_2H_5$
	乐果	O,O-二甲基-S-(N-甲氨甲酰甲基)二硫代磷酸酯	$(CH_3O)_2P(=S)-S-CH_2-C(=O)-NH-CH_3$
膦酸酯	敌百虫	O,O-二甲基-(2,2,2-三氯-1-羟基乙基)膦酸酯	$(CH_3O)_2P(=O)-CH(CCl_3)-OH$
硫代磷酰胺	乙酰甲胺磷	O,S-二甲基-N-乙酰基硫代磷酰胺	$CH_3O-P(=O)(SCH_3)-NHCOCH_3$

有机磷农药是为取代有机氯农药而发展起来的,目前已得到广泛应用。由于有机磷农药比有机氯农药容易降解,故它对自然环境的污染及对生态系统的危害和残留没有有机氯农药那么普遍和突出,但有机磷农药毒性较高,大部分对生物体内胆碱酯酶有抑制作用。

有机磷农药多为液体,除少数品种(如乐果、敌百虫)外,一般都难溶于水,而易溶于乙醇、丙酮、氯仿等有机溶剂中。不同的有机磷农药挥发性差别很大,如在20℃时,敌敌畏在大气中蒸气质量浓度为 $145mg/m^3$,乐果则为 $0.107mg/m^3$。

1. 有机磷农药的非生物降解过程

(1) 吸附催化水解。吸附催化水解是有机磷农药在土壤中降解的主要途径。由于吸附催化作用,水解反应在有土壤存在的体系中比在无土壤存在的体系中快。如硫代磷酸酯类农药在 pH=6 的条件下,在无土体系中每天水解 2%,而在有土体系中,每天水解 11%,它们的水解产物是相同的。

马拉硫磷在 pH=7 的土壤中,水解半衰期为 6~8h;在 pH=9 的无土体系中,半衰期为 20 天,其吸附催化水解过程如下:

$$(RO)_2P(=S)-S-CH(COOR')-CH_2-COOR' \xrightarrow[(OH^-)]{+H_2O} (RO)_2P(=S)-OH + HS-CH(COOR')-CH_2-COOR'$$

$$HS-CH(COOR')-CH_2-COOR' \xrightarrow[(OH^-)]{2H_2O} HS-CH(COOH)-CH_2-COOH + 2R'OH$$

此外,磷酸酯类农药丁烯磷的水解也有类似情况,在 pH=7 的土壤体系中,降解半衰期为 2h,而在 pH=6 的无土体系中,其降解半衰期为 14 天。

(2) 光降解。有机磷农药可发生光降解反应。在有机磷的光降解过程中，有可能生成比其自身毒性更强的中间产物。

辛硫磷在 253.7nm 的紫外光下照射 30h，其光降解产物如下：

$$(C_2H_5O)_2 \overset{S}{P} - O - N = \overset{CN}{\underset{C_6H_5}{C}} \text{（辛硫磷）} \longrightarrow \begin{cases} (C_2H_5O)_2\overset{S}{P} - N = \overset{CN}{\underset{C_6H_5}{C}} \text{（辛硫磷感光异构体）} \\ (C_2H_5O)_2\overset{S}{P} - O - \overset{O}{P}(OC_2H_5)_2 \text{（特普）} \\ (C_2H_5O)_2\overset{O}{P} - \overset{S}{P}(OC_2H_5)_2 \text{（一硫代特普）} \\ (C_2H_5O)_2\overset{O}{P} - O - N = \overset{CN}{\underset{C_6H_5}{C}} \text{（辛氧磷）} \end{cases}$$

经鉴定，一硫代特普的毒性较高，照射 80h 后，一硫代特普又逐渐光降解消失。

2. 有机磷农药的生物降解

有机磷农药在土壤中被微生物降解是它们转化的另外一条重要途径。土壤微生物也会利用有机磷农药为能源，在体内酶或分泌酶的作用下，使农药发生降解作用，彻底分解为 CO_2 和 H_2O。如马拉硫磷可被两种土壤微生物——绿色木霉和假单胞菌，以不同的方式降解，其反应可表述如下：

$$(CH_3O)_2\overset{S}{P}SCHCOOC_2H_5 \atop CH_2COOC_2H_5 \xrightarrow{\text{绿色木霉}} \begin{cases} (CH_3O)_2\overset{S}{P}-SH + HO-CHCOOC_2H_5 \atop CH_2COOC_2H_5 \\ \underset{HO}{CH_3O}\overset{S}{\underset{}{P}}-SCHCOOC_2H_5 \atop CH_2COOC_2H_5 \\ (CH_3O)_2\overset{S}{P}SCHCOOH \atop CH_2COOC_2H_5 \longrightarrow (CH_3O)_2\overset{S}{P}SCHCOOC_2H_5 \atop CH_2COOH \end{cases}$$

马拉硫磷的羧酸衍生物是代谢产物的主要组成部分，能使马拉硫磷水解成为羧酸衍生物的可溶性酯酶，可从微生物分离出来。某些绿色木霉的培养变种也有高效脱甲基作用。

思 考 题

1. 在富含有机污染的河流底泥中，分析一下重金属镉和铬形态及其释放风险，为什么？

2. 土壤中氮的存在形态有哪些？其对作物吸收有何影响？在径流作用下的主要流失途径是什么？

3. 土壤中磷的存在形态及其作物吸收的影响。为什么闭蓄态磷难被植物吸收利用？

4. 比较 DDT 和林丹在环境中的迁移转化与归趋的主要途径与特点。

5. 叙述有机磷农药在环境中的主要转化途径，并举例说明其原理。

第8章 水体污染净化与修复原理和技术

本章将针对水体污染的问题,根据前述各章的污染物迁移转化原理,讲述典型的污染净化原理与技术。要求掌握适用于河湖水体污染物净化的生物处理原理,如有机物的好氧降解、厌氧降解与转化原理、生物脱氮除磷原理,掌握活性污泥法、生物膜法、生物碎石床、生物接触氧化、人工湿地、氧化塘等水污染净化工艺技术和方法。

8.1 反应器原理与形式

任何化学或生物反应都要在一定的空间容器中进行,这种反应的容器称为反应器。通常按照水流与反应物质的混合形式分为:完全混合反应器和推流式反应器。

8.1.1 完全混合反应器(completely mixed batch reactor,CMBR)

完全混合反应器 CMBR 是一个封闭体系。反应物一次性投入,当在反应器中进行反应时,反应物和产物不仅是处于完全混合的状况,而且两者的相对比例一直在随时间变化,CMBR 特别适用于小规模的生产和实验室研究。

拓展 8.1

对于完全混合反应器 CMBR,其反应过程中的物料平衡关系可表示为

[CMBR 内 i 组分的变化速率]=[CMBR 内 i 组分的反应速率]

其数学公式为(假设 i 的反应为一级反应)

$$\frac{d(C_i V)}{dt} = k C_i V$$

对方程进行积分,可得

$$t = \frac{1}{k} \ln\left(\frac{C_{i0}}{C_i}\right)$$

即
$$C_i = C_{i0} e^{-kt} \tag{8.1}$$

式中:C_{i0} 为 i 组分在 0 时刻的浓度;C_i 为 i 组分在结束时刻的浓度。

在 CMBR 中,物质的初始浓度按照上式,变化过程如图 8.1 所示。

8.1.2 连续搅拌式混合反应器(continuous stirred tank reactor,CSTR)

如图 8.2 所示,反应物的加入和反应后的物质从反应器排出是连续进行的。在反应区内各点的浓度相同,温度相同,且等于反应器出口处物料的浓度和温度,因此 CSTR 内各点的反应速率也相同。

在反应的过程中,存在如下的物料平衡关系:

输入组分质量速率+组分产生速率=输出组分质量速率+反应器内组分质量变化速率

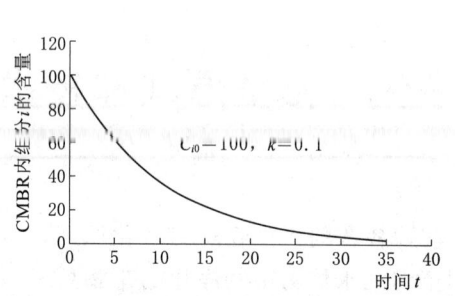 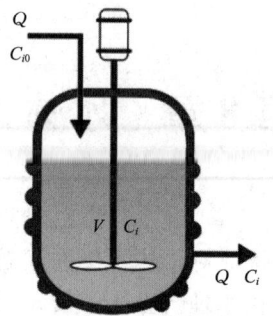

图 8.1 CMBR 中物质浓度随时间的变化过程　　图 8.2 CSTR 反应过程示意图

在组分符合一级反应的情况下,有如下物料平衡关系式:

$$QC_{i0} + kVC_i = \frac{dVC_i}{dt} + QC_i$$

积分得

$$\frac{C_i}{C_{i0}} = \frac{1}{1 + \frac{V}{Q}k}$$

即

$$\frac{C_i}{C_{i0}} = \frac{1}{1 + kt_{CSTR}} \tag{8.2}$$

式中:C_{i0} 为 i 组分在 0 时刻的浓度;C_i 为 i 组分在结束时刻的浓度;t_{CSTR} 为反应器停留时间。

在实际运用中,通常采用多级 CSTR 串联的方式,即

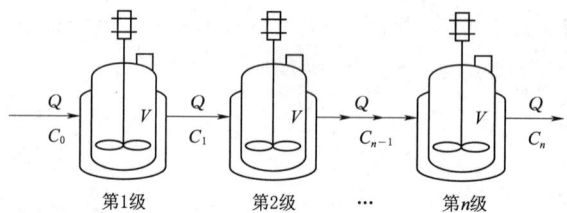

对于第一级,有

$$\frac{C_i}{C_{i0}} = \frac{1}{1 + \frac{V}{Q}k} \quad \text{或} \quad \frac{C_i}{C_{i0}} = \frac{1}{1 + kt_{CSTR}}$$

第二级,有

$$\frac{C_2}{C_1} = \frac{1}{1 + kt_{CSTR}}$$

代入第一级,可得

$$\frac{C_2}{C_0} = \left(\frac{1}{1 + kt_{CSTR}}\right)^2$$

或

$$C_2 = C_0 \left(\frac{1}{1+kt_{CSTR}} \right)^2$$

同理,可得全部的 n 级:

$$\frac{C_n}{C_0} = \left(\frac{1}{1+kt_{CSTR}} \right)^n \tag{8.3}$$

在 n 级中,每一级 CSTR 中的理论停留时间为

$$t_{CSTR} = \frac{1}{k} \left[\left(\frac{C_0}{C_n} \right)^{\frac{1}{n}} - 1 \right] \tag{8.4}$$

8.1.3 推流式反应器 (plug flow reactor, PFR)

在反应器中,流体是以有秩序的均匀状态通过,前后相邻的流体单元不发生纵向(流动方向的混合),也不会发生横向上的混合,即只在纵向上存在浓度梯度,因此在推流式反应器中反应物的浓度将随流动的轴向而变化(图 8.3)。

图 8.3 中,Q 为流量,C_0 为初始反应物浓度,C_e 为出口反应物浓度,V 为反应器体积,U_x 为沿 x 方向的反应器内流速,Δx 为沿流向的微距离 dx,则对应的微体积 $dV = A dx$。在实际中将推流式反应器简化成对应 dV 的 n 个连续搅拌混合式反应器,采用与 8.1.2 节中推求连续混合式反应器出口浓度的方法,即可寻求推流式反应器出口浓度的计算方法。

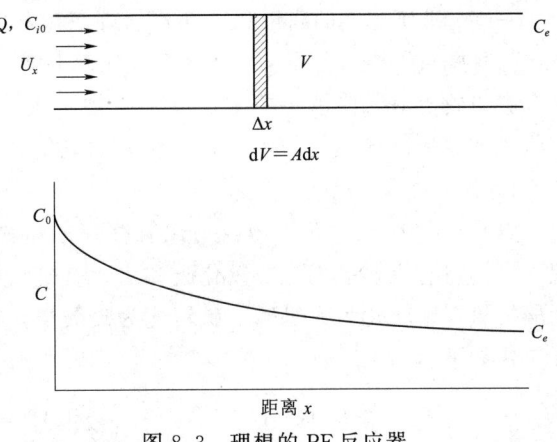

图 8.3 理想的 PF 反应器

从实际河流污染物沿河流的浓度变化可以认为是一个典型的推流式反应器。

8.2 生物处理原理

生物处理法主要是通过生物尤其是微生物对废水中污染物的富集、转化、降解等生理生化特征来改变废水水质,使其达到排放标准。未经处理即被排入河流的污废水,流经一段距离后会逐渐变清,臭气消失,这种现象是水体的自然净化。

在污水的生物处理中,微生物以水体中的有机污染物作为自己的营养食料。通过吸附、吸收、氧化、分解等过程,把有机物变成简单的无机物,既满足了微生物本身繁殖和生命活动的需要,又净化了污水。

通常污水生物处理从微生物存在状态,可以分为活性污泥法和生物膜法。从水中溶解氧含量可以分为好氧处理、厌氧处理和缺氧处理过程。

在实际中常见的有活性污泥法、生物膜法(生物转盘、生物滤池、生物接触氧化等)、人工湿地、土地处理、稳定塘等。

8.2.1 有机物生物降解与转化

水中的有机污染物,在微生物的作用下,通过好氧或者厌氧的生命活动,将复杂有机物降解为简单有机物甚至完全矿化为无机物的过程。按照降解过程中是否好氧,分为有机物好氧降解和有机物厌氧降解过程。

8.2.1.1 有机物的好氧降解与转化

拓展 8.2

在氧气存在的条件下,在微生物作用下,有机物逐渐分解成为水和二氧化碳的过程称为有机物的好氧生物降解,简称好氧生物降解。参与这个过程的微生物称为好氧微生物。

好氧微生物只能在有氧的环境中生存,属于微生物中的一部分。它包括原核生物中的一部分细菌、放线菌、螺旋体、支原体等;真核生物中的一部分真菌、藻类、原生动物;一部分非细胞类的病毒和亚病毒。好氧生物分布非常广泛,只要有氧气存在的地方,都有好氧生物的存在。自然界中大气,土壤,陆地,海洋都有好氧生物的存在。

有机物的好氧降解主要由好氧微生物完成,存在以下三个途径:有机物的氧化、细胞质的合成(微生物增殖)和细胞质的氧化分解(微生物自身分解)。

1. 有机物的氧化

以 $C_xH_yO_z$ 表示有机物,则在氧存在的条件下,有机物经过一系列生物化学过程,最终将有机物氧化为二氧化碳和水,有机物中的氮转化为氨氮、硝酸盐氮或者亚硝酸盐氮,磷转化为无机磷,硫转化为硫酸根,并为生命活动提供能量。概化的生物反应式如下:

$$C_xH_yO_z + \left(x + \frac{y}{4} - \frac{z}{2}\right)O_2 \longrightarrow xCO_2 + \frac{y}{2}H_2O$$

2. 细胞质的合成

被微生物摄取的一部分有机物并不会完全由其在好氧条件下完全分解为无机物,其中很大一部分有机物还用于微生物自身细胞的合成或者作为能源暂时储存在细胞内,这样实现了细胞增殖或者能量储存,又称为有机物的生物同化。概化的生物反应式如下:

$$nC_xH_yO_z + nNH_3 + n\left(x + \frac{y}{4} - \frac{z}{2} - 5\right)O_2 \longrightarrow$$

$$(C_5H_7NO_2)_n + n(x-5)CO_2 + \frac{n}{2}(y-4)H_2O$$

3. 细胞质的氧化分解

被微生物用于细胞合成的有机物,在缺少营养物质的情况下,或者处于微生物的衰亡期,这些被同化的有机物又进一步被微生物分解,再转化成二氧化碳、水、氨氮或硝酸盐氮及磷酸盐等。

$$(C_5H_7NO_2)_n + 5nO_2 \longrightarrow 5nCO_2 + 2nH_2O + nNH_3$$

总体而言,经过上述三个生物降解过程,可降解有机物在经微生物吸收后只有大约 1/3 直接好氧降解,而用于微生物增殖的同化合成则占整个有机物转化的 2/3。这一部分又进一步约有 80% 好氧降解转化为无机物。总体而言,对于可生物降解的有机物,经过微生物的生物化学作用过程,约有 86.7% 经生物好氧降解转化为无机物而实现有机污染物的去除,而剩余的 13.3% 则会以难降解有机物的方式存在于环境中。

8.2.1.2 有机物的厌氧降解与转化

在没有氧气存在或者缺少氧气存在的情况下,微生物也可以通过其生命活动而实现有机物的降解与转化,只是这种降解转化没有完全转化为无机物。这个转化过程通常是由厌氧微生物或兼性厌氧微生物来完成的。

厌氧微生物指能够在氧不足或者完全没有氧存在的条件下仍能够生存的微生物。厌氧微生物绝大多数为细菌,很少数是放线菌,极少数是支原体,厌氧真菌尚见于个别的报道。厌氧微生物能够在氧气不足或无氧气的情况下,完成生物化学反应。厌氧微生物在自然界分布广泛,常用于净化受到污染的水体。

兼性厌氧微生物即兼性厌氧菌,是指在有氧条件下生长良好,在无氧条件下也能生长的微生物。在有氧时靠呼吸产能,无氧时可借发酵或无氧呼吸产能。许多酵母菌和细菌都是兼性厌氧微生物,如酿酒酵母。

有机物,包括蛋白质、多糖和脂类等大分子有机物以及各种小分子有机物,其在厌氧条件下,在各种微生物作用下,通常经水解、酸化、产乙酸和产甲烷等四个阶段,最终转化为甲烷、二氧化碳、氨气、硫化氢等小分子物质。这一过程又称为厌氧发酵或者沼气发酵。

1. 水解阶段

水解阶段是有机物,尤其是大分子有机物厌氧降解的前期阶段。大分子有机物在进入微生物细胞之前,在各种胞外酶(微生物释放的胞外自由酶或连接在细胞外壁上的固定酶)的作用下,如发酵菌的作用下,逐渐转变为小分子有机物的过程。水解阶段可以将污废水中难生物降解的有机物转变为易生物降解的有机物,提高其可生化性,以利于后续的好氧生物处理。

经过水解阶段以后,污废水中的蛋白质、多糖和脂类等大分子有机物会转变为氨基酸、葡萄糖、甘油和脂肪酸等小分子有机物,为进一步的转化提供条件。

2. 酸化阶段

经过水解阶段后的有机物在发酵菌的进一步作用下,有机物进一步转化各种小分子脂肪酸的过程。

在此阶段,有机物主要产生两类产物:Ⅰ类产物,即甲酸、甲醇、甲胺和乙酸等;Ⅱ类产物,即丙酸、丁酸、乳酸和乙醇等。

3. 产乙酸阶段

在产氢产乙酸菌的作用下,上一阶段的产物被进一步转化为乙酸、氢气、碳酸以及新的细胞物质。

上述两个阶段的主要微生物统称为发酵细菌或产酸细菌,主要特点是细菌生长快,适应性强(温度、pH 值)。

4. 产甲烷阶段

产甲烷阶段,又称碱性发酵阶段,这一阶段,乙酸、氢气、碳酸、甲酸和甲醇被转化为甲烷、二氧化碳和新的细胞物质。有机物中的氮和硫则转化生成氨氮和硫化氢，因而产生的气体存在一定的刺激性和臭味。

产甲烷阶段主要参与的微生物统称为产甲烷细菌。

这一阶段细菌增殖较慢，对环境条件，如温度、pH 值和抑制物等非常敏感。

综合上述 4 个阶段，有机物的厌氧降解转化过程见图 8.4。

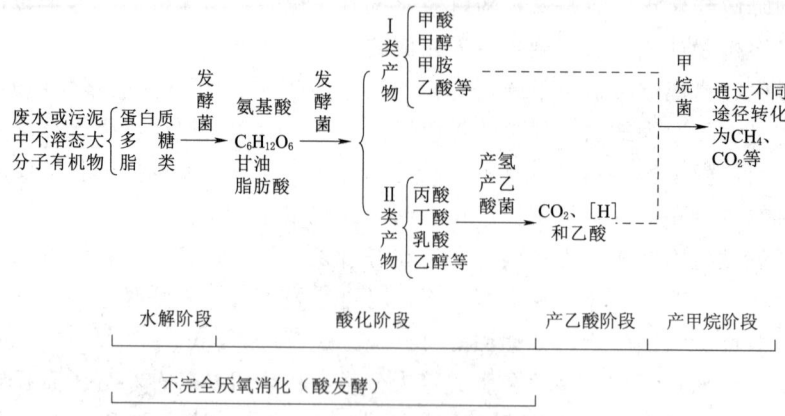

图 8.4 有机物的厌氧发酵降解过程

在此有机物厌氧降解转化过程中，28%的甲烷来自氢的氧化和二氧化碳的还原，72%的甲烷来自乙酸盐的裂解。由于大部分甲烷和二氧化碳的逸出，氨以亚硝酸铵、碳酸氢铵的形式留在厌氧污泥中，并中和第一阶段产生的酸，为产甲烷菌创造了生存所需的弱碱性环境。而且氨还可被产甲烷菌用作氮源。

8.2.2 氮的生物降解与转化

氮是水体富营养化的关键元素，是生命体主要的组成成分。污水中含有大量的各种形态的氮，其进入水体后作为营养污染物，造成严重的水体污染，故必须严格控制排入水体的氮含量。氮在污水中的存在形态主要有有机氮（蛋白质、氨基酸、尿素等）、无机氮（氨氮、硝酸盐氮、亚硝酸盐等）。

氮的生物降解与转化指的是上述不同形式存在的氮，在微生物作用下，在有氧或者无氧的环境条件下，相互转化的过程：氨化作用、硝化作用、反硝化作用和同化作用。对于水体环境污染治理而言，更加关注于水中氮元素如何迁移转化为气体形态，进而从水体中逸出，氮造成的营养污染得以消除。

详见第 6 章 6.3.2 氮素生物转化。

8.2.3 磷的生物降解与转化

磷是水体富营养化的限制性元素，更是生物体组成的不可或缺成分。大量的磷排放入水体，进而引起水体富营养化甚至黑臭，是磷对水体产生严重污染的结果。因此，对污水中的磷进行处理，是必要的。

磷的生物降解与转化，指将污废水中有机磷或无机磷等，利用微生物而将其浓度降低，即将其通过生命活动吸收转化为自身成分，然后再经过分离而使得污废水得以净化。

磷的生物降解与转化与磷的自然循环过程相同，具体详见第 6 章 6.3.4 磷素生物转化。

生物强化除磷指利用经过驯化培养而形成的一种能够过量摄取磷的微生物：聚磷菌的作用，实现对污水中磷高效吸收去除的磷生物降解过程，详见后续小节 8.4.2。

8.3 活性污泥法

8.3.1 活性污泥组成与特性

在当前污水处理技术领域中，活性污泥法作为一种传统的生物处理技术，在整个污水的生物处理系统中应用最为广泛，是城镇生活污水、部分工业废水的主体处理技术。

活性污泥法是一种好氧生物处理方法，其基本概念是 1912 年英国的克拉克（Clark）和盖奇（Gage）发现并提出的。活性污泥是微生物群体及它们所依附的有机物质和无机物质的总称，微生物群体主要包括细菌，原生动物和藻类等。状态良好的好氧活性污泥呈黄褐色的絮凝体，它易于沉淀与水分离，并使污水得到净化、澄清。

从活性污泥处理系统的基本流程来看（图 8.5），该系统主要由曝气池、二沉池、污泥回流系统和曝气与空气扩散系统所组成。

曝气池：活性污泥反应器是活性污泥处理系统的核心处理设备。

曝气池中的混合液是由污水、回流污泥和空气互相混合形成的液体。

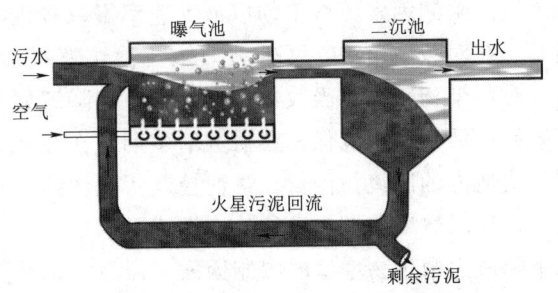

图 8.5 活性污泥法的基本工艺流程

8.3.1.1 活性污泥的组成

由细菌、菌胶团、原生动物、后生动物等微生物群体，微生物自身氧化残留物及吸附的污水中有机和无机物质组成的、有一定活力的、具有良好的净化污水功能的絮绒状污泥。

活性污泥中栖息的微生物以好氧微生物为主，是一个以细菌为主体的群体，除细菌外，还有酵母菌、放线菌、霉菌以及原生动物和后生动物等所组成的生物群落。

活性污泥中细菌含量一般为 $10^7 \sim 10^8$ 个/mL；原生动物 10^3 个/mL，原生动物中以纤毛虫为主，固着型纤毛虫可作为指示生物，固着型纤毛虫如钟虫、等枝虫、盖纤虫、独缩虫、聚缩虫等出现且数量较多时，说明培养成熟且活性良好。

8.3.1.2 活性污泥的特性

良好性状的好氧活性污泥呈明显的土黄色、有土腥味的絮绒状颗粒，相对密度在曝气池的混合液中为 1.002~1.003，在二沉池后的回流污泥中为 1.004~1.006，颗粒粒径在 0.002~0.2mm 之间，比表面积为 20~100cm²/mL，含水率在 98%~99% 之间。

在活性污泥颗粒中，各微生物之间通过食物链彼此紧密联系，其中细菌是降解与

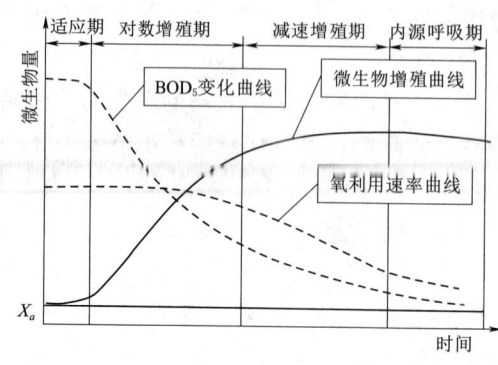

图 8.6 活性污泥微生物增殖与氧利用和有机物消耗关系

转化有机物、氮和磷等污染物的主体，而原生动物和后生动物则以细菌为食，从而控制活性污泥菌胶团的结构和组成，保持活性污泥颗粒的性状处于良好状态。

在一定的环境条件下，活性污泥的增长（即活性污泥微生物增殖）经过了4个阶段——适应期、对数增殖期、减速增殖期和内源呼吸期，如图 8.6 所示。图中 X_a 表示污水中难生物降解对应的有机物量。

（1）适应期，又称延迟期或调整期，是微生物适应新环境的过程。在本阶段，微生物基本不增殖，但微生物的酶系统逐渐适应新环境，个体发育也达到一定的程度，细胞开始分裂，微生物处于开始增殖的状态。

（2）对数增殖期，又称增殖旺盛期。此时，有机物非常充分，营养物质不是微生物增殖的限制因素，微生物以最大速率摄取有机物，也以最大速率合成新细胞，实现增殖。在对数增殖期，微生物个体数量快速增加，微生物活性强，需要充足的溶解氧，对污染物转化与吸收作用强，微生物降解处于高速阶段。因此，为保证良好的处理效果，活性污泥应保持在对数增殖期。在污水处理厂的运行中，是通过控制二沉池到生物池内的回流污泥量，进而控制污泥泥龄来实现的。

（3）减数增殖期，又称稳定期或平衡期。随着反应的进行，污水中有机物含量逐渐下降成为微生物增殖的限制因素。微生物仍然在增殖，但其增殖速率和有机物降解速率已大为降低，特别是在减数增殖期的后期，微生物增殖速率几乎和细胞衰亡速率相等，微生物活体数达到最高水平。

（4）内源呼吸期，又称衰亡期。污水中有机物含量持续下降，达到近乎耗尽的程度，微生物不得不大量利用自身体内储存的物质或衰亡菌体进行内源代谢以维持生命活动。

在整个过程中，伴随着微生物增殖，污水中的有机物含量在下降，对水中溶解氧的需求和氧利用效率也在从高到低变化直至稳定。

8.3.2 活性污泥去除有机物的过程

首先了解一个表征污水中有机污染物可以生化降解的量的指标，即生物需氧量（biochemical oxygen demand，BOD），指在一定条件下，微生物分解存在于水中的可生化降解有机物所进行的生物化学反应过程中所消耗的溶解氧的数量。它是反映水中可生物降解的有机污染物含量的一个综合指标。如果进行生物氧化的时间为五天就称为五日生化需氧量（BOD_5），相应地还有 BOD_7、BOD_{10}、BOD_{20}，数字代表微生物氧化天数。

通俗意思是：在一定的条件下，微生物能吃掉的有机物量（消耗的氧量）。这指标很重要,在选择污水处理方式时可作参考,如果 BOD_5 比较大,就非常适合微生物处理方式,如加设厌氧、好氧工序。反之,微生物处理效果不明显,选择化学处理效果比较好。

可生化比,指污水的 5 日生化需氧量与化学需氧量测定值的比值,即 $R=BOD_5/COD_{Cr}$。这个比值相当重要,反映了污水中能够被微生物降解利用的有机物占比总有机物的比例,反映了污水中有机污染物的可生化降解性。通常认为 R 值大于 0.45 时,表明污水中的有机物生化可降解性较好,可直接利用微生物降解。反之,则需要提高污水的生化性才可通过微生物降解而达到去除的目的。

活性污泥在曝气过程中,对有机物的降解(去除)过程可分为三个阶段:①吸附阶段。污水和活性污泥接触后在很短时间内水中有机物(BOD)迅速降低,主要由吸附作用引起。由于絮状活性污泥表面积很大,表面具有多糖类黏液层,有利于吸附,因而这个阶段为污染物的快速去除阶段。②氧化阶段。有氧条件下,微生物将吸附的有机物一部分氧化分解获得能量,一部分合成新细胞,体现在微生物数量的增殖。并且形成新细胞的有机质还可以进一步在微生物的内源呼吸作用下进一步氧化,使得有机物得以继续去除。但这一阶段比吸附阶段慢得多,是污水生物处理过程的控制步骤。③絮凝体形成与凝聚沉淀阶段。氧化阶段合成的菌体有机体形成絮凝体,通过重力沉淀而分离出来,使污水得以净化。

经过以上过程,污水中的有机物转化与分离过程如图 8.7 所示:

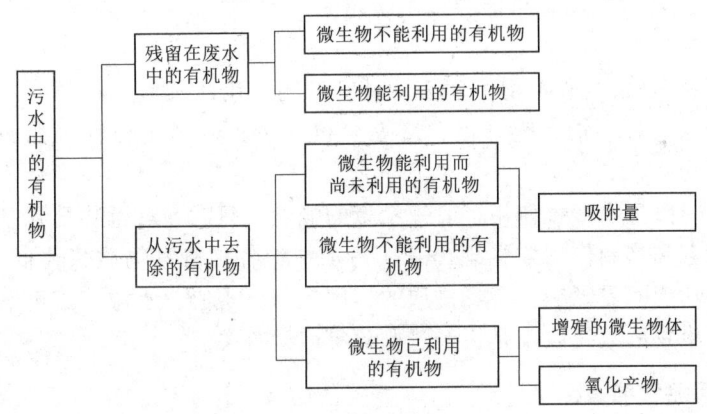

图 8.7 污水中有机物在生物池中的转化与分离

活性污泥代谢有机物的主要途径为污水中的有机物在溶解氧充足的情况下,主要经过直接的微生物吸收代谢、合成自身细胞质进而实现微生物增殖,自身合成的细胞质又进一步内源呼吸代谢。

8.3.3 环境因素对活性污泥微生物的影响

活性污泥中微生物的活性受到各种因素的影响,如污水中营养物质的平衡、溶解氧含量、pH 值、水温和有毒物质等。

1. 污水中营养物质平衡

由生物学知识可知,要想实现微生物的正常生命活动而降解有机物,则需要污水中存在适宜微生物生命活动的营养物质，并存在适宜的数量平衡关系。比如：要有充足的碳源，即污水中有足够的可生物降解有机物，即 BOD；要有稳定可靠充足的氮源，既可来自 N_2、NH_3、NO_3 等无机含氮化合物，也可来自蛋白质、蛋白胨及氨基酸等有机含氮化合物。同时还需要足量的无机盐类，如磷、钾、镁、钙、铁和硫及某些生长素等，其中碳、氮和磷是最主要的。在污水生物处理中，通常认为几种营养物质最佳比例为：①对于原水，即没有经过沉淀或者水解酸化处理后的生物处理池进水，BOD∶N∶P=100∶5∶1；②对于经过初次沉淀池沉淀处理或者水解酸化处理后的生物处理池进水，则 BOD∶N∶P=100∶20∶25。

2. 溶解氧含量

在活性污泥处理系统中，通常是以好氧菌为主体的微生物群体参与污水的净化作用。一般情况，在曝气池的前端要求 DO>1mg/L，在末端要求 DO>2mg/L，能保证好氧菌正常的生理活动，从而对有机物进行正常净化。值得注意的是，过高的溶解氧会导致活性污泥的老化，结构松散（分解太快，营养不足）。

3. pH 值

微生物的生理活动与环境的酸碱度密切相关，只有在适宜的酸碱度条件下，微生物才能进行正常生理活动，一般最佳的 pH 值范围介于 6.5~8.5 之间。

4. 水温

通常情况下微生物适宜的温度为 25~35℃，水温低于 5℃时微生物生长缓慢，低于 10℃时，污泥活性减弱，可能导致水质超标。

5. 有毒物质

"有毒物质"是指对微生物生理活动具有抑制作用的某些无机质及有机质，主要有重金属离子（如锌、铜、镍、铅、铬等）和一些非金属化合物（如酚、醛、氰化物、硫化物等）。

有毒物质对微生物毒害作用，有一个量的概念，只有在有毒物质在环境中达到某一浓度时，毒害和抑制作用才显现出来。污水中的各种有毒物质只要低于这一浓度，微生物的生理功能不受影响。有毒物质的作用还与 pH 值、水温、溶解氧、有无其他有毒物质及微生物的数量以及是否经过驯化等因素有关。

8.3.4 活性污泥性能指标

活性污泥的性能指标包括混合液悬浮固体（MLSS），污泥沉降比（SV），污泥指数［包括污泥体积指数（SVI），污泥密度指数（SDI）］。

（1）混合液悬浮固体浓度（MLSS），又称为混合液污泥浓度，表示在曝气池单位容积混合液内所含的活性污泥固体的总重量，包括微生物群体，微生物内源代谢、自身氧化的残余物、难以生物降解的惰性有机物和无机物质等。

（2）混合液挥发性悬浮固体浓度（MLVSS），表示混合液活性污泥中有机性固体物质部分的浓度，即 MLSS 中不含无机物质的部分。

MLVSS 与 MLSS 的比值以 f 表示，即 f=MLVSS/MLSS。在一般情况下，f 值比较固定，对生活污水，f 值为 0.75 左右。以生活污水为主体的城市污水也同此值。

(3) 污泥沉降比 (SV), 又称 30min 沉降率。混合液在量筒内静置 30min 后所形成沉淀污泥的容积占原混合液容积的百分率, 以％表示。又称污泥沉降体积 (SV_{30}) 以 mL/L 表示。

(4) 污泥容积指数 (SVI), 其物理意义是在曝气池出口处的混合液, 在经过 30min 静沉后, 每克干污泥所形成的沉淀污泥所占的容积 (以 mL 计), SVI 的表示单位为 mL/g, 习惯上只称数字, 而把单位略去。

8.3.5 在工程上具有重要实际意义的 SVI-污泥负荷 F_W 关系

F_W 为活性污泥法中的有机物去除负荷, 曝气池内每公斤活性污泥单位时间负担的五日生化需氧量公斤数 $kg(BOD_5)/[kg(MLSS) \cdot d]$。

在活性污泥法中, 污泥负荷 F_W 与 SVI 存在关系如图 8.8 所示。

污泥负荷大, 活性污泥增长速率、有机物去除速率和氧的利用速率均高。但污泥负荷过大, 处理系统出水不易合格, 同时由于微生物活力强, 污泥不易凝聚沉降, 与水分离不好。

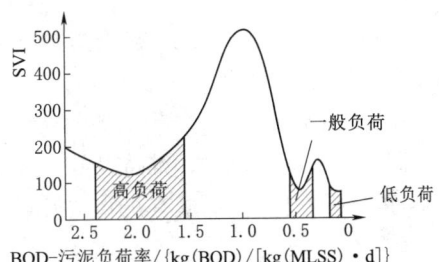

图 8.8 污泥负荷与 SVI 关系

因此, 欲得到良好的处理效果, 就应根据具体的处理工艺控制适宜的污泥负荷。

8.3.6 污泥生物处理池的设计计算

8.3.6.1 生物处理池容积计算

对于采用活性污泥法的好氧生物处理池, 通常采用污泥负荷的方法对其容积进行设计计算。

即

$$F_W = \frac{S_0 Q}{VX} \tag{8.5}$$

式中: F_W 为 BOD_5 污泥负荷, $kg(BOD_5)/[kg(MLSS) \cdot d]$; S_0 为曝气池进水 BOD_5 浓度, mg/L; Q 为进水流量, m^3/d; V 为曝气池有效容积, m^3; X 为混合液污泥浓度, mg/L。

在选定合适的污泥负荷之后, 就可以得到生物池的体积。

8.3.6.2 污泥泥龄与沉淀池污泥回流比

污泥泥龄, 即活性污泥在生物处理池中的总的平均停留时间, 通常用 SRT 表示。为了保证良好的处理效果, 通常需要控制活性污泥中的微生物处于适宜的泥龄。

一般常利用系统稳定平衡运行时池中的总泥量 (MLSS×曝气池体积) 除每日排出的剩余污泥量 (或每日进泥量) 计算求得活性污泥的泥龄。

$$SRT = \frac{VX}{Q_W X_r} \tag{8.6}$$

式中: SRT 为污泥泥龄, d; V 为生物池体积, m^3; Q_W 为二沉池剩余污泥排出量,

m^3/d；X 为生物池内污泥浓度，g/m^3；X_r 为剩余污泥浓度，g/m^3。

对于有回流的活性污泥法，污泥泥龄就是曝气池全池污泥平均更新一次所需的时间（以天计）。泥龄长，处理效果好，污泥量也少；但太长，则将使污泥老化，影响有机物去除效率和沉淀。普通活性污泥的泥龄一般为 3～4 天之间，对于高负荷活性污泥法，污泥泥龄为 0.2～0.4 天。

污泥回流比：通常在生物反应器中需要从二沉池中回流一定数量的污泥，以保证生物反应器的稳定性。从二沉池回流的污泥量与污水量之比称为污泥回流比。

$$R = Q_R/Q \tag{8.7}$$

式中：Q_R 为二沉池回流至生物池的污泥量，m^3/d；Q 为生物处理池的进水量，m^3/d。

污泥回流比 R 与污泥容积指数 SVI 间关系如图 8.9 所示。

8.3.6.3 生物池所需氧量

即达到去除有机物，维持良好生物池性能的氧气需要量，根据有机物的好氧转化，有

$$AOR = 0.001aQ(S_0 - S_e) \tag{8.8}$$

式中：AOR 为有机物好氧的理论需氧量，kg/d；S_0，S_e 为生物池进出水的五日生化需氧量浓度，即 BOD_5，mg/L；a 为碳的好氧转化消耗当量，当含碳物质以 BOD_5 计时，取值为 1.47。

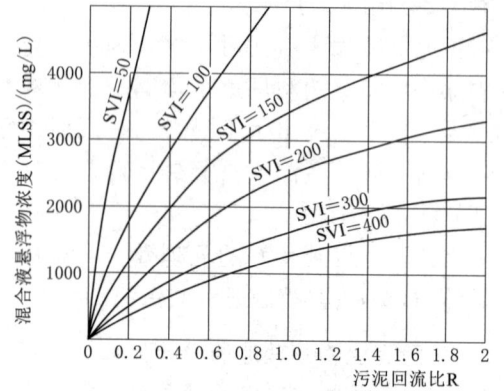

图 8.9 污泥回流比 R 与混合悬浮浓度 MLSS 及污泥容积指数 SVI 间关系

如图 8.10 所示，为生物曝气池处理过程示意图，根据进出口的物料过程平衡，可以得到：

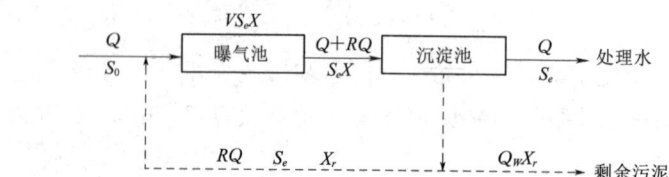

图 8.10 生物曝气池处理过程示意图

$$S_0Q + RQS_e - (Q+RQ)S_e + VdS/dt = 0$$

对于污泥回流过程，则有

$$RQX_r = (Q+RQ)X$$

得

$$R = X/(X_r - X) \tag{8.9}$$

由上述公式，就可以进行活性污泥法好氧生物池的设计计算，进而确定生物池的体积、污水停留时间、需氧量、污泥泥龄、回流比等重要内容。

8.4 生物脱氮除磷

在污染水体或者污废水中，氨氮、硝酸盐氮以及可溶性磷和易转化成生物利用的磷形态对水体影响较大，如不尽可能去除，其排放进入水体后会造成富营养化问题，进而造成严重的水体污染。因此，污染水体或污废水中氮磷的去除对于保护水体环境与健康生态是至关重要的。

生物脱氮除磷是指用生物处理法去除污水中营养物质氮和磷的工艺，其根本是污水中的氮磷污染物在微生物的作用下，经过一系列生物化学反应，氮元素转化为生物氮和气态氮、磷转化成生物磷或不溶性磷而从水中分离出来，这样水中氮磷的浓度就大大降低，避免其排放入水体。

8.4.1 生物脱氮原理

生物脱氮原理实质上是利用了氮元素的地球生物循环过程，只不过在生物处理池中氮生物循环过程得以强化，最终转化成气态氮而从水中逸出。

生物脱氮过程如图 8.11 所示，包含三个主要过程：氨化作用、硝化作用和反硝化作用。

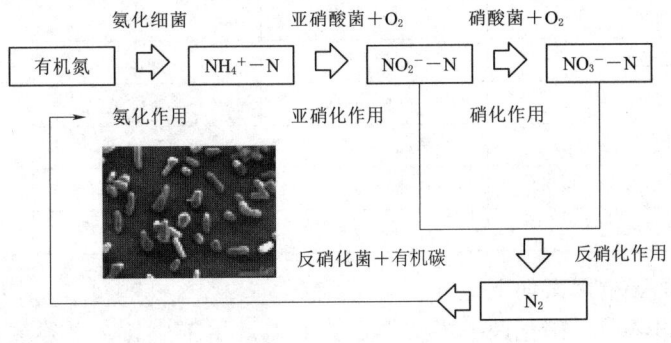

图 8.11 生物脱氮基本过程

8.4.1.1 氨化作用

新鲜污水中，含氮化合物主要是以有机氮，如蛋白质、尿素、胺类化合物、硝基化合物以及氨基酸等形式存在，此外也含有少数的氨态氮，如 NH_3 及 NH_4^+ 等。

微生物分解有机氮化合物产生氨的过程称为氨化作用，很多细菌、真菌和放线菌都能分解蛋白质及其含氮衍生物，其中分解能力强并释放出氨的微生物称为氨化微生物。在氨化微生物的作用，有机氮化合物分解、转化为氨态氮。

如氨基酸，其可在各种微生物的作用下，经水解、氧化、还原及减饱和等作用，转化为氨氮。

详细的氨化作用过程参见 6.3.2.2 氮素生物转化作用过程。

8.4.1.2 硝化作用

硝化作用是在好氧条件下，氨氮在硝化细菌作用下，转化为亚硝酸盐和硝酸盐的过程。

$$2NH_4^+ + 3O_2 \xrightarrow{\text{亚硝酸菌}} 2NO_2^- + 4H^+ + 2H_2O$$

$$2NO_2^- + O_2 \xrightarrow{\text{硝酸菌}} 2NO_3^-$$

$$NH_4^+ + 2O_2 \xrightarrow{\text{硝化细菌}} NO_3^- + 2H^+ + H_2O$$

$$\underset{\text{铵根离子}}{\overset{-3}{NH_4^+}} \xrightarrow{-2e^-} \underset{\text{羟胺}}{\overset{-1}{NH_2OH}} \xrightarrow{-2e^-} \underset{\text{硝酰基}}{NHO} \xrightarrow{-2e^-} \underset{\text{亚硝酸根离子}}{\overset{+3}{NO_2^-}} \xrightarrow{-2e^-} \underset{\text{硝酸根离子}}{\overset{+5}{NO_3^-}}$$

硝化细菌是化能自养菌，包括亚硝酸菌和硝酸菌，生长率低，对环境条件变化较为敏感。温度、溶解氧、污泥泥龄、pH、有机负荷等都会对它产生影响。

在正常的硝化过程中，通常1g的氨氮（NH_4^+-N）需要氧4.57g，产生1g的硝酸盐氮（NO_3^--N）。在这个过程中需要消耗碱度约为7.14g。

硝酸菌和亚硝酸菌主要区别见表8.1。

表8.1 亚硝酸菌和硝酸菌的区别

主要特征项目	亚硝酸菌	硝酸菌	异养菌
细胞形状	椭球或棒状	椭球或棒状	
细胞尺寸/μm	1.0～1.5	0.5～1.0	
革兰氏染色	阴性	阴性	
世代周期/h	8～36	12～59	2.31～8.69
自养性	专性	专性	异养
需氧性	严格好氧	严格好氧	
最大比生长速率/(μm/h)	0.04～0.08	0.02～0.06	0.08～0.3
产率系数/(mg 细胞/mg 基质)	0.04～0.13	0.02～0.07	0.4～0.8
饱和常数/(mg/L)	0.6～3.6	0.3～1.7	25～100

硝化过程的影响因素如下。

(1) 溶解氧浓度。硝化菌为了获得足够的能量用于生长，必须氧化大量的NH_3和NO_2^-，氧是硝化反应的电子受体，反应器内溶解氧含量的高低，必将影响硝化反应的进程，在硝化反应的曝气池内，溶解氧含量不得低于1mg/L，多数学者建议溶解氧应保持在1.2～2.0mg/L之间。

(2) 碱度要求。在硝化反应过程中，释放H^+，使pH值下降，硝化菌对pH值的变化十分敏感，其适宜的pH值在8.0～8.4之间。为保持适宜的pH值，应当在污水中保持足够的碱度，以调节pH值的变化。1g氨态氮（以N计）完全硝化，需碱度（以$CaCO_3$计）7.14g。

(3) 混合液中有机物含量不应过高。硝化菌是自养菌，有机基质浓度并不是它的增殖限制因素，若BOD值过高，将使增殖速度较快的异养型细菌迅速增殖，与硝化菌争夺氧气，从而使硝化菌不能成为优势种属。

(4) 温度。硝化反应的适宜温度是20～30℃，15℃以下时，硝化反应速度下降，5℃时完全停止。

(5) 硝化菌在反应器内的停留时间。即生物固体平均停留时间（污泥泥龄）

SRT，必须大于其最小的世代时间，否则将使硝化菌从系统中流失殆尽，一般认为硝化菌最小世代时间在适宜的温度条件下为 3d。SRT 值与温度密切相关，温度低，SRT 取值应相应明显提高。

(6) 抑制物质。除有毒有害物质及重金属外，对硝化反应产生抑制作用的物质还有高浓度的 NH_4-N、高浓度的 NO_x-N、高浓度的有机基质、部分有机物以及络合阳离子等。

8.4.1.3 反硝化作用

反硝化作用是指在无氧的条件下，反硝化菌将硝酸盐氮（NO_3^-）和亚硝酸盐氮（NO_2^-）还原为氮气的过程。

$$6NO_3^- + 2CH_3OH \xrightarrow{\text{硝酸还原菌}} 6NO_2^- + 2CO_2 + 4H_2O$$

$$6NO_2^- + 3CH_3OH \xrightarrow{\text{亚硝酸还原菌}} 3N_2 + 3CO_2 + 3H_2O + 6OH^-$$

总的反应式为

$$6NO_3^- + 5CH_3OH \xrightarrow{\text{反硝化菌}} 3N_2 + 5CO_2 + 7H_2O + 6OH^-$$

在反硝化菌代谢活动的同时，伴随着反硝化菌的生长繁殖，即菌体合成过程，反应如下：

$$3NO_3^- + 14CH_3OH + CO_2 + 3H^+ \longrightarrow 3C_5H_7O_2N + 19H_2O$$

式中：$C_5H_7O_2N$ 为反硝化微生物的化学组成。

综合以上反硝化还原和微生物合成的总反应，则反应式为

$$NO_3^- + 1.08CH_3OH + H^+ \longrightarrow 0.065C_5H_7O_2N + 0.47N_2 + 0.76CO_2 + 2.44H_2O$$

从以上过程可知，约 96% 的 NO_3-N 经异化过程还原，4% 经同化过程合成微生物。通过反硝化消除 1g 的硝酸盐氮，则需要消耗 1.08g 的甲醇。因此，如生物池中的有机物量不足的话，则不利于反硝化脱氮过程。

反硝化菌属异养兼性厌氧菌，在有氧存在时，它会以 O_2 为电子进行呼吸；在无氧而有 NO_3^- 或 NO_2^- 存在时，则以 NO_3^- 或 NO_2^- 为电子受体，以有机碳为电子供体和营养源进行反硝化反应。

反硝化过程的影响因素如下。

(1) 碳源。能为反硝化菌所利用的碳源较多，从污水生物脱氮考虑，可有下列三类：①原污水中所含碳源，对于城市污水，当原污水 $BOD_5/TKN>3\sim5$ 时，即可认为碳源充足，TKN 指水中的凯氏氮；②外加碳源，在污水处理厂的运行中，多采用甲醇（CH_3OH），因为甲醇被分解后的产物为 CO_2 和 H_2O，不留任何难降解的中间产物；③利用微生物组织进行内源反硝化。

因而，随着我国对污水处理厂出水氮磷标准的提高，保证生物处理过程中碳源的充足是非常必要的。故在过去水厂的初沉池在新的脱氮要求下，逐渐被取消，并且用曝气沉砂池代替过去的旋流或平流沉砂池，其目的就是尽可能保证更多的有机碳进入后续的生物脱氮工艺中，以避免额外投加碳源。

(2) 溶解氧浓度。反硝化菌属异养兼性厌氧菌，在无分子氧同时存在硝酸根离子和亚硝酸根离子的条件下，它们能够利用这些离子中的氧进行呼吸，使硝酸盐还

原。另一方面，反硝化菌体内的某些酶系统组分，只有在有氧条件下，才能够合成。这样，反硝化反应宜于在缺氧、好氧条件交替的条件下进行，溶解氧应控制在 0.5mg/L 以下。

（3）pH 值。对反硝化反应，最适宜的 pH 值是 6.5～7.5。pH 值高于 8 或低于 6，反硝化速率将大幅下降。

（4）温度。反硝化反应的最适宜温度是 20～40℃，低于 15℃反硝化反应速率最低。为了保持一定的反硝化速率，在冬季低温季节，可采用如下措施：提高生物固体平均停留时间；降低负荷率；提高污水的水力停留时间。

正常的反硝化过程中，即原水中 BOD/TKN 值大于 4，通常 1g 的硝酸盐氮（$NO_3^- - N$）产生 1g 的 N_2，在这个过程中产生碱度约为 3.57g。

因此，综合硝化过程和反硝化过程，二者联合消耗的碱度（以 $CaCO_3$ 计）约为 3.57g。大多数含有氮素污染物的污废水，其碱度能够满足脱氮的需求，无须在生物脱氮过程中额外调整碱度。

8.4.2 生物强化除磷原理

磷也是有机物中的一种主要元素，是仅次于氮的微生物生长的重要元素。磷主要来自人体排泄物以及合成洗涤剂、牲畜饲养场及含磷工业废水。其危害为促进藻类等浮游生物的繁殖，破坏水体耗氧和复氧平衡；使水质迅速恶化，危害水产资源。

污废水中的磷主要有：①有机磷，包括磷酸甘油酸、磷肌酸等；②无机磷，如磷酸盐[正磷酸盐（PO_4^{3-}）、磷酸氢盐（HPO_4^{2-}）、磷酸二氢盐（$H_2PO_4^-$）和偏磷酸盐（PO_3^-）]；③聚合磷酸盐[焦磷酸盐（$P_2O_7^{4-}$）、三磷酸盐（$P_3O_{10}^{5-}$）和三磷酸氢盐（$HP_3O_9^{2-}$）]。

8.4.2.1 生物强化除磷工艺原理

由于磷的转化没有气态形式，因而其生物同化与吸收是磷去除的主要原理。普通活性污泥法是磷被微生物吸收利用而产生活性污泥增殖，通过剩余污泥将磷排出体系之外，达到降低污水中磷含量的目的。剩余污泥中磷含量占其干重的 1.5%～2.0%，通过普通活性污泥法的微生物同化吸收可以去除总磷的 15%～20%。但是当污水中磷含量过高，通常普通活性污泥法往往不能满足排放标准。

生物强化除磷是指利用好氧微生物中聚磷菌在好氧条件下对污水中溶解性磷酸盐的过量吸收作用大量摄取磷，然后沉淀分离而除磷的工艺。聚磷菌指能过量吸收磷并储存磷的微生物，如不动杆菌属、气单胞菌属、棒杆菌属和微丝菌等，具有厌氧释磷、好氧（或缺氧）超量吸磷的特性。生物强化除磷通常分成两个阶段：

1. 厌氧释磷段

厌氧释磷段—厌氧环境中聚磷菌释放磷而处于"饥饿状态"。

污水中的有机物在厌氧发酵产酸菌的作用下转化为乙酸苷。活性污泥中的聚磷菌在厌氧的不利状态下，将体内积聚的聚磷分解，分解产生的能量一部分供聚磷菌生存，另一部分能量供聚磷菌主动吸收乙酸苷转化为 PHB（聚 β-羟基丁酸）的形态储藏于体内。

聚磷分解形成的无机磷释放回污水中，这就是厌氧释磷。

2. 好氧聚磷段

好氧聚磷段—好氧环境中，聚磷菌过量摄取磷，处于"过饱"状态。

进入好氧状态后，聚磷菌将储存于体内的 PHB 进行好氧分解并释出大量能量供聚磷菌增殖等生理活动，部分供其主动吸收污水中的磷酸盐，以聚磷的形式积聚于体内，这就是好氧吸磷。剩余污泥中包含过量吸收磷的聚磷菌，也就是从污水中去除的含磷物质。

生物强化除磷工艺则可以使得系统排除的剩余污泥中磷含量占到干重 5%～6%。如果还不能满足排放标准，就必须借助化学法除磷，即在二沉池出水后，投加絮凝剂，进一步降低出水的浊度，通过减少悬浮物而降低磷。这是因为在正常水环境情况下，磷的可溶态较少，大部分以与悬浮物结合的颗粒态存在。故降低污水厂出水的浊度，可大大减少因颗粒态存在的磷，使得出水磷浓度大幅度降低。

8.4.2.2　生物强化除磷影响因素

影响因素包括厌氧环境条件、有机物、污泥泥龄、pH、温度等。

1. 厌氧环境条件

（1）氧化还原电位。Barnard、Shapiro 等研究发现，在试验中，反硝化完成后，ORP 突然下降，随后开始放磷，放磷时 ORP 一般小于 100mV。

（2）溶解氧浓度。厌氧区如存在溶解氧，兼性厌氧菌就不会启动其发酵代谢，不会产生脂肪酸，也不会诱导放磷，好氧呼吸会消耗易降解有机质。

（3）硝氮浓度。产酸菌利用 NO_x^- 作为电子受体，抑制厌氧发酵过程，反硝化时消耗易生物降解有机质。

2. 有机物浓度及可利用性

碳源的性质对吸放磷及其速率影响极大，传统水质指标很难反映有机物组成和性质。

3. 污泥泥龄

污泥泥龄影响着污泥排放量及污泥含磷量，污泥泥龄越长，污泥含磷量越低，去除单位质量的磷须同时耗用更多的 BOD。

Rensink 和 Ermel 研究了污泥泥龄对除磷的影响，结果表明：SRT=30d 时，除磷效果为 40%；SRT=17d 时，除磷效果为 50%；SRT=5d 天时，除磷效果为 87%。因此，同步脱氮除磷系统应处理好泥龄的矛盾。

4. pH

与常规生物处理相同，生物除磷系统合适的 pH 为中性和弱碱性，不合适时应调节。

5. 温度

在适宜温度范围内，温度越高释磷速度越快；温度低时应适当延长厌氧区的停留时间或投加外源有机物。

6. 其他

影响系统除磷效果的还有污泥沉降性能和剩余污泥的处置方法等。

8.4.3 生物除磷及生物脱氮除磷工艺技术

由前述可知，控制不同生物处理阶段的溶解氧不同，可以实现厌氧（DO 小于 0.5mg/L）、缺氧（DO 在 0.5~2.0mg/L 之间）和好氧（DO 大于 2.0mg/L）环境条件的构建，进而控制生物池内的微生物群落的微生物种类和结构特征及其主要进行的生物代谢行为，进而实现脱氮除磷的废污水净化目标。

8.4.3.1 厌氧/好氧—生物除磷工艺

即 A/O 生物处理工艺，由厌氧池和好氧池组成的同时去除污水中有机污染物及磷的工艺处理过程，如图 8.12 所示。

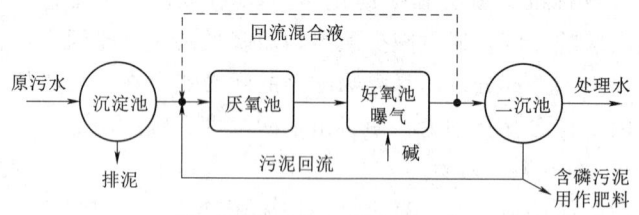

图 8.12 A/O 生物除磷工艺

该工艺过程主体由生物池的厌氧段和好氧段组成，好氧池的混合液和二沉池回流污泥都回流至厌氧池。在厌氧池中，聚磷菌厌氧释磷，然后在好氧池中重新超量吸收磷，在二沉池中经固液分离，大部分回流，一部分作为剩余污泥而排出体系外。

8.4.3.2 厌氧/缺氧/好氧—生物脱氮除磷工艺

即 A/A/O 生物处理工艺，也称 A^2O 工艺，由厌氧池、缺氧池和好氧池三段组成，可同时去除污水中有机物、氨氮和硝酸盐氮以及磷的工艺处理过程，如图 8.13 所示。

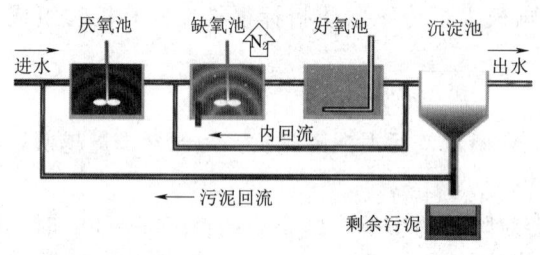

图 8.13 A/A/O 生物除磷工艺

该工艺过程主体由生物池的厌氧段、缺氧段和好氧段等三段组成。二沉池的活性污泥回流至厌氧池，在此与高有机物浓度的进水相混合，实现厌氧的反硝化和聚磷菌释磷，之后进入缺氧池，与混合液内回流一起，在缺氧环境下，进一步实现硝化和反硝化，最后在好氧池进一步细菌吸磷和有机物的好氧氧化。经过厌氧、缺氧和好氧环境，实现有机物、氮和磷的高效去除。

A/A/O 生物脱氮除磷工艺是目前城镇生活污水处理厂最常见的高效脱氮除磷工艺，其通过控制池内溶解氧水平和空间功能分区，灵活高效达到有机物、氮和磷去除目的。

从以上生物脱氮除磷原理和工艺过程设置可以看出，生物脱氮除磷实际上就是利用控制环境溶解氧条件，实现对特定功能微生物菌群的培养和固化，合理地设置好氧池出水混合液与二沉池污泥回流比例和位置，利用特定微生物菌群的有机物、氮和磷生化过程，进而实现对氮和磷的去除功能。如要想进一步提高对氮的反硝化去除，可在厌氧池后设置好氧段，在缺氧池后设置厌氧段，这样提高对氨氮的硝化作用及硝酸盐的反硝化脱氮，并且还进一步厌氧释磷，提高对磷的去除。当然，为维持不同段内的活性污泥浓度，则好氧池混合液与二沉池污泥回流位置与比例也应该相应调整，这样就使得整个生物处理工艺过程高效而复杂，运行维护也进一步复杂化。

总之，利用微生物生化作用实现有机物、氮和磷的去除，就是调控生物环境条件，如溶解氧和氧化还原电位，进而对微生物功能菌群的培养和固化，进而在特定的环境与菌群下，利用微生物菌群生化过程达到污水净化的目的。

8.4.4 化学除磷与污水生物处理的深度除磷

在污水处理厂，经过二沉池分离后的处理水，其浊度通常在20NTU左右。在正常水体的pH值条件下，以无机磷形态存在的磷其可溶性部分较小，大部分则以生物体形式（微生物自身吸收的磷）或者被未沉淀的活性污泥吸附的磷，即主要以颗粒态存在。经过二沉池沉底处理后的污水厂出水磷浓度一般在0.5mg/L左右。因此，单纯依靠微生物除磷，很难获得更高的磷去除效果，进而满足更加严格的出水磷排放标准。

因此，要想进一步降低污水厂出水的磷浓度，需要进一步将出水中溶解性磷酸盐和颗粒态磷同时去除。也就是需要将溶解态的磷转化为非溶解性磷，即颗粒态磷，并进一步减小出水的悬浮物含量。因此采用化学药剂除磷成为污水处理厂出水磷浓度控制的必然选择。

化学除磷的基本原理是通过投加化学药剂，与溶解性磷反应形成不溶的磷酸盐沉淀物，或者通过微细悬浮颗粒的絮凝，使得在二沉池无法沉淀分离的微小悬浮物进一步聚集成较大颗粒的絮体颗粒，然后再通过过滤（通常为石英砂滤池）去除，大幅度减小出水的悬浮物含量，包括微生物群体和无机固体。由这些微生物和无机固体悬浮物吸附的磷也就伴随着其沉淀而从水中分离出来，最终实现大幅降低磷浓度的效果。

常用的化学药剂，即絮凝剂有：熟石灰[$Ca(OH)_2$]、明矾[$Al_2(SO_4)_3 \cdot 18H_2O$]、偏铝酸钠（$NaAlO_2$）、氯化铁（$FeCl_3$）、聚合氯化铝（PAC）和聚丙烯酰胺（PAM）等。

通过上述化学除磷和过滤处理后，出水NTU在1以下时，磷的浓度可降低到0.1mg/L以下。

8.5 生物膜法

生物膜法，是与活性污泥法并列的一类污废水好氧生物处理技术，是一种固定膜法，是在污水土地处理的基础上发展而来的。微生物在载体上形成固定生物膜，而非活性污泥法中的悬浮活性污泥颗粒形式。主要去除废水中溶解性的和胶体状的有机污染物。

目前生物膜法处理技术有生物滤池（普通生物滤池、高负荷生物滤池、塔式生物滤池）、生物转盘、生物接触氧化设备和生物流化床等。

生物膜法的主要优点是对水质、水量变化的适应性较强。

生物膜法的共同特点是微生物附着在介质"滤料"表面上,形成生物膜,污水同生物膜接触后,溶解的有机污染物被微生物吸附并转化为 H_2O、CO_2、NH_3 和微生物细胞物质,污水得到净化,所需氧气一般来自大气。

8.5.1 生物膜法的基本原理

生物膜污水处理的关键就是生物膜的质量,生物膜的形成及其生长是实现污水有效处理的前提。

生物膜中的主体是微生物,包括细菌、酵母菌、放线菌、霉菌以及原生动物和后生动物,其微生物种类基本同活性污泥法一致。因而其净化污染物的原理,如有机物、氮和磷的去处同活性污泥法也是一致的。但由于在生物膜法中,微生物是以膜的方式附着在载体填料上,群落结构与活性污泥不同,再加上周围水环境条件的影响,生物膜法对各种污染物的去除效果有所不同。

8.5.1.1 生物膜的形成及其净化过程

1. 生物膜的构造

如图 8.14 所示,污水流经填料,微生物吸取其中的营养物质,快速增殖并以载体为附着体,不断累积形成生物膜并逐渐成熟。于是,在载体至水流主体形成了载体、生物膜层,附着水层和流动水层、水流主体的连续结构。生物膜从内向外因为溶解氧消耗的不同,又分为厌氧层、缺氧层和好氧层。

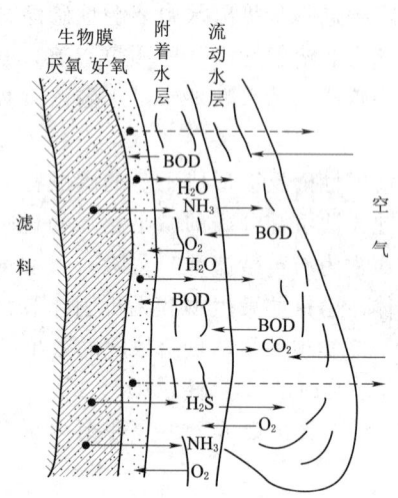

图 8.14 载体生物膜结构及其净化污水过程示意图

2. 生物膜特性

(1) 高亲水性。生物膜是由微生物,如细菌、真菌及原生动物和后生动物,及微生物胞外物(夹膜、粘胶等多糖有机物)组成。在污水不断更新的情况下,其外层总是存在附着水层。

(2) 高生物稳定性。生物膜的表面和一定深度的内部生长着微生物和微型动物,并形成有机污染物-细菌-原生动物(后生动物)的食物链。依靠生物膜中的高亲水性胞外物快速吸附水中污染物而实现污染物的快速迁移,然后细菌作为降解这些污染物的主体,而原生动物和后生动物则摄食脱落或游离的微生物,进而保证生物膜群落结构和功能的稳定性。

生物膜稳定的生物群落结构与对污染物的降解功能达到稳定平衡状态,则证明生物膜达到了稳定成熟。

3. 生物膜的生长阶段

包括潜伏期、生长期,一般达到稳定成熟的生物膜结构,需要 20~30 天。

8.5.1.2 生物膜法净化污染物的过程与机理

生物膜表面积大,能大量吸附水中有机物、氮和磷等污染物。因吸附而产生的污染物迁移同样是污染物去除的关键首要过程。

在表层 0.1~2mm 的生物膜，由于与水流的接触，其微生物以好氧微生物为主，在此主要发生污染物的好氧转化，是有机物降解的主要场所。

随着不断深入生物膜内层，溶解氧浓度迅速降低，乃至为零。生物膜微生物主要以厌氧或者兼性微生物为主，氮的氨化、硝化与反硝化功能菌增多，是脱氮的主要场所。

由于生物膜上的微生物，尤其是细菌是固着生长，其世代较长，无法像活性污泥法中那样通过排出剩余污泥而去除磷，仅依靠微生物摄取磷和生物膜物质吸附磷，因而生物膜法对磷的去除受到一定的限制，效果不甚理想。

理想生物膜法的状况——减缓老化，避免厌氧层过分生长，加快好氧层更新，不使膜集中脱落。

污水流经载体生物膜，其中的污染物在生物膜的作用下得到净化，其实质是一种微生物作用的多种物质传递过程：

(1) 对空气（氧气）而言，其从流动水层传递至附着水层，再传递至生物膜，供给微生物的好氧呼吸作用，实现对污染物的好氧转化。

(2) 对污染物而言，其传递过程同空气一致，也是从流动水层传递至附着水层，然后进入生物膜各层，供给微生物营养，得到生物降解。

(3) 微生物代谢产物，如二氧化碳、硫化氢和氨氮，则从生物膜进入附着水层，再进入水流主体，最后溢流进入空气或者部分溶解在水体。

其中氨氮也可在生物膜好氧层被硝化成硝酸盐氮，一部分硝酸盐氮再进入生物膜缺氧层和厌氧层，经反硝化而转化为气态氮，一定程度上实现污水脱氮目的。另一部分硝酸盐氮也可直接进入附着水层，最终进入水流主体。

当然，部分有机物、氮和磷也会转化成生物细胞有机质，用于微生物增殖。

8.5.2 生物膜的载体

8.5.2.1 生物膜填料

生物膜填料是为生物膜提供附着生长固定的材料，可以分为无机类填料和有机类填料两大类。

1. 无机类填料

目前常用的无机类载体有砂子、天然矿物、碳酸盐类、玻璃材料、沸石类、陶瓷材料、矿渣、活性炭、金属等。

无机类载体具有机械强度较高、化学性质较稳定、比表面积较大的优点，并且都具有良好的亲水性，因而更加容易实现微生物的挂膜生长。缺点为密度较大、较重，不适宜做流态化运动，使其在悬浮生物膜反应器工艺中的应用受到限制。

2. 有机类载体

有机类载体是生物膜技术发展中应用最广泛的主要载体材料。这类载体主要有 PVC、PE、PS、PP、各类树脂、塑料、软性或半软性纤维等。有机类载体比表面积和孔隙率都很大，从而使有机负荷大为提高，也不易堵塞，在生产实践中被广泛采用。

8.5.2.2 生物膜载体的选择

选择生物膜载体时应该从以下方面考虑。

(1) 足够的机械强度,以抵抗强烈的水流剪切力的作用。同时还应该易流化,不易流失。

(2) 优良的稳定性,如生物稳定性、化学稳定性、热力学稳定性。

(3) 亲水性及良好的表面带电特性。微生物通常为带负电荷的,载体要是带正电荷的,容易结合;对于亲水性强的载体,微生物更容易在其上面附着生长。

(4) 良好的物理性状,如较规则的形状和较大的比表面积。

(5) 就地取材,价格低廉。

8.5.3 生物膜法的特征

8.5.3.1 微生物相方面的特征

(1) 微生物的多样化。生物膜是由细菌、真菌、藻类、原生动物、后生动物以及一些肉眼可见的蠕虫、昆虫的幼虫组成。细菌、真菌、微型动物、滤池蝇,具有抑制生物膜的过速增长的功能线虫,组成较好的生物膜,促进其脱落的功能。

生物膜上的生物相与活性污泥相对比:增加了藻类、寡毛类、后生动物、昆虫类等生物。而真菌、肉足虫、纤毛虫、轮虫、线虫的含量都大大增多。

(2) 生物的食物链更长。由于生物膜上的微生物更加多样化,如真菌、肉足虫、纤毛虫及轮虫和线虫等都大大增多,因而食物链大大增长。

(3) 能够存活世代时间更长的微生物。因为是固着型的微生物,因而世代时间更长的微生物适合生长,污泥量也大大少于活性污泥法。

8.5.3.2 生物膜处理工艺方面的特征

(1) 对水质、水量变动有较强的适应性。一段时间中断进水,对生物膜也不会有致命影响,通水后容易恢复。

(2) 污泥沉淀性能良好。生物膜中的污泥泥龄较长,比重大而沉淀性能良好。

(3) 能够处理低浓度废水。活性污泥不适合处理低浓度的污水,若 BOD 长期低于 50~60mg/L,会影响污泥絮体的形成。而生物膜法因微生物固着生长,数量大,适宜于低浓度的微污染水处理。

8.5.4 生物膜法工艺流程和主要形式

8.5.4.1 生物膜法工艺流程

一般生物膜法工艺流程如图 8.15 所示。

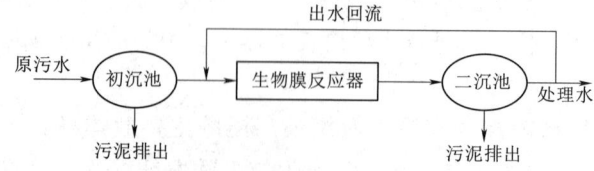

图 8.15 生物膜法工艺流程

初沉池去除进水中的大部分悬浮固体物，防治生物膜反应器堵塞，尤其对孔隙小的填料是非常必要的。

二沉池通过固液沉淀分离，去除脱落的生物膜，提高出水水质。

出水回流提高生物膜反应器的水力负荷，加大水流对生物膜的冲刷作用，更新生物膜，避免生物膜的过量累积和老化，从而维持良好的生物膜活性和合适的生物膜厚度。

8.5.4.2 生物膜法的主要形式

生物膜法的主要设施有生物转盘、生物流化床、生物滤池、生物接触氧化池。

考虑到在河湖水体污染治理中的应用，本书主要介绍能够应用在水体治理中的生物滤池和生物接触氧化池两种类型。

1. 生物滤池

生物滤池是采用好氧微生物处理污水的一种工程设施，是处理生活污水和含有机物的工业废水的有效方法之一，属于生物膜法的一种类型。生物滤池以土壤自净原理为基础，在污水灌溉的实践上发展而来的。

(1) 净水原理。污水经沉淀处理后未能除去溶解的、胶状有机物及悬浮物微粒，可由生物滤池进一步处理。生物滤池是填放碎石或其他坚固块料（滤料）的池子，当污水通过滤料时，污水中的有机物及微生物被滞留在滤料表面，逐渐覆盖整个滤料形成"生物膜"。生物膜有吸附胶质、溶解的有机物与微生物的巨大能力，使污水中的污染物质减少。通常采用曝气的方法维持生物滤池具有充足的溶解氧。

(2) 构造。生物滤池由布水系统，滤料层、曝气系统和出水系统组成，有时还具有冲洗装置，如图 8.16 所示。

布水系统通常为旋转布水器，目的是使得滤池整个截面上实现均匀布水，保证截面滤料负荷的一致性。

曝气系统，为滤料层生物膜提供氧气，一般设置在滤池的出水段，并且截面均匀曝气。

出水系统，与曝气系统同侧设置，保证滤池截面出水均匀和稳定。

冲洗装置，目的是将可能脱落的生物膜或者截留的悬浮物冲洗掉，以避免生物滤池的堵塞。

(3) 滤料层。滤料层，也称为滤床，是生物滤池的核心功能部分，其上附着生物膜，实现对有机物、氮和磷等污染物的去除。

滤床由滤料组成。滤料是微生物生长栖息的场所，理想的滤料应具备下述特性：能为微生物附着提供大量的面积；使污水以液膜状态流过生物膜；有足够的空隙率，保证通风（即保证氧的供给）和使脱落的生物膜能随水流出滤池；不被微生物分解，也不抑制微生物的生长，有较好的化学性能；有一定的机械强度；价格低廉。

滤床滤料粒径并非越小越好，会造成堵塞，影响通风。早期主要以拳状碎石为滤料，其直径在 $3\sim 8cm$，空隙率在 $45\%\sim 50\%$，比表面积（可附着面积）在 $65\sim 100m^2/m^3$ 之间。

滤料可以为无机类和有机类滤料，无机类滤料常用碎石、卵砾石或者火山岩、沸

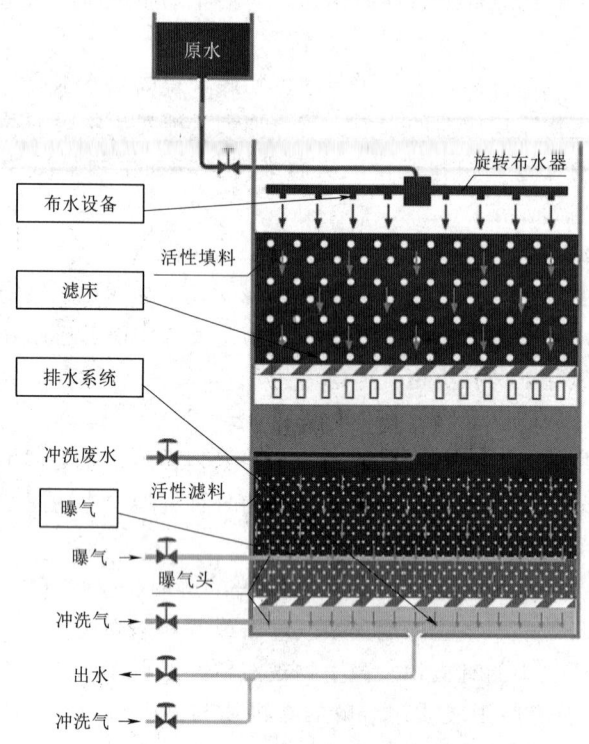

图 8.16 生物滤池的构造

石、陶粒等。有机类滤料更加轻便，比表面积大，因而应用最为广泛，常见的有拉西环状、波纹板状或者立体蜂窝状填料。

上述三种滤料主要性能如下：

1）环状塑料滤料。滤料比表面积在 $98 \sim 340 m^2/m^3$ 之间，孔隙率为 $93\% \sim 95\%$。

2）波纹板滤料。滤料比表面积在 $81 \sim 195 m^2/m^3$ 之间，孔隙率为 $93\% \sim 95\%$。

3）立体蜂窝状填料。孔心间距在 $20 mm$ 左右，孔隙率为 95% 左右，比表面积在 $200 m^2/m^3$ 左右。

（4）生物滤池的设计计算。生物滤池的结构与滤池基本一致，区别在于生物滤池的滤料上长满了生物膜，利用生物膜通过微生物生化作用降解污染物。

生物滤池滤层高一般为 $2m$，由滤料层和下部承托层组成。滤料层层厚 $1.80m$，滤料粒径 $40 \sim 70 mm$；承托层层厚 $0.20m$，滤料粒径 $70 \sim 100 mm$。

生物滤池的主要参数也同滤池基本一致，主要为滤速，也称为水力负荷，单位滤料层截面上的处理量，即体积容积负荷单位为 $m^3/(m^2 \cdot d)$。也可以用单位面积每天的污染物处理量，即污染物质量负荷，单位为 $BODkg/(m^2 \cdot d)$。

进水通常要求 $BOD_5 < 200 mg/L$，否则原水需稀释。

滤料层体积：

$$V = Q/F_m \tag{8.10}$$

或者：
$$V = Q(S_0 - S_e)/F_w \tag{8.11}$$

式中：V 为滤料层的体积，m^3；F_m 和 F_w 为滤料层的污染物处理容积负荷。F_m 以单位面积滤料层处理量表征，等同于生物滤池的滤速，$m^3/(m^2 \cdot d)$；F_w 则为滤料层的有机物去除质量负荷，或者以 BOD 表示的有机物去除质量负荷，$BODkg/(m^2 \cdot d)$；S_0 和 S_e 分别为进出水的 BOD 浓度，mg/L。计算时，要注意单位的换算。

在生物滤池中，溶解氧的消耗主要来自有机物的好氧降解和氨氮的硝化，因此，理论需氧量主要包括这两个部分：

$$AOR = 0.001 \cdot aQ(S_{C0} - S_{Ce}) + 0.001 \cdot 4.57Q(S_{N0} - S_{Ne}) \tag{8.12}$$

式中：S_{N0}，S_{Ne} 为生物滤池进出水的氨氮浓度，mg/L；4.57 指每 1g 氨氮（NH_4-N）经硝化反应转化为硝酸盐氮所消耗的溶解氧量；0.001 是单位换算系数。

（5）生物滤池设计与运行时应注意的问题。

1）不管是以有机物降解为主的碳氧化滤池，还是以氨氮硝化去除的硝化滤池，出水溶解氧都宜控制为 3.0～4.0mg/L。

2）生物滤池的滤速对处理效果影响较为重要，在一定的容积负荷范围内，滤速增加不但不会降低生物滤池的去除率，还会增加硝化反硝化效率。主要原因有三：①高滤速增强了滤池内部的传质效率，使得空气、污水、生物之间有更多的接触机会；②高滤速下，生物膜更新较快，增强了生物的活性。③低速下，滤料容易堵塞，使得反冲洗的周期缩短，而频繁的反冲洗对繁殖速度较慢的硝化细菌极为不利。但滤速的增加对有机碳氧化去除不利，部分非溶性有机物未降解就排出。根据运行经验，通常推荐滤速在 6m/h 左右为佳。

3）生物滤池的主要目的不同时，其容积负荷要求也不同。

滤池主要用于有机碳氧化时，要求出水的 $BOD_5 = 10 \sim 20$mg/L，容积负荷推荐采用 $3.5 \sim 5.0$kg$BOD_5/(m \cdot d)$，当要求出水的 $BOD_5 = 5 \sim 10$mg/L，容积负荷推荐采用 $2.5 \sim 3.2$kg $BOD_5/(m \cdot d)$。

滤池主要用于碳氧化和硝化时，容积负荷建议 $BOD_5 \leqslant 3.0$kg $BOD_5/(m \cdot d)$，研究表明，当 BOD_5 容积负荷大于该值时，氨氮的去除受到抑制，当 $BOD_5 \geqslant 4.0$kg $BOD_5/(m \cdot d)$，氨氮去除受到明显抑制。

滤池有硝化和反硝化脱氮要求时，需要核算硝化和反硝化的容积负荷。建议容积负荷分别小于 2.0kg NH_3-N/(m·d) 和 5.0kg NO_3-N/(m·d)，推荐采用 0.3～0.8kg NH_3-N/(m·d) 和 0.8～4.0kg NO_3-N/(m·d)。

4）当需要脱氮，且碳源不足时，可将反硝化池置于硝化池之前，将硝化池部分出水回流到反硝化池，做成前置反硝化。有如下优点：①利用污水中的有机物作为碳源，减少外加碳源。②有机质在反硝化池中去除，确保了碳氧化/硝化池中的硝化能力。③系统的曝气量相对较少。④污泥量较少。对于 BOD_5 充足且需脱氮的生活污水，从运行成本考虑前置反硝化工艺优势明显。

5）也存在将反硝化工艺后置的工艺流程方式，其更适合用在以下场所：①BOD_5 含量明显偏低的废水（工业废水比重高）。②用于污水处理厂改造升级，之前未考虑硝化指标，出水 BOD_5 偏低，但氨氮较高。为避免除碳对硝化的影响，后置反硝化应在预处理阶段，除去一部分的 BOD_5，C/N 池设计滤速 6~10m/h 为宜，硝化负荷应满足：进水 BOD5≥60mg/L，约为 0.3kg NH_3-N/(m·d)，当 BOD_5=20~50mg/L，约为 0.6kg NH_3-N/(m·d)，当 BOD5≤20mg/L，约为 1.0kg NH_3-N/(m·d)，若以甲醇为外加碳源，则 DN 投加量为 3.3kg CH_4O/kgNO_3-N。

2. 生物接触氧化法

生物接触氧化法是以附着在载体（俗称填料）上的生物膜为主，净化有机废水的一种高效水处理工艺，是具有活性污泥法特点的生物膜法，兼有活性污泥法和生物膜法的优点。

(1) 反应机理。生物接触氧化的特点是在池内设置填料，池底曝气对污水进行充氧，并使池体内污水处于流动状态，以保证污水与污水中的填料充分接触。其净化废水的基本原理与一般生物膜法相同，以生物膜吸附废水中的有机物，在有氧的条件下，有机物由微生物氧化分解，氨氮得以硝化转化成硝酸盐氮，并进一步在生物膜的厌氧区反硝化去除，废水得到净化。

所需氧由鼓风曝气供给，一方面供氧，另一方面产生冲刷作用，使得生长厚而老化的生物膜脱落，促进膜更新。

生物膜由菌胶团、丝状菌、真菌、原生动物和后生动物组成。

丝状菌作用不同：在活性污泥法中，丝状菌常常是影响正常生物净化作用的因素；在生物接触氧化池中，丝状菌在填料空隙间呈立体结构，大大增加了生物相与废水的接触表面，同时因为丝状菌对多数有机物具有较强的氧化能力，对水质负荷变化有较大的适应性，所以是提高净化能力的有力因素。

(2) 构造。池体主要由池底、填料和布水布气装置三部分组成，结构见图 8.17。

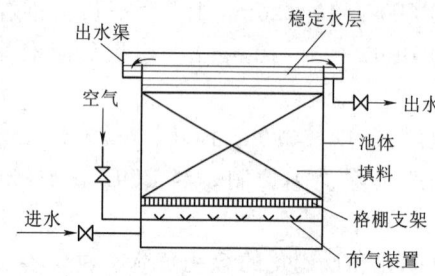

图 8.17 生物接触氧化池体结构

池底用于设置填料支撑的栅板或者格栅，同时是进水布水和布气装置铺设区域。

填料是池体的主体。生物接触池的填料要求：比表面积大，空隙率大，水流阻力小，强度大，化学和生物稳定性好，能经久耐用。

生物接触氧化池的填料通常为软性或者半软性塑料填料，尤其是软性填料，其可在水中悬浮蓬松，利用生物膜生长，并且比表面积大，效果更好。

布水管设置在池底，布气管则可布置在池底、池中心、侧面或者全池，达到接触池内溶解氧充足目的即可。

通常在采用生物接触氧化处理污废水的工艺过程中，为了减小进水悬浮物对填料的堵塞影响，还设置初沉池；为了有效分离脱落的生物膜，出水还应该设置二沉池。这与生物滤池的工艺过程是基本一致的。

(3) 设计计算。

1) 方法 1：按容积负荷计算。

城市污水处理厂三级处理，即在传统生物处理之后的出水深度处理，通常容积负荷采用 $0.12\sim0.18\text{kg BOD}_5/(\text{m}^3\cdot\text{d})$，当 $\text{BOD}_\text{出}<10\text{mg/L}$ 时，采用 $0.2\text{kg BOD}_5/(\text{m}^3\cdot\text{d})$。

填料的容积：
$$W=Q(S_0-S_e)/1000N_W \tag{8.13}$$

式中：N_W 为容积负荷，$\text{kgBOD}_5/\text{m}^3\text{d}$。

池表面面积：
$$A=W/H \tag{8.14}$$

接触池个数：
$$n=A/f \tag{8.15}$$

式中：f 为单个池体的面积，小于 25m^2。

污水与填料的接触时间，即停留时间：
$$t=nfH/Q \tag{8.16}$$

生物接触氧化池的停留时间 t 通常大于 2h。

2) 方法2：按接触氧化池接触时间计算。

根据 BOD 去除速率与 BOD 浓度的关系
$$dS/dt=-KS \tag{8.17}$$
$$t=K\ln(S_0/S_e) \tag{8.18}$$

当原水水质和处理水水质不变时，二段处理工艺所需总接触时间比一段处理工艺所需总接触时间短。

生物接触氧化技术不仅用在污废水的处理上，而且在河流、湖泊的治理中得到广泛应用。如治理重污染水体的生态基技术，即是生物接触氧化技术在水体污染治理中的应用；有时在采用生态浮岛技术治理水体污染时，常在浮岛植物的下端补充设置软性填料，这也应该可以看作生物接触氧化技术的应用。

8.6 稳定塘与土地处理

8.6.1 稳定塘

稳定塘旧称氧化塘或生物塘，是一种利用水体天然净化能力对污水进行处理的构筑物，其净化过程与自然水体的自净过程相似，是接近自然的水污染治理系统。通常是将土地进行适当的人工修整，建成池塘，并设置围堤和防渗层，依靠塘内生长的微生物来处理污水。主要利用菌藻的共同作用处理废水中的有机污染物。稳定塘污水处理系统具有基建投资和运转费用低、维护和维修简单、便于操作、能有效去除污水中的有机物和病原体、无须污泥处理等优点。

8.6.1.1 稳定塘的分类

按塘内的微生物类型、供氧方式和功能等划分，可将稳定塘分为好氧塘、兼性塘、厌氧塘、深度处理塘和曝气塘。

(1) 好氧塘。好氧塘的池深较浅，一般为 0.3～0.5m。阳光可以直接射透到塘底，塘内存在着细菌、原生动物和藻类，由藻类的光合作用和风力搅动提供溶解氧，好氧微生物对有机物进行降解。

(2) 兼性塘。兼性塘的深度较大，上层是好氧区，藻类的光合作用和大气复氧作用使其有较高的溶解氧，由好氧微生物起净化污水作用；中层的溶解氧逐渐减少，称兼性区（过渡区），由兼性微生物起净化作用；下层塘水无溶解氧，称厌氧区，沉淀污泥在塘底进行厌氧分解。

(3) 厌氧塘。厌氧塘的塘深可在 2m 以上，有机负荷高，全部塘水均无溶解氧，呈厌氧状态，由厌氧微生物起净化作用，净化速度慢，污水在塘内停留时间长。厌氧塘水体微生物以厌氧微生物为主，由于没有溶解氧，因而藻类和水生植物、动物很难生存，并且由于污染物的厌氧分解产生甲烷、氨气和硫化氢等黑臭物质，因而厌氧塘黑臭，环境条件相当不好。

(4) 深度处理塘。深度处理塘又称三级处理塘或熟化塘，属于好氧塘。其进水有机污染物浓度很低，一般 $BOD_5 \leqslant 30mg/L$。常用于处理传统二级处理厂的出水，提高出水水质，以满足受纳水体或回用水的水质要求。

(5) 曝气塘。曝气塘在池体内采用人工曝气供氧，故塘深在 2m 以上，全部塘水有溶解氧，因而也属于好氧塘，其微生物、藻类和植物等基本同好氧塘一致，由好氧微生物起净化作用，污水停留时间较短。

8.6.1.2 稳定塘净化污染原理

以太阳能为初始能量，通过在塘中种植水生植物，进行水产和水禽养殖，形成人工生态系统，通过稳定塘中多条食物链的物质迁移、转化和能量的逐级传递、转化，将进入塘中污水的污染物进行降解和转化，最后不仅去除了污染物，而且以水生植物和水产、水禽的形式作为资源回收，净化的污水也可作为再生资源予以回收再用，用于灌溉或者河湖生态补水使污水处理与利用结合起来，实现污水处理资源化。

稳定塘利用种植水生植物、养鱼、鸭、鹅等形成多条食物链。分解者生物即细菌和真菌，生产者即藻类和其他水生植物，消费者生物，如鱼、虾、贝、螺、鸭、鹅、野生水禽等。

稳定塘在不同的溶解氧条件下形成不同的区域，其净化污染物的过程和原理如下。

1. 好氧区

好氧区位于稳定塘的上层区域，区内存在着细菌、藻类和原生动物的共生系统。塘内的藻类进行光合作用，释放出氧，塘表面的好氧型异养细菌利用水中的氧，通过好氧代谢氧化分解有机污染物并合成本身的细胞质（细胞增殖），其代谢产物 CO_2 则是藻类光合作用的碳源。

菌藻生化反应可用下式表示：

细菌的降解作用：

$$有机物 + O_2 + H^+ \longrightarrow CO_2 + H_2O + NH_4^+ + C_5H_7O_2N$$

藻类的光合作用：

$$106CO_2 + 16NO_3^- + HPO_4^{2-} + 122H_2O + 18H^+ \longrightarrow C_{106}H_{263}O_{110}N_{16}P + 138O_2$$

2. 兼性区

兼性区的塘水溶解氧较低，一般在 0.5～2.0mg/L 之间，微生物以异养型兼性细菌为主，它们既能利用水中的溶解氧氧化分解有机污染物，也能在无分子氧条件下，以 NO_3^-、CO_3^{2-} 作为电子受体进行无氧代谢。这样就将硝酸盐氮进行反硝化去除，并消耗了水体中的有机物。

兼性区不仅可去除一般的有机污染物，还可以有效地去除磷、氮等营养物质和某些难降解的有机污染物。

3. 厌氧区

厌氧区一般位于稳定塘的底部，其对有机污染物的降解去除，与所有的厌氧生物处理设施相同，是由两类厌氧菌通过产酸发酵和甲烷发酵两阶段来完成的。即先由兼性厌氧产酸菌将复杂的有机物水解、转化为简单的有机物（如有机酸、醇、醛等），再由绝对厌氧菌（甲烷菌）将有机酸转化为甲烷和二氧化碳等。

由于甲烷菌的世代时间长，增殖速度慢，且对溶解氧和 pH 敏感，因此厌氧塘的设计和运行，必须以甲烷发酵阶段的要求作为控制条件，控制有机污染物的投配率，以保持产酸菌和甲烷菌之间的动态平衡。

同时有机氮的氨化作用和硝酸盐氮的反硝作用都在此区域进行。

4. 稳定塘内的生物种群

好氧塘内的生物种群主要有藻类、菌类、原生动物、后生动物、水蚤等微型动物。菌类，浓度为 $1 \times 10^8 \sim 5 \times 10^9$ 个/mL，主要种属与活性污泥和生物膜相同。原生动物和后生动物的种属数与个体数，均比活性污泥法和生物膜法少。藻类的种类和数量与塘的负荷有关，它可以反映塘的运行状况和处理效果。

8.6.1.3 曝气塘

曝气塘是在塘面上安装有人工曝气设备的稳定塘，其可大幅度增加塘内水体的溶解氧和流动性，同时曝气过程还容易形成水景观，因而在城市湖库水体的治理中经常采用。

按照其曝气造成的塘内水体混合程度，可以分为完全混合曝气塘和部分混合曝气塘。

完全混合曝气塘中曝气装置的强度应能使塘内的全部固体呈悬浮状态，并使塘水有足够的溶解氧供微生物分解有机污染物。

部分混合曝气塘不要求保持全部固体呈悬浮状态，部分固体沉淀并进行厌氧消化。其塘内曝气机布置较完全混合曝气塘稀疏。

曝气塘出水的悬浮固体浓度较高，排放前需进行沉淀，沉淀的方法可以用沉淀池，或在塘中分割出静水区用于沉淀。若曝气塘后设置兼性塘，则兼性塘在进一步处理其出水的同时起沉淀作用。

曝气塘的水力停留时间为 3～10d，有效水深 2～6m。曝气塘一般不少于 3 座，通常按串联方式运行。

8.6.1.4 稳定塘的设计计算

稳定塘的设计计算一般采用有机物的表面负荷法,即BOD_5表面负荷。稳定塘要求进水的$BOD:N:P=100:5:1$。

好氧塘、兼性塘和厌氧塘的BOD表面负荷常用取值分别见表8.2、表8.3、表8.4,在设计时可用做参考。

1. 好氧塘

表8.2为好氧塘的BOD表面负荷常用取值,在设计时可用做参考。

表 8.2　　　　　　　　　　　典型好氧塘设计参数

设 计 参 数	高负荷好氧塘	普通好氧塘	深度处理好氧塘
BOD_5表面负荷[$kgBOD_5/(10^4 m^3 \cdot d)$]	80~160	40~120	<5
水力停留时间/d	4~6	10~40	5~20
有效水深/m	0.3~0.45	0.5~1.5	0.5~1.5
pH值	6.5~10.5	6.5~10.5	6.5~10.5
温度范围/℃	5~30	0~30	0~30
BOD_5去除率/%	80~95	80~95	60~80
藻类浓度/(mg/L)	100~260	40~100	5~10
出水SS/(mg/L)	150~300	80~140	10~30

好氧塘的构造和主要尺寸如下。

(1) 好氧塘多采用矩形塘,长宽比为$3:1$~$4:1$。

(2) 塘深。高负荷好氧塘:0.3~0.45m;普通好氧塘:0.5~1.5m;深度处理好氧塘:0.5~1.5m;好氧塘的超高区为0.6~1.0m。

(3) 堤坡。塘内坡度$1:2$~$1:3$;塘外坡度:$1:2$~$1:5$。

(4) 塘数及单塘面积。好氧塘的座数一般不少于3座,至少为2座。单塘面积一般不得大于$(0.8$~$4.0)\times 10^4 m^2$。

曝气塘深大于2m,采取人工曝气方式供氧,塘内全部处于好氧状态。曝气塘一般分为好氧曝气塘和兼性曝气塘两种。

2. 兼性塘

表8.3为兼性塘的BOD表面负荷常用取值,在设计时可用做参考。

表 8.3　　　　　　　　　　　典型兼性塘设计参数

冬季平均气温/℃	BOD_5表面负荷/[$kgBOD_5/(10^4 m^3 \cdot d)$]	水力停留时间/d
>15	70~100	≥7
10~15	50~70	20~7
0~10	30~50	40~20
-10~0	20~30	120~40
-20~-10	10~20	150~120
≤-20	<10	180~150

兼性塘的构造和主要尺寸如下。

(1) 长宽比。多采用矩形塘，长宽比为 3:1～4:1。塘的四角宜作成圆形，以避免死区。

(2) 塘深。有效水深：1.2～2.5m；储泥厚度：不小于 0.3m；超高：0.6～1.0m。

(3) 堤坡。塘内坡度为 1:2～1:3；塘外坡度为 1:2～1:5。

(4) 进出水口。进水口宜采用扩散管或多点进水，保证塘的横断面上配水均匀。

(5) 塘数及单塘面积。系统中兼性塘一般不少于 3 座，多串联。其中第一塘的面积比较大，占总面积的 30%～60%。单塘面积一般介于 $(0.8～4)×10^4 m^2$。

3. 厌氧塘

肉类加工废水厌氧塘的 BOD 表面负荷常用取值见表 8.4，在设计时可用作参考。

表 8.4　　　　　　　　　典型肉类加工废水厌氧塘设计参数

序号	BOD 容积负荷率 /[kgBOD$_5$/(m^3·d)]	水力停留时间/d	水温 T /℃	进水 BOD$_5$ /(mg/L)	处理水 BOD$_5$ /(mg/L)	去除率 /%
1	0.49	1	17.3	486	251	48.8
2	0.53	1	28.2	530	330	37.7
3	0.22	2	24.5	438	200	54.4
4	0.24	2	30.2	473	150	68.2

厌氧塘的构造和主要尺寸如下。

(1) 厌氧塘一般为矩形，长宽比为 2～2.5:1。

(2) 塘的深度。有效水深：3.0～5.0m。若深度过大，虽然有利于形成厌氧条件，但是会使塘底的水温过低，也对反应不利。储泥厚度：≥0.5m。城市污水厌氧塘的污泥量按每人每年 50L 计，污泥清除的周期一般为 5～10 年。此外，还应考虑一定的超高，一般取为 0.6～1.0m。塘的面积越大，超高越大。

(3) 堤坡。塘内坡度 1.5:1～1:3；塘外坡度：1:2～1:4。

(4) 进出水口。厌氧塘进口设在底部，高出塘底 0.6～1.0m，以便使进水与塘底污泥相混合。进水管直径一般为 200～300mm；对于含油废水，进水管直径应不小于 300mm。出水管应在水面以下，淹没深度不小于 0.6m，并要求在浮渣层或冰冻层以下。一般进口和出口均不得少于两个，当塘底宽小于 9m 时，也可以只用一个进出水口。

(5) 塘数及单塘面积。由于厌氧塘通常位于稳定塘系统之首，会截留较多的污泥，所以至少应有两座并联，以便轮换除泥；单塘面积不应大于 $(0.8～4)×10^4 m^2$。

8.6.1.5　稳定塘的流程组合

稳定塘的流程组合依当地条件和处理要求不同而异，如图 8.18 所示为几种典型的流程组合。

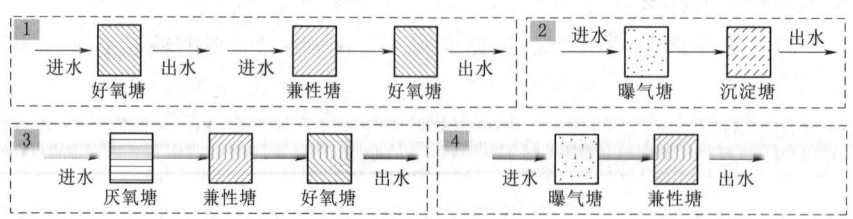

图 8.18 稳定塘的几种典型组合流程

8.6.1.6 稳定塘的优缺点

1. 稳定塘的优点

(1) 基建投资低。当有旧河道、沼泽地、谷地可利用作物作为稳定塘时，稳定塘系统的基建投资低。

(2) 运行管理简单经济。稳定塘运行管理简单，动力消耗低，运行费用较低，为传统二级处理厂的 1/3~1/5。

(3) 可进行综合利用。实现污水资源化，如将稳定塘出水用于农业灌溉，充分利用污水的水肥资源；养殖水生动物和植物，组成多级食物链的复合生态系统。

2. 稳定塘的缺点

(1) 占地面积大。没有空闲余地时不宜采用。

(2) 处理效果受气候影响。如季节、气温、光照、降雨等自然因素都影响稳定塘的处理效果。

(3) 设计不当时，可能形成二次污染，如污染地下水、产生臭气和滋生蚊蝇等。

8.6.2 土地处理

污水土地处理是在农田灌溉的基础上，运用人工调控利用土壤-微生物-植物组成的生态系统使污水中的污染物得以净化的处理方法。

土地处理系统由污水预处理设施，污水调节和储存设施，污水的输送、布水及控制系统，土地净化田，净化出水的收集和利用系统等五部分组成。

在国家关注城市面源污染和雨洪资源综合利用的情况下，各地城市提出海绵城市建设的理念，土地处理、生物滤池和稳定塘截控城市面源污染的过程中得到最为广泛的应用。

在海绵城市建设的过程中，执行低影响度开发的雨洪资源管理策略，土地处理以下沉绿地（或成为生物滞留池）、雨水花园、河湖岸坡生态拦截带与生态植草沟渠等形式，在雨水径流的过程中迟滞、拦截与消减城市面源污染。

8.6.2.1 土地处理系统的净化机理

污水土地处理系统的净化机理十分复杂，它包含了过滤、吸附、沉积、物理化学吸附、化学反应和化学沉淀、微生物对有机物的降解等过程。因此，污水在土地处理系统中的净化是一个综合的复杂净化过程。

1. 有机物

有机物大部分是在土壤表层土中去除的。土壤中含有大量的种类繁多的异养型微生物，它们能对被过滤、截留在土壤颗粒空隙间的悬浮有机物和溶解有机物进行生物降解，并合成微生物新细胞。当污水处理的有机物负荷超过让土壤微生物分解有机物的生物氧化能力时，会引起厌氧状态或土壤堵塞。

2. 氮和磷

氮主要是通过植物吸收，微生物脱氮（氨化、硝化、反硝化），挥发、渗出（氨在碱性条件下逸出、硝酸盐的渗漏流失）等方式被去除。去除率受作物的类型、生长期、对氮的吸收能力以及土地处理系统等工艺因素的影响。

磷主要是通过植物吸收，化学沉淀（与土壤中的钙、铝、铁等离子形成难溶的磷酸盐）、物理吸附和沉淀（土壤中的黏土矿物对磷酸盐的吸附和沉积），物理化学吸附（离子交换、络合吸附）等方式被去除。去除效果受土壤结构、离子交换容量、铁铝氧化物和植物对磷的吸收等因素的影响。

3. 悬浮物

污水中的悬浮物质是依靠作物和土壤颗粒间的孔隙截留、过滤去除的。土壤颗粒的大小、颗粒间孔隙的形状、大小、分布和水流通道，以及悬浮物的性质、大小和浓度等都影响对悬浮物的截留过滤效果。若悬浮物的浓度太高、颗粒太大，会引起土壤堵塞。

4. 病原体

污水经土壤处理后，水中大部分的病菌和病毒可被去除，去除率可达 92%～97%。去除率与选用的土地处理系统工艺有关，其中地表漫流的去除率较低，但若有较长的漫流距离和停留时间，也可以达到较高的去除效率。

5. 重金属

重金属主要是通过物理化学吸附、化学反应与沉淀等途径被去除的。重金属离子在土壤胶体表面进行离子交换而被置换、吸附，并生成难溶性化合物被固定于矿物晶格中；重金属与某些有机物生成可吸性螯合物被固定于矿物质晶格中；重金属离子与土壤的某些组分进行化学反应，生成金属磷酸盐和有机重金属等沉积于土壤中。

8.6.2.2 土地处理的基本工艺

土地处理技术有五种类型：慢速渗滤、快速渗滤、地表漫流、人工湿地和地下渗滤系统。其中人工湿地因其高效和兼具景观的特点，在污水处理厂出水深度处理或者城市生态湖补水前处理中得到广泛应用。本节简单介绍前四种土地处理工艺，人工湿地则单独小节详细介绍。

1. 慢速渗滤

慢速渗滤系统在形式上接近污水灌溉过程，适用于渗水性能良好的壤土、砂质壤土以及蒸发量小，气候湿润地区。污废水透过表面布水或喷灌布水的方式投配到土壤表面后垂直向下缓慢渗滤，土壤表面种有作物，可充分利用废水中的水分及营养成分，并借土壤—作物—微生物系统对污废水进行净化。部分废水经蒸发或者植物蒸腾散逸入大气，部分废水渗入地下。慢速渗滤系统污水投配负荷一般较低，渗滤速度慢，污水净化效率较高，出水水质较好。

慢速渗滤系统有农业型和森林型两种。其主要控制因素为灌水率、灌水方式、作物选择和预处理等。

适宜慢速渗滤处理的土地，土层厚度应大于0.6m，地下水埋深应大于1.2m，土壤渗透系数应在0.15～1.5cm/h，地面坡度小于30%。

慢速渗滤系统中的作物具有一些重要的性质，例如它们是潜在的主要生产者，水的使用者，氮素的利用者，并且它们还耐涝，如牧草、草皮或者大田作物等。

2. 快速渗滤

快速渗滤土地处理系统是一种高效、经济、低耗的土地处理技术。适用于渗透性非常好的土壤，如沙土、砾石性沙土等，其作用机理在实质上非常类似于那种间歇运行的"生物砂滤池"。污水进入快速渗滤表面后很快下渗进入地下，大部分渗入地下水，部分蒸发。灌水与休灌反复循环进行，使滤田表层土壤处于厌氧-好氧交替运行状态，依靠土壤微生物将被土壤截留的溶解性和悬浮性有机物进行分解，使污水得以净化。

适宜快速渗滤处理的场地，应具有土层厚度大于1.5m，地下水埋深大于2.5m，渗透性良好（≥0.5cm/h），地面坡度小于15%的条件。

3. 地表漫流

地表漫流系统是以喷洒的方式将污水投配在有植被的倾斜土地上，使污水呈薄层沿地表流动，径流水可由汇流槽收集。地表漫流系统兼有处理污水与生长植物等作用，出水以地表径流为主，只有少部分得水量因蒸发与下渗而损失。

地表漫流系统工艺适用于透水性差的土壤，如黏土和亚黏土，以及平坦而有均匀适宜坡度的田块，采用喷灌或漫灌方式将污水有控制地投配到田块上，废水在地面上形成薄层，均匀地顺坡流下，少部分蒸发与下渗，大部分流入集水沟。地面上通常种植青草，供微生物栖息并防止土壤被冲刷流失。因此，坡表漫流恰如一卧式固定膜生物滤池，在作物底部生长有生物膜，由大气向好氧微生物供氧。

适宜地表漫流处理的场地，土层厚度应大于0.3m，土壤渗透系数小于等于0.5cm/h，地面坡度小于15%。地表漫流的土壤是透水性差的黏土和亚黏土，处理场的土地应是有2%～8%的中等坡度、地面无明显凹凸的平面。

植物选择与作用：植物是地表漫流系统的重要组成部分，通常需要在坡田上种植耐水性强、适应当地气候条件的多年生植物。植物可以起到减缓污水沿地表流动的速度。增加水流在坡面的滞留时间，促进悬浮物的去除，防止水土流失等作用。同时植物的根部以及表层的土壤存活着大量的微生物，形成生物膜，对污水的有机物以及氨氮的去除有作用。

4. 地下渗滤

地下渗滤处理系统是将污水投配到具有一定构造和良好扩散性能的地下土层中，污水经毛管浸润和在土壤渗滤作用下向周围运动且达到处理利用要求的土地处理类型。在处理过程中，污水一部分被植物吸收或经蒸发，大部分被集水系统收集回用。

地下渗滤处理系统布水系统埋于地下，不影响地面景观，适用于分散的居住小区、度假村、疗养院等小规模污水的处理，并可与绿化和生态环境的建设相结合；运行管理简单，负荷低，处理出水水质好，处理出水可回用。

污水进入地下渗滤处理系统前需经化粪池或酸化（水解）池预处理，可以去除其中的大部分 SS，避免堵塞土壤。

8.6.3 人工湿地
8.6.3.1 湿地
1. 湿地的概念与作用

湿地是由美国鱼类和野生生物保护机构于 1979 年提出的，发表在"美国湿地深水栖息地的分类"一文中，首次将湿地定义为：湿地是处于陆地生态系统和水生态系统之间的转换区，其地下水位通常达到或接近地表，或者处于浅水淹覆状态。湿地至少应具有以下三个特点之一：①至少是周期性地以水生植物生长为优势；②底层以排水不良的水成土为主；③土层为非土壤并且在每年生长季的部分时间被水浸没或淹没。

并且这个定义还指出了湖泊与湿地以低水位时水深 2m 处为界。

从广义上而言，沼泽、滩涂、低潮时水深不超过 6m 的浅海区、河流、湖泊、水库和稻田等都可以被视为湿地。

按照广义定义，全世界共有自然湿地 $8.55 \times 10^6 km^2$，占陆地面积的 6.4%，而这 6.4% 的湿地为地球上 20% 的已知物种提供了生存环境，具有不可替代的生态功能，享有"地球之肾"的美誉，湿地保护显得尤为重要。

中国湿地面积占世界湿地的 10%，位居亚洲第一位，世界第四位。在中国境内，从寒温带到热带、从沿海到内陆、从平原到高原山区都有湿地分布。

湿地类型多种多样，从大类上可以分为自然湿地和人工湿地。前者主要由海域、河口、河流和湖泊组成，包括沼泽、泥炭地、湖泊、河流、海滩和盐沼等。后者主要是人工水面，如水库、池塘和水稻田等。

2. 湿地系统的组成要素

不管是自然湿地还是人工湿地，都是由非生物要素和生物要素组成一个湿地生态系统。非生物要素包括水、土壤和气候。生物要素包括生产者（湿地植物）、消费者（各种水生动物及底栖动物、哺乳类、两栖类和爬行类等）、分解者（湿地微生物）。

3. 湿地的功能

湿地被人们称为"地球之肾"，作为地球重要生态系统的一环，其功能是多方面的，湿地是众多植物、动物特别是水禽、鸟类生活的乐园，同时又向人类提供食物（水产品、禽畜产品、谷物）、能源（水能、泥炭、薪材）、原材料（芦苇、木材、药用植物）；湿地既可以涵养水源和补充地下水，又能有效控制洪水和防止土壤沙化，还能净化和改善水质，滞留沉积物、有毒有害物质、吸收富营养化物质，从而减少和控制环境污染；湿地植物通过光合作用以有机质的形式储存碳元素，减小温室效应。综上可见，湿地是人类赖以生存和持续发展的重要基础。

8.6.3.2 人工湿地

人工湿地是由人工建造和控制运行的与天然湿地类似的地面，将污水、污泥有控制的投配到经人工建造的湿地上，污水与污泥在沿一定方向流动的过程中，主要利用土壤、人工介质、植物、微生物的物理、化学、生物三重协同作用，对污水、污泥进行处理的一种技术。

在农田面源污染逐渐成为河湖水体的主要污染来源之后，随径流排放的农田污染物，如氮和磷，利用农田排水沟渠对其进行截控和消减成为常用的措施，即将排水沟渠生态化，也称为生态沟渠。生态沟渠是指具有一定宽度和深度，由水、土壤或者具有环境功能的基质和生物组成，具有自身独特结构并发挥相应生态功能的农田沟渠生态系统，也称之为农田沟渠湿地生态系统，实质上可以看作线性人工湿地。

1. 特征

（1）水。所有湿地具有一个共同特征：表面或近表面有水，至少定期有水。

（2）流速缓慢。湿地水文一般是慢速流域、浅水域或饱和地质中的一种。当水流经湿地时，缓慢流域和浅水区域允许沉积物沉淀下来。缓慢流域也使得湿地表面和水之间的接触时间延长。有机和无机物质的复合物以及水气交换的多种机会孕育了一个多样化的微生物群落，分解或转化了大量的物质。

（3）维管束植物。大多数湿地都茂密生长着能够在水饱和条件下生长的维管束植物。维管束植物能够减缓水的循环，创造含水充沛的微环境，并为微生物群落提供附着场所。秋天，因植物枯萎所累积的凋零物又为湿地提供了物质和交换场所，并且为微生物的生长提供了碳源、氮源和磷源。

2. 结构

主要由湿地床和透水性基质、湿地植物、水体、微生物种群和后生动物组成。人工湿地结构通常自上而下分为顶部植物层、中部填料层和底部防渗层（图8.19）。在顶部植物层种植有湿地植物，并含有大量微生物种群以及各种后生动物，主要作用为植物吸收和微生物活动去除污染物。中间填料层上部因靠近顶层，在孔隙通气和植物根系泌氧的作用下，呈现一定的氧含量，主要以微生物的好氧降解作用为主，而中部填料层下部，因氧含量降低甚至缺失，主要以微生物的厌氧降解作用为主。底部防渗层主要是防治污染物经渗漏进入地下水。人工湿地在运行过程中，是通过土壤、植物、微生物三个相互依存的组合体，很好地对污水中悬浮物、有机物、氮、磷、重金属等污染物的去除。

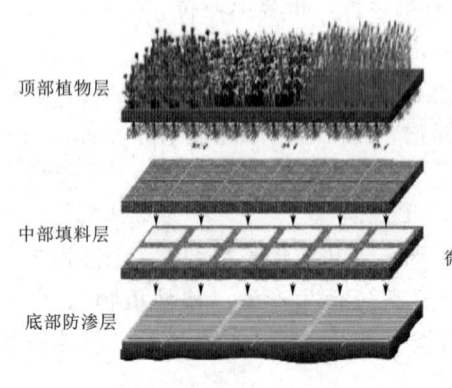

图 8.19 人工湿地结构

3. 净化机理

人工湿地的生物群落由植物（挺水植物、沉水植物）、原生动物和后生动物（草履虫、钟虫、变形虫等）、微生物、细菌等组成一个沟渠或湿地生态系统。

人工湿地净化机制是通过物理、物理化学、化学和生物化学的过程，通过过滤、沉降、吸附、沉淀、溶解和生物化学交互作用，将COD（有机物）、氮、磷等污染物

转化为 CO_2、H_2O、N_2 和磷酸盐，从水中逸出或沉淀，从而在水中的上述污染物浓度降低，达到过程净化，见表 8.5。

表 8.5　　　　　　　　　　　人工湿地的去除机制

废水组分	去除机制
生物需氧量 COD	微生物的降解（在厌氧和好氧的情况下）、沉降（有机物的积聚/沉淀物表面的污泥）、吸附（被颗粒或微生物吸附）
悬浮物	沉降/过滤
氮	化学上的氨化以及微生物的有机氮生物氨化、硝化和反硝化作用、植物吸收、氨气的挥发
磷	土壤吸附（与土壤中的铝、铁、钙和黏土矿物发生吸附沉淀反应），植物吸收
重金属	植物吸收和生物富集、填料的吸附沉淀和金属离子与 S^{2-} 形成硫化物沉淀
病原体	沉降/过滤，自然凋亡，湿地植物根系排泄的抗生素作用，无脊椎动物和其他微生物的捕食行为

水中的固体悬浮物主要在湿地中经过过滤和沉降去除。这些物理处理过程中，也除去了与固体相关的许多其他重要污染物成分，如有机物、氮磷营养物、病原体等。吸附是可分解污染物的重要去除机理，如磷和可溶性金属。沉淀物、植被、土壤和废弃物等提供的表面积促进了吸附的过程。

对于可溶性有机组分，主要是生长在植物、废弃物和基质表面上的微生物，特别是细菌进行降解。维持好氧微生物生活的氧气主要由空气中扩散的氧气、从水体中藻类光合作用产生的氧气，还有一些是植物根系释放的氧气。

4. 类型

按照水流流经湿地过程，将人工湿地分成面流湿地和潜流湿地，如图 8.20 所示。

(1) 表面流湿地。又称自由表面流。所谓表面流，就是污废水在湿地表面漫流，与自然湿地最为接近。这种人工湿地水位浅，底部含 0.2~0.3m 的土壤或其他介质提供水生植物着根，种植挺水植物。水深一般在 0.1~0.6m。水流在湿地表面开放性流动，水流经底部土壤层，并与植物的茎、根部接触。

表面流湿地优点是设计简单，投资少。缺点是负荷过小，水面冬季易结冰，夏季易滋生蚊蝇，并且散发臭气。

(2) 潜流湿地。所谓潜流，就是污废水在填料表面下渗流，呈水平流动或垂直竖向流动的状态，前者为水平潜流湿地 [图 8.20 (b)]，后者为垂直竖向潜流湿地 [图 8.20 (c)]。这种人工湿地往往在中间填充 0.4~0.6m 的可透水性砂土或砾石作为介质，称为填料层，也可以是其他功能填料，如具有氮磷吸附功能的陶粒、火山岩、麦饭石等，具有强吸附功能的生物炭等。水流在表层土壤、填料层及根间流动，经填料层基质和植物根系充分接触的同时被净化。这种湿地水流一直在湿地内部流动，避免了表面漫流湿地带来的蚊蝇、臭气等弊端，卫生条件较好。同时，潜流湿地的作用位点多，微生物种类丰富，负荷较大，占地面积小，处理污水效率高，因此这种湿地被广泛采用。

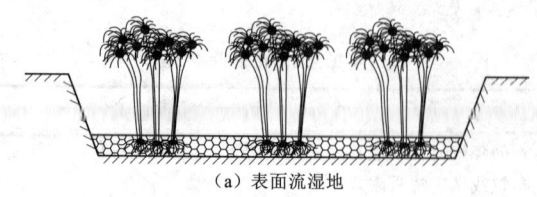

(a) 表面流湿地

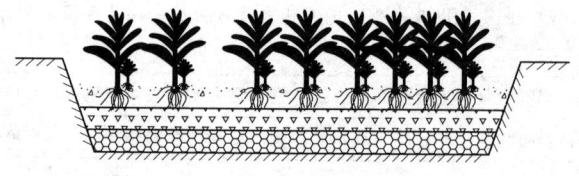

(b) 水平潜流湿地

(c) 垂直竖向潜流湿地

图 8.20 人工湿地类型

5. 湿地植物特性与配置分析

（1）湿地植物功能。人工湿地中种植有大量不同类型的植物，其对人工湿地正常功能的发挥具有不可替代的作用：

1）分解和转化有机物和其他物质。植物通过吸收同化作用，能直接从污水中吸收可利用的营养物质，如水体中的氮和磷等，最后通过被收割而离开水体。

2）植物的根系能吸附和富集重金属和有毒有害物质，根部的吸收能力最强。

3）植物的根系是微生物重要的栖息、附着和繁殖的场所，植物根际的微生物数量比非根际微生物数量多得多，而微生物能起到重要的降解水中污染物的作用。如微生物能够通过好氧或厌氧实现对有机物的降解，对磷赋存形态和植物吸收施加影响，对氮的氨化、硝化与反硝化作用等。

同时植物在城市水体治理中，湿地植物还具有良好的景观效果。

因此，植物选择应是对氮磷吸收快，吸收能力强，有一定经济价值、观赏价值的适宜水陆生植物。

（2）湿地植物特性。常用于湿地的植物有漂浮类植物、根茎、球茎及种子植物、挺水植物和沉水植物。

1）漂浮类植物。漂浮植物中常用作人工湿地处理的有水葫芦（凤眼莲）、大藻、浮萍、田字萍、豆瓣菜等。它们具有生命力强，对环境适应性好，根系发达及生物量大和生长迅速等特征。

该类植物对氮的吸收利用作用较强。

2) 根茎、球茎及种子植物。这类植物主要包括睡莲、荷花、马蹄莲、茨菇、荸荠、泽泻、菱角、薏米和芡实等。它们具有发达的地下根茎或块根，能产生大量的种子果实，多为季节性植物类型，一般在冬季枯萎春季萌发，生长季节主要集中在4—9月。

这类植物具有如下特点：耐淤能力强，适宜生长在淤泥层深厚肥沃的地方；适宜水深一般为0.4~1.0m；具有发达的地下块根或块茎，对P元素需求较多。种子果实类植物，其种子和果实的形成也需要大量的P和K元素。

因此，这类植物可作为P去除的优势植物而加以配置。

3) 挺水植物。这类植物包括芦苇、茭草、香蒲、伞形草、水葱、水莎草、纸莎草等，为湿地主要配置品种，其特性如下：适应能力强，或为本土优势品种；根系发达，生长量大，营养生长与生殖生长并存，对N和P的吸收都比较大；能于无土环境生长。

根据其根系分布深浅和分布范围，又可以细分为四种生长类型：即深根丛生型、深根散生型、浅根丛生型和浅根散生型。

深根丛生型植物的根系分布深度一般在30cm以上，分布较深但分布面积不广。植株的地上部分丛生，如芦竹、伞形草、野茭草、薏米和纸莎草等。由于这类植物的根系入土深度较大，根系接触面广，配置栽种于潜流湿地中更能显示出它们的处理净化性能。

深根散生型植物的根系深度一般在2~30cm之间，植物分散。这类植物有香蒲、菖蒲、水葱、水莎草和野山姜等，植物根系入土深度也较深，因此适宜配置栽种于潜流湿地。

浅根散生型植物如美人蕉、芦苇、荸荠、慈菇和莲藕等，其根系分布一般在5~20cm之间。由于这些植物的根系分布较浅，而且一般原生于土壤环境，因此适宜配置于面流湿地中。

浅根丛生型植物如灯芯草、芋头等，根系分布浅，且一般原生于土壤环境，因此仅适宜配置于面流湿地中。

4) 沉水植物。沉水植物一般原生于水质清洁的环境，其生长对水质要求仍比较高，因此，沉水植物只能用作人工湿地系统中最后稳定水质加以应用，以提高出水水质，不适宜于前端高污染的水质净化处理。

类型有苦草、黑藻、眼子菜和金鱼藻等，其中轮叶黑藻对污染适应能力较强些，可布置在水质稳定需求的前段，而金鱼藻水质要求最好，适宜设置在临近出水段。

(3) 湿地植物配置。湿地植物配置应根据植物特性选择，遵循如下原则：

1) 植物环境适应能力强，以本地乡土物种为优先。

2) 人工湿地系统中，水体养分的去除主要依靠植物的吸收利用，因此，生物量大、根系发达、年生育周期多和吸收能力好的植物成为优先目标。

3) 利用植物季节生长特性，给予正确的植物搭配，如冬季低温时配置水芹菜、而夏季高温时配置水葫芦、大藻等适宜高温生长植物,以避免植物品种搭配单一而出现季节性的功能失调。

4) 湿地植物以营养生长为主,大量吸收氮磷等营养物质,因此,在进行植物配置时应重视对氮磷吸收能力不同的植物品种搭配。

5) 湿地通常作为城市景观湖泊的进水处理设施,因此在配置植物时,还应该考虑景观效果,注意其花期、颜色和种类搭配,避免单一植物品种。

(4) 湿地植物对养分的需求对应湿地类型分析与适应性。

1) 植物养分与生长需求对应湿地类型分析。根据植物对养分的需求情况分析,由于潜流式人工湿地系统填料之间的空隙大,植物根系与水体养分接触的面积要比表流式人工湿地广,因此,对于营养生长旺盛、植株生长迅速、植株生物量大、一年有数个萌发高峰的植物,如香蒲、水葱、苔草、水莎草等植物适宜栽种于潜流湿地。而对于营养生长和生殖生长并存,生长相对缓慢,一年只有一个萌发高峰期的一些植物如芦苇、茭草、薏米等则配置于表面流湿地系统。

2) 植物对污水的适应能力分析。不同植物对污水的适应能力不同。一般在污水处理的前段,其湿地往往承担较高浓度的污水。因此,在人工湿地建设时,其前段工艺如潜流湿地,往往选择耐污能力较强的植物品种,末端工艺如表流湿地、稳定塘等处理段,由于污水浓度降低,因此可更多考虑植物的景观效果。

湿地植物主要通过生长和死亡来起到净化污水的作用。

更加重要的是,植物的生长为微生物的发展提供营养物质的附着点,为湿地深层微生物通过植物根系泌氧和释放小分子有机物提供氧气和养分。同时植物的死亡造成凋零物和为微生物代谢释放有机物,增强了湿地基质的渗透稳定。

6. 湿地基质与配置

湿地基质是植物生长、微生物附着和一些金属与非金属离子吸附的重要载体,是湿地内所有生物和非生物的储存库,将发生在湿地内部的各种处理过程连接成一个整体,具有不可替代的重要作用:①过滤、截留和吸附水中的污染物,富集而达到迁移污染物、净化水质;②为湿地植物提供生长基质和营养成分;③为微生物提供栖息地,提供附着载体和所需其他营养元素。

通常作为湿地基质的材料有:天然矿物材料、轻质的高分子材料或者由植物制作的生物体材料,如碎石、火山岩、陶粒、麦饭石、沸石、蛭石或生物炭。当然,也可为了强化湿地某一功能,添加其他矿物材料,如据研究,往基质中添加铁或者硫铁矿材料,可大幅增强对于氮的反硝化去除,并能增强磷的固定。

不同的基质对湿地的处理效果影响较大。袁东海等(2004)模拟污水磷素净化实验表明,矿渣、粉煤灰和硅石净化磷素污染较好,表土和下蜀黄土次之,沸石和砂子净化磷效果较差。朱夕珍等(2002)以石英砂、粉煤灰和高炉矿渣为基质构建湿地的研究结果表明:煤灰渣基质的湿地对有机污染物的处理效果最好,COD_{Cr}和BOD_5的去除率分别达到71%~88%和80%~89%;高炉矿渣湿地的除磷效果最好,总磷去除率达83%~90%,而石英砂湿地处理效果较差,COD_{Cr}、BOD_5和TP的去除率分别为36%~49%、65%~75%和40%~55%。而本人团队的研究也表明,黏土烧制后的陶粒对磷去除率较高，而麦饭石则对氮有更高的去除效果，二者组合可达到较好的氮磷去除效果，生物炭添加可大幅度提高湿地微生物种类和数量，进而提高氮的去除能力。

由上可知，在构造人工湿地时，合适选择湿地植物和基质，对于湿地的污染净化效果与长期运行稳定非常重要。

7. 构建湿地应考虑的水力条件

除了湿地植物、基质选择与配置对湿地去除污染物的效果存在很大影响外，水力条件也是非常重要的影响因素。

水力条件包括水流方式、水力负荷和水力停留时间。

(1) 水流方式。水平潜流湿地对 BOD_5、COD_{Cr} 等有机物和重金属的去除效果较好；垂直流湿地系统硝化能力高于水平潜流湿地，可用于处理氨氮含量较高的污水，表面流湿地的处理效果一般。但如果将不同类型的人工湿地进行组合，有利于提高系统的处理能力。

(2) 水力负荷。水力负荷指单位面积 (m^2) 单位时间 (d) 内湿地能够消纳的污水体积 (m^3)。水力负荷关系到占地面积，是目前衡量湿地设计、管理水平的最重要指标。目前湿地水力负荷在 $0.2\sim0.4m^3/(m^2 \cdot d)$ 范围内，欧洲、北美及澳大利亚，人少地多，水力负荷大都低于 $0.1m^3/(m^2 \cdot d)$。我国人多地少，水力负荷较高，一般高于 $0.2m^3/(m^2 \cdot d)$，但考虑冬季低温的影响，我国北方人工湿地水力负荷为 $0.2\sim0.5m^3/(m^2 \cdot d)$，南方为 $0.4\sim0.8m^3/(m^2 \cdot d)$。

一般情况下，水平潜流和垂直流人工湿地比表面流人工湿地的水力负荷高。水力负荷的确定对湿地类型的选择及其尺寸（占地面积）的确定至关重要，并且直接关系着人工湿地对污染的净化效果。因此，宜根据不同水质及水量的实际情况，合理确定人工湿地的水力负荷。

(3) 水力停留时间。水力停留时间指待处理污水在反应器内的平均停留时间，也就是污水与生物反应器内微生物作用的平均反应时间。人工湿地系统水力停留时间和水流状态与污染物降解与去除率关系密切，是维持系统正常运行并充分发挥净化效果的重要参数。

人工湿地停留时间一般为 $10\sim20d$。对于小城镇生活污水，也有人研究认为 $5\sim7d$ 时，各种污染物的处理效果最佳。适当延长水力停留时间，可提高处理效果和处理能力，但是水力停留时间过长，会降低人工湿地的污水处理负荷。

水力停留时间的变化显著影响水平潜流和垂直流湿地污染物的净化效果。垂直流湿地高锰酸盐指数和氨氮去除效果的最佳停留时间均出现在 2d 左右，其去除率分别为 93.1% 和 87.7%。而水平潜流湿地在水力停留时间为 2d 左右时高锰酸盐指数去除率最好，达到 92.3%，在 2.5d 左右的时候氨氮去除率最好，达到 81.5%。

8. 人工湿地设计

采用人工湿地净化时，应进行必要的前预处理，其进水的悬浮物浓度 SS 值不宜超过 80mg/L。

人工湿地面积应按 BOD_5 表面负荷确定，同时应满足表面水力负荷和停留时间的要求，其主要涉及参数宜根据试验资料确定，当无试验资料时，可采用经验数据或按照表 8.6 的规定取值。

表 8.6　用于城镇生活污水处理厂出水深度处理的人工湿地的主要设计参数

湿地类型	表面 BOD 负荷 /[g/(m²·d)]	表面水力负荷 /[m³/(m²·d)]	水力停留时间 /d
表面流湿地	1.5~5	≤0.1	4~8
水平潜流湿地	4~8	≤0.3	1~3
垂直流湿地	5~8	≤0.5	1~3

表面流湿地的设计还应该符合以下规定：单池长度宜为 20~50m，单池长宽比宜为 3∶1~5∶1 之间；水深宜为 0.3~0.6m；底坡宜为 0.1%~0.5%。

潜流湿地的设计应符合下列规定：水平潜流湿地单元长宽比宜为 3∶1~4∶1，垂直潜流湿地单元长宽比应该控制在 3∶1 以下。潜流湿地单元长度宜为 20~50m，如地形不允许布设规则形状，则应该考虑潜流湿地的均匀布水和集水问题。潜流湿地水深宜为 0.4~1.6m，水力坡降宜为 0.5%~1.0%。

湿地填料应选择比表面积大、机械强度高、稳定性好、取材方便的填料。

湿地植物应以本土植物为首选，宜选用耐污能力强、根系发达、去污效果好、具有抗冻及抗病虫害能力，并且还应该具有一定的经济价值和美化景观效果，容易管理的植物。

人工湿地常见组合工艺如下：

进水—生物碎石床—垂直潜流湿地/水平潜流湿地—表面流湿地—稳定塘—出水。

通常潜流和表面流湿地交替设置，以实现氮的氨化反应、硝化和反硝化，达到尽可能消除水体总氮的目的。

9. 湿地堵塞问题及对策

人工湿地，特别是水平潜流湿地运行一段时间后，会出现堵塞现象，造成基质渗透系数急剧下降，过水能力降低，污水淤积在湿地表面，引发恶臭，淤积的污水使氧气难以向基质扩散，影响处理效果，并缩短使得运行寿命。

堵塞物质主要来自固体的截留作用、生物膜的生长、植物根系的生长及部分污染物与基质的化学作用。

对人工湿地运行中遇到的堵塞问题的解决方案：

(1) 对进入湿地的污水进行适当的预处理，减小污水悬浮物。

(2) 改进进水方式（间隙进水）或者对进水曝气，提高系统中的溶解氧量，进而增强湿地微生物对有机物的分解，减少胞外聚合物的过量积累，进而缓解堵塞问题。

(3) 基质粒径和级配影响湿地的孔隙率和水容量，选择合理的基质粒径和级配，如在前段大颗粒宽级配，后段小颗粒窄级配，或者在湿地前端设置宽级配碎石床，以高效去除进水的悬浮物。

(4) 停床轮休。一方面可以通过干湿交替使得氧气进入湿地系统，提高微生物的活性，增强降解污染物的能力；另一方面停止进水，使系统中缺乏营养物质，微生物消耗自身有机物并老化死亡，减少胞外聚合物的积累，同时有利于微生物群落的重新构建，保持微生物处理良好增殖阶段。

（5）选择合理的植物，并定期收割其植物地上部分。

（6）加强湿地的运行管理，日常注意拔除杂草，清洗管道等。

思 考 题

1. 什么是完全混合反应器和推流式反应器，其二者区别和联系又是什么？
2. 什么是活性污泥法，其微生物种群结构特征如何，净化污染物的过程和机制又是如何？
3. 从碳氮磷的自然生物循环角度，去思考生物脱氮除磷的原理，并思考如何在处理过程中调控环境、生物条件，进而达到脱氮除磷目的。
4. 什么是生物膜法，请举例生物膜法处理污水的主要类型。你觉得哪些生物膜处理方法可以应用到河流、湖泊或水库的水体净化中，其与该方法处理污水有什么异同点。
5. 简述土地处理和人工湿地处理污水的净化机理。
6. 人工湿地被常用于河湖水体补水或者污水处理厂深度处理，堵塞是其运行维护的最大问题，思考如何从设计、运行管理角度尽可能防治湿地堵塞。

第9章 河湖环境治理与生态修复

　　河流、湖泊和水库等地表水体是人类和自然界动植物等赖以生存的物质基础，其生态环境健康状况事关人类与自然的和谐持续发展。但伴随着社会经济的发展，对上述水资源的需求量不断增加。经人类活动利用后的污废水持续不断排入河湖等地表水体，大大超出其环境承载能力，进而引发严重的环境污染问题。如湖泊（水库）水体的富营养化、城镇河流黑臭水体、重金属和新污染物问题等。这些环境污染问题不仅造成水资源的短缺，而且造成水生动植物大量死亡，水体发黑发臭，生态失衡乃至完全破坏。对河流、湖泊和水库环境治理与生态修复刻不容缓。

　　分析河流、湖泊等水体的污染物来源，其从河流自身的角度而言，可以分为外源与内源污染。外源污染包括点源和面源污染，点源包括如城镇生活污水排放、工矿企业废水排放、规模化的畜禽养殖企业排放等，面源污染则主要经过降雨径流而排放入水体的污染物，包括城镇面源污染和农业面源污染（农村居民生活污水排放、农田面源污染等）。内源污染主要指部分外源污染物进入河湖水体后沉积在底泥中又不断释放入上覆水的污染物，或者河湖水体动植物衰亡腐烂而产生的污染物。

　　河湖环境治理与修复就是针对上述污染源进行有效的环境治理，以降低进入水体的污染物的量，并通过适当的近自然生态修复技术措施，恢复和维持河湖水体正常的水质和生物群落体系，进而保持河湖水体生态系统的持续稳定和健康发展。

　　本章将在前述各环境与生态基础理论和方法的基础上，详细介绍水环境治理与修复的理论与技术方法，包括河湖水体污染源治理、水质净化、河湖微生境构建与生态修复等。

9.1 河湖外源污染-点源污染控制与治理

　　河湖水体的点源污染源主要为流域内的城镇生活污水排放、工矿企业废水排放和规模化畜禽养殖污水排放。

　　对于点源污染而言，由于其排放路径、排放量和排放点位明确。因此其治理的最佳策略为集中收集、集中处理、达标排放。

9.1.1 城镇生活污水

　　我国乡域面积广阔，城镇是居民最为集中的区域，因此生活排放量较大，主要污染物以有机物、氮和磷为主，浓度较高，排放也相对较为集中，是河湖水体的主要点源污染物，如对四川省井研县茫溪河、仁寿县球溪河等沱江中小支流的污染源调查表明，城镇生活污水占到其整个污染源总量的50%以上。

　　随着河湖流域水体生态环境健康持续发展的需求，城镇生活污水处理厂不仅要高效去除有机物，如COD和BOD，而且因河湖水体富营养化控制的需求，氮、磷等营养污染物去除也进一步提高。因此，我国多数城镇污水处理厂都采用同时脱氮除磷的生物处理工艺。

同时，还因不同区域水体环境容量和功能保护目标不同，对城镇污水处理厂出水水质要求也大不相同，如大部分城镇污水处理厂采用《城镇污水处理厂污染物排放标准》(GB 18918—2002)一级A标。四川省为加强长江流域上游生态保护和岷沱江流域水环境重点治理，岷沱江流域城镇污水处理厂出水执行《四川省岷、沱江水污染物排放标准》(DB 51/2311—2016)。另外，因我国水资源开发总量的不断增加和水资源季节性和空间性分布不均特征，经济发展与水资源短缺之间的矛盾不断加剧。为保护与节约利用水资源，国家提出建设节水型社会的整体水资源总量利用和效率利用目标。因而，大部分缺水城市对城镇污水处理厂出水都提出了再次利用的需求，如用于城市景观绿化浇灌用水、城市景观湖泊补水及河道生态补水等。

为达到上述更加严格的污水厂出水排放标准，往往在城镇污水厂二级生物处理工艺技术基础上，再进行絮凝－过滤乃至人工湿地处理的污水处理厂三级深度处理过程。城镇生活污水经污水三级深度处理后，其水质指标（除部分指标外，如总氮）基本可以达到地表水Ⅳ类水标准，对河湖水环境影响也大大减弱。

9.1.2 农村生活污水

农村生活污水排放存在分散、水量小和排放时间不均等特征，往往不能像城镇生活污水那样经集中收集处理后达标排放。同时农村生活污水多以家庭生活产生为主，因而其主要污染物为悬浮物、有机物和氮磷，进行适当处理后作为肥料回用是最佳措施。另外，农村与小城镇的污水处理设施，还存在管理人员技术水平不高，运行费用严重不足等问题，因此，因地制宜选择适宜的农村生活污水处理技术是非常重要的。

结合以上农村生活污水排放的特征，考虑农村地区土地资源相对较丰富，农村生活污水多经过化粪池厌氧消化后采用较为灵活、维护与运行较为方便的土地处理或氧化塘处理技术，如污水土地处理技术、人工湿地处理技术、生物塘处理技术或者多种适宜技术的优化组合技术。

9.1.2.1 污水土地处理

污水土地处理是农村生活污水最为常见和方便的处理技术，其利用土壤过滤、植物吸收和土壤中微生物的降解与转化而达到消除污水中污染物的目的。植物可以种植蔬菜或者农作物，进行季节更换，这样既可以有效利用生活污水中的氮磷资源，同时还可以保持土地植物的污染物吸收高效性。

污水土地处理的位置可根据农村居民周边土地利用状况和污水排放与再利用方便程度灵活选择。一般进入污水土地处理的生活污水先应经过化粪池的长期厌氧消解，这样可以减小土地处理引起的味道不适并提高土地处理的效率。

9.1.2.2 人工湿地

人工湿地是最适合农村生活污水处理的技术方式，其实际上是土地处理和生物滤池二者的结合，是依靠表层植物吸收和下层生物滤池组合去除污染物的技术。一般表层5~15cm为植物生长层，含有一定比例的土壤和填料，而下层则为功能填料层。

由于功能填料的存在，其空隙率和下渗远高于一般的土地处理。

当人工湿地的基质层选择具有一定的氮磷吸附功能的填料时，则可大大增强人工湿地的去污能力。如可添加具有高吸附氮和磷的麦饭石、蛭石、沸石和陶粒或者火山岩，也可为了提高氮的反硝化去除而添加硫铁矿、铁屑和生物炭。

通常，人工湿地中种植耐污型砾石基生长挺水或湿生植物，充分利用植物截留吸收和湿地基质过滤和微生物净化的能力，实现对来水的净化。湿地植物选择应以当地植物为主，种植应适宜混种搭配，以保证湿地局部植物的多样性。湿地景观宜与周边景观有效融合，以增加观赏价值。

人工湿地类型分为潜流型和表流型人工湿地，潜流型和表流型人工湿地应交错布置，以保持多样化的水流流程和湿地微生物种群，靠近进水侧应优先布置潜流型人工湿地，以增强对进水中的悬浮物的阻截。

人工湿地处理农村生活污水的好处还在于其对地形整体要求不高，可灵活利用农村居民周边的空地，采用湿地（块状）或者生态沟渠（线性湿地）的方式，也可以和房前屋后的池塘结合，进一步起到净化污水和水资源蓄积功能。

人工湿地设计可参考《人工湿地污水处理工程技术规范》（HJ 2005—2010）。

湿地的管理维护是保证湿地处理效率的重要环节，对常绿湿地植被，视植被生长密度宜合理开展植物的收割，建议收割周期为每10个月1次。湿地内填料易出现堵塞情况，应定期对填料进行翻动和清理。清理后的填料可重复利用，污泥可与收割植物进行堆肥处置，用于农田或景观绿化施肥。

9.1.2.3 生物塘

生物塘即氧化塘，也是农村生活污水处理的常用技术方式。在农村生活污水处理中，污水一般不直接排入生物塘，而是先经过土地处理、人工湿地或者其他处理方式后再排入。生物塘一方面可以起到进一步净化污水的功能，另一方面还可以作为水的蓄积池，可利用处理后的水进行农田浇灌，实现水资源的回收利用。

生物塘应因地制宜利用废弃河渠、池塘、湿地、荒地、低洼地等进行建设。为保证塘内水流的流动性，其自然坡度宜小于或等于2%。

生物塘的单塘面积不宜超过20000 m^2，当单塘长宽比小于3:1或不规则时，应设置避免短流、滞流现象的导流设施。

生物塘的总深度应包括污泥层深、有效水深及超高。污泥层设计深度不应小于0.2m，超高应大于风浪爬高，且宜大于0.5m。

水生植物应选种净水效果好、耐污能力强、易于收割且有一定利用价值的植物，并且应该优先选择当地乡土植物。

生物塘设计可参考《污水自然处理工程技术规程》（CJJ/T 54—2017）。

9.1.2.4 厌氧消化-人工湿地-生物塘组合处理

农村生活污水主要来自居民生活，一般为厨房、厕所、洗衣服或者洗澡用水，因而含有大量的蔬菜、食物残渣或者颗粒物，纤维素、蛋白质和脂肪等大量大分子有机物。如直接进入湿地或者生物塘，长时间会造成湿地堵塞，而且大分子有机物也不易直接生物降解，需经厌氧消化转化为小分子易降解有机物后才有利于其去除。因此，农村生活污水通常采用厌氧消化-人工湿地-生物塘的组合技术进行处理。

对于分散的少户农村生活污水,通常建设化粪池,停留时间在20天以上。生活污水在化粪池内充分厌氧消化,上清液再进入后续湿地和生物塘进一步处理。

9.1.2.5 生物厌氧-生物好氧组合处理

对于相对集中的新农村居住点,因农户较多,生活污水量较大,这时一般除每户单独设置化粪池外,还应该设置厌氧处理工艺,如厌氧生物滤池,停留时间一般在5天以上。

好氧反应池一般采用生物接触氧化法、曝气生物滤池等。

如需进行深度处理,可采用人工湿地、氧化塘、生态沟渠或化学强化处理等,且原则上要求尽可能选择抗冲击负荷能力强,运行维护简单方便的技术/工艺。

9.1.2.6 污水一体化处理设备

对于相对集中的新农村居住点,污水量具有一定规模时,也常购置污水一体化处理设备进行农村生活污水的处理。

污水一体化设备实际上是第八章讲的生活污水的活性污泥法、生物膜法和生物脱氮除磷工艺的设备优化组合。

污水一体化设备设计集成度高,停留时间相对较短,占地面积小,具有安装方便等优点。但对运行管理和维护的技术要求要高些,因而更适宜于规模化的生活污水处理。

污水一体化处理设备应根据水质处理要求和场地条件综合考虑适宜型号。

在有条件截污、泵站提升入污水管网的情况下,应尽可能避免使用一体化处理设备。

9.1.3 畜禽养殖污废水

规模化畜禽养殖多集中在城镇周边,产生的大量高负荷、难处理的畜禽污水和粪便成为水体和土壤的重要污染源。众多河流治理的污染源调查与分析表明,畜禽养殖污废水是河流关键污染点源,其污废水治理是河湖环境治理与保护的重要内容。

畜禽养殖污废水成分以尿液和粪便为主,含有大量的有机物、氮和磷等污染物,尤其是氨氮含量较高,是重要的肥料资源。因此对于畜禽养殖污废水的处理,主要去除高浓度的有机物和氨氮,同时实现资源的回收利用。

对于畜禽养殖的粪便,除了含有大量大颗粒固体污染物外,还含有大量寄生虫卵,因此一般进行堆肥发酵熟化处理,之后即可生产成有机肥,用于农业种植。

对于畜禽养殖污水,可经过厌氧池消化处理,生产沼气,在消解有机污染物的同时,达到资源回收利用的目的。厌氧消化池后一般再经过生物好氧处理,如生物脱氮处理、生物接触氧化等,出水可用于农田浇灌或者经生态沟渠、人工湿地及氧化塘进行进一步水质稳定处理后排放水体。

9.1.4 城镇工业企业废水

城镇工业企业生产的产品不同,生产工艺流程不同,因而废水成分较为复杂,由企业承担污废水的处理。

对于城镇工业企业废水,我国环保部门通常对其执行严格的污废水处理和排污许可证管理。根据处理后的排放去处,如市政污水管网或者天然水体,处理后达标要求也不同。

9.2 河湖外源污染-面源污染过程阻控与消减

9.2.1 面源污染及其控制策略

面源污染是河湖水体最主要的污染源。据国家《第一次全国污染源普查公报》(2010年),农业污染源化学需氧量、总磷、总氮排放量分别占全国排放总量的44%、67%和57%。农业面源污染已经成为我国流域性水体污染、土壤污染和空气污染的重要来源。在美国,据统计,面源污染约占总污染量的2/3,其中农业面源污染占面源污染总量的68%~83%,农业已经成为全美河流污染的第一污染源。

由此可见,我国目前的水环境问题,不光是由点源污染引起的,而且更加重要的是由面源污染引起的。在当前河湖水体环境治理与修复工作进一步深入和加强的情况下,要想改善河湖水体环境,维持良好的河湖水体生态,农业面源污染治理已变得至关重要。这就需要我国建立与此相适应的水环境生态维护及水资源保育的水污染防治策略和方案。

对于农业面源污染,可能的控制策略如下。

(1) 源头控制。通过加强农村生活污水与畜禽养殖污水处理、田间管理、科学施肥而减少面源污染的产生,显然这是最为有效的减少污染物的策略。但不管如何,伴随农田径流产生的面源问题仍然是存在的。

(2) 中间径流过程阻控与消减调控。在面源向地表水迁移的过程中加以截留和净化,达到消减进入下游受纳水体污染物总量的目的。这也是较为可行的控制污染策略。

(3) 末端集中治理。在污染物汇入河流、湖泊等前集中处理或者后再进行去除。由于面源污染排放路径的分散性,显然这个策略是无法实现的。

由上分析可知,要想减小面源污染对河湖环境的影响,最佳策略是源头尽可能减小面源污染的产生,并同时在其径流过程中采用合适的措施进行径流过程阻断和消减,尽可能减小污染物下河。

9.2.2 农田面源的源头控制

农药、化肥的大量施用促成了我国粮食生产的持续高产,是我国粮食安全的重要保证。据统计,我国农作物亩均化肥用量21.9公斤,远高于世界的平均水平(每亩8公斤),是美国的2.6倍,欧盟的2.5倍。从20世纪70年代开始,中国的耕地肥力出现了明显下降,全国土壤有机质平均不到1%。与之对应的是,国内的化肥用量及其增长速度惊人,三大粮食作物氮肥、磷肥、钾肥的利用率仅为33%、24%和42%。而这些未利用的氮磷等营养物质,随着降雨形成地表径流而流失进入河湖水体,是农田面源的主要污染物。

在源头上控制氮磷等面源污染排放,主要方法如下。

(1) 根据农作物的生长规律和对肥分的利用情况,如苗期、抽薹期和花果期对肥料的利用类型和利用量不同,进行测土配方施肥,这样尽可能增加肥料利用效率。我国农业部门在大力推广执行的农田测土配方施肥就是基于这一点,从源头上减小污染物的产生量。

(2) 加强农田管理和土壤改良。如施加有机肥或者农田秸秆还田,增加土壤有机质,改善土壤团粒结构,增加土壤持水持肥能力,进而达到减小氮磷流失的目的。

(3) 加强农田生态保护,防治水土流失,如农田的土地整理、坡改梯等措施,也可以在防治水土流失的同时,大量减少氮磷流失。

9.2.3 面源污染的过程截控与消减

面源污染物迁移的最大特点就是伴随降雨形成的径流而输移,具有随机性、分散性和广泛性的特征,是不可避免的。因而,增强面源污染的径流过程截控与消减,是面源污染控制的关键和有效途径。

在农田中,为保证农田排水,常设置许多的农田沟渠。而这些沟渠在近年的灌区改造过程中,常为减少灌溉水损失和增加排水效率,对沟渠进行所谓的"现代化"改造,即硬化成为混凝土沟渠。为提高防渗抗冲能力,对沟渠或河道实施了断面全衬砌的"三面光"或"两面光"工程。而对比过往的自然沟渠,其植被生长基本消失,生态性完全丧失,失去了对氮磷等污染物的截留与消减功能。

因此,对农田面源或者城市面源的控制,在于恢复上述沟渠或者河道的生态植被,恢复其对径流过程滞留和污染物的截留过程,并进一步为沟渠植物吸收、微生物净化降解。

面源污染的过程截控与消减典型技术过程,即由下沉绿地(生物滞留池)+生态植草沟渠+人工湿地+生物塘库的径流过程截控与消减,利用整个过程中的各种植被、微生物与动植物组成的生态系统,实现对污染物的截留、吸收、利用与消减,从而达到污染物不下河、减少河湖水体外源污染物输入的目的。

下面介绍一些常在农田或城镇用于控制面源污染的工程设施,如生物滞留池、生态植草沟渠、生态滤池、人工湿地、生物塘及生物绿篱等,实际上是第8章的生物膜法、土地处理或者生物塘的变形或者一种或几种处理方式的组合,原理基本同第8章污水的生物处理一致。

9.2.3.1 生物滞留池

生物滞留池又称为下沉绿地,指在较低的区域设置的,通过植物、土壤和微生物系统蓄渗、净化径流雨水的设施(图9.1)。

生物滞留池是由0.7~1.0m深的砂质壤土或壤质砂土及种植其上的植物组成,在径流渗透过程中,通过沉淀、过滤、吸附以及生物过程达到对地表径流的滞留与净化作用,与土地处理的原理与方式基本一致。

植被可以种植草坪或灌丛,能够起到过滤和滞留地表径流的作用。当亚表层土壤渗透率较低时,通过在草坪底部布置碎石层,暂时滞留径流,给径流提供继续向深层土壤入渗的时间,过多径流可在碎石层设置开孔排水管,排放至市政雨水管网。

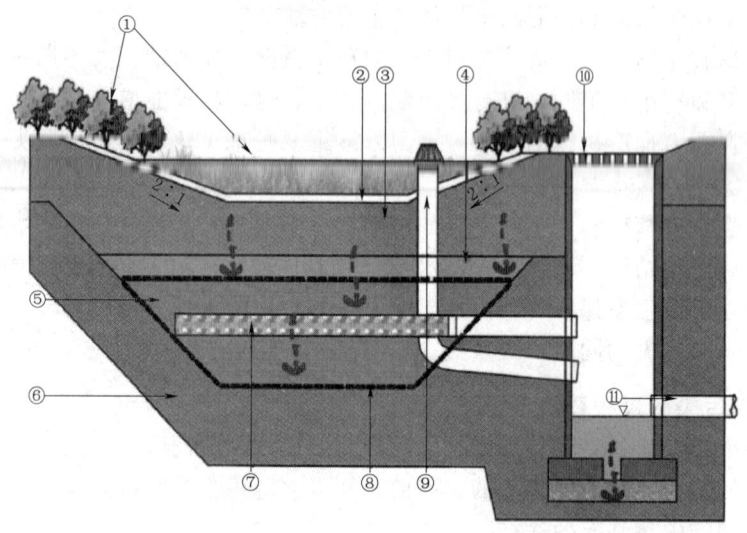

图 9.1　生物滞留池示意图

注：①植物（灌木、草）；②枯落物保护；③种植土（深度 450m）④河砂（深度 100～200mm）；
⑤碎储水层（300～600m）；⑥原土；⑦开孔排水管（φ150mm）；⑧土工布；
⑨溢流设施（竖管）；⑩溢流入口；⑪排水管接市政雨水管。

土壤层和碎石层可对径流污染物进行有效截留。截留后的污染物可进一步通过植物吸收、促渗层间微生物净化去除。

植物应选择乡土种，且根系发达、耐淹耐旱的品种。

生物滞留池在形式上可表现为设置在城市道路两侧的下沉绿地（代替市政管网中的雨水箅子收集降雨）、居民小区的生态雨水花园、高位花池或者生态树池等多种灵活形式，适用于城镇的建筑、道路或者停车场周围的绿地。

9.2.3.2　生态植草沟渠

生态植草沟渠又称为植被浅沟/生物沟，是指种植植被或联合植被及基质过滤的地表沟渠排水系统，主要用于农田径流的排放、城镇雨水前期处理、雨水排放。相较于传统的沟渠排水模式，植草沟渠能够通过植被的滞留与吸收、基质过滤与吸附、微生物降解与转化等功能，减缓径流流速，去除径流中的污染物。如根据有关研究，长度为 60m 的植草沟实验中，对于 SS 去除率可达 60%，碳氢化合物去除率可达 75%，金属污染物去除率可达 67%，也就是说，大部分污染物可在 60～75m 的距离中去除。

对于长期处于流水或存水淹没的生态沟渠，其可以看作线性的人工湿地。

沟渠断面可采用梯形断面、矩形断面或复式断面；可做改良的植生型防渗砌块渠道；在水量丰富地区，灌溉渠道可做半生态混凝土渠道。

渠道护岸在占用耕地面积允许的情况下，可做缓坡设计；护岸可采用表面不填缝浆砌块石、造型模板混凝土等。

为营造渠内环境的多孔性，可采用渠底铺设卵石或砾石工法。间隔 10m 设置一段长为 1m 的铺设卵石的生态渠段，卵石直径为 3cm 左右。

9.2 河湖外源污染-面源污染过程阻控与消减

应保障田间动物自由通行不受阻碍，设置栖息避难及多孔质空间，提供田间动物栖息、繁殖、摄食及避难的空间。

应尊重原有自然环境，尽量减少工程对原有自然生态条件的扰动；

沟渠植物生长基底层宜为20~60cm，具体视种植植物根系生长情况而定。基底可采用土壤或者土壤＋填料层组成，土壤层一般在10~20cm。填料层一般在10~40cm，可采用一定比例的碎石、麦饭石、陶粒或者火山岩组成。在搭配时，应注意各填料的粒径级配，防止水力分层。

植物的选配应适应当地气候条件，根系发达，具有一定经济价值和观赏价值，生长周期长，植物配置合理。

生态沟渠与下沉绿地的区别在于生态草沟的概念经常被误解成雨水花园，生态草沟是由草坡或者自然的坡度引流雨水并加以过滤，简单来说，生态植草沟更加针对雨洪处理的收集与运输阶段，它可以是雨水花园的输入与输出通道，也可以与雨水管渠联合应用；而下沉绿地（生物滞留池）是指一种高程低于周围地面的低势绿地，与植草沟渠的"线状"相比，其主要是"面"上应能够承接更多的雨水，内部植物多以本土草本植物为主，主要作用为收集周边雨水，经设置的填料层过滤后再输送至管网或蓄水塘库。

9.2.3.3 人工湿地

见第8章8.6.3人工湿地小节。

9.2.3.4 生物塘

见第8章8.6.1稳定塘小节。

9.2.3.5 生态滤池

生态滤池系统是传统砂滤与人工湿地的结合，是具有底部排水系统的砂砾床暴雨径流过滤设施，砂砾床顶部可种植耐水淹植物。在形式上又与竖向流人工湿地基本一致。

生态滤池系统对地表径流水质的处理机理主要为沉淀、过滤和生物转化。地表径流控制生态滤池示意图如图9.2所示。发生降雨时，截流的地表径流进入生态滤池沉淀室，随后径流潜流进入三级砂床，填满砂床空隙，最后由垂直开孔集水管收集排放。

在植物配置方面，宜选择高大禾草类草本植物，如须芒草和玉带草，或者灌草结合。

9.2.3.6 生物绿篱

生物绿篱技术又称为植物缓冲带技术，指在坡耕地上（河湖岸坡）按一定的间距等高种植多年生草、灌植物，使其成篱（生物墙），在其间种植农作物，土壤中的氮磷在篱前集聚，减少其进入水体的量。

生物篱应根据不同的坡度、坡长、坡形、降雨量而设计，每两级等高梯地坡面宜营造一条（两行）、宽1m左右的生物篱带，隔行间距为2~5m，坡度越大行距越小。

生物篱植物品种宜选用有一定经济收入的植物品种，以多年生草本、藤本、灌木为好，既有经济利用价值，又能防止水土流失。

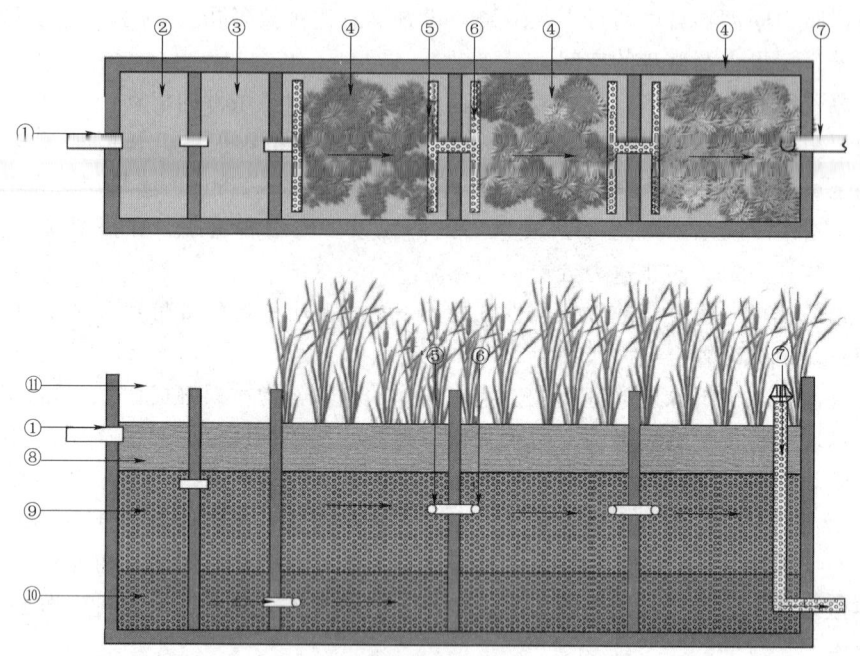

图 9.2 地表径流控制生态滤池示意图

注：①进水管；②一级沉淀过滤；③二级沉淀过滤；④生态滤室；⑤开孔集水管；⑥开孔布水管；⑦排水管；⑧河砂/种植土（厚度 250mm）；⑨瓜米石（厚度 300mm，粒径 10～20mm）；⑩碎石（厚度 200mm，粒径 40～50mm）；⑪水生/湿生植物（鸢尾、旱伞草、千屈菜等）。

生物篱种植规格可根据植物品种及特性确定，宜隔行间种 1～3 行、株距 20～25cm。

9.2.3.7 微型水景生态滞控

微型水景生态滞控如图 9.3 所示，简称微型水景，以净化和滞留地表径流为主，同时也能兼顾处理其他污水的一种注重景观化的人工湿地模式。

通过建造系列微型水景，融合植物吸收、基质吸附、微生物降解，以此捕获降雨、截流径流，并能在一定的水力停留时间内滞存雨水，或是直接滞存排入的径流雨水。

一般由一级及以上的工艺流程组合而成，每级湿地占地面积一般在 100m² 以内，不宜大于 200m²，能够与所在场地的降雨状况相适应。

各级微型水景湿地的曝气增氧宜因地制宜，尽可能利用地形，设置成多级跌水曝气形式，水流动状态宜设置成多样化，以维持景观与多样化生境。

通过水景中植物、基质（土壤或其他天然、人工填料）、微生物等因素的共同作用对径流起到一定的净化作用，随后利用周边的天然或是人工设计的景观路线将处理后的水流输送到邻近的排洪沟渠排入受纳水体。

9.2.3.8 路面雨水的旁引滤层处理

城市地面径流与降雨过程相适应，存在径流量逐渐增加，而后再减小的过程。在

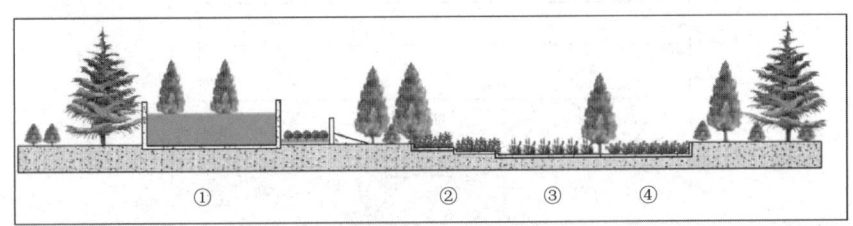

图 9.3 微型水景生态滞控示意图
注：①蓄水池；②叠水净化池；③景观滤池；④澄净卵石生态池。

降雨初期，雨水对城市建筑、道路和植物等进行冲刷，将大量污染物冲洗而下，随径流一起成为污染水。但在降雨的中后期，径流中的污染物大量减少，雨水则较为洁净。对待城市雨水污染，如想全部收集处理后再排放水体，则是不现实也是没有必要的。因此，必须针对城市雨水径流和污染的特点，在城市雨水收集与排放系统中收集并截留初期雨水，经净化后再排放，才能够有效治理城市初期雨水污染，保护城市水体环境。

城镇道路现有雨水排放系统由雨水箅子、雨水支管、雨水干管组成。根据道路雨水径流与污染物排放过程特征，其初期雨水水量小而污染物含量高。如图 9.4 所示，在道路雨水箅子主口上游设置另一雨水箅子，并经支管连接旁路的过滤净化系统，经该系统过滤净化后再排入雨水管道，实现对初期雨水的收集与处理。而当径流量超过旁路净化系统处理能力时，雨水经主雨水箅子收集，直接进入雨水干管。这样就实现了对初期雨水的分类与净化处理。

过滤净化系统由粒径不同的填充滤料层组成，从进水段至出水段依次为细粒径、中粒径和粗粒径的反滤层颗粒配置，粒径级配为细、中、粗粒径分别为 $d=1\sim 5\mathrm{mm}$、$d=5\sim 15\mathrm{mm}$、$d=15\sim 30\mathrm{mm}$。

颗粒材料可为砾石、卵石、火山岩、石英砂、麦饭石、陶粒中的一种或者几种组合使用，也可以为增加脱氮效果而添加一定量的秸秆、树皮或者木屑等碳源材料，或者黄铁矿、铁屑等，能够进一步促进氮的消化与反硝化去除。

该过滤净化系统依靠颗粒反滤层截留去除初期雨水中的颗粒物及其吸附污染物，然后再利用过滤层上附着生长的微生物作用，进一步去除有机物、氮和磷污染物，其净化机理与土地处理或者生物滤池基本一致。

9.2.3.9 岸坡生态拦截带

临近河流、湖库岸边，农田或者城镇地面降雨形成的地表径流会直接经过岸坡进

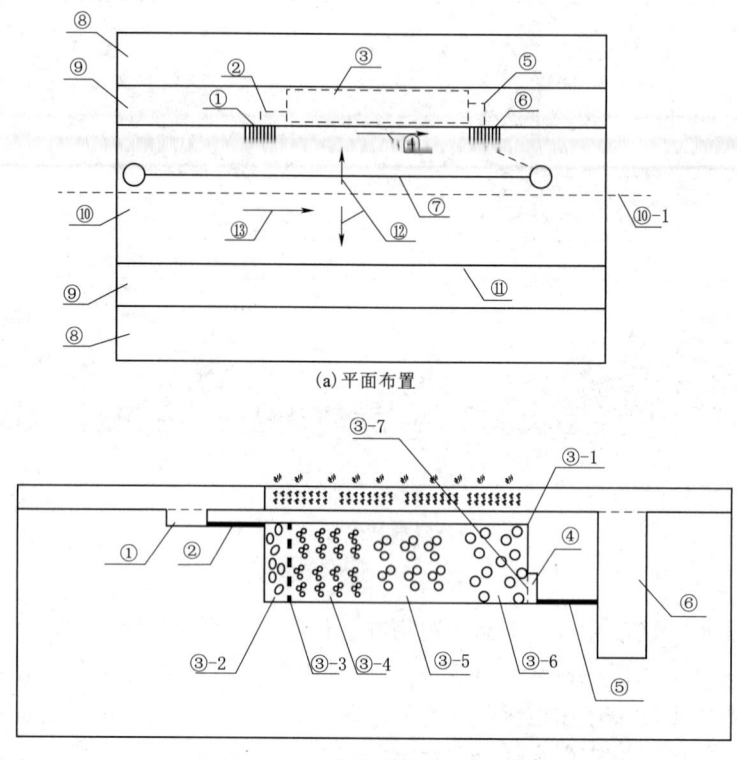

图 9.4 初期雨水旁路收集与净化示意图

注：①雨水箅子子口；②旁路支管；③雨水净化滤层；④集水坑；⑤引水管；⑥雨水箅子主口；⑦雨水排放管；⑧人行道；⑨道路绿化带；⑩道路路面；⑪路缘石；⑫道路横坡；⑬道路纵坡；③-1 绿化带土壤与净化滤层间隔土工布；③-2 粗颗粒卵砾石构成的配水区；③-3 滤层进水配水墙；③-4 细颗粒滤层；③-5 中颗粒滤层；③-6 粗颗粒滤层；③-7 滤池出水孔墙；⑩-1 道路中心线。

入河湖水体，其污染物也一并随径流迁移。

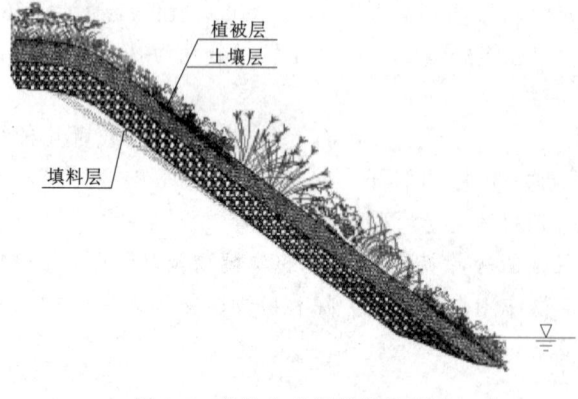

图 9.5 岸坡生态拦截带示意图

如图 9.5 所示，在岸坡设置生态拦截带，其同土地处理或者人工湿地的结构层，在坡岸底部装填砾石、陶粒、沸石或其他建筑废料，填料层上覆盖土、植物碎料和种植植物，形成生物滤床发挥作用。乔灌草高低有序、纵横交错，沿坡岸形成植物群落交错带，为其他物种营造了适宜的生境，增加了生物多样性。

显然，岸坡生态拦截带截留

与消减径流污染物的原理同土地处理、生物滤池和人工湿地也是基本一致的。

9.3 河湖内源污染-底泥污染治理

9.3.1 底泥与水体间的污染物输移及环境效应

底泥是河湖的沉积物,是自然水域的重要组成部分。当水域受到污染后,水中部分污染物可通过沉淀或颗粒物吸附而蓄存在底泥中,适当条件下重新释放,成为二次污染源,这种污染称为底泥污染。

在河流湖泊污染治理过程中,底泥污染整治是主要的难点之一,也是较为普遍存在的环境问题。水体和底泥之间存在着吸收和释放的动态平衡,当水体存在较严重污染时,一部分污染物能够通过沉淀、吸附等作用进入底泥中;当外源造成的污染得到控制后,累积于底泥中的各种有机和无机污染物通过与上覆水体间的物理、化学、生物交换作用,重新进入到上覆水体中,成为影响水体水质的二次污染源。

9.3.1.1 底泥影响上覆水水质的方式

河流底泥主要通过4种方式影响上覆水体水质:

(1) 由于底泥与间隙水中浓度差引起的污染物向上覆水体的释放过程,从而使上覆水体中主要污染物浓度增加。

(2) 底泥微生物降解有机物的过程消耗上覆水体中的溶解氧,进而造成水体溶解氧亏损而产生污染。

(3) 底泥在悬浮过程中,吸附的污染物向上覆水体的扩散、释放,增加了上覆水体中的有机污染物。

(4) 底泥扰动,增加了底泥中污染物向上扩散速率。

9.3.1.2 底泥污染对上覆水水质的影响

底泥与上覆水之间的污染物交换十分复杂,这不仅仅受到水下地形、底泥颗粒级配、底泥含水率、污染物含量和浓度等底泥本身物理化学性质的影响,也受到上覆水动力特性以及上覆水本身pH值、溶解氧浓度、温度、污染物种类和浓度等上覆水的物理化学性质的影响,且污染物不仅仅会在底泥和上覆水之间互相交换,不同污染物之间由于外界条件的改变也会发物理、化学和生物反应,形成污染物之间的相互转化或输移。

(1) 沉积物耗氧与上覆水溶解氧的关系。水体耗氧过程包括生化需氧(BOD)、底泥耗氧(SOD)、氨的硝化及浮游植物和动物的呼吸等。底泥SOD占河流中总耗氧量的40%～50%,因此当城市河道水质得到治理,无污染输入时,底泥SOD指标仍将对河流中的DO指标有很大影响。

水体溶解氧浓度与底泥有机物含量是沉积物耗氧过程的物质基础,是沉积物耗氧过程的控制因素。

(2) 污染底泥对上覆水体有机质含量的影响。底泥中的有机物在细菌作用下发生好氧和厌氧分解,前者消耗水体中的溶解氧,后者则产生有机酸、二氧化碳、甲烷、氨和硫化物等有臭味的物质。河道水质在净化后,水体中有机物不会很快上升,反而会继续有所下降,分析原因认为是由于沉积物耗氧导致水体缺氧反硝化,而此过程需要消耗碳源或有机物,进而导致水体中有机物浓度的下降。

(3) 污染底泥对上覆水体中氮、磷的影响。大量研究结果表明,在好氧条件下,氮大部分是以硝态氮形式溶出,而在厌氧条件下,溶出的 TN 中,绝大部分为氨氮,好氧条件下比厌氧条件下溶出速度快。当水体中磷含量比底泥中的磷含量少时,就很可能导致底泥中磷向水体中的释放。随环境温度的升高,沉积物中的微生物活性增强,底栖生物活动也开始加强,提高了生物扰动作用和沉积物有机物的矿化速率,促使有机磷向无机态转化,将不溶性磷化物转化为可溶性磷。此外,随微生物活动的增加,间隙水耗氧速率加快,水体中的溶解氧减少,使水体环境由氧化状态向还原状态转化,加速沉积物中铁结合态磷的释放。

9.3.1.3 底泥污染影响因素

底泥中污染物的释放除了受底泥组分影响外,环境因子的改变也是底泥污染物释放的重要影响因素,主要有溶解氧、温度、pH 值、光照和外部扰动等。

(1) 水体溶解氧。水体溶解氧高低是水体是否健康和具备良好自净功能的关键因素和核心指标,其不仅与鱼类、浮游生物、水生植物、底栖动物和微生物等生物群落息息相关,决定着水体生态系统的健康与稳定,还直接或间接影响水体有机物、氮、磷和重金属等各种污染物的降解、转化与归趋,有关研究发现:

1) 在溶解氧较高的好氧条件下,氮大部分经微生物的好氧氨化过程和硝化作用以硝态氮形式溶出。而在厌氧条件下,溶出的总氮中,绝大部分为有机氮经微生物厌氧氨化作用而释放的氨氮。因氨氮和硝酸盐氮与沉积物颗粒吸附结合能力的不同,氮在好氧条件下比厌氧条件下溶出速度快。

2) 底层水体中溶解氧含量 (DO) 决定了底泥是处于氧化还是还原状态,对沉积物 P 的释放起着决定性的作用。一方面,底泥溶解氧含量决定了底泥内的微生物群落种类和特征。另一方面,底泥溶解氧含量可改变沉积物中 Fe 和 Mn 氧化物的赋存形态,进而使得磷吸附固定或释放。研究表明,底泥氧化状态能制约磷的释放,而底泥还原状态能促进磷释放。如水中过低溶解氧会使底泥处于还原状态,容易发生 $Fe^{3+} \rightarrow Fe^{2+}$ 反应,铁结合态磷表面的 $Fe(OH)_3$ 转化为 $Fe(OH)_2$,然后 $Fe(OH)_2$ 溶解而产生磷释放,此时释磷速率是好氧时的 5.8 倍。铁结合态磷是底泥向水体释磷的主要形态。如在好氧状态下,磷释放速率最大达到 $1.24mg/(m^2 \cdot d)$,但在厌氧状态下,则达到 $3.30mg/(m^2 \cdot d)$,厌氧释磷速率明显增大。

3) 溶解氧主要是通过底泥微生物活性来影响 COD 的释放。溶解氧充足,好氧微生物可以利用有机物进行代谢,将有机物转化为自身能量,同时也将有机物分解为 CO_2 和 H_2O,从而减少了底泥的 COD 释放量。而在厌氧状态下,好氧微生物无法利用底泥的有机物进行正常代谢,大量有机物释放到水体中,造成水体 COD 不断升高。

4) 溶解氧还决定了底泥中的重金属离子的赋存形态和迁移转化。如 DO 较低时,底泥环境处于厌氧的还原环境下,Fe 和 Mn 等元素则多以低价态的 Fe^{2+} 和 Mn^{2+} 形态存在,硫则以 S^{2-} 形态存在。S^{2-} 与金属离子,如 Fe^{2+}、Mn^{2+}、Cu^{2+}、Pb^{2+} 等形成黑色的金属硫化物,不仅使得水体变黑,而且决定了上述离子的迁移转化。而与金属氧化物结合态的磷,则因而释放,造成磷浓度升高。

因此,溶解氧是关键环境因素,理论上,如能保证河流水体和床层沉积物中足够量的溶解氧,就能完全避免污染物的恶性转化,保持底栖生物群落多样性和稳定性,就不会出现水体环境污染问题。

(2) 温度。温度会对底泥中微生物的活性产生较大影响,如大部分微生物在15～35℃之间能够进行正常的生命活动。因而温度对底泥中的污染物释放具有显著影响。

1) 温度对底泥 COD 的释放有明显影响。温度对矿物质吸附有机质和微生物生长活动均有不同程度的影响。低温有利于底泥中矿物质和有机质之间作用力的形成,使底泥中的有机质处于相对稳定的状态。高温 35℃不利于矿物质吸附有机质,但可以促进微生物的生长,微生物在生长过程中会将部分底泥释放出的有机质分解,减小 COD 释放,但是由于水体中的溶解氧水平较低,好氧微生物无法进行正常的生理代谢,只有少量兼性微生物可以利用有机质,所以大部分有机质还是逐渐释放到水体中。

2) 温度对底泥 TN 的释放有明显影响。在氮的释放过程中,微生物起着十分重要的作用,沉积物的氮以有机氮为主,温度影响微生物的活性和活动程度,促进有机氮的分解,进而使氮向水体的释放量增大。当温度较高时,微生物的活动比较活跃,一方面导致有机物的分解作用加快;另一方面氧气会被快速消耗,从而使贴近底泥释放层的水体中氧化层的深度减小而减缓硝化作用,沉积物中释放铵态氮的速率加快。反之,在温度较低的条件下,微生物的活动减缓,一方面导致有机质的分解矿化作用减弱;另一方面,温度低水中氧气的溶解度增大,其渗透深度加大,从而使贴近底层释放层的水体中氧化层的深度增加,发生硝化作用的界面层深度也增加,沉积物释放出的铵态氮中一部分被转化为硝态氮,使得释放铵态氮的速率减缓。

3) 温度对底泥磷的释放有明显影响。水温升高,藻类繁殖加快,因而对水体磷的利用需求增加。一方面使底泥与水体磷浓度梯度增加而促进底泥磷释放;另一方因水体加速溶解氧消耗而使底泥厌氧处于还原状态,促进底泥铁结合态磷（Fe-P）释放。研究表明,无论是厌氧还是好氧状态,当水温升高 1～3℃时,特别是水温在15～35℃内,底泥磷释放增加 9%～57%。虽然也有研究表明,水温增加造成的藻类释放溶解氧或材料磷吸附量增加均有利于底泥固磷,但相对于微生物活动增强造成的磷释放而言较小。因此,水温升高的综合结果造成底泥磷的快速大量释放。

(3) pH 值。

1) pH 值主要通过影响矿物质和有机质之间的作用力来影响 COD 的释放。同时 pH 值也是微生物生长的重要影响因子,可以通过微生物生长情况来影响 COD 的释放,但影响较小。碱性条件有利于底泥矿物质与有机质之间的作用力形成,大量有机质被底泥中的矿物质吸附,从而减少了 COD 向水体的释放。酸性条件下,底泥中的矿物质和有机质之间的作用力难以形成,有机质不能被吸附,释放到水体中,使水体中的 COD 大量增加。同时,大部分微生物在酸性条件下难以生长,这也是导致酸性条件下底泥 COD 大量释放的原因。自然条件下,既利于底泥矿物质和有机质之间作用力的形成，又有利于微生物的生长，因此自然条件下 COD 的释放量小于酸性和碱性条件下 COD 释放量。

2）pH 值不同，磷在水中的结合态不同，因而影响磷释放特性。如水体正常 pH 值即 6~8 时，水体正磷酸盐主要以 HPO_4^{2-} 形态存在，易于与底泥中金属离子结合而被底泥固定。而 pH 较低时，磷主要以 $H_2PO_4^-$ 形态存在，因而磷释放。而当 pH 较高时，OH^- 与铁铝结合态磷进行离子交换，造成铁铝结合态磷的释放。因此，过高或低 pH 值时，均有利于底泥磷释放，只不过是高 pH 值时，磷释放量更高。

（4）光照。光照作为影响水体生态环境的环境因素之一，同样对水体和底泥中的污染物迁移转化产生影响。

光照是藻类、水生植物进行光合作用的必要条件，其通过影响藻类和水生植物的生理活动而影响底泥污染物的迁移转化。如磷，在浅水湖泊中，水生植物、底栖藻类的生长会促进底泥中磷的释放，但其通过对磷的吸收同化、吸附作用而阻碍磷从沉积物向上覆水体释放。在富氧环境下，水中正磷酸盐从初始浓度 1.85mg/L 下降到 1.19gm/L（黑暗）；而在有光条件下，则下降到 0.85mg/L；在缺氧环境下，黑暗时水中正磷酸盐呈逐渐上升的趋势，而有光环境下，水中正磷酸盐则保持在 0.90mg/L 左右。主要原因是随着耐低氧的藻类和厌氧光合细菌生长，其通过代谢吸收水中正磷酸盐，同时释放的少量氧气也进一步促进底泥对磷的吸收。

（5）底泥扰动。底泥的扰动通常包括由水体动物引起的扰动和水流紊动引起的颗粒悬浮扰动。

沉积物中的大型底栖动物，尤其是穴居的底栖动物，会对沉积物中污染物的释放产生较大影响。底栖动物活动剧烈，则底泥污染物也释放较多。

水体中污染物的传递过程受水体紊动强度影响剧烈，水体紊动越强，污染物迁移扩散越快。在沉积物-水界面，底泥颗粒磷与间隙水及上覆水间通过分子扩散和浓度扩散释放并存在吸附-解析平衡。通常间隙水中溶解性磷浓度远高于上覆水体中磷浓度，有时可达到几十倍。但因沉积物-水界面微细颗粒或生物膜层组成的隔离层，间隙水处于绝对静止状态，因而磷通过分子扩散和浓度梯度扩散释放异常缓慢。水体紊动加快了沉积物-水界面水体更新，增加了磷的浓度梯度和分子扩散，底泥释磷增加。而随着水体紊动强度增加，沉积物-水界面处颗粒出现再悬浮，间隙水溶解性磷快速紊流扩散释放，颗粒吸附磷加速解析而释放，因而水流紊动致使底泥磷释放显著增加。

在河湖浅水区域，引起底泥磷释放的水流紊动因素有水体流动、风浪、底泥微生物活动或者人为因素等引起的扰动。大型湖泊野外观测实验发现，太湖在风浪作用下，表层底泥中可溶性磷快速释放，总磷 TP、活性磷 SRP 含量分别是静风时的 3 倍和 2 倍。风浪引起的底泥磷释放甚至可使水体磷浓度增加 20~30 倍，而这是底泥静态释放所无法达到的。

9.3.2 底泥污染的疏浚治理

沉积在底泥中的内源污染物则可能因环境条件和扰动的影响而再次释放进入上覆

水体，成为影响水环境和水生态的主要污染源。因此要想长期维持良好的水体生态环境，底泥污染物的治理是必不可少的。

对于污染的底泥，常用的治理方法主要有清除污染底泥的清淤疏浚治理和非疏浚方法的原位治理两类方法。其中污染底泥的清淤疏浚治理因操作简单、起效迅速而常为河流生态综合治理工程所应用。

9.3.2.1 疏浚

疏浚为疏通、扩宽或挖深河湖等水域，用人力或机械进行水下土石方开挖工程。

中国于1889年开始在黄浦江用挖泥船施工。1929年江南造船厂造成链斗式挖泥船。20世纪80年代初期，中国拥有年开挖约3亿 m^3 的机械疏浚能力。

疏浚工程广泛应用于：①开挖新航道、港口和运河；②加深、加宽和清理现有航道和港口；③疏通河道、渠道，水库清淤；④开挖码头、船坞、船闸等水工建筑物基坑；⑤结合疏浚进行吹填造地、填海等工程；⑥清除水下障碍物。

疏浚工程对人类社会进步、环境改善及经济发展的作用非常重大。

本章节所讲的疏浚，单指针对污染底泥或者为清理河道而进行的河湖底泥的疏浚工程。

9.3.2.2 河湖底泥清淤疏浚技术

河流底泥疏浚是治理河流内源污染的重要措施，它是以清除底泥达到减少底泥污染物向水体的释放的目的。

针对河湖污染底泥，清淤疏浚一般可分为两种形式：①干床疏浚，即将河湖库水抽/放干，使用机械或人工力量清除河湖底表面黑泥；②环保清淤，环保清淤技术是一种重污染底泥的异位修复技术，是利用工程措施对水体中的污染底泥进行疏挖，以减少底泥中污染物向水体释放，为水生态系统的恢复创造条件。

清淤时应检测底泥主要污染成分，底泥厚度和范围，以确定合理的清淤深度和范围等关键工艺参数，避免清淤不足或过度清淤，清淤深度应以不影响后续生态修复中水生植物生长需要为准。

清淤技术主要包括干挖清淤技术、水力冲挖技术、环保绞吸式清淤技术三种技术。

(1) 干挖清淤技术。在有条件的情况下，将需要清淤的河湖区域水排干后，大多数情况采用挖掘机进行开挖，挖出的淤泥直接由渣土车外运或者放置于岸上的临时堆放点。堆放点需配有污泥脱水设备，经处理后淤泥可正式外运，清液收集或处理后回流河道。干挖清淤的优点是清淤彻底，质量易于保证而且对于设备、技术要求不高，淤泥含水量少，易于后续处理。

在没有机械设备进入条件时，干挖清淤有时也采用人工清淤的方式。清淤作业时，将河道分割成不同作业段。在各作业段上下游安设土袋围堰，围堰方式为双层土袋并设置防水布，安设导流管，将上游的河水从管道引入下游。围堰安设完毕后，用抽水机将作业区水抽出后进行清淤，最后用淤泥清运罐车直接将淤泥运走。清淤完成后将土袋围堰、导流管一起拆除，恢复河道原貌。

(2) 水力冲挖技术。水流经清水离心泵产生压力，通过水枪喷出一股密实的高速水柱，切割、粉碎土体，使之湿化、崩解，形成泥浆和泥块的混合液，再由立式泥浆泵及其输泥管吸送至堆场。该水力冲挖技术结构简单，使用方便，可同时完成挖、运、填等多道工序，广泛用于鱼池、河道、水库的开挖、清淤等工程。

该清淤方式存在如下特点：①适合于水深较浅、水量小的河道、湖泊；②对于清淤量较大时，需投入大量机械设备和人工，施工强度和工人劳动强度较大；③基本上为干滩施工，在施工期间必须进行导流排水作业，排水工程量大；④施工受气候影响较大，不适于雨季施工；⑤施工现场开敞作业，污染底泥裸露于空气中，污染中的腐败气体挥发，污染周围空气，环境条件较差。

(3) 环保绞吸清淤技术。环保绞吸式清淤船配备有专门的环保绞刀头，清淤过程中，利用环保绞刀头实施封闭式低扰动搅动清淤污泥，并伴随吸泥泵将搅动的淤泥吸入并通过输泥管道，经全封闭管道输送至指定卸泥区。环保绞吸疏浚船的特点是单船独立施工，管道泥浆输送，挖泥、运泥一次同时完成，可疏浚、可吹填，对土质适应性较好，适合针对 1.5~10m 深度的泥层进行疏挖。

通过环保式绞吸船进行底泥疏挖作业，存在以下特点：①对土质适应性较好，且可直接串接泵站进行远距离输送，在生产率及排距的选择上亦较灵活，能耗和成本较低；②在输送过程中，采用管道输送，不会使泥土散落造成污染。

9.3.2.3 疏浚淤泥的资源化

处理底泥避免造成二次污染是疏浚后最重要的问题之一，最好的方式是将经过减量化和经过无害化处理后的底泥进行资源化利用。淤泥脱水后，含固率大于20%后，可进入城市垃圾填埋场进行填埋处理。但该处理方式会浪费大量的空间资源，并且如处理不当，还会产生严重的二次污染问题。

目前国际上已经实现的清淤底泥资源化利用途径包括直接用作农用，堆肥发酵，制备建材，填方利用等，这些思路为合理处理清淤底泥提供了思路。

(1) 直接用于河岸带修复或农用。研究发现，疏浚底泥的主要成分与土壤、黏土等同为二氧化硅和氧化铝等，含有多种植物生长所需的营养物质，其中富含腐殖质，能够改良土壤性状，增加其孔隙度，增强贫瘠土壤的通气性和渗透性。因此疏浚底泥可以直接用作土地利用，如河岸带修复的植物生长基质或基底，或者用于被人类活动影响的森林、牧场、湿地或者城市绿化区等的修复。而用作河岸带修复往往是中小河流治理中的形式。

疏浚底泥用作农用可以在降低环境污染风险的同时缓解我国土壤资源紧缺的问题，但其需要满足农用标准，特别要注意防止大量施用氮、磷含量过高的底泥引起的地下水硝酸盐污染，尤其要注意含有多种有毒有机物和重金属的底泥，以免污染物通过食物链大量富集在人和其他生物体内，危害人体健康。

(2) 堆肥发酵处理。当底泥中有害物质种类多且含量大，不适宜用作农用时，为了充分利用底泥中含有的有机质，氮磷等营养元素，可以采用好氧堆肥处理技术生产出性能优良的种植土。

河道底泥含有丰富并且比较均衡的肥料成分，其中的有机质能帮助土壤形成团粒结构，改善土壤的理化性质并增强土壤的保肥能力；有机酸可以中和土壤碱性，使土壤钙质活化减轻土壤碱化的风险。因此河道底泥是一种可观的固体肥料。底泥中含有丰富的有机物、微生物和死亡并保留在底泥中的动植物，在适宜的条件下将其中的有机物经微生物发酵和分解成有机肥料，从而达到变废为宝的目的。但重金属对高温高湿的条件具有一定耐受性，不会被降解。为避免施用底泥发酵形成的有机肥导致土壤中重金属含量超标并控制农用土壤中的重金属含量，必须对用于堆肥发酵的清淤底泥的重金属含量做严格规定。

不管是清淤底泥直接农用或者经发酵处理后再农用，其处理后应满足《农用污泥污染物控制标准》（GB 4284—2018）中规定的重金属含量限值（表9.1）和《土壤环境质量标准 农用地土壤污染风险管控标准》（试行）（GB 15618—2018）中规定的农用地土壤污染风险管制值（表9.2）。

表9.1　农用污泥污染物控制标准干污泥（GB 4284—2018）

项目/以干基计	污染物限值/(mg/kg)		项目/以干基计	污染物限值/(mg/kg)	
	A级污泥产物	B级污泥产物		A级污泥产物	B级污泥产物
总镉	3	15	总锌	1200	3000
总汞	3	15	总铜	500	1500
总铅	300	1000	矿物油	500	3000
总铬	500	1000	苯并（a）芘	2	3
总砷	30	75	多环芳烃（PAHs）	5	6
总镍	100	200			

表9.2　农用地土壤污染风险筛选值（基本项目）（GB 15618—2018）

序号	污染物项目		风险管制值/(mg/kg)			
			pH≤5.5	5.5<pH≤6.5	6.5<pH≤7.5	pH>7.5
1	镉	水田	0.3	0.4	0.6	0.8
		其他	0.3	0.3	0.3	0.6
2	汞	水田	0.5	0.5	0.6	1.0
		其他	1.2	1.8	2.4	3.4
3	砷	水田	30	30	25	20
		其他	40	40	30	25
4	铅	水田	80	100	140	240
		其他	70	90	120	170
5	铬	水田	250	250	300	350
		其他	150	150	200	250
6	铜	水田	150	150	200	200
		其他	50	50	100	100
7	镍		60	70	100	190
8	锌		200	200	250	300

(3) 制备建材。建筑砖材的生产原料一般是黏土。河流底泥主要成分与黏土类似，可代替黏土作为建材生产原料，节约土地资源。此外，不符合农用标准的重金属可通过外加剂的添加而固化稳定化，避免了二次污染。

制备建材不仅能够增加经济效益，而且在节约土地资源的同时解决了河流底泥的去向，是河流底泥资源化利用的重要途径。但是重金属污染物即使经过固化稳定化也会在长时间使用和外界环境发生变化时释放出来，因此，在这类建筑材料的使用过程中必须加大环境监测的力度，保证环境质量和使用者的健康。

9.3.3 底泥污染的原位治理

虽然清淤疏浚具有见效快，污染底泥清理彻底等优势，但仍然存在一定的缺点，如清淤污泥的处置不当则产生严重二次污染，耗费大量资金和空间资源，开挖深度和范围难以确定，易对河道生态造成严重扰动和破坏等。因此，对于底泥淤积深度和范围不大的情况，进行污染底泥的原位治理成为一种较适宜的措施。

底泥污染原位治理常用方法有原位物理覆盖、原位化学治理、原位植物治理与修复和生态综合治理等。

9.3.3.1 原位物理覆盖

原位物理覆盖法处理污泥底泥的实质是将覆盖材料投加到水体中，使材料在底泥和上覆水间形成一层掩蔽层，阻止底泥中污染物迁移的同时，利用覆盖材料自身结构与性质对底泥污染物进行吸附、降解。

覆盖层对水体及底泥的修复机制有三个方面。

(1) 阻隔作用。阻断上覆水与底泥间的物质交换，从而阻止底泥污染物向上覆水体的迁移扩散。

(2) 吸附作用。利用沸石、生物炭等比表面积大、吸附性能强的多孔材料对底泥中的磷、重金属离子和难降解有机物等进行吸附。如利用麦饭石和陶粒各自5cm总共10cm的厚度分层组合覆盖，在实验的45天内，水体氨氮在0.2~0.4mg/L之间，而磷则整个实验期间未超过0.07mg/L，对氮磷污染物的阻隔效果非常显著。

(3) 降解作用。通过生化或化学反应将污染物迅速、高效地降解为无毒无害的物质。这个主要是靠覆盖材料上着生的微生物或者材料溶出的一些化学离子来实现的，如某些矿物材料可以溶出钙镁离子，与磷形成磷酸钙镁沉淀，而阻止了磷向水体的迁移。

在原位覆盖治理河湖底泥污染中，覆盖材料是其核心。早期的覆盖材料通常是厚度高达几十厘米的天然、清洁的覆土、沙子或者砾石等，主要依靠物理阻隔的方式防止污染物进入水体，其厚层覆盖材料对浅流水体的蓄水容量、流速产生负面影响。为此，有研究提出采用具有吸附、沉淀功能的矿物材料或者在矿物材料改性基础的新型材料，主要包括黏土陶粒、麦饭石、沸石、火山岩或者生物炭等，取得了更加显著的治理效果。但这些材料的价格则相对原来的天然黏土、沙子或砾石要贵得多，造成工程投资的大幅度上升。

沸石（zeolite）是一种由硅氧（SiO_4）四面体和铝氧（AlO_4）八面体组成的铝硅酸盐矿物，具备丰富的孔腔结构（微孔<2nm，介孔为2~50nm），1g沸石的比表面积高达几十、上百平方米，因此沸石的吸附能力远高于其他吸附剂。天然沸石能够固

化或去除底泥及上覆水中的铅、铁、镉、铬、锌、钴、铜和锰等重金属。此外，沸石因其本身对 NH_4^+ 的高选择性而具备抑制上覆水中氮释放的能力，采用沸石作为覆盖材料，可高效阻止底泥氨氮向上覆水迁移。此外，沸石作为覆盖材料对底泥环境的污染极小，可适当提高底泥 pH 的同时，不会对其造成破坏。

黏土陶粒是一种陶瓷质地的人造颗粒。以黏土、亚黏土等为主要原料，经加工制粒，烧胀而成的，粒径在 5mm 以上的轻粗集料称为黏土陶粒。因烧制作用，许多黏土矿物转变为金属氧化物，其中含有丰富的钙镁离子，其与磷可结合成磷酸盐而对磷产生较强的固化作用。并且，因高温烧制而产生众多的内部中微孔，比表面积大幅度增加，因而对底泥和水中大量金属离子具有较强的吸附作用。

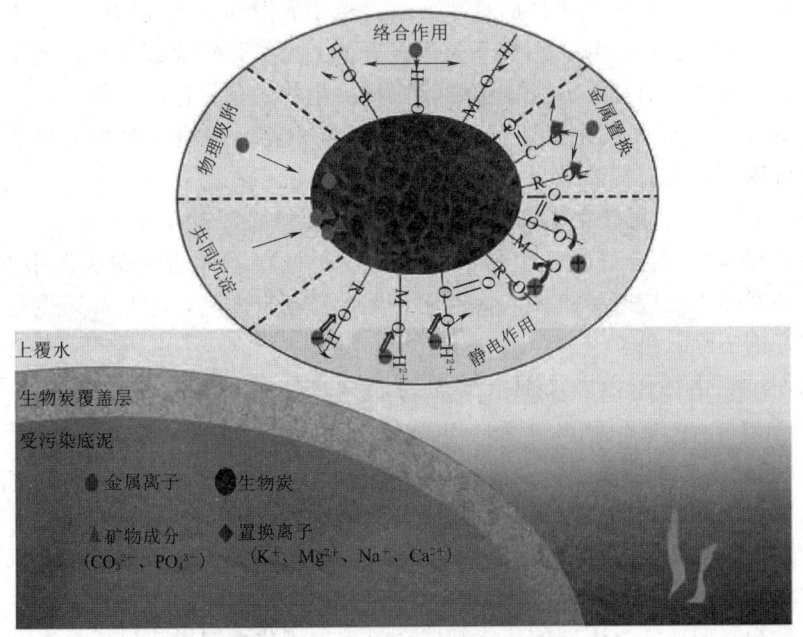

图 9.6 生物炭去除底泥重金属的机制

生物炭是富碳生物质在缺氧或无氧条件下通过热转化形成的理化性质稳定的多孔碳质固体。生物炭与沸石相同，具有较大的比表面积和多孔径的微孔结构，其表面存在的 π 共轭结构能产生静电效果，增强吸附能力。研究发现，覆盖在污染底泥上的生物炭对于底泥中氮、磷固定和金属吸附具有高稳定性。添加生物炭后，底泥与上覆水中游离的重金属离子受影响生成碳酸盐、磷酸盐及氢氧化物沉淀。此外，生物炭表面存在含氧官能团，能与重金属离子形成金属配合物，具备稳定、灭活重金属元素的能力。投加生物炭覆盖土壤能够降低土壤中重金属的生物利用度，覆盖一段时间后土壤生物毒性也有一定程度的下降。

9.3.3.2 原位化学治理

通过向底泥中添加化学试剂，通过化学试剂与底泥中的磷或重金属反应而实现对底泥污染物的固化，阻止其向水体释放。德国曾用铁复合物和硝酸盐对 Globsow 湖和 Dagow 湖的底泥进行处理，处理结果显示磷的释放量从处理前的 $4\sim6\text{mg}/(\text{m}^2\cdot\text{d})$

到处理后几乎无释放，说明取得显著成效。但单纯投加硝酸盐，如硝酸钙，虽然能够抑制磷的释放，同时对底泥中的挥发性硫产生较高的去除作用，但容易造成某些重金属离子的溶出。目前工程中应用较多的是铝盐，如硫酸铝 [$Al_2(SO_4)_3$] 和偏铝酸钠（$NaAlO_2$），因为铝盐和 P 会生成性质较稳定的络合物或聚合物，即便在缺氧县全厌氧的状态下也不会释放。P. Welch 和 Cooke 在研究了美国 21 个用铝盐处理的湖泊后认为，当没有大型水生植物干扰时进行铝盐处理，有效期约为 10~15 年。

过氧化钙是使用最为普遍的原位投加化学药剂，具备良好的释氧特性和氧化特性，可作为供氧剂向环境中供给氧气和过氧化氢，用于底泥污染物好氧生物降解和化学降解，同时反应产生 $Ca(OH)_2$ 提升环境 pH，使环境由厌氧、酸性条件向有氧、碱性条件改善。由于钙是生物体的重要元素，也是底泥和水环境的组成元素，故与其他金属过氧化物相比，过氧化钙对环境毒害更低。过氧化钙能够氧化底泥中的挥发性硫而消除污染水体的黑臭，并且能够强化底泥微生物的硝化作用，将氨氮的去除率提升至 99% 以上。同时过氧化钙还可以氧化表层沉积物，并在底泥和上覆水之间形成一层物理屏障，其具有掩蔽效果，可使底泥中各类沉积物的迁移率降低，从流动形式转变为惰性形式。过氧化钙释氧能力强，能够改善底泥的厌氧环境。环境中溶解氧（DO）充足时，部分好氧微生物活性增强，通过新陈代谢降解底泥中的有机物。过氧化钙与间隙水反应时可被铁矿物催化，生成羟基自由基，对持久性有机污染物也具有良好的去除效果。

因此，过氧化钙作为添加剂，投加到黑臭水体进行污染治理得到更加广泛的应用。

9.3.3.3 原位微生物修复

微生物治理通过投加生物制剂，加速有机物、氮、磷等污染物的降解，进而提高水体自净能力。微生物可以将污染底泥中的有机物转化为无机物，并通过氧化一些无机污染物将其除去，如氨氮。

这些生物制剂通常由不同的功能细菌经过培养驯化而制成，包括具有有机物快速降解功能的酵母菌、芽孢杆菌，具有硝化和反硝化作用的硝化细菌、反硝化细菌，具有硫氧化与还原作用的硫细菌，以及具有厌氧光合作用或者好氧光合作用的光合细菌等。各种不同的细菌综合起到去除有机物、氮和磷以及抑制负二价硫离子生成，进而消除黑臭和底泥污染，恢复良好水体生态的作用。

如肖雨堂等以广东南海某黑臭河道底泥为研究对象，通过向底泥和上覆水体里投加培养、驯化的优势菌种，辅以光合细菌、硝化细菌，上覆水体的水质显著好转，水体透明度由初始的 5cm 左右，上升至 35cm 左右，水体黑臭完全消除。在土著微生物的作用下，水体中的有机物得到很好的去除，上覆水体的 COD、氨氮、BOD_5 和总磷的浓度显著下降，其去除率分别达到 68.1%~78.7%、79.8%~80.1%、84.8%~85.2% 和 76.4%~83.6%，河流的自净能力得到大大提高。

9.3.3.4 植物治理与修复

对于一定的河湖污染底泥，也可以采用种植水生植物的方法进行污染治理与修复。研究表明，通过植物的吸收、挥发、根滤、降解与稳定等作用，可以净化土壤、污染底泥或水体中的污染物，达到净化环境、消除污染的目的。因此水生植物治理与修复污染底泥是一种很有潜力、发展力的绿色环境污染治理技术。

水生植物在治理污染底泥的过程中，对污染物进行降解转化的机制与过程与污水土地治理和人工湿地中的作用是一致的，都是主要通过植物本身的生长代谢吸收、转化污染物，尤其是氮磷营养类污染物，同时还能够富集一部分重金属。在水体污染治理中，水生植物还能通过吸收氮磷营养污染物、分泌化感物质进而影响与藻类对营养物的竞争而抑制藻类生长，最终达到污染物去除的目的。

除了上述植物本身的生长代谢活动外，种植于污染底泥上的水生植物还通过一系列生命活动间接影响污染物的迁移与转化。如水生植物根系泌氧，即水生植物会将从水中吸收的氧气传输至其各级根系，用于根系组织的呼吸作用并向其微环境区域泌氧，而根系泌氧则改变了根系微环境的氧含量状态，进而改变了其氧化还原状态，致使铁锰等还原价态离子转变为高价态的铁锰氧化物，因而根系临近区域黑色的污染底泥转变为土黄色底泥，甚至在根系临近出现棕红色铁锰氧化物膜。而根系微环境上述状态的变化，不仅使得金属离子状态变化，而且促使磷因铁锰离子状态的变化而发生变化，使得吸附态磷大幅度增加，减小了污染底泥磷的释放。

另外，植物根系为了满足自身生长需求的氮磷营养物质，还通过根系分泌小分子有机酸，如草酸、柠檬酸、苹果酸等，这些小分子酸一方面改变了根系微环境区域的pH值，进而使得部分难溶性物质，如磷、部分重金属溶解，被植物吸收。另一方面，还使得部分化学过程得以进行，如在铁锰氧化物催化作用下，酸性环境更有利于某些难降解有机物的氧化分解。

同时，植物根系因泌氧和小分子有机酸，使得根系周生微生物种类和数量更加丰富，因而使得微生物作用的物质转化更加剧烈，在底泥中形成好氧和厌氧变化的环境，有机物降解、氮的硝化与反硝化过程得以顺利进行。

植物对底泥污染的治理与修复效果与植物种类密切相关。对TN去除能力序列为狐尾藻＞微齿眼子菜＞马来眼子菜＞凤眼莲＞苦草＞金鱼藻；对TP去除能力序列为狐尾藻、微齿眼子菜＞马来眼子菜、凤眼莲、苦草＞金鱼藻；提高透明度能力序列为金鱼藻、微齿眼子菜＞狐尾藻、马来眼子菜、凤眼莲＞苦草。不同的水生植物对污染废水中重金属的富集能力不同，对铅（Pb）、锌（Zn）吸收能力序列为菖蒲＞水葱＞芦苇。

常用于河湖底泥污染治理与修复的水生植物类型有挺水植物、漂浮植物和沉水植物，种类主要有芦苇、菖蒲、狐尾藻、碱蓬、浮萍、凤眼莲、苦草、黑藻等。

（1）碱蓬。碱蓬可以在盐碱化土壤上繁茂生长，能有效降低土壤表层盐量，增加土壤有机质含量，提高土壤中N、P、K的含量。在未完全脱离海水的高盐的潮滩上有机质越来越多，加速了潮滩的土壤化过程，因此被誉为盐碱地改造的"先锋植物"。此外，碱蓬对重金属也有一定的吸收作用，还可以用来处理含盐养殖废水。碱蓬对常见金属Cu、Zn、Pb、Cd均具有累积作用，体内含量均高于潮滩背景值。碱蓬可监测环境中汞的含量，能快速富集水中的镉类金属，清除酚类。

（2）浮萍。浮萍在我国有4个属，分别是多根紫萍、少根紫萍、绿萍和芜萍，常分布于相对平缓的水面，如水田、水塘、湖泊和水沟等。浮萍的生长能吸收空气中的二氧化碳，可减轻温室效应。且净化污水的作用比微生物还显著，对水体中 TN、TP 的总去除率高。浮萍对有毒元素 Cd 等能通过螯合和液泡的区室化等作用来耐受并吸收富集环境中的重金属。

（3）凤眼莲。凤眼莲，俗称水葫芦，有发达的根系，生长迅速，具有大量吸收污水中的氮、磷等营养物质和净化重金属、有机污染等积极的生态效应。有报道，在适宜的条件下，一公顷水葫芦可以将 800 人排放的氮磷元素当天吸收掉。水葫芦还能从污水中除去镉、铅、汞、铊、银、钴、锶等重金属元素，且对酚、氰、油的清除率也很高，能够大量吸收营养盐，对改善水质、治理水体富营养化具有一定作用。

（4）苦草。在苦草生长的地方，浮游生物、细菌和丝状藻生物量降低。研究认为，苦草生物量越大，对藻类的抑制作用也越大，致使水体正磷酸盐、溶解有机碳和总悬浮物含量减少，透明度增加。苦草有控制湖泊富营养化、恢复沉水植物生态系统的作用。此外，一些研究表明，苦草的根对重金属汞有较强的吸收能力，因此可用于监测环境中重金属汞的污染。苦草也可用于有机氯污染的生物监测。

（5）轮叶黑藻。轮叶黑藻对不同水体环境的适应能力均较强，可以适应较低的水体透明度，且大部分的茎叶生活在水体的中上层。因此在污染水体修复中，轮叶黑藻因为其适应性强、耐污强以及生长迅速等特点被用作湖泊污染修复的先锋种。轮叶黑藻在静水和动水中，种植密度分别为 3 株/dm^3 和 1.9 株/dm^3 对污染水体中的氮磷吸收效果最好。同时，轮叶黑藻对其他水体污染物，如有机污染物和重金属等，也具有较强能力。如轮叶黑藻对恩诺沙星的吸收去除大于苦草和伊乐藻；对镉也具有较强的去除能力，水体中的镉浓度小于 10mg/L 时，轮叶黑藻对镉的去除率达到 80% 以上，并且镉浓度越小去除率越大。

9.4 河湖污染水体的水质净化

河湖水体遭受污染后形成污染水体，其与环境工程中的城镇污废水区别在于其主要污染物和污染物的浓度不同，河湖水体污染物浓度更低。因而在环境工程中用于污染净化的原理针对河湖水体污染治理而言，都是适用的。只不过由于浓度不同，污染物种类不同，对生态的影响不同，而采用适应的技术方法。

对于河湖污水水体的水质净化方法分为原位水质净化和异位水质净化两种方法，前者指在河湖水体直接利用物理、化学或生物、生态方法减少污染物，使得水质得以净化。而后者指针对污染较重的水体，经污染水引出河湖之外，经专门的水质净化过程后再排回河湖，也成为旁路净化。

9.4.1 污水水体原位水质净化

常用的河湖水体原位水质净化方法有活水增氧、生态水草、生态浮岛、水下植物治理与修复及水生生物群落多样性修复等。

9.4.1.1 河湖水体的活水增氧修复

健康水体的生物生命活动离不开充足的溶解氧。溶解氧是决定水生生物群落物种多样性、健康稳定和物质非恶性转化的必要因素，是水体具有良好自净功能的核心。

从理论上讲，维持足够的水体溶解氧，就不会出现河湖水体的环境污染和生态失衡。因此，河湖水体的活水增氧是保持河湖生态健康的必要和有效措施。

水体中溶氧主要取决于水中藻类放氧量、大气复氧、水体有机污染生化耗氧量、底泥耗氧量等因素，水体溶氧增加有助于水体微生物区系由厌氧向好氧转化，好氧微生物区系的建立刺激河道藻类生长，并形成河道水体藻类自然复氧机制，消除水体黑臭。

1. 活水增氧的作用

活水增氧在河湖水体治理中作用主要体现在以下方面。

(1) 加速水体复氧过程，使水体的自净过程始终处于好氧状态，提高好氧微生物的活力。美国 Homewood 运河曝气结果证明，即使小的曝气装置也能促进水体的 DO 和生物量增加。

(2) 充入的氧可以氧化有机物厌氧降解时产生的 H_2S、NH_4^+ 及 FeS 等致黑致臭物质，可以有效改善水体的黑臭状况。

(3) 增强河流水体的紊动，有利于氧的传递、扩散以及液体的混合。

(4) 减缓底泥释放 P 的速度。当 DO 水平较高时，Fe^{2+} 易被氧化成 Fe^{3+}，Fe^{3+} 与磷酸盐结合形成难溶的磷酸铁盐，使得好氧状态下底泥对 P 的释放作用减弱。而且在中性或者碱性条件下，Fe^{2+} 经氧化形成 $Fe(OH)_3$ 沉淀后，其与水合形成多羟基配合物，能够与磷结合形成吸附态磷，降低磷的释放。

2. 活水增氧的方法

水体活水增氧的方法有利用水利工程的方法和机械设备曝气活水增氧两种。

(1) 水利工程措施活水增氧。水利工程措施活水增氧指利用坝或者堰形成跌水，局部设置浅滩和深潭等多样化的微地形，造成局部紊流而加快水流紊动、增强水体复氧能力。在梯级跌落水流紊动复氧过程研究中发现水流通过湍流剧烈紊动，将空气包裹卷入、或液滴飞溅、或水面湍流更新、湍流卷吸、混掺和剪切增强则是跌落水流紊动复氧增强的主要过程和机制。正是这种强烈的水流紊动，使得水体在 2~4m 流程范围内溶解氧值从 0.64mg/L 迅速增加到 5.05mg/L。在成都市锦江河段的三处水坝跌水对河流水体溶解氧影响的调查监测发现，随着堰坝高度的增加，下游水体的溶解氧增加值变大，如锦江九眼桥堰坝高 2.7m，下游水体溶解氧较上游增加 0.26mg/L，而锦江万里桥堰坝高 0.5m，下游水体溶解氧较上游增加了 0.11mg/L，并且经过堰坝后，在较长的河段长度（300~500m）内，水体溶解氧仍然维持较高的值。

(2) 机械设备曝气增氧。在不具备通过水利工程措施增加水流流动性和水体增氧的河湖区域，采用机械设备进行活水增氧也是常见的技术措施。

人工机械设备曝气增氧一般用于水体流动较缓，水质较差的河道，特别适用于水体发黑发臭的河道，其形式主要包括：

1) 叶轮增氧机，借助叶轮的力量进行曝气，在液面位置，叶轮打出气泡来增加溶解氧。

2) 利用水泵以喷泉形式曝气增氧。

3) 在岸边设置鼓风机，将空气通过管道输送至河道通过扩散板或者扩散管引入水中进行微泡增氧。

4）太阳能增氧循环机，利用太阳能将河道低溶解氧水体提升至水面，表层溶解氧含量高的水体补充至水底，既能增加水底溶解氧，消除水体水质分层现象，又能抑制藻类生长，并抑制底泥中磷的释放，有效净化水质。

机械曝气增氧因具有占地面积小、设备投资少、运行管理简单及处理水量大等特点，且无二次污染。因此，从20世纪五六十年代起，英、德、美等发达国家就采用此技术治理河道污染问题，如德国的Emscher河、Fulda河和Teltow运河等采用纯氧曝气设施，英国泰晤士河河口采用机动曝气船，美国的Homewood运河、密西西比河以及葡萄牙的Oeiras河、澳大利亚的斯旺河等也采用不同的曝气设备，都收到了良好的效果。

国内在河流治理工程中同样也采用了机械曝气充氧，如1996年上海的苏州河治理工程中，采用机械增氧设备是其关键措施，市区每间隔500m设置增氧曝气机一台，使得河水溶解氧大幅度提升，有效消除了水体黑臭污染问题。之后在上海市新港河的治理中，同样采用了机械设备曝气方式，大大改善了河道的溶解氧水平，从0.5mg/L增加至5mg/L以上，并能够持续稳定在此溶解氧浓度。1999年上海对张家浜进行综合整治后水质仍然黑臭，之后采用多功能水质净化船曝气充氧加生物修复技术方案，一个月内使3.6km长、40m宽、4m深的河流消除了黑臭，并使水质主要指标保持在国家《地表水环境质量标准》（GB 3838—2002）Ⅲ～Ⅳ类水水平达3年之久。

9.4.1.2 生态水草净化水质

生态水草也称生态基，是一种新型、高效生态载体，它融合了材料学、微生物学及水体生态学等学科原理，制成高比表面积、高负荷的微生物载体，放置于河湖水体，微生物和细菌逐渐在水草表面附着形成生物膜，进而进行原位净化水质与建立水体生态系统的生态性水体治理维护系统。

生态水草具有仿水草枝叶，能在水中自由飘动，形成上中下立体结构层，具有多孔结构、高比表面积。在河湖水体中设置生态水草后，可作为水中各种生物附着的载体，并随时间的推移而继续附着生长各种类型的微生物和藻类，甚至大型附着水生动物，如螺、贝类等，形成"好氧-兼氧-厌氧"复合结构的多样性群落结构微生物膜环境，主要依靠微生物的生命活动实现有机物、氮和磷的去除，实际上可以看作污水处理工艺中的生物接触氧化技术在河湖水体污染净化中的应用。附着在生态水草上的微生物相非常丰富，主要有细菌、真菌、藻类、原生动物和后生动物等构成复杂的水生生态系统。同时，生态水草设置于水体后，大幅度增加了水体悬浮物与固体边界的接触面积，有利于悬浮物的沉淀，进而进一步减小水体污染物。沉积在生态水草上的悬浮物或者老化的生物膜，则达到一定的累积量后，可在水流或者风浪的扰动下脱落而最终沉积在河湖底部成为沉积物，这样生态水草上的微生物膜得以更新，进而保持其高活性。

生态水草比较适用于具有高污染特征的河湖水体，而在这类高污染特征水体，水生植物无法生长。在应用人工水草净化水体污染时要注意以下几点：

（1）应对水体的污染物进行生物可利用性分析。污染环境中污染物的种类、浓度、存在形式等都是影响微生物降解性能的重要因素，不同的污染物对微生物来说具有不同的可利用性，需要开展分析与识别。

（2）应选择微生物附着力强、水力学特性好、造价成本低的附着载体。理想的生物附着载体应是具有多孔及尽量大的比表面积、具有一定的亲疏水平衡值，微生物易附着，且易挂膜、脱膜的材料或产品。同时还应注意，选择的生态水草制作材料应稳定、持久、不对水体产生二次污染。

（3）必要时，应在生态水草技术区设置充氧曝气装置，监测溶解氧水平，控制充氧曝气装置运行。

生态水草在河湖治理中应用较多，如在广州市大金钟湖的治理中，引入生态水草净化水质体后，湖水水质和感官得到明显改善，水体氨氮下降77%，总氮下降20.4%，总磷下降97%，高锰酸盐指数下降74%，水体透明度从0.63m增加到1.22m，总体达到地表水环境质量标准的Ⅱ类，达到了治理预期目标。生态水草同样在太湖治理中得到应用，如太湖的梅梁湾湖边，设置生态水草后，通过富集微生物净化水质，对微量有机物的去除效果明显，当停水时间为7d时，对总有机碳、高锰酸盐指数和叶绿素a及藻毒素的平均去除率分别为42.1%、22.5%、71.9%、67.9%。

9.4.1.3 生态浮床

生态浮床又称生态浮岛或生物浮床。它是针对富营养化的水体，利用植物根系和人工载体及其上附着的生物膜，通过吸附、沉淀、过滤、吸收和生物转化等作用去除污染物而达到水质净化与修复目的。生态浮床是绿化技术与漂浮技术的结合体，它以水生植物为主体，运用无土栽培技术原理，以高分子材料等为载体和基质，应用物种间共生关系，充分利用水体空间生态位和营养生态位，从而建立高效人工生态系统，用以削减水体中的污染负荷。

它能使水体透明度大幅度提高，同时水质指标也得到有效的改善，特别是对藻类有很好的抑制效果。生态浮床对水质净化最主要的功效是利用植物的根系吸收水中的富营养化物质，例如总磷、氨氮、有机物等，使得水体的营养得到转移，减轻水体由于封闭或自循环不足带来的水体腥臭、富营养化现象。

生态浮床通常用于生态修复城市、农村的水体污染，也用于建设城市湿地景区等。

1. 组成结构

一般由四个部分组成，即水生植物、浮床载体、栽培基质、水下固定装置等4部分组成，见图9.7。

（1）植物。通常为适宜于湿生的植物，如鸢尾、再力花、菖蒲、伞形草、荷花、千屈菜、凤眼莲或粉绿狐尾藻等。植物选择时要求对氮磷等污染物应具有较强的吸收能力，同时还应该考虑景观效应。

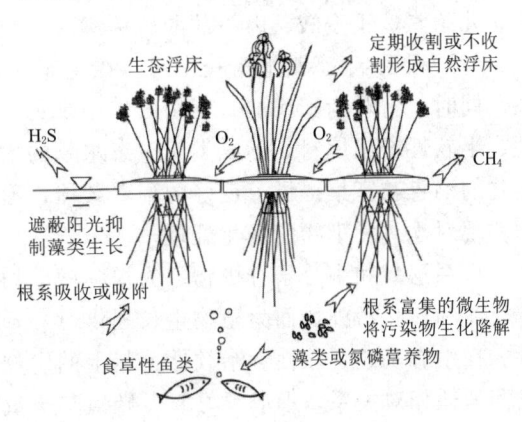

图9.7 生态浮床结构示意图

(2) 浮床载体。浮床载体的功能在于为植物提供生长固定的场所，可采用亲自然的材料如竹、木条、芦苇帘、藤条等，也可由高分子轻质材料制成，质轻耐用，如PE塑料。现在材质选用成型环保PE材料。还应考虑到浮床的单体形状必须容易组装，组装后需要便于植物的种植、收割，布设后要方便检修通行，单体与单体之间连接的便利性和组合后的组合单元的经济性。

(3) 栽培基质。是否设置栽培基质，要看所选择的植物生长需求而定。如植物为凤眼莲、狐尾藻等水生植物，则可考虑不设置栽培基质。

而对于鸢尾、菖蒲等需要土壤基质的植物，则应该设置栽培基质。植物栽培基盘用椰子树的纤维、渔网之类的材料和土壤混合在一起使用的比较多。但栽培基质会增加浮床重量，因而在工程中应用并不普遍，只有20%左右的生态浮床使用了栽培基质。

(4) 水下固定装置。为保证浮床稳定，不受风浪或水流流动移动，通常需要设置水下固定装置。水下固定形式要视地基状况而定，常用的有重量式、锚固式等。也可以通过木桩将其固定。设计通过直径150mm，长度为4m的木桩对浮床进行固定，木桩浮出水面10~20cm，其余部分打入水中，作为固定。

有时为了增强浮床的微生物附着和污染物去除能力，还可以在浮床载体下方挂设生态水草（生态基）、软性填料，实际上是生物接触氧化与植物净化的二者结合应用。

2. 水质净化原理

(1) 植物吸收作用。植物在生长过程中，需要从水体中吸收大量的氮和磷等营养物质，用于自身细胞合成，实现植物体增殖。另外，部分水体金属离子作为植物生长所需一并吸收，或者在植物体富集，使得其浓度降低。

除此之外，为了在营养吸收和光利用中获得优势地位，水生植物还可以通过分泌小分子有机酸作为化感物质，抑制藻类对氮磷的吸收，进而达到治理水体富营养化可能产生的藻过度增殖问题。研究发现，穗状狐尾藻、金鱼藻、轮藻、凤眼莲、芦苇、石菖蒲等高等水生植物均能够分泌某些化感物质，通过破坏藻细胞微结构、抑制光合作用和呼吸作用或者影响藻细胞内某些蛋白质的合成或酶活性，进而抑制浮游藻类的生长。植物化感物质主要包括酚类、萜类、生物碱等次生代谢物质，如焦酸、没食子酸、儿茶素、正壬酸、肉豆蔻酸、棕榈酸、硬脂酸、油酸等。

(2) 根系/生态基生物膜作用。在生态浮床中，水生植物通常具有异常发达的根系。同时，有时为了增加微生物的集中富集，还在浮床载体挂设水草状生态基或者软性、半软性纤维填料，形成类似生态水草的生态基结构。这些根系和填料为水体中微生物的栖息与富集提供了良好的附着载体，形成了生物种类和数量丰富的生物膜，进而实现对水体污染物的强化处理。

根系泌氧和小分子有机物，为根际微生物生长提供有利条件，而微生物则通过分解代谢和转化污染物而为植物生长提供营养，二者达成互助共生。

在生态基或者软性、半软性填料上的生物膜，从毗邻水流至生物膜内部，因氧传输和消耗相对关系，形成了好氧、缺氧和厌氧依次变化环境，栖息着好氧、兼氧和厌氧等不同种类细菌，为氮的氨化、硝化和反硝化作用提供环境条件和微生物，实现对水体氮的矿化去除。

（3）遮光引起的光利用竞争。设置生态浮床后，浮床区域水体的光照条件减小，一方面使得浮床下区域水温降低，另一方面使得该区域藻类因光照不足而增殖减弱。因而，在生态浮床设置区域，浮床植物通过光照竞争而对藻类增殖产生抑制作用。

3. 工程应用

生态浮床在国内许多河湖生态治理工程中得到应用。如福州白马子河生态水体恢复工程，采用沙草、蒙草、三白草、水竹、美人蕉等作为浮床植物，在实验河道排入污水量 $5000m^3/d$，进水 BOD 为 $80\sim120mg/L$ 的情况下，经处理后的 BOD 小于 $11mg/L$，水体黑臭现象基本消失，并且与传统污水厂相比，运行费用也大大降低。而在太湖五里湖实施的生态浮床工程中，发现浮床对营养盐去除效果较好，TP、TN 和 NH_4^+-N 去除率分别达到 51.86%、39.64% 和 66.92%，并且透明度也得以大大提升。而浮床拆除后，氮磷的净化效果大大降低，只有 18.2%（TP）、9.2%（TN）、27.8%（NH_4^+-N）。清远市秦皇河治理中，将生态浮床与生态基（超密度纤维填料）、机械充氧曝气相结合，水体氨氮从 $6.5mg/L$ 降低至不足 $2mg/L$，总磷从 $1.5mg/L$ 降低至 $0.2mg/L$ 以下，并且减小了水体悬浮物浓度，增强了水体透明度。

9.4.2 重污染水体的旁路净化

当部分水体遭受严重的污染，如严重黑臭的河流或湖库水体，不能进行原位净化，通常采用将受污染水引入专门修建的处理设施，进行水质净化后再排放入原有河湖水体的方式，称为重污染水体的旁路净化。

水体污染旁路净化的技术方法要根据水体污染的程度，采用合适的技术方法，如在第 8 章中所讲的生物膜法如碎石生物滤床、生物接触氧化、土地处理、功能湿地等，或者上述各种处理技术方法的组合。

最常见的方法组合是碎石生物滤床＋功能湿地＋稳定塘。

水体的旁路净化设施一般修建在需要治理的河流或者湖库水体旁边，利用地势高低或机械动力将污染水体引入净化系统中。

碎石生物滤床一般设置在最前端，其碎石床层一般由不同的颗粒粒径碎石分段布置，前段为粗颗粒碎石，中段为中颗粒，后段为细颗粒碎石。通过碎石生物滤床的污染水，一方面其中的悬浮物经过滤而去除，大大减小了被悬浮物吸附的污染物量；另一方面，溶解性污染物也会被碎石上生长的微生物净化。

人工湿地通常选择垂直潜流、水平潜流和表面流三种方式，在前段通常采用水平潜流湿地，后段通常采用表面流湿地，或者水平潜流与表面流湿地交替变换设置。地形地势比较好的场地条件，应该设置多级跌水衔接，这样可以增加水体的溶解氧，有利于保证湿地基质中的好氧生物需求。

在具备土地条件下，经上述旁路净化的水还应该进入生物稳定塘，进一步处理提升水质后排放水体。

在不具备修建上述设施的情况下，为了达到净化水体的目标，有时也采用设置一体化净水设备的方式。一体化设备的主要处理工艺单元要根据污染水体性质和处理量、执行排放标准确定。

9.5 河湖微地貌与多样化生境构建

河流生态的核心是河流生物群落多样性与生态系统稳定性。河流生物群落的多样性与地貌特征存在密切关系，河流地貌复杂性是生物多样性的自然物理基础，通过与河流的物理、化学和水文过程的交互作用直接或间接影响着河流生态系统动态平衡。河流的蜿蜒使得河流形成丰富多彩的生境，从而具有丰富的生物多样性。整体河段尺度上，河流多样的生境，使得沿程水面线及糙率的变化率低，河道更为稳定；局部河段尺度上，多样的生境，可以有效增大阻力和河床抗冲刷力，从而稳定了河床和岸坡。生境单元尺度上，通过水流的分拣作用，在不同区域形成适合不同生物栖息的底质条件。更为重要的是，河流的地貌复杂性直接为不同物种提供多样化生境。

9.5.1 河床地貌

河床地貌指河床在流水作用下形成各种地表形态，包括河型、河床侵蚀地貌和河床堆积地貌。

9.5.1.1 河型

即河床的类型，常用的是根据河床平面形态及其演变规律，划分为顺直微弯型、弯曲型、分汊型和游荡型4种。

(1) 顺直微弯型河床。河段顺直或略有弯曲，主流流路依然弯曲，深槽、浅滩交错出现，两侧的边滩犬牙交错。

(2) 弯曲型河床。也称蜿蜒性河道，具有迂回曲折的外形和蜿蜒蠕动的动态特性，在世界上分布很广。典型的弯曲型河床平面形态为弯段和过渡段相间，弯段为深槽所在，过渡段为浅滩所在。据统计发现任意两相邻浅滩的间距约为河宽的5~7倍。

(3) 分汊型河床。又称江心洲型河床。具有一个或几个江心洲，河身呈宽窄相间的莲藕状，具有两股或更多的汊道，各汊道经常处在交替消长的过程之中。

(4) 游荡型河床。河身顺直宽浅，沙滩密布，汊道交织，河床变形迅速，主槽摆动不定，水流散乱。以黄河下游最为典型。

9.5.1.2 河床侵蚀地貌

流水侵蚀河床形成河床深槽、壶穴、岩槛和深切曲流等一系列地貌。

(1) 深槽。河床中相对低洼的水下地形，通常也称为深潭。位于河床的拐弯处或浅滩之间的较深河段，由于水流侵蚀能力增强，这段河床被冲刷成深槽。如在弯曲河道中，横向环流侵蚀凹岸会形成深槽；辐散型横向环流侵蚀河床底部也会形成深槽。洪水涨水期内，弯段（或窄段）的局部水面比降变陡，易侵蚀形成深槽。

(2) 壶穴。基岩河床被湍急水流冲磨成的深穴，位于河床基岩节理发育处，或构造破碎带，分布于山区河流或河段，深6~7m或更多。

(3) 岩槛。横亘于河床底部上凸的由坚硬岩石组成的坡坎。常伴有瀑布或跌水，并构成上游河段的地方侵蚀基准面。

(4) 深切曲流。由于地壳抬升，深切到基岩之中的曲流。多发育在山地，分为嵌入曲流和内生曲流。嵌入曲流是地壳急剧抬升时，曲流保持原形切入基岩形成；内生曲流是曲流在下切基岩过程中，还进行侧蚀形成。内生曲流更加弯曲，常在洪水期水流漫溢而裁弯取直，原来的河湾被废弃，被废弃的河曲所环绕的孤立山丘，称为离堆山。如果地壳继续抬升，取直的新河床则继续不断加深，使废弃的河曲位置相对抬高，形成高位废弃曲流。

9.5.1.3 河床堆积地貌

河床内所形成的各种淤积体的形态。由于河流侵蚀作用，河谷不断展宽，在河床底部形成一系列不同规模的冲积物堆积体，统称为浅滩，分布在岸边的称为边滩，分布在河心的称心滩；心滩经常淹没在水中，只在枯水期才出露水面，心滩增大淤高、出露于中水位以上称为江心洲；小型的江心洲称为河洲。边滩的尖端不断顺水流方向向下延伸，形成长条状的与水流斜交的沙滩，称为沙嘴，有的沙嘴长度可达10多千米。

边滩不断展宽、加高、增长，形成雏形河漫滩。雏形河漫滩在平水期和枯水期有植物生长，洪水期有悬移质泥沙沉积，逐渐成为河漫滩。河漫滩近岸区或江心洲沿岸区，洪水漫溢后，水深突然减小，加之河岸和洲岸的阻力，流速减小，泥沙沉积下来，形成与岸平行出露水面的堤状堆积体，称为河岸沙堤。由于凹岸的后退通常不是连续进行的，河道在发育过程中会在凸岸形成一组微高的弧状带形堆积体，称为滨河床沙坝。

弯道河床的自然裁弯形成废弃河道。废弃河道的上、下口门被淤死，成为牛轭湖。在平原河流下游，洪水期大量悬浮物质随河水溢出，并很快沉积，形成高出附近地面、沿河床两侧堆积成向外微倾斜的长堤，称为天然堤。

此外，沙质河床在水流的作用下，表面形成不同类型的微起伏地形：沙纹、沙波等。

9.5.2 河流地貌形态演变的规律

9.5.2.1 河流水文过程对河流地貌演变的影响

水文过程对河流地貌形态演变的影响主要体现在低流量、高流量和洪水脉冲过程，分别对应枯水期和丰水期的河流流量大小变化。

枯水期的低流量过程是河流的主要水流条件，决定了一年中大部分时间内生物可以利用的栖息地数量，对河流的生物量及多样性有巨大影响，控制着河流中植物空间布局及景观风貌。

高流量过程奠定了河流的基本地貌形态——河流宽度、深度和栖息地复杂程度，包括深潭-浅滩序列、河床基质材料粒径、防止滨河带植物侵占河床等。

汛期的洪水脉冲过程是河流生态系统中一种重要的流量过程，它影响了河流生物的丰富度及多样性，对河流地貌形态演替也起着重要作用，如控制河漫滩植物分布及数量、塑造河漫滩自然栖息地、砾石及卵石的沉积、驱动河势剧烈变化进而产生次生河道、河道改道或形成牛轭湖。

9.5.2.2 河流地貌形态演变规律

河流系统总是受水流和泥沙输移影响而处于动态演变中，以通过自身调整作用而维持河流系统的稳定性，体现出一定的规律性。

(1) 河流的平面调整。河床平面稳定性取决于河流纵比降、泥沙特性和岸坡的抗冲刷性。山区与平原交界河流，因纵坡大，往往存在流量大时冲刷，而流量小时淤积，易于形成辫状河床。在平原地区，水力作用减弱，泥沙颗粒细小，易于形成蜿蜒型河床，存在深潭-浅滩序列的稳定河床结构。在持续水流的作用下，河床会继续发生侧向移动演变，甚至产生截弯取直，形成牛轭湖，如若尔盖草原上的黑河和热曲河，其河道演变和牛轭湖的形成都是这种在水流侧向冲刷下的演变结果。随着河床纵坡的进一步变缓、泥沙颗粒进一步变细和水流作用力的进一步减弱，再加上河岸植被的防护固岸作用，使得河岸不易侵蚀，故河道稳定性较高。

总之，对应河流自上游到下游，随着河道纵坡的减缓，水流动力逐渐变弱和泥沙颗粒变细的规律，河流出现山区河流、辫状河床、蜿蜒型河床、顺直微弯河床，稳定性依次增强。

(2) 河流的纵向断面调整。河床比降是关键因素，其直接影响流速、输沙量等，进而影响地貌过程。由于河床比降变化的规律性，因而河流地貌变化呈现一定的规律性。

河流上游段多位于山区或者高原，河床多为基岩或砾石，纵坡比降陡峭，水流湍急，下切力较强，以河流潜蚀地貌为主；中游多位于丘陵或山前平原，纵坡趋缓，河床下切较弱，侧向侵蚀明显，以堆积地貌过程为主，多深潭-浅滩序列；下游段多位于平原地区，河床纵坡平缓，河流流速缓慢，河床以堆积地貌为主，河槽多呈宽浅状，外侧有发育完好的河漫滩，河道内形成许多微型地貌单元，如深潭-浅滩序列、心滩、边滩、洼地等。

(3) 岸坡调整。河流岸坡稳定取决于很多因素，包括水流动力和岸坡土体结构等。岸坡植被类型及分布对岸坡稳定也具有重要影响，植被会提高河床糙率，是水流阻力的重要组成部分。如在若尔盖草原的河道中，其自上而下土体结构为草甸土或泥炭土-粉砂层-碎石夹砂层，受水流冲刷，往往粉砂层先冲刷，而表层受植被影响的草甸土或泥炭土层抗冲能力强，最终形成悬臂结构。

9.5.3 河床微地貌的生态环境效应

河流各种地貌造成水流流态的多样化，进而对伴随水流输移的泥沙和营养物及污染物的输移产生影响，塑造由水生植物、水生动物及水体微生物组成的生物群落，产生生态环境效应，最终形成河流与湖库的生态系统。

一般而言，河流微地貌主要指河流的弯曲、深潭与浅滩及河漫滩等局部地貌。

9.5.3.1 河床微地貌的环境效应

降雨形成地表径流后携带大量的泥沙进入河湖水体，如森林、农田的径流，产生土壤流失。而这些流失的土壤也同时携带大量的有机物、氮和磷，甚至其他污染物，如重金属铬、铅、镉等。在农田面源的排放过程中，80%的磷和60%的氨氮伴随着土壤颗粒流失而进入水体后沉积在水底并累积，形成内源磷，并在适宜的水动力条件和环境因子作用下而重新释放入水体。

河床的微地貌会影响河流的局部水流流态，进而影响泥沙在该处的沉积或者输移，影响泥沙所携带的污染物的迁移。并且，河床局部地貌还因影响水流而对溶解氧的恢复产生较大影响,进而影响该处的污染物物理、化学及生物化学过程,对污染物迁移转化产生重大影响。

如河流的自然弯曲会造成凹岸冲刷而凸岸淤积,进而产生冲刷深潭和淤积浅滩或者边滩等丰富的地貌生境(图9.8)。在浅滩地带,由于水流流速快而细颗粒被冲走,河床常形成浮石状态,石头缝隙成为水生昆虫、附着藻类和底栖动物的栖息地。深潭地带,由于栖息在浅滩的水生昆虫和藻类等生物的流入,而成为以浅滩水生昆虫和藻类为食物的其他生物的栖息场所,如鱼类和甲壳类底栖生物,同时也成为这些动物的避难场所。浅滩或者边滩处水流平缓,泥沙淤积并伴随着污染物沉积。边滩或河漫滩地带,表现为沉积物中细颗粒增多,污染物汇集,水体的污染物浓度也相对较高,营养程度一般较高。而河流主槽河床则因水流流速高而以大颗粒卵砾石为主,其表层因水流冲刷而呈现明显的粒径分级,少有悬浮微细颗粒沉积,并且因水流紊动较强而呈现较高的溶解氧。而边滩在枯水期或者平水期逐渐裸露于水面之上,形成河漫滩,植物生长茂盛,种群丰富。

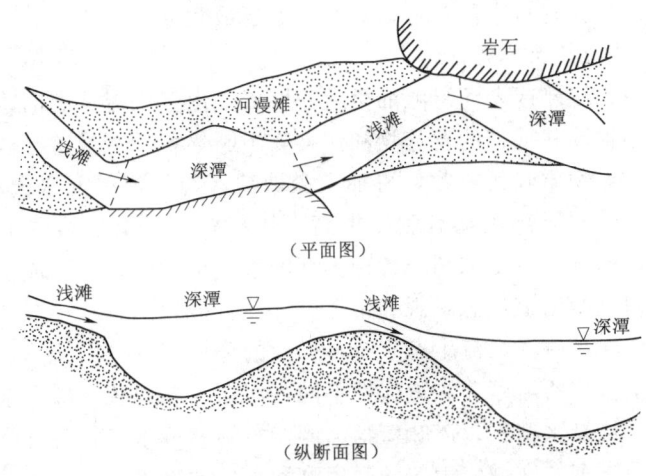

图 9.8 河流浅滩-深潭地貌结构

另外,河床微地貌的高低起伏也造成水流局部流速紊乱,增加水体与大气交换进而增强水体复氧,这对于水生生物与污染物的氧化状态转化至关重要。如在溶解氧丰富的情况下,水-沉积物界面氧分布范围较大,底泥维持较高的氧化还原电位,这造成铁锰主要以高价氧化物的形式存在,如氢氧化铁或者三氧化二铁,其与磷结合成稳定性较高的铁铝结合态磷,进而减小磷从沉积物的释放。而如溶解氧不足,沉积物内以还原态为主,生物厌氧和铁锰的低价转化会造成其吸附的磷释放出来。

在河流的流量发生变化的情况下,河床微地貌局部的水流流态可能发生对应响应,进而使得微地貌局部河床的泥沙淤积与冲刷产生变化。如原本淤积的底泥可能因流量增加、流速增加而再悬浮。河湖沉积物泥沙动力再悬浮则是沉积物内污染物向上覆水迁移和释放的重要因素,比如太湖梅梁湾沉积物因风浪产生的底泥再悬浮是该处水体磷浓度增高的关键动力因素。

对于氮的转化,尤其是氨氮转化为硝酸盐的过程,有人以巢湖十里河为研究对象,研究了河床微地貌对氮的硝化过程的影响。研究表明,对于浅滩、砾石滩和深潭及流水区四种河床地貌,沉积物内潜在硝化速率呈现深潭＞浅滩＞砾石滩＞流水区的特征,而沉积物表面硝化速率则表现为浅滩＞流水区＞砾石滩＞深潭的特征,并且二者季节变化规律基本一致。

除了上述由于河床微地貌引起水-沉积物界面的水流动力条件造成的污染物迁移外,即伴随泥沙沉积而其吸附的污染物存在汇集和输运,而由于微地貌造成的水流潜流交换,也对颗粒输移和物质迁移造成重要影响。潜流带是河流系统中地表水与地下水双向交换、相互作用的区域,尤其是在河流的河床及其两岸附近,存在较为明显的潜流交换,如心滩、浅滩或者河漫滩区域,因主河槽水位升降,潜流交换频繁进行。潜流带是重要的物理、化学、生物反应场所,物质交换频繁。首先,泥沙和悬浮颗粒及其吸附的各种物质,受水流、河床表面压差等因素作用,在心滩、边滩或者河漫滩的颗粒层的截留之下不断累积在各种河床地貌表层并不断深入河床更深区域。由于物理、化学及生物作用,泥沙和悬浮颗粒上的污染物形态转化,或吸附或释放,在潜流交换带累积,并影响其附近水质,进而对水生态造成正或负的影响。

9.5.3.2 河床微地貌的生态效应

在心滩、深潭、浅滩或者河漫滩的微地貌区域,由于水流流态的改变和潜流交换作用,泥沙和悬浮物及其携带的营养物和污染物不断累积,造成这些区域水体和沉积物中含有丰富的营养物质和污染物,再加上微地貌区与主河槽间水流动力特征差异,流速趋缓、水深变浅和局部紊动有利于提高水体溶解氧,更加适宜水体生物如微生物、各种水生动物栖息,也更加利于各种类型的水生植物生长,形成了物种丰富的生物群落,体现出明显的河道生态景观和生态多样性特征。

河流地貌多样性是保证河流生态系统多样性的环境基础。因流速、水位、泥沙与悬浮物沉积和水生植物所需营养和适应性不同,河床不同地貌区域内水生植物呈现多样性的种群特征,从挺水植物、浮叶植物、漂浮植物和沉水植物各种类型分布,是河流与湖泊生产力最丰富的区域,为各种微生物和水生动物提供食物来源。并且不同类型的河流地貌区域可以为处于不同生命周期的水生生物提供丰富的栖息地类型,尤其是底栖动物和鱼类。一些水深较大、流速较小的深潭往往可以为鱼类提供相对适宜的休息环境,而水深较浅,流速较大的浅滩又可以满足大部分喜欢急流性、高溶解氧水体的鱼类产卵所需水动力条件。研究表明,在不考虑河流水量和水质变化的情况下,水生生物群落结构的多样性与河流地貌多样性存在正相关关系,天然蜿蜒河道远较人工顺直渠化后的河道拥有较高的鱼类种类和数量,阶梯-深潭系统形成后,底栖生物物种丰富、单位面积生物密度均有显著提升。同时河床底质不同,底栖动物群落结构差别也很大,种群丰度呈现卵石＞淤泥＞细沙的趋势。细沙区域底栖生物种群不如卵石和淤泥的原因在于其会造成卵砾石间隙被细沙覆盖,降低了水生生物生境质量,而淤泥含有丰富的营养物质,并且利于底栖动物打洞,因而底栖动物种群更加丰富。

9.5.3.3 水利工程的河流生态环境效应

为了高效利用水资源,尤其是在居民集中、工农业生产活跃的区域,人们在河流上修建了众多的水库、堰塘或者堤坝,进而对天然河流河道纵横向联通性、水文节律和河道类型甚至河床地貌产生干扰。

首先，河流顺直化的影响。由于地球自转、复杂地形和江河两岸土体结构及其抗侵蚀能力的不同以及水流离心力等综合作用，河流总是弯曲的，其带来了浅滩、深潭、边滩等多样化生境。而河流顺直化在于快速输送洪水的同时，往往使得这些河床地貌消失，进而因为生境多样性的减少而引起生态损失。从生态学的角度而言，弯曲的河流具有更高的生态效益，如减少水土流失、扩大生境面积、增加生境多样性。

其次，河岸防洪堤混凝土化后的影响。为了行洪需求，河流在治理过程中除了顺直化以外，还经常采用混凝土防洪堤的方式，河道呈现两面光，甚至三面光的模式。诚然，河道岸坡的顺直化和岸坡光滑能够大大提高河流的行洪能力，但由混凝土防洪堤构成的光滑河岸，没有植物根系可进入的孔隙，土壤动物及微生物也不可能生存，是与生态系统无缘的。它破坏了原来生活在泥沙中的生物生境，导致大量底栖生物消失，也导致栖息于河床、河岸带和河心岛的物种因生境的改变而消失。

同时，河岸堤防的混凝土固化还造成河岸带植物群落的丧失，隔离了流域陆上生态系统与河流水生态系统的横向联通，造成了河流流域生态系统完整性的破坏。河岸带植物群落具有为野生动物提供栖息地和食物、过滤地表径流、拦截面源污染、稳定岸坡等生态功能。而上述功能的消失，必然造成河流生态系统的碎裂化，进而破坏整个河流的生态系统健康与稳定。

最后，河流上修建了众多的各级堰塘或库坝等水利工程后，也对河道生态环境造成重大影响，对河流的分割切断损伤了河流自身的连续性，从而扰乱了整个河流生态系统上下游之间的物质、能量和物种传递的正常运转，严重影响了河流生态系统的运行，主要体现在如下方面。

(1) 河道的纵向联通性遭到严重的破坏，河流的自然水文过程不连续。在堰或坝的上游，水流变缓，水深增加，体现为塘库缓流甚至静水的特征，而下游则仍然为河道特征，河流枯期流量减小，整个河流体现为塘库—河流—塘库的变化。由于防洪和水库运行需求调度，汛期前的清水下泄和排沙，造成下游泥沙淤积和河道冲刷，河流水生动植物无法短期适应水文节律变化，使得建库前溪水长流、生机勃勃的河道生态演变为干枯、泥沙淤积、断面萎缩，造成河流水流、泥沙输移过程的不连续。

(2) 河流梯级堰坝的修建，改变了原有河流的泥沙、悬浮物输移过程，进而伴随着污染物输移的变化。这种变化体现在堰坝的上游，随着泥沙和悬浮物的沉积，污染物也出现累积并以底泥形式沉积在河床上。这些污染物又因为物理、化学或者生物的作用而逐渐释放到水体，使得水体氮磷含量增加，再加上水流变缓甚至呈静止状态，水体自净能力下降，水体出现富营养化。因而在4—5月天气转暖时，底泥中的氮磷污染物随着温度升高引起的"翻泥"现象而大量释放入上覆水体，往往容易出现藻类的暴发，出现严重的富营养化污染。尤其是在丘陵或者平原地区的中小河流，这种由于堰坝修建而改变河流水流流态造成的问题更加严重，再以河流的氮磷标准来判断其水污染状态，显然与实际情况不符。

(3) 对河道上修建的大型水库，其上游泥沙淤泥，而下游清水下泄，造成河道深切、堤岸破坏，引起河道变形，使得河流两岸植被受到一定的破坏，这对周边陆生生物或水生生物带来了影响。

总之，由于水利工程的影响，特别是河流各级塘库或堰坝的修建，沿河流纵向联通破坏，造成固体颗粒和污染物空间输移与累积效应不同，生物特征空间差异性显著。堰坝上游底泥表现为源和汇的特征，污染严重，水体溶解氧不足，以污染环境生态效应为主，如富营养化、水葫芦泛滥，甚至水体黑臭。而河流段则因流速大，污染输移快而累积小，水体溶解氧充足，自净能力增强。

水利工程对河流生态影响的最典型例子是埃及尼罗河上的阿斯旺大坝。在大坝建成后，河流流量总体持续减少，高峰期的流量也减少，同时枯水期流量增加，河流水文节律与脉冲过程发生剧烈变化。这些影响导致尼罗河浮游植物减少了95%，捕鱼量减少了80%。

9.5.4 河湖生境构建与修复

目前广泛认可的河湖生态修复定义是保护和恢复河湖系统达到一种更接近自然的状态，并利用可持续的特点以增加生态系统的价值和生物多样性的活动，即修改受损河湖物理、生物或生态状态的过程，以使修复后的河湖较目前状态更加健康和稳定。

由前述可知，河床地貌的多样性是河湖生境多样性的物质基础，是河湖生物群落多样性和生态系统稳定性的保障。因此，从近自然的角度，在河流与湖泊治理工程中，构建多样化的河流地貌，是进行生态修复的关键。

9.5.4.1 平面形态

1. 河流

河道的平面形态受水流动力和地质条件共同控制，具有天然弯曲的平面形态，但在上游、中游和下游，受两侧岸坡地质结构和纵向坡度影响，其弯曲或者蜿蜒形态有所不同。河流的平面弯曲是浅滩和深潭序列、边滩、河漫滩等微地貌区域形成的基础。

河道平面形态的确定应根据河道现状、环境特征和限制条件采取适宜的平面形态。对于城镇现有河道，其用地限制较大，宜维持现有河道形态，重点应放在河道微地形改造、护岸生态化改造、水质净化与生态绿化。针对整治河道，在用地条件允许时，应结合河道的地形、地貌和水文条件等，按照宜弯则弯原则，进行局部形态的改变，增加河道的蜿蜒性，构筑或保持必要的局部弯道、深潭、浅滩、洲滩湿地及河滨带等自然景观格局，提升河道生境多样性。针对新建河道，应最大限度模拟天然河道沿线的自然属性，实现河道自然形态的保持与生境多样性保障。针对农村段河道，宜在保持自然属性基础上，因地制宜布置局部适宜规模的滨水湿地、生态沟槽等，改善河道生境条件，恢复和保持生物多样性。

河道平面形态重构过程不宜裁弯取直，不应采用挤占河道用地、改移河道位置、明河改暗沟。

2. 湖库

现状已有湖库一般形态已基本固定，整体形态宜维持原有形态不变。如需调整，则尽可能有利于湖库的水流交换，尽量避免死水区的形成。

新建人工湖库的平面形态宜考虑景观效果和水流平顺的原则，尤其要重视水流平顺，有利于水流交换，尽量避免湖库死水区，依托当地的地形、地貌，结合当地风土人情，合理设计进出水通道，可设计成扇形、圆形、菱形等，体现当地人文特色。

根据湖库区开挖土方平衡的原则，可考虑设置湖心岛。但要注意将湖心岛的位置与湖平面整体协调，选择合理位置，应有利于水流交换。

9.5.4.2 河道断面形态

河道断面形态应依据不同区域河道类型因地制宜确定。断面形态的确定应充分考虑河道的水位变化、流速及流量等，也应该考虑到河道生态修复和景观的需求。对于建成区现有河道，其断面形态确定，受限制条件较多，宜于保持现有状态。而对具有用地条件的改建、新建各区域各类型河道，宜选择生态性较强、景观性较显著的梯形断面或复式断面形态。

矩形断面占地面积较少，一般适用于用地受较大制约的河道。此类断面较难构建利于生态系统恢复的基底条件，不利于河道中的水生动植物的生长，生态亲和性相对较差，新建河道一般不应采用。

梯形断面占地面积较矩形断面大，一般适用于用地有相对充裕的河道。此类断面可构建利于生态系统恢复的基底条件，但因边坡的单一和水深的制约，能够生长水生植物的基底相对较少，生态亲和性相对一般，生态景观的变化也不太能够体现出层次感和空间感。

复式断面是根据河道水位特性设置分级护坡及平台的断面形式，是最接近自然河道的断面形态，其占地面积较大，一般适用于用地较为充裕的河道。此类断面较易构建利于生态系统恢复的基底条件，因地制宜设置边坡及平台，有利于河道中的水生动植物的生长，生态亲和性较佳，生态景观的层次感和空间感也较为明显。典型复式断面形式如图9.9所示。

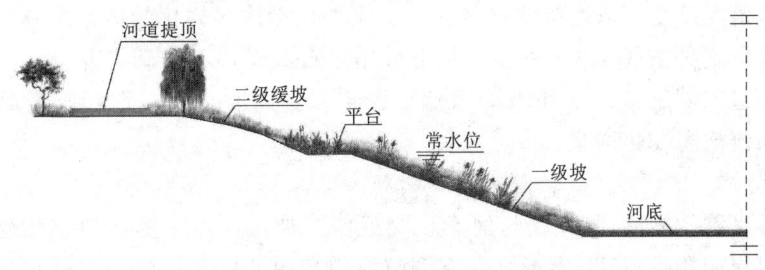

图 9.9 河道典型复式断面形式

河道断面形式的多样化还可在河道治理的规划断面的基础上，根据水流特性进行适度调整，使河道具有不对称的几何特征。河道断面的不对称性可从两侧坡比的不对称、平台高度及宽度不对称等方面进行设计，形成多样化的断面形式。这种河道断面的不对称特征会造成水流在河槽的对应性改变，进而通过淤积和冲刷，在长期的水动力作用下而形成浅滩、深潭、心滩或者边滩等微地貌区域，使得河道生境更加多样化。

9.5.4.3 湖底形态

对于天然湖泊或者水库而言,其湖底形态受现状地形影响,一般变化不大,或者顺其自然就好。而对于新建或者治理的城市人工湖泊而言,湖底形态更多要考虑湖泊的进水与出水通道,以流线型的圆、椭圆或者接近圆或椭圆的形状为主,并且设置一定的湖心洲或湖边半岛等多样化微地貌,结合数学模拟仿真,考虑局部流态和整体流场,尽量减少死水区,同时还应考虑陆上、岸坡及湖边水域植被演替,合理确定湖底形态。

9.5.4.4 微地貌构建

河流与湖库水域内地貌形态的多样化是其生境多样化的基础,是实现生物群落多样化进而保证生态系统健康稳定的保障。因此,结合河流与湖库的水文、地质和环境,考虑景观格局需求,运用水利工程的技术手段,进行河床微地貌的构建是非常有必要的。

河床的微地貌形态有跌落、丁坝、驳岸、浅滩、深潭、边滩或河漫滩等。由于微地貌形态的不同,水流流态受其影响而或缓或急,或直流或绕流,引起局部的泥沙和悬浮物的累积或输移,进而造成营养物和污染物的汇和源,相应各类生物栖息,影响着局部的水环境与水生态。

1. 跌落

河流中水流受地形高低影响产生跌落水流,是一个非常自然的现象。但在跌落前后,其水流流态发生了剧烈的变化,体现在跌落前水流壅高而跌落后降低,水流由缓变急,并伴随着剧烈的紊动,水体复氧能力大大增强。同时在跌落下游,由于水流冲刷,地形高低不平,因而出现各种涡旋,水深也大小不一,形成了较为复杂的河床微地貌和水流流态。

在城市河流的治理中,通常设置堰坝,以在上游形成具有一定水深的水体,而在下游形成跌落,一则可以增强水体复氧,二则可以形成多样化的城市水体景观。常见河道堰跌落形式见拓展9.1。堰坝设置可采用条石或者块石浆砌,并且适当距离设置水流下泄通道,满足枯、平和汛期水流下泄需求。同时可以在堰坝下游临近设置抛石,致使水流流态变化增强。

拓展9.1

2. 丁坝

丁坝,又称"挑流坝",是与河岸正交或斜交伸入河道中的河道整治建筑物。该坝的端与堤岸相接呈"T"字形,具有调整河道弯曲凹岸水流流态,保护岸坡稳定的重要作用。

在丁坝内部区域,水流变缓,泥沙和悬浮物沉积,营养丰富,因而微生物和水生动物聚集,形成多样化的群落聚集地。

3. 生态驳岸

驳岸指沿河地面以下,保护河岸(阻止河岸崩塌或冲刷)的设施。驳岸同时是河流沿岸陆生与水生动植物的交汇区域,尤其是为水陆两生动物提供栖息地。随着国家对河湖生态环境健康的要求不断提升,城市河流或湖库在治理时,要求尽可能采用生态驳岸的形式,而非传统的混凝土驳岸。

(1) 结构形式。生态驳岸型缓冲带结构形式一般分为以下几类。

1) 仿自然的斜坡式结构形式。一般可采用木桩或仿木桩组成可抵挡水流、波浪冲刷及植物生存空间的结构，基本保持原有河湖岸坡形态，保持相对稳定的原岸线生态环境，并满足岸坡防护的要求。

拓展 9.2

2) 置石防护的斜坡式结构形式。一般利用自然的卵石、块石或石笼，自然抛置或人工堆砌（叠石或砌石）成具有防护效果的结构层，置石结构层可以直接在岸坡上形成，亦可在岸坡和其之间形成一定宽度的水域。利用抛石的自然缝隙保持水体与土体的相互涵养，并为生物提供生存的空间，同时满足岸坡防护要求。

3) 生态复合结构形式。利用各类材料（生态混凝土、混凝土砌块、生态袋、生态毯、生态网）等作为防护材料，通过加固措施与坡面基底相连，利用功能材料内部本身或结构间隙所填土壤（或人工基质）为生物提供友好的生存空间，并满足水土相互涵养的需求。

4) 斜直斜式结构形式。在宽度受到限制的情况下，宜利用圆木桩、钢板桩或板式墙体等形成下部直立的防护结构，并可设置供水土相互交换和涵养的空隙，上部斜坡区域则采用仿自然护坡结构。当有条件改善直立式挡墙的高度，宜考虑斜直斜式结构，并宜通过开孔透水提升直立挡墙段的透水性，提供生态环境价值。

(2) 驳岸形式选择。水陆交接处的驳岸形式可选择为木桩、仿木桩、堆石、卵石、土石笼袋等不同的形式。驳岸的形式选择应该遵循材料易得，价格便宜，方便施工和管理为宜。

1) 木桩驳岸。采用松木桩，底部削成锥形，进行防腐处理。打入土后，再开挖边缘土方。高度与直径应协调，参差不齐，错落有致。

2) 仿木桩驳岸。为钢筋混凝土结构，表面做仿木处理，"桩"之间有足够的空隙形成鱼巢，后背填卵石、砾料、细砂作为反滤层。

3) 堆石驳岸。最大好处是具有可变形性，以致破坏是缓慢发生的，当一块石头相对于另一块石头移动时，抛石有一定的自愈能力。在护脚处先铺设土工布，再在上面随意堆放大量的块石，堆放的边缘弯曲而自然。之后再上面撒一层种植土，使之填充石与石之间的缝隙。过水之后，很容易长出大量的水生植物。

4) 土石笼袋驳岸。笼体外层为高镀锌全钢网、韧性强、坚固耐久，笼体内层为透水织物网制成型，内外结合紧密。填充料就地取材，可填放各种泥、砂、砾土或天然级配。以机械填放填料，快速、安全，可以水中吊放施工。

5) 卵石缓坡驳岸。为理想的生态驳岸，其横断面俗称"碟形"断面，有利于安全，有利于两栖动物的爬行，更有利于冬季防冰。结合水生植物种植，凸显自然生态感。

4. 深潭-浅滩

由于局部水流的冲刷或者泥沙堆积，河床往往呈现深潭-浅滩序列的地貌形态。

在河流治理工程中，可以在河道疏浚或者合理设计平面弯曲、跌水等而致使河床出现深潭-浅滩序列的地貌形态。通常情况下，深潭与浅滩应该成对出现，在1公里的河道范围内至少出现一次。

当然，也可以在河床的局部设置巨石，利用巨石阻水产生的绕流进而形成河床冲刷和堆积，进而形成高低不平的河床形态，出现浅-深的河床微地貌。

5. 边滩、河漫滩

在地形条件允许的情况下，可以使得河流平面弯曲化。在河道弯曲的凸岸，可以设置适当的边滩或者河漫滩。

边滩或者河漫滩在枯水期露出水面，能够为水陆两生的动植物提供栖息地，进而从漫滩高处到河流水深出现陆生、水生植物与动物栖息的群落演变。

9.6 河湖生态修复

传统的河流、湖泊的治理多以水利工程的方法，以保证行洪安全和岸坡稳定为主要目标。而河流、湖泊的水环境治理也多以外源截控与消减、内源底泥疏浚、水质净化等污染治理为手段，以水质提升为目标，以各位水质指标的评价为依据，但忽视了河流、湖泊的生物种群恢复和生态系统健康与长期稳定。

随着环境治理与生态保护工作的持续推进，我国河流、湖泊与水库等地表水体的保护从重视水环境质量，逐渐转移到水环境与水生态、水功能并重的方面，即对河湖水体进行生态健康评价，如《水生态健康评价技术指南》（GB/T 43476—2023）于2024年4月1日执行，相应各省市也根据区域河流、湖库地表水体状况，颁布了其河湖健康评价技术标准或指南，如《四川省河流（湖库）健康评价指南（试行）》《浙江省河湖健康及水生态健康评价指南（试行）》等。

因此，河流、湖库的生态环境保护不仅需要消除水体污染和环境治理，获得良好的水环境质量，更要构建健康、稳定的生态系统，即进行河流、湖库的生态修复。

9.6.1 河湖生态修复基础理论

生态修复是指在确保河流、湖库抗洪、防止岸坡侵蚀的前提下，以恢复重建其生态系统和景观为目的，采用生态系统自我修复和人工辅助相结合的技术手段，使受损害的河流生态系统恢复到受干扰前的自然状态及景观格局，恢复其生境、生物群落，维持良好的结构、功能和协调关系。恢复后的河流生态系统中既有水生植物、昆虫、鱼类等水生生物，也有鸟类和哺乳动物，它们共同构成完整、稳定、持续的食物链，并进一步强化水体的自净功能。

有关河湖生态修复的基础理论有食物链/网理论、生物群落演替理论、限制因子理论、生态位原理和生物多样性原理。

9.6.1.1 食物链/网理论

生态修复首先需要修复水生生物的栖息环境，重视生态系统的食物链关系。藻类、植物等生产者将无机物转化为有机物，为初级消费者所食用，再依次为次级消费者捕食，然后再进一步为二级消费者捕食，生产者和各级消费者通过生命活动或死亡，再为细菌、真菌等分解者分解成无机物，完成物质的生物循环过程。生物捕食关系构成了生物群落的食物链/网关系。

按照能量沿食物链/网的传递规律，其符合十分之一的能级传递规律，各级捕食关系构成了能级的生态金字塔。处于河流生态金字塔顶点的鱼类等高级消费者如果没有足够的食物就不能生存，为了养活高级消费者需要丰富的植物次级消费者/水生小动物。因而可以说鱼类等高级消费者的存在指示着河流自然环境处于良好的状态。

9.6.1.2 生物群落演替理论

群落演替是指随着时间的推移，一个群落被另一个群落代替的过程。演替是群落组成向着一定方向、具有一定规律、随时间而变化的有序过程。它往往是连续变化的过程，是能预见的或可测的。演替是生物和环境反复相互作用、发生在时间和空间上的不可逆变化。演替使群落的总能量增加，有机物总量增加，生物种类越来越多，群落的结构越来越复杂。

生物群落演替的原因既有内因也有外因。外因是环境不断变化，为群落中某些物种提供有利的繁殖条件，而对另一些物种的生存产生不利影响。而内因则是指生物本身不断繁殖、迁移和变化，由于其生物活动而造成生态系统的内部环境变化，种间与种外关系的不断变化等。另外，人为干扰也是造成生物群落演替的重要因素，如人为影响生物群落的种群结构、人类活动产生的过量污染物排放，水体污染和富营养化等。

对于河流、湖泊、水库等地表水体，也因为水文、泥沙和营养物的累积存在生物群落的演替。对于河流而言，由于河道弯曲或分叉，形成浅滩、深潭或者江心洲等地貌，其植物总是伴随着地衣、苔藓、草本、灌木等方向的逐渐演替，一方面是滩与河流水体水位关系决定，另一方面是营养物/污染物在滩体的积累造成。而对于湖泊或者水库，其伴随水流交换、泥沙淤积和营养物/污染物累积，总会从贫营养到富营养，从藻性湖泊到水草性湖泊，水位变浅，最终演化为湿地生物群落、最终向草地等高级别群落演替的过程。

群落演替显示着从简单群落经过一系列阶段，向着高级版群落演替的过程，这种群落演替过程称为进展演替。反之，如果是由顶级群落向着低级简单群落演替，则称为逆行演替。

进展演替存在群落结构复杂化、空间资源、生产力最大利用化等特征，而逆行演化则具有群落结构的简单化和单一化、空间资源非充分利用，生产力下降甚至丧失。

9.6.1.3 限制因子理论

生态因子指环境中对生物生长、发育、繁殖、行为和分布有直接或间接影响的环境要素，例如温度、湿度、食物、氧气、二氧化碳等。环境中各种生态因子不是孤立存在的，而是彼此联系、相互促进、相互制约，任何一个单因子的变化，都必将引起其他因子不同程度的变化及其反作用，称为综合作用。

生物的生存和繁殖都依赖于各种生态因子的综合作用，其中限制生物生存和繁殖的关键性因子就是限制因子。任何一种生态因子只要接近或超过生物的耐受范围，它就会成为这种生物的限制因子。如在研究水体黑臭作用过程中，发现磷的含量水平是不管外源输入性黑臭（有机碳的输入）还是内源藻类黑臭过程的主要限制因子，其含量不足时，会抑制黑臭转化的相关细菌增殖，进而保证水体不出现黑臭现象。另外，在研究富营养化的问题中，也发现由于固氮藻类的存在，氮不是某些藻类增殖的必要条件，而生物活性磷的是否存在则成为水体藻类增殖的必要营养元素，因此，水体活性磷水平也成为水体藻类生长的限制因子。

对河湖进行生态修复时，要分析其生物群落多样性和系统稳定性的各种影响因子，找准关键限制因子。

9.6.1.4 生态位原理

在生态学中，生态位是指在生态系统和群落中，一个物种与其他物种相关联的特定时间位置、空间位置和功能地位，生态位这一概念既表示生存空间的特性，也包括生活在其中的生物的特性，如能量来源、活动时间、行为以及种间关系等。生态位概念不仅指生存空间，它主要强调生物有机体本身在其群落中的机能作用和地位，特别是与其他物种的营养关系。

生物在形成自身生态位的过程中遵循下述原则：趋适原则、竞争原则、开拓原则和平衡原则。趋适原则是指生物出于本能需要而寻求良好的生态位，这种趋适行为的结果导致生物所需资源的流动；竞争原则发生于不同生物之间对资源和环境因子的竞争；开拓原则是指生物不断开拓和占领一切可以利用的空余生态位；平衡原则是指作为一个开放的生物生态系统，总是向着尽力减小生态位势（竞争所导致的理想生态位与现实生态位之间的差距）的方向演替，因为一个生态位势过大的系统是一种不稳定的系统。

比如在林木为主的生态系统中，树冠隐蔽的条件和树冠中食叶昆虫等就给鸟类提供了一个适宜的生态位；树冠下的弱光照、高湿度给喜阴生物造成了一个生态位，枯落物堆积又给动物（蚯蚓、蠕虫等）提供了适宜生态位。

在植被修复过程中，当前常说的"乔、灌、草"结合，实际就是按照不同植物种群地上地下部分的分层布局，充分利用多层次空间生态位，使有限的光、气、热、水和肥资源得到合理利用，最大限度减少资源浪费，增加生物产量和发挥防护效益的有效措施。

根据生态位原理，在生态修复时，要避免引进生态位相同的物种，尽可能使各自的生态位错开，使各种群具有各自的生态位，避免种群之间的直接竞争，保证群落的稳定。

9.6.1.5 生物多样性原理

生物多样性是雷蒙德在1968年提出的生态学术语。生物多样性是生物（动物、植物、微生物）与环境形成的生态复合体以及与此相关的各种生态过程的总和，包括生态系统多样性、物种多样性和基因多样性三个层次。生物多样性使地球充满生机，也是人类生存和发展的基础，可通过就地保护和迁地保护等方式加以保护。

生物多样性与群落的稳定性具有密切关系。自然群落的稳定性取决于物种的多少和物种间相互作用的大小，其中物种多少对稳定性的作用是最基本的。生物多样性的种群可获得多样性和稳定的网状食物链结构，能够使生态系统更加趋向稳定。对于退化的生态系统，其总是表现在生物多样性的单一，进而造成食物链的单一，影响物质循环与能量传递的稳定性，进而造成生态系统的非稳定。

影响生物多样性的因素有：①人为影响造成的土地利用类型的改变，如开垦、城市扩张、水电建设、采矿等,这些造成林地减少、生境破碎,进而造成生物多样性减小;②生物资源的过量利用,如鱼类的过量捕捞;③污染。污染不仅直接影响物种和群落结构,还可以通过污染生境,对生物多样性产生深远的影响,塑料、持久性有机污染物、重金属和海洋酸化带来的危害对海洋生物多样性影响尤甚,自 20 世纪 80 年代以来,海洋塑料污染增加了 10 倍,至少影响到 267 个物种。④外来物种入侵。外来入侵物种也是全球生物多样性面临的严重威胁之一。自 20 世纪 80 年代以来,外来入侵物种累计增加了 40%,导致特有物种和生态系统功能的下降,而在一些岛屿上,外来入侵物种则对当地生物多样性造成重大影响,这方面如美洲的亚洲鲤鱼泛滥,中国的福寿螺泛滥、加拿大一枝黄花问题。

在生物多样性中,生物群落的植物多样性具有重要的价值:①多样性植物为更多消费者,如昆虫和鸟类等,提供食物;②多样的植被有多层的根系,为土壤动物和微生物提供生境;③多样性植物分层分布,为生态系统创造多样的异质空间而可能容纳更多的生物。因此,从生态修复角度而言,总是朝生态多样性的方向构建,而其关键则是植物多样性的构建,这同时应考虑种间竞争与种间互惠关系对植物多样性构建的影响。

9.6.1.6 生态系统的自我调节与适应原理

生态系统的自我调节主要表现在 3 个方面。

(1) 同种生物种群间密度的自我调节。种群不可能在一个有限空间内长期、持续呈几何级数增长。随着种群增长及密度增加,对有限空间及其资源和其他生存繁衍必需条件的种内竞争也将增加,必然影响种群增长率,当它达到一个生态系统内环境条件允许的最大种群密度值,即环境容纳量时,种群不再增长,甚至数量下降。

(2) 异种生物种群之间数量调节。在不同动物和动物之间、植物与植物之间,以及植物、动物和微生物之间普遍存在异种生物之间的数量调节,有食物链联结的类群或需要相似生态环境的类群,在它们的关系中存在相克作用,如互利共生、竞争、排斥等,因而存在着合理的数量比例问题。

(3) 生物与环境之间的相互适应调节。环境变化必然引起生物适应性的调节,不适应物种将淘汰或者适应改变;而生物适应性也会影响环境,如植物根系微生物,一方面因根系泌氧和泌酸而产生适应性的微生物群落;另一方面,微生物通过生命活动改变根系氮磷赋存形态,进而影响植物对氮磷的吸收,同时影响铁和锰的存在形态,影响与之有关的 pH 值和氧化还原特性等环境因子。这种调节是区域环境与维持生态平衡的理论依据。

9.6.2 河湖生态修复的理念

河流与湖库是集合水文、环境、地质与生物的整体生态系统,是有生命的部分与无生命的环境因子之间的系统组合和整体统一。河流与湖库具有在一定范围内容纳污染物的能力,并且在遭受一定程度的污染后能够自我净化和自我修复。河流由于受到地球自转和地形地质、人为干扰等影响,河流形态呈现多样性,水流紊动与冲刷,卵砾石、泥沙、悬浮物沉积与输运,形成浅滩和深潭、河心洲、边滩和河漫滩等多样化的地貌生境,再加上动植物腐烂形成的营养物与输入的氮磷营养污染物,环境因子的多样性,构建了河湖生物群落多样性,进而形成相对稳定的河湖生态系统。

从河湖岸边到水体深水区，由于水流、营养、底质和植物适应性，存在生物群落从岸坡至水体的演替。水流的多样性、紊动能够增加水体溶解氧，促进微生物对有机物的分解，为藻类和水生植物生长提供必要的营养元素。而藻类、水生植物的生长一方面为各级水生动物提供食物来源，而且为其提供附着体或栖息地或避难所。比如，芦苇等水生植物能够将氧气输送至根部并泌氧和有机物，改变根部微区域环境，为根部区域微生物和细菌繁衍创造了条件，而这些微生物和细菌是分解有机物、将非生物可利用磷转化为活性磷的主体，它们分解的产物正好被自身和芦苇等水生植物利用，起到了净化水质和底泥污染的作用。

因此，对于河湖水体的生态修复，应该认识到河湖是生命体，充分利用和保障河湖的自净能力和自我修复功能，尽可能采取近自然的修复方式。

9.6.3 河湖生态修复的内容

河流与湖库的生态修复，就是首先构建多样化的微地貌，进而形成多样的河流与湖库生境。然后以水生植物和水生动物（底栖动物和鱼类）为核心，构建多样性的生物群落。最后利用多样化的生物群落的自我净化、自我修复和自我适应功能，经过一定时间恢复良好的、长效维持的健康水生态系统。

河流生境形态与及其生态功能见表9.3。

表9.3　　　　　　　　　　河流生境和机能

	浅滩	深潭．淤泥	水生植物	水陆交错带	河心岛等	水边草地	河岸林带
附着藻类	附着基质		附着基质				
水生昆虫	生境生物	生境、食物	生境、食物	萤火虫、羽化		成虫的食物、生境	落叶等食物、成虫的生境
陆生昆虫				食物、生境	食物、生境	食物、生境	食物、生境
鱼类	食物、浅滩生境	隐藏地、食物、生境	生境、食物			洪水时避难所	食物（落下的昆虫）、洪水时避难所
鸟类	食物	食物	食物、营巢	营巢	食物、营巢	食物、营巢	食物、营巢
水质净化	自净作用						防止污染物流入
防止侵蚀					（+）	（+）	
景观	+	+	+	+	+	+	+

基于上述河流、湖库的形态和功能，河湖生态修复的主要内容见表9.4。

表9.4　　　　　　　　　　河湖生态修复主要内容

河流生态修复内容	生态修复目标	
	增强河流自净能力	为生物提供栖息地
浅滩的恢复与重建	增强水体复氧，增强污染物的好氧转化与降解，净化水质	为附着藻类、水生植物、鱼类、底栖动物提供栖息地
深潭的恢复与重建	相对静止的水流为悬浮物提供沉积，并促进污染物的转化，促进反硝化脱氮作用	为鱼类等提供栖息场所，水生生物多样性增加

续表

河流生态修复内容	生态修复目标	
	增强河流自净能力	为生物提供栖息地
水生植物群落恢复与重建	提供多样化的植物生物群落,植物吸收污染物净化水质,为附着藻类、微生物提供基底,净化水质	为鱼类、底栖生物等提供栖息地和食物来源
水生动物群落恢复与重建	构建多样化食物链,维持生态系统的物质循环和能量传递,净化水质,指示生态系统状态	维持生态系统平衡与稳定
岸坡植物群落恢复与重建	构建多样化的乔、灌、草植物群落,拦截与净化污染物,防止污染物流入水体,并起到景观作用	为鸟类、两栖动物提供栖息地和避难所

9.6.4 河湖生态修复技术方法

要想恢复生态健康的河湖水体,一方面要构建多样性的物理生境,实现水流、水深等的多样化,这属于河湖地貌生境修复,是河湖生态修复的物质基础,见本章9.5.4小节;另一方面,要依据生态学原理恢复与构建多样化的生物群落,以植物群落构建为核心,从岸坡到水底,构建近自然的生物群落演替。

9.6.4.1 河湖岸坡生态缓冲带修复

河湖生态缓冲带指陆地生态系统与河湖水域生态系统之间的连接带和过渡区,包括从河湖多年平均最低水位线向陆域延伸一定距离的空间范围,其主要功能是隔离人为干扰对河湖负面影响、保护河湖生物多样性、减少面源污染。

1. 生态缓冲带范围的确定

河湖生态缓冲带由水位变幅区和陆域缓冲区两部分构成。水位变幅区是多年平均最低水位线和多年平均最高水位线之间的区域;陆域缓冲区是由多年平均最高水位线向陆域延伸一定范围的岸带空间,具体宽度根据河湖岸带类型确定。典型河湖生态缓冲带结构见图9.10。

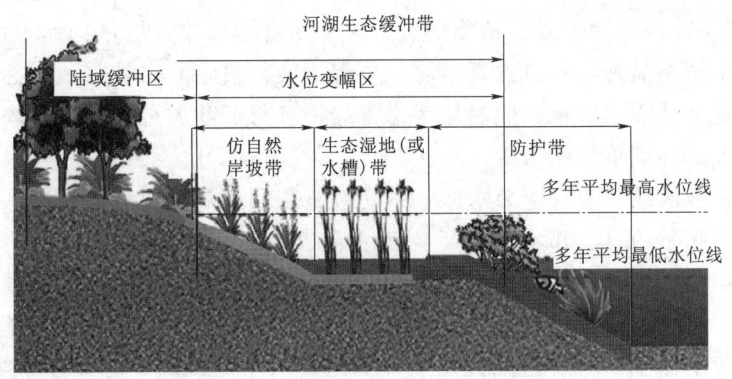

图 9.10 河湖生态缓冲带结构

生态环境状况较好,无人为干扰或者轻度人为干扰的植被良好岸坡,陆域缓冲区宽度不宜低于30m。河流沿岸具有天然湿地、水源涵养林、水土保持林的,宜全部划为缓冲带。沙漠型和岩石型河岸带,陆域缓冲区宽度不低于50m。

受到人为干扰的河湖岸坡,如村落、农田区域的河流岸坡,应根据其坡度设置适宜的陆域缓冲区宽度,一般在45～125m之间,坡度较小的岸坡,其陆域缓冲宽度可适当设置小一些。而对于村镇或者城市的河流岸坡,由于防洪的需求,一般设置成矩形或梯形防洪堤,陆域缓冲带宽度一般不小于15m。

2. 河湖岸坡生态缓冲带的生态修复

水位变幅区生态修复,应注意保持变幅区内高低起伏的自然形态,对被束窄的河道宜尽量退还河流生态空间,恢复河滩地;对已硬化的堤脚可采用抛石、石笼等方法营造河滩。陆域缓冲区生态修复重点构建乔木-灌木-草本植被带。河湖岸坡生态修复主要工作内容包括基底修复、植物群落修复和生境营造。

(1) 基底修复。基底底质物理化学特性调整改造包括淤泥清除、污染底泥覆盖及部分换土等,以满足水生生物生长、繁殖与栖息要求。

对于含有污染底泥、重金属、有毒有害垃圾等污染物的基底,应进行生态疏浚、改造或修复。在水位变幅区挺水植物恢复区为增强生境多样性,可适当清理污染底泥及腐殖质堆积区,或采取覆盖、部分换土的方法进行土质调整;沉水植物恢复区应根据情况适当清除淤泥,加强植物根系固着能力。

在陆域缓冲区,主要调整地形,有利于径流排放,一般不需要对基底进行物理化学性质的适宜性改造。

(2) 植物群落修复。

1) 水位变幅区植物群落恢复。宜遵循生态系统自身的演替规律,构建生物群落和生态系统结构,实现植被的自然演替。水位变幅区植物群落恢复应基于河滩地的水流条件,确保植物群落修复后的稳定性。水位变幅区植被恢复范围为设计高、低水位之间的岸边水域,一般保证有3～5m的宽度范围。植被恢复种类主要包括水生维管束植物(沉水植物、浮叶植物、挺水植物)。河道有行洪排涝需求时,不宜种植沉水植物、浮叶植物和大型木本植物。水位变幅区的植物群落构建示意图见拓展9.3。

拓展9.3

2) 陆域缓冲区植物修复。植物的选取应遵循自然规律,尽量选择本地优势物种,慎重引进外来植物品种,且宜选择对氮、磷等污染物去除能力较强、用途广泛、经济价值较高、观赏性强的物种;同时应考虑常绿树种与落叶树种混交、深根系植物和浅根系植物搭配、乔灌草相结合等。

拓展9.4

乔灌草植被区域一般分为邻水区、中间过渡区和近陆区。陆域缓冲区的植物群落构建示意图见拓展9.4。邻水区位于河流水陆交错区,以乔木林带为主,可保护堤岸、去除污染物并为野生动物提供栖息地,宽度一般不低于5m;中间过渡区以乔灌木树种为主,可减少河岸侵蚀、截留泥沙、吸收滞纳营养物质、增加野生动物栖息地,宽度一般不低于15m;近陆区位于外侧远离河岸的区域,主要以草类植物为主,可穿插配置灌木,用于阻滞地表径流中的颗粒物,吸收氮、磷、降解农药等污染物,宽度一般不低于6m。地表径流进入生态缓冲带前,可通过设置草障分散径流。草障宜选取茎秆较硬的草本植物,平行于缓冲带种植,起到屏障减缓和蓄集径流,促进径流中颗粒物的入渗和沉积的作用。

(3) 生境营造。基于生物群落修复，创造两栖类、鸟类等动物栖息环境，增加植物种类多样性，形成小型生态系统，在必要的情况下通过人工手段加以保护，营造动物栖息地封闭区域，如利用树木或不规则石块等制造鱼类繁殖场所；使用木桩、铺草、抛石或沉石等模拟自然状态，并增设人工渔礁，优化其生存环境。应注意保护水位变幅区与河岸带结构的完整性，促进浅滩与边滩的发育，保护沙洲景观，保护水生生物的栖息环境。基于湿地现状，根据水生动植物对生境要求的差异，通过保障水源、营造鸟岛及涵养水生植物等措施，形成丰富的湿地环境，构建湿地保护空间。

对受人为活动影响大、栖息地结构单一的城市河流，在条件允许时，构筑必要的滩、洲、湿地或砾石群等，提升河道的生境多样性。宜适度形成深浅交替的浅滩和深潭序列，构建急流、缓流和滩槽等丰富多样的水流条件及多样化的生境条件。

浅滩和深潭可结合小型结构物（导流装置、生态潜坝）、河床抛石（面积不超过河底面积 1‰~3‰，直径不小于 0.3m）、人工鱼巢等设计。

针对地势较为平坦、受人类干扰破坏较为强烈的平原区河流，可通过抛石、丁坝等营造河流丰富的流态。针对海拔高、河流坡降大、水流速度快的山区河流，宜利用河流地貌自然结构营造生境，结合高坡降、垂直侵蚀大的河道特点构建人工阶梯-深潭等生境。

3. 河湖岸坡生态缓冲带的污染物截控功能强化

河湖的污染物来源有外源和内源，其外源如点源在一定的处理后达到排放标准而排入。而农田或者城市面源污染，则随着地表径流进入河湖水体，没有经过有效的污染物截控，仍然会对河湖水体形成严重的不良影响。因此，针对这些类型的污染源，应采取措施加强对其截控。

常见的措施有人工湿地、生态滤池、生态植草沟渠、下沉绿地、生物稳定塘、绿篱隔离带等。其中生态滤池、生态植草沟渠、下沉绿地（生物滞留池）和生物稳定塘的设置见本章 9.2.1 小节，本小节重点介绍功能湿地、绿篱隔离带和生物滞留带。

(1) 功能湿地或生态滤池。针对支流河口、汊港或有污水厂尾水排放的区域，可优先选择对总氮、总磷等去除效果较好的潜流人工湿地或者生态滤池，形成基质-植物-微生物生态系统。

城市湿地的构建应注重城市生态景观，充分利用河道景观、公园、水塘及公路两侧排水沟，构建浅水旁路湿地，水深一般不超过 0.5m，最深不超过 1.5m，利用自然跌水富氧，低成本运行。当人工湿地的进水负荷较高时，宜结合海绵城市建设，尽量降低进水负荷。

几种湿地构建形式见拓展 9.5。

拓展 9.5

(2) 生物滞留带。生物滞留带与生物滞留池的结构形式基本一致，只不过是呈现长条沟渠的形式。同样是通过填料、土壤、微生物和植物等物理、化学和生物作用处置雨水，利用植物截留和土壤渗滤净化雨水，有效减少径流中的悬浮固体颗粒和有机污染物，达到降低雨水径流的流速、削减洪峰流量、减少雨水外排等作用。

拓展 9.6

(3) 绿篱隔离带。城镇型河流生态缓冲带外围人类活动频繁，影响缓冲带生态功能，宜采用隔离性较好的绿篱植被。植被主要由小灌木构成，高度在 1.2~1.6m，可

拓展 9.7

降低人为活动干扰,并可在适当位置留有进出通道,方便居民和游人休闲活动。

村落型河流生态缓冲带外围受人类和牲畜活动影响,宜采用结构比较稳定、隔离性能较好的绿篱植被,植被主要由灌木或小乔木密植构成。

9.6.4.2 河湖水体生态修复

河流、湖泊、水库的水体是一个由水体、藻类、水生植物、浮游动物及底栖动物、鱼类等以食物链/网构成的生态系统。因此,良好的水体生态环境除了河湖水体水环境质量较高外,还应该有稳定、健康和持续的生物群落体系及其间动态平衡,并在这种平衡和相互作用关系下,水环境质量和生物群落的种群和数量能够维持长期的健康稳定。因此,对于河湖水体的环境治理与生态修复,还应该特别关注水体生态修复,即以构建多样化的水生植物群落和水生动物群落为核心,构建藻类/水生植物-底栖和鱼类等水生动物为核心的水生物群落,包括自河湖岸边(水陆交错处)沿水深的水生植物群落以及水生动物群落。

1. 水生植物群落修复

水生植物是水体生态系统的生产者,是水体无机物向有机物转化的关键生态位,是水体生态系统能量传递和物质循环的关键环节,决定着水体动物群落的物质基础。因此,水体生态修复的第一要素就是水体植物群落修复。

水生植物群落多样性恢复是从沿岸向水体深处依次种植挺水植物、浮叶植物和沉水植物,尽可能构建近自然的、存活期长的稳定植物群落,体现多种生态类型的交替变化过程,以提高水体生物群落的稳定性和多样性。

水生植物群落的选择应以乡土物种为主。

为提高河湖水体净化能力,在选择植物时不但要选择耐污能力强的先锋植物,同时也要求植物具备较强的净化能力。如芦苇、花叶芦竹、水芹、灯芯草对河道底泥中的氮磷有较好的去除能力。金鱼藻、轮叶黑藻、苦草等对水体中氮磷的去除能力较强。

在组合上考虑高矮形态搭配、生活性搭配、生长季节性搭配、观叶和赏花等多种类搭配,以增强水生植物群落的多样性和景观性,构建河湖适宜的生态景观亲水区域。

水生植物在存活期会具有较好的生态效应,当其死亡时,植物体会将营养物质释放于环境中,故在栽种数量上,应充分考虑后续维护的便利与成本,尽可能选择管理维护方便的水生植物进行栽种;另外,很多漂浮植物大量暴发性繁殖时,生物量很大,难以进行正常维护,应谨慎使用。

植物种植的设计密度应根据植物类型、生长特性、成活率等要求,按有关标准确定。挺水植物一般控制在 $10\sim30$ 株$/m^2$,浮叶植物一般控制在 $2\sim10$ 株$/m^2$;沉水植物一般控制在 $10\sim30$ 丛$/m^2$。

栽植水深如图 9.11 所示,并依据下文原则配置。

(1) 挺水植物配置在河道沿岸带浅水处(水深约 0.2m),可以起到截流地表径流、营造水景观、为水禽提供繁殖、栖息场所等功能。设计种植区域要注意前景、背景植物的种类搭配,前景挺水植物选择植株低矮;背景可以选择高植株植物进行配置。在沿岸带设计时还要注意水体通透性,不能因挺水植物过多而遮挡水面视线。

(2) 浮叶植物通常可以在水深0.5~1.5m的静水水域进行配置。避免在受风浪影响较大的河道、畅水区以及流速较大的河道进行设计,适合在亲水平台、桥梁两侧等区域进行配置。一些浮叶植物如菱、荇菜等设计时要考虑其容易蔓延的特性。

(3) 漂浮植物通常只在污染较为严重的水域生态治理时使用。漂浮植物在河道生态治理中不宜设计或圈养、浮岛等控制性设计,防止在水域恣意漂浮蔓延。如需配置,漂浮植物仅适宜在静水水域配置。

(4) 沉水植物是河道水质改善直接起到重要功能的生物要素。沉水植物的种植区域在0.5~2.0m水深处,具体深度根据相应河道的水体透明度而异,河道水质状况也会影响沉水植物的存活和生长。

图9.11 水生植物栽种水深要求示意图

针对湖库的水生植物群落多样性恢复,宜尽可能选择在湖滨滩地开展,配置可依据上述方法进行。

2. 水生动物群落修复

水生动物群落修复即按照生物群落中食物链/网中捕食关系,依据能量传递的金字塔规律或者能量传递的十分之一定律,在河湖水体生态修复过程中合理投加滤食鱼类、肉食鱼类和碎屑食性底栖动物的种类和数量,以构建结构合理、稳定和平衡的生物群落种群。

在河湖水体水生动物群落修复过程中,应严禁引入外来物种。外来鱼类的引入会改变河道水系原有的鱼类区系组成,土著鱼类在种类和数量上的优势地位被外来鱼类所取代,土著鱼类资源逐渐衰竭。此外,观赏鱼进入自然河道成为入侵生物,不但会引起水域生态系统的破坏,也会产生对人类生命财产的危害。

应优先选择本地乡土鱼类。考虑不同鱼类及底栖动物的生活空间差异和食性差异,从本地物种中选取多种鱼类和底栖动物构建形成合理的食物链/网,使所选物种在栖息空间和食性方面能够很好地互补,更好地利用水体空间和饵料资源。

河湖生态治理中选择对水质改善起到重要作用的功能性鱼类品种。选用滤食性和碎屑食性为主的鱼类和底栖动物,并适当考虑一些肉食性鱼类,以控制滤食性鱼类的数量;在人为建植沉水植物的河道,禁止设计投放草食性鱼类。

可通过循环放养和重复养殖，鱼可深入到水体各部，调控水体中生物之间的食物链关系，降低藻类现有量，再通过成鱼捕捞，取走水体中的营养物质。

由于不同水体的营养结构都是在与其环境协同作用后所形成的特有的结构，故不同食性鱼类放养比例无法形成统一标准，应分析不同食性鱼类对水生生态系统的影响，控制其放养比例，并在此基础上借鉴鱼类结构相对合理的水体，适当进行调整。在水生态系统建成后，应对系统进行监测，追踪其发育情况，并根据具体情况做相应调整。

对于湖库，螺类、贝类一般以 $5\sim10$ 个$/m^2$ 投加，杂食性虾类和小型杂食性蟹类以 $5\sim30$ 个$/m^3$ 的密度投放。不同食性鱼类建议投放比例：肉食性鱼类 $40\%\sim50\%$，滤食性鱼，$10\%\sim20\%$，杂食性鱼 $10\%\sim20\%$，底栖食性鱼类 $<10\%$，草食性鱼类 $<6\%$。河道水体应依据类似天然河道物种比例进行适当添加。

由于底栖动物净化水质能力较强且不会影响水生植物的生长，为营造良好的生境，先构建底栖动物群落以净化水质，待后期水生植物生长稳定后再构建鱼类群落。

总之，河湖环境治理与生态修复，就是通过对于外源的截控与消减、水质净化、河湖形态与地貌生境构建、岸坡与水体生态修复的集成技术应用，进而构建多样化的生境和多样化的水体生物群落，整体构成一个以无机环境-有机生命体之间相互作用、相互反馈、相互促进的动态平衡稳定的健康生态系统，依靠生态系统中的微生物分解、藻类和植物光合作用生产、初级消费者及各级消费者能量传递和物质循环，达到河湖水体水环境和生态良好。

9.6.5 生态修复中的材料选择

河湖生态修复工程所需材料应尽可能选用天然、无污染、易获取、成本低等的当地材料，所选物种应因地制宜，以本地乡土物种为主，避免引入外来物种。

生态沟渠、人工湿地、稳定塘以及河道内生境改善设施，宜采用木材、块石、植物纤维、植物枝条等材料为主，必要时采用铅丝石笼、石笼垫、混凝土构件等人工材料。

植物基材宜选用水生土、泥炭土、蛭石、珍珠岩等材料，可与碎石、麦饭石、生物炭或陶粒混用，混用比例以有效截留污染物并不影响植物生长为准。

生态浮岛框体材料宜选用 PVC 管、不锈钢管、木材和毛竹等。浮床基质可采用海绵、泡沫塑料、椰子纤维等，但应注意维护时对不可降解材料的回收。

生态驳岸工程，植被护坡下部护脚部分可采用抛石、石笼、柴笼、柴排等结构形式。抛石护脚石材应新鲜、完整，遇水不易破碎和分解。

生态砌块护岸可采用混凝土为基础，可采用土工格栅作为加筋网片。柔性工程袋袋体材料宜采用自然材料（如黄麻、椰子壳纤维垫）或合成纤维制成的织造或非织造土工布。柔性工程袋装土宜采用原坡面破体土方，不得采用腐殖土、淤泥质土与杂填土，并加入保水剂、肥料、中砂等掺合料。

铺设的河床基质需保证防洪、放冲安全。河床基质可采用砂砾、卵石、块石、基岩、漂砾、圆石、细砂、淤泥、黏土、人工底质等材料。粒径组成应从底层至上层采取由小到大的顺序铺设，最下层粒径应接近原底质粒径 d60，表层大块漂石或卵石粒径不宜太大，以避免对鱼类产卵栖息地造成影响。

人工鱼巢的结构材料宜以竹竿、木块、圆木等材料为主，基质材料宜采用活体植物或天然材料。

人工鱼礁的选材应无污染、环保、坚固耐用、易加工制造、来源丰富、经济。在加工制造、组装、放置、搬运、投放时不易破损，并抗波、流的冲刷磨损，具有耐久性。

9.7 河流生态需水与活水调水

9.7.1 生态需水与河流生态系统功能

9.7.1.1 生态需水

生态需水量是指一个特定区域内的生态系统的需水量，并不是指单单的生物体的需水量或者耗水量。广义的生态需水量是指维持全球生物地理生态系统水分平衡所需用的水，包括水热平衡、水沙平衡、水盐平衡等；狭义的生态环境用水是指为维护生态环境不再恶化并逐渐改善所需要消耗的水资源总量。

在河流、湖库水体治理工程中，生态需水量通常指维护河湖生态环境不再恶化的最小河流、湖库水量，主要用以维持水生生物的正常生长以及满足部分的排盐、入渗和污染自净等方面的需求，包括对水质和水量两个方面的需求。即首先要满足水生态系统对水量的需求，其次，在此基础上，确保水质能够保证水生态系统处于健康状态，要求水质和水量的统一。

9.7.1.2 河流生态系统功能

河流生态系统是自然界最重要的生态系统之一，其中河道是构成河流的重要组成部分，河流的诸多功能通过河道表现出来。河流生态系统功能主要包括两个方面，如图9.12所示。①资源功能，如为生产、生活提供用水，为航运、水上娱乐、养殖、生态景观等提供水域，为水力发电提供水量和高差等；②生态、环境功能，如为水生生物提供生境和饵料，对污染物的稀释自净作用以及输沙排盐、润湿空气、补充土壤含水等功能。

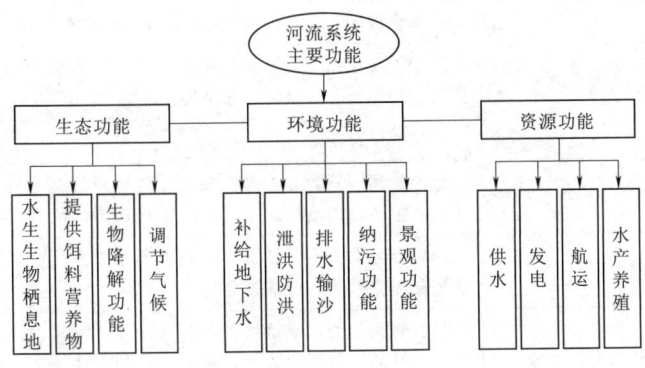

图 9.12 河流生态系统的主要功能

9.7.2 流量变化对河流生态系统的影响

9.7.2.1 流量变化引起的河流物理响应

河流流量减少首先引起河流物理特征的变化,如改变悬浮物的沉积速度、河床形态,造成冲刷与淤积的改变(表 9.5)。通常河流流量的减小将使河道变小,深度和宽度都减小,致使河流偏离原始状态。而这个状态正是河流生物经过长期的进化适应后的物理结构状态。

表 9.5　　　　　　　　　　河流流量变化引起的物理特征响应

引起变化原因	水 文 变 化	地 貌 响 应
大坝	拦截了流入到下游的沉积物,改变了上下游的水流流速,水文状态的连续性受到破坏	上游河道沉积物积累,水深增加,流速变缓;下游水深变浅,流速增加,河道受到侵蚀,支流源头被截断,河床变得粗糙
大坝,引流	降低了高流量的规模和频率	沉积物沉积,河道变得稳定或变窄,弱化了U形、弯曲河道结构
城市化进程,排水设施	改变了地面产汇流特征,高流量的规模和频率变大;城市面源污染成为雨水排放的伴随主要污染	河堤因防洪需求而失去自然状态,因河道自然状态而产生的浅滩、深潭等微地貌消失;堤岸景观化,下游受到干扰
地下水被抽取	水面降低	植被受到破坏,河道下游萎缩

9.7.2.2 流量变化的河流生态响应

流量的改变能够显著地影响河流中的水生和河岸物种(表 9.6)。在一些特殊的河流或溪流中,流量改变与所对应的地貌和生态过程有关。通常条件下,流量变化造成水文节律改变,重新塑造河流地貌形态,进而降低生物多样性、分布和丰度。

较浅的河岸带通常为涉水生物或者水生生物的栖息地,在此区域一般有较多的鱼类和大型动物的幼体。但如果这些地方常常受到流量波动的影响,河岸带的生物栖息地功能就会受到影响,进而造成能够忍受剧烈流量波动的物种代替了原有物种。

表 9.6　　　　　　　　　　河流流量变化的生态响应

流量变化原因	流量变化	生 态 响 应
规模和频率	多样性增加	敏感物种的丧失;藻类增加,有机物质被冲走;生命周期被打乱,能量流被改变
	流量稳定	外来物种的入侵和出现,导致:本地物种的灭绝,群落发生变化
		减少了输送到河漫滩植被种里的水分和营养物质;种子不能有效扩散,栖息地和二级河道的丧失
		改变河岸群落
时间分布	季节性洪峰期的消失	鱼类受到干扰,如产卵、孵卵、迁徙;鱼类不能接近湿地或浅水区域;水生植物网结构改变,植被生长速度减慢、再生率降低
持续时间	低流量延长	地貌形态发生变化,水生有机物聚集,水生生物多样性降低,河岸植被覆盖率减小,群落布局变化
	淹没时间改变	淹没时间改变造成植被覆盖类型变化,淹没时间延长,造成不适应淹水条件的植物死亡,水生植被生长的浅滩消失。淹没时间变短同样造成水生植被生长条件改变,植被类型变化

续表

流量变化原因	流量变化	生 态 响 应
变化的速度	河流不同阶段的快速变化	水生物种被冲走或搁浅
	洪水退去速度加快	种子不能着生

9.7.3 河流健康对流量的需求

健康的河流生态系统是可持续生态系统服务功能得以实现的基础，也是生态恢复工程的具体目标。河流生态系统的健康体现在其结构的完整性、功能的协调性、系统的稳定性和整体性等四个方面，其都与河流流量存在密切关系，或者说自然节律的流量变化是上述河流生态系统健康功能的基础。

河流流量是河流生态系统水循环、物质生物循环（生产者、初级消费者、次级消费者和分解者）和能量传递的保证，必须一定的水量才能完成。当河道径流总量不能维持系统循环需求时，一方面破坏系统特有的水循环，造成盐度、温度平衡破坏，另一方面，造成从陆域输入的营养物质减少，影响河流生物种类分布。

流量的五个要素——规模、频率、持续时间、时间分布以及变化速度，都能直接或间接调整影响河流生态系统的完整性。

河流生态系统之间功能是保持协调一致的。河流的流量是保证河流生态系统水量、水热以及水盐动态平衡的介质，是实现河流生物种群及其分布保持相对稳定，营养物质平衡的保证。

生态系统具有自我调节、恢复的能力，即具有系统的稳定性。生态系统的稳定性与生物多样性关系密切，其基础则是生态系统中环境因素的多样性。大量的河流生物栖息地正面临水资源短缺和污染物大量排放的双重威胁。因此，必须留有一定的河流生态环境需水量，满足生物栖息地对水量（水域面积、流速、水深等）、水质（营养物、水温、污染物等）及相应随时间变化的要求。

河流生态系统与陆域生态系统保持整体开放。当进入河流的水量、泥沙与河流输沙能力达到平衡时，河流冲淤处于动态平衡。虽然局部形貌可能变化，如浅滩的冲刷与再形成，但河道整体形态是基本不变的。河流具有一定的自净功能，可以容纳一定的污染物，进而保证其功能。河流的泥沙输运与河道冲淤平衡、容纳污染物的一定限度自净功能，都离不开河道适宜的流量保证。

9.7.4 河流生态需水的特征

河流生态需求具有如下特征。

9.7.4.1 质与量的统一性

生态需求必须同时达到水量目标与水质目标，才能满足生态系统结构与功能的需要。如水质目标不能达到，则应该增加水污染治理和管理的力度，减少进入水体的污染负荷，而不是通过调整流量目标来达到稀释目的，即以水冲污，造成生态需水的增多。

9.7.4.2 时间与空间性

河流具有空间维度和时间维度特征。在人为干扰之前,河流生态系统与水资源在空间格局和时间序列上表现为自然、和谐的关系,这是生态系统长期演化的结果,这是生态系统稳定的基础。而在人类干扰下,河流的水文过程偏离自然规律,形成了人类参与下的流域水文过程,其结果造成河流在空间和时间上的水资源空间和时间格局重新分配,而原有自然规律下的河流生态系统无法适应,表现为生态系统结构的空间和时间改变。因此,对于河流生态需水,比如从空间和时间上进行优化,按照河流自然生态系统对流量的空间和时间需求保证生态需水。

9.7.4.3 尺度多样性

河流在沿流向的纵向上,从河源到河口,在物理、化学、生物等方面表现出显著的差异性。因而生态需水在河流空间上存在差异性,即某一河段,其生态需水量存在差异性。

河流在不同时间段具有不同的需水要求。不仅要从量上保证其需水量,还要从时间上对需水量进行合理分配,这样才能保证生态环境功能的充分发挥。

河流生态需水在年内和年际都存在变化。年内变化主要表现为汛期需水和非汛期需水的差异。例如,鱼类的产卵和繁殖主要在4—7月,如果这个季节水量过少,会造成产卵栖息地的不足,导致鱼类减少。河流泥沙的80%是在汛期,要求在这个时期满足河流的输沙功能。

河道生态需水的年际变化就是指河道需水量的丰、平、枯水年的特征。这种丰度变化可以用保证率来表示,生态需水随丰枯年的变化可以用流量频率曲线表征,25%保证率年份为丰水年代表,50%保证率为平水年代表,75%保证率的年份为枯水年代表,而95%作为特枯年份的代表。

因此,在河流生态需水的研究中,必须注意在河流空间和时间方面的尺度差异性问题。

9.7.4.4 最优性与阈值性

河流生态系统能够在一定的范围承受水量的变化,但是如果水量的减少或者增大超过系统的承受范围,生态系统自我组织和调节功能将丧失,造成河流生态系统不可逆的变化。

为维护生态系统的健康和正常功能,必须保证足够的生态用水,但是,并不是说生态用水量越多越好,意味着生态需水不仅存在最小生态需水,而且还存在最大生态需水,具有上下两个安全阈值。如果在生态需水阈值范围内,则生态系统能够维持正常功能,当超出范围,生态系统的结构和功能将发生变化,并发生逆向演替。因此考虑生态需水的上下阈值,进而控制和调整河流水文过程,接近自然河流状况是非常必要的。

在河流生态需水中,最小流量的阈值更为重要,是目前主要确定的对象。

9.7.5 河流生态需水的组成

生态需水量包括如下几个方面。

9.7.5.1 保护水生生物栖息地的生态需水量

河流中的各类生物,特别是稀有物种和濒危物种是河流中的珍贵资源,保护这些水生生物健康栖息条件的生态需水量是至关重要的。需要根据代表性鱼类或水生植物的水量要求，确定一个上包线，设定不同时期不同河段的生态环境需水量。

9.7.5.2 维持水体自净能力的需水量

河流水质被污染，将使河流的生态环境功能受到直接的破坏，因此，河道内必须留有一定的水量维持水体的自净功能。

9.7.5.3 水面蒸发的生态需水量

当水面蒸发量高于降水量时，为维持河流系统的正常生态功能，必须从河道水面系统以外的水体进行弥补。根据水面面积、降水量、水面蒸发量，可求得相应各月的蒸发生态需水量。

9.7.5.4 维持河流水沙平衡的需水量

对于多泥沙河流，为了输沙排沙，维持冲刷与侵蚀的动态平衡，需要一定的水量与之匹配。在一定输沙总量的要求下，输沙水量取决于水流含沙量的大小，对于北方河流系统而言，汛期的输沙量约占全年输沙总量的80%以上。因此，可忽略非汛期较小的输沙水量。

9.7.5.5 维持河流水盐平衡的生态需水量

对于沿海地区河流，一方面由于枯水期海水透过海堤渗入地下水层，或者海水从河口沿河道上溯深入陆地；另一方面地表径流汇集了农田来水，使得河流中盐分浓度较高，可能满足不了灌溉用水的水质要求，甚至影响到水生生物的生存。因此，必须通过水资源的合理配置补充一定的淡水资源，以保证河流中具有一定的基流量或水体来维持水盐平衡。

9.7.6 生态需水量的估算方法

河流/湖库生态需水量的确定是河湖环境治理、生态修复和维护管理的依据。计算河流生态需水的方法众多，可分为水文学方法、水力学方法、生物栖息地模拟法以及综合方法与其他方法。

根据水利部有关规范，主要为水文学法、水力学法和生态水力学法，本书针对这些估算方法进行详细介绍。

9.7.6.1 水文学方法

水文学方法以历史流量为基础确定河道生态需水，主要依据水文学数据，如日流量或月流量等。水文学方法的优点在于如果水文资料是正确的，就能很快得出结果，具有操作简单的优点。对于全流域尺度上的规划或者提供最初的评价比较合适，一般作为战略性管理方法而使用，其缺点是没有明确考虑栖息地、水质和水温等因素。

1. Tennant 法

Tennant 法也称为 Montana 法，以平均年流量的百分比为推荐流量，在不同的月份采用不同的百分比。这个方法是美国 Tennant 等在 1964—1974 年，对美国的 11 条河流实施了详细的野外研究，断面 58 个，流量 38 个，分析观测数据，然后建立了河宽、水深和流速等栖息地参数和流量关系，得到不同地区、不同河流、不同断面和不同流量状态下，物理、化学和生物信息对渔业的影响主要结论如下：

(1) 10%的平均流量对大多数水生生命来说，是建议的支撑短期生存栖息地的最小瞬时流量。此时,河槽宽度、水深及流速显著减小,水生栖息地已经退化,河流底质和湿周有近一半暴露,支流河道将严重或全部缺水。

(2) 对一般河流,河道内流量占年均流量的60%~100%,河宽、水深及流速为水生生物提供优良的生长环境,大部分河流浅滩将被淹没,只有少数卵石、沙坝露出水面,岸边滩地将成为鱼类能够游及的地带,岸边植物将有充足的水量,无脊椎动物种类繁多,数量丰富,可满足捕鱼、划船、大游艇航行的需求。

(3) 河道内流量占年平均流量的30%~60%,河宽、水深及流速对鱼类觅食影响不大,可以满足捕鱼、筏船和一般旅游的要求。

(4) 对于大江大河,河道流量5%~10%是保持绝大多数水生物短时间生存所必需的瞬时最低流量。

基于以上研究,提出了不同河流生态状况对应的多年平均流量百分比,见表9.7。我国水利部颁布的规范里面,应用Tennant法确定河流生态流量也沿用此研究成果。

表9.7　河道内不同生态状况对应的多年平均天然流量百分比

河道内生态状况	对应天然流量百分比/%		河道内生态状况	对应天然流量百分比/%	
	年内水量较枯时段	年内水量较丰时段		年内水量较枯时段	年内水量较丰时段
最佳	60~100		一般或较差	10	30
优秀	40	60	差或最小	10	10
很好	30	50	极差	0~10	0~10
良好	20	40			

从表9.7第一列中选取生态保护目标对应的生态环境功能所期望的河道内生态状态,第二列、第三列分别为相应生态状态下年内水量较枯和较丰时段(或非汛期、汛期)生态流量占多年平均天然流量的百分比。两个时段包括的月份根据计算对象实际情况具体确定。

使用时,丰枯时段的划分,可根据多年平均天然月径流量排序确定;也可根据当地汛期、非汛期时段划分确定,汛期和非汛期时段应根据南北方气候调整。

生态流量取值范围应符合下列要求:①水资源短缺、用水紧张地区河流,可在表9.7"良好"的分级之下,根据河流控制断面径流特征和生态状况,选择合适的生态流量百分比值。②水资源较丰沛地区河流,宜在表9.7"很好"的分级之下取值。

不同地区、不同类型、不同开发利用程度的河流生态流量取值范围,宜参考不同类型河流水系生态流量参考阈值,结合表9.7分级,合理确定不同时段生态流量。

Tennant法的主要限制之一是要求河流在地貌上和上述研究区域的河流具有相似之处。该方法更适合于较大河流,通常作为在优先度不高的河段研究河流流量推荐值使用或作为其他方法的一种检验。优点是简单、易操作,在有历史资料记载的地区均可应用,在美国16个州力行使用,在我国的应用也较为普遍。

2. 最小月均实测径流量法

以河流最小月平均实测径流量的多年平均值作为河流的基本需水量。该方法采用

实测径流量为计算依据，其计算公式为

$$W_b = \frac{1}{n}\sum_{i=1}^{n}Q_{\min} \tag{9.1}$$

式中：W_b 为河道基本生态需水量，亿 m^3；$Q_{\min}$ 为第 i 年实测最小月平均流量，m^3/s；n 为统计年数。

在《水利水电工程生态流量计算与泄放设计规范》（SL/T 820—2023）中，采用的是近 10 年最枯月平均流量（水位）法。该法针对缺乏长系列水文资料时，用近 10 年最枯月（或旬）平均流量、月（或旬）平均水位或径流量，即 10 年中的最小值，作为生态基流（最低生态水位），适合水文资料系列较短时的近似采用。

3. Q_P 法——不同频率最枯月平均值法

以河流控制断面长系列（$n \geq 30$ 年）天然月平均流量、月平均水位或净流量（Q）为基础，用每年的最枯月排频，选择不同频率下的最枯月平均流量、月平均水位或径流量作为河流控制断面的生态基流。

频率 P 根据流域水资源开发利用程度、规模、来水情况等实际情况确定，宜取 90% 或 95%。实测水文资料应进行还原和修正，水文计算按国家相关规范的方法进行。不同工作对系列资料的时间步长要求不同，各流域水文特征不同，因此，最枯月也可为最枯旬、最枯日或瞬时最小流量。

对于存在冰冻期或季节性河流，可将冰冻期和由于季节性造成的无水期排除后再进行排频。

9.7.6.2 水力学方法

与水文法比较，水力学方法将生物区的栖息地要求以及在不同流量水平下栖息地的变化性纳入了考虑之中。但该方法需要大量的实测数据，不能体现季节变化因素。使用水力学方法时，涉及水力参数的测量，例如，湿周或者最大水深通常是在横跨单一河面的横断面进行，作为假设对目标生物群有影响的诸多栖息地因子的一个代表指标。

在这个方法中选定的水力学参数存在一个阈值，在变化的流量状况下，如果这个阈值不被打破，则河流健康就能得到维持。

代表方法有湿周法和 R2-CROSS 法。

1. 湿周法

湿周法采用湿周作为评价水生生物栖息地质量的指标，通过建立湿周与流量之间的关系曲线进行评估。可根据湿周-流量关系曲线的转折点确定水生生物生态基流。

在一般情况下，在代表性的浅滩设置横断面，测量不同流量下的水深和流速，计算出湿周和流量，作图（图 9.13）。在图中第一个拐点通常被用作最优可用水的一个指标拐点［图 9.13（a）］，对应湿周和流量变化的关系，曲线上的第一个突变点作为对具有价值的生物区的最优、适宜、最小流量的指示［图 9.13（b）］。在这一点上流量的增加会造成较小的湿周变化。

湿周法中存在的主要问题是对于湿周/流量曲线突变点选择上的主观性。湿周法受到河道形状的影响，适用于宽浅矩形渠道和抛物线型河道，同时要求河床形状稳定。湿周法是目前世界范围内最常使用的水力学方法。

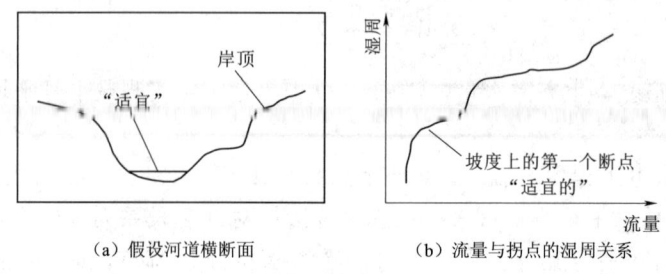

(a) 假设河道横断面　　　　(b) 流量与拐点的湿周关系

图 9.13　湿周法示意图

2. R2-CROSS 法

R2-CROSS 法由美国林业部开发，因而，其应用较之湿周法更具有地方性。在美国科罗拉多州，这种方法是作为评价冷水河流区域的环境流量的适用于全州范围的标准方法。

R2-CROSS 法依赖于水力学模型，假定浅滩是最临界的河流栖息地类型，而保护浅滩栖息地也是保护其他的水生栖息地，如水塘和水道。以河流平均水深、流速及湿周率等水力生境参数评估鱼类生境状况，可用于计算分析小型河流的水生生物生态基流。水力生境参数应按下列公式计算：

$$Q = AC\sqrt{RJ} \tag{9.2}$$

$$C = \frac{1}{n}R^{\frac{1}{6}} \tag{9.3}$$

式中：Q 为流量，m^3/s；A 为过水断面面积，m^2；R 为水力半径，m；J 为水力坡度，m^{-1}；C 为谢才系数，$m^{1/2}/s$；n 为糙率系数，可根据实测资料率定。

R2-CROSS 法确定平均水深、平均流速和湿周长百分数作为冷水鱼栖息地指数。如能够在浅滩类型栖息地保持这些参数在足够的水平，将足以维护冷水鱼类与水生无脊椎动物在水塘和水道的水生生境。河宽为 0.3~30.5m 的非季节性小型河流水力生境参数可按评估标准进行判别，见表 9.8。

表 9.8　　　　　　　　　　R2-CROSS 法评估标准

河宽/m	平均水深/m	湿周率/%	流速/(m/s)
0.3~6.3	≥0.06	≥50	≥0.30
6.3~12.3	0.06~0.12	≥50	≥0.30
12.3~18.3	0.12~0.18	50~60	≥0.30
18.3~30.5	0.18~0.30	≥70	≥0.30

该方法比水文学方法相对复杂，采用一个河道断面水力学参数代表整条河流，容易产生误差。

9.7.6.3　生态水力学方法

生态水力学法以鱼类对河流水深、流速等水力生境参数及急流、缓流、浅滩、深潭等水力形态指标的要求评估河流生境状况，可用于计算分析各种类型河流的水生生物生态基流。水力生境参数按下列公式计算：

$$A_1 v_1 = A_2 v_2 \tag{9.4}$$

$$H_1 + \frac{\alpha_1 v_1^2}{2g} = H_2 + \frac{\alpha_2 v_2^2}{2g} + h_\in \tag{9.5}$$

式中：A_1 为上游过水断面面积，m^2；v_1 为上游断面平均流速，m/s；A_2 为下游过水断面面积，m^2；v_2 为下游断面平均流速，m/s；H_1 为上游水位，m；α_1 为上游动能修正系数；H_2 为下游水位，m；α_2 为下游动能修正系数；g 为重力加速度，m/s^2；$h_\in$ 为水头损失，m。

水力生境参数的计算结果可按评估标准进行判别，见表 9.9。多年平均流量小于 150m^3/s 的河流可根据天然情况适当降低评估标准。

表 9.9 生态水力学法评估标准

生境参数	指 标 标 准	
	最低标准	累计河段长段的百分比
最大水深	性成熟鱼类体长的 2 倍~3 倍	≥95%
平均水深	≥0.3m	≥95%
平均流速	≥0.3m/s	≥95%
水面宽度	≥30m	≥95%
湿周率	≥50%	≥95%
过水断面面积	≥30m^2	≥95%
水域水面面积	≥70%	不同流量情况下水面面积及枯水期多年平均流量情况下水面面积的百分比
水温	适合鱼类生存、繁殖	
水力形态指标	概念界定	
急流	$Fr>1$	各流态的段数无较大变化，急流段累计河段长度减少 20%
缓流	$Fr<1$	

注 Fr 为弗劳德数。

9.7.6.4 河流自净需水量方法

与国外河流不同，我国河流污染问题十分突出，对于大多数河流，如何解决污染问题是当务之急。为此，我国学者提出了自净需水量计算方法。

主要有最枯月平均流量法、污染物-流量关系曲线法和水质模型法。

1. 最枯月平均流量法

该法认为采用 90% 保证率最枯期连续 7 天的平均水量作为河流最小流量设计值，对于我国水环境的现状来说，标准要求较高。为此，参考 $7Q_{10}$ 法，结合我国的具体情况，进行了修改。在《制订地方水污染物排放标准的技术原则和方法》(GB 3839—83) 中规定：一般河流采用近 10 年最枯月平均流量或 90% 保证率最枯月平均流量作为河流最小流量。但在后续的规范修改中此方法不再使用。

2. 污染物浓度-流量关系曲线法

以流量 $Q(P=90\%)$ 为横坐标，污染物浓度为纵坐标，绘制不同治理方案下的污染物浓度-流量曲线，从中找出对应于不同污染物水质目标下的流量，该流量即为一定污染物水质目标下的河流最小流量。

3. 水质模型法

即采用一维稳态水质模型计算河流自净需水量，在忽略纵向弥散作用下该数学模型表示为

$$u\frac{\partial C}{\partial x} = -KC \tag{9.6}$$

式中：u 为断面平均流速，m/s；K 为污染物自净系数，1/d；C 为污染物的断面平均浓度，mg/L。

在计算河流自净需水时，将河流概化为一个个河段，在河段起始断面处，上游来水的污染物浓度为 C_0（即为河流的本地浓度），河流流量为 Q_0。此时，边界条件 $C(0)=C_0$ 时，在 $x=0$ 到 $x=x$ 的区间上对上式积分，得一维水质模型解析解为

$$C(x) = C_0 \exp\left(-\frac{Kx}{86.4u}\right) \tag{9.7}$$

式中：$C(x)$ 为河段终止断面的污染物浓度，mg/L；C_0 为河段起始断面的污染物浓度，mg/L；x 为起始断面到终止断面的距离，km。

当计算河段如图 9.14 所示时，有

$$C_0' = \frac{C_0 Q_0 + S_0 q_0}{Q_0 + q_0} \tag{9.8}$$

式中：C_0' 为上断面的污染物混合浓度，mg/L；C_0、Q_0 分别为上游来水背景值和污染物浓度，m³/s、mg/L；q_0 为排污口或支流口排入河流的水量，m³/s；S_0 为排污口或支流排入河流的污染物浓度，mg/L。

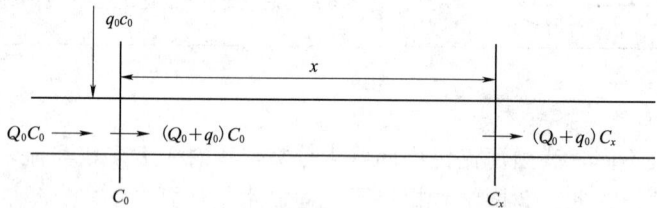

图 9.14 单个排污口的河段示意图

假设水量沿程不变，由上两式整理得

$$Q_0 = \frac{q_0 S_0 \exp\left(-\dfrac{Kx}{86.4\mu}\right) - q_0 C(x)}{C(x) - C_0 \exp\left(-\dfrac{Kx}{86.4\mu}\right)} \tag{9.9}$$

当河段内排污口与断面有一定距离，并且有多个排污口时，简化为如图 9.15 所示。

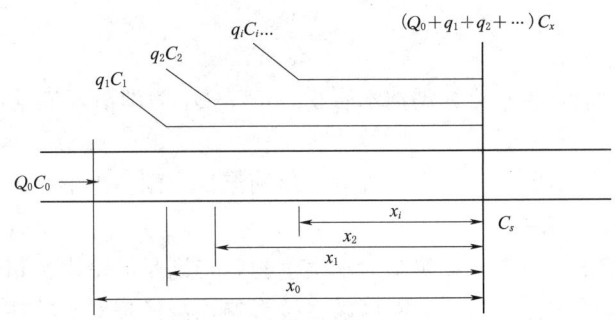

图 9.15　多个排污口的河段示意图

可以得到下式的计算方式：

$$Q_0 = \frac{\left[q_1 S_1 \exp\left(-\dfrac{Kx_1}{86.4\mu}\right) + q_2 S_2 \exp\left(-\dfrac{Kx_2}{86.4\mu}\right) + \cdots\right] - (q_1 + q_2 + \cdots)C(x)}{C(x) - C_0 \exp\left(-\dfrac{Kx_0}{86.4\mu}\right)}$$

(9.10)

令 $C(x)$ 为终止断面的水质目标 C_s，在已知排污口及支流的排放浓度和排放量时，就可以计算出河流的自净需水量 Q_0。

9.7.7　湖泊/水库的生态需水

对于一般湖泊/水库而言，其既有地面水的汇入，也有河流水自湖库流出。在正常的情况下，湖库水量处于平衡状态，即进入湖库的水量、湖体自身流量（蒸发量、湖体降水量和下渗量）以及流出湖库的地表径流量。

湖泊/水库的生态需水量其实是为维持湖库生态系统健康，使上述各水量达成相互平衡的结果，如图 9.16 所示。

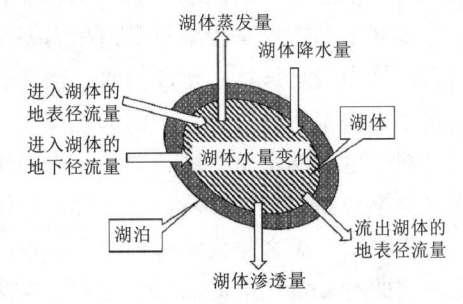

图 9.16　湖库水量平衡示意图

9.7.7.1　入湖水量、出湖水量和湖泊水位的生态作用

1. 入湖水量与出湖水量

入湖水量、出湖水量和湖泊水位是湖泊水文要求的最重要生态系统环境条件，它影响着生物的繁衍生息和新陈代谢，决定湖泊生物生产力的发展。

入湖水量和出湖水量合计成为湖泊吞吐量。流域内污染物质或营养物质由湖泊入水带入湖泊，又由湖泊出流输出湖泊。在湖泊水体内，污染物或营养盐在很大程度上依赖于水的交换或稀释过程。水体交换越快，物质在湖泊水体停留时间就越短，因而污染物的累积就大大减小，在此情况下，即使湖泊营养盐含量很高，湖泊富营养化现象也有可能被遏制。反之，随水流进入湖泊的物质在湖泊内停留和累积作用将大大增强。因此，湖泊水量交换是引起湖泊环境变化的一个极其重要的因素。

湖泊吞吐能力用换水周期来表示，即湖泊水量吐纳更新一次所需要的时间：

$$T = \frac{V}{Q_1} \tag{9.11}$$

式中：T 为换水周期，年；V 为湖泊水容积，m^3；Q_1 为湖泊入流量，m^3/s。

2. 湖泊水位

湖泊水位是湖泊初始水位、入湖流量、出湖流量、湖泊地形、湖面降水量和湖面蒸发量等综合作用的结果。

湖泊水位的变化，一方面影响湖泊水生生物，特别是沿岸水生植物的生长，从而引起湖泊生物群落的变化；另一方面可以直接影响社会经济对水的使用（取水、给水和航运等）。因此，湖泊水位变化成为湖泊环境变化的重要影响因素。

湖泊水位的时间变化过程，可由下式表示：

$$\frac{dZ}{dt} = \frac{Q_1 - q}{F} \tag{9.12}$$

式中：Z 为水位，m；q 为出湖水量，m^3/s；F 为水面面积，m^2。

3. 湖泊生态需水中的其他要素

除湖水要素外，湖泊生态系统中环境要素还包括地形和水质。

9.7.7.2 湖库生态需水的组成

湖库生态需水由入湖生态需水、湖区生态需水与出湖生态需水三部分组成。

入湖生态需水是为维持湖泊生态系统在一定状态所需要进入湖泊的径流量，具体而言，是为满足维持一定湖泊水位而消耗的水量和维持湖泊一定的吞吐量及满足下游河道生态需水所必需进入湖泊的径流量。

湖区生态需水是为维持湖泊生态系统在一定状态湖泊水体所需要消耗的水量，即将水位维持在一定的值所必需消耗的径流量。

出湖生态需水是为维持湖泊生态系统在一定状态所需要流出湖泊的径流量，即满足一定的吞吐量和下游河道生态需水所必需出湖的径流量。

9.7.7.3 湖库最小生态需水

湖泊最小生态需水是维持湖泊水生态系统基本功能不严重退化所需的水量，包括入湖（库）最小生态需水、湖（库）区最小生态需水与出湖（库）最小生态需水。

1. 湖（库）区最小生态需水

湖（库）区最小生态需水包括湖（库）区最小生态水位和湖（库）区最小生态耗水两个方面。湖（库）区最小生态水位对应的湖（库）蓄水量，是最小生态保留水量。湖（库）区最小生态耗水量等于湖（库）区水面蒸发量减去湖（库）区水面降雨量，再加上湖（库）渗漏量。

计算湖（库）区最小生态需水的主要方法有如下几种，关键是确定湖（库）最低生态水位。

（1）天然水位资料统计法。在天然情况下，湖（库）水位发生着年际和年内变化，对生态系统产生扰动。然而，在漫长的生态演化中，生物适应了这种变化，因而生态系统体现出对湖（库）水位一定程度的韧性。

因此，天然情况下的低水位对生态系统的干扰在生态系统的弹性范围内，并不影响生态系统的稳定。所以天然最低水位是湖（库）生态系统水位阈值的下限。

此方法需要确定统计的最低水位种类，最低水位可以是年内瞬时最低水位、年内日均最低水位、年内月均最低水位、季节最低水位等。

对一般湖库，当枯季水位变化很小时，可采用日为统计时段。当枯季月内日均水位变化不大时，也可以月为统计时段。

（2）形态分析法。在天然水位资料缺乏的情况下，可以采用形态分析法确定湖（库）最低生态水位。

湖（库）生态系统功能和其水面面积密切相关，故可采用湖（库）面积作为湖（库）功能指标。

采用实测湖（库）水位和湖（库）面积资料，建立湖（库）水位和 dF/dZ [湖（库）面积随水深的变化率]，其关系图见图9.17。

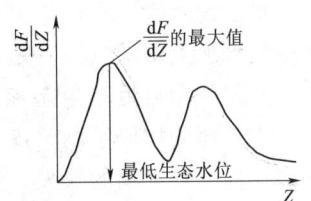

图9.17 湖（库）水位和其面积变化率关系图

随着湖（库）水位的降低，湖（库）面积随之减小。由于地形关系，其面积和水位之间为非线性关系。在水位不同时，湖（库）水位每减少一个单位，其水面面积减小量是不同的。在 dF/dZ 和水位关系上存在一个最大值。最大值相应湖（库）水位下，湖（库）水位每降低一个单位，湖（库）水面面积的减少量将显著增加，湖（库）功能损失也将进一步显著加大。因此，在湖（库）枯水期，其低水位附近的 dF/dZ 的最大值相应水位即为湖（库）最低生态水位。

（3）空间最小需求法。用湖（库）各类生物对生存空间的需求来确定最低生态水位。

湖（库）生物主要包括：藻类、浮游植物、大型水生植物、底栖动物和鱼类等。鱼类对湖（库）生态系统具有特殊作用，对低水位也最为敏感，故将鱼类作为关键生物，以满足鱼类生存的最低水位为湖（库）最低生态水位。

对于湖（库）居住的鱼类，水深是最重要和基本的物理栖息地指标，因此，必须为鱼类提供最小水深。鱼类需求的最小水深加上湖底高程即为最低生态水位，表示如下：

$$Z = Z_0 + h \qquad (9.13)$$

式中：Z_0 为湖底高程，m；h 为鱼类所需的最小水深（可以根据实验资料或经验确定），m。

2. 湖（库）区最小生态耗水

湖（库）区指湖泊（水库）水体覆盖的区域。湖（库）区最小生态需水为维持最低生态水位所需的湖（库）净蒸发量和湖（库）渗漏量的和。

湖（库）区的最小生态需水等于湖（库）区水面蒸发量减去湖（库）区水面降水量，再加上湖（库）渗漏量的和。

3. 出湖（库）最小生态需水

湖（库）出湖最小生态需水是为满足湖（库）自身水量更新所需的水量和为满足下游河流生态需水的水量。

在天然条件下，湖（库）和其下游河道是一个天然连续体，其连续性表现为径流、水质和生物上下游的分布，从而造成生态需水在上下游的连续性。在长期的生态演化过程中，上下游的生物已经适应了这种连续性，流出湖（库）的最小水量就是为了保证这种水量、水质和生物适应性的连续性。因此，在天然条件下，当距离湖（库）很近的下游河道的最小生态需水得到满足时，出湖（库）最小生态需水也得到满足。故在工程中，常以下游河道的最小生态需水作为出湖（库）最小生态需水的估算值。

假设湖（库）水体水量变化为零，湖（库）最小生态需水量等于湖（库）区最小生态耗水加上出湖（库）最小生态需水量，并等于入湖（库）最小生态需水量。

入湖（库）最小生态需水、湖（库）区最小生态耗水、出湖（库）最小生态需水，这三部分构成了湖（库）生态需水的有机整体，均是湖（库）最小生态需水所必需的。其中任一项的缺失，都会造成湖（库）生态系统的损坏。在天然条件下，由于生态需水的连续性，当入湖（库）最小生态需水得到满足时，湖（库）区和出湖（库）最小生态需水也自然得到满足。

9.7.8 河湖治理工程中的活水调水

"流水不腐，户枢不蠹"。河流、湖泊与水库等地表水体的污染状况一方面受到其输入污染物量的多少的影响，即如输入污染物量超过其环境容量和自净能力时，水体就会产生污染；另一方面还与河湖水体的流量和交换能力有关，河流由于水流流速大、湍流程度高，因而其自净能力一般远高于湖库等缓静水体。

故，利用水利工程对河湖水体进行水量补充和调配，对于保证河湖水体适宜的环境容量和自净功能同样是河湖水生态修复的重要内容。

一般河湖治理工程中按照水源和水利工程措施常分为以下两类。

9.7.8.1 利用水利工程进行调水活水

在河湖水生态治理过程中，按照生态环境需求量计算其生态需水，如天然来水不能够满足其生态环境需水量的最小值，则需要采取一定的工程措施，从其他水源取水来补充。

例如，在成都市，很多城市小型河流原为都江堰灌区的灌溉输水渠道。在快速的城市扩张过程中，这些渠道不再作为灌溉输水，而演变为城市河流景观的功能。为了保证这些河流生态、景观，则需要从原有渠系引入其生态需水量。

调水的方式可以是渠道闸门放水、泵站取水等多样形式。同时可以在适宜河段设置适当跌水，或者构建局部地貌，进而利用水流动力补充水体溶解氧。

9.7.8.2 利用非常规水源进行补水活水

我国气候多为典型的季风性气候区，降雨存在时空不均衡性，比如南方多集中于5—10月，而北方则多集中于7—8月。因此，采用非常规水源对河湖进行补水活水，是保证城市河湖水量和生态的重要措施。常用的非常规水源有雨水资源和城市生活污水厂再生水资源。

在我国的海绵城市建设过程中，为了有效利用雨洪资源，修建了一些蓄水池、塘或者水库，可利用这些雨水资源直接对河湖进行生态补水。不过，在雨水进入蓄水池、塘库之前，应注意对其所携带的城市面源污染进行截除，措施可以为下沉绿地、居民区小区湿地花园、生态植草沟渠、功能湿地、生态塘库等。

另一个重要的而且是常用的河湖补水来源为城镇生活污水厂再生水。《"十四五"城镇污水处理及资源化利用发展规划》（发改环资〔2021〕827号），到2025年，基本消除城市建成区生活污水直排口和收集处理设施空白区，全国城市生活污水集中收集率力争达到70%以上；城市和县城污水处理能力基本满足经济社会发展需要，县城污水处理率达到95%以上；水环境敏感地区污水处理基本达到一级A排放标准；全国地级及以上缺水城市再生水利用率达到25%以上，京津冀地区达到35%以上，黄河流域中下游地级及以上缺水城市力争达到30%。

可见，作为城市河湖水源的补充水源，污水处理厂再生水已经成为我国众多各级城市的政策要求和最为可容易获得水源。对于城市生活污水厂出水，一般执行国家《城镇污水处理厂排放标准》（GB 18918—2002）或者更加严格的地方标准，如四川的岷沱江流域、江苏、浙江的太湖流域等。但仍然不能够直接用于城市河湖生态补水。为了使再生水可用于城市河湖生态补水，污水厂出水应经过进一步处理，符合《城市污水再生利用 景观环境用水水质》（GB 18921—2019）的各项水质指标要求，再进行河湖生态补水。

污水处理厂出水水质指标一般是有机物、氮和磷不能达到直接河湖补水的要求，尤其是总氮和总磷。其中总磷的大部分以吸附态存在于悬浮颗粒之上，而氨氮的大部分也以吸附态结合于悬浮颗粒之上，因此，在出水的进一步处理中，去除悬浮颗粒就变得非常重要。污水处理厂的二沉池工艺出水一般悬浮物的浓度在20NTU左右，如能够将NTU降低至1左右，则因颗粒吸附态存在的有机物、氨氮和磷则会大大降低。另外，污水处理厂的总氮指标也往往不容易达到生态补水的要求，其中主要是硝酸盐氮，因其易水溶性，故即使经过沉淀分离，也去除不理想。因此，在经过去除悬浮颗粒后，污水处理厂出水的总氮一般也较高，排放之前需要进一步处理，常用的处理措施为功能湿地和生物稳定塘，依靠植物和微生物作用吸收和转化，进而达到降低总氮的目标。

综合以上，对于污水处理厂二沉池出水，要达到城市景观河湖生态补水的水质要求，进一步处理的工艺流程一般为药剂混凝＋沉淀＋过滤＋功能湿地＋生态塘的方式，目的是进一步减小水中的总磷、总氮、氨氮和悬浮物等可能对河湖水体生态环境产生重要影响的污染物含量。

思 考 题

1. 什么是河湖的外源和内源污染？各自存在哪些排放特征？
2. 对于城市与农田面源，其主要的排放路径和特征是什么？如何对其进行有效切实可行的防治？请谈谈具体的治理策略与方法。
3. 进行河湖的底泥疏浚是常用的内源污染治理方法，请谈谈河湖底泥疏浚处理的优缺点，具体技术方法有哪些？如何考虑底泥的资源化？
4. 请从物质循环与生态平衡的角度，思考河湖水体的水质净化？你认为其实质是什么？

5. 请从化学与生物化学的角度，简述水体溶解氧对水体维持正常化学稳定和生物群落结构稳定的重要性？

6. 思考水体溶解氧的来源？从水利工程的角度，你认为如何才能增强水体的溶解氧？

7. 生态浮床是治理富营养化水体的常用原位净水技术。请从组成生态浮床的结构部分，简述生态浮床水质净化的机理与机制及各部分作用。

8. 简述河流河床地貌类型，其演变规律是什么？

9. 请从水文与泥沙作用过程角度，简述河流地貌形态所产生的环境效应。

10. 请从生物所需营养和适应性的角度，简述河流地貌形态所产生的生态效应。

11. 观察河流上的水利工程，思考水利工程对河流生态环境的影响。

12. 请从物理、化学和生物角度，分析随着沉积物竖向深度的变化，其环境因子的变化过程、生态响应及二者之间的互馈效应。你认为溶解氧在其中扮演什么作用，请从溶解氧对沉积物重要物质形态和生物群落特征影响角度去分析。

13. 思考从哪些方面对河流的生境进行构建与修复？

14. 对河湖进行生态修复，应遵循的主要原理是什么？

15. 简述河湖岸坡对于污染拦截的重要作用，如何对岸坡进行生态修复？请详细列举几种重要污染物拦截功能强化的措施。

16. 思考河湖水体修复生物群落构建的生态学依据？如何构建水体生物群落时的植物群落和投放水生生物？

17. 什么是河湖生态环境需水量？主要计算方法有哪些？你认为各自适用条件是什么？各自计算方法的优缺点？

18. 城市污水厂出水作为城市河湖生态补水的重要来源已经得到各地城市管理部门的高度重视。请查阅资料，思考利用城市污水厂出水再生后可能对河湖生态补充产生的生态环境效应。

19. "湿地是地球之肺"，同时人工湿地是城市河湖生态补水的前驱处理主要措施，既有污水净化的高效性，也有景观作用。请从碳、氮和磷的生物循环角度，分析自然湿地与人工湿地的碳汇—源关系转变。

20. 河流流量的变化对河流有什么重要影响？请试着从物理结构、化学组成和生物与生态角度去分析流量变化引起的河流生态环境效应。

21. 什么是生态需水？河流生态需水的估算方法有哪些？各种的优缺点和适用性是什么？

22. 什么是常规水源和非常规水源？在新的节水型社会建设和自然环境和谐发展下，思考如何做好非常规水源的利用。

23. 湖泊/水库的生态需水量包含哪些方面？如何进行其生态需水量的估算？

24. 对比河流和湖泊/水库生态需水量，存在哪些异同？

25. 请结合本章学习内容，从环境治理与生态修复角度思考一条河流或者湖库进行生态综合治理的技术方案。

第10章 河湖健康评价

10.1 河湖健康评价的背景与内涵

10.1.1 河湖健康评价的背景

河湖是自然界中淡水资源存蓄的主要形式之一，在人类社会的发展中发挥着至关重要的作用。健康的河湖系统能够为人类社会及自然环境提供多种多样的服务。社会经济快速发展的同时也对河湖系统构成了严重的威胁，导致河湖水质恶化、水文规律紊乱、生态破坏以及生物多样性锐减等。如何对受影响河湖状态进行评估，进而针对性为河湖环境治理与生态保护提供决策支持成为重要内容。长久以来，水体的理化指标是公众和管理部门关注的焦点，在河湖水环境管理中发挥了重要作用。但是随着社会的发展与管理需求的变化和人们对河湖生态健康的重视，水体简单的物理或化学指标监测以及基于此的环境状态评价并不能全面反映河湖存在的问题，如河道侵蚀与渠化、生境退化、生物多样性丧失及水文规律的改变等，使得单纯从水质理化指标评价的角度已经不能满足河湖保护与管理的需求。因此，从"健康"角度对河湖状态进行系统诊断逐步被提上议程，成为近年来河湖管理的重要支撑。

开展河湖健康评价能够对河湖状况进行综合的评价与诊断，是开展河湖修复与管理的前提。而河湖管理与整治是一项长期、复杂和艰巨的系统工程，尤其是在当前国民经济高速发展的背景下，如何平衡经济发展与河湖保护之间的矛盾，对于建设生态文明、实现科学发展具有重大的战略意义。同时，河湖健康评价从系统角度出发，选取合适的评价指标对河湖健康状态开展系统分析与评价，能够为河湖管理与治理提供有效的决策支持，对于解决社会经济发展与环境保护之间的矛盾具有重大的现实意义。

10.1.2 河湖健康的概念与内涵

20世纪80年代，水环境管理是河湖管理的主要任务之一，水体的水质理化指标成为当时评判健康状态最重要的标准。但人们也逐渐认识到，单一的水质理化指标评价无法全面地衡量人类活动对水体本身破坏程度，河湖"健康"的概念才逐步被提出。"健康"一词本是医学上的概念，其本意是指一切生命体生理机能正常、没有疾病或缺陷。加拿大学者 D. J. Rapport 首次将医学概念与生态系统进行结合，提出了生态系统健康的概念，并在1985年将生态系统在环境压力下的表现与人类在病态时的行为特点作类比，指出生态系统的病态症状包括清洁物种的减少、外来物种优势度增加、食物链长度的缩短、能量流动与循环的改变以及稳定性的退化等。虽然"健康"

的概念不具有生态属性,但是能够从管理角度突出社会对于环境的期望,并且将复杂的生态过程进行简化,并易于理解并为公众所熟悉,在实际河湖管理中将健康概念用于描述河湖状态具有较好的形象性和可接受度。

在一段时间内,从水生态系统健康的角度开展河湖的综合评价与管理得到了广大学者的认可。后来人们也逐渐认识到,河湖也应当具有生态属性,其健康也应强调对人类社会经济系统具有支撑作用。目前,虽然现有关于河湖健康内涵研究的侧重点不一致,但多数研究认为,健康的河湖应该是具有较好的自身结构,并能实现正常的物质及能量循环功能、生态功能与社会服务功能,以河湖自身健康为基础,强调对水生生态系统和人类社会的支持与推动作用。

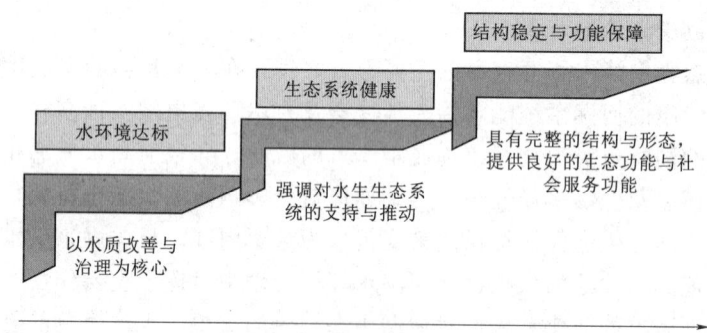

图 10.1　河湖健康内涵的发展

10.2　河湖健康评价方法

河湖健康评价是对河湖当前的生态状况进行定量分析的重要方法,并为今后采取相应的防治及修复措施提供了重要的基础资料。选择合适的评价方法,量化河湖生态健康现状的各项影响因素是健康评价的关键,当前的评价方法主要有 3 种:单因素指标评价法、预测模型法和综合指标法。

10.2.1　单因素指标评价法

单因素指标评价法是基于决策者的意愿,选择不同的单一方面具有代表性的指标进行健康评价。由于区域、流域的不同,所面对的问题也是不一样的,决策者的要求与期望也是有所差异的,但主要还是从当前社会发展过程中最受关注的某一因素入手。根据关注点不同,单因素指标多从水质、生境和生物等方面开展评价。

在水质指标方面,各国已制订出适合应用于本国河湖保护的水质理化指标和相关标准,部分国家针对此问题将不同类型的指标进行数学组合后提出水质综合指数(WQI)等,对水环境质量加以级别划分,以衡量各种污染物及污染源对水体造成的影响及伤害,这类指标主要包括:pH 值、总磷、总氮、COD、BOD、电导率、浑浊度、重金属等。

在生物指标方面,水体中的生物群落结构与组成的稳定性是对水体健康程度最直接的反映,它能综合表达人类活动对水环境的长期作用效果及积累影响。通过对水生生物完整性及生物多样性的评价，确定不同种类的生物层面评价指标，可对河湖健康状况进行有效的评判。从不同的影响期限、范围和生态环境响应角度，主要是针对鱼类、大型底栖动物、着生藻类、浮游生物、大型水生植物、微生物等开展的相关评价。

在生境指标方面，由于水体生境对水生态系统的维护与修复至关重要，良好的自然生境，既能为水生动物提供稳定的生存空间，又能有效地减缓外界环境的变化，维护水体的稳定。因此，很多学者主要从反映物理形态的生境参数，以及反映流态和水量的水文参数等方面建立河湖健康评价指标体系。

表 10.1　　　　　　　　　　河湖健康评价相关单因素指标

类型	主要指标内容	主 要 特 点
水质指标	反映水体环境质量的营养盐参数、耗氧水质参数，以及复合型参数或综合指数等	能够直接反映水体的环境健康状况，以及各项人类活动对水环境的影响，但多反映瞬态信息
生物指标	鱼类、大型底栖动物、着生藻类、浮游生物、大型水生植物、微生物等生物类群相关指标，通过水生生物群落状态反映水体质量	能够反映人类活动对河湖水体长期的影响，但难以确定不同生物类群进行评价时的取样尺度与频度，无法综合评价河湖系统状况问题
生境指标	通过评价河湖水生生物群落栖息地的质量反映环境压力，主要包括反映物理形态的生境参数，以及反映流态和水量或水位的水文参数等	能够较好地识别河湖存在的系统问题，为河湖系统管理提供指导，但生境参数阈值的确定存在一定的困难

10.2.2　预测模型法

预测模型法主要是利用模型来预测在没有人为干扰或人为干扰的影响较小的条件下，研究区域的生物及非生物环境所呈现出的状态，并与实测资料进行对比分析，通过比较两组数据间的差异程度，从而评估河湖的健康状况。该方法要求选取与所评价区域相近、健康状况良好的区域为参考点，通过使用参考点的资料及数据，建立一个初步的预测模型，并验证该模型的合理性，然后再利用此模型对研究区域的健康状况进行预测。

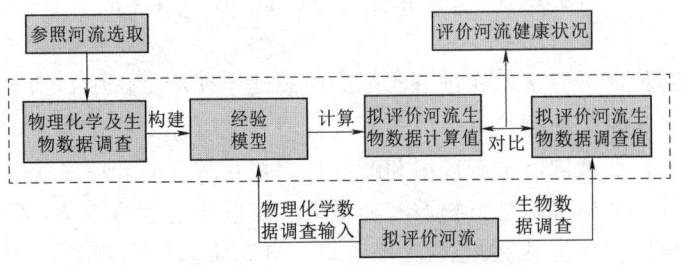

图 10.2　河湖健康评价预测模型法主要流程

预测模型法评价河湖的健康状具体评价流程为：①选取无人为干扰或人为干扰非常小的河湖作为参照系；②调查参照河湖的物理化学特征及生物组成；③建立参照河湖物理化学特征与相应生物组成之间的经验模型；④调查被评价河湖的物理化学特征，并将调查结果代入经验模型，得到被评价河湖理论上应具备的生物组成；⑤调查被评价河湖的实际生物组成，实际生物组成与应具备的生物组成比值即反映被评价河湖的健康状况，比值越接近1表明该河湖越接近自然状态，其健康状况也就越好。

尽管预测模型法已广泛地应用于河湖健康评价，但是也存在着一定的局限性。首先，选择合适的参照河湖是预测评价模型的基础，但是具有一定的主观性而客观性不足，目前已经很难找到完全不受人类干扰的原始河湖；其次，即便存在这样的参照河湖，也需要花费巨大的人力和费用才能接近并实施数据收集；再者，单纯根据生物组成对参照河湖进行分类缺乏生态学解释，可能会导致分类结果的偏差；最后，预测评价模型是以生物组成变化来反映人类活动对河湖健康的破坏程度，而并非所有人类活动的影响都会引起生物组成的响应。

10.2.3 综合指标法

综合指标法对涉及河湖健康的各个方面进行单项评价，然后对单项结果进行组合得出河湖健康的综合评价结果。透过各个单项指标的评价结果，综合指标法能够全面地识别流域内存在的河湖健康问题，为河湖管理提供指导。目前，大多数的河湖健康评价采用生物、物理和化学指标的组合来完成对河湖健康的评价，并且随着对河湖健康系统评价的逐步认识，从河湖系统结构与功能角度建立综合评价指标成为重要内容。

河湖健康评价综合指标法常见方法包括：加权求和法、模糊综合评价法等。加权求和法是根据不同评价级别的评估指标赋予不同的评分，通过加权求和或类似方法，得出各评价的总得分情况，并依据事先设定好的河湖整体健康综合评定等级的标准，来判定河流的健康状态。其次，模糊综合评价法也是一种较为普遍的综合评价方法，该方法认定河流是一个复杂的体系，其健康状况是由多个因素共同作用、综合影响的，具有不确定性，因而采用模糊综合评价法可以获得更为客观的评价结果。该方法在使用过程中，在确定了每个评价指标所对应的级别和权重后，通过隶属函数建立相对应的模糊关系矩阵，并根据最大隶属度原则对河湖所处的健康状态进行综合判定。

10.3 河湖健康评价指标

无论采用哪种评价方法，在进行实际的河湖健康评价工作中，筛选合理的评价指标，构建符合实际情况的评价指标体系是进行河湖健康评价的最为关键的一步。由于河湖系统是一个自然结构、生态环境和经济社会相互耦合的开放系统。由于水体的流动性，河湖系统与外界不断进行物质和能量的交换以及信息的传递，同时通过系统内各组分之间的协同作用完成系统的自我组织、自我协调，实现其结构稳定与功能保障。现有的河湖健康相关评价指标多从结构及功能角度出发进行（图10.3）。

10.3.1 河湖结构相关指标

结构是构成系统的要素间相互联系、相互作用的方式和秩序，或者说是系统联系的全体集合。联系就是系统要素之间相互作用，相互依赖的关系，它是要素构成系统的媒介。对于河湖系统而言，其主要的组成结构包括物理要素、化学要素和生物要素三方面。

10.3 河湖健康评价指标

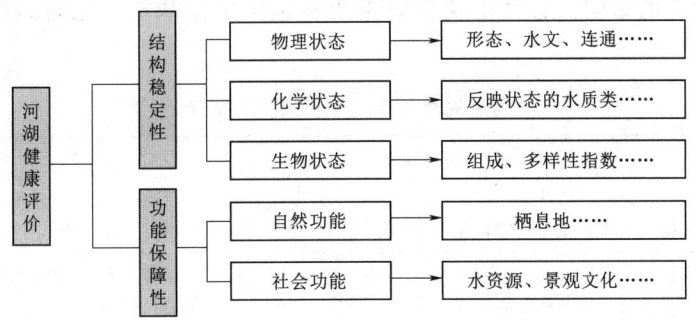

图 10.3 河湖健康评价结构与功能指标框架

10.3.1.1 物理要素指标

河湖的物理结构涉及多个方面，包括水流结构、河床演变、以及河湖与周围环境的相互作用，这些因素共同决定了河湖的形态和功能。针对河湖的健康评价，其指标主要包括河湖水文、河流形态、河（湖）岸带状态等方面的相关指标。

水文情势是河湖生态系统的关键驱动因素，对生物及其他非生物因素具有重要影响，不仅会影响水生生物的迁徙和分布，而且会导致某些固着型生物的区域性消失。水文情势的变化也与河流的社会功能密切相关，影响着流域内的供水、灌溉航运以及娱乐景观等各个方面。水文情势复杂多变，一般通过流量、流速、水位、频率、发生时机、持续时间和变化率等基本组成要素来定量分析水文情势，也包括生态水量（或生态水位）等的变化。

河湖形态针对河流包括河道弯曲程度、河宽、纵向连通性等因素；对湖泊而言，湖泊的长度、最大宽度与平均宽度、岛屿率、湖泊面积等是较为重要的考察因素。很多生物会对河湖形态变化产生明显响应，影响着河湖生态系统的生境特征。在自然河湖中，形态变化能够带来多样化的生境类型，形成激流、浅滩、水洼等多种生境组合。而对河流而言，河流纵向连通性是许多物种生存的基本条件，纵向连通性保证了营养物质的输移，鱼类洄游和水生物的迁徙以及鱼卵和树种漂流传播。在一些河流上建设的大坝，阻断了河流纵向连通性，造成了景观破碎化，也阻塞了泥沙、营养物质的输移，生物上下联通的通道也因此中断。

河（湖）岸带状态评估要素主要包括岸坡倾角、岸坡高度、河（湖）岸带宽度、基质特征、岸坡植被覆盖度和坡脚冲刷强度等指标，重点是评估河（湖）岸带的稳定性。岸坡稳定性与河湖生境质量密切相关，直接影响水生生物群落的组成与分布。岸线泥沙的输入增加了岸坡两侧的沉积物含量，而在暴雨期间，洪水的冲刷一方面拓宽并加深了河道，另一方面造成河岸的侵蚀，推动河岸沉积物进入溪流，影响底质的稳定性与异质性。

10.3.1.2 化学要素指标

水体是河湖最重要的组成成分，其环境质量状况直接关系着河湖的生态与社会功能。在对水体健康的评价过程中，化学指标是对环境水质最直接的反应，能够指示河湖瞬态的环境压力。一直以来，水质监测都是水环境评价的重要内容，直接反映人类活动对河湖健康的影响。常用的化学要素指标包括水体基本理化指标和营养盐相关指标。

表 10.2　　河流健康评价物理要素相关指标

分类	主要指标参数	主要作用
水文指标	河流（流量、流速）、湖泊（水位）相关指标发生时机、持续时间和变化率等，包括生态水量（水位）变化	反映河湖水文过程对生物及其他非生物因素的影响
河湖形态	河道弯曲程度、河宽、纵向连通性等；湖泊的长度、最大宽度与平均宽度、岛屿率、湖泊面积等	能够反映河湖的生物栖息地质量及相关状态
河岸带状态	岸坡倾角、河岸高度、河岸带宽度、基质特征、坡脚冲刷强度等指标	反映河（湖）岸带的稳定性、侵蚀特征及自然状态

水体基本理化指标主要包括如下几类：①由离子组成所衍生出来的环境指标，包括阳离子（Na^+、K^+、Ca^{2+}、Mg^{2+}），阴离子（Cl^-、HCO_3^-、SO_4^{2-}、CO_3^{2-}）、EC、TDS等；②氧平衡相关的环境指标，包括DO、BOD和COD，这三个指标反映了水体中氧含量的存储与消耗，氧含量对淡水生物的存亡有直接影响，故将水体中氧平衡相关指标纳入评价指标体系；③水体物理性质的环境指标，主要为SS，是指悬浮在水中的固体物质，包括不溶于水中的无机物、有机物及泥沙、黏土、微生物等；④存在于水体中的有毒有害化学物质，如挥发酚，属于高毒性物质，对人体及水生生物都会产生毒性；⑤人体卫生指标，如粪大肠杆菌数、细菌总数等。

营养盐是指生物正常生活所必需的盐类，对于淡水水体来讲，氮、磷是最主要的营养元素，其中众多研究表明，磷是水体富营养化的限制性因子。氮、磷元素在水体中以不同的盐类形式存在，如硝酸盐、亚硝酸盐氨、氮和磷酸盐。对淡水水体富营养化程度评价使用最多就是总氮（TN）、总磷（TP）及各价态的氮盐、磷盐。氨氮也是一种无机营养盐，是指水中以游离氨和铵离子形式存在的氮。

表 10.3　　河流健康评价化学要素相关指标

分类	主要指标参数	主要作用
水体基本理化指标	Na^+、K^+、Ca^{2+}、Mg^{2+}、Cl^-、HCO_3^-、SO_4^{2-}、CO_3^{2-}、DO、BOD、COD、SS、挥发酚、粪大肠杆菌等	反映水质的基本化学指标，评估其环境质量
营养盐指标（含底泥）	总氮（TN）、总磷（TP）及各价态的氮盐、磷盐	反映河湖的营养状态，主要评估其富营养状态

10.3.1.3　生物要素指标

水体中的生物群落结构与组成的稳定性是对水体生态健康程度最直接的反映，它能综合表达人类活动对水体的长期作用效果与积累影响。水生生物主要评价对象包括鱼类、底栖动物、藻类等。

鱼类由于捕捞方便、容易鉴别，对人为干扰表现敏感，对不同时空尺度自然条件的变化表现不敏感，可反映较广范围和时间尺度内的水体健康状况，因此鱼类相关的生物指数在河湖健康评价过程中得到了广泛应用。以鱼类为评价因素时，物种丰度、多样性指数、个体密度等指标得到了较多应用，也有学者将鱼类种类丰度与组成、鱼类营养级组成及鱼类数量丰度与健康状态三个层面进行组合,建立了具有针对性的鱼类完整性指数(IBI),并且成功应用于不同的国家和地区的河湖健康评价。此外,IBI 也具有很大的开放性,针对不同的地区和河湖可以建立适用于当地环境管理的度量指标与标准,近年来应用较多。

表 10.4　　　　　　　　河流健康评价生物要素相关指标

分类	主要指标参数	主要作用
鱼类	鱼类物种丰度、香农-威纳多样性指数、伯杰-帕克优势度指数、均匀度指数、鱼类生物完整性指数等	通过鱼类种类及群落特征对河湖健康状况进行评判
底栖动物	总分类单元数、襀翅目物种数、蜉蝣目物种数、毛翅目物种数、耐污类群物种数%、滤食者%、刮食者%、直接收集者%、捕食者%、撕食者%、黏附者%、大型底栖动物密度、大型底栖动物指数、香农-威纳多性指数、大型底栖动物生物完整性指数等	通过底栖动物个体特征及群落组成等对河湖健康状况进行评判
藻类	物种分类单元数、香农-威纳多样性指数、伯杰-帕克优势度指数、Pielou 均匀度指数、藻类密度、藻类生物完整性指数	通过藻类群落特征对河湖健康状况进行评判

由于底栖动物能够敏感地响应环境变化,整合长期的环境压力,具有有限的迁徙能力和易于采集鉴别的特点,很多研究依据其群落的丰度、种类、多样性、纳污能力等多个方面构建了相应的指标体系,能够反映小范围内长期的健康状况。由于底栖动物形态结构和功能相差巨大,按照目的分类阶元即可将不同形态、敏感特征分开,故襀翅目、蜉蝣目、毛翅目、双翅目、寡毛类等分类阶元包含的物种数和所占比例都可作为评价指标。同时,不同底栖动物自身耐受性不同,因此群落中不同的物种组成及依据敏感和耐受性而推导出来的生物指标也常被用于河湖健康评价。

藻类可以及时体现河湖水体光照、温度和营养盐等环境条件的影响。以藻类为评价指标时,大多选用底栖硅藻作为河湖健康评价的主要表征因素。美国 EPA 详细介绍了依据底栖硅藻群落形成的用于描述和诊断生物完整性的 15 项指标,并指出可以从中选择合适的指标建立类似 IBI 的底栖藻类生物完整性指数对河湖健康进行评价。

10.3.2　河湖功能相关指标

水是生命之源、生态之基和生产之要。功能是指系统与环境相互作用中所表现出的能力,这包括系统对外部环境的作用、效用、效能或目的。对于河湖系统而言,在结构稳定基础上,发挥其应用的自然和社会功能也是健康评价的主要内容。

10.3.2.1　自然功能指标

河湖最重要的自然功能就是栖息地功能,是植物和动物能够正常生活、生长、觅食、繁殖以及进行生命循环周期中其他的重要组成部分的区域。河湖栖息地为生物个体、种群和生物群落提供生命所必需的一些要素比如空间、食物、水源以及庇护所等。河道通常为很多物种提供适合生存的条件,它们利用河道进行生活、觅食、饮水、繁殖以及形成重要的生物群落。

在具体评价指标方面,前文所述的河湖形态相关物理指标,如河道弯曲程度、河(湖)宽、深度、河道纵坡、纵向连通性、水文要素等均影响河湖的栖息地功能,但多将其归纳至河湖物理要素指标方面。目前在对河湖栖息地功能进行评价过程，主要对其内部栖息地和边缘栖息地特点评估，内部栖息地常用指标主要包括底质类型、悬浮物沉积数量、水生植物组成及分布等，边缘栖息地常用岸坡植被覆盖率、植被覆盖结构、覆盖质量等指标进行评估。

表 10.5 河流栖息地功能相关指标

分类	主要指标参数	主要作用
内部栖息地	底质类型、悬浮物沉积数量、水生植物组成及分布等	从河湖内部角度评估栖息地的功能保障能力
边缘栖息地	岸坡植被覆盖率、植被覆盖结构、覆盖质量等	从河湖边缘地区角度评估栖息地的功能保障能力

10.3.2.2 社会功能指标

河湖的社会功能是指能够满足人类社会需求，为人类社会提供福利。随着人类社会的不断发展，人类开发和利用自然的能力逐渐加强，河湖服务于经济社会发展和造福于人类的功能日益显著。包括经济保障功能和景观文化功能两方面。

河湖的经济保障功能包括水源供给、防洪、运输功能、能源供给等。水源供给功能主要是给人类、动物等提供饮用水源，给植物、农作物等提供灌溉水源（如引水工程、水库建设、区域调水工程等），也可以为工业用水和城市景观提供水源（如电厂冷却水和景观用水等）；能源供给主要是通过水能的开发与利用，可为人类经济社会发展提供最清洁的能源；运输功能主要是河湖中流动着的水流为人类和物资的运输等提供途径。

河湖的景观文化功能包括景观功能及人文功能。在景观方面，河湖从源头到河口，塑造了不同的景观类型，给人类以美的感觉和享受；在人文方面，河湖孕育着源远流长的河湖文化，记载着人类活动与发展的历史，承载了不同特色的文明和文化。

表 10.6 河湖社会功能相关指标

分类	主要指标参数	主要作用
经济保障功能	水资源供给能力、防洪保障能力、能源保障能力、航运保障能力等	从经济保障功能角度评估河湖在人类社会需求方面的能力
景观文化功能	景观类型、景观丰富度、亲水功能、文化传承度、文化发展度等	从景观文化角度评估河湖在人类社会需求方面的能力

10.4 河湖健康评价流程与方法

10.4.1 河湖健康评价的主要技术流程

河湖健康评价涉及技术准备、数据获取与分析、评价分析等技术过程。其中技术准备是河湖健康评价的基础工作，主要是在对拟评价河湖资料初步收集的基础上开展，重点包括评价河湖类别的确定、评价指标的确定，以及评价模型与阈值标准或相关参数的确定；河湖健康评价的数据获取与分析是在技术准备基础上完成各项数据采集工作，并对各项获取的数据进行分析与计算，获取评价要素的最终需求数据；而河湖健康评价分析是对评价结果的确定,以及在评价结果基础上形成的评价结论及相关调整建议。

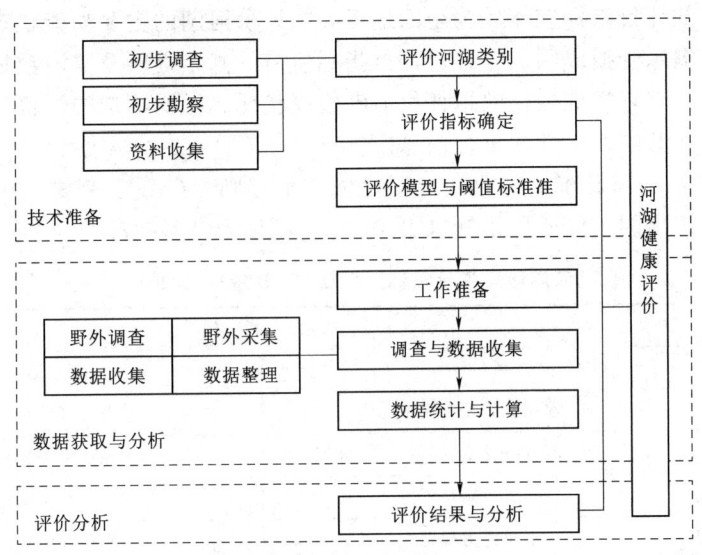

图 10.4 河湖健康评价基本技术流程

10.4.2 河湖健康评价的技术准备

河湖健康评价的技术准备重点是针对评价河湖开展资料与数据的初步收集,确定评价河湖的特点与类别,确定相关评价指标、评价模型与阈值标准,提出技术方案与技术细则。

10.4.2.1 评价河湖类别确定

河湖区域会有不同类型的自然地理及社会特征,在进行健康评价时需要对河湖进行进一步分类,明确其特点与评价重点,从而为建立合适的评价指标体系提供基础。河湖分类是依据河湖的自然或社会特征,选择其属性指标进行河湖类型划分。在强调自然属性为主时,多选择自然属性指标进行分类,如按照海拔或地貌变化等;在强调社会属性时,多选择功能性指标进行分类。

表 10.7 评价河流类别划分

分类基础	主要类别	适用条件
自然属性	山区河湖、平原河湖;平直河、曲流河、辫状河、网状河	适用于人为干扰程度较小,且自然特征较为显著的河湖
社会属性	城市河湖、功能性河湖(航运、发电等)、人工河湖(人工建设而成)	适用于人为干扰程度较大,且社会功能较为显著的河湖

10.4.2.2 评价指标筛选

河湖健康评价涉及的指标参数繁多,需要根据不同的河湖类别确定适合的评价指标体系,这也是河湖健康评价的重要内容之一。根据河湖的基本特征和个体特征,应建立由共性指标和个性指标构建的河湖健康评价指标体系,重点从以下方面进行考虑：①应在评价河湖类别确定基础上，根据评价对象的实际及功能，突出重点，选择代表性指标进行评价，如以社会属性分类为主的河湖，反映社会功能的指标应是重点内容。②所选的评价指标应能较为全面地反映拟评价河湖的主要功能状态，可识别河湖健康状况并揭示受损成因。③针对评价指标所需的基本资料及监测数据应能够获取且来源准确，能够真实准确反映拟评价河湖健康状况。④所筛选的评价指标之间应相对独立，不存在共同指向性的重复信息。

2020年，水利部发布了《河湖健康评估技术导则》（SL/T 793—2020），给出河湖健康评价筛选出的一些通用指标（表10.8），可作为借鉴参考。

表10.8　河湖健康评价指标（引自SL/T 793—2020）

准则层	评价指标	
	河流	湖泊
水文完整性	水资源开发利用率	水资源开发利用率
	流量过程变异程度	入湖流量变异程度
	生态流量满足程度	最低生态水位满足程度
化学完整性	水质优劣程度	水质优劣程度
	饮用水水源地水质达标状况	饮用水水源地水质达标状况
	—	营养状态
	底泥污染状况	底泥污染状况
	水功能区达标率	水功能区达标率
形态结构完整性	河流纵向连通性指数	湖泊连通指数
	—	湖泊面积萎缩比例
	河岸稳定性	湖岸稳定性
	河岸带植被覆盖度	湖岸带植被覆盖度
	排污口合理程度	排污口合理程度
	河岸带人工干扰程度	湖岸带人工干扰程度
生物完整性	—	浮游植物密度
	—	浮游植物生物损失指数
	—	大型水生植物覆盖度
	大型底栖无脊椎动物生物完整性指数	大型底栖无脊椎动物生物完整性指数
	鱼类保有指数	鱼类保有指数
社会服务功能可持续性	防洪指标	防洪指标
	供水指标	供水指标
	公众满意度	公众满意度

10.4.2.3　评价模型与指标等级确定

在河湖健康评价指标确定后，采用何种模型（方法）进行评价也是重要内容，需要根据评价指标参数的特征及拟评价河湖的类别进行确定。在具体实践过程，加权求和法、模糊综合评价法等是目前常用的评价方法。

1. 加权求和法

如采用加权求和法进行评价，就可根据分段/分区的各评价指标赋分和权重共同进行：

$$M = \sum P_i W_i \tag{10.1}$$

式中：M 为评价河段健康状况得分；P_i 为第 i 项指标赋分；W_i 为第 i 项指标权重。

分段/分区的整个河湖一般采用河长/分区面积为权重对整体健康状况综合赋分：

$$RHS = \frac{\sum_{i=1}^{R_s} RHS_i \times W_i}{\sum_{i=1}^{R_s} W_i} \tag{10.2}$$

式中：RHS 为河湖健康状况赋分；RHS_i 为第 i 评估河段/湖区健康状况赋分；W_i 为第 i 评估河段的河湖长度，km，或第 i 评估湖区的水面面积，km²；R_s 为评估河段/湖区数量，个。

2. 模糊综合评价法

如若采用模糊综合评价法，由于河湖健康评价指标体系分为目标层、准则层和指标层三个层次，因此可采用二级模糊综合评价方法，按以下步骤进行。

(1) 建立目标层、准则层和指标层。

总目标 A 包括 n 个准则 B_i（$i=1, 2, \cdots, n$），即

$$A = \{B_1, B_2, \cdots, B_n\} \tag{10.3}$$

而准则 B_i 又包含 m 个指标 C_{ij}（$j=1, 2, \cdots, m$），则

$$B_i = \{C_{i1}, C_{i2}, \cdots, C_{im}\} \tag{10.4}$$

式中：C_{ij} 为第 i 个准则的第 j 个指标。

(2) 确定指标权重集。

权重值包括准则层相对于目标层的权重集和指标层相对于准则层的权重集，分别为 W_{Bi} 和 W_{Ci}：

$$W_{Bi} = (W_{B1}, W_{B2}, \cdots, W_{Bn}) \tag{10.5}$$

$$W_{Ci} = (W_{C1}, W_{C2}, \cdots, W_{Cn}) \tag{10.6}$$

$$W_{Cij} = (W_{ci1}, W_{ci2}, \cdots, W_{cim}) \tag{10.7}$$

式中：W_{Bi} 为第 i 个准则对目标层的权重（$i=1, 2, \cdots, n$）；W_{cij} 为第 i 个准则中的第 j 个指标对该准则的权重（$j=1, 2, \cdots, m$）。

(3) 建立隶属度矩阵。

若河湖健康的分级标准共 l 个等级 V_k（$k=1, 2, \cdots, l$），根据各指标的特征，拟定各指标的隶属度函数，建立隶属度矩阵 R：

$$R_i = (R_1, R_2, \cdots R_n)^{\mathrm{T}} \tag{10.8}$$

$$R_{ijk} = \begin{bmatrix} r_{i11} & r_{i12} & \cdots & r_{i1l} \\ r_{i21} & r_{i22} & \cdots & r_{i2l} \\ \vdots & \vdots & & \vdots \\ r_{im1} & r_{im2} & \cdots & r_{iml} \end{bmatrix} \tag{10.9}$$

式中：R_i 为第 i 个准则的隶属度矩阵（$i=1,2,\cdots,n$）；R_{ijk} 为第 i 个准则下的第 j 项指标对第 k 级健康标准的隶属度（$j=1,2,\cdots,m$；$k=1,2,\cdots,l$）。

(4) 分层模糊评价。

指标层对准则层的模糊评价为

$$M=(M_1,M_2,\cdots,M_n)^1 \tag{10.10}$$

$$M_i=W_{Ci}\cdot R_i=(w_{ci1},w_{ci2},\cdots,w_{cim})\cdot\begin{bmatrix}r_{i11} & r_{i12} & \cdots & r_{i1l}\\ r_{i21} & r_{i22} & \cdots & r_{i2l}\\ \vdots & \vdots & \vdots & \vdots\\ r_{im1} & r_{im2} & \cdots & r_{iml}\end{bmatrix}=(M_{i1},M_{i2},\cdots,M_{il}) \tag{10.11}$$

式中：M_i 为第 i 准则层的模糊评价（$i=1,2,\cdots,n$）。

从而准则层对目标层的模糊评价为

$$S=W_B\cdot M=(w_{B1},w_{B2},\cdots,w_{Bn})\cdot\begin{bmatrix}W_{C1}\cdot R_1\\ W_{C2}\cdot R_2\\ \vdots\\ W_{Cn}\cdot R_n\end{bmatrix}=(S_1,S_2,\cdots,S_l) \tag{10.12}$$

式中：S_k 为河湖健康对第 k 级健康标准的隶属度（$k=1,2,\cdots,l$）；S 为河湖对评价等级的隶属度矩阵。

若隶属度矩阵 S 不满足 $\sum_{k=1}^{l}S_k=1$，则对该矩阵进行归一化处理，即

$$P_k=\frac{S_k}{\sum_{k=1}^{l}S_k},(k=1,2,\cdots,l) \tag{10.13}$$

经归一化处理后得到新的判断矩阵：

$$P=(P_1,P_2,\cdots,P_l) \tag{10.14}$$

根据最大隶属度原则，选取 $\max_{1\leqslant k\leqslant l}\{P_k\}$ 相对应的评价等级作为评价结果，从而对河湖健康所处的状态做出科学的判断。

河湖健康评价过程，在评价指标筛选之后，需要对每个评价指标设定一个参比标准，也就是评价指标等级标准，至少包括一个最低标准（差）和一个最高标准（好）。评价指标等级确定的方法有很多种，包括参照条件法、专家经验法、国家或行业标准等。

参照条件法是指针对设定的评价指标，参照研究区已有类似研究成果或其他类似研究区相近成果，对评价指标分级进行确定，其设定依据是基于研究区或类似研究区的相关监测数据，如对河岸带植被覆盖度指标进行等级设计，研究区类似研究成果中将 80% 以上、80%～60%、60% 以下分别定义为好、中、差，并且在实践应用中较好反映了区域岸线植被覆盖状况，那么本次评价等级设定就可以参考该研究成果；专家经验法是指针对设定的评价指标，由经验丰富的专家对评价等级进行归纳总结，形成一套完整的评价等级标准，这种方法具有一定的简便性，但是对专家的经验和知识

程度要求比较高。

不同的确定方法有各自的优缺点,如参照国家或行业标准、专家经验法不需要监测数据进行分析,但存有主观性和片面性。参照条件法需要有监测数据的支持,但很难找到理想的参照条件。常用的各指标要素确定方法见表 10.9,具体可依据评价河湖的特性选择合适方法进行。

表 10.9　　　　　　　　　不同类别指标等级的确定方法

指标类别	确定方法	说　　明
物理要素指标	参照条件法;专家经验建议	多采用研究区已有研究成果或其他类似研究区相近成果进行,专家经验建议作为补充
化学要素指标	参照国家或行业标准进行分级	有符合当地水体特征的相关标准应优先选择
生物要素指标	参照条件法	多采用研究区已有研究成果或其他类似研究区相近成果进行确定
自然功能指标	参照条件法	多采用研究区已有研究成果或其他类似研究区相近成果进行确定
社会功能指标	参照条件法;专家经验建议	多采用研究区已有研究成果或其他类似研究区相近成果进行,专家经验建议作为补充

10.4.3　河湖健康评价的数据获取

数据获取是河湖健康评价的重要内容,为了保证河流健康评价的准确性,评价数据的收集需要遵循严格的规定。对于生态环境部门、水利部门等已经掌握的数据,可按照评价指标数据需求进行系统获取。但大多数条件下,需要在一定周期内进行现场调查与监测对数据进行获取。

10.4.3.1　调查监测方案的确定

调查方案的制订需考虑采用的评价指标特点,并考虑空间异质性特征,明确不同空间尺度上的调查内容,并在流域尺度要实地调研收集有关河流基本状况与人为活动影响源的基本资料与数据。

在具体调查监测过程,河流的纵向分段(评价河段)、监测点位、监测河段与监测断面设置可按图 10.5 确定,一般选择河流水面宽度距离 40 倍的河段,且河段长度满足不小于 150m 而不大于 1km,然后针对划分的河段开展监测与调查,开展数据采集。

湖泊应根据其水文、水动力学特征、水质、生物分区特征,以及湖泊水功能区区划特征分区,同时考虑不同行政区的管理范围。监测点位布设应根据湖泊规模及健康评价指标特点设置,然后针对划分湖分区开展监测评价。

10.4.3.2　调查监测与数据收集

河湖健康相关指标数据主要采用资料收集、现场测量等方法,必要时开展无人机或遥感监测。除了指标数据外,还需要对河流区域自然地理概况、经济社会状况、土地资源开发利用状况、景观与文物、航运与旅游等数据进行收集,以及河流基本情况包括河流的源头、长度、主要汇水支流、河道等级、河势稳定性、平面形态、横断面和纵断面特征及基本地貌单元等数据。

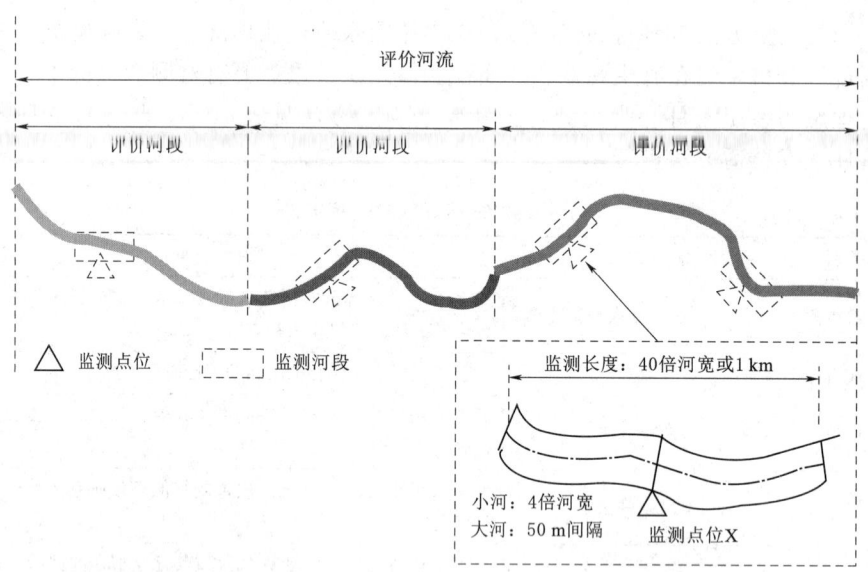

图 10.5 河流健康评价监测河段与点位划分方法（引自 SL/T 793—2020）

表 10.10 河湖健康评价数据获取方法

指标分类	数据获取方法	说　明
物理要素指标	河湖形态等多采用已有的勘察设计资料，必要时开展补充测量；水文相关数据采用水文监测站点相关数据；河岸带状态多采用现场调查	无水文监测站点河湖，可收集流域内相近河湖数据进行计算获得
化学要素指标	多采用生态环境部门设置的监测段面数据，必要时参照监测点位设置方法现场取样进行分析	化学要素相关指标数据应满足一定的时间序列要求，一般要求年度内 6 次以上
生物要素指标	多收集评价河湖或相同流域类似河湖已有历史序列成果，现状数据多采用现场调查监测方式获取	现状调查应根据拟评价生物特点分季节开展，以多次数据综合评估
自然功能指标	多采用现场调查监测方式获取数据	涉及植被覆盖度、水生植物组成及分布等指标一般在 5—10 月开展调查
社会功能指标	多采用资料收集、现场调查、专家咨询相结合方式获取数据	涉及文化相关指标应重点依据文化管理部门掌握成果

10.4.4 河湖健康评价结果与管理

针对设定的河湖健康评价指标，在所需数据收集完成后，就需要对其进行归纳整理与初步分析，依据预先设定好的评价模型开展评价。

根据河湖管理需求，目前常用的健康评价结果一般分为 5 级：非常健康、健康、亚健康、不健康、劣态，并用不同颜色进行等级区分，见表 10.11。

表 10.11　　　　　　　　　河湖健康评价分级表

等级	颜色	赋分范围	等级	颜色	赋分范围
非常健康	蓝	90≤HI≤100	不健康	橙	40≤HI<60
健康	绿	75≤HI<90	劣态	红	0≤HI<40
亚健康	黄	60≤HI<75			

对非常健康河湖，应在现有健康状况的基础上，以采用维持、预防、管理和保护等措施为主；对于亚健康河湖，应当加强日常维护和监管力度，及时对局部缺陷进行治理修复，消除影响健康的隐患；对于不健康及劣态河湖，应积极寻找不健康项产生原因，针对不健康项开展综合性治理措施进行治理修复，改善河湖面貌，提升河湖水环境水生态，重塑河湖形态和生境。对于健康等级，应当采用一定的修复、调控以及管理与保护相结合等措施，加强日常管护，在可能条件下进行健康等级提升。

一般情况下，开展完河湖健康评价需要编写评价报告，评价报告一般内容见表 10.12。

表 10.12　　　　　　　　　河湖健康评价报告的主要内容

报告章节	主 要 内 容
基本情况	概要说明评价河湖及其所在流域、区域自然地理、河湖水系及历史演变、水文气象及经济社会状况，健康评价工作过程
调查监测	说明选用的评价指标体系、评价方法与评价标准，给出分段评价方案（评价河段），说明各评价河段空间位置与物理参数（河流包括起始与终止断面经纬度、河长、河宽、多年平均径流量等）
生物要素指标	说明专项勘察、专项调查、专项监测方案，详细说明各评价指标数据来源；以图表结合方式，说明专项监测方案监测点位、监测断面布置方案，并说明监测点位的代表性；说明专项监测频次与监测时间；以表格方式给出专项监测指标的监测成果
健康评价结果	按照设定的评价方法与标准，逐一说明各指标的计算过程与赋分结果，形成评价河段健康状况及赋分结果，给出河湖健康综合评价结论
健康问题分析与对策	根据各指标赋分情况，说明河湖健康整体特征、不健康的主要表征，分析不健康的主要压力，给出持续改进意见，给出河湖健康保护及修复目标建议方案
附图	流域水系图、水资源分区、水功能区划、行政区划、自然保护区等；水源地、取水口、排污口、拦河工程、堤防分布图等图件；评价河段位置图，常规水文、水质站位置图，监测点位、监测断面及样方分布图等
附表	包括评价河段、监测点位、样方信息、调查表、生物物种名录及其照片等附表

10.5　河湖健康评价案例

10.5.1　评价河流特征

结合前文有关河湖健康评价相关指标与方法介绍，现以成都市沙河为例开展对系统方法的简要阐述。沙河是成都府河左岸的一级支流,又是府河左岸的两大引水干渠之一,于1957年经过人工改造的一条河道。沙河在府河左岸洞子口河段取水,在成昆铁路学生大桥上游再从左岸注入府河,全长22.2km,河流的平均比降为0.88‰,全河的流域面积为59.6km²,整体评价划分为一个河段,如图10.6所示。

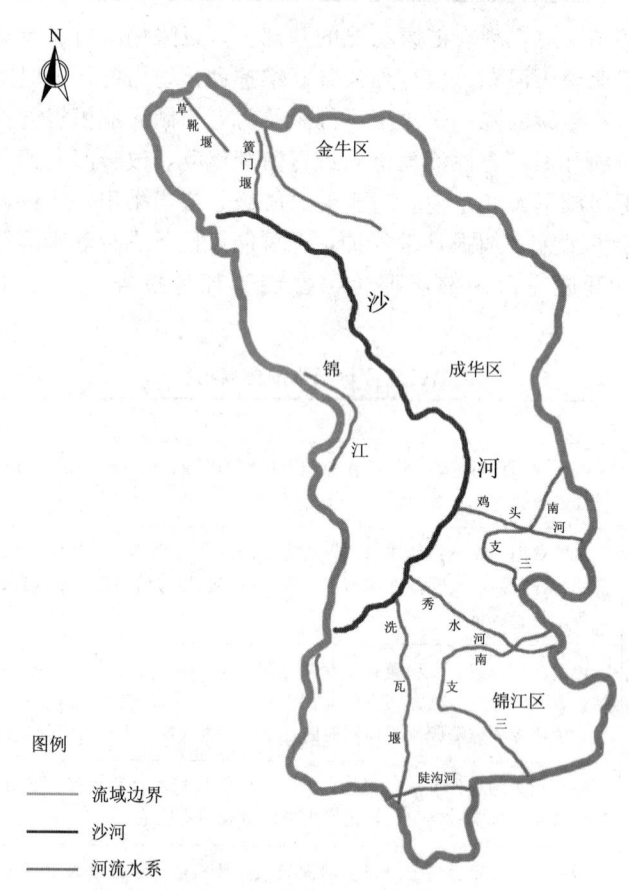

图10.6 成都市沙河流域水系

10.5.2 评价指标与方法

结合成都市沙河特点,评价指标采用依据《四川省河流(湖库)健康评价指南(修订版)》(2023)中的相关分类,采用简化指标开展评价,见表10.13。

表10.13 沙河健康评价指标

序号	评价指标	权重	序号	评价指标	权重
1	岸线自然状况	0.20	4	鱼类保有指数	0.20
2	生态流量满足程度	0.15	5	防洪达标率	0.15
3	水质优劣程度	0.15	6	公众满意度	0.15

根据《四川省河流（湖库）健康评价指南（修订版）》（2023）中的相关指标计算方法，不同指标的计算与赋分方法如下。

1. 岸线自然状况

岸线自然状况包括河流岸稳定性和岸带植被覆盖率两个方面。岸线自然状况指标分值按式（10.15）计算。

$$BH = BS_r \times BS_w + PC_r \times PC_w \quad (10.15)$$

式中：BH 为岸线自然状况赋分；BS_r 为河流岸稳定性赋分；BS_w 为河流岸稳定性权重，取 0.4；PC_r 为岸带植被覆盖率赋分；PC_w 为岸带植被覆盖率权重，取 0.6。

河流岸稳定性按总体特征赋分。赋分标准见表 10.14。

表 10.14 河流（湖库）岸稳定性指标赋分标准表

河流岸特征	稳定	基本稳定	次不稳定	不稳定
总体特征	近期内河岸不会发生变形破坏，无水土流失现象。	河流岸结构有松动发育迹象，有水土流失迹象，但近期不会发生变形和破坏。	河流岸松动裂痕发育趋势明显，一定条件下可导致河流（湖库）岸变形和破坏，中度水土流失。	河流岸水土流失严重，随时可能发生大的变形和破坏，或已经发生破坏。
赋分	100	75	25	0

岸带植被覆盖率评估河流岸带自然和人工植被垂直投影面积占河流岸带面积比例。重点是评估陆向范围乔木、灌木和草本植物的覆盖状况。本次采用直接赋分法，根据调查所得到的河流岸带植被总覆盖率进行赋分，赋分标准见表 10.15。

表 10.15 河流岸带植被覆盖率赋分标准表

河流岸带植被覆盖率/%	程度	赋分	河流岸带植被覆盖率/%	程度	赋分
75~100	极重度覆盖	75~100	0~10	植被稀疏	0~25
40~75	重度覆盖	50~75	0	无植被	0
10~40	中度覆盖	25~50			

2. 生态流量满足程度

分别计算 4—9 月及 10 月—次年 3 月最小日均流量占同期多年平均流量的百分比，根据表 10.16 分别计算赋分值，取二者的最低赋分为河流生态用水满足程度赋分。

表 10.16 生态流量满足程度赋分标准表

最小日均流量占比/%		赋分	最小日均流量占比/%		赋分
枯水期 （10月—次年3月）	≥15	100	丰水期 （4—9月）	≥30	100
	15~10	100~80		30~20	100~80
	10~8	80~40		20~15	80~40
	8~5	40~20		15~10	40~20
	<5	0		<10	0

3. 水质优劣程度

原则上应优先选用评价河流上国考、省考断面及有长系列监测成果的例行断面开展水质评价。每个指标同一断面（点位）多次监测数据取平均值作为该指标断面（点位）平均值；有多个断面监测（点位）时，以各监测断面（点位）所代表河段长度（湖区水面面积）作为权重，计算各个断面（点位）监测结果的加权平均值，作为该指标的年平均值。对水质优劣程度赋分。赋分标准见表 10.17。

表 10.17　　　　　　　　水质优劣程度评估赋分标准表

水质优劣程度	Ⅰ～Ⅱ类水质比例≥90%	75%≤Ⅰ～Ⅱ类水质比例<90%	50%<Ⅰ～Ⅲ类水质比例<75%，且无Ⅴ类及劣Ⅴ类水质的	Ⅰ～Ⅲ类水质比例<75%，且有Ⅴ类水质的	Ⅰ～Ⅲ类水质比例<50%	Ⅴ～劣Ⅴ类水质比例>50%
赋分	100	80	60	40	不健康	劣态

4. 鱼类保有指数

评价现状鱼类种数与历史参考点鱼类种数的差异状况，按照式（10.16）计算，赋分标准见表 10.18，赋分时采用线性插值法。鱼类种数不包括外来鱼种。鱼类调查取样监测可按《生物多样性观测技术导则　内陆水域鱼类》（HJ 710.7）等鱼类调查技术标准确定。历史参考点鱼类种类数一般通过历史资料获取，若无历史资料，可采用专家咨询方法确定。

$$FOEI = \frac{FO}{FE} \times 100\% \tag{10.16}$$

式中：$FOEI$ 为鱼类保有指数，%；FO 为评价河湖调查获得的鱼类种类数量（剔除外来物种），种；FE 为 2000 年以前评价河湖的鱼类种类数量，种。

表 10.18　　　　　　　　鱼类保有指数赋分标准表

鱼类保有指数/%	100	75	50	25	0
赋分	100	60	30	10	0

5. 防洪达标率

河流按照式（10.17）计算已达到防洪标准的堤防长度占有防洪需求的河段总长度的比例。河流防洪指标赋分见表 10.19，赋分可采用区间内线性插值。

$$FDRI = \frac{RDA}{RD} \times 100\% \tag{10.17}$$

式中：$FDRI$ 为河流防洪工程达标率，%；RDA 为河流达到防洪标准的堤防长度，m；RD 为有防洪需求的河段总长度，m。

表 10.19　　　　　　　　防洪指标评估赋分标准表

防洪达标率/%	≥95	90～95	85～90	70～85	≤70
赋分	100	75～100	50～75	25～50	0

6. 公众满意度

调查评估公众对河湖环境、水质水量、涉水景观、舒适性、美学价值的满意程度。调查范围应包括河湖全部水域及正常水位线以上50米陆域，原则上调查人数不宜少于50人。参与调查人员应涵盖当地河湖长制相关部门工作人员、居（村）民、村组（社区）基层干部、河湖相关研究人员（渔业、鸟类专业等）河湖管理人员等，参与调查的各类人员占比应尽量均衡。

10.5.3 评价数据获取

根据评价指标与方法，结合实际情况对不同指标数据进行了相应采集，主要获取方法见表10.20。

表10.20　　　　　　　　沙河健康评价数据获取方式

序号	评价指标	获 取 方 式
1	岸线自然状况	现场调查
2	生态流量满足程度	府河入口闸坝调控数据
3	水质优劣程度	杆塔厂断面监测数据
4	鱼类保有指数	现场调查与专家咨询
5	防洪达标率	现场调查与堤防设计资料查询
6	公众满意度	现场调查

10.5.4 评价结果

1. 岸线自然状况

根据现场调查结果，沙河整体河岸稳定，近期内河岸不会发生变形破坏无水土流失现象，植被整体覆盖度平均在90%以上，根据前文提到的计算方法，河流岸稳定性赋分100分，植被覆盖度赋分90分，按照自然状况综合得分94分。

图10.7　成都市沙河岸线特征

2. 生态流量满足程度

根据前文评分标准，结合沙河水文资料，2023年4—9月最小日均流量7.6m³/s，多年平均流量13.87m³/s，百分比54.79%，评分100分；2023年10月—次年3月最小日均流量6.8m³/s，多年平均流量14.11m³/s，百分比48.19%，评分100分。取二者的最低赋分值为河流生态用水满足程度赋分，即综合评分为 100 分。沙河生态用水满足程度评分表见表 10.21。

表 10.21　　　　　　　　沙河生态用水满足程度评分表

时段	2023 年最小日均流量 /(m³/s)	多年平均流量 /(m³/s)	百分比 /%	评分
4—9 月	7.6	13.87	54.79	100
10 月—次年 3 月	6.8	14.11	48.19	100
综合评分	/	/	/	100

3. 水质优劣程度

根据前文评分标准，结合沙河水质资料主要监测指标，2023 年其水质基本稳定在Ⅱ～Ⅲ类，本项评分为 100 分。沙河水质情况如图 10.8 所示。

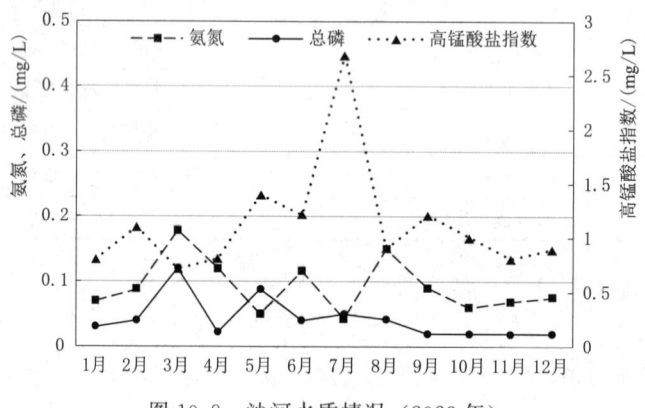

图 10.8　沙河水质情况（2023 年）

4. 鱼类保有指数

此次评价对沙河河段的鱼类进行了调查，共发现鱼类 35 种，其中 3 种属外来物种，外来物种不参与此次评价。结合渔业管理部门及专家咨询结果，沙河 2000 年以前评价河湖的鱼类种类数量为 42 种，根据鱼类保有指数公式，计算可得鱼类保有指

图 10.9　沙河鱼类现场调查

数为 76.19%，沙河鱼类保有指数指标评分为 61.2 分。

5. 防洪达标率

根据《成都市防洪规划（2017—2035）》，结合现场调查与堤防设计资料查询，沙河段两岸均为已建堤防，已建堤防防洪能力均满足 200 年一遇防洪标准，两岸现状堤顶高程均高于设计洪水位，且满足安全超高要求，防洪工程达标率 100%，评分 100 分。

6. 公众满意度

在公众调查方面，累计调查 136 人，其中有效问卷 122 人。80.3% 的受访者认为水量还可以；93.2% 的受访者认为岸上树草数量还可以；84.6% 的受访者认为无沿河垃圾堆放；94.9% 的受访者认为河湖岸边适合散步与娱乐休闲活动。通过对调查结果的统计分析，公众满意度指标最终得分为 81.9 分，说明公众对沙河处于满意状态。

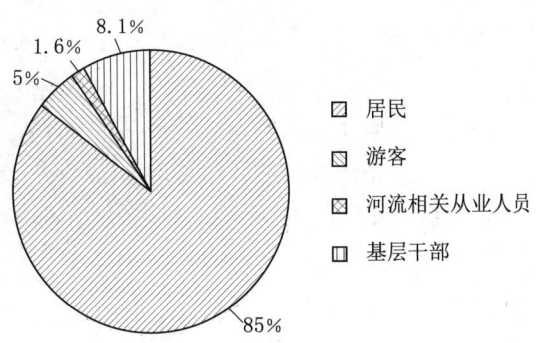

图 10.10　沙河公众满意度调查人群分类

10.5.5　评价结论

按照评价方法对指标层逐层加权，按照前文所述分级表（表 10.11），沙河健康评价评分结果见表 10.22，其结果为健康等级。说明沙河某些功能虽有一定程度受损，但仍处于可持续发展的健康状态，应当采用一定的修复、调控以及管理与保护相结合等措施，加强日常管护，持续对河湖健康提档升级，尤其是积极恢复和改善鱼类栖息地，通过适度的人工干预和保护措施，提升水生生境保障功能。

表 10.22　　　　　　　　　　沙河健康评价评分结果

评价指标	指标权重	指标赋分	评价河段健康赋分
岸线自然状况	0.2	94	88.32
生态流量满足程度	0.15	100	
水质优劣程度	0.15	100	
鱼类保有指	0.2	61.2	
防洪达标率	0.15	100	
公众满意度	0.15	81.9	

思　考　题

1. 请结合前章节河湖生态系统结构与功能角度，思考和理解河湖健康的内容和内涵。

2. 简述河湖健康评价的方法，并对比其优缺点和适用性。

3. 简述河湖健康评价的指标。试从生态系统结构稳定和功能保障角度，分析各指标如何反映河流健康状况。

4. 结合本章学习，思考如何针对一条河流进行河湖健康评价，并分析大江大河、支流河流和湖泊、水库，其评价方法和指标体系异同点。

参 考 文 献

[1] 中国生态环境状况公报，2014年.
[2] 中国生态环境状况公报，2021年.
[3] 第二次全国污染源普查公报，2022年.
[4] 王超. 农业农村面源污染物控制技术及工程实践［R］. 南京：河海大学，2015.
[5] 冯绍元. 环境水利学［M］. 2版. 北京：中国农业出版社，2016.
[6] 中华人民共和国国家环境保护总局. 地表水环境质量标准（GB 3838—2002）［S］.
[7] 国家市场监督管理总局，国家标准化管理委员会. 生活饮用水卫生标准（GB 5749—2022）［S］.
[8] 中华人民共和国国家环境保护总局. 城镇污水处理厂污染物排放标准（GB 18918—2002）［S］.
[9] 国家市场监督管理总局，国家标准化管理委员会. 村镇供水工程技术规范（GB/T 43824—2024）［S］.
[10] 四川省环境保护厅，四川省质量技术监督局. 四川岷、沱江流域水污染物排放标准（DB51/2311—2016）［S］.
[11] 胡小兵，钟梅英. 环境工程生物学［M］. 合肥：合肥工业大学出版社，2008.
[12] 林海. 环境工程微生物学［M］. 2版. 北京：冶金工业出版社，2014.
[13] 王国惠. 环境工程微生物学：原理与应用［M］. 3版. 北京：化学工业出版社，2015.
[14] 周群英，王士芬. 环境工程微生物学［M］. 4版. 北京：高等教育出版社，2015.
[15] 乐毅全，王士芬. 环境微生物学［M］. 3版. 北京：化学工业出版社，2019.
[16] 任何军，张婷娣. 环境微生物学［M］. 北京：清华大学出版社，2015.
[17] 李大鹏. 环境微生物学［M］. 北京：石化工业出版社，2020.
[18] 张小凡，周伟丽，王志平. 环境微生物学［M］. 上海：上海交通大学出版社，2013.
[19] 张甲耀，宋碧玉，陈兰洲. 环境微生物学［M］. 武汉：武汉大学出版社，2008.
[20] 张灼. 污染环境微生物学［M］. 昆明：云南大学出版社，1997.
[21] 张锡辉. 高等环境化学与微生物学原理及应用［M］. 北京：化学工业出版社，2001.
[22] 程胜高，罗泽娇，曾克峰. 环境生态学［M］. 北京：化学工业出版社，2003.
[23] 余顺慧，潘杰，谢昆，等. 环境生态学［M］. 成都：西南交通大学出版社，2014.
[24] 胡荣桂. 环境生态学［M］. 武汉：武汉大学出版社，2012.
[25] 张志杰. 环境污染生态学［M］. 武汉：中国环境科学出版社，1989.
[26] 张宝贵，郭爱红，周遗品. 环境化学［M］. 2版. 武汉：华中科技大学出版社，2018.
[27] 戴树桂. 环境化学［M］. 2版. 北京：高等教育出版社，2006.
[28] 何燧源. 环境化学［M］. 4版. 上海：华东理工大学出版社，2005.
[29] 雷衍之. 养殖水环境化学［M］. 北京：中国农业出版社，2005.
[30] 吴吉春，张景飞，孙媛媛. 水环境化学［M］. 北京：中国水利水电出版社，2009.
[31] 李学恒. 土壤化学［M］. 北京：科学出版社，2001.
[32] 斯蒂文森. 腐殖质化学［M］. 夏荣基，译. 北京：北京农业大学出版社，1994.
[33] 金相灿. 沉积物污染化学［M］. 北京：中国环境科学出版社，1992.
[34] 赵继华，方建. 胶体与界面化学［M］. 北京：化学工业出版社，1992.

[35] 李圭白,张杰. 水质工程学 [M]. 北京：高等教育出版社,2021.
[36] 谢嘉. 水污染控制原理 [M]. 成都：四川大学出版社,2009.
[37] 高廷耀,顾国维,周琪. 水污染控制工程 [M]. 北京：高等教育出版社,2020.
[38] 秦明. 人工湿地工程 [M]. 上海：上海交通大学出版社,2011.
[39] 杨长明,王育光. 城镇污水处理厂尾水人工湿地处理技术理论与实践 [M]. 上海：同济大学出版社,2019.
[40] 王月明,魏祥法. 畜禽养殖污染防治新技术 [M]. 北京：机械工业出版社,2017.
[41] 徐静,张静萍,路远. 环境保护与水环境治理 [M]. 长春：吉林大学出版社,2021.
[42] 聂菊芬,文命初,李建辉. 水环境治理与生态保护 [M]. 长春：吉林人民出版社,2021.
[43] 魏俊,陆瑛,程开宇. 城市水环境治理理论与实践 [M]. 北京：中国水利水电出版社,2018.
[44] 谈勇,万榆,邱丘. 黑臭水体治理和水环境修复 [M]. 北京：中国水利水电出版社,2017.
[45] 王西琴. 河流生态需水理论、方法与应用 [M]. 北京：中国水利水电出版社,2007.
[46] 郭文献,夏自强,王鸿翔. 河流生态需水及生态调控理论与实践 [M]. 北京：中国水利水电出版社,2013.
[47] 郑志宏. 河流健康评价与生态环境需水理论及应用研究 [M]. 北京：中国水利水电出版社,2014.
[48] 谭啸,顾正娣,许航,等. 湖泊环境治理与生态健康评价 [M]. 天津：天津科学技术出版社,2011.
[49] 金相灿. 湖滨带与缓冲带生态修复工程技术指南 [M]. 北京：科学技术出版社,2014.
[50] 南京水利水电科学研究院. 河湖健康评价指南（试行）[M]. 北京：水利部河湖管理司,2020.
[51] 四川省河长制办公室. 四川省河流（湖库）健康评价指南（试行）[M]. 2020.
[52] 胡易坤. 城市黑臭河道底泥污染原位物理覆盖治理技术研究 [D]. 成都：四川大学,2020.
[53] 陈重军,潘钰伟,谢嘉玮,等. 河流污染底泥原位覆盖材料及其应用研究进展 [J]. 环境工程技术学报,2022,12(1)：100-109.
[54] 李岚淼. 复合污染下水体黑臭发生机理及硝酸盐材料对黑臭底泥的修复效果研究 [D]. 成都：四川大学,2021.
[55] 肖羽堂,王艳杰,吴玉丽,等. 好氧-富氧曝气生物处理在黑臭河涌原位修复中的应用 [J]. 环境工程学报,2017,11(5)：2780-2784.
[56] 王琼,李乃稳,王月,等. 多级跌坎跌水复氧过程及影响因素实验研究 [J]. 环境工程,2016,34(11)：49-54.
[57] 李伟杰. 曝气充氧技术在上海新港河道污染防治中的应用 [D]. 上海：东华大学,2006.
[58] 黄红,陈晓思. 阿科蔓生态基技术在改善大金钟湖水质中的应用 [J]. 人民珠江,2008,(2)：63-65.
[59] 纪荣平,李先宁,吕锡武,等. 人工介质富集微生物对藻类和藻毒素降解试验研究 [J]. 东南大学学报,2005,35(3)：433-445.
[60] 吴程,常学秀,董红娟,等. 粉绿狐尾藻对铜绿微囊藻的化感抑制效应及其生理机制 [J]. 生态学报,2008,28(6)：2595-2603.
[61] 杨启红,王家生,李凌云,等. 山区河流地貌修复中生态地貌设计与实践 [J]. 人民长江,2017,48(增1)：68-72.
[62] Qin B Q, Zhou J, Elser J J, et al. Water Depth Underpins the Relative Roles and Fates of Nitrogen and Phosphorus Lakes [J]. Environ. Sci. Technol. 2020,54,3191-3198.
[63] 阚凤祥. 巢湖十里河不同河床地貌类型沉积物硝化反硝化潜力与限制性研究 [D]. 合肥：合

肥工业大学，2019.
- [64] 罗雪芬. 河流地貌所引起的潜流交换研究［D］. 北京：中国地质大学（北京），2017.
- [65] 杨海军，李永祥. 河流生态修复的理论与技术［M］. 长春：吉林科学技术出版社，2005.
- [66] 中华人民共和国水利部. 河湖生态环境需水量计算规范（SL/T 712—2021）［S］.
- [67] 国家市场监督管理总局，国家标准化管理委员会. 城市污水再生利用 景观环境用水水质（GB 18921—2019）［S］.
- [68] 徐志侠，王浩，董增川，等. 河道与湖泊生态需水理论与实践［M］. 北京：中国水利水电出版社，2006.
- [69] 王西琴. 河流生态需水理论、方法与应用［M］. 北京：中国水利水电出版社，2007.
- [70] 郭文献，夏自强，王鸿翔. 河流生态需水及生态调控理论与实践［M］. 北京：中国水利水电出版社，2103.
- [71] 中华人民共和国水利部. 水库生态流量泄放规程（SL/T 819—2023）［S］.
- [72] 中华人民共和国水利部. 水利水电工程生态流量计算与泄放设计规范（SL/T 820—2023）［S］.
- [73] 国家市场监督管理总局，国家标准化管理委员会. 水生态健康评价技术指南（GB/T 43476—2023）［S］.
- [74] 成都市水务局. 成都市河湖生态综合治理技术导则 成水务发〔2020〕64号.